Die Knickfestigkeit

Von

Dr.-Ing. Rudolf Mayer

Privatdozent an der Technischen Hochschule in Karlsruhe

Mit 280 Textabbildungen
und 87 Tabellen

Berlin

Verlag von Julius Springer

1921

Herausgegeben mit Unterstützung aus den Mitteln
der Karlsruher Hochschulvereinigung und der
Wissenschaftlichen Gesellschaft Freiburg i. Br.

ISBN 978-3-642-51287-2   ISBN 978-3-642-51406-7 (eBook)
DOI 10.1007/978-3-642-51406-7

Vorwort.

Das vorliegende Buch verfolgt das Ziel, die Theorie der elastischen Stabilität, die sowohl im Maschinenbau wie namentlich im Eisenhochbau und im Brückenbau eine immer ausgedehntere Bedeutung erlangt hat, im Zusammenhang einerseits mit der praktischen technischen Anwendung, andererseits aber auch mit den bisher bekannt gewordenen Versuchen zur Darstellung zu bringen.

Bei dem Streit der Meinungen um das Wesentliche des Knickvorganges, der eine Zeitlang in der technischen Literatur ausgetragen wurde, erschien es mir notwendig, von vornherein schon bei dem grundlegenden Problem der lamina elastica, dessen Lösung bekanntlich zuerst Euler gab, die Knickgrenze als den Übergang aus dem Zustand des labilen elastischen Gleichgewichts in den des stabilen elastischen Gleichgewichts zu beschreiben und dieser Grenzscheide mechanische Analogien an die Seite zu stellen (§ 1 und § 11).

Wenngleich ein Teil der im II. Abschnitt beschriebenen Versuche heute vorwiegend nur noch historisch von Belang ist, so sollte doch auf ihre kurze Wiedergabe nicht ganz verzichtet werden, weil aus der Beschäftigung mit diesen Versuchen immerhin ein gutes Stück praktischer Erfahrung sich gewinnen läßt. Durch die Kármánschen Versuche (§ 18) kann das Knickproblem des geraden Stabes als erschöpfend gelöst angesehen werden; es erschien daher, zumal die Tetmajerschen Formeln hiernach als überschüssig sicher sich erweisen lassen, nicht gewagt, die in § 17 hergeleitete Formel für Nickelstahl auf eine so spärliche Versuchsreihe zu gründen, wie die bisherige Literatur sie aufweist. Immerhin wäre bei der Wichtigkeit, die dieser Baustoff gerade jetzt bei der derzeitigen Steigerung der Spannweiten der Brücken mehr und mehr erlangen wird, eine Durchführung besonderer Versuche an Nickelstahlstäben erwünscht, wobei namentlich auch der Einfluß des Prozentgehaltes an Nickel auf die Knickgrenze zu prüfen wäre.

Die bei Anwendungen der Theorie stets schwierige Frage, welche Länge als freie Knicklänge in Betracht kommt, war vollständig nicht zu beantworten; die zahlreichen im § 24 behandelten Anwendungsbeispiele dürften indessen hier zur Heranbildung eines hinreichend sicheren Urteils auch für sonstige Aufgaben beitragen.

An manchen theoretischen Untersuchungen — wie z. B. den grundlegenden Untersuchungen Zimmermanns über das elastisch

I*

gestützte Stabeck (§ 36), der strengen Berechnung offener Brücken (§ 42) sowie der Theorie der exzentrisch gedrückten Gliederstäbe (§§ 50, 51 und 52) — durfte die Darstellung nicht achtlos vorbeigehen. Wiewohl hier das Ergebnis der Theorie in einer mathematischen Form auftrat, die zu verwickelt war, um dem Konstrukteur zum unmittelbaren Gebrauch zu dienen, so ist doch das hier vermittelte Wissen kein unnützer Ballast. Ganz davon abgesehen, daß der Beschäftigung mit solchen Untersuchungen ein hoher erzieherischer Wert innewohnt, der bei der beispiellos raschen Entwickelung der heutigen Technik, die auf allen Gebieten immer wieder neue Lösungen zu finden heischt, doppelt hoch zu veranschlagen ist, wird durch diese Untersuchungen vor allem jene Kritik geweckt, die zur verständigen Anwendung der neben der strengen Theorie gebotenen Gebrauchsformeln unerläßlich vorhanden sein muß. Nichts ist wohl geeigneter, die Theorie in Mißkredit zu bringen, als die kritiklose Anwendung von Faustformeln und Berechnungsrezepten. Gerade weil technische Aufgaben der mathematischen Behandlung sehr oft erst dann wirklich zugänglich werden, wenn man unter Verzicht auf eine allumfassende Anwendbarkeit der zu gewinnenden Ergebnisse aus dem zu lösenden Problem seinen wesentlichen Kern herausschält, ist eine allzuweit getriebene Verfeinerung der Theorie oft ebenso bedenklich wie eine oberflächliche Anwendung fertiger Formeln.

Das Wesentliche herauszuschälen, das Belanglose aber außer acht zu lassen und einen klaren Einblick darein zu gewinnen, in welcher Weise die maßgebenden Größen ein technisches Problem beeinflussen, bedeutet für die Ingenieurkunst einen höheren Gewinn als die Aufstellung von Gesetzen von möglichst weitgehender mathematischer Schärfe, welche, ohne je eine technische Aufgabe bis in ihre letzten Feinheiten auszuschöpfen, die wirklichen Verhältnisse doch auch nur verzerrt wiederspiegeln. Näherungsrechnungen wurden daher in vollem Umfange in die Darstellung einbezogen; ihre hervorragende Bedeutung zeigt sich namentlich bei im Grunde genommen so verwickelten Aufgaben wie der der Knicksicherheit offener Brücken oder von Gliederstäben, deren Lösung in vorbildlicher Form durch die Engesserschen Untersuchungen geboten wurde.

Das in § 55 mitgeteilte Verfahren der Berechnung von Gliederstäben mit Hilfe der „Wirkungsgrade" darf, obwohl es der theoretischen Begründung entbehrt, doch durch die bereits erhebliche Zahl von Versuchen an gegliederten Druckstäben, die es ziemlich gut bestätigen, als hinreichend zuverlässig angesehen werden. Überhaupt befinden sich Theorie und Versuch auf dem vorliegenden Gebiete in ziemlich guter Übereinstimmung. Eine Mehrung der Versuche an gegliederten Druckstäben wäre immerhin noch erwünscht. Vor allem aber scheint hier eine weitergehende Systematik in der Anlage der Versuchsreihen noch zu fehlen. Die meisten Versuche erstreckten sich bisher auf die Untersuchung von Stäben, die für irgendeinen Bauzweck gebraucht waren oder gebraucht werden sollten. Versuche, bei denen die die Knickgrenze bestimmenden Größen einzeln in zweckentsprechender Weise variiert wurden, fehlen bisher ganz. Bei den hohen Kosten, die diese Versuche erfordern, wäre auch der Übergang zum Modellversuch ernstlich in Erwägung zu ziehen.

Für die Vermittlung der sehr wertvollen Beobachtungen, die bei den vom „Board of Engineers" für den Neubau der Quebecbrücke 1912 und 1913 durchgeführten Versuchen gemacht wurden, bin ich meinem Freunde Dr.-Ing. H. Grether besonderen Dank schuldig. Durch das Entgegenkommen des „Board" konnten in §§ 63 und 64 diese sehr ergebnisreichen Untersuchungen zum ersten Male veröffentlicht und zugleich gezeigt werden, daß die Theorie auch diesen sehr ins Große gesteigerten Verhältnissen gerecht wird.

Die Drucklegung dieses Buches haben die Karlsruher Hochschulvereinigung und die Wissenschaftliche Gesellschaft der Universität Freiburg i. B. durch Bewilligung je einer finanziellen Unterstützung, welche die in den Zeitverhältnissen liegenden Schwierigkeiten überwinden half, in großherziger Weise ermöglicht. Auch die Verlagsbuchhandlung J. Springer hat durch ihr Entgegenkommen die Herausgabe der Arbeit in jeder Weise gefördert; sie hat für sorgfältigen Satz und gute Ausstattung alles getan. Es ist mir eine angenehme Pflicht, beiden Körperschaften wie auch dem Verlag an dieser Stelle für ihre Unterstützung danken zu dürfen.

Karlsruhe, Ende 1920.

Dr.-Ing. Rudolf Mayer.

Inhalt.

I. Abschnitt.

Theorie des geraden, vollwandigen Stabes bei unveränderlicher Stabkraft und unveränderlichem Querschnitt.

Seite

§ 1. Die wahrnehmbaren Vorgänge, welche sich beim Druck- und Zugversuch an elastischen, geraden Stäben abspielen („Druck" und
„Knickung") 1
§ 2. Angenäherte Berechnung der elastischen Linie prismatischer Stäbe
bei exzentrischem Druck 5
§ 3. Die verschiedenen Knickfälle und der Geltungsbereich der Eulerschen Formeln 13
§ 4. Strengere Berechnung der elastischen Linie 18
§ 5. Einfluß kleiner Abweichungen des Stabes von der geraden Form . . 24
§ 6. Einfluß von Querbelastungen des Stabes 25
§ 7. Einwirkung der Schubkraft auf die Knickgrenze 28
§ 8. Knicken eines Stabes durch sein Eigengewicht 30
§ 9. Einige besondere Fälle des Knickens (Verbeulung) 33
§ 10. Der gerade Stab unter Wirkung von Druck und Torsion 35
§ 11. Der Knickvorgang vom Standpunkt der Theorie des Verzweigungs-
gleichgewichts 36

II. Abschnitt.

Der gerade, vollwandige Stab bei unveränderlicher Stabkraft und unveränderlichem Querschnitt außerhalb der Proportionalitätsgrenze (Versuche über Knickfestigkeit gerader, vollwandiger Stäbe).

§ 12. Die praktische Erfüllbarkeit der Voraussetzungen der Eulerschen
Theorie 41
§ 13. Von Euler bis Hodgkinson 44
§ 14. Hodgkinsons Versuche 45
§ 15. Die Versuche von Bauschinger 50
§ 16. Die Untersuchungen von L. von Tetmajer und seine empirischen
Formeln 55
§ 17. Knickformeln für Nickelstahl 63
§ 18. Die allgemeine Knickformel und die Versuche Kármáns 66
§ 19. Die Knickformeln von Strand 74
§ 20. Empirische Formeln 79
§ 21. Die Nietteilung zusammengesetzter Stäbe von vollwandigem Querschnitt 83
§ 22. Föppls Versuche über den Einfluß von Querschnittsschwächungen . 85
§ 23. Die Knicksicherheit der einzelnen Teile eines Vollwandstabes (Knicken
der Stehbleche und Flanschen) 87
§ 24. Die freie Knicklänge und ihre Wahl bei gegebenen Systemen . . . 102
§ 25. Bestimmung der Knickgrenze bei Versuchen 124

III. Abschnitt.

Der vollwandige Stab mit krummer Achse.

Seite

§ 26. Die elastische Linie kreisförmiger Stäbe für kleine Deformationen . 127
§ 27. Die Stabilität des geschlossenen Kreisrings bei konstantem äußerem Normaldruck 128
§ 28. Der Kreisbogen unter gleichförmigem Normaldruck 136
§ 29. Die Knicksicherheit des Zweigelenkbogens innerhalb der Tragwandebene 139
§ 30. Die Knicksicherheit eingespannter Bogenträger 147
§ 31. Die Knicksicherheit des steifen Dreigelenkbogens 149
§ 32. Der schlaffe Dreigelenkbogen mit Versteifungsträger 156

IV. Abschnitt.

Der vollwandige Stab mit veränderlichem Querschnitt, veränderlicher Stabkraft, mit oder ohne elastische Querstützung.

A. Stäbe ohne elastische Stützung.

§ 33. Zwei Methoden zur Berechnung gerader Vollwandstäbe von veränderlichem Querschnitt und veränderlicher Stabkraft 161
§ 34. Der gelenkig befestigte Stab mit stetig veränderlichem Druck und Querschnitt 171
§ 35. Der eingespannte Stab mit konstantem Trägheitsmoment und veränderlichem Druck 176

B. Stäbe mit elastischer Stützung.

§ 36. Allgemeine Theorie des Stabzuges mit elastischer Querstützung . . 178
§ 37. Der stetig gestützte Stab mit gelenkig befestigten Enden bei stetiger (insbesondere parabolischer) Änderung von Druck und Trägheitsmoment 191

V. Abschnitt.

Die seitliche Knicksicherheit der Druckgurtungen offener Brücken.

§ 38. Allgemeine Bemerkungen zum Problem der Seitensteifigkeit von Brücken 197
§ 39. Berechnung der Querrahmenwiderstände 200
§ 40. Die Gurtung mit Kugelgelenken (Unterer Grenzfall für die Knicksicherheit) 209
§ 41. Kontinuierliche Gurtungen von unendlich großem Trägheitsmoment (Oberer Grenzfall für die Knicksicherheit) 216
§ 42. Elastische Gurtungen mit Halbrahmen (Strenge Berechnung der Knicksicherheit offener Brücken) 220
§ 43. Die Näherungsformeln von Engesser und seine Modellversuche . . 229
§ 44. Die Berechnung der Knicksicherheit offener Brücken bei Überschreitung der Proportionalitätsgrenze 245
§ 45. Ermittelung der wirtschaftlichsten Verstärkung offener Brücken mit Rücksicht auf die Knicksicherheit ihrer Druckgurtungen 251
§ 46. Die Knicksicherheit der Druckgurte offener Brücken mit sehr steifen Endrahmen (Bogenbrücken und Halbparabelträger) 255
§ 47. Die Knicksicherheit offener Fachwerkbogenbrücken 259
§ 48. Der Sicherheitsgrad 265

VI. Abschnitt.

Theorie der gegliederten Druckstäbe (Gitter und Rahmenstäbe).

§ 49. Allgemeine Bemerkungen über Gliederstäbe 273
§ 50. Der nur durch Diagonalen versteifte Gitterstab bei exzentrischer Belastung 278

Seite

§ 51. Der durch Diagonalen und Pfosten versteifte Gitterstab bei exzentrischer Belastung 298
§ 52. Der exzentrisch belastete Rahmenstab 315
§ 53. Die Engesserschen Formeln für Gliederstäbe 341
§ 54. Das allgemeine Näherungsverfahren für Gliederstäbe von Engesser . 357
§ 55. Das Engessersche Abschätzungs-Verfahren mittelst der Wirkungsgrade und die Krohnsche Formel 366
§ 56. Zusammenstellung der Gebrauchsformeln für Gliederstäbe 376
§ 57. Entwurf und Herstellung gegliederter Druckstäbe 381

VII. Abschnitt.

Versuche an gegliederten Druckstäben.

§ 58. Die Wiener Versuche 388
§ 59. Die Pariser Versuche 391
§ 60. Vergleichende Versuche der Gutehoffnungshütte an Flußeisen- und Nickelstahlstäben 394
§ 61. Versuche für den Verein deutscher Brücken- und Eisenbaufabriken, ausgeführt im Kgl. Materialprüfungsamt zu Großlichterfelde 399
§ 62. Versuche an Nickelstahlstäben für den Neubau der Quebecbrücke, durchgeführt im Jahre 1910 407
§ 63. Versuche an Flußeisenstäben für den Neubau der Quebecbrücke, durchgeführt im Jahre 1912 421
§ 64. Versuche an Flußeisen- und Nickelstahlstäben für den Neubau der Quebecbrücke, durchgeführt im Jahre 1913 458

Theorie des geraden, vollwandigen Stabes bei unveränderlicher Stabkraft und unveränderlichem Querschnitt.

§ 1. Die wahrnehmbaren Vorgänge, welche sich beim Druck- und Zugversuch an elastischen, geraden Stäben abspielen („Druck" und „Knickung").

Unterwirft man einen prismatischen Stab einem Druck, dessen Richtung mit der Stabachse zusammenfällt, etwa dadurch, daß man ihn zentrisch zwischen den Druckplatten einer Festigkeitsmaschine anordnet und diese in Gang bringt, so zeigen sich mehr oder weniger auffällige Veränderungen an dem Versuchskörper, der schließlich, wenn die Stablast weit genug gesteigert wird, seiner Zerstörung entgegengeht.

Der so belastete Stab kann der Erschöpfung seiner Tragkraft auf zwei wesentlich voneinander verschiedene Arten sich nähern. Der Sprachgebrauch unterscheidet dementsprechend zwischen „Druck" und „Knickung". Es ist nicht möglich, einen Versuch an einem Stabe so durchzuführen, daß der Versuchskörper dabei entweder reinem Druck oder reiner Knickung unterliegt. Im allgemeinen läßt sich jedoch sagen, daß man bei Versuchskörpern von gleichem Material und gleicher Querschnittsform der reinen Druckbeanspruchung um so mehr sich zu nähern vermag, je kürzer man die axiale Länge des Stabes wählt; umgekehrt gelingt die Erzeugung der für das Knicken typischen Erscheinungen um so leichter, je mehr man unter sonst gleichen Umständen die Stablänge vergrößert. Eine bestimmte Länge, bei der reine Druckvorgänge sich zeigen, läßt sich nicht angeben; reine Knickvorgänge aber würde man nur an einem Stab von unbegrenzter Länge verwirklichen können.

Betrachten wir zunächst die Vorgänge an einem sehr kurzen Stabe, der unter dem zentrischen Druck P steht.

Unter der Einwirkung der Kraft P verkürzt sich die ursprüngliche Stablänge L um $\varDelta L$, während gleichzeitig die Stabquerschnitte mit wachsender Belastung größere und größere Flächenwerte erreichen; die Spannung im Versuchsstab hat hierbei unter der Voraussetzung gleichförmiger Verteilung den Wert $\sigma = \dfrac{P}{F}$, wobei F hinreichend genau dem ursprünglichen Querschnitt entspricht; ihre Richtung ist der Stabachse parallel. Die relative Verkürzung (Stauchung) des Stabes, d. h. das Verhältnis $\varepsilon = \dfrac{\varDelta L}{L}$ der Längenänderung zur Länge selbst, ist nun allgemein von der herrschenden Spannung σ abhängig. Das Gesetz, welches innerhalb noch näher zu bestimmender Grenzen die Beziehungen zwischen ε und σ regelt, heißt das „Elastizitätsgesetz" und nimmt insbesondere für die technisch gebräuchlichsten Baustoffe (Stahl, Flußeisen, Schweißeisen, Schmiedeeisen und Holz) mit genügender Genauigkeit die Form des Hookeschen Gesetzes an

$$\text{Gl. 1)} \qquad\qquad \sigma = E \cdot \varepsilon,$$

worin E der „Elastizitätsmodul" ist, d. i. diejenige Spannung, welche bei unbeschränkter Gültigkeit des Hookeschen Gesetzes hinreichend wäre, den Stab um seine ursprüngliche Länge zu verkürzen. Die Gültigkeit des Hookeschen Gesetzes, das für Gußeisen kaum näherungsweise zutrifft, ist nun an einen oberen Grenzwert der Druckspannung gebunden, den wir mit σ_p bezeichnen wollen, und der „Proportionalitätsgrenze" heißt. Für alle Spannungen $\sigma \leqq \sigma_p$ ist die Stauchung der Spannung proportional. Steigert man den Druck noch weiter, so daß $\sigma > \sigma_p$ wird, so nehmen zunächst die Stauchungen rascher zu als die Spannungen, bis eine gewisse Spannung $\sigma_q > \sigma_p$ erreicht wird, welche man als die „Quetschgrenze" anspricht. Mit der Quetschgrenze beginnt nun bei zähen Baustoffen (Metallen) das seitliche Abfließen des Materials, ohne daß deswegen schon die Zerstörung einträte; bei spröder Beschaffenheit (Gußeisen oder Holz) setzt ein Ineinanderschieben der Fasern ein, welches bei weiterer Druckzunahme schließlich zur Zerstörung führt, die sich durch Aufhören der Kohäsion kennzeichnet. Der Versuchsstab wird zermalmt, oder er platzt unter Rißbildung, oder er splittert oder wird plastisch deformierbar.

Die Spannung σ_D, bei welcher der Stab zerstört wird, heißt „Druckfestigkeit"; ihre Größe hängt wesentlich von der Stablänge ab. Man erhält unter sonst gleichen Umständen bei Versuchen größere Druckfestigkeiten, je kürzer man die Stablängen wählt, das heißt eben je vollkommener man die Zerstörung durch reinen Druck herbeiführt.

Ganz entsprechend geht ein Zugversuch vor sich, wie er in Abb. 1 zur Darstellung gebracht ist. Auch hier ergibt sich eine Proportionalitätsgrenze, eine „Fließ- oder Streckgrenze" σ_f (entsprechend der Quetschgrenze des Druckversuches), sowie eine „Zugfestigkeit" σ_z, deren Wert infolge der durch die Zugbeanspruchung bedingten Verlängerung des Stabes („Dehnung"), sowie infolge des beim „Fließen" des Materials immer dünner werdenden Querschnittes unter der Höchstspannung liegt, welche beim Zugversuch überhaupt auftritt. Aus der entgegengesetzten Veränderung des Querschnittes beim Zug- und Druckversuch erklärt es sich, daß die aus dem Zug- und Druckversuch ermittelten Elastizitätsmoduli voneinander verschiedene Werte besitzen.

Aus dem Hookeschen Gesetz folgt durch Differentiation

$$\text{Gl. 2)} \qquad E = \frac{d\sigma}{d\varepsilon} = \operatorname{tg} \varphi,$$

wonach der Modul als trigonometrische Tangente des Neigungswinkels φ bestimmt ist, den die Tangente an die Kurve $\sigma = f(\varepsilon)$ mit der Achse der Dehnungen bildet. Wir bezeichnen insbesondere mit

E_σ den durch Zug- oder Druckversuch bestimmten Modul der Formänderung im Gebiete jenseits der Proportionalitätsgrenze, der nach Gl. 2) von der zugehörigen Spannung σ abhängt.

Die Kurve, welche das Formänderungsgesetz veranschaulicht, ist in der englischen Literatur unter dem Namen „Stressstrain"-Kurve bekannt. Wir wollen sie kurz als „Arbeitslinie" bezeichnen, um daran zu erinnern, daß die von ihr und der Achse der Dehnungen umschlossene Fläche das Maß für die spezifische Formänderungsarbeit $A = \int \sigma \cdot d\varepsilon$ abgibt.

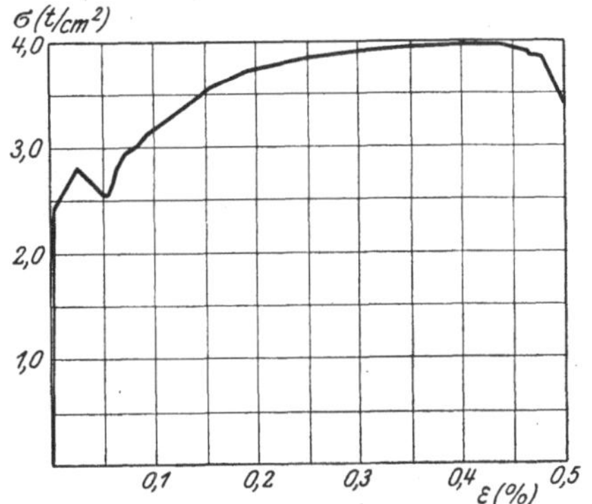

Abb. 1. Arbeitslinie für Stahl:

$$\sigma_p = 2{,}455 \ \text{t/cm}^2$$
$$\sigma_f = 2{,}800 \ \text{t/cm}^2$$
$$\sigma_z = 3{,}965 \ \text{t/cm}^2$$
$$E = 2060 \ \text{t/cm}^2.$$

Auf einige Eigenheiten der Formänderung muß noch eingegangen werden, aus denen später das Verhalten jener knickenden Stäbe zu begründen sein wird, deren Knickspannungen oberhalb der Proportionalitätsgrenze liegen.

Solange die Spannungen im Versuchskörper klein sind, verschwindet mit abnehmender Belastung die Formänderung vollkommen wieder, wenn die Beanspruchung aufhört. Man nennt solche Formänderungen „elastisch" oder „federnd" und bezeichnet die Spannung, bei der die Formänderung eben noch den zuvor erwähnten Charakter hat, als „Elastizitätsgrenze". Ihrer Größe nach unterscheidet sich diese Grenze von der Proportionalitätsgrenze nur sehr wenig, und es ist daher statthaft, in praxi zwischen beiden Grenzen keinen Unterschied zu machen[1]).

---

[1]) Zu einer scharfen experimentellen Trennung beider Grenzen haben sich

Wächst die Spannung über die Elastizitätsgrenze hinaus, so bleiben nach der Entlastung die Formänderungen teilweise bestehen. Man nennt diesen Anteil an der gesamten Formänderung, der nicht mehr rückgängig wird, im Gegensatz zu der „elastischen" Formänderung „plastisch" oder auch „unelastisch", „duktil" oder „bleibend".

Ganz verschieden von dem bisher betrachteten Verhalten eines sehr kurzen Versuchsstabes sind die Beobachtungen an langen Stäben. Es sei ein im Vergleich zu seinen Querabmessungen langer Stab so genau, als sich dies tun läßt, durch Richten oder durch Bearbeitung gerade gemacht und möge in diesem Zustand durch eine Druckkraft, welche tunlich exakt mit der Stabachse zusammenfällt, belastet werden. Bei kleinen Drücken zeigt sich dann zunächst weiter nichts als die Verkürzung der Stabachse, die wiederum dem Hookeschen Gesetze folgt. Es kann jedoch vorkommen, daß bereits mit den kleinsten Beanspruchungen Biegungsdeformationen am Stabe auftreten, welche bewirken, daß die Stabenden sich in stärkerem Maße einander nähern, als es der ausschließlichen Wirkung zentrischen Druckes zufolge zu erwarten wäre. Diese Biegungserscheinungen, welche im Idealfalle nicht auftreten. haben folgende Entstehungsursachen:

1. Kleine Abweichungen zwischen der Stabachse und der Kraftachse, die aus mangelhafter Zentrierung, ungenauer Herstellung des Stabes, Inhomogenität des Materials, Querschnittsabweichungen usw. entstehen.
2. Störungen, die während des Versuches selbst auftreten und wodurch die Lage der Kraftachse während des Versuches sich ändert oder welche an und für sich zu einer Verbiegung des Stabes führen (Eigengewicht bei horizontalen Stäben).

Vom Eintritt der Biegung an wächst die gegenseitige Annäherung der Stabenden nicht mehr proportional, auch wenn die Druckspannung noch unter der Grenze σ_p liegt, da die aus der Biegungsdeformation hervorgehende Verkürzung der Sehnenlänge des Stabes der Druckkraft nicht proportional ist. Schließlich verlieren solche Stäbe, obwohl ihre Druckspannung u. U. noch recht klein ist, ihre Tragfähigkeit, indem sie achsrecht stark ausweichen. Bei sorgfältig hergestellten und genau zentrisch belasteten Stäben tritt dieser Vorgang oft sehr plötzlich ein. Die ursprünglich gerade Stabform wird, selbst wenn zuvor keine Verbiegung eintrat, bei einer gewissen Belastung eine labile Gleichgewichtsfigur, aus der bei der geringsten Störung der Stab in die gekrümmte, stabile Form übergeht. Die elastischen Eigenschaften des Materials, seine Struktur, die Art der Belastung, sowie ihre Dauer üben dabei, wie die Versuche lehren, einen Einfluß aus.

---

neueren Versuchen zufolge thermoelektrische Messungen am Versuchsstabe bewährt. Vgl. S. J. Druschinin, Das Verhältnis zwischen Temperatur und Stabspannungen bei Zugversuchen, „Der Eisenbau" 1913, S. 203 ff.

Ob die Stäbe, nachdem ihre Tragkraft so erschöpft wurde, brechen oder nicht, spielt keine Rolle, da ein Bauglied, an dem unzulässig große Formänderungen auftreten, technisch unbrauchbar wird, wie klein auch seine Beanspruchung sein mag. Ob nach der Belastung in einem derart erschöpften Stab die Formänderungen wieder rückgängig werden, hängt nur davon ab, ob in irgendeinem seiner Teile die Spannung während des Versuchs größer als σ_p wurde.

Man bezeichnet diejenige Belastung eines Stabes, bei der — gleichviel ob nun vorher zufällige Biegungserscheinungen sich bemerklich machten oder nicht — die gerade Stabform als labile Gleichgewichtsfigur zugunsten der stabilen, gekrümmten Form verlassen werden kann, als die „Knicklast" des Stabes, den Übergang in die neue Gleichgewichtslage selbst als „Knickung"[1]. Die Grenze zwischen dem stabilen und labilen Zustand des Stabes wollen wir „Knickgrenze" nennen; als „Knickspannung" endlich soll diejenige Spannung angesprochen werden, welche die Knickkraft P_k in einem sehr kurzen Stabe gleichen Querschnitts als Druckspannung hervorrufen würde:

Gl. 3)
$$\sigma_k = \frac{P_k}{F}.$$

Steigert man die Belastung noch über die Knickkraft hinaus, so biegt sich der Stab, falls seine Kohäsion nicht schon erschöpft ist, immer weiter durch, jedoch so, daß jeder Laststufe eine bestimmte elastische Linie entspricht, deren Pfeilhöhe allerdings nicht der Last proportional wächst. Dann erfolgt schließlich der Bruch.

Das ganz wesentliche Merkmal, das alle Knickvorgänge kennzeichnet, besteht, wie oben hervorgehoben wurde, in dem mit dem Knicken verbundenen Gleichgewichtswechsel.

Zur Erläuterung der vorstehenden Ausführungen mögen, ehe wir der theoretischen Untersuchung nähertreten, die Beobachtungsdaten für einen Knickversuch angegeben werden, den wir den „Mitteilungen der Materialprüfungsanstalt am Schw. Polytechnikum in Zürich" (1896, Heft 8, S. 6) entnehmen. (Siehe Tab. 1, S. 6.)

§ 2. Angenäherte Berechnung der elastischen Linie prismatischer Stäbe bei exzentrischem Druck.

Zu einer theoretischen Bestimmung der Knickgrenze würde es an und für sich genügen, den Fall zentrischen Kraftangriffes zu

---

[1] Unsere Sprache ist in der glücklichen Lage, zur Bezeichnung des Knickens ein besonderes Wort zu besitzen, das durch seine Verwandtschaft mit dem Worte „Knacken" zugleich auch dem bei Knickversuchen gelegentlich vernehmbaren Geräusche Ausdruck verleiht, ohne dabei dem Irrtum Vorschub zu leisten, als ob die Knickung nur eine Abart der Biegung sei, oder wesentlich mit dem Bruch in Zusammenhang stehe (vgl. die entsprechenden Ausdrücke „flambage", „flexion" im Französischen und „bend", „crush" im Englischen).

Tabelle 1.

| Belastung (t) | Ausweichung der Balkenmitte (cm) | | | | Bemerkungen |
| | Horizontal | | Vertikal | | |
	abs.	Diff.	abs.	Diff.	
0,50	9,85		15,60		Spitzenlagerung
		0,00		0,00	
1,00	9,85		15,60		Material: Balken von Weiß-
		0,00		0,00	tanne
2,00	9,85		15,60		
		0,00		0,00	Querschnitt: 14,68/14,70 cm²
3,00	9,85		15,60		
		0,00		0,00	Trägheitshalbmesser: 4,24 cm
4,00	9,85		15,60		
		0,00		0,00	Ursprüngliche Balkenlänge:
5,00	9,85		15,60		520,2 cm
		0,00		0,00	
6,00	9,85		15,60		Wirksame Balkenlänge:
		− 0,02		− 0,02	539,4 cm
7,00	9,83		15,58		$\frac{L}{i} = 127{,}2$
		− 0,01		0,00	
8,00	9,82		15,58		
		− 0,02		− 0,03	
9,00	9,80		15,55		Beobachtete Knickspannung
		− 0,00		− 0,02	$\sigma_k = 0{,}063 \ \text{t/cm}^2$
10,00	9,80		15,53		
		− 0,01		− 0,03	
11,00	9,79		15,50		
		− 0,04		− 0,05	
12,00	9,75		15,45		
		− 0,12		− 0,15	
13,00	9,63		15,30		
		− 0,17		− 0,32	
13,50	9,46		14,98		
13,70 = Grenze des Tragvermögens					Der Balken wird intakt aus-
		0,00		− 0,05	rangiert.
0,5	9,85		15,55		

untersuchen. Da aber sowohl in vielen praktischen Aufgaben damit zu rechnen ist, daß die in einen Stab einzuleitende Druckkraft an einem, wenn auch kleinen, Exzentrizitätshebel wirkt, als auch bei Versuchen ein exzentrischer Druck nur selten strenge ausgeschlossen werden kann, so soll dem bereits bei den folgenden Entwicklungen Rechnung getragen werden; zugleich wollen wir aber das Problem noch nach einer zweiten Richtung erweitern, indem wir zunächst davon absehen, daß der zu untersuchende Stab eine Formänderung erfährt, deren Wirkungsebene von vornherein bekannt ist. Wenn hiernach allgemein die Kraftachse zur Stabachse windschief verlaufen kann, so wollen wir doch die Rechnung noch durch die Annahme vereinfachen, daß der Richtungsunterschied beider Achsen so klein sei, daß die senkrecht zur Stabachse wirksamen Komponenten der Druckkraft vernachlässigt werden dürfen.

Legen wir sodann den Ursprung O des rechtwinkligen Koordinatensystems (Abb. 2) in den Angriffspunkt der Kraft P und die X-Achse in die Kraftrichtung und wählen wir ferner die Achsen OY und OZ den Trägheitshauptachsen des als unveränderlich vorausgesetzten Stabquerschnittes parallel, so lauten innerhalb des Geltungsbereiches des Hookeschen Gesetzes und der Bernoullischen Hypothese die Differentialgleichungen der elastischen Linie angenähert:

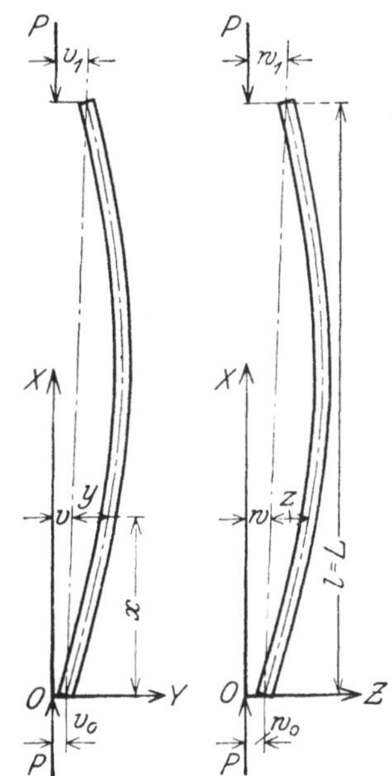

Abb. 2.

$$\text{Gl. 1)}\quad \left\{ \begin{aligned} \frac{d^2 y}{dx^2} &= -\frac{P}{EJ_z}\cdot(v+y) \\ \frac{d^2 z}{dx^2} &= -\frac{P}{EJ_y}\cdot(w+z) \end{aligned}\right\} \begin{aligned} &\text{mit } J_y \text{ und } J_z \\ &\text{als Haupt-} \\ &\text{trägheits-} \\ &\text{momenten,} \end{aligned}$$

wodurch die räumliche Kurve der elastischen Linie als Schnitt zweier Zylinder dargestellt wird.

Die Sehne der elastischen Linie hat die Gleichung:

$$\text{Gl. 2)}\quad \left\{ \begin{aligned} v &= v_0 + \frac{x}{l}\cdot(v_1 - v_0), \\ w &= w_0 + \frac{x}{l}\cdot(w_1 - w_0), \end{aligned}\right. \qquad \text{woraus Gl. 2a)}\quad \left\{ \begin{aligned} \frac{d^2 v}{dx^2} &= 0 \\ \frac{d^2 w}{dx^2} &= 0 \end{aligned}\right. \qquad \text{folgt.}$$

Setzt man

$$\text{Gl. 3)}\qquad \left\{ \begin{aligned} v + y &= y^*, \\ w + z &= z^*, \end{aligned}\right.$$

so wird wegen Gl. 2a)

$$\text{Gl. 4)}\qquad \left\{ \begin{aligned} \frac{dy^2}{dx^2} &= \frac{d^2 y^*}{dx^2} \\ \frac{d^2 z}{dx^2} &= \frac{d^2 z^*}{dx^2}. \end{aligned}\right.$$

Vermöge der Gl. 3) und 4) läßt sich nun Gl. 1) in der Form schreiben:

$$\text{Gl. 1a)}\quad \left\{ \begin{aligned} \frac{d^2 y^*}{dx^2} &= -\frac{P}{EJ_z}\cdot y^* \\ \frac{d^2 z^*}{dx^2} &= -\frac{P}{EJ_y}\cdot z^* \end{aligned}\right. \qquad \begin{aligned} &\text{oder mit den} \\ &\text{Abkürzungen} \end{aligned} \qquad \left\{ \begin{aligned} \frac{P}{EJ_z} &= \left(\frac{1}{k_z}\right)^2 \\ \frac{P}{EJ_y} &= \left(\frac{1}{k_y}\right)^2 \end{aligned}\right.$$

$$\text{Gl. 1 b)} \quad \begin{cases} \dfrac{d^2 y^*}{d x^2} + \dfrac{y^*}{k_z{}^2} = 0 \\[2ex] \dfrac{d^2 z^*}{d x^2} + \dfrac{z^*}{k_y{}^2} = 0. \end{cases}$$

Das Integral dieser Gleichungen ist

$$\text{Gl. 5)} \quad \begin{cases} y^* = A_y \cdot \sin \dfrac{x}{k_z} + B_y \cdot \cos \dfrac{x}{k_z}, \\[2ex] z^* = A_z \cdot \sin \dfrac{x}{k_y} + B_z \cdot \cos \dfrac{x}{k_y}, \end{cases}$$

wobei die Integrationskonstanten A_y, B_y, A_z, B_z aus den besonderen Bedingungen, denen die elastische Linie zu genügen hat, zu bestimmen sind (Randbedingungen). Sind die Endpunkte der elastischen Linie durch ihre Koordinaten gegeben, so schreiben sich die Randbedingungen

$$y^* = v_0 \ \text{für} \ x = 0 \qquad\qquad z^* = w_0 \ \text{für} \ x = 0$$
$$\text{und}$$
$$y^* = v_1 \ \text{,,} \ \ x = l \qquad\qquad z^* = w_1 \ \text{,,} \ \ x = l.$$

Die Bestimmungsgleichungen der Integrationskonstanten lauten somit:

$$B_y = v_0$$

$$A_y \cdot \sin \frac{l}{k_z} + B_y \cdot \cos \frac{l}{k_z} = v_1 \quad \text{woraus:} \quad A_y = \frac{v_1 - v_0 \cdot \cos \dfrac{l}{k_z}}{\sin \dfrac{l}{k_z}}$$

$$B_z = w_0$$

$$A_z \cdot \sin \frac{l}{k_y} + B_z \cdot \cos \frac{l}{k_y} = w_1 \quad \text{woraus:} \quad A_z = \frac{w_1 - w_0 \cdot \cos \dfrac{l}{k_y}}{\sin \dfrac{l}{k_y}}.$$

Man erhält sonach aus Gl. 5) die elastische Linie in der Form:

$$\text{Gl. 6)} \quad \begin{cases} y^* = v + y = \left[v_1 - v_0 \cdot \cos \dfrac{l}{k_z} \right] \cdot \dfrac{\sin \dfrac{x}{k_z}}{\sin \dfrac{l}{k_z}} + v_0 \cdot \cos \dfrac{x}{k_z} \\[4ex] z^* = w + z = \left[w_1 - w_0 \cdot \cos \dfrac{l}{k_y} \right] \cdot \dfrac{\sin \dfrac{x}{k_y}}{\sin \dfrac{l}{k_y}} + w_0 \cdot \cos \dfrac{x}{k_y} \end{cases}$$

$$\text{mit} \quad \begin{cases} k_z = \sqrt{\dfrac{E J_z}{P}} \\[2ex] k_u = \sqrt{\dfrac{E J_y}{P}}. \end{cases}$$

Nach Gl. 6) ist für den gegebenen Fall die elastische Linie eindeutig bestimmt. Welche von den beiden Durchbiegungen y oder z überwiegt, hängt ab von den Randbedingungen für die beiden Biegungsebenen, von dem Größenverhältnis der Hauptträgheitsmomente, sowie der Exzentrizitätshebel v und w.

Die Biegungspfeile sind von endlicher Größe, solange nicht etwa die im Nenner der Gl. 6) stehenden Glieder $\sin \dfrac{l}{k_y}$ oder $\sin \dfrac{l}{k_z}$ verschwinden. Auf diesen Sonderfall kommen wir noch zurück. Zunächst wollen wir jedoch noch eine weitere Spezialisierung unseres Problems vornehmen, indem wir voraussetzen, daß die Kraftachse zur Stabachse parallel sei. Dann wird:

$$\text{Gl. 7)} \qquad \begin{cases} v_0 = v_1 = v \\ w_0 = w_1 = w \end{cases}$$

und man erhält aus Gl. 6)

$$\text{Gl. 8)} \qquad \begin{cases} y^* = v + y = v \cdot \dfrac{\sin \dfrac{x}{k_z} + \sin \dfrac{l-x}{k_z}}{\sin \dfrac{l}{k_z}}, \\[4ex] z^* = w + z = w \cdot \dfrac{\sin \dfrac{x}{k_y} + \sin \dfrac{l-x}{k_y}}{\sin \dfrac{l}{k_y}} \end{cases}$$

Insbesondere wird die maximale Ausbiegung in der Stabmitte für $x = \dfrac{l}{2}$.

$$\text{Gl. 9)} \qquad \begin{cases} y^*_{max} = v + y_{max} = \dfrac{v}{\cos \dfrac{l}{2\,k_z}} \\[4ex] z^*_{max} = w + z_{max} = \dfrac{w}{\cos \dfrac{l}{2\,k_y}} \end{cases}$$

Wie aus den Gleichungen 8) und 9) hervorgeht, sind die Ausbiegungen der Stabmitte nach beiden Achsrichtungen den zugeordneten Exzentrizitäten proportional, vorausgesetzt, daß nicht der Sonderfall $\sin \left(\dfrac{l}{k} \right) = 0$ eintritt.

Die größte Randspannung entsteht in derjenigen Randfaser, in der sich die Druckspannung aus der Axialkraft zu den Druckspannungen aus der Biegung addiert, und hat den Wert:

$$\text{Gl. 10)} \qquad \sigma_{max} = \dfrac{P}{F} + \dfrac{P \cdot y^*_{max}}{W_z} + \dfrac{P \cdot z^*_{max}}{W_u}.$$

Um ein Urteil darüber zu gewinnen, in welcher Weise die maximalen Durchbiegungen und Spannungen eines exzentrisch belasteten Stabes mit steigender Belastung anwachsen, möge ein Zahlenbeispiel berechnet werden.

Beispiel: Für einen I-Träger NP. 38 sei $w = 0$; $v = 1$ cm. $I_z = 972$ cm⁴; $W_z = 131$ cm³; $F = 107$ cm²; $l = 500$ cm und $E = 2150$ t/cm². Dann wird

$$\frac{1}{k_z} = \sqrt{\frac{P}{EJ_z}} = \frac{\sqrt{P}}{1454}$$ und man erhält aus den Gleichungen

$$\overset{*}{y}_{max} = \frac{v}{\cos\dfrac{l}{2k_z}} \quad \text{und} \quad \sigma_{max} = \frac{P}{F} + \frac{P\cdot\overset{*}{y}_{max}}{W_z}$$

die in der folgenden Tabelle angeführten Werte von $\overset{*}{y}_{max}$ und σ_{max} für die verschiedenen Werte der Stabkraft P.

Tabelle 2.

Stabkraft (t) P	Durchbiegungen (cm)		Beanspruchungen (t/cm²)			Annäherungswerte der maximalen Durchbiegung nach Gl. 17 dieses Paragraphen
	y^*_{max}	y_{max}	$\dfrac{P\cdot y^*_{max}}{W_k}$	$\dfrac{P}{F}$	σ_{max}	
0	1,0000	0,0000	0,0000	0,0000	0,0000	0,0000
1	1,0149	0,0149	0,0077	0,0093	0,0170	0,0153
4	1,0622	0,0622	0,0324	0,0372	0,0696	0,0638
9	1,1495	0,1495	0,0788	0,0837	0,1625	0,1530
16	1,2942	0,2942	0,1579	0,1488	0,3067	0,3000
25	1,5318	0,5318	0,2920	0,2325	0,5245	0,5440
36	1,9470	0,9470	0,5350	0,3348	0,8698	0,9690
49	2,9160	1,0910	1,0910	0,4557	1,5467	1,8280
64	(5,1453)	(4,1453)	(2,5100)	(0,5952)	(3,1052)	(4,3100)

Die Tabelle zeigt, daß die Durchbiegungen und die Beanspruchungen stärker zunehmen als die Belastungen; die zu $P = 64$ t gehörigen Werte der Spannungen und Durchbiegungen liegen bereits außerhalb des Geltungsbereiches des Hookeschen Gesetzes und wurden deshalb eingeklammert.

Wir vervollständigen nunmehr die Diskussion der elastischen Linie durch die Betrachtung des Sonderfalles, wo entweder $\sin\left(\dfrac{l}{k_y}\right)$ oder $\sin\left(\dfrac{l}{k_z}\right)$ verschwindet. Dies tritt ein, so oft $\dfrac{l}{k_y} = n\cdot\pi$ oder $\dfrac{l}{k_z} = n\cdot\pi$ wird, wo n eine ganze Zahl ist. Die Gleichungen 6), 8) und 9) ergeben für diesen Fall unbegrenzt große Deformationen y^* und z^*, solange nur überhaupt eine endliche Exzentrizität v oder w der Kraft vorliegt. Läßt man nunmehr auch die Exzentrizität sich der

Null nähern, so nimmt im Sonderfalle $\sin\left(\dfrac{l}{k_y}\right) = 0$ oder $\sin\left(\dfrac{l}{k_z}\right) = 0$ die Durchbiegung des Stabes den unbestimmten Wert $\dfrac{0}{0}$ an.

Aus

$$\frac{l}{k_z} = \frac{l\,\sqrt{P}}{\sqrt{EJ_z}} = n\cdot\pi \quad\text{oder}\quad \frac{l}{k_y} = \frac{l\,\sqrt{P}}{\sqrt{EJ_y}} = n\cdot\pi$$

folgt als diejenige kritische Belastung, welche zum Sonderfall führt:

Gl. 11)
$$P = \frac{n^2\cdot\pi^2\cdot EJ_z}{l^2} \quad\text{oder}\quad P = \frac{n^2\cdot\pi^2\cdot EJ_y}{l^2}.$$

Man erkennt unschwer, daß nach Gl. 11) je nach den Werten, die man n beilegt, die kritische Belastung auf unbegrenzt vielfache Weise herbeigeführt werden kann. Die kleinste kritische Last folgt aus Gl. 11) für $n = 1$ mit

Gl. 12)
$$P_E = \frac{\pi^2\cdot EJ_z}{l^2} \quad\text{bzw.}\quad P_E = \frac{\pi^2\cdot EJ_y}{l^2}.$$

Der kleinere der in Gl. 12) angeführten Werte von P_E entscheidet die Richtung, nach welcher der Stab ausknickt.

Der Wert P_E, welcher Ausbiegungen des Stabes auch bei verschwindender Exzentrizität ermöglicht, ist seine Knicklast. Der Index „E" möge daran erinnern, daß diese Größe erstmals von Euler[1]) berechnet wurde.

Wir fassen die wichtigsten Ergebnisse unserer Untersuchung zusammen:

1. Ein exzentrisch belasteter Druckstab hat unter einer bestimmten Belastung eine ganz bestimmte elastische Linie mit endlichem Pfeil, solange die Belastung die Knickgrenze nicht erreicht.

2. An der Knickgrenze erzeugt die Last auch bei sehr kleiner Exzentrizität unendlich große Ausbiegungen.

3. Die bei zentrischer Belastung an der Knickgrenze auftretende Ausbiegung ist ihrer Größe nach unbestimmt.

---

[1]) L. Euler, De Curvis elasticis, additamentum I der Abhandlung Methodus inveniendi lineas curvas maximi minimive proprietate gaudentes, Lausanne und Genf 1744.

Den Ausgangspunkt für die Untersuchungen Eulers bildet die Forderung, daß ein elastisches Band unter allen Kurven gleicher Länge, welche in der Ebene zwischen zwei Punkten A und B verlaufen und in diesen Punkten von der Lage nach bekannten Tangenten berührt werden, derjenigen Kurve sich anschmiegt, für welche der Ausdruck $\int_A^B (d\,s : \varrho^2)$ ein Minimum wird, eine Forderung, die offenbar vermöge der Beziehung $1:\varrho = M:EJ$ der Forderung nach einem Minimum der elastischen Energie gleichwertig ist.

Die Erfahrung lehrt, daß an der Knickgrenze ein Ausweichen des Stabes auch bei sorgfältigster Zentrierung der Kraft immer eintritt, daß der Pfeil aber, wofern nicht bei der Ausbiegung der Stab zum Bruch kommt, stets einen ganz bestimmten Wert hat. Eine verfeinerte Theorie, wie wir sie in § 4 noch geben werden, wird die vorläufig noch bestehende Unbestimmtheit des Knickpfeiles beseitigen.

Einen Näherungsausdruck für den Biegungspfeil bei exzentrischer Druckbelastung findet man nach Müller-Breslau[1]) auf folgendem Wege:

In die Differentialgleichung (Abb. 3) der elastischen Linie

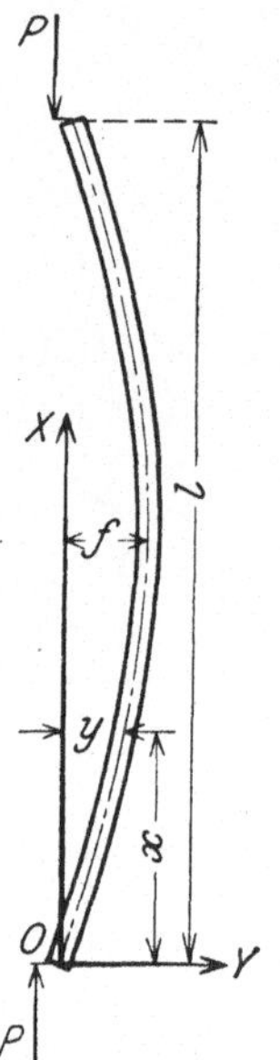

Gl. 13)
$$\frac{d^2y}{dx^2} = -\frac{P}{EJ_z} \cdot (v + y)$$

setzen wir auf der rechten Seite für y näherungsweise die Sinuslinie $y = f \cdot \sin\dfrac{\pi x}{l}$ und integrieren die Gleichung:

Gl. 14)
$$\frac{d^2y}{dx^2} = -\frac{P}{EJ_z} \cdot \left(v + f \cdot \sin\frac{\pi x}{l}\right).$$

Abb. 3.

Man erhält dann

Gl. 15)
$$y = -\frac{P}{EJ_z} \cdot \left[\frac{vx^2}{2} + C_1 x - \frac{fl^2}{\pi^2} \cdot \sin\frac{\pi x}{l} + C_2\right].$$

Aus $y = 0$ für $x = 0$ und $x = l$ folgt $C_2 = 0$ und $C_1 = -\dfrac{vl}{2}$, wonach

$$y = -\frac{P}{EJ_z} \cdot \left[\frac{vx}{2}(x - l) - \frac{fl^2}{\pi^2} \cdot \sin\frac{\pi x}{l}\right]$$

folgt.

Für $x = \dfrac{l}{2}$ wird $y = f$ und man erhält so nach kurzer Rechnung:

Gl. 16)
$$f = \frac{\pi^2}{8} \cdot v \cdot \frac{Pl^2}{\pi^2 \cdot EJ_z} : \left[1 - \frac{Pl^2}{\pi^2 \cdot EJ_z}\right].$$

Führt man noch das Verhältnis

$$\nu = P_E : P = \frac{\pi^2 \cdot EJ_z}{Pl^2}$$

in die Rechnung ein, welches als der Sicherheitsgrad gegen Knicken bezeichnet wird, so erhält man für den Biegungspfeil bei exzentri-

---

[1]) H. Müller-Breslau, Die neueren Methoden der Festigkeitslehre, 4. Auflage, Leipzig 1913.

scher Druckbelastung die einfache und sehr brauchbare Näherungsformel

$$\text{Gl. 17)} \qquad f = \frac{\pi^2}{8} \cdot v \cdot \frac{1}{v-1} \backsimeq \frac{1{,}25\,v}{v-1},$$

von der wir später noch Gebrauch machen werden. Die nach Gl. 17)
berechneten Näherungswerte sind oben in Tabelle 2 zum Vergleich
mit den genauen Werten der Durchbiegung aufgenommen.

§ 3. Die verschiedenen Knickfälle und der Geltungsbereich der Eulerschen Formeln.

Die Untersuchungen des vorigen Paragraphen hatten bereits ergeben, daß die Randbedingungen von wesentlichem Einfluß auf das
Verhalten des Stabes sind. Wir gehen nun dazu
über, diesen Einfluß zu berücksichtigen, beschränken
uns aber dabei auf den Fall des Knickens in einer
Hauptebene (XY) und setzen außerdem voraus, daß
die Kraft in der Stabachse wirke, da ja die Exzentrizität auf die Höhe der Knickgrenze erwiesenermaßen keinen Einfluß ausübte.

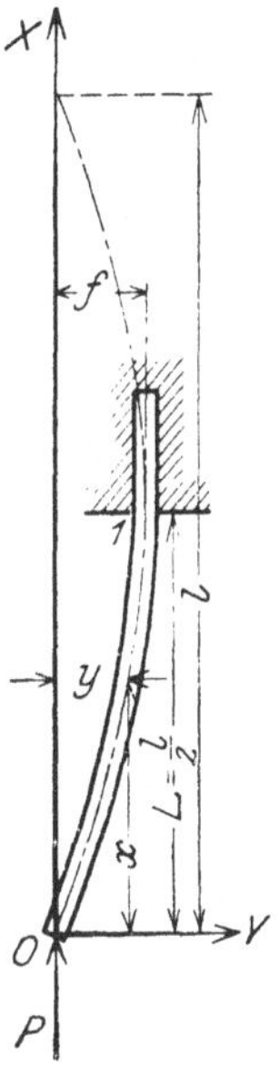

Mit der Abkürzung $\dfrac{1}{k^2} = \dfrac{P}{EJ}$ lautet dann die
Gleichung der elastischen Linie

$$y = A \cdot \sin \frac{x}{k} + B \cdot \cos \frac{x}{k}.$$

Je nach den vorliegenden Randbedingungen
unterscheiden wir nun vier Fälle.

1. Fall. (Abb. 4.) Ein Stabende (0) sei
frei beweglich, das andere tangententreu
eingespannt. Die Randbedingungen lauten dann:

$$y = 0 \quad \text{für} \quad x = 0 \qquad\qquad B = 0$$

woraus

$$\frac{dy}{dx} = 0 \quad \text{für} \quad x = L \qquad\qquad \frac{A}{k} \cdot \cos \frac{L}{k} = 0 \quad \text{folgt.}$$

Abb. 4.

Der letzteren Bedingung genügt entweder $A = 0$ oder $\cos \dfrac{L}{k} = 0$.

Für $A = 0$ ist offenbar auch $y = 0$, d. h. der Druckstab bleibt geradlinig; diese Gleichgewichtsform des Stabes ist als seine natürliche
und, solange P unterhalb der Knickgrenze bleibt, stabile Form uninteressant. Für $\cos \dfrac{L}{k} = 0$ jedoch ergibt sich die Knickkraft aus

der Beziehung $\dfrac{L}{k} = (2n+1)\cdot\dfrac{\pi}{2}$, welche zu dem kleinsten Wert $n=0$ den kleinsten kritischen Wert von P

$$P = P_E = \frac{\pi^2 \cdot EJ}{4\,L^2}$$

liefert.

Da für $P = P_E$ der Faktor $\cos\dfrac{L}{k}$ verschwindet, so nimmt die Konstante A die unbestimmte Form $\dfrac{0}{0}$ an. Mit Einführung des kritischen Wertes $\dfrac{1}{k} = \dfrac{\pi}{2L}$ wird nun die Gleichung der elastischen Linie

$y = A\cdot\sin\dfrac{\pi x}{2L}$. Die Deformationen des Stabes bleiben an jeder Stelle x ebenso unbestimmt wie A selbst. Der Stab knickt nach einer Sinuslinie aus, deren Pfeil f für $x = L$ der unbestimmten Konstanten A gleich ist.

2. Fall. (Abb. 5.) Beide Enden seien frei drehbar und in der Achse geführt. Die Randbedingungen sind

$$y = 0 \quad \text{für} \quad x = 0 \qquad\qquad B = 0$$

woraus

$$y = 0 \quad \text{für} \quad x = L \qquad\qquad A\cdot\sin\frac{L}{k} = 0 \qquad\qquad \text{folgt.}$$

Abgesehen von dem trivialen Falle $A = 0$, der wieder die natürliche Gleichgewichtslage liefern würde, befriedigt auch der aus der Gleichung

$$\sin\frac{L}{k} = 0 \quad \text{oder} \quad \frac{L}{k} = n\cdot\pi \quad \text{fließende Wert} \quad \frac{1}{k} = \sqrt{\frac{P}{EJ}} = \frac{n\pi}{L}$$

für ganzzahlige n die Randbedingung. Der kleinste Wert von n, welcher eine von Null verschiedene Kraft P bedingt, ist $n = 1$ und liefert die Knickkraft

$$P = P_E = \frac{\pi^2 \cdot EJ}{L^2}\,.$$

Die Konstante A bleibt wieder unbestimmt, und die Gleichung der elastischen Linie lautet $y = A\cdot\sin\dfrac{\pi x}{L}$; diese ist also wiederum eine Sinuslinie von unbestimmt großem Pfeil $f = A$.

Betrachtet man die durch Spiegelung bei 1 vervollständigte Abb. 4, welche eine halbe Sinuswelle von der Länge $2l$ darstellt, und vergleicht damit Abb. 5, in der die halbe Wellenlänge durch l bezeichnet ist, so erkennt man leicht, daß sich Fall 2 auf Fall 1 durch die Einführung der halben Wellenlänge l hätte zurückführen lassen. Man bezeichnet die halbe Wellenlänge l auch als „freie Knicklänge" des Stabes.

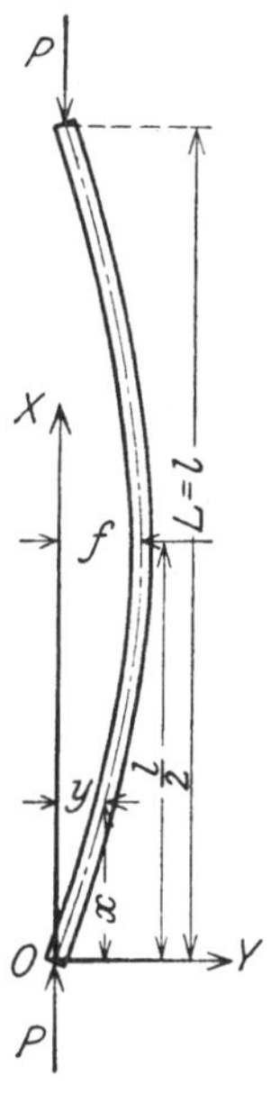

Abb. 5.

3. Fall. (Abb. 6.) Ein Stabende (0) sei frei drehbar in Richtung der Achse geführt, das andere Ende (1) tangententreu befestigt.

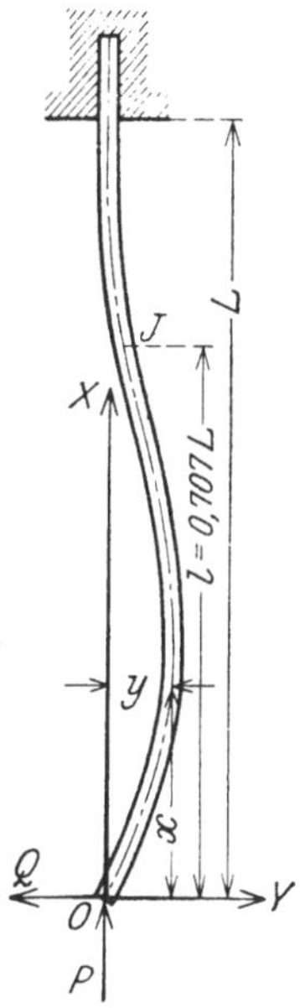

Dieser Fall erfordert eine besondere Untersuchung. Die geometrische Beschränkung des Endpunktes 0, auf der X-Achse zu verbleiben, verlangt die Einführung einer quer zur Stabachse in diesem Punkte wirkenden Kraft Q. Hiernach wird das Biegungsmoment an der Stelle x

$$M_x = P \cdot y + Q \cdot x$$

und die Differentialgleichung der elastischen Linie schreibt sich

$$\frac{d^2 y}{dx^2} = -\frac{M_x}{EJ} = -\frac{P}{EJ} \cdot y - \frac{Q}{EJ} \cdot x.$$

Das Integral hat nun die Form

$$y = A \cdot \sin\frac{x}{k} + B \cdot \cos\frac{x}{k} - \frac{Q}{P} \cdot x, \text{ wo}$$

wieder $\dfrac{1}{k^2} = \dfrac{P}{EJ}$, und die Randbedingungen liefern:

$$y = 0 \text{ für } x = 0, \text{ wonach } B = 0,$$

$$y = 0 \quad „ \quad x = L, \quad „ \quad A \cdot \sin\frac{L}{k} - \frac{Q}{P} \cdot L = 0,$$

$$\frac{dy}{dx} = 0 \quad „ \quad x = L, \quad „ \quad \frac{A}{k} \cdot \cos\frac{L}{k} - \frac{Q}{P} = 0$$

Abb. 6.

ist. Aus den beiden letzten Randbedingungen folgt aber nach Elimination von Q:

$$A \cdot \left[\frac{L}{k} \cdot \cos\frac{L}{k} - \sin\frac{L}{k} \right] = 0.$$

Für $A = 0$ wäre auch $Q = 0$ und man erhielte wieder mit $y = 0$ die Gerade als Gleichgewichtsfigur. Aus $\dfrac{L}{k} \cdot \cos\dfrac{L}{k} - \sin\dfrac{L}{k} = 0$ oder

$$\frac{L}{k} = \operatorname{tg}\frac{L}{k}$$

dagegen ergibt sich die Knickkraft, wenn man der Wurzel dieser transzendenten Gleichung den kleinsten Wert unter den unendlich vielen, die ihr genügen, beilegt.

Diese Wurzel ist $\dfrac{L}{k} \cong 4{,}4934$ im Bogenmaß, entsprechend einem Winkel von $257^0\,27'\,13''$. Man erhält so aus $\dfrac{1}{k} = \dfrac{4{,}4934}{L} = \sqrt{\dfrac{P}{EJ}}$

die Knickkraft zu $P = P_E \cong 20{,}19064 \cdot \dfrac{EJ}{L^2}$, wofür man häufig auch

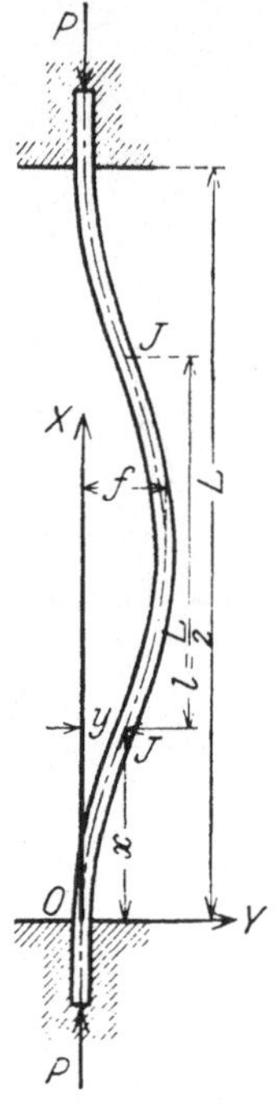

Abb. 7.

den Näherungswert

$$P = P_E = \frac{2\,\pi^2 \cdot EJ}{L^2}$$

findet, der von dem genauen Werte nur um wenig mehr als $2\,^0/_0$ abweicht. Auch hier nehmen im Knickfalle die Konstante A und folglich auch die Durchbiegungen y und die Querkraft Q den unbestimmten Wert $\dfrac{0}{0}$ an. Man erhält die für den 3. Fall maßgebende „freie Knicklänge" l durch Auflösung der Gleichung:

$$P = P_E = \frac{2\,\pi^2 \cdot EJ}{L^2} = \frac{\pi^2 \cdot EJ}{l^2}$$

mit
$$l = \frac{L}{\sqrt{2}} = 0{,}707\,L\,.$$

4. Fall (Abb. 7). Beide Stabenden seien tangententreu eingespannt. Dieser Fall läßt sich auf Fall 2 zurückführen, wenn man beachtet, daß der mittlere Teil des Stabes genau der im Falle 2 sich ausbildenden halben Welle entspricht. Man erhält daher für die Knickgrenze den Ausdruck.

$$P = P_E = \frac{4\,\pi^2 \cdot EJ}{L^2}$$

und als Gleichung der elastischen Linie $y = A \cdot \left[1 - \cos\dfrac{2\,\pi x}{L}\right]$, wobei A dem halben Pfeil $\dfrac{f}{2}$ gleich ist und wiederum unbestimmt bleibt.

Für die Knickspannung $\sigma_k = \dfrac{P_E}{F}$ findet sich nach Einführung des

Trägheitsradius $i = \sqrt{\dfrac{J}{F}}$ des Stabquerschnittes mit der Abkürzung $\lambda = l : i$

$$\text{im Falle 1:} \quad \sigma_k = \frac{\pi^2 \cdot E \cdot i^2}{4\,L^2} = \frac{\pi^2 \cdot E \cdot i^2}{l^2} = \frac{\pi^2 \cdot E}{\lambda^2},$$

$$\text{"} \quad \text{"} \quad 2: \quad \sigma_k = \frac{\pi^2 \cdot E \cdot i^2}{L^2} = \frac{\pi^2 \cdot E \cdot i^2}{l^2} = \frac{\pi^2 \cdot E}{\lambda^2},$$

$$\text{"} \quad \text{"} \quad 3: \quad \sigma_k = \frac{2\,\pi^2 \cdot E \cdot i^2}{L^2} = \frac{\pi^2 \cdot E \cdot i^2}{l^2} = \frac{\pi^2 \cdot E}{\lambda^2},$$

$$\text{"} \quad \text{"} \quad 4: \quad \sigma_k = \frac{4\,\pi^2 \cdot E \cdot i^2}{L^2} = \frac{\pi^2 \cdot E \cdot i^2}{l^2} = \frac{\pi^2 \cdot E}{\lambda^2}.$$

Das Verhältnis $\lambda = l : i$ der freien Knicklänge l zum Trägheitsradius i nennen wir den „Schlankheitsgrad" des Stabes oder auch kurz seine „Schlankheit".

Nach den berechneten Werten der Knickspannung hängt diese in jedem Falle nur von dem Elastizitätsmodul und von der Schlankheit ab.

Da nun unsere bisherigen Entwicklungen auf Grund ihrer Herleitung wesentlich der Beschränkung unterworfen sind, daß die Spannungen im Stabe unter σ_p bleiben, so geben die Formeln für die Knickspannung das Mittel an die Hand, das Anwendungsgebiet der Eulerschen Theorie abzugrenzen, indem man Sorge dafür trägt, daß $\sigma_k < \sigma_p$ bleibe.

Aus $\sigma_k = \dfrac{\pi^2 E}{\lambda^2} \leqq \sigma_p$ ergibt sich somit der geringste Schlankheitsgrad, für den die Anwendung unserer Formeln noch berechtigt ist, zu $\lambda \geqq \pi \sqrt{\dfrac{E}{\sigma_p}}.$

Für verschiedene Materialien sind hiernach in Tabelle 3 die Schlankheitsgrenzen der untersuchten 4 Fälle zusammengestellt.

Tabelle 3.

Material	E (t/cm²)	σ_p (t/cm²)	Mindestens erforderliches Verhältnis $L : i$			
			Fall 1 $l = 2L$	Fall 2 $l = L$	Fall 3 $l = 0{,}707 L$	Fall 4 $l = 0{,}5\,L$
Schweißeisen .	2000	1,5	57,5	115	163	230
Flußeisen . . .	2150	2,0	51,5	103	146	206
Flußstahl . . .	2200	2,5	46,5	93	132	186
Federstahl . .	2200	6,0	30,0	60	85	120

Je nach den Werten von E und σ_p, welche man der Rechnung zugrunde legt, erhält man etwas andere Grenzwerte $\dfrac{L}{i}$ als die berechneten. L. v. Tetmajer gibt für den praktisch wichtigsten Fall 2 auf Grund seiner Versuche die Grenzen für die Schlankheit wie folgt an:

für Schweißeisen . . . λ_p etwa $= 112$

„ Flußeisen . . . . . λ_p „ $= 105.$

Die experimentelle Ermittelung der Schlankheitsgrenze befindet sich demnach mit der theoretischen Bestimmung bis zu einem gewissen Grade im Einklang.

Für Baustoffe von nur unvollkommen elastischem Charakter (Gußeisen, Beton usw.) haben die entwickelten Formeln nur die Bedeutung einer rohen Näherung; von einer Schlankheitsgrenze kann daher hier um so weniger die Rede sein, eine je weniger ausgeprägte Proportionalitätsgrenze der Stoff besitzt. Wir kommen auf das Verhalten solcher Stoffe in § 19 noch zurück.

Zahlenbeispiel: Welche Belastung reicht in den untersuchten 4 Fällen hin, um eine flußeiserne Säule NP. ☐ 20 an die Knickgrenze zu bringen? $E = 2150$ t/cm²; $J_{min} = 148$ cm⁴; $F = 32,2$ cm²; $L = 350$ cm.

$$\text{Man erhält für Fall 1:} \quad P = P_E = \frac{\pi^2 \cdot 2150 \cdot 148}{4 \cdot 350^2} = 6,4 \text{ t},$$

$$\text{„ \quad „ \quad 2:} \quad P = P_E = \frac{\pi^2 \cdot 2150 \cdot 148}{350^2} = 25,6 \text{ t},$$

$$\text{„ \quad „ \quad 3:} \quad P = P_E = \frac{2\pi^2 \cdot 2150 \cdot 148}{350^2} = 51,2 \text{ t},$$

$$\text{„ \quad „ \quad 4:} \quad P = P_E = \frac{4\pi^2 \cdot 2150 \cdot 148}{350^2} = 102,4 \text{ t}.$$

Aus Tabelle 3 ersieht man indessen, daß die Eulerformel bei dem vorliegenden Schlankheitsgrad ($\lambda = 163$) nur für die Fälle 1 bis 3 anwendbar bleibt, während im Falle 4 $\left(\dfrac{L}{i} = 206\right)$ die beim Knicken sich ergebende Spannung größer als σ_p würde. Man erhält als Knickspannung

für Fall 1: $\sigma_k = 6,4 : 32,2 = 0,199$ t/cm²,
„ „ 2: $\sigma_k = 25,6 : 32,2 = 0,796$ „ ,
„ „ 3: $\sigma_k = 51,2 : 32,2 = 1,592$ „ ,

während im Falle 4 die Proportionalitätsgrenze bereits überschritten wird, ehe der Stab bei der rechnerischen Knickspannung $\sigma_k = 102,4 : 32,2 = 3,184$ t/cm² angelangt.

Wenn die zuvor unterschiedenen 4 Knickfälle gewöhnlich als „Eulersche Knickfälle" bezeichnet werden, so ist dies strenge genommen nicht ganz zutreffend. Euler behandelte nur das hier als Fall 2 angezogene Problem. Die Untersuchung der übrigen verdankt man Lagrange[1]), der die Eulersche Theorie fortführte, die Gleichung der elastischen Linie aus der strengeren Differentialgleichung $\dfrac{1}{\varrho} = \pm \dfrac{M}{EJ}$ durch Reihenentwicklungen herleitete und auch das Problem des kleinsten Materialaufwandes für Säulen aufstellte und zu lösen suchte.

§ 4. Strengere Berechnung der elastischen Linie.

Die bei der Berechnung der elastischen Linie gemachte Annahme, daß das Bogendifferential ds mit dem Abszissendifferential dx

---

[1]) Lagrange, Sur la figure des colonnes, Miscellanea Taurinensia, Tomus V (1770—1773).

bei Aufstellung der Differentialgleichung verwechselt werden dürfe,
ist, wie die Erfahrung lehrt, für technische Rechnungen im allgemeinen
zulässig. Das Ergebnis der Rechnung, wonach die elastische Linie
nach ihrer Form, nicht aber auch hinsichtlich der Größe der entstehenden Ausbiegungen sich ermitteln ließ, ist indessen befremdlich genug,
denn jede Sinuslinie genügt hiernach, wie wir
sehen, dem Problem des knickenden Stabes.
Dies steht nicht nur mit der Erfahrung im
Widerspruch, sondern es entspricht auch nicht
den Erwartungen, die wir analog allen sonstigen Ergebnissen der Elastizitätslehre an einen
knickenden Stab zu stellen berechtigt sind. Es
wird daher das Bedürfnis rege, eine Verfeinerung der Theorie in dem Sinne anzustreben, daß
jeder Belastung $P \geq P_E$ ein bestimmter Pfeil
der elastischen Linie entspricht, solange überhaupt die Voraussetzungen der Berechnung
noch zutreffen. Schon bald nach Euler wurde
der Weg hierzu angebahnt, indem man die nur
für sehr kleine Ausbiegungen zulässige Gleichsetzung von ds und dx verließ. Neben Lagrange, dessen wir bereits gedachten, haben
Heim, Lamarle, Grashof, Schneider und
Müller-Breslau dieser Aufgabe sich gewid-
met [1]). Wir folgen hier dem Rechnungsgange
Schneiders und vernachlässigen dabei — wie

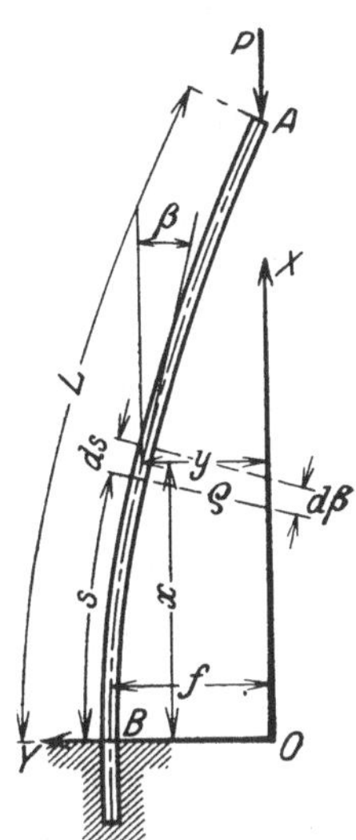

Abb. 8.

dies alle die angeführten Untersuchungen tun —
die durch die Normalkraft sowie durch den Schub bedingten Formänderungen des Stabes gegenüber den von den Biegungsmomenten
abhängigen Deformationen. Daß diese Vernachlässigung im allgemeinen statthaft ist, wird in § 7 noch dargelegt werden.

Wird (Abb. 8) die von der Einspannstelle B an gemessene Bogenlänge s der elastischen Linie als unabhängig Veränderliche, der Abstand y eines Stabelementes von der Kraftrichtung PA als abhängig
Veränderliche betrachtet, so stellt $y = f(s)$ die zu bestimmende
elastische Linie dar. Aus der Figur liest man die Differential-
beziehung

Gl. 1)
$$\frac{dy}{ds} = - \sin \beta$$

leicht ab.

---

[1]) P. G. v. Heim, Über Gleichgewicht und Bewegung gespannter, elastischer,
fester Körper. Stuttgart und Tübingen 1838. — E. Lamarle, Mémoire sur la
flexion du bois, Annales des Travaux publics de Belgique, IV, S. 1—36.
Brüssel 1846. — F. Grashof, Elastizität und Festigkeit, 2. Aufl., S. 164 ff. —
A. Schneider, Zur Theorie der Knickfestigkeit, Zeitschr. d. österr. Ing.- und
Arch.-Vereins 1901, S. 633 u. 649. — H. Müller-Breslau, Die neueren Methoden
der Festigkeitslehre, 4. Aufl., S. 360 ff., Leipzig 1913.

Auf Grund der Bernoullischen Hypothese ist aber

Gl. 2)
$$\frac{d\beta}{ds} = \frac{1}{\varrho} = \frac{Py}{EJ} = \frac{y}{k^2}, \quad \text{wo} \quad \frac{1}{k} = \sqrt{\frac{P}{EJ}}.$$

Aus Gl. 1) und Gl. 2) erhält man durch Division:

$$\frac{y \cdot dy}{k^2} = -\sin\beta \cdot d\beta,$$

woraus sofort das Integral folgt

Gl. 3)
$$\frac{y^2}{2\,k^2} = \cos\beta + C_1.$$

Zur Ermittlung der Integrationskonstanten führt die Randbedingung $\beta = 0$ für $y = f$, wonach aus $\dfrac{f^2}{2\,k^2} = 1 + C_1$ die Konstante $C_1 = \dfrac{f^2}{2\,k^2} - 1$ folgt. Hiernach wird aus Gleichung 3):

Gl. 4)
$$\cos\beta = 1 - \frac{f^2 - y^2}{2\,k^2}.$$

Vermöge der Beziehung $\sin^2\beta = 1 - \cos^2\beta$ läßt sich nun aus 1) und 4) die Differentialgleichung der elastischen Linie herleiten:

Gl. 5)
$$-\frac{dy}{ds} = \sin\beta = \sqrt{1 - \cos^2\beta} = \frac{\sqrt{f^2 - y^2}}{k} \cdot \sqrt{1 - \frac{f^2 - y^2}{4\,k^2}}.$$

Man erhält somit $s = f(y)$ durch die Quadratur

Gl. 6)
$$-s = \int \frac{k \cdot dy}{\sqrt{f^2 - y^2} \cdot \sqrt{1 - \dfrac{f^2 - y^2}{4\,k^2}}} + C_2$$

mit C_2 als der Integrationskonstanten.

Wenn nun $f^2 - y^2 \leqq 4\,k^2$ ist — und solange diese Ungleichung besteht, ist der Integrand reell —, so läßt sich der Ausdruck $\dfrac{dy}{\sqrt{1 - \dfrac{f^2 - y^2}{4\,k^2}}}$ in eine unendliche Reihe entwickeln, vermöge der aus dem binomischen Lehrsatz fließenden Beziehung

$$\frac{1}{\sqrt{1 - \xi}} = (1 - \xi)^{-\frac{1}{2}} = 1 + \frac{1}{2} \cdot \xi + \frac{1 \cdot 3}{2 \cdot 4} \cdot \xi^2 + \frac{1 \cdot 3 \cdot 5}{2 \cdot 4 \cdot 6} \cdot \xi^3 + \ldots \text{ in inf.}$$

Man erhält hiernach aus Gl. 6):

Gl. 7)
$$-s = k \cdot \int (f^2 - y^2)^{-\frac{1}{2}} \cdot \left[1 + \frac{1}{2} \cdot \frac{f^2 - y^2}{4\,k^2} + \frac{1 \cdot 3}{2 \cdot 4} \cdot \left(\frac{f^2 - y^2}{4\,k^2}\right)^2 \right.$$
$$\left. + \frac{1 \cdot 3 \cdot 5}{2 \cdot 4 \cdot 6} \cdot \left(\frac{f^2 - y^2}{4\,k^2}\right)^3 + \ldots \text{ in inf.} \right] \cdot dy + C_2$$

oder

$$\text{Gl. 7a)} \quad -\frac{s}{k} = \int (f^2 - y^2)^{-\frac{1}{2}} \cdot dy$$

$$+ \frac{1}{2} \cdot \frac{1}{4\,k^2} \cdot \int (f^2 - y^2)^{+\frac{1}{2}} \cdot dy$$

$$+ \frac{1 \cdot 3}{2 \cdot 4} \cdot \left(\frac{1}{4\,k^2} \right)^2 \cdot \int (f^2 - y^2)^{\frac{3}{2}} \cdot dy$$

$$+ \frac{1 \cdot 3 \cdot 5}{2 \cdot 4 \cdot 6} \cdot \left(\frac{1}{4\,k^2} \right)^3 \cdot \int (f^2 - y^2)^{\frac{5}{2}} \cdot dy + \dots \text{in inf.} + C_2.$$

Alle in dieser Reihenentwicklung vorkommenden Integrale sind nun von dem Typus $I = \int (f^2 - y^2)^{\frac{2n+1}{2}} \cdot dy$, für welchen sich unter der hier immer zutreffenden Voraussetzung $y < f$ eine Rekursionsformel wie folgt finden läßt:

Setze $\dfrac{y}{f} = \sin t$, also $dy = f \cdot \cos t \cdot dt$ und $f^2 - y^2 = f^2 \cdot (1 - \sin^2 t)$ $= f^2 \cdot \cos^2 t$, so geht das Integral I über in

$$I = f^{2n+2} \cdot \int \cos^{2n+2} t \cdot dt = f^{2n+2} \cdot \left[\frac{\sin t \cdot \cos^{2n+1} t}{2n+2} + \frac{2n+1}{2n+2} \cdot \int \cos^{2n} t \cdot dt \right]$$

Ersetzt man wieder t durch y, so folgt nach kurzer Rechnung die Rekursionsformel:

$$\text{Gl. 8)} \quad \int (f^2 - y^2)^{\frac{2n+1}{2}} \cdot dy = \frac{y}{2n+2} \cdot (f^2 - y^2)^{\frac{2n+1}{2}}$$

$$+ \frac{2n+1}{2n+2} \cdot f^2 \cdot \int (f^2 - y^2)^{\frac{2n-1}{2}} \cdot dy,$$

welche für alle ganzzahligen Werte $n \geq 0$ gilt, und alle Integrale unserer Entwicklung auf das Integral $\int (f^2 - y^2)^{-\frac{1}{2}} \cdot dy = \text{arc sin } \dfrac{y}{f}$ zurückführt. Man erhält nach Ausführung der Rechnung schließlich:

$$\text{Gl. 9)} \quad -\frac{s}{k} = \text{arc sin } \frac{y}{f}$$

$$+ \frac{1}{2} \cdot \frac{1}{4\,k^2} \cdot \left[\frac{y}{2} \cdot (f^2 - y^2)^{\frac{1}{2}} + \frac{f^2}{2} \cdot \text{arc sin } \frac{y}{f} \right]$$

$$+ \frac{1 \cdot 3}{2 \cdot 4} \cdot \left(\frac{1}{4\,k^2} \right)^2 \cdot \left[\frac{y}{4} \cdot (f^2 - y^2)^{\frac{3}{2}} + \frac{3}{2 \cdot 4} \cdot f^2 \cdot y \cdot (f^2 - y^2)^{\frac{1}{2}} \right.$$

$$\left. + \frac{1 \cdot 3}{2 \cdot 4} \cdot f^4 \cdot \text{arc sin } \frac{y}{f} \right]$$

$$+ \frac{1 \cdot 3 \cdot 5}{2 \cdot 4 \cdot 6} \cdot \left(\frac{1}{4\,k^2} \right)^3 \cdot \left[\frac{y}{6} \cdot (f^2 - y^2)^{\frac{5}{2}} + \frac{5}{4 \cdot 6} \cdot f^2 \cdot y \cdot (f^2 - y^2)^{\frac{3}{2}} \right.$$

$$\left. + \frac{3 \cdot 5}{2 \cdot 4 \cdot 6} \, f^4 \cdot y \cdot (f^2 - y^2)^{\frac{1}{2}} + \frac{1 \cdot 3 \cdot 5}{2 \cdot 4 \cdot 6} \, f^6 \cdot \text{arc sin } \frac{y}{f} \right]$$

$$+ \dots \text{in inf.} + C_2.$$

Für $s = 0$ ist $y = f$, und man gelangt, da hierfür in Gl. 9) arc sin $\dfrac{y}{f}$ $=$ arc sin $1 = \dfrac{\pi}{2}$ wird, alle Glieder aber, welche $(f^2 - y^2)$ enthalten, verschwinden, zu

Gl. 10)
$$0 = \frac{\pi}{2} \cdot \left[1 + \left(\frac{1}{2}\right)^2 \cdot \left(\frac{f}{2k}\right)^2 + \left(\frac{1 \cdot 3}{2 \cdot 4}\right)^2 \cdot \left(\frac{f}{2k}\right)^4 + \frac{1 \cdot 3 \cdot 5}{2 \cdot 4 \cdot 6} \cdot \left(\frac{f}{2k}\right)^6 + \ldots \text{in inf.} \right] + C_2 .$$

Für $s = L$ ist $y = 0$, daher erhält man hierfür aus Gl. 9) die Konstante C_2 zu Gl. 11) $C_2 = -\dfrac{L}{k}$, wonach dann aus Gl. 10) und 11) folgt:

Gl. 12)
$$L = \frac{\pi k}{2} \cdot \left[1 + \left(\frac{1}{1}\right)^2 \cdot \left(\frac{f}{4k}\right)^2 + \left(\frac{1 \cdot 3}{1 \cdot 2}\right)^2 \cdot \left(\frac{f}{4k}\right)^4 + \left(\frac{1 \cdot 3 \cdot 5}{1 \cdot 2 \cdot 3}\right)^2 \cdot \left(\frac{f}{4k}\right)^6 + \ldots \text{in inf.} \right] .$$

Durch diese Gleichung ist nun, wenn k und L gegeben sind, der Pfeil f der Knicklinie bestimmt. Die Auflösung nach f liefert mit der Abkürzung $\dfrac{2L}{\pi k} - 1 = \dfrac{2L}{\pi} \cdot \sqrt{\dfrac{P}{EJ}} - 1 = \tau$

Gl. 13)
$$f^2 = 16\, k^2 \cdot \left[\tau - \frac{9}{4}\, \tau^2 + \frac{31}{8} \cdot \tau^3 - \frac{185}{32} \cdot \tau^4 + \frac{507}{64} \cdot \tau^5 + \ldots \text{in inf.} \right] .$$

Daß durch Gl. 13) die Auflösung nach f geleistet wird, kann man leicht dadurch zeigen, daß die Lösung Gl. 12) identisch befriedigt.

Durch Ausführung der Probe überzeugt man sich ganz ebenso davon, daß die Auflösung von Gl. 12) nach P den Ausdruck

Gl. 14)
$$P = \frac{\pi^2 \cdot EJ}{4L^2} \cdot \left[1 + \frac{1}{2} \cdot \left(\frac{\pi f}{4L}\right)^2 + \frac{19}{32} \cdot \left(\frac{\pi f}{4L}\right)^4 + \frac{29}{32} \cdot \left(\frac{\pi f}{4L}\right)^6 + \ldots \text{in inf.} \right]$$

liefert. Durch die Gleichungen 9), 13) und 14) ist nun das Problem erschöpft. Gl. 13) ergibt den zu einer Last $P > P_E$ gehörigen Pfeil f eindeutig. Gestattet auch die Gleichung 9) nicht die Berechnung der Ordinaten y als Funktion s, so ermöglicht sie doch, umgekehrt jedem Werte $y < f$ eine bestimmte Bogenlänge s eindeutig zuzuordnen.

Aus Gl. 14) folgt für $f = 0$ wieder der Eulersche Wert der Knickkraft.

Sind beide Stabenden in Spitzen gelagert, so bildet sich bei einem doppelt so langen Stab dieselbe Knicklinie aus wie in dem hier behandelten Falle. Die obigen Gleichungen gelten daher auch dann, wenn man nur L durch $\dfrac{l}{2}$ und sinngemäß τ durch $\left(\dfrac{l}{\pi k} - 1\right)$ ersetzt.

Als Beispiel möge ein Rundeisenstab von 1 cm Durchmesser und 200 cm Länge behandelt werden, dessen eines Ende fest eingespannt ist.

Die Knicklast für ihn ist nach Euler bei $E = 2000$ t/cm²

$$P_E = \frac{\pi^2 \cdot EJ}{l^2} = \frac{\pi^2 \cdot 2\,000\,000 \cdot 0{,}0491}{4 \cdot 200^2} = 6{,}056 \text{ kg,}$$

die zugehörige Knickspannung $\sigma_k = \dfrac{6{,}056 \cdot 4}{\pi} = 7{,}72$ kg/cm². Sowie nach Überschreitung der Knickgrenze eine Ausbiegung eintritt, beginnt ein rasches Anwachsen der Spannungen infolge der Biegungsmomente. Tabelle 4 gibt die Ausbiegungen f, die Druckspannungen und die Biegungspannungen, sowie die größten resultierenden Randspannungen für Lasten, welche die Knickgrenze überschreiten.

Tabelle 4.

Belastung (kg) P	Ausbiegung (cm) f	Spannungen (kg/cm²)		
		$\sigma_D = P:F$	$\sigma_B = Pf:W$	$P:F + Pf:W$
$6{,}056 = P_E$	0,0	7,72	0	7,72
6,100	30,50	7,77	1895	1903
6,150	44,08	7,83	2768	2776
6,200	54,00	7,89	3350	3358

Wie die letzte Spalte zeigt, erreicht die Randspannung schon bei 6,1 kg Belastung einen der Proportionalitätsgrenze benachbarten Wert. Dementsprechend verliert die Rechnung ihre Zulässigkeit für die höheren Belastungen.

Wo die hier entwickelten Formeln von praktischer Bedeutung werden, wird man sich wohl ausnahmslos mit den unter Vernachlässigung der Glieder höherer Ordnung aus Gl. 13) und 14) hervorgehenden Näherungen begnügen dürfen

$$\text{Gl. 13a)} \qquad f = 4\,k \cdot \sqrt{\frac{2\,L}{\pi k} - 1} \quad \text{mit } k = \sqrt{\frac{EJ}{P}}$$

für den Pfeil f und

$$\text{Gl. 14a)} \qquad P = \frac{\pi^2 \cdot EJ}{4\,L^2} \cdot \left[1 + \frac{1}{2}\left(\frac{\pi f}{4\,L}\right)^2\right]$$

für die Kraft $P > P_E$, welche die Ausbiegung mit dem Pfeile f zur Folge hat.

§ 5. Einfluß kleiner Abweichungen des Stabes von der geraden Form.

Wir gehen nunmehr dazu über, den Einfluß zu bestimmen, den kleine Abweichungen der Stabachse von der in praxi nicht vollkommen zu erzielenden Form der geraden Linie ausüben. Dabei setzen wir ausdrücklich voraus, daß die Abweichungen im Vergleich zur Stablänge klein seien, und nehmen für diesen Fall an, die Stabachse habe von Haus aus die Gestalt einer Sinuslinie (Abb. 9) von kleiner Pfeilhöhe f_0. Man könnte übrigens, ohne daß die Rechnung ein anderes Ergebnis zeitigte, auch eine andere Kurve von geringer Stichhöhe zugrunde legen (Kreisbogen oder Parabel).

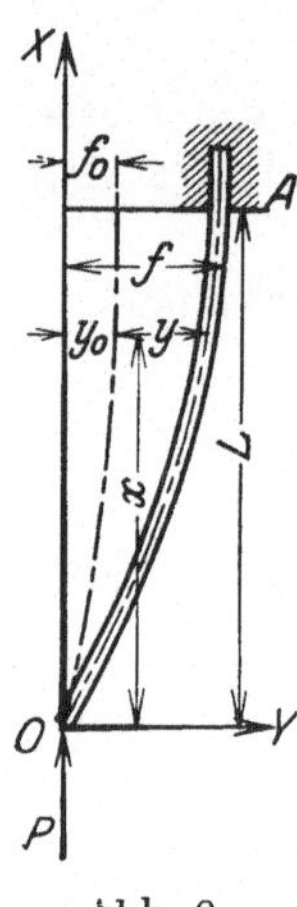

Abb. 9.

Die Gleichung der undeformierten Achse lautet dann mit den aus der Abbildung ersichtlichen Bezeichnungen

Gl. 1) $$y_0 = f_0 \cdot \sin\left(\frac{\pi x}{2L}\right)$$

und die Diff.-Gl. der elastischen Linie schreibt sich näherungsweise $\dfrac{d^2 y}{d x^2} = -\dfrac{P}{EJ} \cdot (y_0 + y)$ oder mit der Abkürzung $\dfrac{P}{EJ} = \dfrac{1}{k^2}$ gemäß Gl. 1)

Gl. 2) $$\frac{d^2 y}{d x^2} = -\frac{1}{k^2} \cdot \left(f_0 \cdot \sin \frac{\pi x}{2L} + y\right).$$

Das Integral hierzu ist, wie man sich leicht überzeugt,

Gl. 3) $$y = A \cdot \sin \frac{x}{k} + B \cdot \cos \frac{x}{k} - \frac{f_0}{1 - \left(\frac{\pi k}{2L}\right)^2} \cdot \sin \frac{\pi x}{2L}.$$

Die Randbedingungen liefern die Gleichungen

$$y = 0 \quad \text{für} \quad x = 0 \quad \text{oder} \quad B = 0,$$

$$\frac{dy}{dx} = 0 \quad „ \quad x = L \quad „ \quad \frac{A}{k} \cdot \cos \frac{L}{k} - \frac{f_0}{1 - \left(\frac{\pi k}{2L}\right)^2} = 0,$$

woraus $A = \dfrac{f_0}{1 - \left(\dfrac{\pi k}{2L}\right)^2} \cdot \dfrac{k}{\cos \dfrac{L}{k}}$ und die Gleichung der elastischen Linie

Gl. 4) $$y = \frac{f_0}{1 - \left(\frac{\pi k}{2L}\right)^2} \cdot \left[k \cdot \frac{\sin \frac{x}{k}}{\cos \frac{L}{k}} - \sin \frac{\pi x}{2L}\right] \quad \text{folgt.}$$

Insbesondere ist bei Punkt A für $x = L$

$$\text{Gl. 5)} \qquad y_{max} = f - f_0 = \frac{f_0}{1 - \left(\dfrac{\pi k}{2L}\right)^2} \cdot \left[k \cdot \operatorname{tg} \frac{L}{k} - 1 \right].$$

Aus den Gleichungen 4) und 5) erhellt nun, daß bei von Null verschiedenen Werten f_0, d. h. also, wenn der Stab ursprünglich schon gekrümmt war, bei jeder noch so kleinen Last immer eine Biegung entsteht. Wird aber $\dfrac{L}{k} = \dfrac{\pi}{2}$, so wird $\cos \dfrac{L}{k} = 0$, $\operatorname{tg} \dfrac{L}{k} = \infty$ und $1 - \left(\dfrac{\pi k}{2L}\right)^2 = 0$, wonach aus diesen Gleichungen folgt, daß y und y_{max} über jedes Maß wachsen.

Der Stab knickt demnach für $\dfrac{L}{k} = \dfrac{\pi}{2}$, was wieder zu der für den geraden Stab ermittelten Eulerschen Knickbedingung $P = P_E = \dfrac{\pi^2 \cdot EJ}{4L^2}$ zurückführt. Die Knickgrenze eines Stabes wird sonach durch Verkrümmungen, welche dem spannungslosen Stabe eigen sind, nicht beeinflußt, solange diese Verkrümmungen klein sind; Bogenträger von beträchtlicher Pfeilhöhe verhalten sich etwas anders, worauf wir in § 29 noch zurückkommen.

Dieses Resultat darf aber nicht zu der Annahme verleiten, daß nun auch praktisch auf die Genauigkeit, mit der ein Stab hinsichtlich seiner Achsform gerade hergestellt wird, nichts ankomme. Eben weil für kleine Abweichungen von der Geraden immer Biegung im Stabe auftritt, liegt die Gefahr vor, daß lange vor Erreichung der Knickgrenze unzulässig hohe Spannungen auftreten (vgl. die Ausführungen über Nebenspannungen in § 49).

Fast alle Experimentatoren (Hodgkinson, Bauschinger, Föppl, Tetmajer, v. Kármán) haben bei ihren Versuchen Durchbiegungen der Stäbe schon unterhalb der Knickgrenze beobachtet, die gelegentlich mit steigender Last auch ihr Vorzeichen wechseln, immer aber einen unregelmäßigen Charakter zeigen. Bedenkt man, daß im allgemeinen die Abweichungen eines Stabes von der geraden Form schon unregelmäßig sind, und daß gleichzeitig die Last fast stets an einem kleinen Exzentrizitätshebel wirkt, der noch dazu während des Versuches sich ändern kann, so sind die angezogenen Beobachtungen auch theoretisch erklärlich.

§ 6. Einfluß von Querbelastungen des Stabes.

Nicht selten wirken quer zur Achse eines vorwiegend auf Druck beanspruchten Stabes Kräfte wie z. B. Wind, Schneelasten oder das Eigengewicht. Zur Bestimmung ihres Einflusses untersuchen wir (Abb. 10) den nebenstehend dargestellten Belastungsfall, der leicht

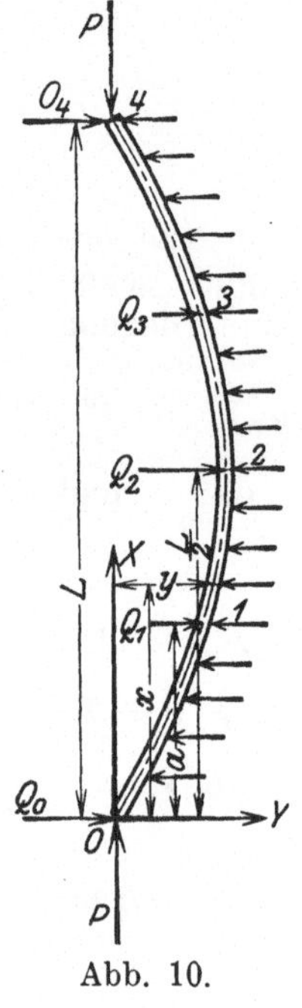

Abb. 10.

auch noch erweitert werden kann. Wir beschränken uns dabei auf die Wirkung einer gleichförmigen Last p sowie der Einzelkräfte Q_0, Q_1, Q_2 und nehmen außerdem noch an, daß der Stab hinsichtlich seiner Belastung symmetrisch sei, wodurch wir die Rechnung auf eine Stabhälfte beschränken können. Die daraus folgenden Ergebnisse besitzen aber, wie gleich hervorgehoben werden möge, allgemeine Geltung.

Für den gezeichneten Belastungsfall ist das Biegungsmoment an der Stelle x

im Felde 0—1: $M_x = - P \cdot y - \dfrac{p \cdot x^2}{2} + Q_0 \cdot x,$

„   „   1—2: $M_x = - P \cdot y - \dfrac{p \cdot x^2}{2}$
$$+ (Q_0 + Q_1) \cdot x - Q_1 \cdot a.$$

Die Differentialgleichung $\dfrac{d^2 y}{d x^2} = \dfrac{M_x}{EJ}$ der elastischen Linie liefert daher mit $\dfrac{1}{k^2} = \dfrac{P}{EJ}$ die Integrale:

Feld 0—1: $y = A \cdot \sin \dfrac{x}{k} + B \cdot \cos \dfrac{x}{k} + \dfrac{Q_0}{P} \cdot x - \dfrac{p}{2P} \cdot \left(x^2 - \dfrac{2EJ}{P}\right).$

„   1—2: $y = C \cdot \sin \dfrac{x}{k} + D \cdot \cos \dfrac{x}{k} + \dfrac{Q_0 + Q_1}{P} \cdot x - \dfrac{Q_1}{P} \cdot a - \dfrac{p}{2P}\left(x^2 - \dfrac{2EJ}{P}\right)$

Man findet hieraus durch Differentiieren:

Feld 0—1: $\dfrac{dy}{dx} = \dfrac{A}{k} \cdot \cos \dfrac{x}{k} - \dfrac{B}{k} \cdot \sin \dfrac{x}{k} + \dfrac{Q_0}{P} - \dfrac{p \cdot x}{P},$

„   1—2: $\dfrac{dy}{dx} = \dfrac{C}{k} \cdot \cos \dfrac{x}{k} - \dfrac{D}{k} \cdot \sin \dfrac{x}{k} + \dfrac{Q_0 + Q_1}{P} - \dfrac{p \cdot x}{P}.$

Mit den gewonnenen Gleichungen lassen sich sodann die Integrationskonstanten A, B, C und D aus den Randbedingungen der Felder berechnen, welche lauten:

Feld 0—1: $y = 0$ für $x = 0$ und $\left.\begin{array}{l} y = y_a, \\ \dfrac{dy}{dx} = y_a \end{array}\right\}$ für $x = a,$

Feld 0—2: $\left.\begin{array}{l} y = y_a, \\ \dfrac{dy}{dx} = y_a \end{array}\right\}$ für $x = a$ und $\dfrac{dy}{dx} = 0$ für $x = \dfrac{L}{2}.$

Die Bestimmungsgleichungen sind somit:

$$B + \frac{p \cdot EJ}{P^2} = 0,$$

$$A \cdot \sin \frac{a}{k} + B \cdot \cos \frac{a}{k} = C \cdot \sin \frac{a}{k} + D \cdot \cos \frac{a}{k},$$

$$A \cdot \cos \frac{a}{k} - B \cdot \sin \frac{a}{k} = C \cdot \cos \frac{a}{k} - D \cdot \sin \frac{a}{k}.$$

$$\frac{C}{k} \cdot \cos \frac{L}{2k} - \frac{D}{k} \cdot \sin \frac{L}{2k} + \frac{Q_0 + Q_1 - \frac{p \cdot L}{2}}{P} = 0.$$

Zur Berechnung der maximalen Durchbiegung f für $x = \frac{L}{2}$ genügt die Kenntnis der Größen C und D, welche sich aus den vorstehenden Gleichungen zu

$$D = -\frac{p \cdot EJ}{P^2} + \frac{Q_1}{P} \cdot k \cdot \sin \frac{a}{k},$$

$$C = -\frac{p \cdot EJ}{P^2} \cdot \operatorname{tg} \frac{L}{2k} + \frac{Q_1}{P} \cdot k \cdot \sin \frac{a}{k} \cdot \operatorname{tg} \frac{L}{2k} - \frac{Q_0 + Q_1 - \frac{p \cdot L}{2}}{P} \cdot \frac{k}{\cos \frac{L}{2k}} \cdot$$

ergeben. Mit diesen Konstanten folgt aus der Gleichung der elastischen Linie für das Feld 1—2 für $x = \frac{L}{2}$ der Pfeil f:

$$f = \left[\frac{p \cdot EJ}{P^2} \left(1 - \frac{1}{\cos \frac{L}{2k}} \right) + \frac{Q_1}{P} \cdot k \cdot \frac{\sin \frac{a}{k}}{\cos \frac{L}{2k}} - \frac{Q_0 + Q_1 - \frac{p \cdot L}{2}}{P} \cdot k \cdot \operatorname{tg} \frac{L}{2k} \right]$$

$$+ \frac{Q_0 + Q_1}{P} \cdot \frac{L}{P} - \frac{Q_1}{P} \cdot a - \frac{p \cdot L^2}{8P}.$$

Solange die Querbelastungen p und Q des Stabes endlich sind, erhält man hiernach endliche Biegungspfeile, wofern nicht $\frac{L}{k} = n \cdot \frac{\pi}{2}$ wird, unter n eine ganze Zahl verstanden. Für diesen kritischen Wert jedoch werden die in der eckigen Klammer eingeschlossenen Werte unendlich groß. Der Stab knickt aus, und er tut dies, wie die Bedingung $\frac{L}{2k} = \frac{\pi}{2}$ ergibt, frühestens bei der Eulerschen Knicklast.

Auch die Querbelastung eines Stabes ist demzufolge ohne Einfluß auf seine Knickgrenze.

Grundsätzlich verschieden von dem hier untersuchten Falle ist ein für die Praxis sehr wichtiges Problem, bei dem die quer zur Stabachse wirkenden Kräfte von den eintretenden Deformationen des Stabes selbst abhängen. Kräfte dieser Art bestimmen die Knickgrenze in entscheidender Weise, worauf wir bei der Behandlung des Stabes auf elastisch nachgiebigen Stützen, sowie der häufigsten Anwendung dieses Problems auf die Knicksicherheit der Druckgurte offener Brücken noch eingehen werden.

§ 7. Einwirkung der Schubkraft auf die Knickgrenze.

Von dem Einfluß, den die Schubkraft auf die Höhe der Knickgrenze ausübt, haben wir uns noch Rechenschaft zu geben. Wir setzen zu dem Ende die Durchbiegung des Stabes in der Form an

Gl. 1) $$y = y_M + y_Q,$$

wo y_M den Anteil von y bedeutet, der ausschließlich durch die Biegungsmomente entsteht, y_Q aber den von den Schubkräften erzeugten Bestandteil.

Indem wir y, y_M und y_Q als affine Sinuslininien voraussetzen[1]), können wir schreiben

Gl. 2) $$\begin{cases} y_M = \alpha \cdot y, \\ y_Q = (1 - \alpha) \cdot y. \end{cases}$$

Nun ist $$\frac{d^2 y_M}{dx^2} = -\frac{P \cdot y}{EJ}$$

oder, da $\dfrac{d^2 y_M}{dx^2} = \alpha \cdot \dfrac{d^2 y}{dx^2}$ ist, $\dfrac{d^2 y}{dx^2} + \dfrac{P \cdot y}{\alpha \cdot EJ} = 0$,

---

[1]) Die Berechtigung zu dieser Annahme ergibt sich daraus, daß man die aus ihr abgeleitete Knickgrenze auch folgendermaßen entwickeln kann: Die Krümmungsänderung aus dem Momente M und der Querkraft Q ist $\dfrac{d^2 y}{dx^2} = \dfrac{M}{EJ} + \dfrac{\zeta}{GF} \cdot \dfrac{dQ}{dx}$. Setzt man $M = -Py$ und demzufolge $\dfrac{dQ}{dx} = -\dfrac{d^2 M}{dx^2} = P \cdot \dfrac{d^2 y}{dx^2}$, so wird $\dfrac{d^2 y}{dx^2} \cdot \left[1 - \dfrac{\zeta P}{G \cdot F}\right] + \dfrac{P \cdot y}{EJ} = 0$. Schreibt man abkürzend $\dfrac{P}{EJ \cdot \left(1 - \dfrac{\zeta P}{GF}\right)} = \omega^2$, so erhält man aus $\dfrac{d^2 y}{dx^2} + \omega^2 \cdot y = 0$ die Gleichung der elastischen Linie $y = A \cdot \sin \omega x + B \cdot \cos \omega x$, aus der wie in § 3 vermöge der Randbedingungen die Knickgrenze zu $P = P_E : \left[1 + \dfrac{\xi \cdot P_E}{G \cdot F}\right]$ folgt. Die obige Annahme, welche dasselbe Ergebnis liefert, ist damit als zulässig nachgewiesen. Die hier gewählte Darstellung wurde jedoch mit Rücksicht auf die später (§ 53) hierauf zu gründende Berechnung gegliederter Druckstäbe vorgezogen.

eine Gleichung, die sich von der ohne Einfluß der Schubkräfte behandelten nur dadurch unterscheidet, daß $\dfrac{P}{\alpha}$ an die Stelle von P tritt. Es folgt daher hieraus sofort die Knickkraft

$$\text{Gl. 3)} \qquad P = \alpha \cdot \frac{\pi^2 \cdot E J}{l^2},$$

wenn l die freie Knicklänge ist. Unter dem Einfluß der Querkraft Q erfolgt eine Verschiebung zwischen zwei um die Längeneinheit voneinander entfernten Querschnitten um das Maß

$$\text{Gl. 4)} \qquad \gamma = \frac{Q \cdot \zeta}{G \cdot F}.$$

Hierin ist ζ ein von der Querschnittsform abhängiger Koeffizient, der dem Umstande ungleichmäßiger Verteilung der Schubspannungen τ über den Querschnitt Rechnung trägt. Er berechnet sich aus der bekannten Beziehuug

$$\text{Gl. 5)} \qquad \zeta = \frac{F}{Q^2} \cdot \int_0^F \tau^2 \cdot d F,$$

in welche τ entsprechend dem Verteilungsgesetze für die Schubspannungen als Funktion von $d F$ einzuführen ist. ζ ist von 1 im allgemeinen wenig verschieden und nimmt beispielsweise für

$$\text{rechteckige Querschnitte den Wert } \zeta \simeq 1{,}20,$$
$$\text{kreisförmige } \quad \text{\char34} \quad \text{\char34} \quad \text{\char34} \quad \zeta \simeq 1{,}11$$

an. Aus der elastischen Linie y ist aber

$$\text{Gl. 6)} \qquad \gamma = \frac{d y_Q}{d x},$$

die auf die Längeneinheit bezogene Verschiebung der Querschnitte, und es folgt mithin aus Gl. 4) und 6).

$$\text{Gl. 7)} \qquad \frac{d y_Q}{d x} = \frac{Q \cdot \zeta}{G \cdot F}.$$

Da $Q = -\dfrac{d M}{d x} = P \cdot \dfrac{d y}{d x}$ ist, so geht Gl. 7) in

$$\text{Gl. 8)} \qquad \frac{d y_Q}{d x} = \frac{P \cdot \zeta}{G \cdot F} \cdot \frac{d y}{d x}$$

über, aus der wegen Gl. 2).

$$\text{Gl. 9)} \qquad (1 - \alpha) \cdot \frac{d y}{d x} = \frac{P \cdot \zeta}{G \cdot F} \cdot \frac{d y}{d x} \quad \text{und} \quad \alpha = 1 - \frac{P \cdot \zeta}{G \cdot F}$$

folgt. Hieraus erhält man die Knickgrenze aus Gl. 3) und 9) durch Elimination von α:

$$\text{Gl. 10)} \qquad P = \frac{\pi^2 \cdot E J}{l^2} : \left[1 + \frac{\zeta}{G \cdot F} \cdot \frac{\pi^2 \cdot E J}{l^2} \right] = P_E : \left[1 + \frac{P_E \cdot \zeta}{G \cdot F} \right]\ {}^{1)}.$$

Die Rücksichtnahme auf die Schubdeformationen erniedrigt demnach die Knickgrenze unter den Eulerschen Wert. Für $G = \infty$, d. h. bei unbegrenzt schubfestem Material, wird Gl. 10) mit der Eulerschen Bedingung wieder identisch.

Führt man in Gleichung 10) $\frac{J}{F} = i^2$ und für Flußeisen $\frac{E}{G} \cong 2{,}6$, sowie für rechteckige Querschnitte $\zeta = 1{,}2$ ein, so folgt

$$\text{Gl. 11)} \qquad\qquad P = P_E : \left[1 + 30{,}8 \cdot \left(\frac{i}{l} \right)^2 \right].$$

Für den Grenzfall $\frac{l}{i} \cong 103$ (Flußeisen), bei dem die Knickspannung etwa die Proportionalitätsgrenze erreicht, verhält sich die aus Gl. 11) berechnete Knickgrenze zur Eulerschen wie $44\,100 : 44\,131$. Der Unterschied ist also praktisch immer ohne Bedeutung.

In welchem Maße sich nach Überschreitung der Proportionalitätsgrenze der Gleitmodul G ändert, ist nicht bekannt. Nimmt man an, daß sein Verhältnis zum Elastizitätsmodul auch jenseits dieser Grenze seinen Wert beibehält, so kann Gleichung 10) bzw. Gl. 11) allgemein angewandt werden, wobei nur der im ersten Gliede $P_E = \dfrac{\pi^2 \cdot E J}{l_2}$ stehende Modul E jenseits der Proportionalitätsgrenze durch den verminderten Modul T nach Maßgabe der Ausführungen des § 18 zu ersetzen wäre.

Übrigens ist auch bei gedrungenen Stäben unter der Voraussetzung eines konstanten Verhältnisses $E : G$ der Einfluß der Schubkraft gering. Für die Schlankheit $l : i = 30$ und rechteckige Querschnittsform verhält sich die ohne Berücksichtigung der Schubkraft ermittelte Knickgrenze zum genauen Werte wie $1{,}034$ zu $1{,}0$, so daß man wohl allgemein folgern darf, daß dieser Einfluß vernachlässigt werden kann.

Dies gilt jedoch nur für vollwandige Stäbe. Bei sogenannten Gliederstäben, bei denen zur Aufnahme der Querkraft ein besonderer Verband dient, ist eine Vernachlässigung ihrer Wirkung auf die Erniedrigung der Knickgrenze nicht mehr angängig (vgl. hierzu § 53).

§ 8. Knicken eines Stabes durch sein Eigengewicht.

Der bei O (Abb. 11) eingespannte Stab stehe ausschließlich unter Wirkung seiner Eigenlast; er sei von prismatischer Form und habe

---

[1] Die Ableitung dieser Beziehung gab erstmals F. Engeßer, Zentralblatt der Bauverwaltung, 1891; auf anderem Wege entwickelt sie F. Nußbaum, Die genaue Säulenknicklast, Zeitschr. f. Math. u. Physik 1907, S. 134 ff.

eine Länge, welche eben hinreicht, um ihn aus der bei einer kürzeren
Länge noch möglichen geraden Form ausweichen zu lassen. Für den
deformierten Zustand besteht dann im Schnitte x die bekannte Beziehung zwischen dem Biegungsmoment M und der
Querkraft Q:

Gl. 1)
$$Q = -\frac{dM}{dx},$$

für welche man wegen der angenähert gültigen Beziehung $M = EJ \cdot \frac{d^2y}{dx^2}$ auch schreiben kann

Gl. 2)
$$Q = -EJ \cdot \frac{d^3y}{dx^3}.$$

Betrachtet man das Stabstück zwischen x und L,
so ist die Querkraft im Schnitte x durch

Gl. 3)
$$Q = \gamma \cdot (L - x) \cdot \frac{dy}{dx}$$

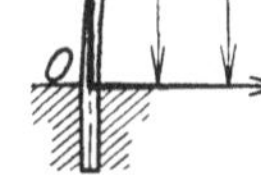

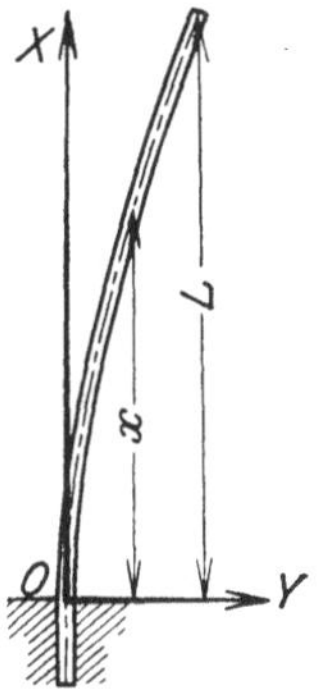

Abb. 11.

gegeben, wenn γ das Gewicht der Längeneinheit des Stabes ist.

Aus Gl. 2) und Gl. 3) ergibt sich sonach die Differentialgleichung
der elastischen Linie

Gl. 4)
$$EJ \cdot \frac{d^3y}{dx^3} + \gamma \cdot (L - x) \cdot \frac{dy}{dx} = 0.$$

Die Integration dieser Gleichung gelingt durch die Substitutionen

Gl. 5)
$$\begin{cases} \dfrac{2}{3} \cdot \sqrt{\dfrac{\gamma}{EJ}} \cdot (L - x)^{\frac{3}{2}} = \xi, \\[2mm] \dfrac{dy}{dx} \cdot (L - x)^{-\frac{1}{2}} = \eta, \end{cases}$$

welche sie in eine Besselsche Differentialgleichung von der Form

Gl. 6)
$$\frac{d^2\eta}{d\xi^2} + \frac{1}{\xi} \cdot \frac{d\eta}{d\xi} + \left[1 - \frac{1}{9\,\xi^2}\right] \cdot \eta = 0$$

überführen. Das zugehörige Integral ist

Gl. 7)
$$\frac{dy}{dx} = (L - x)^{\frac{1}{2}} \cdot \left[A \cdot J_{\frac{1}{2}}(\xi) + B \cdot J_{-\frac{1}{2}}(\xi)\right].$$

Hierin ist

$$J_n(\xi) = \frac{\xi^n}{\sqrt{\pi} \cdot 2^n \cdot \Gamma\left(n + \frac{1}{2}\right)} \cdot \int_0^\pi \cos[\xi \cdot \cos\varphi] \cdot \sin^{2n}\varphi \cdot d\varphi$$

und A, B sind die Integrationskonstanten.

Als Randbedingungen sind einzuführen:

a) $\dfrac{d^2 y}{dx^2} = 0$ für $x = L$, da am freien Stabende das Moment verschwindet, und

b) $\dfrac{dy}{dx} = 0$ für $x = 0$ wegen der Einspannung.

Die Bedingung a) verlangt das Verschwinden von A; zur Befriedigung der Bedingung b) dagegen muß, falls überhaupt eine Deformation eintreten soll, für $x = 0$ die Funktion $J_{-\frac{1}{2}}(\xi)$ verschwinden.

Nun ist aber für $x = 0$ nach Gl. 5) $\xi = \dfrac{2}{3} \cdot \sqrt{\dfrac{\gamma}{EJ}} \cdot L^{\frac{3}{2}}$, wonach auch $J_{-\frac{1}{2}}\left[\dfrac{2}{3} \cdot \sqrt{\dfrac{\gamma}{EJ}} \cdot L^{\frac{3}{2}}\right] = 0$ oder

$$\text{Gl. 8)} \quad 1 - \sum_{1}^{n}\left[(-1^n) \cdot \frac{1}{3 \cdot 6 \cdot 9 \ldots (3n)} \cdot \frac{1}{2 \cdot 5 \cdot 8 \ldots (3n-1)} \cdot \frac{L^{3n} \cdot \gamma^n}{(EJ)^n}\right] = 0.$$

Diese Gleichung stellt die Knickbedingung dar und liefert als kleinste kritische Länge für $n = 1$ der Wurzel von

$$\text{Gl. 9)} \qquad \frac{L^3 \cdot \gamma}{EJ} = 7{,}826$$

entsprechend

$$\text{Gl. 10)} \qquad L \geqq \sqrt[3]{\frac{7{,}826 \cdot EJ}{\gamma}}$$

als Grenzlänge, bei welcher der Stab unter seinem eigenen Gewicht knickt.

Für das in Gl. 10) vorkommende Trägheitsmoment ist natürlich immer J_{min} zu setzen.

Einige Beispiele mögen diesen Knickfall erläutern; sie zeigen deutlich, daß das Knicken unter Eigengewicht praktisch keine Rolle spielt.

Beispiel 1: Winkeleisen NP. 100/12. $I = 86{,}2$ cm⁴; $\gamma = 0{,}000\,177$ t/cm; $E = 2150$ t/cm². Die kritische Länge ist $L \geqq \sqrt[3]{\dfrac{7{,}826 \cdot 2150 \cdot 86{,}2}{0{,}000\,177}} \cong 2020$ cm.

Beispiel 2: Eichenholzstab von 2 cm Durchmesser. $E = 100$ t/cm² und einem spezifischen Gewicht $= 1$.

Hier wird mit $\gamma = \pi \cdot 10^{-6}$ t/cm und $I_m = \dfrac{\pi}{4}$ cm⁴ die kritische Länge

$$L = \sqrt[3]{\frac{7{,}826 \cdot 100 \cdot \pi}{4\,\pi \cdot 10^{-6}}} = 583 \text{ cm.}$$

A. G. Greenhill[1]), von dem die vorstehende Untersuchung herrührt, gibt a. a. O. die Theorie auch für den Fall, daß außer dem Eigengewicht noch eine dem Stabgewichte gleiche Endlast angreift, sowie Lösungen für Stäbe von konischer oder paraboloidischer Form und berechnet im Anschluß daran die Grenzhöhe einiger exotischer Pflanzen, deren Schäfte einer ähnlichen Beanspruchung durch die Schwerewirkung unterworfen sind.

§ 9. Einige besondere Fälle des Knickens. (Verbeulung.)

Bisher war bei unseren Untersuchungen nur auf die Wirkung der Axialkraft hinsichtlich des Knickens Bedacht genommen worden in der Weise, daß wir stillschweigend vorausgesetzt hatten, der Stab knicke unter ausschließlicher Änderung seiner Achsform aus. Dabei hatten Querbelastungen, Eigenlast und Schub keinen oder nur einen unbedeutenden Einfluß geltend gemacht. Es gibt jedoch auch Fälle, wo ein Körper seine Achse beibehält und der Knickvorgang sich in einer Formänderung seiner Wandung abspielt. Solche Formänderungen wollen wir zum Unterschiede von den bisher betrachteten als „Verbeulungen" bezeichnen. Mit den eigentlichen Knickerscheinungen verbindet sie das gemeinsame Merkmal, daß die ursprüngliche Form von einer gewissen Belastung an nicht mehr stabil ist und zugunsten der verbeulten Form verlassen wird. Denkt man sich z. B. einen Hohlzylinder durch axial gerichtete Kräfte auf seine beiden Begrenzungsebenen belastet, so kann je nach den Längenverhältnissen und der Wandstärke entweder ein Knicken eintreten, welches mit einer Krümmung der Achse verbunden ist und den bisher entwickelten Gesetzen gehorcht, oder die Wand kann bei wesentlich gerader Achse sich wellenförmig deformieren. Mit Rücksicht auf die nicht allzu große praktische Bedeutung der Verbeulungserscheinungen geben wir im folgenden nur die grundlegenden Gesetze an und verweisen bezüglich ihrer Ableitung auf die angeführten Quellen[2]).

1. Die kreiszylindrische Röhre.

Eine Röhre vom Radius r und der Wandstärke d, welche durch eine gleichförmige Belastung p (t/cm²) in ihren Begrenzungsebenen beansprucht wird, verbeult sich, wenn p den kritischen Wert

---

[1]) A. G. Greenhill, Determination of the greatest height consistent with stability etc. Cambridge Phil. Soc. Proc. (1881), S. 65. Statt 7,826 in Gl. 9) gibt Greenhill den ungenaueren Wert 7,91.

[2]) S. Timoschenko, Zeitschr. f. Math. u. Phys., Bd. 58 (1910), S. 373 ff. P. Bryan, London Math. Soc. Proc., Bd. 22 (1891), S. 54 und Bd. 25 (1894), S. 141.

$$\text{Gl. 1)} \qquad p_k = \frac{d}{r} \cdot \frac{E}{\sqrt{3 \cdot (1 - \mu^2)}}$$

erreicht. Hierin ist μ das Verhältnis der Querkontraktion zur Längs-dehnung ($\mu = \frac{3}{10}$ für Metalle). Damit der durch Gl. 1) bestimmte Wert, der zugleich die Knickspannung darstellt, kleiner als σ_p bleibt — nur unter dieser Bedingung gelten die in diesem Paragraphen an-geführten Beziehungen — muß der Wert $\frac{d}{r}$ ziemlich klein sein. Die Grenzbedingung ist hierfür

$$\text{Gl. 2)} \qquad \frac{d}{r} \leqq \sigma_p \cdot \frac{\sqrt{3 \cdot (1 - \mu^2)}}{E}.$$

Der Zylinder knickt aus wie ein Stab nach der Eulerschen Gleichung, wenn bei der Länge l

$$\text{Gl. 3)} \qquad p_E = \frac{\pi^2 \cdot E \cdot r^2}{l^2}$$

ist. Aus Gl. 2) und Gl. 3) folgen sonach durch Vergleich der Span-nungen p_k und p_E die Bedingungen

$$\text{Gl. 4)} \qquad \frac{d}{r} > \pi^2 \cdot \sqrt{3 \cdot (1 - \mu^2)} \cdot \left(\frac{r}{l}\right)^2 \quad \text{für das Knicken,}$$

$$\text{Gl. 5)} \qquad \frac{d}{r} < \pi^2 \cdot \sqrt{3 \cdot (1 - \mu^2)} \cdot \left(\frac{r}{l}\right)^2 \quad \text{„ „ Ausbeulen.}$$

2. Das quadratische Rohr bei gleichförmiger, axialer Belastung.

Unter der zu ungünstigen Voraussetzung, daß jede Wandfläche eines solchen Rohres sich verbeult, ohne daß an den Kanten Ein-spannung stattfindet, ergibt sich die Bedingung für das Verbeulen, wenn a die Seitenlänge des Querschnittes und wiederum d die Wand-stärke ist, zu

$$\text{Gl. 6)} \qquad p_k = \frac{\pi^2 \cdot d^2}{a^2} \cdot \frac{E}{3 \cdot (1 - \mu^2)}.$$

Das Rohr knickt als Ganzes nach der Eulerschen Bedingung bei der Länge l, wenn

$$\text{Gl. 7)} \qquad p_E = \frac{\pi^2}{6} \cdot E \cdot \frac{a^2}{l^2}.$$

Der Vergleich beider Knickspannungen liefert wiederum die Grenz-bedingungen

Gl. 8) $\qquad \dfrac{d}{a} > \sqrt{\dfrac{1-\mu^2}{2}} \cdot \dfrac{a}{l}$ für das Knicken,

Gl. 9) $\qquad \dfrac{d}{a} < \sqrt{\dfrac{1-\mu^2}{2}} \cdot \dfrac{a}{l}$ „   „ Ausbeulen.

3. Ausbeulen von Winkeleisen.

Wenn für die gedrückten Ränder (Abb. 12) und für die beiden Schenkelflächen freie Drehbarkeit angenommen wird und die anderen Ränder frei sind, so ist die kritische Spannung, bei der ein Verbeulen des Winkels von der Wandstärke d eintritt,

Gl. 10) $\qquad p_k = U \cdot \dfrac{E}{12 \cdot (1-\mu^2)} \cdot \dfrac{d^2}{a^2}$,

worin

Gl. 11) $\qquad U \simeq \pi^2 \cdot \left(\dfrac{a}{l}\right)^2 + 4{,}5$.

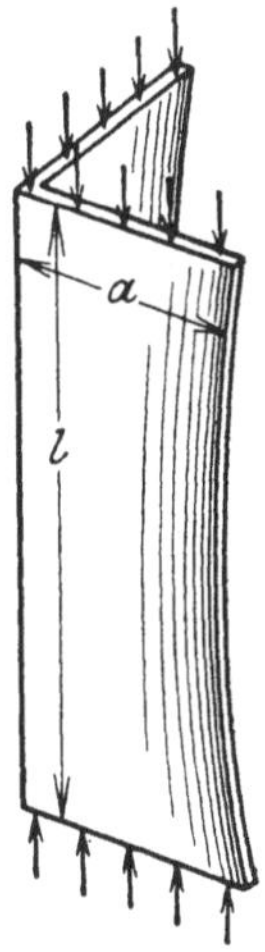

Der Wert von U nähert sich mit wachsenden Werten $\dfrac{l}{a}$ asymptotisch 4,5. Vergleicht man den für $U = 4{,}5$ aus Gleichung 10) fließenden Wert der kritischen Spannung mit dem Werte, bei dem nach Euler das Knicken des Winkels eintritt

Gl. 12) $\qquad p_E = \dfrac{\pi^2}{24} \cdot E \cdot \dfrac{a^2}{l^2}$,

so erhält man die folgenden Grenzbedingungen

Gl. 13) $\qquad \dfrac{d}{a} > \pi \sqrt{\dfrac{12 \cdot (1-\mu^2)}{98}} \cdot \dfrac{a}{l}$ für das Knicken,

Gl. 14) $\qquad \dfrac{d}{a} < \pi \sqrt{\dfrac{12 \cdot (1-\mu^2)}{98}} \cdot \dfrac{a}{l}$ „   „ Ausbeulen.

Abb. 12.

§ 10. Der gerade Stab unter Wirkung von Druck und Torsion.

Die gleichzeitige Beanspruchung eines Stabes durch Druck in seiner Achse und durch Drehmomente an seinen Enden hat Greenhill[1]) zum Gegenstand einer Untersuchung gemacht.

---

[1]) A. G. Greenhill, Proc. Inst. Mech. Engineers 1883.

Ist M das Drehmoment, so bleibt der Stab nur so lange gerade, als die Ungleichung besteht

$$\text{Gl. 1)} \qquad M \leqq 2\,EJ \cdot \sqrt{\frac{\pi^2}{l^2} - \frac{P}{EJ}}.$$

Wird M größer als dieser Grenzwert, so weicht der Stab aus seiner natürlichen Gleichgewichtslage aus, indem er sich schraubenförmig verwindet.

Aus der Gl. 1) erkennt man leicht, daß P unter allen Umständen kleiner sein muß als der Eulerwert, der aus ihr für $M = 0$ wieder folgt.

Läßt man P verschwinden, so ergibt Gl. 1) denjenigen Wert des Drehmomentes

$$\text{Gl. 2)} \qquad M \leqq 2\,EJ \cdot \frac{\pi}{l},$$

welcher mit einer geraden Gleichgewichtsfigur des Stabes eben noch verträglich ist. Für größere Momente knickt der Stab auch ohne axiale Belastung schraubenförmig aus.

Auch bei gezogenen Stäben kann durch Torsion ein Knickzustand herbeigeführt werden, der aus Gl. 1) bestimmt werden kann, indem man die Zugkraft Z an die Stelle von $-P$ einführt. Man erhält dann als Stabilitätsgrenze

$$\text{Gl. 3)} \qquad M \leqq 2\,EJ \cdot \sqrt{\frac{\pi^2}{l^2} + \frac{Z}{EJ}},$$

eine Beziehung, welche zeigt, daß eine Zugkraft den Stab widerstandsfähiger gegen die durch die Torsion bedingte Knickgefahr macht.

§ 11. Der Knickvorgang vom Standpunkte der Theorie des Verzweigungsgleichgewichtes.

Bei der Beanspruchung eines elastischen Gebildes durch äußere Kräfte stellt sich im allgemeinen ein Gleichgewichtszustand dadurch her, daß unter der Kraftwirkung jeder materielle Punkt des Systems eine Verschiebung erfährt. Nach Beendigung dieses Vorganges besteht zwischen den äußeren Kräften und den inneren Spannungen am System das Gleichgewicht der Ruhe, wobei das System selbst eine neue und in der Regel eindeutig bestimmte Form gewonnen hat.

Diese Erscheinung ist bei Gebilden, die auf Druck, Zug, Biegung oder Torsion beansprucht werden, zu bekannt, als daß hierfür besondere Beispiele angeführt werden sollten.

Ganz wesentlich unterscheidet sich hiervon der Knickvorgang dadurch, daß nur unterhalb einer gewissen Grenze die Gleichgewichtsform eindeutig ist. Ein gerader Stab bleibt gerade und verkürzt nur entsprechend den in ihm wachgerufenen Druckspannungen seine

Länge, bis seine Knickgrenze erreicht ist. An dieser Grenze und oberhalb derselben kann er gerade bleiben, er kann aber auch — und in praxi tut er das immer — eine nach einer Sinuslinie gekrümmte Form erhalten.

Der Umstand, daß also bei Knickvorgängen die elastische Linie zwei verschiedene Gestalten je nach der Größe der Belastung hat, ist dem Verständnis der Techniker für das Wesen dieses Vorganges nicht förderlich gewesen[1]). Die Kenntnis analoger Erscheinungen, deren wir einige nachstehend beschreiben wollen, scheint geeignet, den Knickerscheinungen ihren fremdartigen Charakter zu nehmen.

Wird ein gewichtsloser, vollkommen elastischer Stab von der Länge L und unveränderlichem Querschnitt an seinem einen Ende eingespannt und am freien Ende (Abb. 13) durch eine Kraft P belastet, deren Richtung zur Stabtangente an der Einspannstelle senkrecht ist, so sind, wie Kriemler[2]) nachgewiesen hat, drei Gleichgewichtslagen möglich, deren Existenz nur von der Größe von P und von den Stababmessungen abhängt.

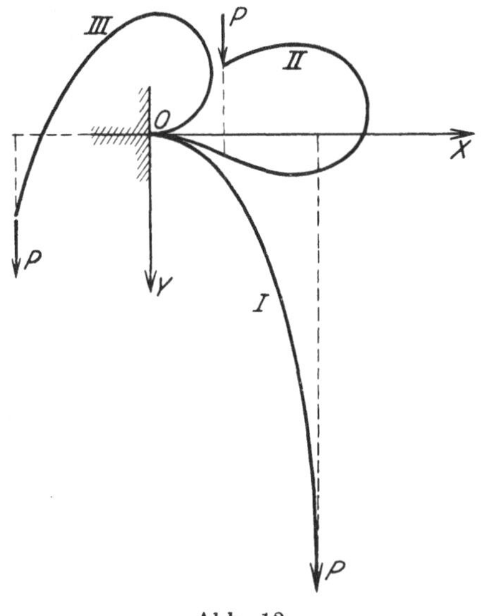

Abb. 13.

Solange $0 < P < 1{,}39\ 321\ \dfrac{\pi^2 \cdot EJ}{L^2}$ nimmt der Stab die in Abb. 13 mit I gekennzeichnete Lage ein, welche landläufig als seine Biegungslinie bekannt ist. Das Gleichgewicht ist dabei stabil und es gibt eine und nur eine Gleichgewichtsform des Stabes.

Wird aber $P > 1{,}39\ 321\ \dfrac{\pi^2 \cdot EJ}{L^2}$, so kann der Stab jede der drei Gleichgewichtslagen I, II, III der Abb. 13 annehmen, jedoch sind für diese Werte von P nur die Lagen I und III stabil. In sie kehrt der Stab nach einer kleinen Gleichgewichtsstörung wieder

---

[1]) So bemerkt z. B. auch B. Kirsch, Studien über das Problem der Zerknickung, Mitteilungen d. K. K. Technologischen Gewerbemuseums, Wien 1904, Heft 4, S. 298 ff. mit Rücksicht auf die Eulersche Knickbedingung:
  „Die Übergänge aus dem stabilen in den labilen Gleichgewichtszustand können durch Verschiebung von Schwerpunkten, Unterstützungspunkten oder Kräften erzielt werden. Hier soll dieser Übergang sich vollziehen, indem die Form des Körpers, die Lage der Kräfte unverändert bleibt und nur die Intensität einer Kraft sich ändert."
[2]) C. I. Kriemler, Labile und stabile Gleichgewichtsfiguren vollkommen elastischer, auf Biegung beanspruchter Stäbe, Karlsruhe 1902, S. 29.

von selbst zurück. Die Lage II dagegen ist labil; stört man den in dieser Lage befindlichen Stab, so kommt er erst wieder zur Ruhe, wenn er eine der stabilen Lagen I oder III erreicht hat. Da bei Belastungen eines Stabes für $P > 1{,}39\ 321 \cdot \dfrac{\pi^2 \cdot EJ}{L^2}$ seine Einstellung in die Lagen II oder III nur durch künstliche Hilfen ermöglicht werden kann, so kommt diesen Lagen eine praktische Bedeutung nicht zu. Sie sind gleichsam unnatürliche Gleichgewichtslagen. Ihre Existenz ist uns aber von größtem Werte, weil damit erwiesen wird, daß auch im Falle der Biegung mehr als eine Gleichgewichtsform bei ein und derselben Belastung möglich ist.

Die Knickung (Abb. 14) ist dem zuvor betrachteten Vorgang völlig analog. Nur besteht hier die labile Gleichgewichtslage bereits von vornherein, während sie im anderen Falle erst dem Stab erteilt werden muß. Zum Übergang aus der labilen Lage II in die stabile Lage I oder III genügt an der Knickgrenze jede noch so kleine Störung.

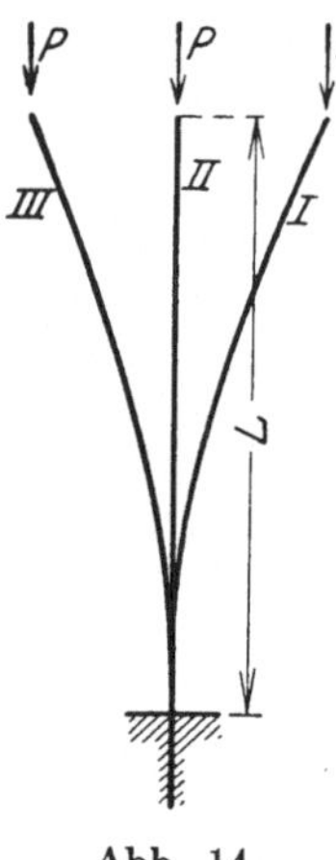

Abb. 14.

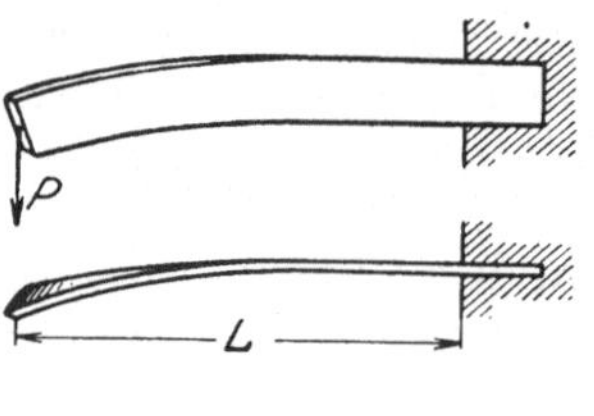

Abb. 15.

Ein anderes Problem dieser Art behandelt Prandtl[1]). Der durch Kräfte in seiner Hauptebene beanspruchte Stab (Abb. 15) biegt sich in der Ebene der Kräfte, solange diese nicht einen bestimmten Grenzwert erreichen, der von dem Stabquerschnitt, seiner Form, der Stablänge, sowie dem Material abhängig ist. Nach Überschreitung dieser Grenze wird die ebene Biegungslinie als Gleichgewichtsfigur labil. Der Stab tritt aus der Ebene heraus, und seine Achse nimmt unter gleichzeitigem Hinzutreten einer Verdrehung die Gestalt einer Raumkurve als stabile Form an. Diesen Vorgang, der hauptsächlich bei Stäben erfolgt, deren eine Querschnittsabmessung gegenüber der andern klein ist (z. B. wenn man eine Reisschiene in der genannten Weise auf Biegung beansprucht) bezeichnet Prandtl als „Kippen".

Die Theorie ist von Prandtl für eine Reihe von bestimmten Belastungen vollständig durchgeführt worden und ergibt z. B. für

---

[1]) L. Prandtl, Kipperscheinungen, Diss. Nürnberg 1899. A. G. M. Michell, Phil. Mag. Ser. 5, vol. 48 (1899).

den in Abb. 15 dargestellten Belastungsfall die kritische Last zu

$$P_k = \frac{4{,}0126}{L^2} \cdot \sqrt{EJ \cdot GT},$$

worin G der Gleitmodul und T der Torsionskoeffizient[1]) ist. Für $P < P_k$ tritt nur Biegung in der durch Kraft und Stabachse bestimmten Ebene ein. Bei $P = P_k$ wird das Gleichgewicht in der Ebene labil, und oberhalb dieser Grenze genügt die kleinste Störung, um das Kippen zu veranlassen.

Die Ergebnisse der Prandtlschen Theorie sind durch seine Versuche gut bestätigt worden.

Aber auch außerhalb des Gebietes der Elastizitätslehre begegnen wir verwandten Erscheinungen.

So hängt z. B. die Existenz der sogenannten Laminarbewegung (Stromfadenbewegung) von Flüssigkeiten wesentlich davon ab, mit welcher Geschwindigkeit die Flüssigkeitsteilchen strömen. Unterhalb der „kritischen" Geschwindigkeit ist die Laminarbewegung eine stabile Bewegungsform, bei ihrer Überschreitung hingegen wird sie labil, und macht einer anderen, stabilen Bewegung Platz, die nicht wirbelfrei erfolgt. Durch Versuche hat O. Reynolds[2]) diese Erscheinung aufgezeigt; eine theoretische Untersuchung der einschlägigen Verhältnisse verdankt man Lord Rayleigh[3]).

In sehr weitgehender Allgemeinheit hat endlich Poincaré[4]) gezeigt, daß z. B. bei einer Flüssigkeit, deren Teilchen sich nach dem Newtonschen Gesetz anziehen, und die übrigens noch mit konstanter Winkelgeschwindigkeit rotiert, unendlich viele Gleichgewichtsfiguren möglich sind, welche allerdings nur zum Teil stabil und an gewisse Grenzen der Winkelgeschwindigkeit gebunden sind. Diese „kritischen" Geschwindigkeiten, bei denen eine Gleichgewichtsform in eine oder mehrere andere Formen (sie sind alle Ellipsoide) übergehen kann, sind nach Poincaré „Verzweigungspunkte" des Gleichgewichts (points de bifurcation), und es tritt im allgemeinen in diesen Verzweigungspunkten ein Stabilitätswechsel auf.

In ihrer Anwendung auf das Knickproblem führt nun die Theorie des Verzweigungsgleichgewichtes zu folgender Auffassung.

Für einen gegebenen Stab, der z. B. einerseits fest eingespannt sein möge, treten unter Wirkung einer axialen Belastung P des freien Endes im allgemeinen (d. h. wenn auch Knicken in Betracht gezogen wird), Verkürzungen $\varDelta l$ der Stabachse und Ausbiegungen f des freien Endes auf. Sowohl $\varDelta l$ als auch f sind Funktionen der Belastung P.

---

[1]) Siehe E. Brauer, Festigkeitslehre, Leipzig 1905, S. 111.

[2]) O. Reynolds, An experimental investigation of the circumstances, which determine, whether the motion of water shall be direct or sinuous etc. London, Phil Trans. 1883.

[3]) Lord Rayleigh, Verschiedene Abhandlungen in London Math. Soc. Proc., vol. 10 (1878), vol. 11 (1880), vol. 19 (1888), vol. 27 (1896).

[4]) H. Poincaré, Sur l'équilibre d'une masse fluide animée d'un mouvement de rotation, Acta mathematica, t. 7 (1885), p. 259.

Die beiden Flächen

$$\Delta l = F_I(P)$$

$$f = F_{II}(P)$$

bestimmen hiernach in einem räumlichen Koordinatensystem der P, Δl und f durch ihren Schnitt eine Kurve, welche man etwa als die „Zustandslinie" des Stabes bezeichnen könnte, da sie jedem Werte P die Werte Δl und f, durch die der elastische Zustand charakterisiert wird, zuordnet. Für Werte $P < P_E$ ist nun $f = 0$, während die Verkürzung Δl der Last proportional ist. Das Gleichgewicht ist stabil. Der Punkt $P = P_E$, zu dem auch ein entsprechender Wert von Δl gehört, ist der Verzweigungspunkt, der das Gebiet $f = 0$ der Zustandslinie gegen das Gebiet abgrenzt, in welchem theoretisch sowohl $f = 0$ als auch $f \neq 0$ möglich ist. In diesem Bereich entspricht $f = 0$ der für $P > P_E$ labilen, geraden Form des Stabes, $f \neq 0$ dem Knickvorgang, der eine stabile Gleichgewichtslage herbeiführt. Dementsprechend gabelt sich die Zustandslinie am Verzweigungspunkte in einen labilen und einen stabilen Ast.

Die angeführten Analogien und der deutliche Zusammenhang mit der Poincaréschen Theorie des Verzweigungsgleichgewichtes ergeben sonach, daß den Knickerscheinungen in keiner Weise eine besondere Stellung innerhalb der Elastizitätslehre zukommt. Nur ohne die hierdurch vermittelte Einsicht läßt es sich verstehen, daß die klaren Untersuchungen Eulers und seiner Nachfolger zum Gegenstande von Kontroversen gemacht werden konnten, welche sich bis in die neueste Zeit fortgesponnen haben[1]).

Das Knickproblem ist seinem Wesen nach ein Stabilitätsproblem.

---

[1]) Vgl. hierzu u. a. I. Kübler, sowie C. I. Kriemler, Zeitschr. f. Math. und Physik, Bd. 45—47 (1900—1902), ferner Zeitschr. d. Ver. deutsch. Ing. Bd. 44 (1900) und Bd. 45 (1901).

Der gerade, vollwandige Stab bei unveränderlicher Stabkraft und unveränderlichem Querschnitt außerhalb der Proportionalitätsgrenze (Versuche über Knickfestigkeit gerader, vollwandiger Stäbe.)

§ 12. Die praktische Erfüllbarkeit der Voraussetzungen der Eulerschen Theorie.

Um die zur Prüfung der Eulerschen Theorie angestellten Versuche kritisch würdigen zu können, muß man untersuchen, inwieweit überhaupt die der Theorie zugrundeliegenden Voraussetzungen bei Versuchen zur Bestimmung der Knicklast erfüllt werden können. Hierbei zeigt es sich, daß, abgesehen von den bereits angedeuteten Störungen, welche die Inhomogenität des Materials, die Abweichungen der Stabachse von der Geraden, und die Exzentrizität des Kraftangriffs mit sich bringen, noch weitere Einflüsse einen unmittelbaren Vergleich der Versuche mit der Theorie erschweren. Zu diesen letzteren gehören:

1. der Einfluß der beinahe vollkommen starren Befestigungsvorrichtungen an den Stabenden bei Versuchen mit Spitzen- oder Schneidenlagerung.
2. der Einfluß der durch die Reibung erzeugten Momente an den Stabenden bei Versuchen mit Spitzen- oder Schneidenlagerung,
3. der Einfluß unvollkommener Einspannung der Stabenden bei Versuchen an eingespannten Stäben.

Mit Ausnahme von Hodgkinson bedienten sich alle Experimentatoren bei ihren Versuchen besonderer Befestigungsvorrichtungen für die Stabenden, welche eine möglichst zentrische Belastung der Stäbe sichern sollten; diese trugen an ihren vom Stabe abgewandten Seiten die Schneiden oder Spitzen, mit welchen sich die Stäbe gegen die Druckplatten der Festigkeitsmaschinen stützten. Rechnet man nun als freie Länge die Entfernung zwischen den Schneiden oder Spitzen, so wird damit offenbar dem Umstande nicht Rechnung getragen, daß die zwischen dem Stabende und der Druckplatte befindliche Länge des Befestigungsstückes seiner großen Steifigkeit wegen an der Deformation des Stabes nicht in gleicher Weise teilnehmen kann wie der Stab selbst. Die einer solchen Versuchsanordnung entsprechende Knicklänge erhält man nach Kármán[1]) durch Verminderung der Schneidenentfernung l' um die Korrekturgröße $2\,\Delta$, welche man durch die folgende Näherungsrechnung findet.

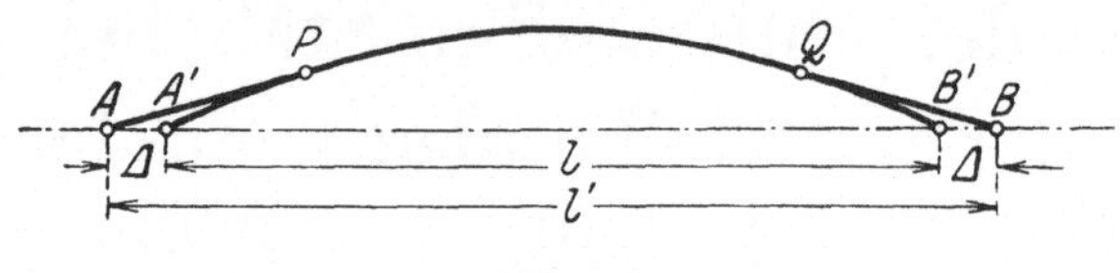

Abb. 16.

Seien AP und BQ (Abb. 16) die starren Enden des nach der Kurve $APQB$ geknickten Stabes, so besteht die Knicklinie aus dem einer Sinuslinie zugehörigen Stück PQ und den anschließenden, tangentialen Strecken AP und BQ. Wären die Enden ebenso nachgiebig wie der Stab selbst, so wäre $A'PQB'$ die Sinuslinie, nach welcher der Stab ausknickt. Definiert man nun den Winkel ψ durch die Gleichung

$$\psi = \pi \cdot \frac{AP}{AB},$$

so verhält sich näherungsweise

$$A'P : AP = \operatorname{tg}\psi : \psi.$$

Hiernach wird die Korrektur angenähert

$$\Delta = l' \cdot \frac{\operatorname{tg}\psi - \psi}{\pi} = l' \cdot \frac{\left[\psi + \dfrac{\psi^3}{3} + \dfrac{2\,\psi^5}{3\cdot 5} + \cdots\right] - \psi}{\pi}.$$

Beschränkt man die Reihenentwicklung für kleine Werte ψ auf die beiden ersten Terme, so folgt

$$\Delta = l' \cdot \frac{\psi^3}{3\,\pi} = \frac{\pi^2}{3} \cdot AB \cdot \left(\frac{AP}{AB}\right)^3.$$

Man erhält für verschiedene Werte $\dfrac{AP}{AB}$ die in Tabelle 5 eingetragenen Korrekturen in Prozenten der Schneidenentfernung l'.

<hr>

[1]) Th. v. Kármán, Untersuchungen über Knickfestigkeit, Mitteilungen über Forschungsarbeiten auf dem Gebiete des Ingenieurwesens, Heft 81, Berlin 1910.

Tabelle 5.

Verhältnis des starren Teiles zur Schneidenentfernung $\dfrac{AP}{AB} =$	0,01	0,02	0,05	0,10	0,15	0,20	0,25
Korrektur in Prozenten der Schneidenentfernung l' $\varDelta =$	—	0,02	0,04	0,30	1,1	2,6	5,1

Wirken bei Knickversuchen die als Schneiden oder Spitzen ausgeführten Enden nicht mit verschwindend kleiner Reibung, so kann der 2. Eulersche Knickfall, bei welchem die Momente an den Stabenden gleich Null sind, nicht strenge verwirklicht werden. Je nach der Größe der hierbei auftretenden Reibungsmomente nähert sich ein solcher Stab mehr oder minder dem Verhalten eines Stabes mit teilweise eingespannten Enden. Hieraus ist es zu erklären, wenn manche Versuche mit sogenannter „Schneidenlagerung" eine höhere Knicklast als die theoretische aufweisen. Denn da die theoretische Knicklast immer die obere Grenze für die Tragfähigkeit eines Stabes festlegt, so dürften Knickversuche strenge genommen nur Ergebnisse zeitigen, welche die theoretische Knicklast höchstens erreichen, jedenfalls aber sie nicht überschreiten.

Der entgegengesetzte Fall, daß bei Knickversuchen sich eine wesentliche Erniedrigung der Knickgrenze unter ihren theoretischen Wert ergibt, ist namentlich bei Versuchen mit eingespannten Stabenden häufig. Nur eine tangententreue Einspannung, bei der die Stabachse ihre Richtung an den Einspannstellen nicht zu ändern vermag, erhöht z. B. bei schlanken Stäben die Eulersche Knicklast auf das vierfache des für frei drehbare Enden gültigen Wertes.

Bei „Flächenlagerung", wobei die Stabenden sich stumpf gegen die Druckplatten der Maschine legen, wird eine teilweise Einspannung der Enden bewirkt, welche indessen um so geringer angeschlagen werden muß, je schlanker der Versuchsstab ist.

Ein Urteil über den Einspannungsgrad gewinnt man bei Versuchen durch Messung der Drehungen, welche die Stabenden erfahren. (Vgl. z. B. die in § 22 besprochenen Versuche von Föppl[1])).

Erwägt man alle diese zum Teil kaum zu beseitigenden Hindernisse, welche einer exakten, experimentellen Untersuchung sich entgegenstellen, so wird man eine vollkommene Bestätigung der Theorie durch die Versuche nicht erwarten. Die Übereinstimmung der experimentellen und theoretischen Ergebnisse ist indessen — nicht nur im Hinblick auf die für technische Anwendungen wünschenswerte Genauigkeit — befriedigend genug.

So konnte z. B. Tetmajer[2]) aus seinen Knickversuchen auf

---

[1]) Mittlg. aus dem Mech.-Tech. Lab. d. Kgl. Techn. Hochschule zu München, Heft 25 (1897).

[2]) Mittlg. der Materialprüfungsanstalt am schweiz. Polytechnikum Zürich, Heft 8 (1896), S. 11.

die Unzulänglichkeit der Berechnung der deutschen Normalprofile mit abgeschrägten (mit Anzug gewalzten) Flanschen schließen, und Kármán[1]) vermochte bei seinen Versuchen die Euler-Theorie mit einer Genauigkeit von etwa $1,5\,^0/_0$ zu bestätigen.

§ 13. Von Euler bis Hodgkinson.

Daß die von Euler begründete Theorie der Knickung noch lange Zeit hindurch von der Technik wenig beachtet wurde, mag seine Ursache darin gehabt haben, daß in jener Zeit noch nicht in dem Maße wie heute das Bedürfnis sich regte, die Ingenieurkunst auf der Grundlage wissenschaftlicher Erkenntnis mit einem hohen Grade von Zuverlässigkeit auszuüben, und doch zugleich auf die sparsame und haushälterische Verwendung des Baustoffes in weitem Umfange Bedacht zu nehmen, Forderungen, in deren Erfüllung wir eines der wesentlichen Ziele der wissenschaftlichen Technik erblicken müssen.

Die rationelle Behandlung von Ingenieuraufgaben, wie sie namentlich durch die französische Schule um die Wende des 18. und 19. Jahrhunderts angebahnt wurde, die Schöpfung der technischen Festigkeitslehre durch Navier, Poisson, Clapeyron, das waren wohl die Zeiten, in denen der Techniker auf die Eulerformeln zurückzugreifen geneigt war. So finden wir denn auch zu Beginn des 19. Jahrhunderts zahlreiche Forscher damit beschäftigt, die Frage nach der Knicksicherheit gedrückter Stäbe zu klären.

Der Förderung und Erweiterung der Eulerschen Theorie durch Lagrange gedachten wir schon. Neben ihm sind von besonderer Bedeutung Duleau, der wohl die ersten größeren Versuchsreihen über Knickfestigkeit veröffentlichte, und vor allem Lamarle.

In seinem 1820 erschienenen Buche[2]) bespricht der Erstere die Ergebnisse von Versuchen über die Tragkraft von Säulen und findet, daß die Theorie Eulers durch die Versuche hinreichend bestätigt werde. Man muß wissen, daß der Mittelwert der Abweichungen zwischen der Rechnung und dem Versuch bei Duleau noch $16\,^0/_0$ betrug, um die Bescheidenheit der Ansprüche, die man damals an eine Theorie in der Technik glaubte stellen zu dürfen, richtig zu erkennen.

Von großer Bedeutung für die Folgezeit war indessen eine Abhandlung von Lamarle[3]), welche in gewissem Sinne schon auf die späteren Untersuchungen Tetmajers vorbereitete.

Ausgehend von der strengeren Differentialgleichung der elastischen Linie

---

[1]) a. a. O., S. 7.

[2]) A. Duleau, Essai théorique et experimental sur la résistance du fer forgé, Paris 1820.

[3]) E. Lamarle, Mémoire sur la flexion du bois. — Annales des travaux publics de Belgique, T. IV. p. 1—36. Brüssel 1846.

$$\left(1 - \frac{P}{EF} \cdot \frac{dx}{ds}\right) \cdot \frac{EJ}{\varrho} = P \cdot y,$$

die er durch Reihen integrierte, bestimmte Duleau die zu einer bestimmten Belastung im Knickfalle gehörige Pfeilhöhe der Knicklinie. Sein wesentliches Verdienst ist jedoch, darauf aufmerksam geworden zu sein, daß das Eintreten des Knickens nach der Eulerschen Theorie ganz wesentlich davon abhängt, daß das Verhältnis $l:d$ für runde Säulen vom Durchmesser d einen bestimmten unteren Grenzwert überschreitet. Wenn auch der numerische Wert dieses Grenzverhältnisses von Lamarle unrichtig berechnet wurde — er gibt dafür die Grenze $l:d = 16$ für hölzerne Stäbe mit Spitzenlagerung, was $l:i = 64$ entsprechen würde, während nach Tetmajer die Grenze für Holz bei 110 liegt — so mindert dies seine Verdienste nicht.

Die Ergebnisse seiner Untersuchungen faßt Lamarle in folgenden Sätzen zusammen:

1. Que les charges, qui peuvent supporter, sans altération permanente, les pièces dont il s'agit, sont indépendantes de leur longeur et simplement proportionelles a leur section, tant que le rapport entre la longeur et la plus petite dimension de l'équarrissage n'atteint pas une certaine limite;

2. Qu'au de là de cette limite, et pour tous les cas d'application, la charge maximum peut atteindre et non dépasser l'effort correspondant a la flexion initiale;

3. Que la théorie, qui permet d'établir a priori ces deux principes essentiels et qui les rend applicables à l'aide de, formules très-simples se concilie d'ailleurs parfaitement avec les faits d'observation, lorsque l'on a pris les précautions convenables pour réaliser les hypothèses sur lesquelles elle repose.

§ 14. Hodgkinsons Versuche.

Hodgkinsons Versuche[1] verfolgten einen ausgesprochen technischen Zweck. Sie sollten zeigen, ob die Eulersche Theorie sich bewahrheitete, und falls dies nicht zutraf, zur Aufstellung einer mit den Versuchen in Einklang stehenden Knickformel dienen, welche für die praktische Anwendung genügende Sicherheit gewährleisten konnte. Dementsprechend beschränken sich auch die Versuche Hodgkinsons auf die damals wichtigsten Baustoffe (Holz und Gußeisen), wie dies ja wohl auch im Sinne derer lag, die wie Fairbairn und

---

[1] Eaton Hodgkinson, Experimental Researches on the Strength of Pillars of Cast Iron and other materials, London Phil. Trans. 1840, Part 2, p. 385—450. — Experimental Researches on the Strength of Pillars of Cast Iron from various Parts of the Kingdom, London Phil. Trans. 1857, p. 851 bis 899.

Stephenson die Versuche nicht allein durch ihr Interesse sondern zusammen mit der „Royal Society" auch materiell unterstützten.

Die Festigkeitsmaschine, deren sich Hodgkinson bei seinen Versuchen bediente, ist in Abb. 17 dargestellt. Sie wurde in zwei verschiedenen Größen ausgeführt, nachdem die Versuche des Jahres 1840 das Bedürfnis hatten rege werden lassen, auch das Verhalten von Stäben bei höheren Belastungen und größeren Längen zu studieren.

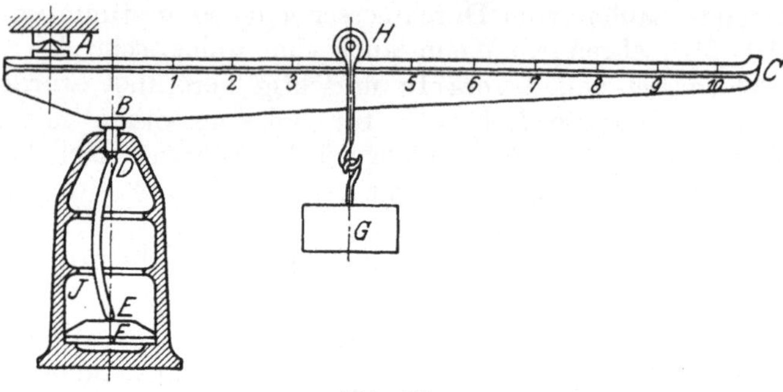

Abb. 17.

Der kräftig bemessene Hebel ABC ist bei A in einer Schneide gelagert und wird mittels der Rolle H durch das Laufgewicht G belastet. Der Druck des Hebels wird bei B auf einen stählernen Stempel BD übertragen, dessen oberes Ende B kugelförmig abgerundet ist und dessen Schaft in einer Bohrung des gußeisernen Gehäuses J ohne Spiel gleitet. Der Versuchsstab legt sich mit seinem oberen Ende gegen den Druckstempel BD und stützt sich unten gegen die am Gehäuse befestigte Stahlplatte F. Das Gehäuse J ist von drei Seiten geschlossen, um die an den Versuchen beteiligten Beobachter vor Verletzungen durch Splitter zu schützen; von der vierten, offenen Seite her ist die Beobachtung des Stabes ermöglicht. Die Leistung der älteren Maschine betrug 16,2 t bei einer maximalen Stablänge von 213 cm; auf der andern konnten Stäbe bis zu 305 cm Länge bei maximal 48,6 t geprüft werden.

Die Zahl der von Hodgkinson angestellten Versuche ist 358. Neben Gußeisen wurden auch Schmiedeisenstäbe geprüft, ferner Stahl und verschiedene Sorten Holz (Tanne und Eiche).

Die Stablängen bewegen sich zwischen 2,54 und 305 cm, die Durchmesser der vollwandigen Stäbe zwischen 1,27 und 5,08 cm. Die Querschnitte waren kreisförmig, ringförmig, quadratisch und dreieckig; außerdem wurden noch Stäbe mit $+$ oder I förmigem Querschnitt untersucht. Letztere Versuche wurden jedoch ebensowenig wie die Versuche an konisch verjüngten Stäben sowie die an Stäben mit exzentrischer Belastung so weit ausgedehnt, daß empirische Formeln darauf hätten gegründet werden können. Auf die Herstellung der gegossenen Stäbe wurde viel Sorgfalt verwendet. Sie wurden in stehenden Formen aus trockenem Sand gegossen, um möglichst gleichmäßiges Material und wenig wechselnde Wandstärken zu erzielen. Von den hohlen Stäben war ein Teil auf der Drehbank bearbeitet.

Nach den Berichten umfassen die Versuche die Schlankheitsgrade zwischen 7,7 und 484.

Nach den Randbedingungen unterscheidet Hodgkinson drei Fälle:

Fall a) Lagerung beiderseits mit kugelig abgerundeten Stabenden, was etwa dem Falle der Spitzenlagerung entsprechen würde, wenn nicht durch die Abplattung der Stabenden die Übertragung von Momenten ermöglicht würde. Wie stark indessen die Abplattung war, zeigt z. B. der Versuch Nr. 4 in Tabelle 6, für den der Durchmesser der Abplattung 1,85 cm betrug.

Fall b) Lagerung durch kugelig abgerundete Enden einerseits und durch stumpfe Enden andererseits. Hierbei dürften an beiden Enden Momente übertragen worden sein, und vermutlich waren die am stumpfen Ende wirksamen Momente im allgemeinen die größeren.

Fall c) Lagerung beiderseits durch stumpfe Flächen, wobei wiederum Momente wirksam wurden.

Sowohl wegen der sehr unsicheren Randbedingungen wie auch wegen des vom Hookeschen Gesetze stark abweichenden, elastischen Verhaltens des Gußeisens konnte auf eine Bestätigung der Eulerschen Theorie durch diese Versuche nicht gerechnet werden.

Die Knicklasten der von Hodgkinson untersuchten drei Fälle, welche in der Tabelle 6 angeführt sind, verhalten sich etwa wie $1:2:3$.

Tabelle 6. (Aus Experimental Researches 1840. p. 393.)

Randbedingungen entsprechend	Knicklasten in kg für die Stäbe			
	Nr. I.	Nr. II.	Nr. III.	Nr. IV.
Fall a)	64,4	1356	3154	3154
Fall b)	115	2825	6068	6110
Fall c)	219	4055	9145	10110

Von Interesse ist die Bemerkung Hodgkinsons, daß das Verhältnis der Knicklasten für Fall a) und Fall c), welches er im Mittel zu $1:3,167$ angibt, je nach dem Schlankheitsgrad der Stäbe erheblichen Schwankungen unterworfen sei. Die Erklärung dafür liegt in dem Umstande, daß mit zunehmender Schlankheit die aus der Flächenlagerung entstehenden Momente an den Stabenden kleiner und kleiner werden, während andererseits der Stab mit runden Enden bei gedrungener Form keineswegs mehr den Fall der Spitzenlagerung darstellt. Schon beträchtlich unter der Knickgrenze zeigten die Versuchsstäbe meßbare Deformationen. Als Knickgrenze definiert Hodgkinson diejenige Belastung, welche imstande ist, die Tragkraft zu erschöpfen und fügt bei, daß diese Grenze bei schlanken Stäben gewöhnlich dann erreicht sei, wenn der Biegungspfeil etwa dem halben Stabdurchmesser gleich geworden sei.

Die Resultate der Hodgkinsonschen Versuche sind folgende:

1. Je nach der Schlankheit eines Stabes ist die Bestimmung seiner Knickgrenze von verschiedenen Gesetzen abhängig.

2. Für schlanke, vollwandige Stäbe hat das Gesetz die Form

$$P_k = \alpha \cdot \frac{d^\beta}{l^\gamma}$$ (bei Lagerung mit runden Enden) z. B. für Gußeisenstäbe vom Durchmesser d (cm) und der Länge l (cm)

$$P_k = 134{,}3 \cdot \frac{d^{3,76}}{l^{1,7}} \text{ (t)},$$ so lange $l:i$ in den Grenzen 60 und 484 eingeschlossen bleibt).

3. Für gedrungene Stäbe rechnet sich die Knickkraft aus der Formel $P_k' = \dfrac{P_k \cdot K}{P_k + 0{,}75\,K}$, worin P_k den nach 2. bestimmten Wert und $K = F \cdot \sigma_D$ die Tragkraft des Stabes für reinen Druck bedeutet.

Da die von Hodgkinson entwickelten Formeln heute bedeutungslos geworden sind, kann auf ihre Wiedergabe im einzelnen verzichtet werden. Ein Urteil über das von Hodgkinson Erreichte ermöglicht die Tabelle 7, in welcher für Gußeisen die Knickspannung nach Hodgkinson sowie nach den heute anerkannten Formeln von Euler und Tetmajer für verschiedene Grade der Schlankheit berechnet wurden. Die zur Berechnung der Tabelle verwendeten Formeln sind:

Hodgkinson: $\sigma_k = 134{,}3 \cdot \dfrac{d^{3,76}}{l^{1,7}} \cdot \dfrac{4}{\pi d^2}$,

Euler: $\sigma_k = \pi^2 \cdot E \cdot \left(\dfrac{i}{l}\right)^2$ für $l:i \geqq 80$ und $E = 1000$ t/cm².

Tetmajer: $\sigma_k = 7{,}76 \cdot \left[1 - 0{,}01546 \cdot \dfrac{l}{i} + 0{,}00007 \left(\dfrac{l}{i}\right)^2\right]$

für $l:i \leqq 80$.

Wie die Tabelle zeigt, gibt die Formel von Hodgkinson zu kleine Knickspannungen bis zu $l:i \backsimeq 200$, darüber hinaus aber zu große Werte.

Zur Erklärung wurde bereits auf die unvollkommene Erfüllung der Randbedingungen bei diesen Versuchen hingewiesen. Eine weitere Fehlerquelle bildete aber wohl auch die Kraftmessung, da durch den Druckbolzen wegen der in seiner Führung entstehenden Reibung ein kleinerer Druck auf den Versuchsstab übertragen wurde als entsprechend der Belastung ohne Reibung zu erwarten war. Gedenkt man noch der Tatsache, daß zur Zentrierung der Stäbe keine Vorsorge getroffen war, so kann man wohl sagen, daß mit den aufgewendeten Mitteln eine bessere Übereinstimmuug zwischen der Theorie und den Versuchen kaum zu erwarten war.

Tabelle 7.

| Schlankheit | Knickspannungen in t/cm² nach den Formeln von | | | |
$l : i$	Tetmajer	Euler	Hodgkinson $(d = 1$ cm$)$	Hodgkinson $(d = 5$ cm$)$
60	2,520	—	1,672	1,845
80	1,637	—	1,050	1,158
100	—	0,987	0,719	0,792
200	—	0,244	0,222	0,244
300	—	0,110	0,111	0,122
400	—	0,061	0,068	0,073
500	—	0,040	0,066	0,073

Sehr bemerkenswert sind die Ergebnisse der von
Hodgkinson angestellten Dauerversuche, denen auch
heute noch eine hervorragende, praktische Bedeutung
zukommt, da sie deutlich beweisen, daß unter Umständen ein Stab, der nahe an seiner Knickgrenze
belastet ist, erst nach sehr langer Zeit seine Trag-
einbüßen kann.

Diese Versuche wurden an 5 Gußeisenstäben von
je 183 cm Länge und 2,54 cm Durchmesser vorgenommen, die in vertikaler Lage belastet wurden.
Ein Stab diente in der sonst bei diesen Versuchen
üblichen Weise zur Ermittlung der Knicklast dieser
Stäbe und ergab diese zu $P = 0{,}675$ t. Die übrigen
vier Stäbe wurden sodann alle in der aus Abb. 18
ersichtlichen Weise zur selben Zeit mit verschiedenen
Gewichten belastet und immer zur selben Zeit die

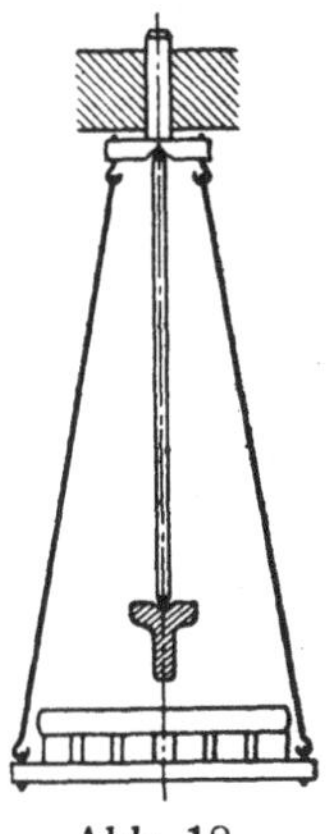

Abb. 18.

Durchbiegungen in den Stabmitten gemessen, welche in dem folgenden
Versuchsprotokoll enthalten sind.

Versuchsprotokoll.
(Dauerversuche von Hodgkinson an Gußeisenstäben.)

| Tag der Beobachtung | Temperatur (Fahrenheit) | Durchbiegungen der Stabmitten in engl. Zoll bei einer Belastung von | | | |
		202 kg Stab I	353 kg Stab II	504 kg Stab III	655 kg Stab IV
5. Juli 1839	72	0,018	0,03	—	—
6. „ 1839	68	0,01	0,02	0,215	0,250
8. „ 1839	69	0,01	0,023	0,230	0,275
16. „ 1839	63	0,01	0,02	0,235	0,310
23. „ 1839	64	0,01	0,023	0,235	0,320
15. August 1839	63	0,01	0,03	0,235	0,395
7. November 1839	50	0,01	0,025	0,24	0,825
9. Dezember 1839	39	0,01	0,025	0,243	0,955
14. Februar 1840	50	0,01	0,025	0,245	—
27. April 1840	63	0,01	0,025	0,365	Stab IV brach
6. Juni 1840	61	0,01	0,025	0,380	am 19. oder
3. August 1840	74	0,01	0,03	0,395	20. Dezember
14. September 1840	55	0,01	0,025	0,380	1839.

Hiernach versagte der Stab IV, dessen Belastung $97\,^0/_0$ der durch den Versuch bestimmten Knicklast betrug, erst, nachdem er reichlich 5 Monate hindurch standgehalten hatte. Charakteristisch für das Verhalten des Stabes III, der nur $75\,^0/_0$ seiner Knicklast trug, ist die allmähliche Zunahme der Durchbiegungen im Laufe der Zeit.

Auch an steinernen Säulen hat Hodgkinson bereits Versuche[1]) zur Bestimmung der Knicklast angestellt. Die Versuchskörper hatten quadratische Querschnitte; die Kantenlängen der Querschnitte lagen zwischen 2,54 und 4,45 cm, die Säulenhöhe zwischen 2,54 und 101,6 cm. Die Ergebnisse dieser Versuche sind indessen nicht bemerkenswert. Eine Abnahme der Tragfähigkeit beobachtete Hodgkinson bei Steinsäulen erst für $l:i>52$.

§ 15. Die Versuche von Bauschinger[2]).

Durch die Versuche Hodgkinsons konnte das Knickproblem so lange als befriedigend gelöst angesehen werden, als nicht neue Aufgaben der Technik gestellt wurden. Mit dem Augenblick aber, wo der Eisenbau zur Anwendung von gewalztem Eisen als dem hauptsächlichsten Baustoff überging und das bisher fast ausschließlich angewandte Gußeisen verließ, wurde es erforderlich, die Gesetze der Knickfestigkeit für das neue Material zu ermitteln.

Hierin liegt in erster Linie der praktische Wert der Versuche Bauschingers. Die Anregung zu ihrer Durchführung ging von H. Gerber, dem damaligen Direktor der Brückenbauanstalt Gustavsburg, aus, und auch die Anlieferung der Versuchsstäbe erfolgte von diesem Werke.

Die Versuche wurden an einer Materialprüfungsmaschine der Werderschen Bauart vorgenommen, in welcher sowohl die Elastizitätseigenschaften des Versuchsmaterials als auch die Knickfestigkeit der Stäbe ermittelt wurden.

Die Aufnahme der Arbeitslinie durch Druckversuche bot erhebliche Schwierigkeit, und es konnte eine gleichmäßige Verteilung der Druckkraft über den Stirnflächen der Versuchskörper erst erzielt werden, nachdem diese Flächen sorgfältig auf die Druckplatten der Maschine aufgeschliffen waren. Durch geeignete Verschiebung der Versuchskörper zwischen den Druckplatten war man bemüht, die richtige Einstellung der Probestücke in der Maschine zu sichern.

In der guten Verwirklichung der Spitzenlagerung zeigen die Untersuchungen Bauschingers einen beträchtlichen Fortschritt gegenüber denen von Hodgkinson. Daß die in Kugelschalen be-

---

[1]) E. Hodgkinson, On the Strength of Columns, Cambridge Meeting 1845, p. 26 ff.

[2]) I. Bauschinger, Zerknickungsversuche, Mitteilungen aus dem Mechanisch-Technischen Laboratorium der Kgl. Techn. Hochschule in München, Heft 15 (1887).

weglichen Druckplatten der Werderschen Maschine wegen der auftretenden Reibung nicht geeignet waren, eine Spitzenlagerung im Sinne der Eulerschen Theorie zu ermöglichen, stellte sich bei den Versuchen bald heraus. Daher wurde die in Abb. 19 dargestellte Lagerung der Stabenden für die Versuche mit Spitzenlagerung angewandt.

Der Stahlbolzen B legt sich mit seiner konischen Spitze in eine konische Bohrung von größerem Keilwinkel, die entweder bei entfernten Druckplatten in der Mitte der Kugelschalen, oder in der Mitte der Druckplatten oder in besonde-

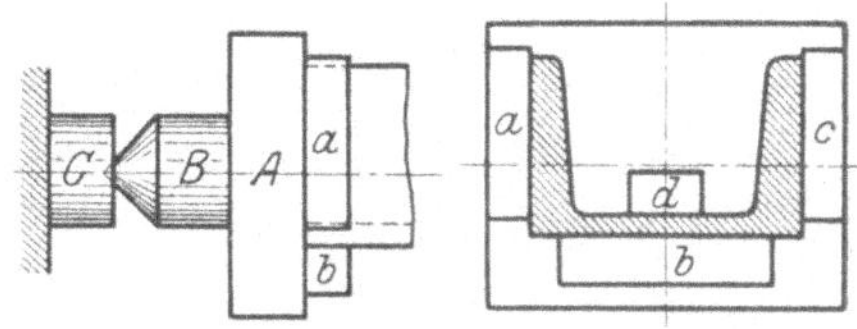

Abb. 19.

ren, auf den Druckplatten befestigten Stahlköpfen C vorgesehen war. Dabei erfolgte die Zentrierung des Versuchsstabes durch Anschlagleisten a, b, c, d, welche auf der Platte A so aufgelötet waren, daß der Schwerpunkt des zu prüfenden Profiles in die Achse des Bolzens B fiel.

Als Knicklänge wurde für die Rechnung nach der Euler-Formel die Spitzenentfernung eingeführt. Dies bedingte nach S. 42 im ungünstigsten Falle bei dem Versuchsstab Nr. 2697b folgende Korrektur:

$$AB = 41{,}5 \text{ cm}; \quad PQ = 30{,}1 \text{ cm, woraus } AP = \frac{AB - PQ}{2} = 5{,}7 \text{ cm.}$$

Demnach ist die an jedem Stabende erforderliche Berichtigung der Knicklänge

$$\Delta = \frac{AB}{3} \cdot \pi^2 \cdot \left(\frac{AP}{AB}\right)^3 = \frac{41{,}5}{3} \cdot \pi^2 \cdot \left(\frac{5{,}7}{41{,}5}\right)^3 = 0{,}35 \text{ cm.}$$

Die in die Eulerformel einzuführende Stablänge beträgt somit

$$l = AB - 2\Delta = 40{,}8 \text{ cm.}$$

Der aus der Vernachlässigung entstehende Fehler bei der Berechnung der Knicklast ist sonach in diesem Falle nur

$$1 - \left(\frac{40{,}8}{41{,}5}\right)^2 \approx 0{,}034$$

und für alle Stäbe von größerer Länge ist der Fehler noch kleiner. Übrigens war der hier zur Fehlerbestimmung angezogene Stab bei $l : i = 56{,}3$ nicht schlank genug, um unterhalb der Proportionalitätsgrenze zu knicken.

Bei den Versuchen ohne Spitzenlagerung wurden die Stäbe so eingebaut, daß sie mit flachen Enden die Druckplatten satt berührten. Vorversuche ergaben, daß hierbei eine Drehung der Stabenden nicht ausgeschlossen war. Neben der Schwierigkeit, den Stab bei dieser Lagerung zu zentrieren, spielt nun aber hier die Drehbarkeit der Druckplatten in ihren kugeligen Lagern eine wesentliche Rolle.

Offenbar sind nämlich in Abb. 20 die beiden Linien I und II Gleichgewichtsfiguren des Stabes, bei denen ein sattes Anliegen seiner Endflächen an den Druckplatten der Maschine möglich war; aber nur die Linie I, welche bei nicht drehbaren Druckplatten sich ausbilden kann, entspricht dem 4. Eulerschen Knickfalle. Sind dagegen die Druckplatten wie bei Linie II drehbar, so liegt der 2. Eulersche Knickfall vor, und die Knickkraft beträgt nur ein Viertel des bei vollkommener Einspannung sich ergebenden Wertes. Übrigens berichtet Bauschinger, daß „nach Überwindung der Knickfestigkeit die Biegung allemal eine einfach bogenförmige gewesen sei, wenigstens der Hauptsache nach, wobei sich die Endflächen von den Druckplatten ablösten und nur noch mit dem Rande auf der konvexen Seite dieselben berührten". Die Ergebnisse der von ihm an Stäben mit flachen Enden durchgeführten Versuche zeigen übrigens, daß eine teilweise Einspannung der Stabenden vorhanden war.

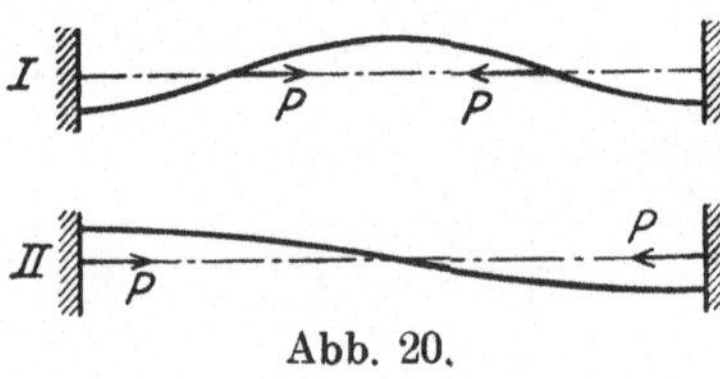

Abb. 20.

Beim Versuch wurden jedesmal die Durchbiegungen der Stabmitte in Richtung der Hauptachsen des Querschnitts mit einer Genauigkeit von 0,01 mm gemessen.

Um Störungen durch das Eigengewicht der in horizontaler Lage geprüften Stäbe nach Möglichkeit zu vermeiden, wurden die Versuchsstäbe in der Mitte aufgehängt. Die durch die Aufhängung auf den Stab übertragene Kraft betrug dabei entsprechend den an einem Träger auf drei Stützen vorhandenen Lagerreaktionen 5/8 des Stabgewichtes. Die meisten Stäbe knickten, wie dies auch beabsichtigt war, in der Vertikalebene.

Über die Bestimmung derjenigen Belastung, welche bei den Versuchen als Knickgrenze anzusehen war, macht Bauschinger ganz genaue Angaben. Er erblickt das wesentliche Merkmal der Knickbelastung in dem zeitlichen Anwachsen der Durchbiegungen unter gleichbleibender Belastung. Ausbiegungen der Stäbe erfolgten bereits weit unter der Knickgrenze. Mit wachsender Belastung zeigte sich zunächst eine langsame Zunahme der Durchbiegung bei gleichbleibender Last. An der Knickgrenze jedoch kamen die Zeiger des Biegungsmessers, auch ohne daß die Belastung gesteigert wurde, nicht mehr zur Ruhe, sondern sie schritten mit zunehmender Geschwindigkeit fort. Wo nach dem Aufgeben der letzten Zusatzlast die Biegung sofort rasch zunahm, wurde nur die Hälfte des letzten Lastintervalls zur vorhergehenden Belastung hinzugezählt und die so berechnete Belastung als Knicklast betrachtet.

Nach Überschreitung der Knickgrenze wurden die Stäbe wieder so weit entlastet, daß die Biegungsmesser zur Ruhe kamen und in diesem Zustande bei mehreren Stäben die Biegungslinie gemessen.

Die bei kleinen Belastungen auftretenden Durchbiegungen wurden zum Teil bei höheren Laststufen wieder rückgängig, indem die Stäbe sich später nach der entgegengesetzten Richtung durchbogen. Bei einigen Stäben wurde auch eine Störung des Gleichgewichtes durch Auflegen von Gewichten herbeigeführt, gegen die sich die Stäbe unempfindlich erwiesen, solange sie von ihrer Knickgrenze noch weit genug entfernt waren.

Im ganzen enthält Bauschingers Bericht die Ablesungen vón 42 Versuchen an gewalzten Trägern. Es wurden ⊢⊣ ⊓ ⊥ und ⌊ Eisen geprüft, die aus 7 verschiedenen Hütten bezogen waren. 29 Versuche wurden mit Spitzenlagerung, die übrigen mit Flächenlagerung durchgeführt. Die wesentlichsten Versuchsergebnisse sind in den Tabellen 8 und 9 enthalten.

Tabelle 8.

Versuche mit Spitzenlagerung.

Stab-Nr.	Profil		Fabrikant	$l:i$	Knicklasten nach			
					Versuch (t)	Euler (t)	Schwarz (t)	Tetmajer (t)
2688 c	⊢⊣	↓	Burbach	135	70,5	69,0	70,5	—
2690 b	″	↓	Noether	59	61	—	38	41,6
2690 c	″	↓	″	106	30,25	33	25	—
2690 d	″	↓	″	156	17,25	15	16,5	—
2691 b	″	↑	Stumm	127	10,65	14	13	—
2691 c	″	↑	″	217	4,1	4,7	7	—
2691 d	″	↑	″	360	1,3	1,6	3	—
2693 d	⊔	↓	Burbach	65,5	61	—	83	52,3
2694 b	″	↓	Völklingen	67,5	40	—	38,5	49,4
2694 d	″	↓	″	175	17,75	13,7	17,6	—
2694 f	″	↓	″	240	9,75	7,5	11	—
2695 b	″	↓	Phoenix	49,5	42	—	32,5	41,0
2695 c	″	↓	″	76,5	40	—	28	35,9
2695 d	″	↓	″	121	30	22	20	—
2697 b	⊤	↕	″	53,5	18	—	10	11,1
2697 c	″	↕	″	105	10,75	8,9	7	—
2697 d	″	↓	″	162,5	4,95	3,9	4,6	—
2697 e	″	↕	″	230	2,35	2,0	2,8	—
2698 b	∨	↑	Krämer	115	14,1	19,5	17,5	—
2698 c	″	↑	″	169	7,1	8,9	11,8	—
2698 f	″	↓	″	247	>3,8	4,1	7	—
2699 b	″	↑	″	134	8,2	9,9	10	—
2699 c	″	↑	″	192	5,1	4,9	6,5	—
2699 d	″	↑	″	316	1,75	1,8	3	—
3028 a	⊢⊣	↓	Stumm	219	3,9	4,3	6,3	—
3028 b	″	↑	″	219	4,0	4,3	6,3	—
3028 c	″	↓	″	219	3,9	4,3	6,3	—
3028 d	″	↓	″	219	4,05	4,3	6,3	—
3028 e	″	↓	″	219	3,9	4,3	6,3	—

Bemerkungen: Die in den Profilen der Tabelle eingezeichnete Achse lag bei den Versuchen wagrecht.

Die Pfeile geben die Richtung an, in welcher die Stäbe knickten. Ein Querstrich durch den Pfeil weist darauf hin, daß der Stab beim Versuch brach.

Die in den drei letzten Spalten angeführten Knicklasten sind nach folgenden Formeln berechnet:

$$\text{Euler:} \qquad P_E = \frac{\pi^2 \cdot E \cdot J}{l^2},$$

$$\text{Schwarz:} \qquad P_S = F \cdot \frac{3{,}1}{1 + 0{,}000\,029 \cdot \left(\frac{l}{i}\right)^2}.$$

$$\text{Tetmajer:} \qquad P_T = F \cdot \left(3{,}1 - 0{,}0114\,\frac{l}{i}\right).$$

Tabelle 9.

Versuche mit Flächenlagerung.

Stab-Nr.	Profil		Fabrikant	$l : i$	Knicklasten nach			
					Versuch (t)	Euler (t)	Schwarz (t)	Tetmajer (t)
2689 c	⊢	↑	Goldschmidt	84,5	70	73,5	68	55,2
2689 d	"	↑	"	167	46	17,8	43	—
2692 b	"	↑	Krämer	34	40,5	210	37	32,8
2692 c	"	↓	"	67,5	35	53,6	34	28,4
2692 d	"	↓	"	113	28,5	18,8	27,5	—
2694 c	⊔	↓	Völklingen	115	46	32	48	—
2694 e	"	↓	"	230	29,5	7,8	25,5	—
2696 b	⊤	↗	Phoenix	57,5	55,5	113	54	45,6
2696 c	"	↘	"	79	52	61	50,5	41,9
2696 d	"	↘	"	117	47	27,8	43	—
2698 b	∨	↓	Krämer	108	31	23,2	32	—
2698 d	"	↓	"	165	20,2	9,6	23	—
2698 e	"	↓	"	242	9	4,6	16	—

Bemerkung: Die zu Tabelle 8 gemachten Anmerkungen gelten auch hier.

Um über den bei Flächenlagerung erreichten Einspannungsgrad ein Urteil zu ermöglichen, wurden jeweils für einen in Spitzen gelagerten Stab die Eulersche Knicklast mit $E = 2000$ t/cm² und die Knicklasten nach Schwarz und Tetmajer berechnet und in die Tabellen 8 und 9 aufgenommen. Der Vergleich mit der wirklichen Knicklast lehrt, daß nur bei dem Stab Nr. 2694e annähernd die 4-fache Knicklast gegenüber dem für Spitzenlagerung berechneten Wert beim Versuch erreicht wurde. Bei allen übrigen Stäben ist, soweit sie überhaupt den für die Anwendbarkeit der Euler-Rechnung erforderlichen Schlankheitsgrad besitzen, die Knicklast für Flächenlagerung nur ungefähr doppelt so hoch wie der für Spitzenlagerung berechnete Wert.

Dieses Ergebnis muß zur Vorsicht mahnen. Bei ähnlich liegenden praktischen Aufgaben wird der Konstrukteur die Güte der Flächenlagerung nach den Bauschingerschen Versuchen nicht zu hoch einschätzen dürfen. Hatte Hodgkinson bei seinen Versuchen das Verhältnis der Knicklast bei Flächenlagern und bei Lagerung in Spitzen mit 3 : 1 ermittelt, so zeigen diese Versuche, bei denen die Spitzenlagerung gut realisiert war, ein wesentlich ungünstigeres Ergebnis.

Die Übereinstimmung der Knicklasten bei den Versuchen mit flachen Stabenden mit der aus der Schwarzschen Formel berechneten Knickgrenze, welche ebenfalls in der Tabelle aufgenommen wurde, ist außerordentlich gut. Es scheint daher nicht unangemessen, wie dies Bauschinger vorschlägt, diese Formel für Stäbe mit flachen Enden anzuwenden. Im übrigen muß bezüglich der Wertung der Schwarzschen Formel auf § 20 verwiesen werden.

Aus den Versuchen mit Stäben, welche in Spitzen gelagert waren, zieht Bauschinger die folgenden wichtigen Schlüsse:

1. Die aus der Formel von Navier $\sigma = \dfrac{P}{F} + \dfrac{P \cdot f}{W}$ berechneten maximalen Spannungen, welche bei einer gewissen Belastung P auftreten, ermöglichen keine Beurteilung des vorhandenen Sicherheitsgrades.

2. Die Messungen der elastischen Linie bestätigen gut ihren Charakter als Sinuslinie.

3. Der aus der Eulerschen Formel berechnete Wert P_E der Knicklast darf nur insoweit als richtig angesehen werden, als die zugehörige Knickspannung $\sigma_k = \dfrac{P_E}{F}$ eine gewisse Grenze, „vielleicht die Elastizitätsgrenze" nicht überschreitet.

Unter diesen Folgerungen war die letzte die weitaus wertvollste und sollte auch später in den Untersuchungen von Tetmajer und Kármán ihre Bestätigung finden.

§ 16. Die Untersuchungen von L. von Tetmajer[1]) und seine empirischen Formeln.

Eine rechnerische Lösung des Knickproblems läßt sich, wie in § 18 gezeigt werden wird, ohne erhebliche Schwierigkeiten auch für den Fall finden, daß die im Stabe auftretende Knickspannung die Proportionalitätsgrenze überschreitet. Ihre Anwendung auf praktisch vorgegebene Fälle erfordert aber einerseits einen Zeitaufwand, wie ihn sich der entwerfende Konstrukteur bei Bearbeitung seiner Aufgaben nur selten gönnen kann, andererseits setzt diese theoretische Untersuchung immer voraus, daß die Arbeitslinie des Baustoffes mindestens bis zu der in Betracht kommenden Spannung hin bekannt sei. Wer im Materialprüfungswesen auch nur einige Erfahrung besitzt, weiß aber, wie verschieden die Elastizitätseigenschaften eines und desselben Materials aus den Proben an verschiedenen Versuchsstäben sich ergeben. Da demnach der Ingenieur auch bei größter Sorgfalt für die Dimensionierung seiner Konstruktionen niemals eine unbedingt sichere Grundlage für die Berechnung gewinnen kann, so

---

[1]) L. v. Tetmajer, Die Gesetze der Knickungs- und der zusammengesetzten Druckfestigkeit der technisch wichtigsten Baustoffe, 3. Auflage, Leipzig und Wien 1903.

sind empirische Formeln wie diejenigen von Tetmajer, welche unmittelbar auf die Ermittlung der Knickspannung selbst abzielen, ohne im übrigen den feinen Unterschieden, welche durch die Variationen des Formänderungsgesetzes bedingt werden können, Rechnung zu tragen, mit Dankbarkeit zu begrüßen. Man wird ihnen insbesondere dann gern Vertrauen schenken, wenn sie den Ausfluß so vieler und, wie gleich hier schon bemerkt werden soll, sorgfältig durchgeführter Versuche bilden. Daß sie sich noch dazu immer auf der Seite der größeren Sicherheit bewegen, ohne aber dabei geradezu zu unwirtschaftlicher Formengebung zu führen, ist ein besonderer Vorzug der Tetmajerschen Formeln.

Die Versuche v. Tetmajers erstrecken sich sowohl innerhalb der Proportionalitätsgrenze wie auch darüber hinaus und sollten einerseits einer experimentellen Nachprüfung der Eulerschen Theorie dienen, andererseits auf breiter, empirischer Grundlage zur Aufstellung von Knickformeln führen, die auch das Gebiet nichtproportionaler Formänderung umspannen sollten.

Tetmajer faßt die einzelnen Materialien, über die er seine Forschungen ausgedehnt hat, unter den Bezeichnungen „Bauholz“, „Gußeisen“, „Schweißeisen“ und „Flußeisen“ zusammen. Was darunter zu verstehen ist, ergibt sich aus nachstehender Zusammenstellung.

Bauholz: Rottanne, Weißtanne, Föhre, Lärche und Eiche. Die Proben waren teils aus dem Handel entnommen, teils war vorgeschrieben, daß sie „im Dezember aus geschlossenen, 80- bis 100-jährigen Beständen und zwar von der Molasse, dem Kalkboden, Thonschiefer und Granit- oder Gneisboden zu entnehmen seien.“ Für die Druckproben wurden Probewürfel von 10 cm Kantenlänge aus der Markröhre und zwei Würfel seitlich vom Mark ausgeschnitten. Die Knickstäbe hatten prismatische Form (10 bis 16 cm Kantenlänge) und waren zwischen 50 und 725 cm lang. Alle Proben waren aus reifem, möglichst astfreiem, normalwüchsigem Holz, lufttrocken, gerade und scharfkantig gehobelt. Die Enden wurden abgeschnitten und die Schnittflächen bearbeitet.

Gußeisen: Röhren, als stehender Hochofenguß angefordert, von den Werken Carels-Frères in Gent, Halberger Hütte in Brebach und v. Rollsches Eisenwerk in Choindez. Bei je 8 mm Wandstärke und einem lichten Durchmesser von bezügl. 10, 12 und 15 cm waren die Längen 20, 50, 100, 150, 200, 250, 300, 350 und 400 cm. Die Längen wurden aus größeren Rohrstücken auf der Drehbank abgestochen.

Außerdem wurden noch Vierkantstäbe von 3 cm Kantenlänge und 30 bis 260 cm Länge untersucht.

Schweißeisen: Außer Rundeisen von de Wendel (Hagendingen) fielen unter diese Gruppe Profileisen der Hütten Burbach und de Wendel. Die Querschnittsformen dieser Profile waren die folgenden

Die Stäbe wurden gerade gerichtet, ihre Enden abgeschnitten und geschliffen.

Flußeisen: Die untersuchten Querschnitte hatten dieselbe Form wie die Schweißeisenstäbe; auch wurden die Versuchsstäbe ebenso hergestellt. Das Material war vom Hüttenwerk de Wendel angeliefert.

Für jedes Material wurden durch Zerreißversuch, Kaltbruch- und Härtebiegeproben die für sein elastisches Verhalten maßgebenden Daten ermittelt. Die teils mit Spitzenlagerung, teils mit Flächenlagerung untersuchten Stäbe wurden in horizontaler Lage gedrückt und dabei die Wirkung des Eigengewichtes auf ihre Durchbiegung vermindert, indem zwischen den Druckplatten vertikale Kräfte durch Aufhängungen auf die Stäbe übertragen wurden, deren Größe angenähert entsprechend den Stützreaktionen eines kontinuierlichen Balkens bemessen war. Die Ausführung der Spitzenlagerung bietet nichts Bemerkenswertes; die Starrheit der Stabenden wurde bei der Auswertung der Versuche nicht berücksichtigt. Es ist zu bemerken, daß sich bei Spitzenlagerung die Körner unter Wirkung der hohen Flächenpressungen an den Enden der Stäbe plattdrücken, wodurch dort kleine Reibungsmomente erzeugt werden. Zur einwandsfreien Erfüllung der Eulerschen Randbedingung frei drehbarer Enden ist daher eine Lagerung der Stabenden in Schneiden, wie sie bei Kármáns Versuchen zur Anwendung kam, immer vorzuziehen.

Zur Messung der Deformationen dienten Noniusmaßstäbe, die eine Ablesung der Durchbiegungen im horizontalen und vertikalen Sinne mit $^1/_{10}$ mm Genauigkeit gestatteten. Mit Hilfe von Dehnungsmessern nach dem System Rabut-Mantel[1]), die durch Vergleichung mit Bauschingerschen Spiegelapparaten berichtigt waren, wurde die Berechnung der Spannungen in einzelnen Fasern bei den Versuchen ermöglicht. Mit Ausnahme der Versuche an gußeisernen Röhren, welche an der großen Kirkaldy-Maschine der Belg. Staatsbahnen im Arsenal zu Malines vorgenommen wurden, diente zur Durchführung der Knickversuche die Wardersche Festigkeits-Maschine der Züricher Materialprüfungsanstalt. Sie wurde für die Versuche mit Hilfe eines Normalstabes geeicht.

1. Versuche zur Prüfung der theoretischen Grundlagen.

Die ausgeführten Versuche beziehen sich durchweg auf Stäbe mit Spitzenlagerung. Sie hatten etwa 6 m Länge und waren aus je zwei Winkeleisen gebildet, deren Verbindung entweder (nach Gerberscher Konstruktionsweise) durch viernietige Blechstreifen oder durch zweinietige, gekreuzte Bindebleche bewirkt wurde. Die Abstände der Querverbindungen voneinander betrugen 40 bis 100 cm. Die Wahl der Versuchsstäbe muß als ungeeignet bezeichnet werden. Denn die Eulersche Theorie gilt nur für vollwandige Stäbe und kann demnach an zusammengesetzten Druckstäben auf ihre Richtigkeit hin

---

[1]) Vgl. Schweizerische Bauzeitung, Bd. 35, Nr. 5, 6 und 7.

nicht geprüft werden[1]). Man wird sich daher nicht wundern dürfen, daß von den drei Versuchen Nr. 7, 8 und 9[2]) bei Versuch Nr. 9 die beobachtete Durchbiegung um $18^0/_0$, bei Versuch Nr. 8 gar um $45^0/_0$ die aus der Gleichung 9) des § 2

$$y^*_{max} = \frac{v}{\cos\left(\dfrac{l}{2} : k\right)}$$

berechnete Größe überschreitet, ohne daß doch die maximale Randspannung die Proportionalitätsgrenze erreicht hätte. Die aus den Ablesungen am Dehnungsmesser ermittelte, maximale Kantenpressung stimmte jedoch mit der aus der Navierschen Biegungsformel berechneten größten Spannung gut überein.

Bei zentrisch belasteten Druckstäben zeigte sich der Beginn der Verbiegung ziemlich regellos. Solche Stäbe befinden sich unter niederen Belastungen in einem Zustand gleichförmiger Spannungsverteilung und erfahren erst von einer bestimmten Lastgrenze an, welche aber nicht in einem festen Verhältnis zur Knicklast steht, eine ungleichförmige Verteilung der Spannungen über ihre Querschnitte.

Dieses Verhalten ist erklärlich aus der Wirkung exzentrischer Belastung wie sie in § 2 erörtert wurde, sowie aus dem Umstande, daß die Exzentrizität während des Versuches sowohl ihre Größe wie ihr Vorzeichen zu wechseln vermag.

2. Versuche zur Begründung empirischer Formeln für die technisch wichtigsten Baustoffe.

a) Bauholz. Von den 305 mitgeteilten Versuchen beziehen sich 171 auf Spitzenlagerung, wobei der Spitzenabstand als freie Knicklänge angesehen wurde, 134 auf Flächenlagerung, für welche die halbe Stablänge als freie Knicklänge gerechnet wurde. Nach F. v. Emperger ist letztere Annahme zu günstig, und es wäre bei Flächenlagerung die 0,7 fache Stablänge als Knicklänge einzuführen.

Die Tabellen enthalten außer den Angaben über die Holzart, die Abmessungen der Stäbe und die mittlere Feuchtigkeit, die beobachtete Knickkraft P, die daraus berechnete Knickspannung $\sigma_k = \dfrac{P}{F}$, sowie die nach Euler bzw. Tetmajer berechneten Knickspannungen. Die Schlankheit der Stäbe lag zwischen 1,7 und 190. Die einzelnen Versuchsergebnisse weisen eine starke Streuung auf (bis zu $40^0/_0$ vom Mittelwert), wie dies bei einem Material wie Holz kaum anders zu erwarten war, noch dazu, wo die verschiedenartigsten Holzsorten zu einer Versuchsgruppe zusammen gefaßt waren.

---

[1]) Vgl. die Ausführungen des Abschnitt VI.
[2]) a. a. O. S. 26—28.

α) Schlanke Stäbe mit $l:i > 100$.

Das Verhalten dieser Stäbe ist dem elastischer Körper sehr ähnlich. Die Ausbiegungen erfolgten sehr regelmäßig, nahmen mit der Belastung zu, und die Grenze des Tragvermögens wurde meistens erreicht, ohne daß die Holzfasern sich ineinander schoben. Mit zunehmender Schlankheit nimmt der Einfluß der Astknoten ab, und er verschwindet beinahe für $l:i \geqq 150$. Für die Knickgrenze schlanker Holzstäbe gilt die Eulersche Formel

$$\sigma_k = 987 \cdot \left(\frac{i}{l}\right)^2 \; \text{t/cm}^2$$

entsprechend einem Elastizitätsmodul $E = 100$ t/cm².

β) Schlankheit $l:i < 100$.

Die Formänderungen gleichen denen unelastischer Körper und verschwinden nach Entfernung der Belastung nur teilweise. Die Durchbiegungen sind teils regelmäßig, teils bleiben sie ganz aus, und der Balken schlägt sich dann nach Erreichung der Knicklast plötzlich durch. Die Knickgrenze (bei welcher meistens Gefügezerstörungen auftreten) rechnet sich nach der Tetmajerschen Formel

$$\sigma_k = 0,293 - 0,00194 \left(\frac{l}{i}\right) \text{t/cm}^2 \, .$$

Bei $l:i = 100$ liefern die beiden Formeln unter α) und β) dasselbe Ergebnis.

b) Gußeisen. Das von anderen technisch gebräuchlichen Metallen stark abweichende, elastische Verhalten des Gußeisens läßt es erwarten, daß seine Knickfestigkeit sich nicht durch so einfache Gesetze darstellen läßt wie dies beim Bauholz der Fall war.

Die 260 Versuche mit gußeisernen Röhren, ebenso wie die 18 Versuche mit Vierkantstäben erfolgten unter Anwendung der Spitzenlagerung. Für die 18 Versuche an Vierkantstäben, welche mit Flächenlagerung geprüft wurden, wurde die 0,526 fache Stablänge als freie Knicklänge gerechnet. Die Schlankheit der Stäbe variierte von $l:i = 8$ bis $l:i = 200$. Die Tabellen enthalten dieselben Versuchsdaten, wie die für Bauholz, abgesehen von der Luftfeuchtigkeit, die hier keine Rolle spielt. Das Versuchsmaterial war seiner chemischen wie physikalischen Beschaffenheit nach nicht gleichwertig.

Mit wachsendem Graphitgehalt nehmen unter sonst gleichen Umständen die bleibenden Formänderungen zu. Die für Stoffe mit ausgeprägter Proportionalitätsgrenze gültigen Formeln stellen für das Gußeisen, das eine solche Grenze bekanntlich nicht besitzt, nur rohe Näherungen dar.

α) Schlankheit $l:i > 80$.

Bei zunehmender Schlankheit verlieren sich mehr und mehr die Einflüsse, welche das körnige Gefüge des Materials bei gedrungenen

Stäben geltend macht, und die Stäbe nähern sich mit wachsender Schlankheit dem Verhalten elastischen Materials. Die Knickgrenze gehorcht dem Eulerschen Gesetz

$$\sigma_k = 9870 \cdot \left(\frac{i}{l}\right)^2 \text{ t/cm}^2$$

entsprechend einem Elastizitätsmodul von $E = 1000$ t/cm².

β) Schlankheit $l : i < 80$.

Hier gilt für die Knickspannung die Tetmajersche Formel

$$\sigma_k = 7{,}76 - 0{,}12\left(\frac{l}{i}\right) + 0{,}00053\left(\frac{l}{i}\right)^2 \text{ t/cm}^2,$$

welche im Gegensatze zu der Formel für Bauholz eine parabolische Änderung der Knickspannung mit der Schlankheit zum Ausdruck bringt. Der Grenze $l : i = 80$ entspricht eine Spannung von 1,55 t/cm², wofür die Tangenten beider Kurven bezügl. durch die Neigungswinkel

$$(\text{Euler}) \qquad d\sigma_k : d\left(\frac{l}{i}\right) = -\frac{2 \cdot 9870}{80^3} = -0{,}0385,$$

$$(\text{Tetmajer}) \quad d\sigma_k : d\left(\frac{l}{i}\right) = -0{,}120 + 0{,}00053 \cdot 80 = -0{,}0352$$

bestimmt werden. Der Übergang beider Kurven ist somit nicht strenge stetig. Ähnlich erfolgen die Grenzübergänge zwischen den Euler- bzw. Tetmajer-Formeln auch bei andern Materialien, worauf wir noch zurückkommen.

c) Schweiß- und Flußeisen. Für diese wichtigsten Baustoffe der heutigen Technik wurden 193 Versuche angestellt, wovon mehrere bei Einspannung zwischen den festgestellten Druckplatten der Maschine vorgenommen wurden. 125 Versuche beziehen sich ausschließlich auf Schweißeisen. Die Versuchs-Protokolle enthalten dieselben Angaben wie die für Gußeisen. In der überwiegenden Zahl aller Fälle war das kleinste Trägheitsmoment maßgebend für die Richtung, in der die Stäbe ausknickten. Wo mehrere Profile durch Vernietung zu einem Stab verbunden wurden, betrug die Nietteilung 16—55 cm, die größte Schwächung des Querschnitts 13% der Fläche.

Über den Einfluß, den die Querschnittsform auf die Knickgrenze ausübt, lassen die Versuche kein Urteil zu. Die Schwächung der Querschnitte zeigte sich ohne Einfluß, sofern

1. die Teilung nicht größer war als die 70fache Dicke der vernieteten Flanschen, womit aber unter Umständen die oberste Grenze noch nicht erreicht war, da Stäbe mit weiterer Teilung nicht untersucht wurden;
2. die Schwächung der Querschnittsfläche 12% nicht übersteigt.

Für die Bestimmung der Knickgrenze erweisen sich folgende Formeln als brauchbar.

α) Schweißeisen.

$$\text{Euler:} \qquad \sigma_k = 19\,740 \cdot \left(\frac{i}{l}\right)^2 \text{ t/cm}^2 \qquad\qquad \text{für } \frac{l}{i} \geqq 112,$$

$$\text{Tetmajer:} \quad \sigma_k = 3{,}03 - 0{,}0129 \left(\frac{l}{i}\right) \text{t/cm}^2 \qquad \text{für } \frac{l}{i} \leqq 112.$$

β) Flußeisen mit einer Zugfestigkeit von weniger als etwa 4,5 t/cm².

$$\text{Euler:} \qquad \sigma_k = 21\,220 \cdot \left(\frac{i}{l}\right)^2 \text{ t/cm}^2 \qquad\qquad \text{für } \frac{l}{i} \geqq 105,$$

$$\text{Tetmajer:} \quad \sigma_k = 3{,}1 \;\; - 0{,}0114 \left(\frac{l}{i}\right) \text{t/cm}^2 \qquad \text{für } \frac{l}{i} \leqq 105.$$

γ) Flußeisen von Stahlcharakter.

$$(E \simeq 2240 \text{ t/cm}^2; \text{ Zugfestigkeit} > 4{,}5 \text{ t/cm}^2).$$

$$\text{Euler:} \qquad \sigma_k = 22\,200 \cdot \left(\frac{i}{l}\right)^2 \text{ t/cm}^2 \qquad\qquad \text{für } \frac{l}{i} \geqq 105.$$

$$\text{Tetmajer:} \quad \sigma_k = 3{,}21 - 0{,}0116 \cdot \left(\frac{l}{i}\right) \text{t/cm}^2 \qquad \text{für } \frac{l}{i} \leqq 105.$$

In Abb. 21 sind für Flußeisen die zu verschiedenen Schlankheiten gehörigen Knickspannungen nach Euler und Tetmajer und die Mittelwerte der Tetmajerschen Versuche eingezeichnet.

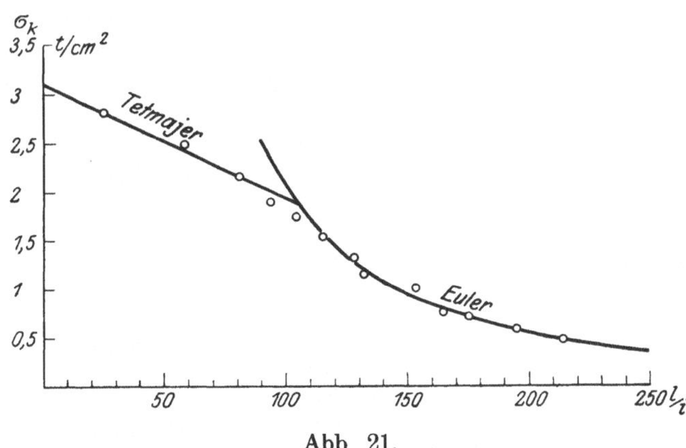

Abb. 21.

Vom rein theoretischen Standpunkte aus sind gegen die Tetmajerschen Formeln drei Einwände zu erheben.

Zunächst ist der Übergang der Eulerschen und Tetmajerschen Formeln an der Grenze, welche das Gebiet der proportionalen Formänderung von dem der nicht proportionalen Formänderung scheidet, nicht stetig; die durch beide Formeln dargestellten Kurven gehen vielmehr mit einem Knick ineinander über, wie dies auch aus den oben berechneten Tangenten an die Kurven, welche das Verhalten des Gußeisens charakterisieren, hervorgeht.

Sodann entspricht der Schlankheit, bei der die Eulersche Formel ihre Gültigkeit einbüßt, nicht diejenige Spannung, die das Versuchsmaterial v. Tetmajers an der Proportionalitätsgrenze tatsächlich hatte. So liegt z. B. für sechs Probestäbe aus Flußeisen die Proportionalitätsgrenze bei folgenden Werten:

$$\sigma_p = 2{,}35 \quad 2{,}51 \quad 2{,}30 \quad 2{,}63 \quad 2{,}42 \quad 2{,}44 \ \text{t/cm}^2,$$

und im Mittel bei 2,44 t/cm², während bei der von Tetmajer angegebenen Schlankheitsgrenze $l:i = 105$ die aus seiner Formel berechnete Knickspannung nur 1,93 t/cm² beträgt.

Endlich müßte für den Wert $l:i = 0$, sofern diese Extrapolation gestattet ist, aus den Tetmajerschen Gleichungen eine der „Würfelfestigkeit" gleiche Knickspannung folgen, die indessen lange nicht erreicht wird. Diese Widersprüche haben die Kármánschen Versuche behoben, worauf wir in § 18 noch zurückkommen werden.

Im allgemeinen geben die Tetmajerschen Formeln, namentlich für sehr gedrungene Stäbe, etwas zu kleine Knickspannungen, was für die Praxis nicht unerwünscht ist. Ist ja schon der Fall selten, wo Stäbe mit sehr kleiner Schlankheit zur Anwendung kommen.

Wenn weiter der Geltungsbereich der Tetmajerschen Formeln nach oben durch eine Schlankheit begrenzt wird, der eine rechnerische Knickspannung entspricht, die unter der tatsächlichen Proportionalitätsgrenze liegt, so bedingt dies ebenfalls einen Überschuß an Sicherheit. Denn in einem gewissen Bereich oberhalb dieser Schlankheitsgrenze gilt ja noch die Euler-Formel, welche hier höhere Knickspannungen ergibt als die Rechnung nach Tetmajer. Zieht man noch in Betracht, daß die Tetmajerschen Formeln empirischen Ursprungs sind, daß sie die Ergebnisse vieler Versuche vermitteln, daß sie allen Materialmängeln, die weder bei Versuchen noch bei Ausführungen vermeidbar sind, bereits gerecht werden, und daß endlich die Versuche alle an heimischem Material vorgenommen wurden, so ist es verständlich genug, daß die einfachen und mühelos zu handhabenden Formeln von Tetmajer ein Vertrauen und eine Beliebtheit gewinnen konnten, wie das heute der Fall ist.

Wir fügen zwei Zahlenbeispiele an, welche die Anwendung der Tetmajerschen Formeln erläutern sollen.

Beispiel 1: Eine Stütze von Bauholz habe eine Höhe von $l = 180$ cm, und ihr quadratischer Querschnitt eine Seitenlänge von 12 cm. Welche Belastung darf ihr bei 4-facher Sicherheit zugemutet werden, wenn die Enden der Stütze frei drehbar sind?

Es ist das Trägheitsmoment

$$J = \frac{12^4}{12} \ \text{cm}^4$$

und die Querschnittsfläche

$$F = 12^2 \ \text{cm}^2,$$

folglich

$$i = \sqrt{12} = 3{,}46 \ \text{cm}; \quad l:i = \frac{180}{3{,}46} = 52 \ [< 100]$$

Es kommt daher die Rechnung nach Tetmajer in Betracht. Die Knickspannung wird

$$\sigma_k = 0{,}293 - 0{,}00194 \cdot \frac{l}{i} = 0{,}192 \text{ t/cm}^2,$$

die Knickkraft

$$P_k = \sigma_k \cdot F = 0{,}192 \cdot 144 = 27{,}6 \text{ t},$$

und folglich bei 4-facher Sicherheit die zulässige Belastung

$$P = \frac{P_k}{4} = \frac{27{,}6}{4} = 6{,}9 \text{ t}.$$

Beispiel 2: Für eine Belastung von $P = 45$ t ist bei einer freien Knicklänge von $l = 275$ cm ein flußeiserner Stab mit 4-facher Sicherheit zu berechnen. Hierbei soll auf die Nietschwächung des Querschnitts nach einem Vorschlag Engessers[1] in der Weise Rücksicht genommen werden, daß man als nutzbaren Stabquerschnitt F den um die halbe Fläche der Nieten verminderten Querschnitt

$$F_0 - \tfrac{1}{2} \Sigma (F_n)$$

einführt.

Zur Lösung empfiehlt es sich, einen konstruktiv zweckmäßigen Querschnitt zunächst einmal anzunehmen und zu untersuchen, inwieweit er der Anforderung an die Sicherheit genügt.

Gewählter Querschnitt (Abb. 22).

	F_0	$\tfrac{1}{2}\Sigma(F_n)$	F	J_{min}
1 Stehblech 300/10	30,0	1,6	28,4	—
4 Winkel 80/10	60,4	3,2	57,2	836
	90,4	4,8	85,6	836

$$i = \sqrt{\frac{836}{90{,}4}} = 3{,}04 \text{ cm}; \quad l : i = 275 : 3{,}04 = 90{,}5 \ [< 105],$$

Knickspannung . . . $\sigma_k = 3{,}1 - 0{,}0114 \cdot 90{,}5 = 2{,}07$ t/cm^2,

Knicklast . . . . . $P_k = \sigma_k \cdot F = 2{,}07 \cdot 85{,}6 = 177{,}2$ t,

Sicherheit . . . . . $v = \dfrac{P_k}{P} = \dfrac{177{,}2}{45} = 3{,}93.$

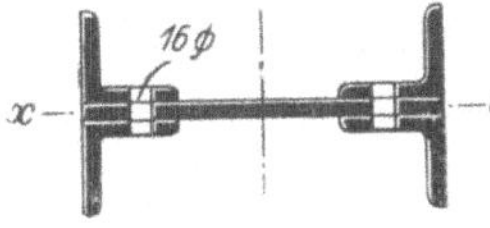

Abb. 22.

Eine kleine Verstärkung des Querschnittes erschiene hiernach angezeigt. Ohne Berücksichtigung der Nietschwächung hätte sich das Ergebnis nur unerheblich geändert. Hierbei wäre die Knicklast $P_k' = 2{,}07 \cdot 90{,}4 = 187$ t und die rechnungsmäßige Sicherheit

$$v = \frac{187}{45} = 4{,}15 \text{ fach}$$

geworden. Es erscheint daher statthaft, wie die Praxis das auch tut, bei Berechnung der Knicksicherheit den Einfluß von Nietschwächungen zu vernachlässigen (vgl. hierzu auch die in § 22 besprochenen Versuche von Föppl).

§ 17. Knickformeln für Nickelstahl.

Es liegt kein Grund vor, obwohl für Nickelstahl bisher erst wenige Knickversuche bekannt wurden, daran zu zweifeln, das

---

[1] F. Engesser, Über Knickfestigkeit und Knicksicherheit, „Eisenbau" 1911, S. 389.

für dieses Material innerhalb der Proportionalitätsgrenze die Euler-sche Formel $\sigma_k = \pi^2 \cdot E \cdot \left(\dfrac{i}{l}\right)^2$ ebenso zutreffend die Knickspannung zu berechnen gestattet wie sie dies für andere Materialien tut, welche sich in ihrem Verhalten dem Verhalten vollkommen elastischer Stoffe ebensogut anschließen wie Nickelstahl. Für den Elastizitätsmodul des Nickelstahls darf dabei etwa der des Flußeisens in Rechnung gestellt werden.

Nach den in § 18 folgenden Untersuchungen läßt es sich erwarten, daß auch für Nickelstahl nach Überschreitung der Proportionalitätsgrenze die Abhängigkeit der Knickspannung von der Schlankheit sich durch ein den Tetmajerschen Formeln entsprechendes Gesetz zum Ausdruck bringen läßt. Wegen der geringen Zahl bisher vorliegender Versuche scheint es ratsam, die Knickformel für Nickelstahl jenseits der Proportionalitäts-grenze so aufzustellen, daß sie eine über-schüssige Sicherheit gewährt. Bei der großen Bedeutung, welche der Nickelstahl im Laufe der nächsten Zeit noch gewinnen dürfte, steht zu erwarten, daß die in den Versuchen noch bestehende Lücke ohnehin bald geschlossen werden wird, wonach eine zuverlässigere Formel aufgestellt werden kann.

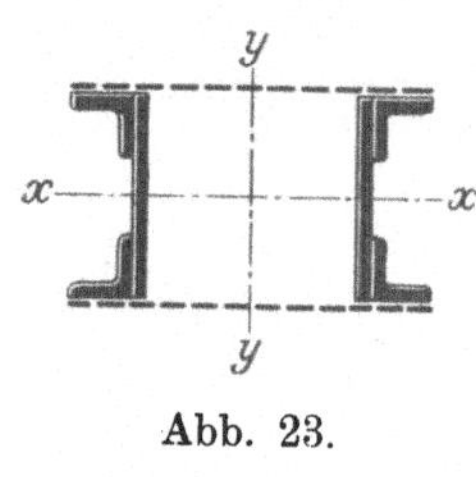

Abb. 23.

Zur Gewinnung unserer Knickformel beziehen wir uns auf die Versuche mit Nickelstahlstäben welche von Waddell[1]) angestellt wurden sowie auf Versuche an gegliederten Druckstäben, über die in §§ 60 und 62 noch berichtet werden wird.

Die sechs von Waddell untersuchten Stäbe hatten (Abb. 23) den Querschnitt

$$\left. \begin{array}{l} 2 \text{ Stehbleche } 305/9,5 \\ 4 \text{ Winkel } 76,2/9,5 \end{array} \right\} \begin{array}{l} F = 112,5 \text{ cm}^2, \\ J_x = 14310 \text{ cm}^4. \end{array}$$

Die Flanschen waren mit gekreuzten Diagonalen 63,5/9,5 (Flach-eisen) vergittert und die Gurtungen so weit gespreizt, daß $J_y = J_x$ wurde, und die Stäbe entsprechend dem Trägheitsmoment J_x^y aus-knickten.

Die Beschaffenheit des Versuchsmaterials ist durch folgende Angaben näher gekennzeichnet:

Zugfestigkeit 6,98 bis 8,02 t/cm²,

Streckgrenze mindestens 4,18 t/cm²,

Chemische Analyse: $3,5^0/_0$ Nickel, $0,38^0/_0$ Kohlenstoff, $0,75^0/_0$ Mangan, $0,03^0/_0$ Schwefel, $0,015^0/_0$ Phosphor, $0,05^0/_0$ Silicium.

Alle Stäben waren in Bolzen gelagert. Die Knickspannungen sind in Tabelle 10 enthalten.

---

[1]) Waddell, Twelve Tests of Carbon-Steel and Nickelsteel-Columns Eng. News, 59, 1908, S. 60.

Tabelle 10.

Stab Nr.	1	2	3	4	5	6
Schlankheit $l:i$	27	27	27	81	81	81
Knicklänge l (cm)	305	305	305	915	915	915
Knickspannung (t/cm²)	4,78	4,78	4,83	3,1	3,3	2,97

Die in § 62 behandelten 14 Versuche an gegliederten Stäben lassen sich, wie dort noch gezeigt werden wird, mit guter Näherung durch die Formel $\sigma_k = 4{,}92 - 0{,}0234 \left(\dfrac{l}{i}\right)$ t/cm² für $l:i < 82$ theoretisch berechnen. Bei diesen Versuchen wechselte die Schlankheit zwischen 10,6 und 46,2. Die Materialeigenschaften des Nickelstahls sind auf S. 408 angeführt, der Nickelgehalt betrug $3{,}66\,^0/_0$.

Die in § 60 beschriebenen Versuche der Gutehoffnungshütte an 4 Gliederstäben aus Nickelstahl, deren Schlankheitsgrad 17,3 bis 44,2

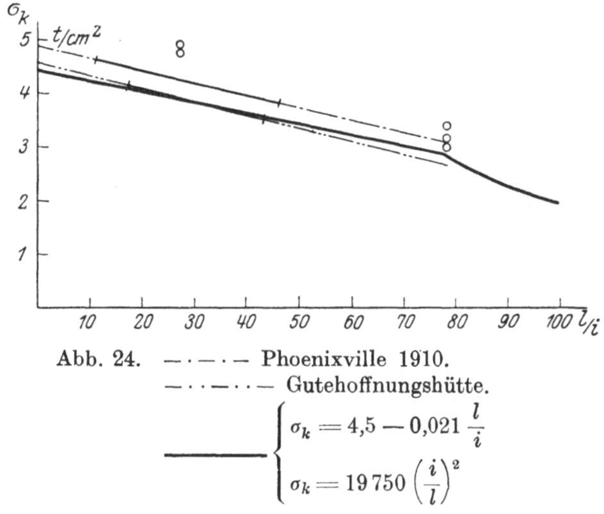

Abb. 24. — · — · — Phoenixville 1910.

— · · — · · — Gutehoffnungshütte.

$$\begin{cases} \sigma_k = 4{,}5 - 0{,}021\,\dfrac{l}{i} \\[2mm] \sigma_k = 19\,750\left(\dfrac{i}{l}\right)^2 \end{cases}$$

war, sind ebenso einer theoretischen Behandlung auf Grund der Formel

$$\sigma_k = 4{,}6 - 0{,}0236\left(\frac{l}{i}\right)\ \text{t/cm}^2$$

für $l:i < 89$ zugänglich. Das Material hatte einen Nickelgehalt von $2{,}0-2{,}5\,^0/_0$ und die S. 395 angegebenen Festigkeitseigenschaften.

In Abb. 24 sind · nun die Ergebnisse der Waddellschen Versuche, sowie die der theoretischen Behandlung der Gliederstäbe zugrunde gelegten beiden Knickformeln

$$\sigma_k = 4{,}92 - 0{,}0234\left(\frac{l}{i}\right) \qquad (\S\ 62)$$

und

$$\sigma_k = 4{,}6 - 0{,}0236 \left(\frac{l}{i}\right) \quad (\ \S\ 60)$$

eingetragen. Die in letzteren vorkommenden Koeffizienten sind den Festigkeitseigenschaften des Materials analog zugeordnet worden wie die Koeffizienten der Tetmajerformel für Flußeisen sich den Eigenschaften dieses Baustoffes zuordnen (vgl. S. 397 und 417). Neben diesen beiden Geraden, welche innerhalb des durch die Versuche begrenzten Bereiches ausgezogen sind, enthält die Abb. 24 die Gerade

$\sigma_k = 4{,}5 - 0{,}021 \cdot \left(\frac{l}{i}\right)$, welche für $l:i = 81$ in die kubische Hyperbel

$\sigma_k = 19\,750 \cdot \left(\frac{i}{l}\right)^2$ einschneidet. Vorbehaltlich einer durch spätere

Versuche noch zu gewärtigenden Berichtigung empfehlen wir entsprechend der aus Abb. 24 ersichtlichen Darstellung als Knickgesetze für Nickelstahl von $2{,}0—3{,}7\,^0/_0$ Nickelgehalt die Formeln

$$\sigma_k = 19\,750 \cdot \left(\frac{i}{l}\right)^2 \quad \text{für} \quad \frac{l}{i} \geqq 81,$$

$$\sigma_k = 4{,}5 - 0{,}021 \left(\frac{l}{i}\right) \quad \text{,,} \quad \frac{l}{i} \leqq 81.$$

§ 18. Die allgemeine Knickformel und die Versuche Kármáns.

Der naheliegende Gedanke, die empirisch abgeleiteten Tetmajerschen Formeln auf rationellem Wege zu begründen und insbesondere den inneren Zusammenhang zwischen den bei schlanken und gedrungenen Stäben gültigen Knickgesetzen in mathematischer Form zur Darstellung gelangen zu lassen, regte sich früh[1]).

Eine hinreichende Erklärung aber dafür, warum ein knickender Stab außerhalb der Proportionalitätsgrenze sich so ganz anders verhält als innerhalb derselben, gab erst die von F. Engesser[2]) aufgestellte und später durch die Kármánschen Versuche[3]) in ausgezeichneter Weise bestätigte, allgemeine Knicktheorie, mit welcher wir uns nunmehr zu beschäftigen haben.

Um für die kritische Belastung P_k eine Formel aufzustellen, welche auch dann noch gilt, wenn die Knickspannung $\sigma_k = P_k : F$

---

[1]) Vgl. Brik, Österr. Wochenschr. f. d. öffentl. Baudienst, 1906, sowie Kübler, Zeitschr. f. Arch.- u. Ing.-Wesen 1909, S. 189.

[2]) F. Engesser, Zeitschr. f. Arch.- u. Ing.-Wesen 1889, S. 455, sowie Schweiz. Bauzeitung 1895, Bd. 26, S. 24 und Z. d. V. D. Ing. 1898, S. 927.— Vgl. hierzu auch Considère, Congrès international des procédés de Constructions, Paris 1891 und F. Jasinski, Schweiz. Bauzeitung 1895, Bd. 25, S. 172.

[3]) Th. v. Kármán, Untersuchungen über Knickfestigkeit, Mitteilungen über Forschungsarbeiten auf dem Gebiete des Ing.-Wesens, Heft 81, Berlin 1910.

größer ist, als die Spannung σ_p an der Proportionalitätsgrenze, stellen wir uns vor, daß der belastete Stab in einem Zustande sich befinde, bei dem er seine gerade Gestalt eben erst zu ändern beginnt, und daß er dabei nach einer von der Geraden nur sehr wenig abweichenden Kurve sich deformiere.

Es möge vorausgesetzt werden, daß bei einer schwachen Deformation des Stabes die Funktion, welche die Abhängigkeit zwischen Spannung und Stauchung regelt, ungeändert dieselbe bleibe wie die aus Zug- und Druckversuchen ermittelte Funktion (Arbeitslinie in § 1). Setzen wir diese Funktion

$$\text{Gl. 1)} \qquad \sigma = E_\sigma \cdot \varepsilon,$$

wo E_σ im allgemeinen von der Spannung σ abhängt, so umfassen wir damit den ganzen Spannungsbereich des Materials und haben nur für das Gebiet der elastischen Formänderung $E_\sigma = E = \text{konstant}$ zu setzen. Aus Gl. 1) folgt $\dfrac{d\sigma}{d\varepsilon} = E_\sigma + \varepsilon \cdot \dfrac{d E_\sigma}{d\varepsilon}$ oder mit Vernachlässigung der kleinen Größe $\varepsilon \cdot \dfrac{d E_\sigma}{d\varepsilon}$ $\qquad \dfrac{d\sigma}{d\varepsilon} = E_\sigma.$

Solange nun keine Biegung eintritt, ist bei zentrischer Belastung die Spannung im ganzen Querschnitt des Stabes dieselbe. Tritt aber Biegung auf (Abb. 25), so bedeutet dies für die dem Krümmungsmittelpunkt zugewandte Seite eine Vermehrung der Druckspannung entsprechend der in der Abb. 25 schraffierten Fläche OAB. Dabei wurde angenommen, daß die „Nullfasern", d. h. diejenigen Fasern, in denen durch das Biegungsmoment allein keine Spannung erzeugt wird, nicht

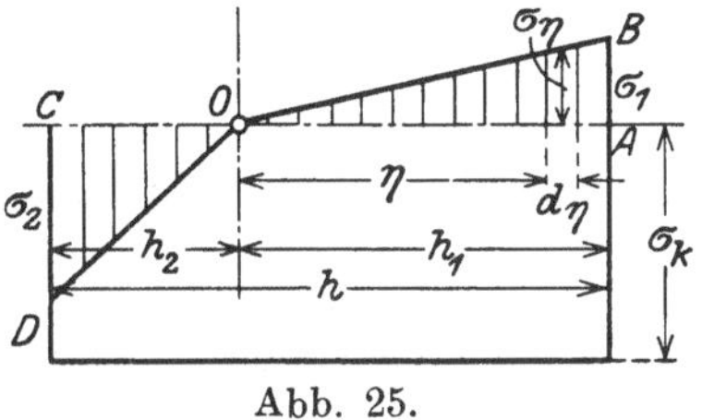

Abb. 25.

mit den Schwerachsenfasern des Querschnittes zusammenfallen.

Da auf der dem Krümmungsmittelpunkt zugewandten Seite die Elastizitätsgrenze überschritten werden kann, so gilt hier für die im Abstande η von der Nullfaser stattfindende Formänderung das allgemeine Gesetz $\sigma_\eta = E_\sigma \cdot \varepsilon_\eta$. Auf der abgewandten Seite vermindert sich die Spannung um die durch die schraffierte Fläche OCD dargestellten Beträge; hierbei werden aber nur die elastischen Formänderungen rückgängig, und es ist daher hier das Hookesche Gesetz $\sigma_\eta = E \cdot \varepsilon_\eta$ anzuwenden. Hiernach folgt, da für den Gleichgewichtszustand die Resultierende der Spannungen σ_η verschwinden und deren Moment gleich dem äußeren Moment M sein muß,

$$\text{Gl. 2)} \qquad \begin{cases} \displaystyle\int_0^F \sigma_\eta \cdot dF = 0, \\[2em] \displaystyle\int_0^F \sigma_\eta \cdot \eta \cdot dF = M. \end{cases}$$

Auf Grund der Bernoullischen Hypothese ist aber mit ϱ als Krümmungsradius

$$\varepsilon_\eta = \eta : \varrho$$

daher

Gl. 3) $\begin{cases} \sigma_\eta = E_\sigma \cdot \dfrac{\eta}{\varrho} \text{ auf der dem Krümmungsmittelpunkt zugewandten Seite} \\[2mm] \sigma_\eta = E \cdot \dfrac{\eta}{\varrho} \text{ auf der dem Krümmungsmittelpunkt abgewandten Seite} \end{cases}$

und insbesondere $\begin{cases} \sigma_1 = E_\sigma \cdot \dfrac{h_1}{\varrho} \\[2mm] \sigma_2 = E \cdot \dfrac{h_2}{\varrho} \end{cases}$ am Rande.

Hiermit gehen die Bedingungen (2) über in:

Gl. 4) $\begin{cases} \displaystyle\int_0^A E_\sigma \cdot \frac{\eta}{\varrho} \cdot dF + \int_0^C E \cdot \frac{\eta}{\varrho} \cdot dF = 0, \\[4mm] \displaystyle\int_0^A E_\sigma \cdot \frac{\eta^2}{\varrho} \cdot dF + \int_0^C E \cdot \frac{\eta^2}{\varrho} \cdot dF = M. \end{cases}$

Solange man entsprechend kleine Durchbiegungen zuläßt, kann man E_σ für die Integration als konstant ansehen, und erhält mit den Abkürzungen

$$\int_0^A \eta \cdot dF = S_A; \quad \int_0^A \eta^2 \cdot dF = J_A,$$

$$\int_0^C \eta \cdot dF = S_C; \quad \int_0^C \eta^2 \cdot dF = J_C,$$

aus den Gl. 4).

Gl. 5) $\qquad\qquad E_\sigma \cdot S_A + E \cdot S_C = 0$

und

Gl. 6) $\qquad\qquad E_\sigma \cdot J_A + E \cdot J_C = M \cdot \varrho.$

Aus Gl. 5) bestimmt sich die Lage der Nullfaser. Für die so bestimmte Nullfaser als Achse sind sodann die Trägheitsmomente J_A und J_C zu berechnen. Da $M = - P \cdot y$ ist, so lautet nunmehr die Differentialgleichnng der elastischen Linie mit $\dfrac{1}{\varrho} \simeq \dfrac{d^2 y}{d x^2}$:

Gl. 7) $\qquad\qquad \dfrac{d^2 y}{d x^2} = - \dfrac{P \cdot y}{E_\sigma \cdot J_A + E \cdot J_C}.$

Sie liefert die kritische Belastung in der von **Euler** dargestellten Form

Gl. 8)
$$\begin{cases} P_k = \dfrac{\pi^2 \cdot T \cdot J}{l^2}, \\[2mm] \sigma_k = \pi^2 \cdot T \cdot \left(\dfrac{i}{l}\right)^2, \end{cases}$$

wenn man nur festsetzt, daß

Gl. 9)
$$T = \frac{E_\sigma \cdot J_A + E \cdot J_C}{J}$$

sei, wodurch T ganz allgemein als „Knickmodul" für jede beliebige Knickspannung definiert wird. Der Modul T hängt von der Spannung σ_k ab. Die Gleichungen 8) und 9), welche zur Berechnung der Knickgrenze für $\sigma_k > \sigma_p$ dienen, wurden erstmals von **Engesser** aufgestellt und in der Schweizerischen Bauzeitung 1895 veröffentlicht. In einer zuvor aufgestellten Näherungstheorie hatte **Engesser** die Verschiedenheit des Elastizitätsmoduls auf der Zug- und Druckseite des Stabes vernachlässigt und demzufolge den Modul $T' = \dfrac{d\sigma}{d\varepsilon} = E_\sigma$ als Knickmodul eingeführt. Man erhält hiermit, wie man aus Gl. 9) ersieht, immer eine zu kleine Knickspannung, also überschüssige Sicherheit. Dies trifft namentlich für sehr gedrungene Stäbe zu, wie Tabelle 11 zeigt, welche der Abhandlung **Kármáns** entnommen wurde.

Tabelle 11.

Schlank-heit $l:i$	Beobachtete Knick-spannung bei Kármáns Versuchen	Berechnete Knickspannungen mit dem Modul T	
		nach Gl. 9) $\left(T = \dfrac{E_\sigma \cdot J_A + E \cdot J_c}{J}\right)$	$(T' = E_\sigma)$
73,0	3,030	3,055	3,015
58,5	3,130	3,150	3,100
53,5	3,165	3,175	3,115
38,8	3,320	3,315	3,170
28,8	3,485	3,620	3,240
24,8	3,890	4,100	3,300

Aus den Gleichungen (5—9) folgt für $E_\sigma = E$ sofort wieder die **Euler**sche Knicktheorie, wie es für das Gebiet der elastischen Formänderungen sein muß. Für $E_\sigma \neq E$ zeigen aber die entwickelten Beziehungen, daß die Knickgrenze im Bereich der nicht proportionalen Formänderungen auch von der Form des Querschnitts abhängt, wenngleich die hierdurch bedingte Änderung der Knickkraft in diesem Gebiete von geringerer Bedeutung ist als diejenige, welche durch die Abnahme des Elastizitätsmoduls E_σ mit zunehmender Spannung bedingt wird.

Die Berechnung des Knickmoduls T zeigen wir an dem folgenden Beispiel: Rechteckquerschnitt von der Breite b und der Höhe h.

Die Gleichungen 5) und 6) lauten hierfür:

Gl. 5')
$$E_\sigma \cdot h_1{}^2 + E \cdot h_2{}^2 = 0,$$

Gl. 6')
$$(E_\sigma \cdot h_1{}^3 + E \cdot h_2{}^3) \cdot \frac{b}{3} = M \cdot \varrho.$$

Aus Gl. 5') und der Bedingung $h_1 + h_2 = h$ folgt nun

$$h_1 = h \cdot \frac{\sqrt{E}}{\sqrt{E} + \sqrt{E_\sigma}} \quad \text{und} \quad h_2 = h \cdot \frac{\sqrt{E_\sigma}}{\sqrt{E} + \sqrt{E_\sigma}},$$

wonach Gl. 6) übergeht in

$$\frac{b h^3}{12} \cdot \frac{4 E E_\sigma}{(\sqrt{E} + \sqrt{E_\sigma})^2} = M \cdot \varrho.$$

Setzt man nun $\dfrac{b h^3}{12} = J$ und $\dfrac{4 E E_\sigma}{(\sqrt{E} + \sqrt{E_\sigma})^2} = T$, sowie $M = - P \cdot y$ und

$\dfrac{1}{\varrho} = \dfrac{d^2 y}{dx^2}$, so erhält man die Knickkraft $P_k = \dfrac{\pi^2 \cdot T J}{l^2}$.

Der für rechteckige Querschnitte abgeleitete Ausdruck

$$T = \frac{4 E E_\sigma}{(\sqrt{E} + \sqrt{E_\sigma})^2}$$

ist für verschiedene Werteverhältnisse $E_\sigma : E$ berechnet und in Tabelle 12 eingetragen. Diese Tabelle enthält auch die Werte für T, welche in ähnlicher Weise für ⊢⊣-förmige Querschnitte berechnet wurden.

Tabelle 12.

$E_\sigma : E$	1,0	0,5	0,1	
T	1,0 E	0,68 E	0,23 E	(Rechteck-Querschnitt)
T	1,0 E	0,66 E	0,18 E	(⊢⊣-förmiger „)

Die Tabelle ergibt eine geringe Überlegenheit der Rechteckform gegenüber dem ⊢⊣-Profil hinsichtlich der Knickfestigkeit.

Nicht immer wird bei der Berechnung von T für einen Querschnitt die geschlossene Integration so einfach sein wie in dem gewählten Beispiel; in solchen Fällen führt ein graphisches Verfahren immer zum Ziel.

Soll z. B. bei beliebiger Randkurve eines Querschnittes die Lage der Nullachse bestimmt werden, so wähle man nacheinander willkürlich verschiedene parallele Achsen und bestimme für diese graphisch den Ausdruck

$$E_\sigma \cdot S_A + E \cdot S_C = \Delta,$$

wobei der „Fehler" Δ je nach der Lage der gewählten Achse positiv oder negativ sein kann. Trägt man dann auf jeder Achse den zugehörigen Wert Δ als Ordinate zu einer die gewählten Achsen senkrecht schneidenden Geraden auf, so erhält man die Kurve der Δ

und findet durch ihren Schnitt mit der vorerwähnten Geraden leicht diejenige Achse, welche als Nullachse durch die Gl. 5) bestimmt wird.

Wegen der Unsicherheit, die aber von vornherein bezüglich der Kenntnis des Formänderungsgesetzes vorliegt, empfiehlt es sich, für praktische Fälle den Wert des Knickmoduls T so zu bestimmen, daß er einer jenseits der Proportionalitätsgrenze bewährten Knickformel Genüge leistet. Hierzu ist es nur erforderlich, die Gl. 8) mit dieser Knickformel zu kombinieren. Man erhält dann z. B. für Flußeisen, wenn man die Tetmajer'che Formel zugrunde legt:

$$\sigma_k = 3{,}1 - 0{,}0114\left(\frac{l}{i}\right) = \pi^2 \cdot T \cdot \left(\frac{i}{l}\right)^2,$$

und hieraus den Knickmodul

Gl. 10) $$T = \left[3{,}1 - 0{,}0114\left(\frac{l}{i}\right)\right] \cdot \left(\frac{l}{\pi i}\right)^2,$$

der hier nur von der Schlankheit $l:i$ abhängt.

Oft ist es vorteilhafter, den Knickmodul T in Abhängigkeit von der Knickspannung σ_k zu berechnen. Man eliminiert dann aus den Gleichungen

$$\sigma_k = \pi^2 T \cdot \left(\frac{i}{l}\right)^2 \quad \text{(Euler)} \quad \text{und} \quad \sigma_k = \alpha - \beta \cdot \frac{l}{i} \quad \text{(Tetmajer)}$$

den Wert $l:i$, und erhält so die mit Gl. 10) gleiche Ergebnisse liefernde

Gl. 11) $$T = \frac{\sigma_k \cdot [\alpha - \sigma_k]}{\pi^2 \beta^2}$$

z. B. für Flußeisen $$T = \frac{\sigma_k \cdot [3{,}1 - \sigma_k]^2}{\pi^2 \cdot 0{,}0114^2}.$$

Mit dem so ermittelten Knickmodul T kann man dann wie mit der Eulerschen Formel rechnen und gewinnt dabei zugleich noch den Überschuß an Sicherheit, der den Tetmajerschen Formeln eigen ist. In der Folge wird von diesem Verfahren wiederholt Gebrauch gemacht werden.

Die Formel Gl. 8) $\sigma_k = \pi^2 \cdot T \cdot \left(\frac{i}{l}\right)^2$ kann auch für den Fall verwendet werden, wo die Stabenden tangententreu eingespannt sind. Es wäre jedoch fehlerhaft, zu vermuten, daß dann die Knickspannung ebenfalls den 4 fachen Betrag eines gleichen, aber in Spitzen gelagerten Stabes erreiche. Das Verhältnis zwischen den Knickspannungen in beiden Fällen geht aus Tabelle 13 hervor. Hierin sind die Knickspannungen für Spitzenlagerung und für eingespannte Enden bezüglich mit $\sigma_k{}^{I}$ und $\sigma_k{}^{IV}$ bezeichnet.

Tabelle 13.

Schlankheit $l:i$	176	150	100	50
Verhältnis der Knickspannungen $\sigma_k{}^{IV}:\sigma_k{}^{I}$	4,0	3,16	1,51	1,29

Hierbei stellt die Schlankheit $l:i = 176 = 2 \times 88$ die Grenze dar, bei der nach den Kármánschen Versuchen der Knickmodul T gleich dem Elastizitätsmodul E ist.

Aus der Tabelle ist ersichtlich, daß für kurze Stäbe mit eingespannten Enden eine weniger günstige Wirkung auf die Knickspannung erwartet werden kann, als bei schlanken, eingespannten Stäben. Dies geht übrigens auch aus den Tetmajerschen Formeln hervor, in welche für eingespannte Stäbe die halbe Stablänge als Knicklänge einzusetzen ist.

Kármáns Knickversuche beschränken sich auf nur 25 Stäbe. Das Material war einem geschmiedeten Martinstahlblock entnommen. Seine Festigkeitseigenschaften ergaben sich aus 6 Probestücken (3/3/9 cm) mit folgenden Mittelwerten: Zugfestigkeit 6,8 t/cm², Bruchdehnung $16,7\,^0/_0$, Querkontraktion $36\,^0/_0$, Elastizitätsmodul aus den Druckversuchen 2170 t/cm².

Die Knickstäbe waren von prismatischer Gestalt und exakt gehobelt. Bei einer Breite von 3—4 cm und 1,8—2,50 cm Dicke waren sie 8—83,5 cm lang. Die in Schneiden gelagerten Stäbe besaßen eine besondere Einspannvorrichtung, welche mit Keilen auch bei beträchtlichen Belastungen noch nachgestellt werden konnte. Vor Durchführung jedes Versuches überzeugte man sich von der Güte der Zentrierung durch Probebelastungen, indem man die Nachstellung der Keile so lange veränderte, bis eine merkliche Ausbiegung der Stabmitte unterblieb; hierbei wurde die Last bis zur Hälfte der zu erwartenden Knickgrenze (bei kurzen Stäben nur innerhalb der Elastizitätsgrenze) gesteigert.

Bei peinlichster Erfüllung der theoretischen Grundlagen konnte so Kármán nicht nur die Eulersche Formel mit einer Genauigkeit von $1,5\,^0/_0$ bestätigen, sondern auch innerhalb des von Tetmajer bereits erforschten Gebietes und darüber hinaus eine stetige Gesetzmäßigkeit feststellen, welche die hier entwickelte allgemeine Knicktheorie vollständig als richtig erwies. Abb. 26 enthält die Knickspannungen, welche bei Kármáns Versuchen beobachtet wurden, in Abhängigkeit von der Schlankheit $l:i$. Aus den 6 Versuchen an den Probestücken (3/3/9 cm) ergaben sich Mittelwerte E_σ als Funktionen der zugehörigen Spannungen σ. Hiernach konnte, wenn Spannung und Schlankheit einander zugeordnet waren, auch die Abhängigkeit zwischen E_σ und $l:i$ festgelegt werden.

Für den Idealfall $v = 0$, in welchem die Exzentrizität verschwindet, lassen sich nach den Gl. 5), 6) und 8) die Knickspannungen in Abhängigkeit von der Schlankheit berechnen. Sie ergeben die Kurve $v = 0$, welche etwa bei $l:i = 88$ in die Eulersche Hyperbel übergeht, und bilden den oberen Grenzwert für die beim Versuch zu erwartenden Knickspannungen. Für den Fall $v = 0,005\,h$, wo die Exzentrizität nur $^1/_{200}$ der Stabdicke beträgt, ist die untere Kurve berechnet. Sie legt, solange die angegebene Exzentrizität nicht überschritten wird, eine untere Grenze der Knickspannungen des Versuches fest. Von den 25 Versuchen **Kármáns** fallen nur 2 Beobachtungen um einen geringen Betrag außerhalb dieser beiden Grenzen.

Die Elastizitäts- und die Fließgrenze unterteilen nun das Gebiet der Versuche in charakteristischer Weise in 3 Abschnitte derart, daß ein stetiger Übergang von einem zum andern stattfindet. Dementsprechend mögen die Stäbe nach **Kármán** als „schlank", „mittel" und „kurz" unterschieden werden.

Für schlanke Stäbe $(l:i \geq 90$; elastischer Bereich) bestätigt sich die **Euler**sche Formel. Die Abhängigkeit der Ausbiegungen von den Belastungen zeigt deutlich den asymptotischen Verlauf (s. Abb. 59 auf S. 126), der um so schärfer sich ausprägte, je feiner der Stab zentriert war (vgl. § 25).

Bei mittleren Stäben $(30 \leq l:i \leq 90$; zwischen Elastizitäts- und Fließgrenze) wirkt eine auch nur wenig exzentrische Kraft vermindernd auf die Knickspannung ein und läßt Ausbiegungen schon

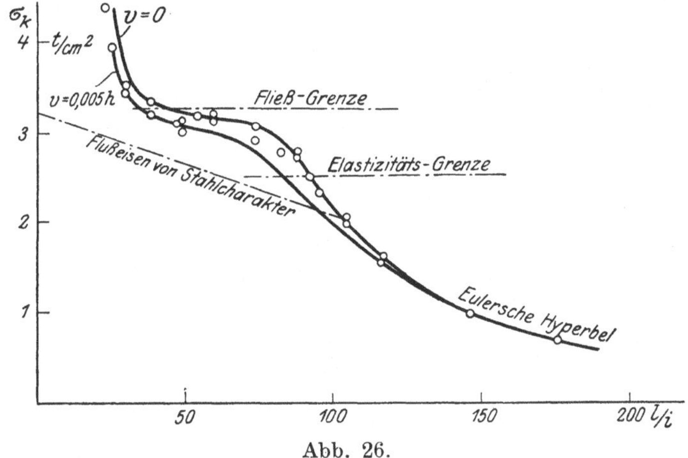

Abb. 26.

ziemlich weit unter der Knickgrenze zur Geltung kommen. Das Knicken erfolgt bei diesen Stäben unter der zu erwartenden Belastung, wenn die Last etwas exzentrisch wirkt, meistens plötzlich und unter beträchtlicher Abnahme der Belastung während des Knickvorganges selbst.

Für kurze Stäbe $(l:i \leq 30$; oberhalb der Fließgrenze) zeigt sich ein vorübergehendes Labilwerden des Stabes an der Fließgrenze selbst, da hier der Modul E_σ sehr klein wird. Mit zunehmendem E_σ tritt aber nach Überschreitung der Fließgrenze wieder eine „Festigung" des Stabes ein, durch die er zur Aufnahme höherer Lasten wieder fähig wird, auch wenn er an der Fließgrenze merkliche Durchbiegungen gezeigt hatte. Kurze, geknickte Stäbe zeigen starke Formänderungen in der Stabmitte und fast gar keine an ihren Enden.

Durch die **Kármán**schen Versuche werden nun die Widersprüche, deren wir bei Besprechung der **Tetmajer**schen Formeln gedachten, gelöst. Die Kurven der Abb. 26 sowie die darin eingetragenen Beobachtungen zeigen, daß im Fließgebiete eine Annäherung der Knickspannung an die Würfelfestigkeit beobachtet werden kann. Sie zeigen aber auch, daß die Möglichkeit ihrer Beobachtung wesentlich verringert ist, wenn die Probestäbe nicht sehr sorgfältig zentriert sind. Denn sehr kleine Exzentrizitäten bedingen hier, wie der Verlauf der beiden Kurven zeigt, starke Minderungen der Knickspannungen. Nach Überschreitung der Elastizitätsgrenze folgt die Knickspannung, für welche im elastischen Gebiet die Eulersche Formel gilt, keineswegs einem so einfachen Gesetze, wie dies Tetmajer aus seinen Versuchen ableitete. Wir haben in Abb. 26 auch die Tetmajersche Gerade für Flußeisen von mehr als 4,5 t/cm² Zugfestigkeit eingetragen entsprechend

$$\sigma_k = 3{,}21 - 0{,}0116 \cdot \left(\frac{l}{i}\right)$$

für $l:i < 105$. Man ersieht daran, daß die nach dieser Formel berechneten Werte σ_k unter den wirklichen Knickspannungen liegen.

Die Kármánschen Versuche stellen in wissenschaftlicher Hinsicht die vollendetste experimentelle Behandlung des Knickproblems dar, die bis heute erreicht wurde.

§ 19. Die Knickformeln von Strand.

Für die von Tetmajer geprüften Baustoffe hat neuerdings Strand[1]) Knickformeln aufgestellt, die sich in ausgezeichneter Weise den Mittelwerten der Tetmajerschen Versuche anpassen.

Zur Gewinnung dieser Formeln geht man von der Eulerschen Gleichung für die Knickspannung aus:

Gl. 1) $$\sigma_k = \pi^2 \cdot E \cdot \left(\frac{i}{l}\right)^2 = \frac{\pi^2 E}{\lambda^2},$$

aus der man durch Differenzieren die Beziehung herleitet:

Gl. 2) $$\frac{d\sigma_k}{d\lambda} = - \frac{2\pi^2 E}{\lambda^3} = - 2 \cdot \frac{\pi^2 E}{\lambda^2} \cdot \lambda^{-1} = - 2\sigma_k \cdot \lambda^{-1}.$$

Die Eulersche Gleichung enthält nur die Materialkonstante E, welche jenseits der Elastizitätsgrenze ihren Wert ändert. Sie ist daher für das Gebiet oberhalb dieser Grenze unbrauchbar. Um sie auch den Erscheinungen in dem Gebiet oberhalb der Elastizitätsgrenze anzupassen, verallgemeinern wir sie dadurch, daß wir statt Gl. 2) die erweiterte Beziehung ansetzen:

Gl. 3) $$\frac{d\sigma_k}{d\lambda} = - A \cdot \sigma_k \cdot \lambda^{n-1},$$

wo A und n Konstante bedeuten, die noch näher zu bestimmen sind.

---

[1]) Torbjörn Strand, Ein neues Verfahren zur Berechnung von Druckstäben auf Knicken. Zentralbl. d. Bauverw. 1914, S. 88 ff.

Durch Integration der Gl. 3) erhält man

$$\text{Gl. 4)} \qquad \log \text{nat}\, \sigma_k = -\frac{A}{n} \cdot \lambda^n + C$$

mit C als Integrationskonstanten, und hieraus, wenn man

$$\text{Gl. 4 a)} \qquad \left(\frac{1}{m}\right)^n = \frac{A}{n}$$

und

$$\text{Gl. 4 b)} \qquad D = e^C$$

ansetzt, die

$$\text{Gl. 5)} \qquad \sigma_k = \frac{D}{e^{\left(\frac{\lambda}{m}\right)^n}}.$$

In dieser verallgemeinerten Gleichung ist e die Basis der natürlichen Logarithmen, D, m und n sind Konstante, welche sich folgendermaßen bestimmen.

1. Bestimmung von D.

Für $\lambda = 0$ folgt aus Gl. 5) $\sigma_k = D$, wonach D als die Knickspannung eines unendlich kurzen Stabes definiert ist.

Man darf somit annehmen, daß D gleich der Quetschgrenze ist für Baustoffe, welche eine solche besitzen, und gleich der Druckfestigkeit für Baustoffe ohne eigentliche Quetschgrenze. Demnach hat die Konstante D etwa die in der Tabelle 14 angegebenen Werte.

2. Bestimmung von n.

Nach dem Ergebnis der Kármánschen Versuche (vgl. die Kurve $v = 0$ in Abb. 26) läßt sich vermuten, daß bei Stoffen mit Proportionalitätsgrenze die Kurve der Knickspannungen für die Schlankheit λ_p, der die Knickspannung σ_p entspricht, einen Wendepunkt besitzt, da oberhalb und unterhalb dieser Stelle die Kurve $v = 0$ in verschiedenem Sinne gekrümmt ist. Dieser Annahme wird genügt, wenn der zweite Differentialquotient von Gl. 5) für diese Stelle verschwindet, wenn also

$$\left(\frac{d^2 \sigma_k}{d\lambda^2}\right)_{\lambda = \lambda_p} = 0 \text{ ist.}$$

Man findet daher aus Gl. 3) die Bedingung

$$\text{Gl. 6)} \quad \left(\frac{d^2 \sigma_k}{d\lambda^2}\right)_{\lambda = \lambda_p} = -A \cdot \sigma_k \cdot (n-1) \cdot \lambda_p^{n-2} + A^2 \cdot \sigma_k \cdot \lambda_p^{2n-2} = 0,$$

woraus

$$\text{Gl. 7)} \qquad \lambda_p^n = \frac{n-1}{A}$$

folgt.

Durch Multiplikation der Gl. 4 a) und 7) erhält man

$$\text{Gl. 8)} \qquad \left(\frac{\lambda_p}{m}\right)^n = \frac{n-1}{n}.$$

Aus Gl. 5) folgt für $\lambda = \lambda_p$ die Knickspannung $\sigma_k = \sigma_p$, also

Gl. 9)
$$\sigma_p = D : e^{\left(\frac{\lambda_p}{m}\right)^n}.$$

Logarithmiert man diese Gleichung, so erhält man

Gl. 10)
$$\left(\frac{\lambda_p}{m}\right)^n = \frac{\log D - \log \sigma_p}{\log e},$$

wonach aus den Gl. 8) und 10) folgt:

Gl. 11)
$$\frac{n-1}{n} = \frac{\log D - \log \sigma_p}{\log e}.$$

Setzt man als Proportionalitätsgrenze für

$$\begin{array}{llr}
\text{Schweißeisen} & . & . & . & 1{,}66 \text{ t/cm}^2, \\
\text{Flußstahl} & . & . & . & . & 2{,}60 \text{ t/cm}^2, \\
\text{Flußeisen} & . & . & . & . & 1{,}82 \text{ t/cm}^2, \\
\text{Holz} & . & . & . & . & . & 0{,}16 \text{ t/cm}^2, \\
\text{Stahlguß} & . & . & . & . & 2{,}00 \text{ t/cm}^2,
\end{array}$$

so folgt aus Gl. 11) für diese Baustoffe bei Einsetzung der in Tabelle 14 angeführten Werte von D übereinstimmend $n \eqsim 2$. Für Gußeisen, welches keine Proportionalitätsgrenze besitzt, darf die Kurve der Knickspannungen folgerichtig auch keinen Wendepunkt aufweisen. Es ist dementsprechend in Gl. 11) der Wert $\sigma_p = D$ zu setzen, womit diese für Gußeisen die Konstante $n = 1$ liefert.

2. Bestimmung von m.

Der Wert m bestimmt sich aus der Bedingung, daß der Übergang der durch Gl. 5) dargestellten Kurve in die kubische Hyperbel Eulers stetig erfolge. Sei die Übergangsstelle durch die Koordinaten λ_m und σ_m gekennzeichnet, so muß gelten

Gl. 12)
$$\sigma_m = \frac{\pi^2 E}{\lambda_m^2} = D : e^{\left(\frac{\lambda_m}{m}\right)^n},$$

entsprechend der Gleichheit der Ordinaten

Gl. 13)
$$\left(\frac{d\sigma_k}{d\lambda}\right)_{\lambda = \lambda_m} = -2\,\sigma_m \cdot \lambda_m^{-1} = -n \cdot \left(\frac{1}{m}\right)^n \cdot \sigma_m \cdot \lambda_m^{n-1},$$

entsprechend der Gemeinsamkeit der Tangente für beide Kurven im Übergangspunkt.

Man erhält, wenn man die Gl. 12) und 13) nach m und λ_m auflöst und die früher ermittelten Werte von D und n einführt, die Werte der Konstanten m zu

Gl. 14)
$$m = \lambda_m = \pi \sqrt{\frac{E \cdot e}{D}}$$

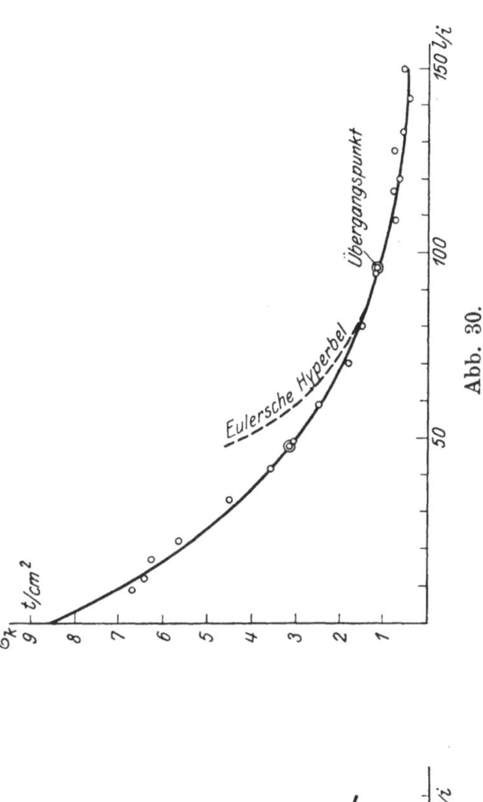

Abb. 29.

Holz. ○ Gruppenmittelpunkte aus Tetmajers Versuchen.

Abb. 30.

Gußeisen. ○ Gruppenmittelpunkte aus Tetmajers Versuchen.

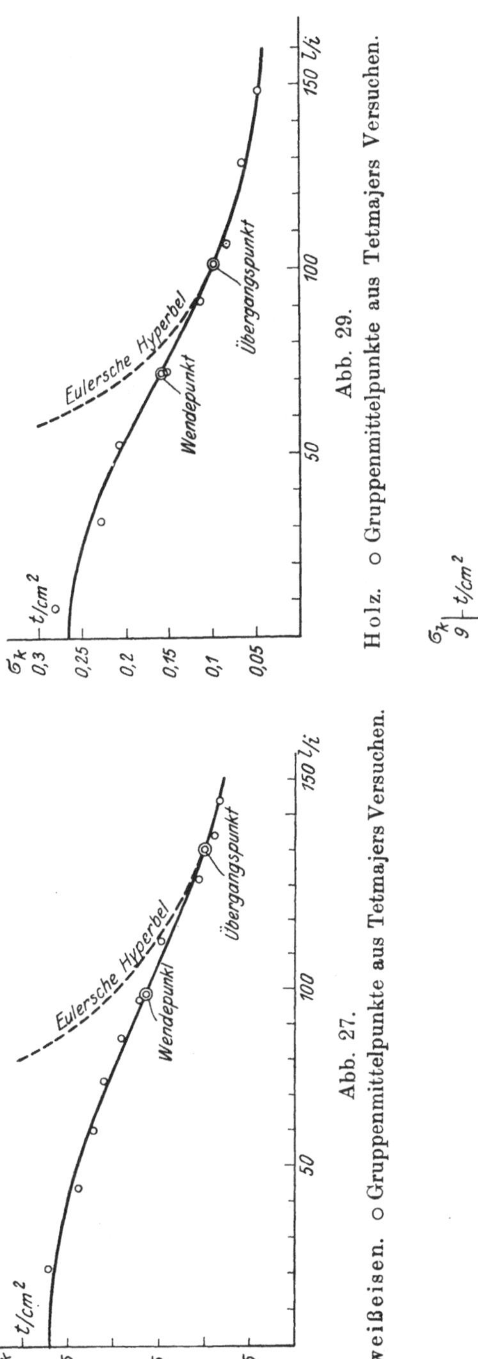

Abb. 27.

Schweißeisen. ○ Gruppenmittelpunkte aus Tetmajers Versuchen.

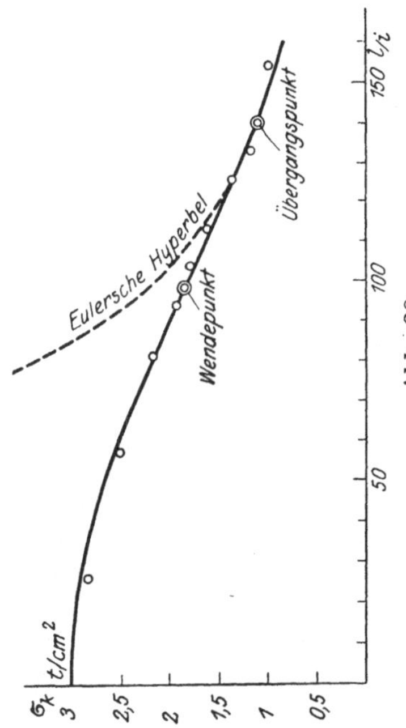

Abb. 28.

Flußeisen. ○ Gruppenmittelpunkte aus Tetmajers Versuchen.

für die Stoffe mit $n = 2$,

Gl. 15)
$$m = \frac{\lambda_m}{2} = \frac{\pi \cdot e}{\cdot 2} \sqrt{\frac{E}{D}}$$

für Gußeisen mit $n = 1$.

Setzt man in diese Gleichungen die folgenden Werte für den Elastizitätsmodul ein:

$$\begin{aligned}
\text{Schweißeisen} & \quad \ldots \quad E = 2000 \text{ t/cm}^2, \\
\text{Flußeisen} & \quad \ldots \ldots \quad E = 2150 \text{ t/cm}^2, \\
\text{Stahlguß} & \quad \ldots \ldots \quad E = 2150 \text{ t/cm}^2, \\
\text{Flußstahl} & \quad \ldots \ldots \quad E = 2250 \text{ t/cm}^2, \\
\text{Holz} & \quad \ldots \ldots \quad E = 100 \text{ t/cm}^2, \\
\text{Gußeisen} & \quad \ldots \ldots \quad E = 1050 \text{ t/cm}^2,
\end{aligned}$$

so liefern sie die in Tabelle 14 angeführten Werte von m, mit welchen zugleich auch die Schlankheit λ_m bestimmt wird, von der ab die Euler-Rechnung maßgebend wird. Das Knickgesetz hat daher für alle Baustoffe die Form

Gl. 5)
$$\sigma_k = D : e^{\left(\frac{\lambda}{m}\right)^n} \text{ t/cm}^2,$$

und die Konstanten D, m und n sind aus Tabelle 14 zu entnehmen.

Tabelle 14.

Baustoff	Konstante der Strandschen Knickformel			Geltungsbereich
	D	m	n	λ_m
Schweißeisen	2,75	140	2	140
Flußeisen	3,00	140	2	140
Stahlguß	3,30	133	2	133
Flußstahl	4,30	120	2	120
Holz	0,265	101	2	101
Gußeisen	8,50	48	1	96

Jenseits der in der letzten Spalte von Tabelle 14 angegebenen Schlankheitsgrenzen ist die Euler-Formel anzuwenden.

In den Abbildungen 27—30 sind die Knickspannungen für Schweißeisen, Flußeisen, Holz und Gußeisen nach Gl. 5) mit den Werten der Konstanten aus Tabelle 14 in Abhängigkeit von der Schlankheit $l : i = \lambda$ dargestellt. Die außerdem in diesen Figuren eingetragenen Punkte entsprechen Gruppenmittelwerten der Tetmajerschen Versuche. Die Übereinstimmung der Strandschen Knickformeln mit den Versuchen von Tetmajer ist ersichtlich sehr gut. Daß der Übergang in den Geltungsbereich der Eulerschen Berechnung bei einer Knickspannung erfolgt, welche bei den Baustoffen mit Proportionalitätsgrenze unter dieser Grenze liegt, erhöht die Sicherheit der Strandschen Formeln für Schlankheitsgrade, welche etwa zwischen den Grenzschlankheiten der Formeln von Tetmajer und von Strand liegen.

Für praktische Berechnungen erscheint jedoch das Verfahren von Strand etwas umständlich, und es ist hierfür den Formeln von Tetmajer ihrer Einfachheit wegen der Vorzug einzuräumen.

§ 20. Empirische Formeln.

Neben den bisher behandelten Knickformeln haben eine Reihe von Formeln eine gewisse Bedeutung erlangt, welche aus den Ergebnissen von Knickversuchen hergeleitet wurden.

Sie bringen die Knickspannung σ_k in Zusammenhang mit der Stabschlankheit λ und stellen diesen Zusammenhang entweder durch die Gleichung einer Geraden

$$\sigma_k = \alpha - \beta \cdot \lambda,$$

wie bei Tetmajer, oder einer Parabel

$$\sigma_k = \alpha - \beta \cdot \lambda^2$$

oder einer Kurve höherer Ordnung

$$\sigma_k = \frac{\alpha}{1 + \beta \cdot \lambda^\gamma}$$

her, wobei α, β und γ Konstante sind.

Wiewohl diese Formeln rein empirischen Ursprungs sind, hat es an Versuchen zu ihrer rationellen Begründung nicht gefehlt. So haben z. B. Brik[1]) und Kübler[2]) das Geradeliniengesetz

$$\sigma_k = \alpha - \beta \cdot \lambda$$

damit rechtfertigen wollen, daß die Spannung

$$\alpha = \sigma_k + \beta \cdot \lambda$$

der maximalen Randspannung

$$\sigma_{max} = \frac{P}{F} + \frac{P \cdot f}{W}$$

eines mit dem Pfeil f ausgebogenen Stabes gleichkomme, woraus geschlossen werden könne, daß

$$\beta \cdot \lambda = \frac{P \cdot f}{W}$$

sei[3]). Gegenüber dieser Interpretation muß daran festgehalten werden, daß sie willkürlich und theoretisch nicht haltbar ist, denn die Geradeliniengesetze von Tetmajer sind echte Knickgesetze, welche die Ermittelung jener Druckspannung gestatten, welche einen Stab instabil

---

[1]) Österreich. Wochenschr. f. d. öffentl. Baudienst 1906.
[2]) Zeitschr. f. Architektur und Ing.-Wesen 1909, S. 189.
[3]) Hiernach würde

$$f = \beta \cdot \frac{l}{i} \frac{W}{P} = \beta \cdot \frac{l}{i} \cdot \frac{W}{F \cdot \sigma_k}.$$

werden läßt. Die Instabilität hat aber gar nichts damit zu tun, ob der Stab an der Knickgrenze eine Ausbiegung f von endlicher Größe erreicht oder nicht. Wenn wir dieser Interpretation der Tetmajerschen Formeln ihre innere Berechtigung absprechen, so soll damit nicht gesagt sein, daß sie nicht trotzdem zu praktisch brauchbaren Weiterungen führen könne, von denen wir übrigens in den Paragraphen 21, 23, 53 und 55 noch Gebrauch machen werden.

Für die Schwarzsche Knickformel

$$\sigma_k = \frac{\alpha}{1 + \beta \cdot \lambda^2}$$

hat Krohn[1]) eine theoretische Begründung zu geben gesucht, indem er die ihr entsprechende Knickspannung mit der größten Randspannung eines exzentrisch gedrückten Stabes verglich. Bezüglich dieses Versuches gelten die zuvor gemachten, kritischen Bemerkungen sinngemäß ebenfalls. Das Knickproblem auf das Problem der Biegung zurückzuführen, heißt sein innerstes Wesen, das wir in § 11 erörtert haben, verkennen.

1. Geradeliniengesetze.

Neben den schon erwähnten Formeln Tetmajers haben sich, namentlich im amerikanischen Brückenbau, eine Reihe von Vorschriften eingebürgert, welche auf die unmittelbare Berechnung der zulässigen Beanspruchung von Druckstäben abzielen. Es liegt ihnen ein Sicherheitsgrad zugrunde, der je nach der Größe der Druckbeanspruchung verschieden hoch ist, was darin zum Ausdruck kommt, daß die Konstanten α und β dieser Formeln denen der Tetmajerschen Formeln nicht proportional sind. So setzen z. B.[2]) Th. Coopers Specifications die zulässigen Spannungen wie folgt fest:

$$\sigma_{zul.} = 1{,}41 - 0{,}006\,34\ (l:i) \qquad \text{für Gurtstäbe,}$$
$$\sigma_{zul.} = 1{,}20 - 0{,}006\,34\ (l:i) \qquad \text{für Wandglieder,}$$
$$\sigma_{zul.} = 0{,}92 - 0{,}006\,34\ (l:i) \qquad \text{für Windverbände.}$$

2. Parabelgesetz.

$$\sigma_{zul.} = \alpha - \beta \cdot \lambda^2.$$

Dieses Gesetz, von J. B. Johnson aufgestellt und von Ostenfeld[3]) auch neuerdings wieder empfohlen, liefert mit α als der zulässigen Druckbeanspruchung und $\beta = \alpha : 30000$, einem aus den Tet-

---

[1]) R. Krohn, Theoretische Begründung der Schwarzschen Knickfestigkeitsformel, Zentralbl. d. Bauverw. 1885, S. 400.

[2]) E. L. Lasier, Comparison of Column Formulae, Engineering Record 1913, S. 41.

[3]) Zeitschr. Ver. deutsch. Ing. 1898, S. 1462 und 1902, S. 1858.

majerschen Versuchen berechneten Werte, die zulässige Knickbeanspruchung.

Will man nach diesem Gesetze rechnen, so schlägt man zweckmäßig zur Ermittelung der Querschnitte folgenden Weg ein. Man setze

$$F = \xi \cdot i^2$$

und folglich

$$J = \xi \cdot i^4,$$

wo ξ eine nur von der Querschnittsform abhängige Größe ist. Aus

$$\sigma_{zul.} = \alpha \cdot \left[1 - \frac{1}{30000} \cdot \lambda^2 \right]$$

als der zulässigen Knickspannung folgt dann die erforderliche Fläche F zu

$$F = \frac{P}{\sigma_{zul.}} = \frac{P}{\alpha} \cdot \frac{1}{1 - \dfrac{\lambda^2}{30000}}.$$

Mit $\lambda^2 = \left(\dfrac{l}{i}\right)^2$ und $i^2 = \dfrac{F}{\xi}$ wird diese Gleichung

$$F = \frac{P}{\alpha} \cdot \frac{1}{1 - \dfrac{\xi \cdot l^2}{30000\,F}}.$$

Nun ist

$$\frac{P}{\alpha} = F_0$$

die für reinen Druck erforderliche Fläche des Querschnitts. Mithin wird

$$F = F_0 \cdot \frac{1}{1 - \dfrac{\xi \cdot l^2}{30000\,F}},$$

woraus

$$F = F_0 + \frac{\xi \cdot l^2}{30000}$$

folgt.

Rechnet man die Knicklänge l in Metern, so erhält man die zum Dimensionieren handliche Formel:

$$F = F_0 + \tfrac{1}{3} \cdot \xi \cdot l^2 \quad (\text{cm}^2),$$

welche die gegen Knicken erforderliche Fläche F in cm² ergibt. Wird die so berechnete Fläche $F > 2 F_0$, so rechnet man nach der Eulerformel. Andernfalls, wenn $F < 2 F$ ist, rechnet man nach vorstehender Formel und entnimmt die nur von der Querschnittsform abhängigen Formwerte ξ der

Tabelle 15.

Querschnittsform	Formwerte ξ
Quadrat	12
Rechteck $h > b$	$12\,(h:b)$
Kreis	12,58

Kreisring mit dem mittleren Halbmesser r
und der Dicke d bei

$d:r =$	0,05	0,1	0,15	0,20
$\xi =$	0,63	1,25	1,87	2,50

Gleichschenklige Winkeleisen	6,0
Ungleichschenklige Winkeleisen $b:h = 2:3$.	7,0
$\qquad\qquad\qquad b:h = 1:2$.	11,0
-Eisen $b:h = 1:2$	7,5
- „ $b:h = 1:1$	5,0
-Eisen	10,0
- „	7,0
4 Winkeleisen in je 1 cm lichtem Abstand .	4,0
mit 1 cm lichtem Abstand	6,0
für $J_x = J_y$	1,2
4 Quadranteisen ohne Abstand	1,8

Mit diesen Formwerten ξ der Tabelle ist zunächst eine Vorberechnung von F durchzuführen, hiernach das Trägheitsmoment J zu bestimmen und dann zu prüfen, ob der so erhaltene Wert $(F:i^2 = \xi)$ mit dem Wert ξ aus der Tabelle übereinstimmt. Wenn nicht, so ist die Rechnung mit dem vorläufig ermittelten Werte $(F:i^2 = \xi)$ nochmals zu beginnen.

Wie man sieht, bereitet die Ermittlung eines passenden Querschnittes nach dieser Formel einige Mühe.

3. Gesetze von höherer Ordnung (Schwarz-Rankine und Bredt).

Die Formel von Schwarz-Rankine

$$\sigma_{zul.} = \frac{\alpha}{1 + \beta \cdot \lambda^2}$$

ergibt die zulässige Knickspannung für

$\alpha =$ zulässiger Druckspannung und die Materialwerte

$\beta = 0,000\,160$ für Gußeisen, $\beta = 0,000\,044$ für Schweißeisen,

$\beta = 0,000\,077$ für Flußeisen, $\beta = 0,000\,150$ für Holz.

Die Knickformel von Bredt

$$\sigma_{zul.} = \frac{\alpha}{1 + \beta \cdot \lambda^3}$$

liefert die zulässige Knickspannung, wenn

$\alpha =$ zulässiger Druckspannung und

$\beta = 0,000\,01$ für Schweißeisen gesetzt wird.

Alle in diesen Paragraphen angeführten Formeln haben den Nachteil, daß sie nur in der Nähe einer bestimmten Knickspannung gute Werte liefern, sonst aber den durch Versuche gewonnenen Erfahrungen nur näherungsweise gerecht werden.

Da sie in ihrer Anwendung zum Teil erheblich umständlicher sind als die einfachen Gesetze von Euler und Tetmajer, so wäre zu wünschen, daß sie mit der Zeit diesen beiden, bewährten Formeln das Feld räumen.

§ 21. Die Nietteilung zusammengesetzter Stäbe von vollwandigem Querschnitt.

Der Nachweis einer Nietteilung ist bei genieteten Druckstäben nur selten erforderlich, da die Rücksichtnahme auf einen dichten Fugenschluß in der Regel eine engere Teilung verlangt als sie durch die zulässige Beanspruchung der Nieten bedingt wird.

Eine Berechnung der Teilung kann man nach Engesser[1] auf Grund der Forderung anstellen, daß die Festigkeit der Nieten nicht früher erschöpft werden dürfe, als die Festigkeit des Druckstabes.

Bezeichnet man die letztere mit σ_D, so wird bei der Ausbiegung f des Stabes die größte Randspannung

Gl. 1)
$$\sigma_D = \frac{P_k}{F} + \frac{P_k \cdot f}{W},$$

woraus

Gl. 2)
$$f = \frac{W}{P_k} \cdot \left(\sigma_D - \frac{P_k}{F} \right) = \frac{W}{P_k} \cdot (\sigma_D - \sigma_k)$$

folgt.

Die größte Querkraft des knickenden Stabes wird für

Gl. 3)
$$y = f \cdot \sin \frac{\pi x}{l}$$

als elastische Linie

Gl. 4)
$$Q = -\frac{dM}{dx} = \frac{d(P_k \cdot y)}{dx} = P_k \cdot \frac{f \pi}{l} \cdot \cos \frac{\pi x}{l}$$

---

[1] F. Engesser, Zentralbl. d. Bauverw. 1009, S. 138.

für $x = 0$ erreicht und hat den Wert

Gl. 5)
$$Q_{max} = P_k \cdot \frac{f\pi}{l}.$$

Führt man für f seinen Wert nach Gl. 2) ein, so erhält man aus Gl. 5)

Gl. 6)
$$Q_{max} = \frac{\pi W}{l} \cdot (\sigma_D - \sigma_k).$$

Die Schubkraft für die Längeneinheit wird für den angeschlossenen Querschnitt

Gl. 7)
$$q_{max} = \frac{Q_{max} \cdot S_x}{J_x} = \frac{\pi W \cdot S_x}{l \cdot J_x} \cdot (\sigma_D - \sigma_k).$$

Hierin bedeutet S_x das statische Moment des durch die Nieten anzuschließenden Querschnitts, J_x das Trägheitsmoment des ganzen Querschnitts, und beide beziehen sich auf die für die Knickung maßgebende Achse xx, für welche J_x ein Minimum wird.

Ist N die von einem Niet bei voller Ausnützung seiner Festigkeit übertragbare Kraft und t die Nietteilung, so folgt t aus

Gl. 8)
$$N = q_{max} \cdot t.$$

Führt man q_{max} nach Gl. 7) in Gl. 8) ein, so folgt mit

$$W = \frac{J_x}{e},$$

wo e der Abstand der äußersten Faser,

Gl. 9)
$$N = \frac{\pi \cdot S_x}{l \cdot e} \cdot (\sigma_D - \sigma_k) \cdot t,$$

woraus die Teilung t mit zu

Gl. 10)
$$t = \frac{N \cdot e \cdot l}{\pi S_x \cdot (\sigma_D - \sigma_k)}$$

folgt.

Da die Schubkraft Q_{max} nur an den Inflexionspunkten der Knicklinie auftritt, in der Mitte zwischen diesen Punkten aber verschwindet, so brauchte die durch Gl. 10) bestimmte Teilung nur an den Inflexionspunkten ausgeführt zu werden. Schlägt man, wie dies praktisch geschieht, alle Nieten in gleichen Abständen, so erhöht dies die Sicherheit der Verbindung.

Zur Berechnung der Nietkraft N, welche immer durch die Scherfestigkeit der Nieten bestimmt wird, nehme man die Scherspannung zu $\tau = 4{,}0$ t/cm² an, wonach

Gl. 11)
$$N = \frac{\pi d^2}{4} \cdot \tau = \pi d^2 \quad (t)$$

wird, wenn d in cm gemessen wird.

Zahlenbeispiel. Für den in § 16 als Beispiel berechneten ├──┤-förmigen Druckstab soll die erforderliche Nietteilung berechnet werden.

Hier ist mit $d = 1{,}6$ cm nach Gl. 11)

$$N = \pi \cdot 1{,}6^2 = 8{,}05 \text{ t} .$$

Mit diesem Werte und $l = 275$ cm, $e = 8{,}5$ cm als äußerstem Faserabstand, $\sigma_D = 4{,}4$ t/cm² als Druckfestigkeit des Flußeisens, $\sigma_k = 2{,}07$ t/cm² als Knickspannung und $S_x = 15{,}1 \cdot 2{,}84 = 43$ cm³ als dem statischen Moment eines Winkels 80/10 für die gefährliche Achse wird aus Gl. 10)

$$t = \frac{8{,}05 \cdot 8{,}5 \cdot 275}{\pi \cdot 43 \cdot (4{,}4 - 2{,}07)} = 59{,}8 \text{ cm}$$

als weiteste Teilung der Nieten erhalten.

Der Stab ist selbstverständlich, wenn anders ein Klaffen der Fugen vermieden werden soll, mit einer dichteren Teilung auszuführen.

§ 22. Föppls Versuche über den Einfluß von Querschnittsschwächungen[1]).

Föppls Versuche, die ebenfalls so wie diejenigen von Bauschinger durch Gerber veranlaßt wurden, erweitern die durch die Versuchs-Erfahrung gewonnenen Kenntnisse über das Verhalten von Knickstäben nach einer praktisch sehr wichtigen Seite hin. Sie unternehmen es nämlich, festzustellen, ob und in welcher Weise sich die Knicklast von Druckstäben vermindert, wenn deren Querschnitte durch offene Nietlöcher oder durch Kerben, die sich auf einen kleinen Teil der Stablänge erstrecken, geschwächt werden. Die Versuchsstäbe bestanden ausschließlich aus Winkeleisen und waren vom Werke Gustavsburg geliefert. Es waren 24 Stäbe,

8 Stück NP. Winkel 80/10	und zwar jeweils	3 Stück 2 m lang
8 „ „ „ 70/9		2 „ 3 m „
8 „ „ „ 60/8		3 „ 4 m „ ,

wobei die geringste Schlankheit $l : i = 129$ beträgt und die Knickgrenze sich für den unverletzten Stab aus der Eulerschen Gleichung ergibt.

Um die Stäbe in dem Zustande zu prüfen, in dem sie auch praktisch verwendet werden, wurde auf ein Geraderichten derselben vor dem Versuch verzichtet. Der größte Pfeil der im angelieferten Zustand gemessenen Stäbe war etwa 3 mm. Gerade die Stäbe, die ohne meßbare Anfangskrümmung waren, zeigten die unregelmäßigsten Deformationen. Sie waren eben gegenüber den unvermeidlichen und während des Versuches oft unregelmäßig sich ändernden Exzentrizitäten des Kraftangriffs empfindlicher, als die Stäbe, deren anfängliche Krümmung in ihrer Größe kleinen Exzentrizitäten gegenüber überwog. Die Spitzenlagerung, welche bei diesen Versuchen ausschließlich zur Verwendung kam, entsprach der Bauschingerschen Anordnung (s. Abb. 19). Die Stäbe wurden bei vertikaler Lage ihrer Achsen geprüft.

---

[1]) A. Föppl, Knickversuche mit Winkeleisen, Mittlgn. aus dem Mech.-Techn. Lab. der Kgl. Techn. Hochschule München 1897, Heft 25.

Mit Rollenfühlhebeln wurden die Ausbiegungen der Stabmitte in Richtung der Querschnittshauptachsen gemessen. Die Winkel der Endtangenten mit der Stabachse wurden durch Spiegelablesungen bestimmt und außerdem die Verringerung der Spitzenentfernung während des Versuchs gemessen. Letztere Beobachtung zeigte durchgehends eine größere Annäherung der Stabenden als hätte erwartet werden sollen, jedoch konnte eine Erklärung hierfür aus den Versuchen nicht gegeben werden. Zugleich mit der Deformation der Stabachse traten auch kleine Querschnittsänderungen auf, indem sich die inneren Schenkel etwas einander näherten. Die Annäherung betrug bis zu etwa 0,1 mm, wenn der Stab um einige Zentimeter ausgeknickt war.

Soweit es angängig war, wurde zunächst immer am ungeschwächten Stabe die Knickgrenze ermittelt, wobei Sorge getragen wurde, daß die Elastizitätsgrenze nirgends überschritten war. An demselben Stab wurden dann Querschnittsschwächungen angebracht und (immer unter Vermeidung bleibender Formänderungen) die Versuche fortgesetzt. Hierdurch wurde nach Ansicht Föppls die Beurteilung des Einflusses der Querschnittsschwächung auf sichere Grundlage gestellt. Man muß dieser Meinung beipflichten, solange dabei die Elastizitätsgrenze wirklich nirgends überschritten wurde. Ob dies aber der Fall war, entzieht sich einer strengen Kontrolle. Nach neueren Untersuchun-

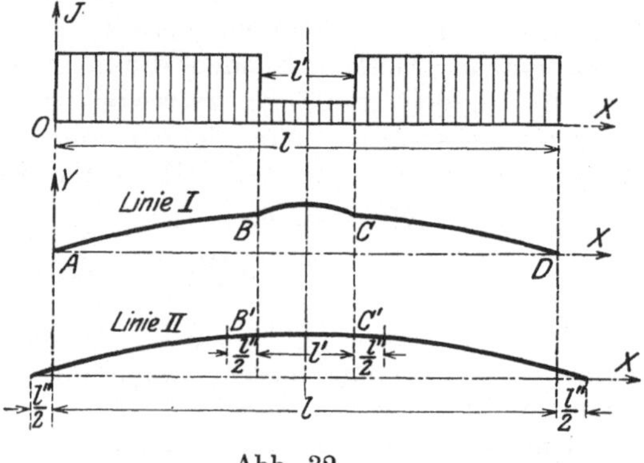

Abb. 31.   Abb. 32.

gen, namentlich von Preuß[1]), treten am Rande von Löchern oder bei plötzlichen Querschnittsänderungen erhebliche Spannungssteigerungen an den geschwächten Stellen auf.

Die Schwächungen bestanden aus offenen Nietlöchern von 20 bis 22 mm Durchmesser, die in die Schenkel gebohrt wurden und die Knickgrenze nur unerheblich erniedrigten, da ja auch durch sie das Trägheitsmoment nur wenig beeinträchtigt wurde. Wirksamer waren Schwächungen durch Einschnitte nach Abb. 31, wobei nur der schraffierte Querschnittsteil wirksam blieb, dessen Hauptachsen mit denen des unverletzten Querschnitts zusammenfielen. Hierbei ergab

---

[1]) E. Preuß, Versuche über die Spannungsverteilung in gekerbten Zugstäben, Zeitschr. Ver. deutsch. Ing. 1913, S. 664.

sich, da die Kerben das Trägheitsmoment des vollen Querschnitts um $^1/_4$ bis $^1/_5$ verminderten, eine merkliche Minderung der Knicklast. Die Länge der Kerben betrug entweder 2,5, 20 oder 60 mm.

Das Ergebnis der Versuche bestätigte mit hinreichender Genauigkeit die von Föppl angegebene, schätzungsweise Berechnung der Knickkraft von Stäben, welche auf eine kleine Strecke l' in der Mitte ihrer Länge l das geschwächte Trägheitsmoment J' haben. Sei in Abb. 32 die durch die Schwächung des Querschnitts bedingte stärkere Krümmung der Stabmitte bei Linie I für die Länge BC vorhanden, während die äußern Stabteile AB und CD nach einer flacheren Kurve gekrümmt seien. Der Versuchsstab knickt in Wirklichkeit nach einer stetigen Kurve II aus, welche man aus der angenommenen Linie I dadurch herstellen kann, daß man zwischen die äußeren Stabteile ein Kurvenstück von der größeren Länge

$$B'C' = l' + l''$$

einsetzt, das sich an die äußeren Äste stetig anschließt. Man darf die Korrektur l'' durch die

Gl. 1) $$l'' = l' \cdot \frac{J - J'}{J'}$$

ausdrücken.

Ferner kann man zur Berechnung der Knicklast mit der durch l'' berichtigten Stablänge $l + l''$ rechnen und erhält so die Knickkraft des geschwächten Stabes

Gl. 2) $$P_E = \frac{\pi^2 \cdot EJ}{(l + l'')^2}.$$

Da sich der Einfluß einer Schwächung auch in ihrer unverletzten Umgebung bereits geltend macht, so ist die so korrigierte Knicklänge zweckmäßig noch um einen weiteren Betrag zu vermehren, der sich nach den Föpplschen Versuchen zwischen 2 und 4 cm bewegt. Der etwas unsichere Wert dieser Korrektur erklärt sich daraus, daß sie alle zufälligen Abweichungen und Fehler in sich schließt.

Föppls Versuche beschränken sich auf Schwächungen der Stabmitte. Schwächungen der Stabenden haben immer einen kleinen Einfluß auf die Knickkraft. Zeigt sich bei den Versuchen an Stäben mit offenen Nietlöchern keine nennenswerte Erniedrigung der Knickgrenze, so darf dies erst recht erwartet werden, wenn die Nietlöcher durch Nieten ausgefüllt sind.

Denn hierbei können wenigstens auf der Druckseite des geknickten Stabes Kräfte durch die Nietschäfte übertragen werden.

§ 23. Die Knicksicherheit der einzelnen Teile eines Vollwandstabes (Knicken der Stehbleche und Flanschen).

Neben dem Bedürfnis, einen Stab für eine gegebene Knicklast zu berechnen, ist es auch von Interesse, zu wissen, wie man einen

Stabquerschnitt seiner **Form** nach zu gestalten hat, damit nicht nur der ganze Stab, sondern auch seine einzelnen Wände knicksicher seien. Dies ist besonders wichtig bei Querschnitten, die zur Erzielung eines möglichst großen Trägheitsmomentes weit gespreizt sind, da hier die Gefahr besteht, daß z. B. das Stehblech, die Druckflanschen oder deren Saumwinkel unter Umständen früher an die Knickgrenze gelangen als der Stab selbst. Allerdings lassen die hierher gehörigen Probleme, die den in § 9 behandelten verwandt sind, immer nur angenäherte Lösungen zu, selbst solange die an der Knickgrenze auftretenden Spannungen die Proportionalitätsgrenze nicht überschreiten. Zur **Abschätzung** der zu erwartenden Sicherheit können jedoch diese Lösungen mangels exakter Methoden mit Vorteil Verwendung finden.

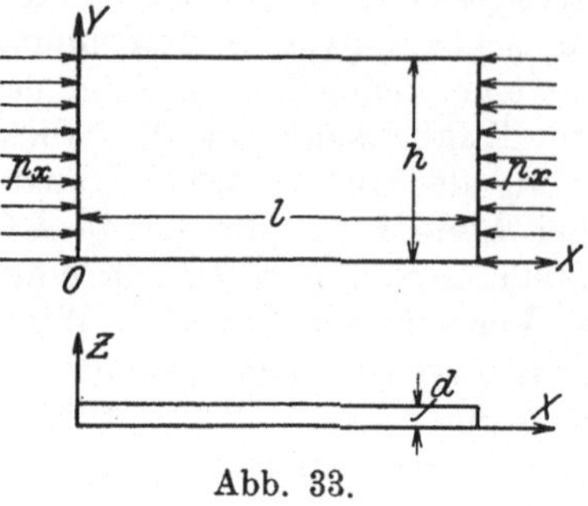

Abb. 33.

1. Knicksicherheit von Blechen[1]).

Bezeichnen für das in Abb. 33 dargestellte, ebene Blech

p_x (t/cm) den Druck über der Längeneinheit, also $\sigma = \dfrac{p_x}{d}$ die Spannung,

E den Elastizitätsmodul (t/cm²),

μ gleich $^3/_{10}$ das Verhältnis von Querkontraktion zur Längsdehnung,

D eine Abkürzung für den Wert $\dfrac{E}{1-\mu^2} \cdot \dfrac{d^3}{12}$,

m_x (tcm/cm) das Biegungsmoment für die Längeneinheit eines zur x-Ache normalen Querschnitts,

m_y (tcm/cm) das Biegungsmoment für die Längeneinheit eines zur y-Achse normalen Querschnitts,

m_z (tcm/cm) das Torsionsmoment für die Längeneinheit eines Querschnittes,

w die in der Richtung der z-Achse gemessene Deformation des Bleches beim Knicken, so lautet die Differentialgleichung des ausgeknickten Bleches:

Gl. 1) $\qquad D \cdot \left(\dfrac{\partial^4 w}{\partial x^4} + 2 \cdot \dfrac{\partial^4 w}{\partial x^2 \cdot \partial y^2} + \dfrac{\partial^4 w}{\partial y^4} \right) + p_x \cdot \dfrac{\partial^2 w}{\partial x^2} = 0 \,.$

---

[1]) Vgl. Bryan, London Math. Soc. Proc., Bd. 22, 1891, S. 54. — A. E. H. Love-Timpe, Elastizität, Leipzig 1906, § 336 u. 337. — A. Reißner, Über die Knicksicherheit ebener Bleche. Zentralbl. d. Bauverwaltung 1909, S. 93 ff.

Setzt man die Belastung p_x als konstant voraus und schreibt abkürzend

$$\xi = \frac{x}{l}; \quad \eta = \frac{y}{h}; \quad \sigma = \frac{p_x}{d} \ (= \text{Druckspannung}),$$

so geht Gl. 1) über in

Gl. 2)
$$\begin{cases} \dfrac{\partial^4 w}{\partial \xi^4} + 2 \cdot \dfrac{\partial^4 w}{\partial \xi^2 \cdot \partial \eta^2} \cdot \left(\dfrac{l}{h}\right)^2 + \dfrac{\partial^4 w}{\partial \eta^4} \cdot \left(\dfrac{l}{h}\right)^4 \\[2ex] \quad + \dfrac{12\,\sigma(1 - \mu^2)}{E} \cdot \left(\dfrac{l}{d}\right)^2 \cdot \dfrac{\partial^2 w}{\partial \xi^2} = 0. \end{cases}$$

Das Blech möge nun in den Abständen l über Versteifungen hinweglaufen und es möge ungünstigerweise angenommen werden, daß es auf diesen Versteifungen frei drehbar aufliege, so daß dort Durchbiegung und Biegungsmoment verschwinden. Dementsprechend hat dann das Integral von Gl. 2) den Randbedingungen zu genügen

Gl. 3)
$$\begin{cases} w = 0 \\[1ex] \dfrac{\partial^2 w}{\partial \xi^2} = 0 \end{cases} \quad \text{für} \quad \begin{cases} \xi = 0, \\[1ex] \xi = 1. \end{cases}$$

Diesen Randbedingungen genügt der Ansatz

Gl. 4)
$$w = \sum_{n=1}^{n=\infty} W_n \cdot \sin(n \pi \xi),$$

eine trigonometrische Reihe, in der die W_n ausschließlich von η allein abhängen.

Durch Gl. 4) wird die partielle Differentialgleichung 2) in die totale Differentialgleichung zwischen W_n und η übergeführt

Gl. 5)
$$\frac{d^4 W_n}{d \eta^4} - 2 \varphi \cdot \frac{d^2 W_n}{d \eta^2} + (\varphi^2 - \varphi \psi) \cdot W_n = 0,$$

wenn man zur Abkürzung schreibt:

Gl. 6)
$$\varphi = \left(\frac{n \pi h}{l}\right)^2 \quad \text{und} \quad \psi = \frac{12\,\sigma(1 - \mu^2)}{E} \cdot \left(\frac{h}{d}\right)^2.$$

Das Integral von Gl. 5) ist noch den für die Ränder $\eta = 0$ und $\eta = 1$ gültigen Bedingungen anzupassen. Wir unterscheiden je nach den Randbedingungen η folgende Fälle:

a) Beide Ränder $\eta = 1$ und $\eta = 1$ seien frei. In diesem Falle müssen längs $\eta = 0$ und $\eta = 1$ die Biegungsmomente m_y und die Querkräfte q_y verschwinden. Nun ist (vgl. Love-Timpe, Elastizität, S. 527):

Gl. 7)
$$\begin{cases} m_y = D \cdot \left(\dfrac{\partial^2 w}{\partial y^2} + \mu \cdot \dfrac{\partial^2 w}{\partial x^2}\right), \\[2ex] q_y = \dfrac{\partial m_y}{\partial y} + 2 \dfrac{\partial m_z}{\partial x} = D \cdot \dfrac{\partial}{\partial y}\left[\dfrac{\partial^2 w}{\partial y^2} + (2 - \mu) \cdot \dfrac{\partial^2 w}{\partial x^2}\right], \end{cases}$$

und man erhält, wenn man die durch Gl. 7) gegebenen Werte von m_y und q_y für $\eta = 0$ und $\eta = 1$ zum Verschwinden bringt, das Gl. 5) entsprechende Integral:

Gl. 8)
$$W_n = \text{Const.},$$

mit welchem aus Gl. 5) sofort:

Gl. 9)
$$W_n \cdot (\varphi^2 - \varphi \cdot \psi) = 0$$
folgt.

Da $W_n = 0$ der eben bleibenden Platte entspricht, liefert die für $W_n \neq 0$ aus Gl. 9) fließende Beziehung $\varphi = \psi$ nach Einsetzung der in Gl. 6) angeführten Werte in

Gl. 10)
$$l : d = n\pi : \sqrt{\frac{12\,\sigma_k \cdot (1 - \mu^2)}{E}}$$

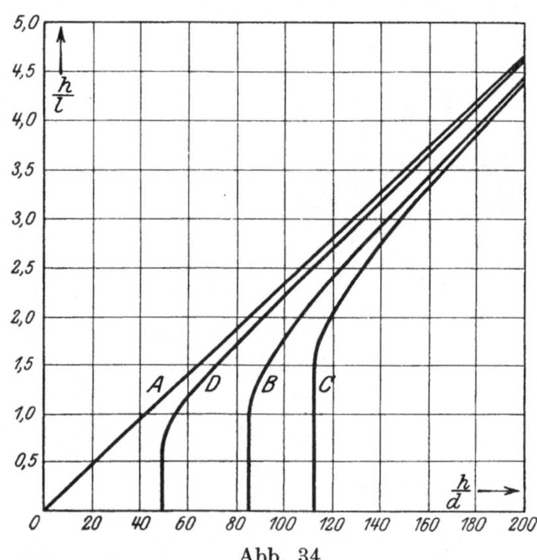

Abb. 34.

die Knickbedingung für ganze Zahlen n. Die kleinste Zahl von Wellen entsteht beim Knicken für $n = 1$, wobei

Gl. 11)
$$l : d = \pi : \sqrt{\frac{12\,\sigma_k \cdot (1 - \mu^2)}{E}} .$$

Aus Gl. 11) erhält man leicht durch Umformung die zwischen den Verhältnissen $h : l$ und $h : d$ gültige Beziehung:

Gl. 11 a)
$$h : l = \frac{h}{d} \cdot \frac{\sqrt{\dfrac{12\,\sigma_k \cdot (1 - \mu^2)}{E}}}{\pi} .$$

Die durch Gl. 11a) dargestellte Gerade ist in Abb. 34 für $\sigma_k^0 = 1$ t/cm², $\mu = 0{,}3$ und $E = 2000$ t/cm² $\left(\text{womit } \dfrac{h}{l} = 0{,}0235 \cdot \dfrac{h}{d}\right.$ wird$\left.\right)$ als Linie A eingetragen.

b) Die Ränder $\eta = 0$ und $\eta = 1$ liegen frei auf. Hier lauten die Randbedingungen

$$\begin{cases} w = 0 \\ m_y = 0 \end{cases} \quad \text{für} \quad \begin{cases} \eta = 0, \\ \eta = 1. \end{cases}$$

Da für $w = 0$ längs beider Ränder wegen Gl. 4)

$$\frac{\partial^2 w}{\partial \xi^2} = 0$$

wird, so gehen diese Randbedingungen mit

$$m_y = D \cdot \frac{\partial^2 w}{\partial y^2}$$

über in

Gl. 12)
$$\begin{cases} w = 0 \\ \dfrac{\partial^2 w}{\partial \eta^2} = 0 \end{cases} \quad \text{für} \quad \begin{cases} \eta = 0, \\ \eta = 1. \end{cases}$$

Diesen Randbedingungen genügt das Integral

Gl. 13)
$$W = A \cdot \sin (m \pi \eta),$$

wo m eine ganze Zahl. Damit dieses Integral auch Gl. 5) genüge, muß

Gl. 14)
$$m \pi = \sqrt{V \varphi \psi - \varphi}$$

sein. Aus Gl. 14) erhält man für $m = 1$ und $n = 1$ die ungünstigste Form, in der das Blech sich verbeulen kann. Die dieser Form entsprechende Knickbedingung lautet:

Gl. 15)
$$\frac{h}{d} = \pi \left[\frac{h}{l} + \frac{l}{h} \right] : \sqrt{\frac{12\, \sigma_k (1 - \mu^2)}{E}}.$$

Auch die der Gl. 15) entsprechende Kurve ist in Abb. 34 für $\sigma_k^0 = 1$ t/cm²; $\mu = 0{,}3$, $E = 2000$ t/cm² eingetragen und mit B bezeichnet. Für $h = l$ wird der Wert $(h : d)$ zu einem Minimum von der Größe

Gl. 15a)
$$\left(\frac{h}{d}\right)_{min} = 2\,\pi : \sqrt{\frac{12\, \sigma_k \cdot (1 - \mu^2)}{E}}.$$

Dieses Grenzverhältnis deutet an, daß Versteifungen des Bleches fehlen dürfen. In Abb. 34 ist daher von $h = l$ ab die Kurve B nach Gl. 15) durch eine zur $(h : l)$-Achse parallele Gerade fortgesetzt.

c) Die Ränder $\eta = 0$ und $\eta = 1$ seien tangententreu eingespannt.
Dieser Fall, der etwa bei einem auf Druck beanspruchten ⊢-Quer-

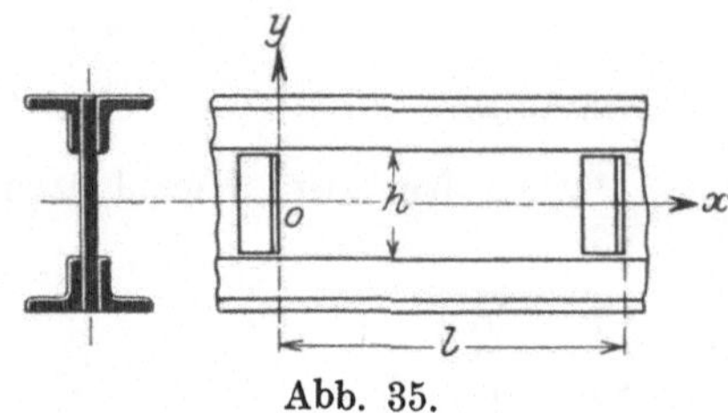

Abb. 35.

schnitt mit hinreichend knick-
sicheren Flanschen verwirklicht
ist, verlangt, wenn man das Koordinatensystem nach Abb. 35
in die Mittelachse verlegt, und

$$\frac{y}{\left(\dfrac{h}{2}\right)} = \eta$$ schreibt, die Rand-

bedingungen

$$\text{Gl. 16)} \qquad \begin{cases} W = 0 \\ \dfrac{dW}{d\eta} = 0 \end{cases} \quad \text{für} \quad \begin{cases} \eta = +1, \\ \eta = -1. \end{cases}$$

Das allgemeine Integral von Gl. 5)

Gl. 17) $\quad W = A \cdot \mathfrak{Cof}\, m_1\, \eta + B \cdot \mathfrak{Sin}\, m_1\, \eta + C \cdot \cos m_2\, \eta + D \cdot \sin m_2\, \eta,$
worin

Gl. 17a) $\qquad\qquad\qquad m_1 = \sqrt{\sqrt{\varphi\,\psi} + \varphi}$
und

Gl. 17b) $\qquad\qquad\qquad m_2 = \sqrt{\sqrt{\varphi\,\psi} - \varphi}$

ist, liefert aus den Randbedingungen Gl. 16) die 4 homogenen, linearen Gleichungen

$$A \cdot \mathfrak{Cof}\, m_1 + B \cdot \mathfrak{Sin}\, m_1 + C \cdot \cos m_2 + D \cdot \sin m_2 = 0,$$
$$A \cdot \mathfrak{Cof}\, m_1 - B \cdot \mathfrak{Sin}\, m_1 + C \cdot \cos m_2 - D \cdot \sin m_2 = 0,$$
$$m_1\,(A \cdot \mathfrak{Sin}\, m_1 + B \cdot \mathfrak{Cof}\, m_1) + m_2\,(- C \cdot \sin m_2 + D \cdot \cos m_2) = 0,$$
$$m_1\,(- A \cdot \mathfrak{Sin}\, m_1 + B \cdot \mathfrak{Cof}\, m_1) + m_2\,(C \cdot \sin m_2 + D \cdot \cos m_2) = 0.$$

Sollen A, B, C, $D \neq 0$ sein — und nur dann treten von Null
verschiedene Deformationen w auf —, so muß die Nennerdeterminante
dieser Gleichungen verschwinden, d. h.

$$\text{Gl. 18)} \qquad \left(\frac{\mathfrak{Tg}\, m_1}{m_1} - \frac{\operatorname{tg} m_2}{m_2}\right)\left(m_1\, \mathfrak{Tg}\, m_1 + m_2\, \operatorname{tg} m_2\right) = 0$$
sein.

Aus Gl. 18) ergeben sich 2 Knickmöglichkeiten:

$$\alpha) \qquad \frac{\mathfrak{Tg}\, m_1}{m_1} - \frac{\operatorname{tg} m_2}{m_2} = 0,$$

wobei A und C verschwinden und w außer in den Flanschrändern
auch in Stehblechmitte verschwindet.

$$\beta) \qquad m_1\, \mathfrak{Tg}\, m_1 + m_2\, \operatorname{tg} m_2 = 0,$$

wobei B und D verschwinden und w nur in den Flanschrändern
verschwindet.

Dieser letztere Fall ist offenbar der gefährlichere. Folglich ist die Gleichung β) die Knickbedingung, aus welcher

$$\text{Gl. 19)} \qquad -\frac{\operatorname{tg} m_2}{\mathfrak{Tg}\, m_1} = \frac{m_1}{m_2}$$

folgt.

Da nach Gl. 17a) und 17b) $m_1 > m_2$ ist, so kann Gl. 19) nur für Winkel m im zweiten und vierten Quadranten erfüllt werden. Die Knickbedingung 19) ist transzendent und kann daher in gegebenen Fällen nur durch Probieren gelöst werden. Durch Berechnung von zusammengehörigen Werten m_1 und m_2 aus Gl. 19) erhält man wieder zusammengehörige Werte $(h : l)$ und $(h : d)$, welche für $\sigma_k{}^0 = 1\ \text{t/cm}^2$, $\mu = 0{,}3$ und $E = 2000\ \text{t/cm}^2$ in Abb. 34 als Kurve C eingetragen wurden.

Auch hier ergibt sich, wenn man den Punkt berechnet, in dem sich die Kurven

$$m_1 \cdot \mathfrak{Tg}\, m_1 = k_1 \quad \text{und} \quad m_2 \cdot \operatorname{tg} m_2 = k_2$$

eben noch berühren, ein Grenzverhältnis

$$\left(\frac{h}{d}\right)_{min} = 8{,}28 : \sqrt{\frac{12\,\sigma_k\,(1 - \mu^2)}{E}}\,,$$

bei dem eine Versteifung des Bleches überflüssig wird. Die Kurve C ist von dieser Stelle ab durch die Parallele zur $(h : l)$-Achse fortzusetzen.

Der hier behandelte Fall kann auch zur Abschätzung der Knicksicherheit des Stehbleches bei einem auf Biegung beanspruchten $\vdash$-Träger herangezogen werden, indem man — unter Vernachlässigung der Zugzone im Trägerquerschnitt — mit der halben Stehblechhöhe $\dfrac{h}{2}$ und dem Mittelwert $\tfrac{1}{2}\,\sigma_b$ der in der Druckzone auftretenden Spannungen rechnet.

Ein Stehblech bedarf nach dieser Abschätzung keiner Aussteifungen, solange die Ungleichung

$$\text{Gl. 20)} \qquad \frac{h}{2} : d \leqq 8{,}28 : \sqrt{\frac{6 \cdot (1 - \mu^2) \cdot \sigma_b}{E}}$$

erfüllt ist. Diese Beziehung, in der σ_b die Randspannung im gefährlichen Querschnitt bedeutet, führt mit $\mu = 0{,}3$ auf

$$\text{Gl. 21)} \qquad \frac{h}{d} \leqq 7{,}1 : \sqrt{\frac{\sigma_b}{E}}\,.$$

d) Der Rand $\eta = 0$ sei frei, der Rand $\eta = 1$ tangententreu eingespannt. Das allgemeine Integral Gl. 16) der Differentialgleichung 5) muß hier den Randbedingungen genügen.

$$\left.\begin{array}{l} W = 0 \\ dW : d\eta = 0 \end{array}\right\} \text{ für } \eta = 1, \qquad \left.\begin{array}{l} m_y = 0 \\ q_y = 0 \end{array}\right\} \text{ für } \eta = 0,$$

d. h.

Gl. 22)
$$\left\{\begin{array}{l} \left.\begin{array}{l} W = 0 \\ dW : d\eta = 0 \end{array}\right\} \text{ für } \eta = 1, \\[2ex] \left.\begin{array}{l} \dfrac{d^2 W}{d\eta^2} - \mu\varphi W = 0 \\[2ex] \dfrac{d^3 W}{d\eta^3} - (2 - \mu)\varphi \cdot \dfrac{dW}{d\eta} = 0 \end{array}\right\} \text{ für } \eta = 0. \end{array}\right.$$

Man erhält entsprechend diesen Randbedingungen aus Gl. 17) die 4 homogenen, linearen Gleichungen für die Integrationskonstanten

$$A \cdot \mathfrak{Co}\mathfrak{f}\, m_1 + B \cdot \mathfrak{Sin}\, m_1 + C \cdot \cos m_2 + D \cdot \sin m_2 = 0,$$
$$m_1 (A \cdot \mathfrak{Sin}\, m_1 + B \cdot \mathfrak{Co}\mathfrak{f}\, m_1) + m_2 (- C \cdot \sin m_2 + D \cdot \cos m_2) = 0,$$
$$A (m_1{}^2 - \mu\varphi) \qquad - C \cdot (m_2{}^2 + \mu\varphi) \qquad = 0,$$
$$B (m_1{}^3 - [2 - \mu] m_1 \varphi) \quad - D \cdot (m_2{}^3 + [2 - \mu] m_2 \varphi) \quad = 0.$$

Da nur für von Null verschiedene Werte A, B, C und D Knicken des Bleches eintritt, liefert das Verschwinden der Nennerdeterminante dieser Gleichungen die Knickbedingung in der transzendenten Form:

Gl. 23)
$$\left\{\begin{array}{l} \mathfrak{Tg}\, m_1 \cdot \mathrm{tg}\, m_2 + \dfrac{(2\,\psi - \varphi)\, m_1\, m_2}{\mathfrak{Co}\mathfrak{f}\, m_1 \cdot \cos m_2 \cdot [0{,}824\,\psi - \varphi] \cdot \varphi} \\[3ex] \qquad + \dfrac{(2\,\psi + \varphi)\, m_1\, m_2}{(0{,}824\,\psi - \varphi)\,\varphi} = 0. \end{array}\right.$$

Diese Beziehung läßt sich für verschiedene Wertepaare m_1 und m_2 durch Probieren auflösen und ergibt zusammengehörige Werte $(h : l)$ und $(h : d)$, welche in Abb. 34 als Kurve D eingetragen sind. Hierbei wurde wieder $\sigma_k{}^0 = 1{,}0$ t/cm², $\mu = 0{,}3$ und $E = 2000$ t/cm² gesetzt.

Die kleinste Blechdicke, bei der das Stehblech auch ohne Versteifung erst bei der Spannung σ_k an die Knickgrenze gelangt, ergibt sich zu

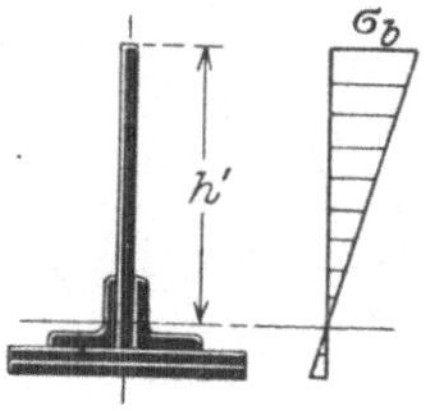

Gl. 24)
$$\frac{h}{d} = \sqrt{\frac{13{,}45}{12\,(1 - \mu^2)} \cdot \frac{E}{\sigma_k}},$$

woraus für $\mu = 0{,}3$, $E = 2000$ t/cm² bei $\sigma_k{}^0 = 1$ t/cm² $h : d = 49{,}6$ folgt und allgemein

$$\frac{h}{d} = \sqrt{1{,}23 \cdot \frac{E}{\sigma_k}}.$$

Abb. 36.

Schätzungsweise läßt sich Gl. 24) auch anwenden, um für einen auf Biegung beanspruchten, genieteten ⊥-Träger das geringste zulässige Verhältnis der Stehblechhöhe zur Stehblechdicke bei einer bestimmten

Knicksicherheit zu berechnen. Setzt man (Abb. 36) h', die Höhe der Druckzone, statt h und $\frac{1}{2}\,\sigma_b$, die mittlere Druckspannung dieser Zone, statt σ_k in Gl. 24) ein, so folgt:

$$\text{Gl. 24 a)}\qquad \frac{h'}{d}=\sqrt{\frac{13{,}45}{6\cdot(1-\mu^2)}\cdot\frac{E}{\sigma_b}}=\sqrt{2{,}46\cdot\frac{E}{\sigma_b}}\,.$$

Anleitung zum Gebrauch der Abb. 34 bei praktischen Rechnungen.

Die vier Kurven A, B, C und D der Abb. 34 ordnen für die vier oben behandelten Fälle jeweils solche zusammengehörige Wertepaare $\frac{h}{l}$ und $\frac{h}{d}$ einander zu, bei denen ein Blech mit den Materialkonstanten $E=2000\ \text{t/cm}^2$ und $\mu=0{,}3$ unter der Druckspannung $\sigma_k{}^0=1\ \text{t/cm}^2$ eben an die Knickgrenze gelangt. Da jedoch in allen vier Fällen die Knickbedingungen von dem Typus sind $\frac{h}{d}=\sqrt{\frac{E}{\sigma_k}}\cdot f\!\left(\frac{h}{l}\right)$, wobei nur $f\!\left(\frac{h}{l}\right)$ jedesmal eine den Randbedingungen entsprechende, andere Funktion von $\left(\frac{h}{l}\right)$ ist, so kann man die Kurven der Abb. 34 auch dann mit Vorteil zur Berechnung zusammengehöriger Wertepaare $\frac{h}{d}$ und $\frac{h}{l}$ verwenden, wenn z. B. eine Knickspannung $\sigma_k \neq \sigma_k{}^0$ erreicht werden soll, oder wenn ein Material von einem anderen Elastizitätsmodul als $E=2000\ \text{t/cm}^2$ vorliegt.

Sei z. B. verlangt, daß ein Blech erst bei einer Druckspannung $\sigma_k > \sigma_k{}^0$ knicke, und bezeichnet man für ein gegebenes Verhältnis $\frac{h}{l}$ mit $\frac{h}{d}$ dasjenige Verhältnis der Höhe zur Dicke, für welches das Blech bei $\sigma_k{}^0=1\ \text{t/cm}^2$ knickt, und mit $\frac{h}{d'}$ das entsprechende Verhältnis bei σ_k als Knickspannung, so ist

$$\frac{h}{d}=\sqrt{\frac{E}{\sigma_k{}^0}}\cdot f\!\left(\frac{h}{l}\right),$$

$$\frac{h}{d'}=\sqrt{\frac{E}{\sigma_k}}\cdot f\!\left(\frac{h}{l}\right),$$

woraus

$$\frac{d'}{d}=\sqrt{\frac{\sigma_k}{\sigma_k{}^0}}\quad\text{oder}\quad d'=d\cdot\sqrt{\frac{\sigma_k}{\sigma_k{}^0}}$$

folgt.

Die aus Abb. 34 für $\sigma_k{}^0=1\ \text{t/cm}^2$ leicht zu ermittelnde Blechdicke d müßte also auf ihren $\sqrt{\dfrac{\sigma_k}{\sigma_k{}^0}}$-fachen Betrag erhöht werden, wenn man das Knicken erst bei σ_k statt bei $\sigma_k{}^0$ erreichen will.

Entsprechend ist zu verfahren, wenn das Material einen von $E = 2000\ \mathrm{t/cm^2}$ verschiedenen Elastizitätsmodul besitzt oder wenn die Knickspannung σ_k die Spannung σ_p des Materials an der Proportionalitätsgrenze überschreitet. In diesem Falle ist dann nach § 18 der zu σ_k gehörige Knickmodul $T = \dfrac{\sigma_k \cdot [\alpha - \sigma_k]^2}{\pi^2 \beta^2}$ entsprechend den Konstanten α und β der Tetmajerschen Formel $\sigma_k = \alpha - \beta \cdot \dfrac{l}{i}$ zu bestimmen. Es gilt dann

für $\sigma_k{}^0 = 1\ \mathrm{t/cm^2}$ und $E = 2000\ \mathrm{t/cm^2}$

$$\frac{h}{d} = \sqrt{\frac{E}{\sigma_k{}^0}} \cdot f\left(\frac{l}{h}\right)$$

„ $\sigma_k > \sigma_p$ und den Knickmodul T

$$\frac{h}{d'} = \sqrt{\frac{T}{\sigma_k}} \cdot f\left(\frac{l}{h}\right),$$

wonach

$$\frac{d'}{d} = \sqrt{\frac{\sigma_k}{\sigma_k{}^0}} \cdot \sqrt{\frac{E}{T}} \quad \text{und} \quad d' = d \cdot \sqrt{\frac{\sigma_k}{\sigma_k{}^0}} \cdot \sqrt{\frac{E}{T}}$$

folgt.

Die für $\sigma_k{}^0 = 1\ \mathrm{t/cm^2}$ und $E = 2000\ \mathrm{t/cm^2}$ aus Abb. 34 sich ergebende Blechdicke d wäre hiernach auf ihren $\sqrt{\dfrac{\sigma_k}{\sigma_k{}^0}} \cdot \sqrt{\dfrac{E}{T}}$-fachen Betrag zu verstärken, wenn das Blech erst bei $\sigma_k > \sigma_p$ und dem zu σ_k gehörigen Knickmodul T an die Knickgrenze gelangen soll.

Einige Zahlenbeispiele mögen die Anwendung erläutern.

1. Zahlenbeispiel: In welchen Entfernungen l sind die Versteifungen eines allenthalben freien Bleches von 20 mm Dicke anzuordnen, wenn bei einer Gebrauchslast von $p_x = 0{,}8\ \mathrm{t/cm}$ vierfache Knicksicherheit bestehen soll? ($\mu = 0{,}3$; $E = 2000\ \mathrm{t/cm^2}$.)

Bei vierfacher Knicksicherheit muß die Knickspannung $\sigma_k = 4 \cdot \dfrac{p_x}{d} = \dfrac{4 \cdot 08}{2{,}0} = 1{,}6\ \mathrm{t/cm^2}$ werden; man erhält hierfür aus

Gl. 11) $l = \pi \cdot d \cdot \sqrt{\dfrac{E}{12\,\sigma_k \cdot (1 - \mu^2)}} = 3{,}14 \cdot 2{,}0 \cdot \sqrt{\dfrac{2000}{12 \cdot 1{,}6 \cdot (1 - 0{,}09)}} = 33{,}6$ cm.

2. Zahlenbeispiel: Eine 90 cm hohe, an ihren Längswänden frei aufliegende Platte sei in Abständen von je $l = 60$ cm durch Aussteifungen verstärkt. Bei $E = 2000\ \mathrm{t/cm^2}$ und $\mu = 0{,}3$ soll die geringste Blechdicke berechnet werden, welche ein Knicken erst bei $\sigma_k = 2{,}4\ \mathrm{t/cm^2}$ ermöglicht.

Die Randbedingungen entsprechen dem Fall b; man erhält daher für $\sigma_k{}^0 = 1\ \mathrm{t/cm^2}$ und $\dfrac{h}{l} = \dfrac{90}{60} = 1{,}5$ aus Kurve B der Abb. 34 den zugeordneten Wert $\dfrac{h}{d} = 93$, wonach $d = \dfrac{h}{93} = \dfrac{90}{93} = 0{,}97$ cm folgt. Da die Knickspannung nicht $\sigma_k{}^0 = 1\ \mathrm{t/cm^2}$, sondern $\sigma_k = 2{,}4\ \mathrm{t/cm^2}$ sein soll, ist d noch zu verstärken auf $d' = \sqrt{\dfrac{\sigma_k}{\sigma_k{}^0}} \cdot \sqrt{\dfrac{E}{T}} \cdot d$, worin nach § 18: $T = \sigma_k \cdot \left[\dfrac{3{,}1 - \sigma_k}{\pi \cdot 0{,}0114}\right]^2 = 2{,}4 \cdot \left(\dfrac{3{,}1 - 2{,}4}{\pi \cdot 0{,}0114}\right)^2$

$= 920$ t/cm². Man erhält hiernach in $d' = \sqrt{\dfrac{2,4}{1,0}} \cdot \sqrt{\dfrac{2000}{920}} \cdot 0,97 = 2,2$ cm die gesuchte Blechdicke.

3. **Zahlenbeispiel:** Für eine genietete ├┤-förmige Säule mit kräftigen Flanschen sei eine Druckspannung von $\sigma = 0,7$ t/cm² zugelassen. Das Stehblech sei nicht versteift, seine Länge sei $l = 350$ cm, seine Höhe (zwischen den Flanschnieten gemessen) $h = 50$ cm. Welche Dicke des Stehbleches ist erforderlich, damit beim Erreichen der zulässigen Druckspannung noch dreifache Knicksicherheit für das Stehblech besteht?

Man entnimmt aus Kurve C — da der Fall c hier vorliegt — zu $\dfrac{h}{l} = \dfrac{50}{350}$ $= 0,143$ den für $\sigma_k^0 = 1$ t/cm², $E = 2000$ t/cm² und $\mu = 0,3$ zugeordneten Wert $\dfrac{h}{d} = 112$, wonach $d = \dfrac{h}{112} = \dfrac{50}{112} = 0,446$ cm folgt.

Entsprechend der vorgeschriebenen Sicherheit ist $\sigma_k = 3 \cdot 0,7 = 2,1$ t/cm² als Knickspannung zu erreichen; hierzu gehört nach § 18 der Knickmodul $T = 2,1 \cdot \left(\dfrac{3,1 - 2,1}{\pi \cdot 0,0114}\right)^2 = 1640$ t/cm². Man erhält somit in $d' = \sqrt{\dfrac{\sigma_k}{\sigma_k^0}} \cdot \sqrt{\dfrac{E}{T}} \cdot d$ $= \sqrt{\dfrac{2,1}{1,0}} \cdot \sqrt{\dfrac{2000}{1640}} \cdot 0,446 = 0,74$ cm die gesuchte Blechdicke.

4. **Zahlenbeispiel:** Für einen ├─-Querschnitt ist das größte Biegungsmoment $M_{max} = 600$ tcm. Es soll bei einer zulässigen Randspannung $\sigma_b = 1,2$ t/cm² ein genieteter Träger so dimensioniert werden, daß das freie gedrückte Stehblech 3-fach knicksicher wird. Die Nietschwächung für die Biegung kann mit 15% im Trägheitsmoment berücksichtigt werden. Der zunächst angenommene Querschnitt (Abb. 37)

	F (cm²)	S (cm³)	J (cm⁴)
1 Stehblech 500/8	40,0	—	8 340
2 Winkel 110/10	42,4	931	20 868
4 Lamellen 250/10	100,0	2700	73 033
	182,4	3631	102 241

ergibt

$s = S:F = 19,9$ cm; $J_s = J - F \cdot s^2 = 30041$ cm⁴;
Nutzbares Trägheitsmoment $J_n = 0,85 \cdot J_s = 25\,500$ cm⁴;
Kleinstes Widerstandsmoment $W_{min} = 25\,500 : 44,9$
$\qquad\qquad\qquad\qquad = 568$ cm³;
Größte Randspannung $\sigma_b = 600 : 568 = 1,055$ t/cm²
$\qquad\qquad\qquad\qquad$ (noch zu klein).

Für 3-fache Knicksicherheit ist $3 \cdot 1,055 = 3,165$ t/cm² in Gl. 24a, an Stelle von σ_b einzuführen, wonach

$$\frac{h'}{d} = \sqrt{2,46 \cdot \frac{2000}{3,165}} = 39,4$$

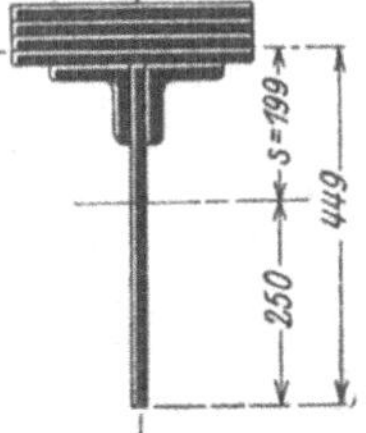

folgt. Hiernach erweist sich der gewählte Querschnitt, bei dem $(h' : d) = 44,9$ ist, als ungenügend. Da der Träger hinsichtlich der Randspannung nicht ausgenützt ist, erscheint es zweckmäßig, das Stehblech niederer und dicker zu wählen.

Abb. 37.

	F (cm²)	S (cm³)	J (cm⁴)
Für den Querschnitt			
1 Stehblech 420/10	42,0	—	6 170
2 Winkel 110/10	42,4	760	14 098
4 Lamellen 250/10	100,0	2300	53 033
	184,4	3060	73 301

wird

$$s = S : F = 16{,}6 \text{ cm}; \quad J_s = J - F \cdot s^2 = 22\,520 \text{ cm}^4;$$

Nutzbares Trägheitsmoment $J_n = 0{,}85 \cdot J_s = 19\,150 \text{ cm}^4$;

Kleinstes Widerstandsmoment $W_{min} = 19\,150 : 37{,}6 = 510 \text{ cm}^3$;

Größte Randspannung: $\sigma_b = 600 : 510 = 1{,}18 \text{ t/cm}^2$.

Der gewählte Querschnitt hat $h : d = 37{,}6 : 1{,}0 = 37{,}6$, genügt also der Knickbedingung. Die mittlere Spannung der Druckzone ist mit $\frac{1}{2}\sigma_b = 0{,}59 \text{ t/cm}^2$ auch bei dreifacher Sicherheit mit 1,77 t/cm² erst in der Nähe der Proportionalitätsgrenze. Zweckmäßig werden jedoch Stehbleche, die so beansprucht sind wie das vorliegende, durch Saumwinkel gegen Ausknicken gesichert.

2. Das Knicken der Druck-Flanschen von auf Biegung beanspruchten ⊢⊣-Trägern.

Bei Trägern von ⊢⊣-Querschnitt, die auf Biegung beansprucht werden, pflegt die Tragfähigkeit durch seitliches Ausknicken der Druckflanschen erschöpft zu werden, ehe deren rechnungsmäßigen Spannungen die Bruchgrenze erreicht haben.

Zur Berechnung der kritischen Belastung für das seitliche Ausknicken des Druckflansches kann (analog zu den Ausführungen des

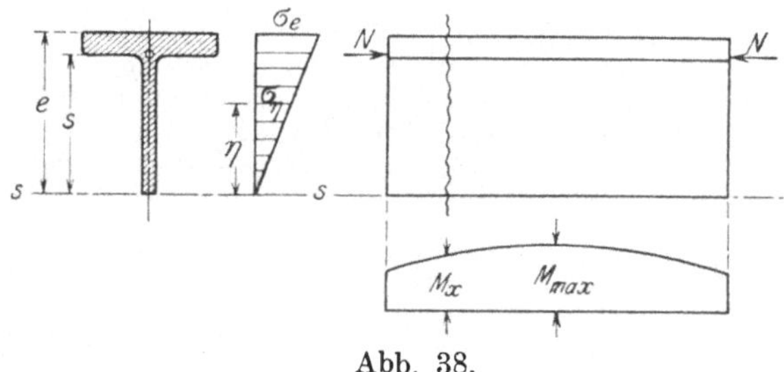

Abb. 38.

§ 46) angenommen werden, daß der Druckflansch sich verhalte wie ein vollkommen eingespannter Stab von der Länge L, wo L beim Träger auf zwei Stützen die Stützweite des Trägers, beim Träger auf mehreren Stützen die Entfernung der Inflexionspunkte ist, d. h. derjenigen Punkte des kontinuierlichen Trägers, in welchen das Biegungsmoment verschwindet. Diese Annahme stützt sich darauf, daß bei einem Träger auf 2 Stützen in den Auflagerquerschnitten und beim kontinuierlichen Balken in den Querschnitten an den Inflexionspunkten die Randspannungen verschwinden, während sie in der Mitte zwischen diesen Punkten bei den gefährlichen Laststellungen gewöhnlich ihre Größtwerte erreichen; demzufolge besteht an den Auflagern bzw. den Inflexionspunkten keine Knickgefahr, in der Mitte zwischen diesen Punkten dagegen gewöhnlich die größte Gefahr für seitliches Ausknicken des Druckflansches.

Zu einer näherungsweisen Berechnung der Knickspannung[1]) betrachten wir nun die gedrückte Zone eines ⊢⊣-förmigen Balkens,

---

[1]) I. E. Brik, Über den Knickwiderstand der Druckgurte vollwandiger Balkenträger, „Der Eisenbau" 1912, S. 351.

für welchen die Momentenlinie bekannt und (Abb. 38) zur Balkenmitte symmetrisch sei. Die größte Randspannung des Druckflansches ist dann

$$\text{Gl. 25)} \qquad \sigma_{max} = \frac{M_{max}}{W}.$$

In irgend einem Schnitte x ist die Schnittkraft N_x in der gedrückten Querschnitthälfte des Balkens durch

$$\text{Gl. 26)} \qquad N_x = \int_0^e \sigma_\eta \cdot dF = \int_0^e \sigma_e \cdot \frac{\eta}{e} \cdot dF = \frac{\sigma_e}{e} \cdot \int_0^e \eta \cdot dF = \frac{\sigma_e}{e} \cdot S$$

gegeben, worin S das statische Moment der gedrückten Querschnittshälfte in bezug auf die neutrale Achse ist. Mit $\sigma_e = \dfrac{M_x}{W}$ und $W \cdot e = J$ geht Gl. 26) über in

$$\text{Gl. 27)} \qquad N_x = \frac{M_x \cdot S}{J}.$$

Hiernach ändert sich die Schnittkraft in der gedrückten Querschnittshälfte von Ort zu Ort wie das Moment. Bezeichnet man mit N den Mittelwert der veränderlichen Druckkraft N_x für den Bereich der halben Wellenlänge l des ausgeknickten Flansches (vgl. Abb. 39), so ist

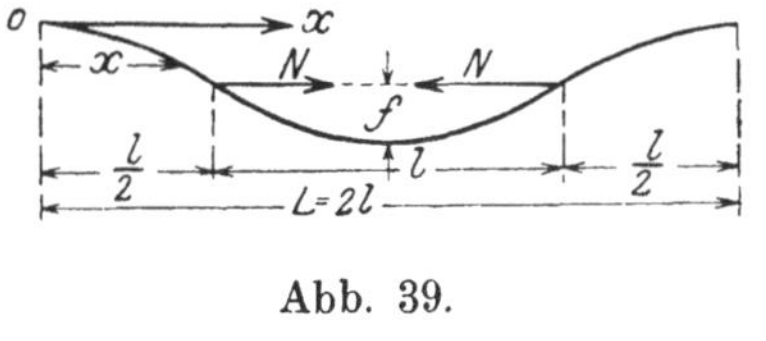

Abb. 39.

$$\text{Gl. 28)} \qquad N = \frac{1}{l} \cdot \int_{-\frac{l}{2}}^{+\frac{l}{2}} N_x \cdot dx.$$

Man erhält insbesondere aus Gl. 28) bei gleichförmiger Belastung des Balkens wegen

$$M_x = M_{max} \cdot \frac{x \cdot (2l - x)}{l^2}$$

$$\text{Gl. 28a)} \qquad N = \frac{11}{12} \cdot M_{max} \cdot \frac{S}{J}$$

und bei Einzelbelastung in Balkenmitte wegen

$$M_x = M_{max} \cdot \frac{x}{l}$$

$$\text{Gl. 28b)} \qquad N = \frac{3}{4} \cdot M_{max} \cdot \frac{S}{J}$$

als Mittelwerte der Schnittkräfte.

Ist J_v das Trägheitsmoment der gedrückten Querschnittshälfte für die vertikale Schwerachse und $i_v = \sqrt{J_v : \dfrac{F}{2}}$ der zugehörige Trägheitsradius, so ist $l : i_v$ die Schlankheit des Druckflansches.

Unter Vernachlässigung des günstigen Einflusses der Zugzone ergibt sich nach der in § 20 (vgl. Anm. 3 auf S. 79) näher erläuterten Auffassung des Knickgesetzes der Pfeil f der Knicklinie zu

$$f = \beta \cdot \frac{l}{i_v} \cdot \frac{W}{\dfrac{F}{2} \cdot \left(\alpha - \beta \cdot \dfrac{l}{i_v} \right)},$$

worin α und β die bekannten Zahlenwerte der Tetmajerschen Formeln darstellen (vgl. § 16). Zu der in der Balkenmitte aus der vertikalen Durchbiegung entstehenden Spannung σ_{max} nach Gl. 25) tritt beim seitlichen Ausknicken mit dem Pfeile f noch eine Zusatzspannung an dieser Stelle von dem Betrage

$$\sigma_f = \frac{N \cdot f}{W} .$$

Mit vorstehendem Werte von f wird diese Zusatzspannung:

Gl. 29)
$$\sigma_f = \frac{2 N}{F} \cdot \frac{l}{i_v} \cdot \frac{\beta}{\alpha - \beta \cdot \dfrac{l}{i_v}}$$

und die aus vertikaler Biegung und seitlichem Ausknicken entstehende größte Druckspannung im Flansch:

Gl. 30)
$$\sigma_{max} + \sigma_f = \frac{M_{max}}{W} + \frac{2 N}{F} \cdot \frac{l}{i_v} \cdot \frac{\beta}{\alpha - \beta \cdot \dfrac{l}{i_v}} .$$

Macht man entsprechend der von Brik gegebenen Interpretation der Tetmajerschen Knickformel die Annahme, daß die Knickgrenze erreicht wird, sobald die durch Gl. 30) bestimmte resultierende Spannung $\sigma_{max} + \sigma_f = \alpha$ wird[1]), so liefert die Gleichsetzung der rechten Seite der Gl. 30) mit α den kritischen Wert von M_{max}, da ja N seinerseits wieder nach Gl. 28) von M_{max} abhängt.

Man erhält hiernach aus

$$\alpha = \frac{M_{max}}{W} + \frac{2 N}{F} \cdot \frac{l}{i_v} \cdot \frac{\beta}{\alpha - \beta \cdot \dfrac{l}{i_v}}$$

---

[1]) Wir hatten in § 20 auf die Willkürlichkeit dieser Deutung schon hingewiesen; trotzdem dürfen die hieraus hergeleiteten Beziehungen ein gewisses Vertrauen beanspruchen, welches durch die später angeführten Versuchsergebnisse sich begründet.

durch Einführung der Werte von N nach Gl. 28a) bzw. 28b) und wenn man noch das statische Moment S durch $\frac{F}{2} \cdot s$ (Abb. 38), J durch $W \cdot e$ und $\frac{M_{max}}{W}$ durch σ_{max} ersetzt, die nachstehenden Beziehungen:

$$\text{Gl. 31)} \qquad \sigma_{max} = \alpha : \left[1 + \frac{11}{12} \cdot \frac{s}{e} \cdot \frac{\beta \cdot \frac{l}{i_v}}{\alpha - \beta \cdot \frac{l}{i_v}} \right]$$

für den **gleichförmig belasteten Balken** und

$$\text{Gl. 32)} \qquad \sigma_{max} = \alpha : \left[1 + \frac{3}{4} \cdot \frac{s}{e} \cdot \frac{\beta \cdot \frac{l}{i_v}}{\alpha - \beta \cdot \frac{l}{i_v}} \right]$$

für den **Balken mit einer Einzellast in Trägermitte.**

Diese Gleichungen ermöglichen die näherungsweise Berechnung jener Biegungsspannungen $\sigma_{max} = \frac{M_{max}}{W}$ im gefährlichen Querschnitt, welche zum seitlichen Ausknicken des Druckflansches führen. Sie gelten ihrer Ableitung gemäß für Druckflanschen, deren Schlankheit $\frac{l}{i_v} \leqq 105$ (für Flußeisen) ist; für schlankere Druckflanschen mit $\frac{l}{i_v} \geqq 105$ tritt an Stelle der Gleichungen 31) und 32) die der Eulerschen Knickformel entsprechende Berechnung nach

$$\text{Gl. 31a)} \qquad \sigma_{max} = \alpha : \left[1 + \frac{11}{12} \cdot \frac{s}{e} \cdot \left\{ \frac{\alpha}{\pi^2 E} \cdot \left(\frac{l}{i_v} \right)^2 - 1 \right\} \right]$$

für den **Balken mit gleichförmiger Belastung** und

$$\text{Gl. 32a)} \qquad \sigma_{max} = \alpha : \left[1 + \frac{3}{4} \cdot \frac{s}{e} \cdot \left\{ \frac{\alpha}{\pi^2 E} \cdot \left(\frac{l}{i_v} \right)^2 - 1 \right\} \right]$$

für den **Balken mit Einzellast in Trägermitte.**

Sehr bequem und nach den folgenden Versuchen (Tabelle 16) genau genug ist die von **Brik** angegebene Formel für die kritische Biegungsspannung

$$\text{Gl. 33)} \qquad \sigma_{max} = 3,1 - 0,008 \cdot \frac{l}{i_v} \cdot$$

Tabelle 16.

Biegungsversuche an Trägern auf 2 Stützen zur Ermittlung der Knickgrenze der Druckflanschen (freie Knicklänge $l =$ halbe Stützweite[1]).

Querschnitt	Material	Belastungsart	$l : i_v$	$s : e$	Biegungsrandspannungen σ_{max} an der Knickgrenze in t/cm²			
					Nach dem Versuch	Nach Gl. 31)	Nach Gl. 32)	Nach Gl. 33)
Kastenträger $\begin{cases}\text{2 Stehbleche } 504/10 \\ \text{6 Winkel } \quad\;\; 80/13 \\ \text{2 Lamellen } \;\; 340/13\end{cases}$	Schweißeisen	Einzellast	37,5	0,75	2,85	—	2,84	2,80
⊢⊣-Träger Nr. 50	Flußeisen	„	93,8	0,72	2,45	—	2,40	2,35
⊢⊣-Träger Nr. 28	„	gleichförmig	82,0	0,73	2,44	2,40	—	2,44
⊢⊣-Träger Nr. 40	„	„	63,5	0,725	2,40	2,60	—	2,59
Grey-Träger 28 B	„	„	30,7	0,83	2,76	2,82	—	2,80
Grey-Träger 27 B	„	„	31,8	0,81	2,36	2,83	—	2,85
Genieteter ⊢⊣-Träger $\begin{cases}\text{1 Stehblech } 250/12 \\ \text{4 Winkel } \quad\;\; 80/10 \\ \text{2 Lamellen } \;\; 270/12\end{cases}$	„	„	35,8	0,78	2,71	2,80	—	2,80
Genieteter ⊢⊣-Träger $\begin{cases}\text{1 Stehblech } 250/12 \\ \text{4 Winkel } \quad\;\; 80/10 \\ \text{2 Lamellen } \;\; 270/10\end{cases}$	„	„	37,15	0,77	2,73	2,78	—	2,80

§ 24. Die freie Knicklänge und ihre Wahl bei gegebenen Systemen.

Durch die Eulersche und die Tetmajersche Knickbedingung wird, wie sich gezeigt hat, das Knickproblem vollwandiger Druckstäbe in einer den Bedürfnissen der Praxis immer genügenden Weise erledigt.

Schwierigkeiten der Anwendung entstehen hierbei weniger daraus, daß die elastischen Eigenschaften des Baustoffes dem Konstrukteur von vornherein nur innerhalb gewisser Grenzen genau bekannt sind, denn diese Grenzen sind ja immer so eng, daß den aus ihnen hervorgehenden Mängeln der Berechnung bei den üblichen Sicherheitsgraden keine Bedeutung zukommt, als vielmehr daraus, daß die Bestimmung der freien Knicklänge, mit welcher gerechnet werden muß, von einer Reihe von Umständen abhängt, deren Wirkungen oft nicht ohne weiteres klar zutage liegen. Bedenkt man aber, daß z. B. bei schlanken Stäben die Knickkraft dem Quadrate der freien Länge umgekehrt proportional ist, so erkennt man wie erheblich hierbei eine unrichtige Wahl der freien Knicklänge den Sicherheitsgrad beeinflussen kann. Es erscheint somit nützlich, an

---

[1] Vgl. J. E. Brik, „Der Eisenbau" 1912, S. 351 ff.

einer Reihe von Beispielen zu zeigen, wie sich namentlich in weniger einfachen Fällen die freie Knicklänge ermitteln läßt. Auf eine erschöpfende Darstellung aller einschlägigen Aufgaben kann es hierbei weniger ankommen, als vielmehr darauf, zweckmäßige Methoden zur Bestimmung der freien Länge anzugeben, die man bei einiger Übung leicht auch auf neue Probleme sinngemäß wird anwenden können.

Im allgemeinen ist hierbei vorausgesetzt, daß die Eulerformel anwendbar sei. Die Berechtigung zu dieser Voraussetzung wird in praktischen Fällen immer einer besonderen Prüfung bedürfen, derzufolge unter Umständen durch Einführung eines Knickmoduls T an Stelle des Elastizitätsmoduls E nach Maßgabe von § 18 Rechnung getragen werden kann.

1. Einfache Tragsäulen.

Es ist üblich, bei einfachen Tragsäulen mit der Systemlänge als freier Knicklänge zu rechnen. Für sehr schlank geformte Säulen erscheint dies ohne weiteres als richtig, da offenbar an den verhältnismäßig kleinen Endflächen Momente übertragen werden können, welche höchstens einer sehr wenig vollkommenen Einspannung entsprechen. Bei kurzen und gedrungenen Säulen dagegen liegt die Vermutung nahe, daß die mit breiter Fläche gelagerten Enden an einer Drehung wirksam verhindert sein könnten. Hiergegen fällt aber ins Gewicht, daß bei beträchtlicher Größe der Endflächen eine zentrische Belastung der Säule in praxi nur selten verwirklicht sein dürfte, und es empfiehlt sich daher, auch hier mit der Systemlänge zu rechnen, solange nicht eine besonders gute Ausführung der Anschlüsse der Säule für eine kleinere Knicklänge spricht; v. Emperger empfiehlt auf Grund von Versuchen für Stäbe mit gut ausgeführter Flächenlagerung mit $l = 0,7\,L$ als freier Länge zu rechnen. Wir verweisen hier besonders auf die Ausführungen des § 18, in welchem an Tabelle 13 gezeigt wurde, wie wenig bei gedrungenen Stäben auch eine vollkommene Einspannung der Enden die Knickspannung zu erhöhen vermag. Die Wirtschaftlichkeit der Konstruktion leidet bei gedrungenen Stäben nur wenig darunter, daß die freie Länge zu reichlich bemessen wird; man erkennt dies leicht, wenn man bedenkt, daß nach den Tetmajerschen Formeln die Knickspannung sich mit der Stablänge in linearem Verhältnis, bei schlanken Stäben aber entsprechend der Eulerschen Formel in quadratischem Verhältnis zur Stablänge vermindert.

2. Druckstäbe von Fachwerken[1]).

Von den einfachen Säulen unterscheiden sich die Druckstäbe von Fachwerken grundsätzlich dadurch, daß durch die Knotenbleche an ihren Enden meistens auch Stäbe angeschlossen sind, welche auf Zug beansprucht werden, wenn der betrachtete Stab gedrückt wird.

---

[1]) F. Engesser, Nebenspannungen, S. 132.

Das Knicken eines solchen Druckstabes ist daher, wenn es wirklich eintreten sollte, meistens nur so möglich, daß die an den Endknotenpunkten mit dem Druckstabe vereinigten Zugstäbe in Mitleidenschaft gezogen werden. Die letzteren setzen vermöge der Formänderungen, die ihnen der ausknickende Druckstab zuzumuten bestrebt ist, dem Knicken dieses Stabes einen Widerstand entgegen, dessen Betrag naturgemäß um so größer ist, je stärker die Querschnitte der Zugglieder gegenüber dem des Druckgliedes bemessen sind. Man ist bezüglich dieses günstigen Einflusses der Nachbarstäbe immer auf Schätzungen angewiesen und tut gut, in Fällen, wo die Erfahrung keinen sicheren Anhalt bietet, vorsichtig zu schätzen.

a) Gurtstäbe. Der günstige Einfluß der im Vergleich zu den Gurtungen nicht sehr kräftigen Pfosten und Streben ist im allgemeinen gering; bei Anwendung von abwechselnd fallenden und steigenden Diagonalen kann sogar angenommen werden, daß sich die günstigen und ungünstigen Wirkungen der an einem Knotenpunkt zusammenlaufenden Zug- und Druckdiagonalen auf die Gurtungen gegenseitig vernichten.

Es empfiehlt sich daher, schon um den Gurtungen die zur Begünstigung der Wandglieder erforderliche Steifigkeit zu sichern, das Ausknicken der Gurtung innerhalb der Fachwerkebene sowie aus derselben heraus mit der Systemlänge s als der freien Knicklänge zu untersuchen. Bei „offenen" Brücken, d. h. Brücken ohne oberen Längsverband, ist außerdem die Knicksicherheit nach den im Abschnitt V noch zu entwickelnden Untersuchungen in Rücksicht zu ziehen.

b) Vertikale Pfosten. Da die vertikalen Pfosten bei offenen Brücken gewöhnlich mit den Querträgern biegungssteif verbunden sind, bei geschlossenen Brücken aber mit den Pfosten des oberen Windverbandes und den Querträgern zusammen geschlossene Rahmen bilden können, so kann hier für das Knicken innerhalb der Rahmenebene mit einer freien Knicklänge gerechnet werden, die kleiner als die Systemlänge s ist. Es ist angängig, bei offenen Brücken für die Pfosten mit $l = 0,8\,s$ zu rechnen, wenn ein steifer Querträger vorhanden ist. Hingegen kann bei geschlossenen Brücken $l = 0,6\,s$ gesetzt werden, wenn 2 steife Querriegel mit den Pfosten wirksam zu einem Rahmen verbunden sind. Ist der Querträger weich und fehlt ein oberer Längsverband, so setze man fürsorglich für vertikale Pfosten $l = s$. Gegen das Ausknicken der Pfosten innerhalb der Fachwerkebene bilden in der Trägermitte steife Gurtungen im allgemeinen eine hinreichende Sicherung, um die Wahl $l = 0,6\,s$ als Knicklänge gerechtfertigt erscheinen zu lassen. An den Auflagern, wo die Gurtungen verhältnismäßig schwach und die Pfosten kräftig sind, berechne man die Knicksicherheit der Pfosten innerhalb der Fachwerkebene mit $l = s$ als freier Knicklänge.

c) Diagonalen. Die günstige Wirkung der Gurtungen auf die Diagonalen ist ungefähr dieselbe, wie die auf die Pfosten. Für die

Enddiagonalen ist daher wieder $l = s$ zu setzen, in Trägermitte dürfte im allgemeinen die Annahme $l = 0,6\,s$ noch sicher genug sein, denn beim Auftreten der maximalen Strebenkraft an dieser Stelle ist der Träger hälftig belastet, weshalb die Tragfähigkeit der Gurtungen noch nicht bis zur zulässigen Grenze in Anspruch genommen ist. Außerdem sind aber gerade in der Trägermitte die Gurtquerschnitte besonders reichlich, die der Diagonalen hingegen am schwächsten, so daß aus beiden Gründen hier eine gute Einspannung der Stabenden erwartet werden darf.

Beim Ausknicken aus der Fachwerkebene heraus finden die Diagonalen an den benachbarten Stäben nur verschwindend kleinen Widerstand, weshalb für diese Richtung $l = s$ gesetzt werden muß.

Über den Fall gekreuzter Diagonalen, welche an der Kreuzungsstelle vernietet sind, vgl. Abs. d (Gitterträger).

d) Druckstreben von Gitterträgern. Die Druckdiagonale eines Gitterträgers kann, sofern sie mit den sie kreuzenden Zugdiagonalen vernietet ist, innerhalb der Tragwandebene nur auf die Maschenweite a (Entfernung zweier benachbarter, mit der Druckstrebe vernieteter Zugdiagonalen voneinander) ausknicken, da die Endpunkte jeder Masche der Druckstrebe durch die Zugstreben festgehalten werden. Daher ist für das Knicken innerhalb der Tragwandebene die Knicklänge $l = a$ zu wählen.

Für das Knicken senkrecht zur Tragwandebene ist dagegen, wie die folgende Betrachtung lehrt, das Verhältnis der Zug- und Druckkräfte in den Diagonalen offenbar von entscheidendem Einfluß auf die Knickgrenze. Denkt man sich nämlich zunächst an einem engmaschigen Gitterwerk die Kraft in jeder Druckstrebe und Zugstrebe gleich groß: $D = Z$, so ist jeder Kreuzungspunkt, den man durch einen Rundschnitt von den Diagonalen trennt, unter Wirkung der Schnittkräfte im Gleichgewicht. Ein Ausknicken aus der Tragwandebene heraus ist daher nur denkbar, wenn die Druckdiagonalen für die Maschenlänge als Knicklänge nachgeben. Für den Fall, daß $D < Z$ ist, wird das Ausknicken des Gitters erst recht hintangehalten. Es könnte auch hier die Druckdiagonale höchstens mit der Maschenweite als Knicklänge versagen. Ist hingegen $D > Z$, so ist das Heraustreten des Gitters aus seiner Ebene möglich.

Je größer die Zahl der sich kreuzenden Strebenscharen ist, um so vollkommener decken sich dann die elastischen Linien entsprechender Diagonalen beider Scharen. Bei unendlich vielen sich kreuzenden Diagonalen sind aber die elastischen Linien entsprechender Zug- und Druckdiagonalen kongruent, wenn die Längen beider Diagonalenzüge gleich sind. Durch die Vernietung werden an jeder Kreuzungsstelle der Diagonale zwischen den Zug- und Druckdiagonalen Reaktionen R übertragen, die beim Übergang zu einem unendlich vielfachen Gitterwerk in stetig verteilte Reaktionen r ausarten. Setzt man r als eine Funktion der Bogenlänge s voraus, so kann man die Differentialgleichungen der Zug- und Druckdiagonalen

(s. Abb. 40 und 41, welche für die halbe Länge dieser Diagonalen gezeichnet sind) in der Form ansetzen:

Gl. 1)
$$\begin{cases} EJ_D \cdot \dfrac{d^2y}{dx^2} = D(f-y) - (l-x) \cdot \displaystyle\int_0^l r \cdot d\xi + \int_0^l (\xi-x) \cdot r \cdot d\xi, \\[3em] EJ_Z \cdot \dfrac{d^2y}{dx^2} = -Z(f-y) + (l-x) \cdot \displaystyle\int_0^l r \cdot d\xi - \int_0^l (\xi-x) \cdot r \cdot d\xi. \end{cases}$$

Hierin bedeutet J_D das Trägheitsmoment der Druckdiagonale, D ihre

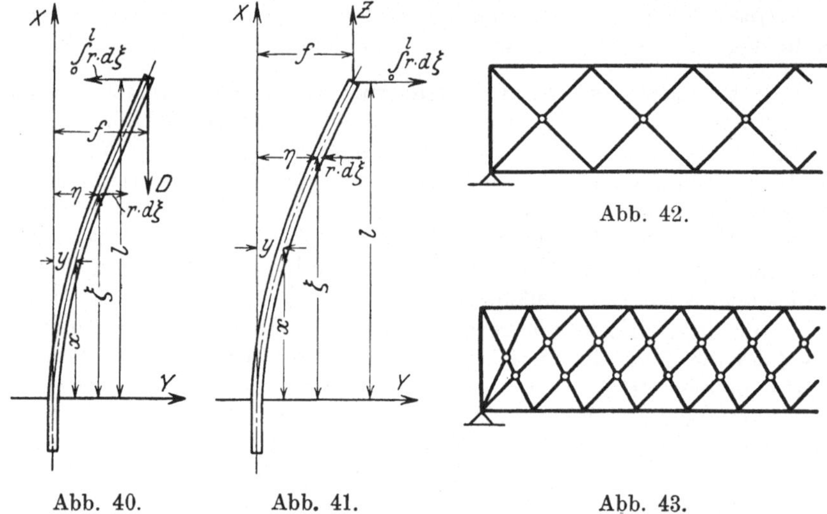

Abb. 40.   Abb. 41.   Abb. 42.

Abb. 43.

Stabkraft; die entsprechenden Ausdrücke für die Zugdiagonale sind mit J_Z und Z bezeichnet. Durch Addition der Gl. 1) folgt

Gl. 2)
$$E(J_D + J_Z) \cdot \frac{d^2y}{dx^2} = (D-Z) \cdot (f-y)$$

oder

Gl. 3)
$$\frac{d^2y}{dx^2} = \frac{D-Z}{E(J_D + J_Z)} \cdot (f-y).$$

Diese Gleichung stimmt ihrer Form nach völlig mit der Eulerschen Differentialgleichung (§ 2) überein. Daher wird die Knickgrenze erreicht für

Gl. 4)
$$D-Z = \frac{\pi^2 \cdot E \cdot (J_D + J_Z)}{4\,l^2}$$

oder, wenn man die Länge der Diagonale mit $d = 2\,l$ bezeichnet, für

Gl. 5)
$$D-Z = \frac{\pi^2 E(J_D + J_Z)}{d^2}.$$

Jasinski[1]) hat nachgewiesen, daß die hier für unendlich vielfaches Gitterwerk abgeleitete Gl. 5) auch für ein n-faches Gitterwerk $(2 < n < \infty)$ gute und brauchbare Näherungen ergibt, solange

$$0 < J_Z < 1{,}5\,J_D$$

und

$$0 < Z < 0{,}5\,D$$

bleiben.

Nimmt man z. B. an, daß nur ein doppeltes Strebensystem (Abb. 42), oder ein dreifaches Strebensystem (Abb. 43) vorhanden sei, bei dem im allgemeinen jede Druckdiagonale von zwei Zugdiagonalen und umgekehrt geschnitten wird, so ergeben sich nach Jasinski folgende Fehler für die nach Gl. 5) bestimmte Knickgrenze.

Tabelle 17.

Trägheitsmoment	Kräfteverhältnis	Fehler nach Gl. 5) in $^0/_0$ des Wertes $(D - Z)$	
		für Abb. 42	für Abb. 43
$J_Z = 0$	$D : Z = 4$	$5\,^0/_0$	$2\,^0/_0$
$J_Z = 0$	$D : Z = 3$	$6{,}8\,^0/_0$	$3\,^0/_0$
$J_Z = 0$	$D : Z = 2$	$10{,}8\,^0/_0$	$4\,^0/_0$
$J_Z = J_D$	$Z = 0$	$1{,}6\,^0/_0$	$0{,}2\,^0/_0$

Entsprechend den in der Tabelle angeführten Fehlern nimmt mit wachsender Zahl der Schnittpunkte der Diagonalen die Näherung nach Gl. 5) an Güte rasch zu.

Gl. 5) sagt aus, daß es der Überschuß der Druckkräfte über die Zugkräfte ist, der den Stab, dessen Trägheitsmoment gleich der Summe der Trägheitsmomente J_D und J_Z der Einzelstäbe ist, eben an die Knickgrenze bringt.

Für die praktischen Anwendungen der Gl. 5) sind nun folgende Fälle zu unterscheiden.

α) Die Lasten greifen in der Mittelachse des Gitters an oder werden durch Hilfsvertikalen in diese Angriffspunkte übertragen.

Für eine Druckdiagonale $A M B$ sind dann auf der unteren Hälfte $A M$ die Kräfte $Z > D$ (Abb. 44), weshalb diese Hälfte nicht ausknickt. Auf der oberen Hälfte $M B$ tritt Knickung derart ein, daß

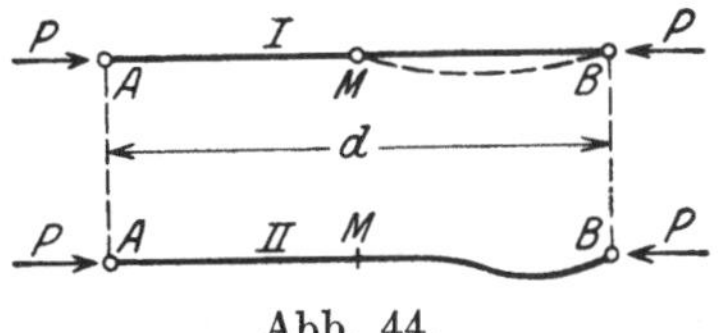

Abb. 44.

die in der Abb. 44 dargestellten Fälle die obere und untere Grenze

---

[1]) F. Jasinski, Mitteilungen des Verbandes der Wegebauingenieure, Petersburg 1892, und Annales des Ponts et Chaussées 1894.

des tatsächlichen Zustandes darstellen. Gilt die Linie *I*, so ist daher die Knickkraft

$$D_k = \frac{\pi^2 \cdot E \cdot (J_D + J_Z)}{\left(\dfrac{d}{2}\right)^2} + Z = \frac{40\,E\,(J_D + J_Z)}{d^2} + Z;$$

für die Linie II dagegen gilt etwa[1]):

$$D_k = \frac{\pi^2\,E\,(J_D + J_Z)}{\left(\dfrac{d}{3}\right)^2} + Z = \frac{90\,E\,(J_D + J_Z)}{d^2} + Z,$$

für den wirklichen Fall kann man schätzungsweise nach Engesser setzen:

Gl. 6)
$$D_k = \frac{50\,E \cdot (J_D + J_Z)}{d^2} + Z.$$

Liegt dabei die Fahrbahn oben, so empfiehlt sich wegen der hierdurch bewirkten Vermehrung der Druckkräfte etwa nach

Gl. 6a)
$$D_k = \frac{25\,E \cdot (J_D + J_Z)}{d^2} + Z$$

zu rechnen.

β) **Die Lasten greifen an der unteren Gurtung an.** In diesem Falle ist für gleichförmige Belastung des Trägers stets $Z \geqq D$, und das Ausknicken erfolgt auf die Maschenlänge a. Mit Rücksicht auf ungleichförmige Lastverteilung scheint es indessen geboten, die Diagonalen in diesem Falle auf die **doppelte Maschenlänge** knicksicher zu machen.

γ) **Die Lasten greifen an der oberen Gurtung an.** Ist $q^0\,(\mathrm{t/m})$ die Belastung des Obergurtes, so beträgt der Überschuß der Druckkräfte über die Zugkräfte

$$D - Z = q^0 \cdot a \cdot \mathrm{cotg}\,\delta,$$

wenn a die Maschenweite und δ den Neigungswinkel der Diagonalen gegen die Horizontale bezeichnet. Für diesen Überschuß ist alsdann die Druckdiagonale auf die ganze Länge d knicksicher zu machen, und man erhält

Gl. 7)
$$D_k - Z = q_k^{\,0} \cdot a \cdot \mathrm{cotg}\,\delta = \frac{\pi^2 \cdot E\,(J_D + J_Z)}{d^2}.$$

δ) **Der Lastangriff entspreche einer Kombination der vorigen Fälle.** Hier ist zu prüfen, ob die gewählten Trägheitsmomente $(J_D + J_Z)$ in Summa ausreichen, um den vorstehenden Knickbedingungen gleichzeitig zu genügen.

----

[1]) Vgl. F. Engesser, Zusatzkräfte und Nebenspannungen, Teil II, S. 133, Berlin 1893. Ferner Schweiz. Bauzeitg. 1895, Bd. 25, S. 88, und Bd. 26, S. 24, sowie 1896, Bd. 28, S. 19.

Erzeugt z. B. die Belastung q^u des Untergurts die Stabkräfte D^u und Z^u und die Belastung q^0 des Obergurts die Stabkräfte D^0 und Z^0, so ist für jeden Belastungsanteil ein entsprechender Betrag J_D^u, J_D^0 und J_Z^u, J_Z^0 vorzusehen, so daß den Gleichungen

$$D^u - Z^u = \frac{50\,E\,(J_D^u + J_Z^u)}{d^2}\,,$$

$$D^0 - Z^0 = \frac{\pi^2\,E\,(J_D^0 + J_Z^0)}{d^2}$$

Genüge geschieht, woraus dann

$$\text{Gl. 8)}\quad J_D + J_Z = J_D^0 + J_D^u + J_Z^0 + J_Z^u = \frac{(D^0 - Z^0)\cdot d^2}{\pi^2\,E} + \frac{(D^u - Z^u)\cdot d^2}{50\,E}$$

folgt. Bei Berücksichtigung einer vorgeschriebenen Sicherheit kann es hierbei von Bedeutung sein, daß unter Umständen von den Kräften $(D^0 - Z^0)$ und $(D^u - Z^u)$ nur die eine einer Steigerung fähig ist (Verkehrslasten), die andere hingegen nicht (ständige Lasten).

Gekreuzte Diagonalen, die an der Kreuzung vernietet sind, stellen einen Sonderfall des Gitterträgers dar, bei dem die Maschenweite gleich der halben Diagonalenlänge ist. Innerhalb der Trägerebene wird daher die Knicklänge $l = a$; bei genügend steifen Gurtungen kann hierfür in der Trägermitte auch $l = 0,8\,a = 0,4\,d$ angenommen werden. Das Knicken senkrecht zur Trägerebene erfolgt mit der Knicklänge $l = a = 0,5\,d$, wenn die Kraft der Zugstrebe mindestens gleich groß ist wie die der Druckstrebe. Überwiegt aber die Druckkraft gegen die Kraft der Zugdiagonale, so ist der Kreuzungspunkt nicht fest und es empfiehlt sich die Wahl einer Knicklänge, die gleich der 1,2- bis 1,4 fachen Maschenweite ist, also $l = 0,6$ bis $0,7\,d$. Da in allen unter d) angeführten Fällen die Stabilität der Druckstrebe nicht allein durch deren Kräfte begrenzt wird, sondern auch von den Zugkräften der Gegenstreben abhängt, so kann es unter Umständen geboten sein, außer dem Belastungszustand des Trägers, für den die Druckdiagonale am höchsten beansprucht wird, auch noch solche Belastungszustände ins Auge zu fassen, bei denen D zwar kleiner wie D_{max} ist, trotzdem aber infolge stärkerer Verminderung von Z die Knickgefahr größer sein könnte.

3. Druckstäbe, die an einem Knotenpunkt zusammenstoßen.

Innerhalb der Ebene der Druckstäbe sind die äußeren Knotenpunkte (Abb. 45) sowie der gemeinsame, innere Knotenpunkt als Gelenke aufzufassen und die einzelnen Stäbe für ihre Systemlängen knicksicher zu machen. Weicht das System aber seitlich aus, so bleibt die Berührungsebene aller Stäbe im Punkte 0 gemeinsam. Bezeichnet man die Dreiecksflächen $012 = F_1$, $023 = F_2$, ..., $0\,n\,1 = F_n$ und mit $F = (F_1 + F_2 + \ldots + F_n)$ die Flächensumme, ferner mit f, f_1, f_2, ... f_n die Abstände der senkrecht über den Punkten 0, 1,

2, ..., n gelegenen Punkte der Berührungsebene von der Ebene des Systems, so gilt die stereometrische Beziehung für den Inhalt der von den ausgeknickten Stäben mit ihrer Ebene bestimmten Pyramide

Gl. 9)
$$F \cdot f = F_1 \cdot f_1 + F_2 \cdot f_2 + \cdots + F_n \cdot f_n.$$

Für irgendeinen Stab, z. B. den Stab $0\text{---}i$ in Abb. 46), läßt sich nun nach § 3 die elastische Linie in der Form ansetzen

Gl. 10)
$$y_i = A_i \cdot \sin \frac{x}{k_i},$$

worin

$$\frac{1}{k_i^2} = \frac{P_i}{EJ_i}$$

ist. Hieraus folgt

Gl. 11)
$$\frac{dy_i}{dx} = \frac{A_i}{k_i} \cdot \cos \frac{x}{k_i}.$$

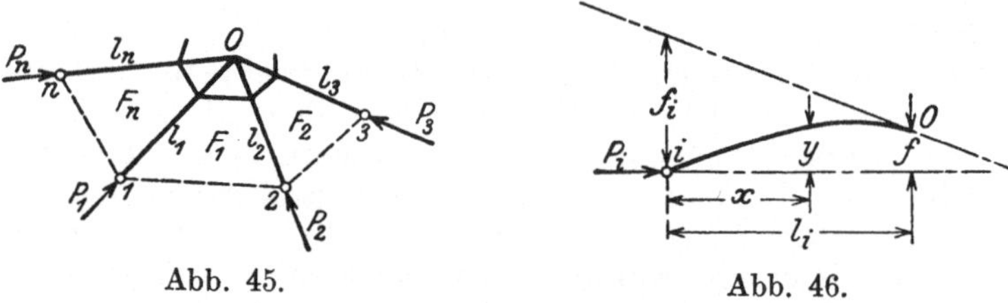

Abb. 45.   Abb. 46.

Insbesondere ist aber für den Punkt 0 des Stabes $0\text{---}i$:

Gl. 12)
$$f = A_i \cdot \sin \frac{l}{k_i}$$

und

Gl. 13)
$$\left(\frac{dy_i}{dx}\right)_{x=l_i} = \frac{f - f_i}{l_i} = \frac{A_i}{k_i} \cdot \cos \frac{l_i}{k_i}.$$

Aus Gl. 12) und 13) folgt:

Gl. 14)
$$f_i = -\frac{A_i}{k_i} \cdot l_i \cdot \cos \frac{l_i}{k_i} + A_i \cdot \sin \frac{l_i}{k_i}$$

$$= A_i \cdot \sin \frac{l_i}{k_i} \cdot \left[1 - \frac{l_i}{k_i} \cotg \frac{l_i}{k_i}\right] = f \cdot \left[1 - \frac{l_i}{k_i} \cotg \frac{l_i}{k_i}\right].$$

Entsprechend lauten die $(n-1)$ Gleichungen, welche sich für die übrigen Stäbe aufstellen lassen. Setzt man die nach Gl. 14) zu bestimmenden Werte f_1, f_2, ..., f_n in die Gl. 9) ein, so folgt die Stabilitätsbedingung

Gl. 15)
$$\sum_{i=1}^{i=n} \left[F_i \cdot \frac{l_i}{k_i} \cdot \cotg \frac{l_i}{k_i}\right] = 0 \,[1]).$$

---

[1]) L. Vianello, Z. d. Ver. deutsch. Ing. 1906.

4. Verbindung einer Druckkette mit einer gleichwertigen Zugkette durch steife Zwischenglieder[1]).

Um den Fall möglichst allgemein zu behandeln, seien (Abb. 47) die beiden Gurtungen als gekrümmt angenommen und bezüglich der an den Gelenken angreifenden Knotenlasten vorausgesetzt, daß sie so bemessen seien, daß am planmäßigen Netze an jedem Knoten-

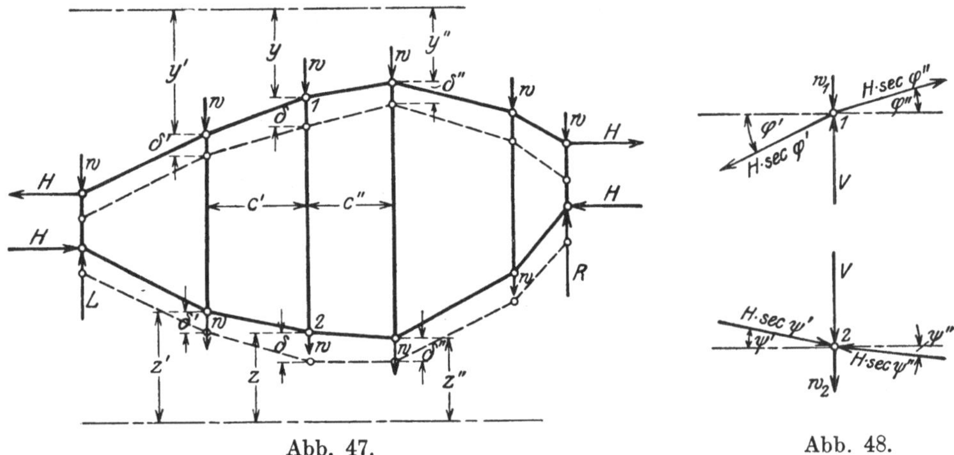

Abb. 47. Abb. 48.

punkte Gleichgewicht besteht. Dies ist offenbar der Fall, wenn (Abb. 48)

$$\text{Gl. 16)} \quad V = w_1 + H \cdot (\operatorname{tg} \varphi' - \operatorname{tg} \varphi'') = w_1 + H \cdot \left(\frac{y - y'}{c'} - \frac{y'' - y}{c''} \right),$$

$$\text{Gl. 17)} \quad V = H \cdot (\operatorname{tg} \psi' - \operatorname{tg} \psi'') - w_2 = H \cdot \left(\frac{z' - z}{c'} - \frac{z - z''}{c''} \right) - w_2$$

ist. Aus den Gl. 16) und 17) folgt nach Elimination der Kraft V in der Vertikalen

$$\text{Gl. 18)} \quad w_1 + H \cdot \left(\frac{y - y'}{c'} - \frac{y'' - y}{c''} \right) = H \cdot \left(\frac{z' - z}{c'} - \frac{z - z''}{c''} \right) - w_2 .$$

Sieht man davon ab, daß die Vertikalen sich unter Wirkung ihrer Kräfte elastisch verlängern oder verkürzen, so müssen im Falle des Ausknickens der Druckkette die einer und derselben Vertikalen zugehörigen Knotenpunkte beider Gurtungen gleich große Verschiebungen erleiden, die wir für Knotenpunkte 1 und 2, sowie ihre 4 Nachbarknotenpunkte mit δ, δ' und δ'' bezeichnen wollen. Das System erreicht somit die in Abb. 47 gestrichelt eingetragene Lage.

---

[1]) R. Mayer, Die Knicksicherheit in sich versteifter Hängebrücken, sowie des Zwei- und Dreigelenkbogens innerhalb der Tragwandebene, „Der Eisenbau" 1913, S. 423. Die Theorie, über die Mehrtens und Bleich ohne Nennung des Urhebers, berichtet haben, verdankt man F. Engesser.

Sieht man zunächst davon ab, daß die kleinen Verschiebungen nicht nur das geometrische Netz ändern, sondern auch durch die Netzänderung kleine Änderungen in der Größe der Stabkräfte nach sich ziehen, so erhält man durch Rundschnitte um die verschobenen Knotenpunkte 1 und 2 die Gleichgewichtsbedingungen

$$\text{Gl. 16 a)} \quad V = w_1 + H \cdot (\operatorname{tg} \varphi' - \operatorname{tg} \varphi'')$$

$$= w_1 + H \cdot \left(\frac{y - y'}{c'} - \frac{y'' - y}{c''} + \frac{\delta - \delta'}{c'} - \frac{\delta'' - \delta}{c''} \right),$$

$$\text{Gl. 17 a)} \quad V = H \cdot (\operatorname{tg} \psi' - \operatorname{tg} \psi'') - w_2$$

$$= H \cdot \left(\frac{z' - z}{c'} - \frac{z - z''}{c''} + \frac{\delta - \delta'}{c'} - \frac{\delta'' - \delta}{c''} \right) - w_2,$$

woraus durch Elimination von V folgt:

$$\text{Gl. 18 a)} \quad w_1 + H \cdot \left(\frac{y - y'}{c'} - \frac{y'' - y}{c''} \right) = H \cdot \left(\frac{z' - z}{c'} - \frac{z - z''}{c''} \right) - w_2.$$

Da Gl. 18 a) mit Gl. 18) übereinstimmt, so folgt, daß das System sich bei jeder beliebigen, kleinen Verschiebung δ im Gleichgewicht befindet, falls es nur vorher im Gleichgewicht war. Das System ist daher an sich stabil, und die gedrückte Gurtung kann folglich nur zwischen je 2 benachbarten Knotenpunkten ausknicken. Sie braucht daher nur für die Systemlänge jedes Gurtstabes knicksicher gemacht zu werden.

Dieses Ergebnis erfährt eine kleine Einschränkung, wenn auch die durch die Verschiebungen δ bedingten Änderungen des Kräfteplans berücksichtigt werden[1]).

Wir setzen jetzt die Feldweite c als konstant voraus. Bezeichnet man dann mit h die lotrechte Projektion eines Gurtstabes von der Länge s und dem Neigungswinkel φ gegen die Horizontale, so ist $s^2 = h^2 + c^2$, woraus durch Differenzieren bei konstantem s

$$\text{Gl. 19)} \quad \varDelta c = - \frac{h \cdot \varDelta h}{c}$$

folgt. Behält die Horizontalkomponente H des Stabes auch nach der Verschiebung δ ihren Wert bei, so bedingt dies eine Änderung ihrer Vertikalkomponente:

$$\text{Gl. 20)} \quad T' = H \cdot \frac{h + \varDelta h}{c + \varDelta c},$$

während früher diese Komponente den Wert

$$\text{Gl. 21)} \quad T = H \cdot \frac{h}{c}$$

---

[1]) F. Engesser, Die Knickfestigkeit eines mit einem gleichwertigen Zugstab durch undehnbare Querstäbe verbundenen Druckstabs. „Der Eisenbau" 1914, S. 45.

hatte. Aus Gl. 19) und 20) folgt nun

$$T' = H \cdot \frac{h + \varDelta h}{c \cdot \left(1 - \dfrac{h \cdot \varDelta h}{c^2}\right)} \simeq \frac{H}{c} \cdot (h + \varDelta h)\left(1 + \frac{h \cdot \varDelta h}{c^2}\right),$$

oder mit Vernachlässigung der kleinen Größe höherer Ordnung:

$$H \cdot \frac{h \cdot \varDelta h^2}{c^3}$$

Gl. 22) $\qquad T' = \dfrac{H}{c} \cdot \left[h + \varDelta h\left(1 + \dfrac{h^2}{c^2}\right)\right] = \dfrac{H}{c} \cdot [h + \varDelta h \cdot (1 + \operatorname{tg}^2 \varphi)].$

Stellt man nun mit Benützung der Gl. 22) wieder ebenso wie früher die Bedingung für das Gleichgewicht an dem um den Betrag δ verschobenen Stab 12 auf, so erhält man mit

Gl. 23) $\quad Q = \dfrac{H}{c} \cdot [(\delta - \delta') \cdot (\operatorname{tg}^2 \varphi' - \operatorname{tg}^2 \psi') - (\delta'' - \delta) \cdot (\operatorname{tg}^2 \varphi'' - \operatorname{tg}^2 \psi'')]$

die am Knotenpunkte 1 auftretende Querkraft.

Bei parallelen Ketten ist nun $\varphi' = \psi'$ und $\varphi'' = \psi''$.

Die Querkraft wird daher nach Gl. 23) zu Null und das System ist in jeder verschobenen Lage im indifferenten Gleichgewicht.

Sind jedoch die Winkel φ und ψ ungleich, so verursachen die Querkräfte nach Gl. 23) eine Bewegung des aus seiner Ruhelage gebrachten Systems.

Sind die Zugstäbe stärker geneigt als die Druckstäbe (z. B. Hängebrücken mit aufgehobenem Horizontalzug), so veranlassen die Querkräfte die Rückkehr in die ursprüngliche Gleichgewichtslage; das Gleichgewicht ist stabil.

Sind dagegen die Druckstäbe stärker geneigt als die Zugstäbe (z. B. Langerscher Balken oder Bogenträger mit Zugband), so wirken die Querkräfte im Sinne einer Vergrößerung der Verschiebungen δ; das Gleichgewicht ist labil, und es dürfen in diesem Falle nicht beide Ketten mit Gelenken versehen sein. Mindestens eine Kette, am besten die gedrückte, ist ohne Gelenke und mit einem gewissen Trägheitsmoment J zu bauen, wenn das Knicken vermieden werden soll.

Das Trägheitsmoment J des gedrückten Gurtes ist dann für Bogenträger mit geradem Zugband mit Rücksicht auf die Querkräfte Q annähernd durch

Gl. 24) $\qquad J = J_0 \cdot \dfrac{Q}{Q_0} = J_0 \cdot \dfrac{\operatorname{tg}^2 \varphi_m}{1 + \operatorname{tg}^2 \varphi_m} = J_0 \cdot \sin^2 \varphi_m$

gegeben, wobei

Q einen Mittelwert der durch Gl. 23) bestimmten Querkräfte,

Q_0 den entsprechenden Mittelwert für einen freien Bogenträger,

J_0 das bei einem freien Bogenträger erforderliche Trägheitsmoment, und

φ_m den mittleren Neigungswinkel der Bogentangenten gegen die Horizontale

bedeuten.

Der Wert von J_0 ist nach Gl. 10 in § 29 für den freien Bogenträger durch

$$\text{Gl. 25)} \qquad J_0 = \frac{P_k}{E} : \left(\frac{4\,\pi^2}{b^2} - \frac{1}{r^2} \right)$$

gegeben, worin b die Länge des ganzen Bogens und r sein mittlerer Krümmungsradius ist.

Setzt man noch für $\sin^2 \varphi_m$ den einem Parabelbogen von der Pfeilhöhe f und der Spannweite l entsprechenden Näherungswert

$$\text{Gl. 26)} \qquad \sin^2 \varphi_m = \frac{8\,f^2}{l^2 + 8\,f^2} \, ,$$

so folgt aus Gl. 24) bis 26) das mindestens erforderliche Trägheitsmoment

$$\text{Gl. 27)} \qquad J = \frac{8f^2}{l^2 + 8f^2} \cdot \frac{P_k}{E} : \left(\frac{4\,\pi^2}{b^2} - \frac{1}{r^2} \right).$$

Damit der Bogen nicht zwischen seinen Knotenpunkten auf die Stablänge s knickt, muß außerdem sein Trägheitsmoment mindestens

$$\text{Gl. 28)} \qquad J' = \frac{P_k \cdot s^2}{\pi^2 E}$$

sein. Von den durch Gl. 27) und 28) bestimmten Trägheitsmomenten ist das größere auszuführen. In den meisten praktischen Fällen dürfte dies J' sein.

Wirkt die Kraft in der Vertikalen als Druck, so ist von vornherein die Vertikale gegen diesen Druck knicksicher zu machen, weil sonst gleiche Verschiebungen entsprechender Knotenpunkte beider Gurtungen nicht vorausgesetzt werden dürften. Die durch die elastischen Längenänderungen der Vertikalen bedingte Änderung des Kräfteplans darf praktisch immer vernachlässigt werden. Die Reibung in den Knotenpunkten erhöht in allen Fällen die Sicherheit um ein geringes Maß. Bei steifer Fahrbahn und steifem Zugband (Trägheitsmoment J_F) erhöht sich die Gesamtsteifigkeit annähernd auf $J + J_F$.

Gelegentlich der Bearbeitung der Projekte für den engeren Wettbewerb um den Entwurf einer Straßenbrücke über den Rhein bei Köln hatte der Verfasser Gelegenheit, zusammen mit den Herren G. Kapsch und W. Schachenmeier im Werke Gustavsburg Versuche zur Prüfung dieser seinerzeit von F. Engesser aufgestellten Theorie anzustellen, durch welche sie in vollem Umfange bestätigt wurde[1]. Wie aus der Versuchsanordnung (Abb. 49 a, b, c) hervorgeht[2], handelte es sich dabei um die Ermittlung der freien Knicklänge für den Versteifungsträger einer Hängebrücke mit aufgehobenem Horizontalzug. Der Versteifungsträger des Versuchsapparates ist ein Flachkantstab 30/3 mm, an den Enden in Schneiden gelagert und

---

[1]) Vgl. K. Bernhard, Engerer Wettbewerb um die Erbauung einer Straßenbrücke über den Rhein bei Köln. Z. Ver. deutsch. Ing. 1913, S. 1170.
[2]) Die Versuchsanordnung ist von W. Schachenmeier entworfen.

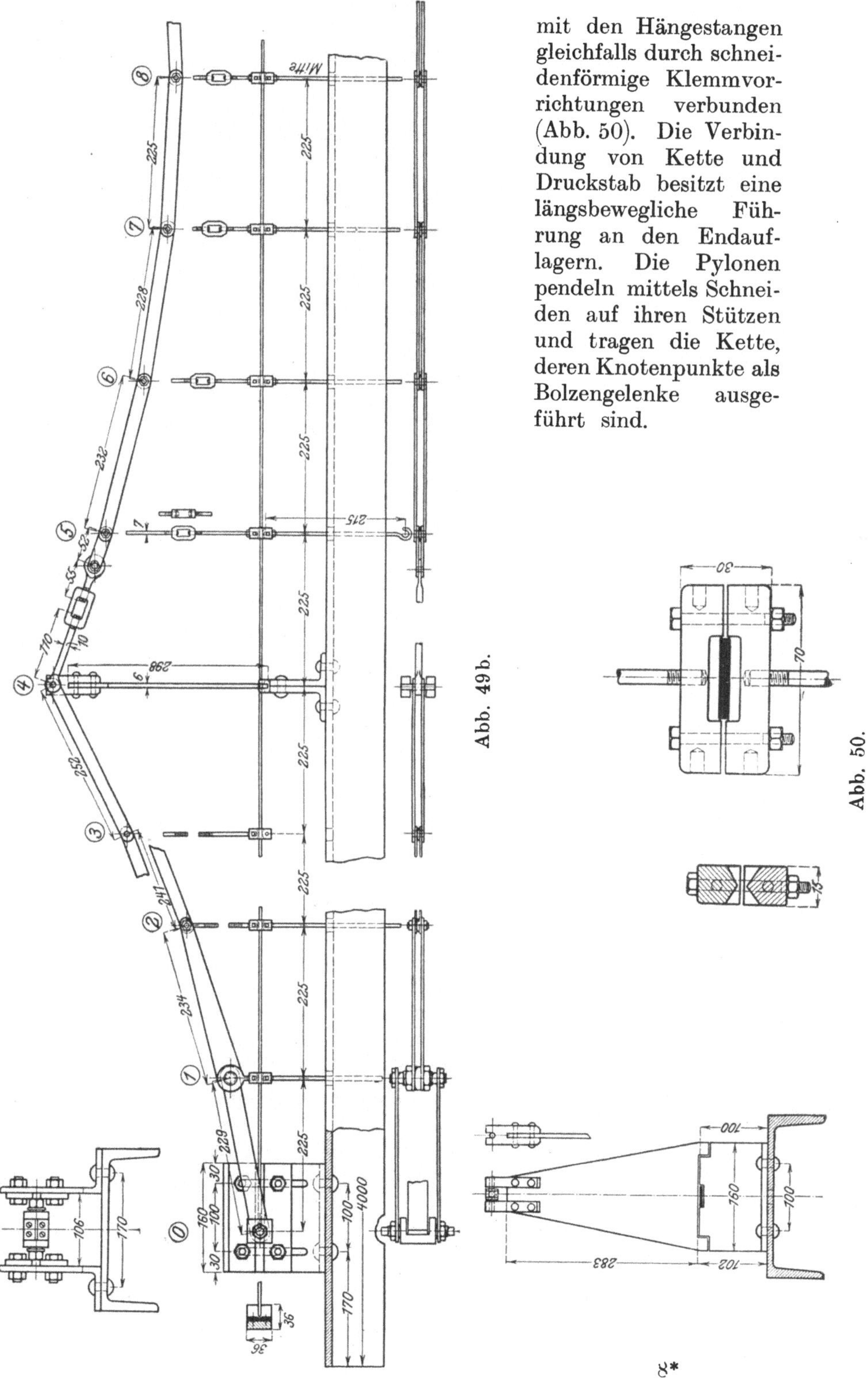

mit den Hängestangen gleichfalls durch schneidenförmige Klemmvorrichtungen verbunden (Abb. 50). Die Verbindung von Kette und Druckstab besitzt eine längsbewegliche Führung an den Endauflagern. Die Pylonen pendeln mittels Schneiden auf ihren Stützen und tragen die Kette, deren Knotenpunkte als Bolzengelenke ausgeführt sind.

Abb. 49 a.

Abb. 49 b.

Abb. 50.

Die rechnerische Knicklast des Druckstabes beträgt bei

22,5 ccm Knicklänge (Feldweite) 360   kg
45   „   „   90   „
90   „   „   . . . .   22,5 „
180   „   „   (Spannweite der Mittelöffnung)   5,6 „

Die Versuchsbelastung konnte, ohne daß der Druckstab seine
gerade Gestalt verlor, bis zu einem rechnungsmäßigen Horizontalzug
der Kette von annähernd 360 kg gesteigert werden. Bei 400 kg Hori-

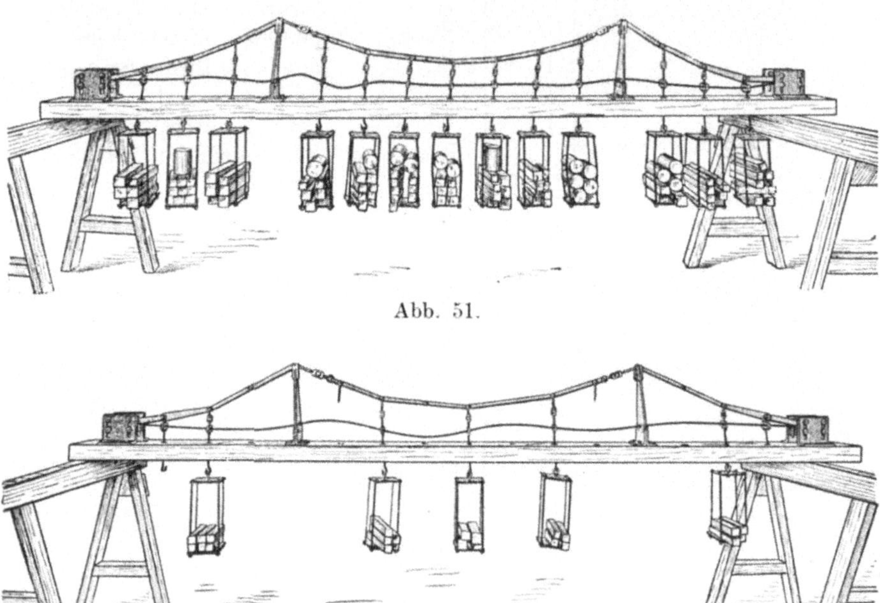

Abb. 51.

Abb. 52.

zontalzug knickte der Versteifungsträger in der aus Abb. 51 ersichtlichen Weise aus. Hierauf wurde entlastet und durch Herausnehmen
jeder zweiten Hängestange die Feldweite verdoppelt. Bei 100 kg
Horizontalzug stellte sich dann das in Abb. 52 dargestellte Knick-
bild ein mit einer freien Knicklänge, welche wiederum gleich der
Entfernung zweier Hängestangen war.

5. Rahmen.

Bilden mehrere Stäbe einen geschlossenen Rahmen, so hängt die
Bestimmung der freien Knicklänge ebenso wesentlich von dem Vorzeichen der den Rahmen beanspruchenden Kräfte ab, wie von der
Steifigkeit seiner Stäbe. In allen Fällen läuft die Untersuchung darauf
hinaus, den Rahmen zunächst in einem wahrscheinlichen, deformierten
Zustande anzunehmen und die Deformation so zu bestimmen, daß
sie mit den auftretenden Kräften im Einklang steht.

Für die im folgenden untersuchten Fälle[1]) wird ein aus 4 Stäben bestehender Rahmen vorausgesetzt.

a) Nur die Vertikalen des Rahmens seien gedrückt. Dem Knickfalle entspreche die in Abb. 53 dargestellte Form des Rahmens, mit der zunächst noch unbekannten, freien Knicklänge l der Vertikalen. Die Gleichung des ausgeknickten Ständers bezüglich der Achsen OX und OY lautet dann:

Gl. 29) $$y = f \cdot \left(1 - \cos \frac{\pi x}{l}\right).$$

Hieraus folgt

Gl. 30) $$\frac{dy}{dx} = \frac{f\pi}{l} \cdot \sin \frac{\pi x}{l}$$

und

Gl. 31) $$\frac{d^2 y}{dx^2} = \frac{f\pi^2}{l^2} \cdot \cos \frac{\pi x}{l}.$$

Mit T als Knickmodul folgt aus Gl. 31) für das Biegungsmoment des Pfostens

Gl. 32) $$M = -TJ_p \cdot \frac{f\pi^2}{l^2} \cdot \cos \frac{\pi x}{l}.$$

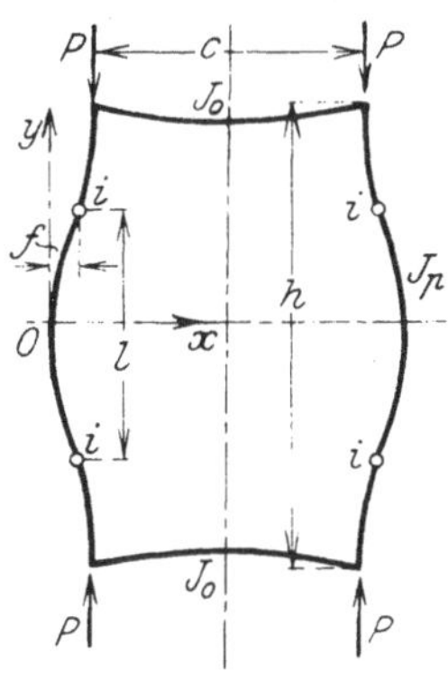

Abb. 53.

Insbesondere folgt aus Gl. 30) und 32) für die Endpunkte der Pfosten mit $x = \dfrac{h}{2}$ der Einspannwinkel

Gl. 33) $$\alpha = \frac{f\pi}{l} \cdot \sin \frac{\pi h}{2 l}$$

und das Einspannungsmoment

Gl. 34) $$M_0 = -TJ_p \cdot \frac{f\pi^2}{l^2} \cdot \cos \frac{\pi h}{2 l}.$$

Unter Wirkung des in den Stäben c vorhandenen, konstanten Momentes M_0 beträgt der Einspannungswinkel α dieser Stäbe:

Gl. 35) $$\alpha = \frac{M_0 c}{2 E J_0}.$$

Führt man aus Gl. 33) und 34) die Werte für α und M_0 in Gl. 35) ein, so folgt

$$\frac{f\pi}{l} \cdot \sin \frac{\pi h}{2 l} = -\frac{TJ_p}{EJ_0} \cdot \frac{f\pi^2}{l^2} \cdot \frac{c}{2} \cdot \cos \frac{\pi h}{2 l}$$

oder

Gl. 36) $$\operatorname{tg} \frac{\pi h}{2 l} : \frac{\pi h}{2 l} = -\frac{TJ_p \cdot c}{EJ_0 \cdot h} = R.$$

---

[1]) F. Engesser, Nebenspannungen, S. 117 ff.

Die durch Gl. 36) bestimmte Kurve $R = F\left(\dfrac{h}{l}\right)$ ist in Abb. 54 dargestellt[1]).

Unter Benützung dieser Kurve läßt sich nun die freie Länge l wie folgt bestimmen: Für eine zunächst, geschätzte, freie Länge l' ermittle man nach den Angaben von § 18 den zugehörigen Knickmodul T', durch welchen nach Gl. 36) eine erste Näherung R' für den Wert R bestimmt wird. Indem man dann in Abb. 54 die Gerade

$$\operatorname{tg}\frac{\pi h}{2\,l'} : \frac{\pi h}{2\,l'} = R'$$

mit der Funktion

$$R = F\left(\frac{h}{l}\right)$$

zum Schnitt bringt, erhält man ein bestimmtes Verhältnis $\dfrac{h}{l} = \alpha'$ zwischen h und l und damit $l = \alpha' h$. Stimmt die so gefundene

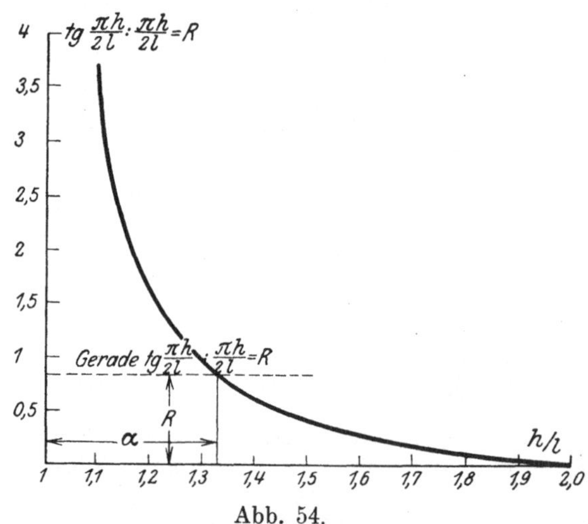

Abb. 54.

Länge l mit der der Berechnung zugrunde gelegten Schätzung l' nicht überein, so ist nach Maßgabe der Abweichung für einen be-

---

[1]) Da $R = \operatorname{tg}\dfrac{\pi h}{2\,l} : \dfrac{\pi h}{2\,l}$ den negativen Wert $-\dfrac{T J_p}{E J_0} \cdot \dfrac{c}{h}$ annimmt, kommen nur Winkel $\dfrac{\pi h}{2\,l}$ im 2. und 4. Quadranten in Betracht. Die im 4. Quadranten liegenden Winkel $\dfrac{\pi h}{2\,l}$ scheiden jedoch, wie sich noch zeigen wird (vgl. Anm. 1 auf S. 119) aus, so daß $\dfrac{\pi h}{2\,l}$ nur dem 2. Quadranten angehören kann.

richtigten Wert l'' von l' die Rechnung zu wiederholen, bis der geschätzte Wert mit dem durch die Rechnung bestimmten Wert von l gut genug übereinstimmt.

Grenzfälle von Gl. 3 6):

$J_0 = 0$; $R = \infty$; $l = h$ (Horizontalen wirkungslos),
$J_0 = \infty$; $R = 0$; $l = 0,5\,h$ (vollkommene Einspannung)[1].

b) Außer den Druckkräften in den Vertikalen wirken in den Horizontalen Zugkräfte (Abb. 55). Für die Vertikalen gelten die zuvor abgeleiteten Gleichungen:

Gl. 37)
$$\alpha = \frac{f\,\pi}{l} \cdot \sin \frac{\pi h}{2\,l},$$

Gl. 38)
$$M_0 = -\frac{f\,\pi^2}{l^2} \cdot T J_p \cdot \cos \frac{\pi h}{2\,l}.$$

In den Horizontalstäben ist nun aber M nicht mehr konstant gleich M_0, sondern $M = M_0 - O \cdot y$; daher lautet die Differentialgleichung ihrer elastischen Linie:

$$E J_0 \cdot \frac{d^2 y}{dx^2} = -M_0 + O \cdot y$$

und ihr Integral

Gl. 39)
$$y = A \cdot e^{\frac{x}{k}} + B \cdot e^{-\frac{x}{k}} + \frac{M_0}{O},$$

wo

$$\frac{1}{k} = \sqrt{\frac{O}{E J_0}}.$$

Die Randbedingungen für diesen Stab lauten $y = 0$ für $x = 0$ und $x = c$, wonach

Gl. 40)
$$\begin{cases} A = \frac{M_0}{O} \cdot \left(e^{-\frac{c}{k}} - 1 \right) : \left(e^{\frac{c}{k}} - e^{-\frac{c}{k}} \right) \\[2mm] B = \frac{M_0}{O} \cdot \left(-e^{\frac{c}{k}} + 1 \right) : \left(e^{\frac{c}{k}} - e^{-\frac{c}{k}} \right) \end{cases}$$

folgt.

Aus Gl. 39) folgt für den Einspannungswinkel α

Gl. 41) $\alpha = \left(\dfrac{dy}{dx} \right)_{x=0} = \dfrac{A}{k} - \dfrac{B}{k} = \dfrac{M_0}{k \cdot O} \cdot \left(e^{\frac{c}{k}} + e^{-\frac{c}{k}} - 2 \right) : \left(e^{\frac{c}{k}} - e^{-\frac{c}{k}} \right).$

---

[1] Durch die Grenzen $l = h$ und $l = 0,5\,h$ werden die in Gl. 36) auftretenden Winkel $\dfrac{\pi h}{2\,l}$ zwischen den Grenzen $\dfrac{\pi}{2}$ und π beschränkt; Gl. 36 gilt daher nur für Winkel im 2. Quadranten.

Führt man hierin α und M_0 gemäß Gl. 37) und 38) ein, so erhält man

Gl. 42)
$$\operatorname{tg}\frac{\pi h}{2l} : \frac{\pi h}{2l} = \frac{2TJ_p}{k \cdot h \cdot O} \cdot \left(2 - e^{\frac{c}{k}} - e^{-\frac{c}{k}}\right) : \left(e^{\frac{c}{k}} - e^{-\frac{c}{k}}\right),$$

wonach wie im Falle 1) die freie Länge l aus Abb. 54 entnommen werden kann.

Für kleine Werte $(c:k)$ läßt sich durch Reihenentwicklung des Ausdrucks

$$\frac{2 - e^{\frac{c}{k}} - e^{-\frac{c}{k}}}{e^{\frac{c}{k}} - e^{-\frac{c}{k}}} \approx \frac{2 - \left(1 + \frac{c}{k} + \frac{c^2}{2k^2}\right) - \left(1 - \frac{c}{k} + \frac{c^2}{2k^2}\right)}{\left(1 + \frac{c}{k} + \frac{c^2}{2k^2}\right) - \left(1 - \frac{c}{k} + \frac{c^2}{2k^2}\right)} = -\frac{c}{2k}$$

eine für praktische Zwecke brauchbare Näherungsformel ableiten

$$\operatorname{tg}\frac{\pi h}{2l} : \frac{\pi h}{2l} = -\frac{TJ_p}{O \cdot k^2} \cdot \frac{c}{h} \,^1)$$

oder, wenn man

$$\frac{1}{k^2} = \frac{O}{EJ_0}$$

wieder einführt,

Gl. 43)
$$\operatorname{tg}\frac{\pi h}{2l} : \frac{\pi h}{2l} = -\frac{TJ_p}{EJ_0} \cdot \frac{c}{h} = R.$$

Die Anwendung dieser Formel erfolgt, wie bei Gl. 36) ausgeführt, unter vorläufiger Schätzung einer freien Länge l' mit Hilfe von Abb. 54.

Grenzfälle von Gl. 43^1):

$J_0 = 0$; $R = \infty$; $l = h$ (Horizontalen wirkungslos),
$J_0 = \infty$; $R = 0$; $l = 0{,}5\,h$ (vollkommene Einspannung).

c) Alle Stäbe des Rahmens werden gedrückt (Abb. 56). In diesem Falle werden die Inflexionspunkte i sich an den Stäben geringeren Knickwiderstandes einstellen, als welche z. B. die Vertikalen vorausgesetzt werden mögen. Für die Ständer gelten wieder die Gleichungen

Gl. 44)
$$\alpha_p = \frac{f\pi}{l} \cdot \sin\frac{\pi h}{l},$$

Gl. 45)
$$M_p = -\frac{f\pi^2}{l^2} \cdot T_p \cdot J_p \cdot \cos\frac{\pi h}{2l}.$$

---

^{1}) Auch hier können die Winkel $\dfrac{\pi h}{2l}$ nur im 2. Quadranten liegen (vgl. Anm. 1 auf S. 118).

Ist l_0 die freie Knicklänge der Horizontalen und f_0 ihr Pfeil, so lautet die Gleichung ihrer elastischen Linie mit

$$l_0 = \pi \cdot \sqrt{\frac{T_0 J_0}{O}}.$$

Gl. 46) $y_0 = f_0 \cdot \left(1 - \cos \dfrac{\pi x}{l_0}\right).$

Dieser elastischen Linie gehören an den Stabenden $\left(x = \dfrac{c}{2}\right)$ der Horizontalen der Einspannwinkel

Gl. 47) $\alpha_0 = \dfrac{\pi f_0}{l_0} \cdot \sin \dfrac{\pi c}{2 l_0}$

und das Einspannungsmoment

Gl. 48) $M_0 = -\dfrac{\pi^2 f_0}{l_0{}^2} \cdot T_0 \cdot J_0 \cdot \cos \dfrac{\pi c}{2 l_0}$

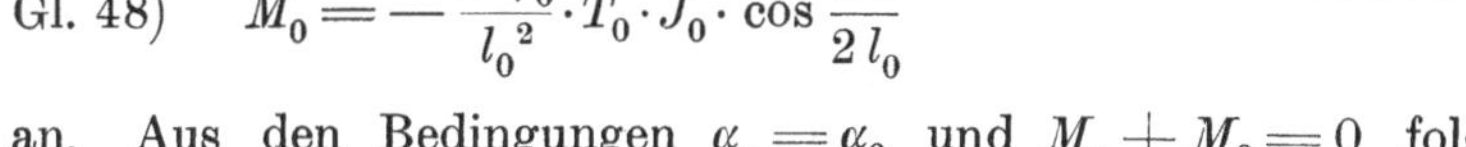

Abb. 56.

an. Aus den Bedingungen $\alpha_p = \alpha_0$ und $M_p + M_0 = 0$ folgt nach Elimination von f_0 mit kurzer Zwischenrechnung

Gl. 49) $\operatorname{tg} \dfrac{\pi h}{2 l} : \dfrac{\pi h}{2 l} = -\dfrac{T_p \cdot J_p}{T_0 \cdot J_0} \cdot \dfrac{c}{h} \cdot \left(\operatorname{tg} \dfrac{\pi c}{2 l_0} : \dfrac{\pi c}{2 l_0}\right) = R.$ [1])

Nach Erledigung der vorläufigen Dimensionierung sind auch hier zunächst die freien Knicklängen l und l_0 zu schätzen und hiernach Gl. 49), wie unter Fall a) angegeben, zur Berichtigung dieser Längen zu verwenden.

Grenzfälle von Gl. 49):

$J_0 = \infty$; $l_0 = \infty$; $l = 0{,}5\,h$ (vollkommene Einspannung),

$J_0 = 0$; $l_0 = c$; $l = h$,

was einleuchtend ist, da in diesem Falle die Horizontalen eben an der Knickgrenze wären, somit zur Sicherung der vertikalen Stäbe gegen das Ausknicken keine Unterstützung leisten können.

d) Die Vertikalen seien gedrückt, die Horizontalen oben gedrückt unten gezogen (Abb. 57). Hierbei wird offenbar die Symmetrie der bisherigen Anordnungen gegenüber der mittleren Horizontalebene gestört. Nimmt man wieder an, daß die Ständer den geringeren Knickwiderstand besitzen, so befinden sich auf ihnen die Inflexionspunkte i.

Wegen der Störung der Belastungssymmetrie liegt aber der ihren Abstand halbierende Punkt größter Ausbiegung f nun nicht mehr in der Ständermitte, sondern in den Abständen a bzw. $(h - a)$ von

---

[1]) Auch hier können die Winkel $\dfrac{\pi h}{2 l}$ nur im 2. Quadranten liegen (vgl. Anm. 1 auf S. 118).

den beiden Horizontalen. Es befindet sich dann näherungsweise der obere Rahmenteil in einer Beanspruchung nach Fall c), während der untere angenähert nach Fall b) beansprucht wird. Für die Bestimmung der freien Knicklänge l der Ständer dienen auf Grund dieser Überlegung die Gleichungen:

$$
\text{Gl. 50)} \begin{cases}
\operatorname{tg}\dfrac{\pi a}{2\,l} : \dfrac{\pi a}{2\,l} = -\dfrac{T_p\,J_p\cdot c}{T_0\,J_0\cdot h}\left(\operatorname{tg}\dfrac{\pi c}{2\,l_0} : \dfrac{\pi c}{2\,l_0}\right) = R_0{}^1) \text{ mit } l_0 = \pi\sqrt{\dfrac{T_0\,J_0}{O}} \\[3ex]
\operatorname{tg}\dfrac{\pi(h-a)}{2\,l} : \dfrac{\pi(h-a)}{2\,l} = -\dfrac{2\,T_p\,J_p}{U\cdot h\cdot k_u}\cdot\dfrac{2 - e^{\frac{c}{k_u}} - e^{-\frac{c}{k_u}}}{e^{\frac{c}{k_u}} - e^{-\frac{c}{k_u}}} = R_u{}^1) \\[3ex]
\qquad\qquad \text{mit } k_u = \sqrt{\dfrac{T_u\cdot J_u}{U}}\,.
\end{cases}
$$

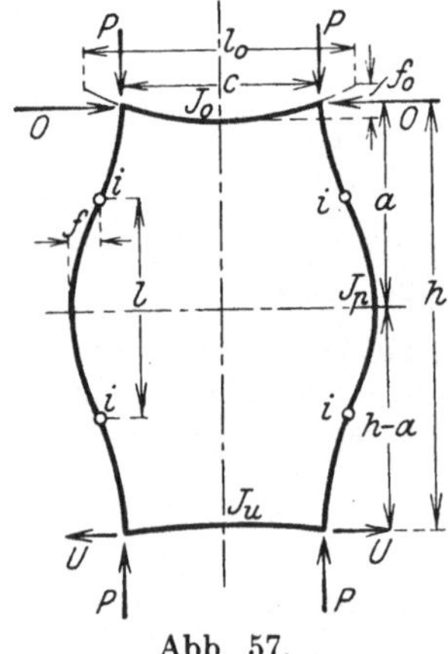

Abb. 57.

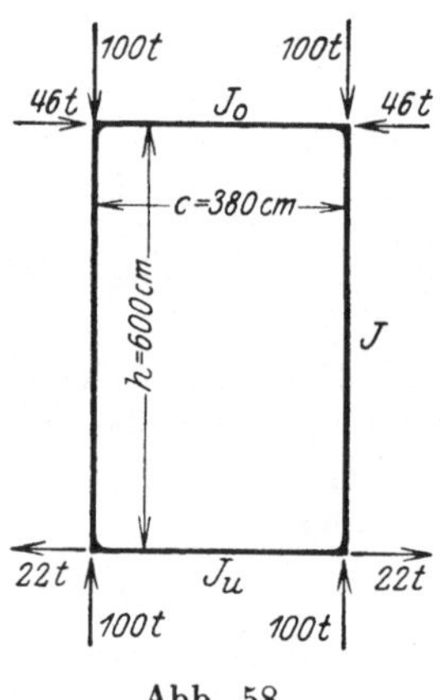

Abb. 58.

Sind aus diesen Gleichungen mit Hilfe vorläufiger Annahmen die Größen R_0 und R_u berechnet, so folgt aus der graphischen Darstellung (Abb. 54)

$$a:l = \alpha \quad \text{und} \quad (h-a):l = \beta$$

und hiermit schließlich die Knicklänge $l = h : (\alpha + \beta)$.

Zahlenbeispiel für einen Rahmen. Für den in Abb. 58 dargestellten Rahmen soll die Knicksicherheit der Pfosten und des oberen Querriegels berechnet werden. Die zugehörigen Belastungen finden sich in Abb. 58. Die Stabquerschnitte sind nachstehend angeführt, und es ist angenommen, daß die Stehbleche der ⊢⊣-förmigen Profile zur Rahmenebene senkrecht stehen.

---

[1]) Auch hier können die Winkel $\dfrac{\pi a}{2\,l}$ und $\dfrac{\pi(h-a)}{2\,l}$ nur im 2. Quadranten liegen (vgl. Anm. 1 auf S. 118).

Unterer und oberer Querriegel:

	F (cm²)	J_{min} (cm⁴)
1 Stehblech 300/12	36,0	—
4 Winkel 80/12	71,6	1057

$$i_0 = \sqrt{1057 : 107,6} = 3,14 \text{ cm} \qquad F = 107,6 \text{ cm}^2 \qquad J_{min} = 1057 \text{ cm}^4.$$

Vertikalen:

	F (cm²)	J_{min} (cm⁴)
1 Stehblech 300/12	36,0	—
4 Winkel 120/80/12	90,8	3216

$$i = \sqrt{3216 : 126,8} = 5,03 \text{ cm.} \qquad F = 126,8 \text{ cm}^2 \qquad J_{min} = 3216 \text{ cm}^4.$$

Rechnet man zunächst für den oberen Querriegel und die Vertikalen die Knicklasten aus, welche sie als Einzelstäbe (also ohne die günstige Rahmenwirkung) aufweisen würden, so erkennt man, daß sich die Vertikale näher an der Knickgrenze befindet als der obere Querriegel. Infolge der Rahmenwirkung wird jedoch sowohl durch den oberen Querriegel wie durch den Zugstab die Knickgefahr dieses Stabes erheblich vermindert und man kann vorbehaltlich einer späteren Berichtigung zunächst schätzungsweise annehmen, die Vertikale knicke mit einer freien Länge

$$l = h : 3 = 200 \text{ cm.}$$

Für den oberen Querriegel bestimmt sich die Knicklänge aus

$$l_0 = \pi \sqrt{\frac{T_0 J_0}{O}}.$$

Setzt man zunächst $T_0 = E = 2150 \text{ t/cm}^2$ ein, so folgt

$$l_0 = \pi \sqrt{\frac{2150 \cdot 1057}{46}} = 698 \text{ cm.}$$

Hiernach ist für diesen Stab

$$l_0 : i_0 = 698 : 3,14 = 222$$

und es zeigt sich, daß die Wahl $T_0 = E$ berechtigt war.

Für die Vertikalen wird unter der Annahme $l = 200$ cm:

$$l : i = 200 : 5,03 = 39,7,$$

somit nach Tetmajer die Spannung

$$\sigma_k = 3,1 - 0,0114 \cdot 39,7 = 2,647 \text{ t/cm}^2$$

und hiermit der Knickmodul

$$T = 2,647 \, (39,7 : \pi)^2 = 421 \text{ t/cm}^2.$$

Die Werte $\dfrac{\pi c}{2 l_0}$ und $\operatorname{tg} \dfrac{\pi c}{2 l_0}$ werden $\dfrac{\pi c}{2 l_0} = \dfrac{\pi \cdot 380}{2 \cdot 698} = 0,854$ entsprechend einem

Winkel von $\simeq 48^{\,0}\, 56'$ und $\operatorname{tg} \dfrac{\pi c}{2 l_0} = \operatorname{tg} 48^{\,0}\, 56' = 1,1477$.

Ferner wird

$$k_u = \sqrt{\frac{2150 \cdot 1057}{22}} = 322 \text{ cm} \quad \text{und} \quad \frac{c}{k_u} = \frac{380}{322} = 1,181.$$

Die Einführung dieser Werte in Gl. 50) liefert:

$$R_0 = -\frac{1,1477}{0,854} \cdot \frac{421}{2150} \cdot \frac{3216}{1057} \cdot \frac{380}{600} = -0,507$$

$$R_u = -2 \cdot \frac{421}{22} \cdot \frac{3216}{600} \cdot \frac{0,531}{322} = -0,339.$$

Hierbei ist für den Ausdruck

$$\frac{2 - e^{\frac{c}{k_u}} - e^{-\frac{c}{k_u}}}{e^{\frac{c}{k_u}} - e^{-\frac{c}{k_u}}}$$

der Wert $- 0{,}531$ eingesetzt worden; die Näherungsrechnung hätte für diesen Ausdruck

$$- \frac{c}{2k_u} = - 0{,}591$$

ergeben und damit das Ergebnis nur wenig beeinflußt.

Aus der graphischen Darstellung (Abb. 54) ergibt sich nun für $R_0 = - 0{,}507$ $\alpha = a : l = 1{,}44$ und für $R_u = - 0{,}339$ der Wert $\beta = (h - a) : l = 1{,}55$, wonach $l = h : (1{,}44 + 1{,}55) = h : 2{,}99$ folgt. Hiernach ist die vorläufige Wahl $l = h : 3$ als zutreffend nachgewiesen. Hätte sich ein von der vorläufigen Annahme erheblich verschiedener Wert l ergeben, so wäre einem zweiten Rechnungsgange eine entsprechend korrigierte Knicklänge l' zugrunde zu legen.

Man erhält nun für den oberen Querriegel, der bei $l_0 = 698$ cm Länge an der Knickgrenze wäre, die Sicherheit $v_0 = (698 : 380)^2 = 3{,}37$.

Für die Vertikalen ist die Knickspannung $2{,}647$ t/cm², mithin die Knickkraft $P_k = 2{,}647 \cdot 126{,}8 = 336$ t und folglich der Sicherheitsgrad

$$v_p = 336 : 100 = 3{,}36.$$

Die Vertikale besitzt sonach auch mit Berücksichtigung der Wirkungen der Nachbarstäbe eine etwas geringere Sicherheit als der obere Querriegel.

Die Knicksicherheit der Stäbe gegen Ausknicken aus der Rahmenebene heraus bedarf einer besonderen Prüfung, für welche die freie Knicklänge gleich der Systemlänge der Stäbe gesetzt werden kann, indem man den durch die Torsionssteifigkeit der angrenzenden Stäbe bedingten Widerstand vernachlässigt.

§ 25. Bestimmung der Knickgrenze bei Versuchen.

Auf die großen Schwierigkeiten, denen die strenge Ermittlung der Knickgrenze beim Versuch begegnet, hat bereits Hodgkinson hingewiesen; die von ihm eingeführte Definition der Knicklast (siehe S. 47) bietet für einen Versuch keinen sicheren Anhalt, da sie es offenbar dem Gefühl des Experimentators überläßt, wann die Tragkraft des Versuchsstabes erschöpft ist. Besser scheint das von Bauschinger angegebene Kriterium der Knicklast darin ausgedrückt zu sein, daß die Deformation eines Stabes an der Knickgrenze mit zunehmender Zeit zu wachsen nicht aufhört, auch wenn eine weitere Laststeigerung vermieden wird. Beachtet man aber das Ergebnis der von Hodgkinson angestellten Dauerversuche (s. S. 49), so erkennt man, daß auch hierdurch nur wenig von der fühlbaren Schwierigkeit beim Versuch behoben wird, da offenbar, genügend lange Belastung vorausgesetzt, die Ausbiegungen auch ohne Erreichung der Knickgrenze wachsen, wenn die Belastung nicht vollkommen zentrisch wirkt.

Zu einer exakten Bestimmung empfehlen wir die beiden folgenden Methoden, von denen die eine etwa als „dynamische", die andere als „statische" bezeichnet werden könnte. Je nach dem Zweck, dem der Versuch dient, wird man dem einen oder dem anderen Verfahren den Vorzug geben.

Da ein Stab unterhalb seiner Knickgrenze gegen Gleichgewichtsstörung unempfindlich und immer bestrebt ist, nach dem Verschwinden der Störung seine natürliche Gleichgewichtsfigur wieder einzunehmen, so kann — dies ist das dynamische Verfahren — aus dem Aufhören dieser Eigenschaft auf die Erreichung der Knickgrenze geschlossen werden.

Bringt man z. B. einen einerseits eingespannten, vertikalen Stab, dessen oberes Ende belastet ist, aus seiner Ruhelage heraus, indem man am oberen Ende eine Kraft senkrecht zur Stabachse wirken läßt, so speichert der Stab elastische Energie auf und setzt sie, sobald man das obere Ende frei gibt, in kinetische Energie um. Es erfolgen Schwingungen des Stabes um seine natürliche Gleichgewichtslage, deren Schwingungsdauer unter sonst gleichen Umständen nur von der Größe der Last P abhängt, welche das Stabende trägt. Für $P = 0$ entsteht die Eigenschwingung des Systems; mit wachsender Belastung werden die Schwingungen langsamer und langsamer[1]), und wenn die Knicklast erreicht ist, kehrt der Stab aus seiner Schwingung in die ursprüngliche Lage, welche jetzt labil geworden ist, gar nicht mehr zurück, d. h. seine Schwingungsdauer ist unendlich groß.

Sommerfeld[2]) teilt eine Versuchsreihe mit, deren Daten Tabelle 17a enthält. Der an einem Ende eingespannte Stab, dessen theoretische Knickgrenze bei 1,02 kg lag, zeigte je nach seiner Lage die in der Tabelle 17a angegebenen Schwingungszahlen.

Tabelle 17a.

Belastung P g	Anzahl der Schwingungen in der Minute		
	Stab aufwärts	Stab abwärts	Stab wagerecht
0	263	288	277
250	112	159	139
500	68	131	104
750	37	117	87
1000	0	109	76

Trägt man nun in einem rechtwinkligen Koordinaten-System die Lasten P als Ordinaten und die zugehörige Schwingungsdauer τ_{00} als Abszisse auf, so erhält man eine Kurve $\tau_{00} = F(P)$, welche die Parallele $P = P_E$ zur Abszissenachse als Asymptote hat. Aus dem Verlaufe dieser beim Versuche zu ermittelnden Kurve läßt sich dann

---

[1]) L. Prandtl, Kipperscheinungen, Nürnberg 1899, S. 10, gibt für die Steigerung der Schwingungsdauer in der Nähe der Kipplast an, daß eine Steigerung der Belastung um wenige Prozent in der Nähe der kritischen Last die Schwingungsdauer von einigen Sekunden auf halbe bis ganze Minuten erhöhe.

[2]) A. Sommerfeld, Eine einfache Vorrichtung zur Veranschaulichung des Knickvorganges. Z. d. Ver. deutsch. Ing. 1905.

die Knickgrenze P_E, der man sich hinreichend zu nähern hat, durch graphische Konstruktion der Kurven-Asymptote bestimmen.

Wird die Bestimmung der Knickgrenze durch Beobachtung der Schwingungen vorgenommen, so empfiehlt es sich naturgemäß, die Versuchsanordnungen so zu treffen, daß die Schwingungen möglichst rein zum Ausdruck kommen. Es ist daher darauf zu achten, daß alle dämpfenden Einflüsse (Reibung, Luftwiderstand usw.) so gering wie möglich seien.

Das statische Verfahren beruht auf dem Umstand, daß vermöge der unvermeidlichen Exzentrizität der Belastung bei jedem Versuche bereits unterhalb der Knickgrenze Durchbiegungen des Stabes sich zeigen. Hieraus folgt, da diese Durchbiegungen, falls auch nur eine kleine Exzentrizität der Belastung vorliegt, an der Knickgrenze theoretisch einen unendlich großen Wert annehmen (s. § 2), daß auch die Kurve $f = F(P)$, welche jeder Last P den aus dem Versuche bestimmten Pfeil f zuordnet, eine Asymptote $P = P_E$ besitzt, welche dem Pfeil $f = \infty$ zugehört. Man findet demnach auch hier die Knicklast des Versuches graphisch durch Konstruktion der Asymptote an die beim Versuche aufgenommene Kurve $f = F(P)$.

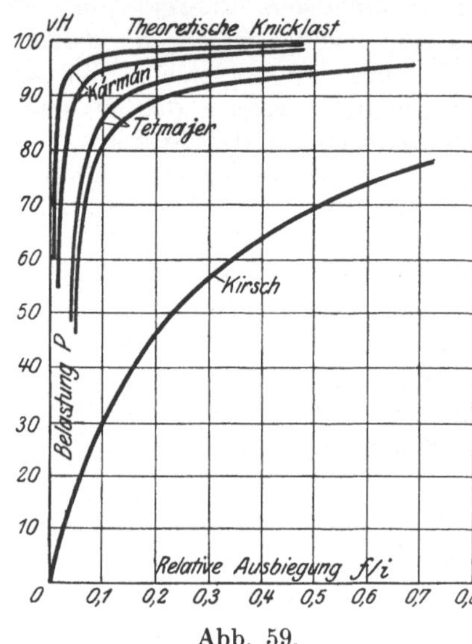

Abb. 59.

In der Abb. 59 sind aus Versuchen von B. Kirsch, Tetmajer, sowie Kármán die beobachteten Kurven eingetragen; hierbei wurde statt des Pfeiles f die relative Ausbiegung $f : i$, d. h. das Verhältnis des Pfeiles f zum kleinsten Trägheitsradius des Querschnittes als Abszisse und das Verhältnis $P : P_E$ der Versuchslast zur Knicklast als Ordinate aufgetragen. Wäre die Exzentrizität Null, so müßte die Kurve $\dfrac{f}{i} = F\left(\dfrac{P}{P_E}\right)$ der Ordinatenachse folgen und für $P/P_E = 1$ in die horizontale Asymptote übergehen. Je geringer die Exzentrizität der Kraft beim Versuch ist, um so schärfer schließt sich die beobachtete Kurve dem vorher beschriebenen Linienzuge an.

Dieses Verfahren bietet somit noch den besonderen Vorteil, daß es eine objektive Bewertung der Genauigkeit ermöglicht, mit welcher die zentrische Belastung des Stabes erreicht war. So ordnet z. B. unsere Abb. 59 die Versuche von Tetmajer zwischen die sichtlich mangelhaften Versuche Kirschs und die sehr sorgfältigen Beobachtungen Kármáns ein, bei welchen die Exzentrizität sehr klein war.

Der vollwandige Stab mit krummer Achse.

§ 26. Die elastische Linie kreisförmiger Stäbe für kleine Deformationen[1].

Zwischen der Krümmungsänderung $\dfrac{1}{\varrho} - \dfrac{1}{\varrho_0}$ eines Stabes und dem sie verursachenden Biegungsmoment M besteht unter den technisch üblichen Voraussetzungen die Beziehung

Gl. 1) $$\frac{1}{\varrho} - \frac{1}{\varrho_0} = \pm \frac{M}{EJ}.$$

Bestimmt man nun die Lage eines Punktes P der Achse eines deformierten Kreisbogens (Abb. 60) in Polarkoordinaten durch seinen Fahrstrahl R und den Mittelpunktswinkel φ, so kann man die Gleichung des verformten Bogens in der Form schreiben

Gl. 2) $$R = r + y,$$

wo y eine Funktion des Winkels φ ist.

Der Ausdruck für die Krümmung einer Kurve lautet in Polarkoordinaten

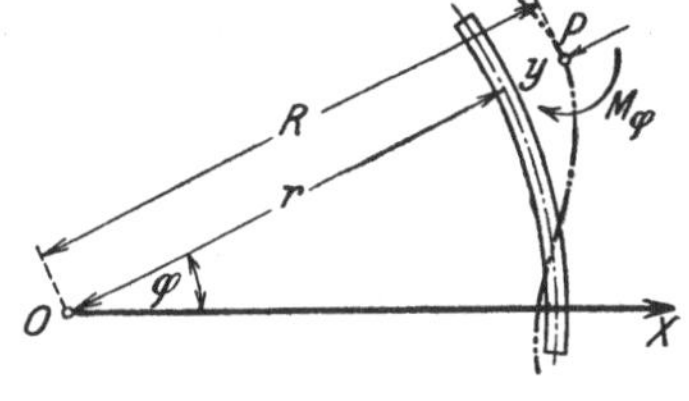

Abb. 60,

Gl. 3) $$\frac{1}{\varrho} = \frac{R^2 + 2\left(\dfrac{dR}{d\varphi}\right)^2 - R \cdot \dfrac{d^2 R}{d\varphi^2}}{\left[R^2 + \left(\dfrac{dR}{d\varphi}\right)^2\right]^{\frac{3}{2}}}.$$

Aus Gl. 2) ist aber

$$\frac{dR}{d\varphi} = \frac{dy}{d\varphi} \quad \text{und} \quad \frac{d^2 R}{d\varphi^2} = \frac{d^2 y}{d\varphi^2}.$$

[1] R. Mayer, Über Elastizität und Stabilität des geschlossenen und offenen Kreisbogens, Zeitschr. f. Math. u. Phys., Bd. 61 (1912), S. 246.

Für kleine Deformationen y ist auch $\dfrac{dy}{d\varphi}$ und $\dfrac{d^2y}{d\varphi^2}$ klein. Wir setzen, was praktisch immer erfüllt ist, voraus, daß die Deformation y und ihre beiden ersten Ableitungen nach φ so klein seien, daß Quadrate und Produkte aus diesen Größen ihnen selbst gegenüber vernachlässigt werden dürfen. Man erhält dann aus Gl. 3)

Gl. 4)
$$\frac{1}{\varrho} = \frac{r + y - \dfrac{d^2y}{d\varphi^2}}{(r+y)^2}.$$

Durch Reihenentwickelung von $\dfrac{1}{r+y^2} = (r+y)^{-2}$ folgt hieraus die Krümmungsänderung

Gl. 5)
$$\frac{1}{r} - \frac{1}{\varrho} = \frac{1}{r^2}\left(y + \frac{d^2y}{d\varphi^2}\right)$$

unter Vernachlässigung der kleinen Glieder höherer Ordnung. Man erhält mithin aus Gl. 1) und Gl. 5) die Differentialgleichung der elastischen Linie

Gl. 6)
$$\frac{d^2y}{d\varphi^2} + y = \pm \frac{Mr^2}{EJ}.$$

Wird das Moment M bei P, wie in der Abb. 60 angegeben, rechtsdrehend als positiv gezählt, so erfolgt offenbar eine Vergrößerung der Krümmung. Es ist daher

$$\frac{1}{r} - \frac{1}{\varrho} < 0 \quad \text{und} \quad y + \frac{d^2y}{d\varphi^2} < 0$$

für positive M.

Die Differentialgleichung der elastischen Linie schreibt sich demnach

Gl. 7)
$$\frac{d^2y}{d\varphi^2} + y = -\frac{Mr^2}{EJ}.$$

Hierbei ist auf die Verkürzung der Fasern durch die Druckkraft N keine Rücksicht genommen. Will man auch diese in Rechnung stellen, so ergibt sich statt Gl. 7) die strengere, aber in ihren Ergebnissen von Gl. 7) nur unerheblich abweichende

Gl. 8)
$$\left(1 - \frac{N}{EF}\right) \cdot \frac{d^2y}{d\varphi^2} + y = -\frac{M \cdot r^2}{EJ}.$$

§ 27. Die Stabilität des geschlossenen Kreisrings bei konstantem, äußerem Normaldruck. (Abb. 61.)

Wird der Mantel eines unendlich langen Kreiszylinders durch einen gleichförmig verteilten äußeren Normaldruck p belastet, so verläuft die Drucklinie in jedem Ringquerschnitt in der Ringachse.

Ein aus dem Zylinder ausgeschnittener Ring, dessen axiale Breite
der Längeneinheit gleich sein möge, wird lediglich auf Druck be-
ansprucht, befindet sich aber in diesem Belastungszustand nur so
lange im stabilen Gleichgewicht, als der Druck p einen gewissen
Grenzwert nicht überschreitet. Tritt diese
Überschreitung aber ein, so knickt der
Ring und nimmt eine ovale Form an[1]).
Die Analogie zwischen dem Knicken des
Ringes und dem eines axial gedrückten
Stabes ist, wie sich zeigen wird, so voll-
kommen, daß der gerade Stab sich als
Spezialfall des knickenden Bogens dar-
stellt.

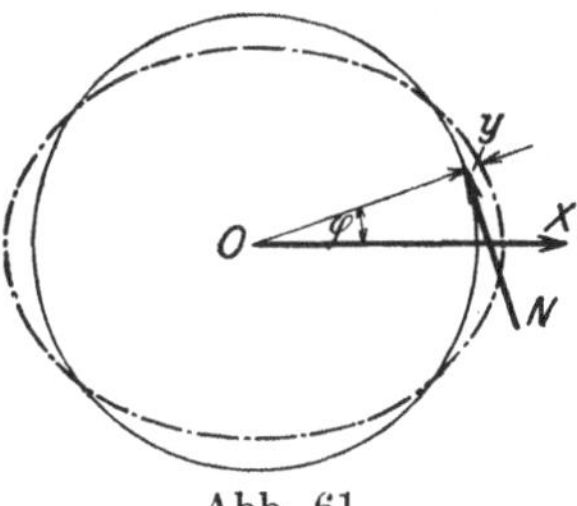

Abb. 61.

Es möge zunächst vorausgesetzt
sein, daß der Zylinder unendlich lang sei,
d. h. daß er eine Länge besitze,. bei welcher man den sonst günstigen
Einfluß etwa an den Zylinderenden angebrachter Versteifungen (Böden)
vernachlässigen kann.

Der Ring sei aus seiner kreisförmigen Gestalt ausgeknickt und
nur sehr wenig deformiert.

Für einen verschwindend kleinen Unterschied zwischen der ursprünglichen und deformierten Ringachse darf angenommen werden,
daß 1. die Drucklinie nach wie vor kreisförmig[2]) bleibt, 2. die Druckkraft im Ring sich nicht ändert.

Da der Wert der Druckkraft $N = p \cdot r$ ist, wenn p den auf die
Längeneinheit des Umfanges ausgeübten Druck bedeutet, so wird das
Moment

Gl. 1) $$M = N \cdot y = p \cdot r \cdot y$$

und die Gleichung der elastischen Linie lautet (s. § 26, Gl. 7).

Gl. 2) $$\frac{d^2 y}{d\varphi^2} + y = -\frac{p r^3 y}{E J}$$

oder

Gl. 3) $$\frac{d^2 y}{d\varphi^2} + \frac{y}{k^2} = 0,$$

wenn

Gl. 4) $$\frac{1}{k^2} = 1 + \frac{p r^3}{E J}$$

---

[1]) J. Boussinesq, Résistance d'un anneau à la flexion, quand sa surface
extérieure supporte une pression normale, constante par l'unité de sa fibre
moyenne. Comptes Rendus, Bd. 97 (1883), S. 843.

Maurice Lévy, Sur un nouveau cas intégrable du problème de l'élastique
et l'une de ses applications. Journal de Liouville, 3. Sér., Bd. 10 (1884), S. 5.

Halphen, Sur une courbe élastique. Comptes Rendus, Bd. 98 (1884), S. 422.

E. Hurlbrink, „Schiffbau“ (1908), S. 640.

[2]) Einen strengen Nachweis hierfür hat der Verfasser in der obigen Abhandlung erbracht, a. a. O. S. 310 ff.

gesetzt wird. Das Integral von Gl. 3) lautet

$$\text{Gl. 5)} \qquad y = A \cdot \sin\frac{\varphi}{k} + B \cdot \cos\frac{\varphi}{k}$$

mit A und B als Integrationskonstanten.

Da die Knicklinie des Ringes auf jeden Fall eine geschlossene Kurve sein muß, so darf y seinen Wert nicht ändern, wenn man φ um 2π oder ein Vielfaches davon vermehrt. Dies trifft aber immer zu, sobald $(1:k)$ eine ganze Zahl ist. Man erhält aus Gl. 4)

$$\text{Gl. 6)} \qquad p = \frac{\left(\dfrac{1}{k^2} - 1\right) EJ}{r^3}.$$

Da nach Gl. 6) $\dfrac{1}{k} = 1$ offenbar zu dem widersinnigen Ergebnis führt, daß der Ring bereits für $p = 0$ knickt[1]), so stellt sich für $\dfrac{1}{k} = 2$ der kleinste von Null verschiedene Wert des Druckes ein:

$$\text{Gl. 7)} \qquad p_k = \frac{3\,EJ}{r^3}.$$

Setzt man bei einer Wandstärke d (cm) für den Ringstreifen von der Breite 1 cm das Trägheitsmoment $J = \dfrac{d^3}{12}$ in Gl. 7) ein, so folgt für den kritischen Druck

$$\text{Gl. 8)} \qquad p_k = \frac{E}{4} \cdot \left(\frac{d}{r}\right)^3.$$

Bei Berücksichtigung der Verkürzung der Fasern hätte man erhalten

$$\frac{1}{k^2} = \left(1 + \frac{p\,r^3}{EJ}\right) : \left(1 - \frac{N}{E\,F}\right),$$

und demnach für $\dfrac{1}{k} = 2$ und $N = p \cdot r$ den kleinsten, kritischen Druck

$$\text{Gl. 9)} \qquad p_k = \frac{E}{4} \cdot \left(\frac{d}{r}\right)^3 \cdot \frac{1}{1 + 4 \cdot \left(\dfrac{i}{r}\right)^2},$$

ein Wert, der nur für große Werte $(i:r)$ von dem aus Gl. 8) fließenden Betrag merklich abweicht.

Sind die Rohrenden steif, so verlieren namentlich bei kurzen Röhren die Gl. 8) und 9) ihre Gültigkeit. Der Widerstand, den die mit den Erzeugenden des Zylinders zusammenfallenden Fasern der

---

[1]) Für $p = 0$ folgt aus Gl. 5) $y = A \cdot \sin\varphi + B \cdot \cos\varphi$; das bedeutet, wenn überhaupt A und B von Null verschieden sind, lediglich eine deformationslose Verschiebung des Ringes.

Biegung entgegensetzen, wirkt darauf hin, daß die Enden des Rohres nur schwach deformiert werden können. Infolgedessen erhöht sich der kritische Druck. Um in diesem Falle[1]) näherungsweise eine Berechnung durchzuführen, werde (nach Abb. 62 und Abb. 63) ein Flächen-

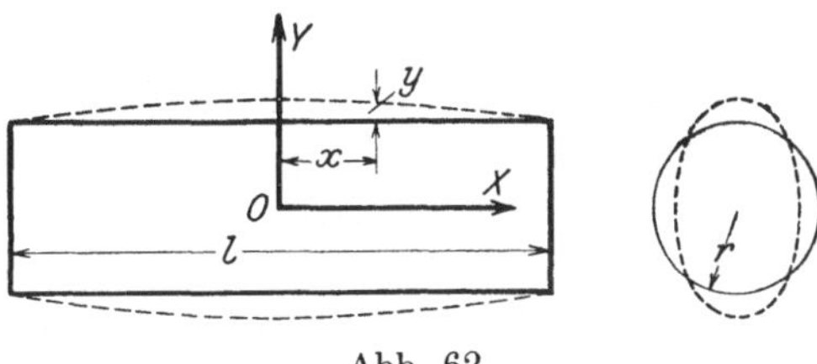

Abb. 62.

element $dF = ds \cdot 1$ von der axialen Breite 1 cm betrachtet, das gleichzeitig einem elementaren Ring von der Breite 1 cm und einem Längsstreifen von der Breite ds angehört und in einer beliebigen, zwischen den Endversteifungen liegenden Ebene sich befinden soll.

Der Widerstand der Längsfasern bewirkt für dieses Element das Auftreten einer radial gerichteten Kraft dR, welche um so größer ist, je größer die Deformation y wird. Sie kann den Elastizitätsgesetzen zufolge durch

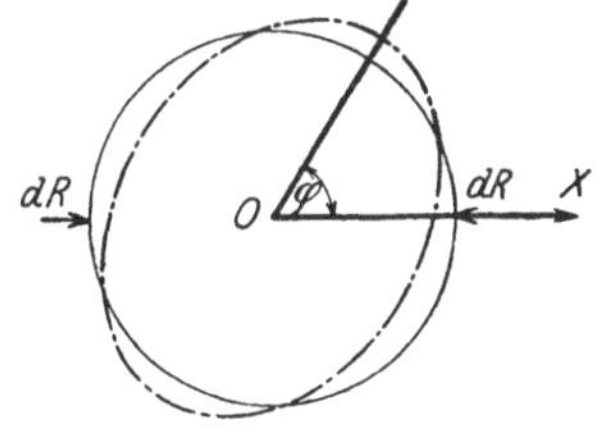

Abb. 63.

Gl. 10) $dR = c \cdot y \cdot ds$

bestimmt werden, wo c eine noch zu ermittelnde Konstante bedeutet, welche von der Nachgiebigkeit der Längsfasern gegen Biegung abhängen muß. Hiernach ist also dR der Formänderung y und der Länge ds des Elementes proportional. Knickt der Ring aus, so treten (Abb. 63) diese Kräfte dR immer paarweise in gleicher Größe und entgegengesetzter Richtung an den Enden eines jeden Durchmessers auf. Für zwei solcher Kräfte dR beträgt[2]) das Moment in dem um den Winkel φ entfernten Scheitel des geknickten Ringes

Gl. 11) $$dM_R = dR \cdot r \cdot \left(\frac{1}{\pi} - \frac{1}{2\sin\varphi} \right),$$

woraus durch Integration über den halben Ringumfang das Moment im Scheitel für alle Kräfte dR zu

---

[1]) F. Engesser, Über die Knickfestigkeit von Ringen und Röhren, Zentralbl. der Bauverw. 1888, S. 308.

R. Mayer, Die Berechnung ovaler, im besonderen elliptischer Röhren. Z. d. Ver. deutsch. Ing. 1914, S. 649.

[2]) R. Mayer, Über Elastizität und Stabilität des geschlossenen und offenen Kreisbogens. Zeitschr. f. Math. u. Phys. 1912, S. 256.

Gl. 12)
$$M_R = \int_0^{\pi} r\left(\frac{1}{\pi} - \frac{1}{2\sin\varphi}\right) \cdot dR$$

folgt. Setzt man nun für die Knicklinie des Ringes näherungsweise

Gl. 13)
$$y = y_0 \cdot \cos 2\,\varphi,$$

wobei y_0 die Scheiteldeformation angibt, so wird

Gl. 14)
$$dR = c \cdot y \cdot ds = c \cdot y_0 \cdot r \cdot \cos 2\varphi \cdot d\varphi$$

und damit aus Gl. 12)

Gl. 15)
$$M_R = \int_0^{\pi} c \cdot y_0 \cdot r^2\left(\frac{1}{\pi} - \frac{1}{2\sin\varphi}\right) \cdot \cos 2\varphi \cdot d\varphi = \frac{c \cdot y_0 \cdot r^2}{3}.$$

Aus Gl. 2)

$$M = -\frac{EJ}{r^2}\left(\frac{d^2 y}{d\varphi^2} + y\right)$$

folgt aber mit den aus Gl. 13) fließenden Werten $\dfrac{d^2 y}{d\varphi^2}$ und y

$$M = +\frac{EJ}{r^2} \cdot (4y_0 - y_0) \cdot \cos 2\varphi$$

und für den Scheitel $(\varphi = 0)$

Gl. 16)
$$M_S = \frac{EJ}{r^2} \cdot 3 y_0.$$

Das Moment der Drücke p ist aber im Scheitel

Gl. 17)
$$M_p = p \cdot r \cdot y_0.$$

Wegen

Gl. 18)
$$M_p = M_R + M_S$$

folgt aber nach Einsetzung der durch Gl. 15) bis 17) bestimmten Momente

Gl. 19)
$$p_k = \frac{3\,EJ}{r^3} + \frac{cr}{3}.$$

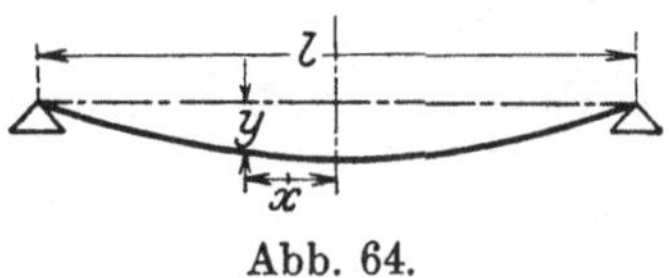

Abb. 64.

Zur Bestimmung der Konstanten c betrachten wir nun (Abb. 64) eine Längsfaser von der Länge l (Abstand der Versteifungen) und der Breite 1 cm. e erfährt unter Wirkung der Belastung durch die Kräfte $dR = c \cdot y \cdot dx$ eine Biegung y, für welche die Differentialgleichung der elastischen Linie lautet

Gl. 20)
$$EJ \cdot \frac{d^4 y}{dx^4} = \frac{dR}{dx} = c \cdot y.$$

Ihr Integral ist mit Rücksicht auf die Symmetrie

Gl. 21)
$$y = A \cdot \left(e^{\frac{x}{k}} + e^{-\frac{x}{k}} \right) + B \cdot \cos \frac{x}{k}$$

mit $\dfrac{1}{k} = \sqrt[4]{\dfrac{c}{EJ}}$ und e als Basis der nat. Logarithmen.

Sind die Enden der betrachteten Längsfaser frei drehbar gelagert, so liefern die Randbedingungen $y = 0$, $\dfrac{d^2 y}{d x^2} = 0$ für $x = (l : 2)$

Gl. 22)
$$\begin{cases} A \cdot \left(e^{\frac{l}{2k}} + e^{-\frac{l}{2k}} \right) + B \cdot \cos \frac{l}{2k} = 0, \\ A \cdot \left(e^{\frac{l}{2k}} + e^{-\frac{l}{2k}} \right) - B \cdot \cos \frac{l}{2k} = 0. \end{cases}$$

Diese Bedingungen können für endliche Deformationen y auf zweierlei Weise erfüllt werden:

Fall a. $B = 0$; $A \neq 0$, wobei aber $e^{\frac{l}{2k}} + e^{-\frac{l}{2k}} = 0$ sein müßte, was offenbar unmöglich ist.

Fall b. $A = 0$; $B \neq 0$, wobei $\cos \dfrac{l}{2k} = 0$ ist. Diese Bedingung liefert $\dfrac{l}{2k} = (2n + 1) \cdot \dfrac{\pi}{2}$ für $n = $ einer ganzen Zahl, wonach

Gl. 23)
$$c = EJ \cdot \left[\frac{\pi}{l} \cdot (2n + 1) \right]^4$$

folgt.

Für $n = 0$ erhält man den kleinsten Wert c mit

Gl. 24)
$$c = EJ \cdot \left(\frac{\pi}{l} \right)^4$$

und hiermit den kritischen Druck nach Gl. 19) zu

Gl. 25)
$$p_k = \frac{3 EJ}{r^3} + \frac{r EJ}{3} \cdot \left(\frac{\pi}{l} \right)^4.$$

Können die Längsfasern an ihren Enden als vollkommen eingespannt betrachtet werden, so lauten die Randbedingungen $y = 0$ und $\dfrac{d y}{d x} = 0$ für $x = \dfrac{l}{2}$, oder

Gl. 26)
$$\begin{cases} A \cdot \left(e^{\frac{l}{2k}} + e^{-\frac{l}{2k}} \right) + B \cdot \cos \frac{l}{2k} = 0, \\ A \cdot \left(e^{\frac{l}{2k}} - e^{-\frac{l}{2k}} \right) - B \cdot \sin \frac{l}{2k} = 0. \end{cases}$$

Hiernach muß bei endlichen Deformationen y

$$\operatorname{tg}\frac{l}{2k} = \frac{e^{\frac{l}{2k}} - e^{-\frac{l}{2k}}}{e^{\frac{l}{2k}} + e^{-\frac{l}{2k}}}$$

sein, was annnähernd zutrifft für $\dfrac{l}{k} = \dfrac{3\pi}{2}$ und

Gl. 27)
$$c = EJ \cdot \left(\frac{3\pi}{2l}\right)^4.$$

Für diesen Fall wird aus Gl. 19) und Gl. 27) der kritische Druck durch

Gl. 28)
$$p_k = \frac{3\,EJ}{r^3} + \frac{EJ \cdot r}{3} \cdot \left(\frac{3\pi}{2l}\right)^4$$

bestimmt.

In praktischen Fällen wird die Randbedingung der Längsfasern weder von der einen noch von der andern, hier behandelten Art sein. Man hat dann zwischen freien und eingespannten Enden der Längsfasern einen Wert c schätzungsweise dem vorliegenden Verhältnis angemessen zu wählen. Für die beiden Grenzfälle dürften die angeführten Formeln eher eine zu niedrige Knickgrenze

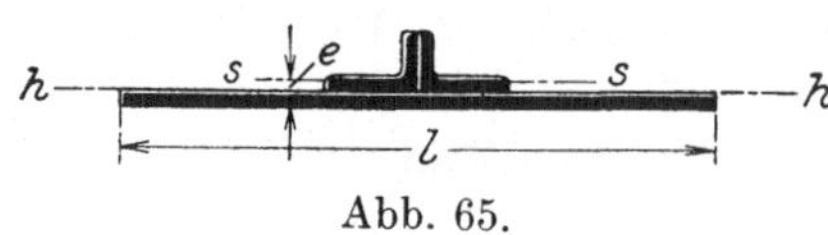

Abb. 65.

ergeben, da bei der Berechnung die Deformationen benachbarter Längsfasern als voneinander unabhängig vorausgesetzt wurden. Durch den Zusammenhalt der Fasern untereinander wird aber die Steifigkeit des Mantels erhöht.

Röhren, die in Abständen von je l cm voneinander durch Ringe versteift sind (Abb. 65), müssen nach Gl. 7) bezw. Gl. 9) für den Druck $p \cdot l$ und ein Trägheitsmoment J, welches dem Blechstreifen von der Länge l und dem zugehörigen Ringe entspricht, knicksicher berechnet werden. Weiterhin muß der Blechmantel allein widerstandsfähig genug sein, um mit Berücksichtigung der Steifigkeit der Längsfasern nach den Gleichungen 25) oder 28), bezw. mit einem zwischen diesen Grenzfällen angemessen vermittelten Werte c nach Gl. 19), nicht an die Knickgrenze gelangen.

Beispiel 1. Für einen von der Bartlett Hayward Co. in New York errichteten Gasbehälter von 300000 cbm Fassungsraum ist nach den Angaben von H. Krekel[1] der Glockendurchmesser (Abb. 66) $D = 72{,}30$ m; der Radius der oberen Kugelkalotte $R = 137{,}10$ m. Es ist die Knicksicherheit des oberen Eckringes zu bestimmen, wenn die am Mantelumfang gleichförmig verteilte, vertikal wirkende Belastung $G = g \cdot \pi \cdot D = 1340$ t beträgt und der Eckring bezüglich seiner vertikalen Schwerachse $v - v$ ein Trägheitsmoment $J_v = 6\,407\,000$ cm⁴ besitzt.

---

[1] Journ. f. Gasbeleuchtung und Wasserversorgung 1911, S. 1231.

Lösung. Bezeichnet man die Pfeilhöhe der Kalotte mit f, so läßt sich die den Ring belastende Normalkraft p aus dem Kräfteparallelogramm der Vertikallast und der Kalottenspannung t leicht berechnen. Für flache Wölbung

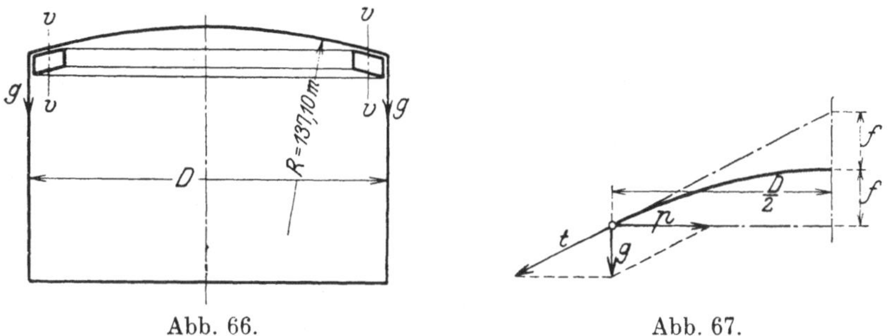

Abb. 66.Abb. 67.

der Kalotte kann hierbei der kreisförmige Meridianschnitt durch eine Parabel ersetzt werden, deren Tangente die Glockenachse in der Entfernung f vom Scheitel trifft. Es ist dann (Abb. 67)

$$f = R - \sqrt{R^2 - \left(\frac{D}{2}\right)^2} = 137,1 - \sqrt{137,1^2 - 36,15^2} = 4,85 \text{ m}.$$

Ferner wird aus

$$p : g = \frac{D}{2} : 2f$$

der Wert p zu

$$p = \frac{gD}{4f} = \frac{G}{4\pi f} = \frac{1340}{4 \cdot \pi \cdot 485} = 0,22 \text{ t/cm}$$

erhalten.

Bei dem gegebenen Trägheitsmoment wird nach Gl. 7) der kritische Druck mit $E = 2150$ t/cm²:

$$p_k = \frac{3 \cdot 2150 \cdot 6\,407\,000}{3615^3} = 0,824 \text{ t/cm}.$$

Hiernach ist die Sicherheit $v = \dfrac{0,824}{0,22} = 3,74$ fach, vorausgesetzt, daß die Schlankheit des Stabes so groß ist, daß die Proportionalitätsgrenze beim Knicken nicht überschritten wird. Hierzu muß aber für Flußeisen $(l : i) > 105$ sein. Mit $l = \dfrac{\pi D}{4} = 56,8$ m ist demzufolge $i < 56,8 : 105 < 0,54$; $J : F = i^2 < 0,293$ m² $= 2930$ cm². Es müßte daher der gewählte Querschnitt eine Fläche von mindestens

$$F \geq \frac{J}{i^2} \geq \frac{6\,407\,000}{2930} \geq 2190 \text{ cm}^2$$

besitzen, andernfalls wäre statt $E = 2150$ t/cm² der entsprechend der Spannung σ_k verminderte Knickmodul T einzuführen, wodurch die Sicherheit kleiner würde. Da bei dieser Mindestfläche für die Druckkraft $N = \dfrac{p \cdot D}{2} = 796$ t nur eine Druckspannung von $\sigma = \dfrac{796}{2190} = 0,364$ t/cm² entstehen würde, so ist es zweckmäßig, dem Eckring durch Einbau einer steifen Verstrebung kleinere Knicklängen als die Länge $l = \dfrac{\pi D}{4}$ zu sichern, wie dies ja wohl auch bei der Ausführung der Fall war.

2. Beispiel. Eine Röhre von 8 mm Wandstärke und 5 m Durchmesser für den Achsenkreis soll gegen den Außendruck $p = 1,5$ at so durch Bundringe ausgesteift werden, daß ihre Knicksicherheit 4fach wird. Man berechne die erforderliche Entfernung der Bundringe und deren Abmessungen für $E = 2150$ t/cm².

Lösung. Die Entfernung l der Bundringe bestimmt sich nach Gl. 25) unter der Annahme, daß der Drehung der Enden der Längsfasern kein Widerstand begegnet:

$$4 \cdot 0,0015 = \frac{2150 \cdot 0,8^3}{12} \cdot \left[\frac{3}{250^3} + \frac{250}{3} \cdot \left(\frac{\pi}{l} \right)^4 \right],$$

woraus

$$l = \sqrt[4]{\frac{2150 \cdot 0,8^3}{12} \cdot \frac{250 \cdot \pi^4}{3} \cdot \frac{1}{0,0060 - 0,00001761}} = 105,6 \text{ cm}$$

folgt. Würden die Bundringe einer Verdrehung vollkommen widerstehen, so wäre die Länge $l' = 1,5\, l = 158,4$ cm als Entfernung der Bundringe gerechtfertigt.

Für die Länge $l = 105,6$ als Entfernung der Bandringe gilt dann nach Gl. 7) folgende Beziehung zwischen dem kritischen Druck und dem Trägheitsmoment J_l des Ringes von der achsialen Länge l:

$$p_k \cdot l = 4 \cdot 0,0015 \cdot 105,6 = 0,633 \text{ t/cm} = \frac{3 \cdot 2150 \cdot J_l}{250^3},$$

woraus das mindestens erforderliche Trägheitsmoment J_l des nach Abb. 65 aus einem l cm langen Blechstreifen und zwei Versteifungswinkeln zusammengesetzten Querschnittes zu

$$J = \frac{0,633 \cdot 250^3}{3 \cdot 2150} = 1535 \text{ cm}^4$$

folgt. Der Querschnitt

	F (cm²)	S (cm³)	J (cm⁴)
1 Stehblech 1056/8	84,0	$-$ 33,6	18
2 Winkel 150/75/9	39,1	$+$ 205,4	1784
	$F = 123,1$	$S = 171,8$	$J = 1802$
		$Fe^2 = \dfrac{S^2}{F} =$	240
			$J_l = 1562$ cm⁴

ist hierfür gerade genügend.

Die freie Knicklänge des Mantels ist ein Viertel seines Umfanges, also $l_0 = \frac{\pi}{4} \cdot 500 = 392$ cm. Für den unversteiften Mantel wird der Trägheitsradius

$$i_0 = \sqrt{\frac{J_0}{F_0}} = \sqrt{\frac{0,8^2}{12}} = 0,231 \text{ cm}, \quad \text{mithin} \quad l_0 : i_0 = 392 : 0,231 = 1700. \quad \text{Für den}$$

durch Bundringe versteiften Mantel ist der Trägheitsradius $i_l = \sqrt{\dfrac{J_l}{F}} = \sqrt{\dfrac{1562}{123,1}}$ $= 3,56$ cm, also $l_0 : i_l = 392 : 3,56 = 110$, wonach die Rechnung nach der Eulerschen Formel berechtigt war.

§ 28. Der Kreisbogen unter gleichförmigem Normaldruck.

Von einem geschlossenen Kreisringe läßt sich für den Fall gleichförmig verteilter, radialer Belastung offenbar ein Bogen von beliebiger Öffnung 2α abtrennen, der sich statisch in demselben Zustande befindet wie der ganze Ring, da ja jeder Punkt eines so belasteten Ringes als Inflexionspunkt betrachtet werden kann. Ob nun die Bogenenden wie bei Abb. 68 durch Gelenke oder wie bei

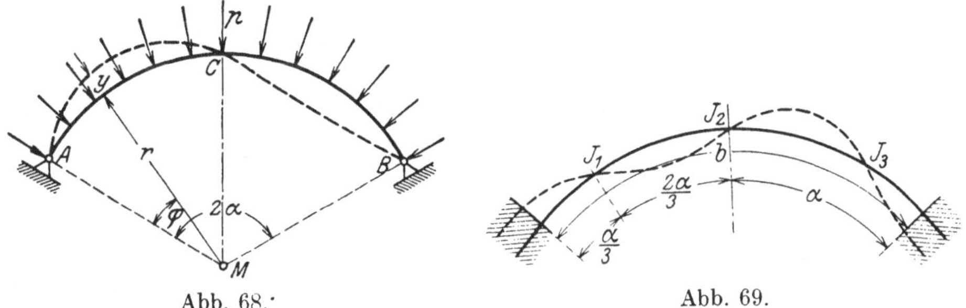

Abb. 68.   Abb. 69.

Abb. 69 durch vollkommene Einspannung befestigt sein mögen, immer unterliegt der Bogen nur dem konstanten Normaldruck

Gl. 1)
$$N = p \cdot r,$$

unter dessen Wirkung er ausknicken kann. Bezeichnet man wieder die radiale Deformation der Zentrallinie mit y, so ist die Differentialgleichung der elastischen Linie wie in § 27 durch

Gl. 2)
$$\frac{d^2 y}{d\varphi^2} + \frac{y}{k^2} = 0$$

gegeben, worin

$$\frac{1}{k^2} = 1 + \frac{p\, r^3}{EJ}$$

ist. Das Integral lautet

Gl. 3)
$$y = A \cdot \sin \frac{\varphi}{k} + B \cdot \cos \frac{\varphi}{k}$$

mit A und B als Integrationskonstanten.

Je nach den Randbedingungen unterscheiden wir zwei Grenzfälle.

1. Fall: Die Enden sind mit Gelenken befestigt.

Die elastische Linie ist in Abb. 68 gestrichelt eingetragen. An den Kämpfern und im Scheitel verschwindet y; daher ist

$$\text{für} \quad \varphi = 0: \qquad y = 0 = B,$$

$$\varphi = \alpha: \qquad y = 0 = A \cdot \sin \frac{\alpha}{k}.$$

Aus letzterer Bedingung folgt entweder $A = 0$, d. h. $y = 0$, wobei

der Bogen überhaupt nicht knickt, oder $\sin \frac{\alpha}{k} = 0$, was für $\frac{\alpha}{k} = n\,\pi$

und ganze Zahlen n eintritt. Aus

$$\frac{1}{k} = \frac{n\pi}{\alpha} = \sqrt{1 + \frac{p\,r^3}{E\,J}}$$

folgt dann

Gl. 4)
$$p = \frac{E\,J}{r^3} \cdot \left[\left(\frac{n\pi}{\alpha}\right)^2 - 1\right].$$

Für $n = 1$ erhält man den kleinsten, kritischen Druck

Gl. 5)
$$p_k = \frac{E\,J}{r^3} \cdot \left[\left(\frac{\pi}{\alpha}\right)^2 - 1\right].$$

Setzt man in dieser Gleichung $\alpha = \dfrac{\pi}{2}$, so erhält man wieder die für den geschlossenen Ring abgeleitete Gleichung 7) in § 27, wie es sein muß. Schreibt man Gl. 5) in der Form

Gl. 6)
$$N_k = p_k \cdot r = \frac{\pi^2 E\,J}{(r\,\alpha)^2} - \frac{E\,J}{r^2} = \frac{\pi^2 E\,J}{\left(\dfrac{b}{2}\right)^2} - \frac{E\,J}{r^2},$$

wobei b der Länge des ganzen Bogens gleich ist, und läßt den Radius r des Bogens über jedes Maß wachsen, so verschwindet das zweite Glied der rechten Seite von Gl. 6) und man gelangt wieder auf die **Euler**sche Formel für den geraden Stab zurück, welche sich demnach als Spezialfall ($r = \infty$) der für den Bogenträger abgeleiteten Gleichung erweist.

2. Fall: Die Enden seien vollkommen eingespannt.

Da in den Endpunkten des Bogens die Tangenten an die Knicklinie erhalten bleiben, so kann diese im ungünstigsten Falle nur die in Abb. 69 dargestellte Gestalt haben. Die Bestimmung der Knickgrenze erfolgt analog wie zuvor; nur lautet die Knickbedingung mit Rücksicht auf die verminderte, freie Knicklänge $\dfrac{\frac{2}{3}\alpha}{k} = n\pi$, wo n eine ganze Zahl.

Aus

$$p = \frac{E\,J}{r^3} \cdot \left[\frac{9}{4}\left(\frac{n\pi}{\alpha}\right)^2 - 1\right]$$

erhält man den kleinsten, kritischen Druck für $n = 1$ zu

Gl. 7)
$$p_k = \frac{E\,J}{r^3} \cdot \left[\frac{9}{4}\left(\frac{\pi}{\alpha}\right)^2 - 1\right].$$

Eine experimentelle Bestätigung der für Kreisbögen entwickelten Knickbedingungen ist schwer durchzuführen, da für den Fall, daß der Druck p durch eine Preßflüssigkeit erzeugt würde, immer eine Störung dadurch entsteht, daß die Stirnflächen des Bogengewölbes am Ausknicken verhindert sind. Eher wäre schon daran zu denken, Versuche so durchzuführen, daß statt gleichförmig verteilter Drücke p auf tunlich kleine Bogenteile Δs Drücke von der Größe $p \cdot \Delta s$ ausgeübt werden. Indessen könnte ein Versuch nur den Nutzen haben, darüber Gewißheit zu verschaffen, daß der Bogenscheitel in beiden Fällen einem Inflexionspunkt der elastischen Linie entspricht[1]). Sollten hierüber aber noch Zweifel obwalten, so werden diese durch das Ergebnis des in § 29 mitgeteilten Versuches über die Knicksicherheit von Bogenbrücken behoben.

§ 29. Die Knicksicherheit des Zweigelenkbogens innerhalb der Tragwandebene[2]).

Auch ein Zweigelenkbogen unterliegt, da seine Achse mit der Stützlinie nahe zusammenfällt, der Knickgefahr, falls die im Bogen auftretenden Druckkräfte eine kritische Grenze überschreiten.

Die Bestimmung der Knickbelastung kann auch hier nur näherungsweise erfolgen und ist an die Erfüllung einiger Voraussetzungen geknüpft, die

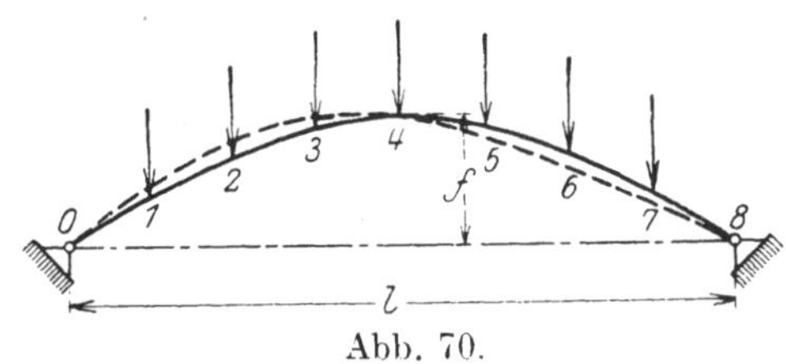

Abb. 70.

allerdings in praxi so annähernd gegeben ist, daß durch die tatsächlich bestehenden Abweichungen das Ergebnis nur wenig beeinflußt wird.

Zunächst nehmen wir (Abb. 70) an, daß der Bogen ein so kleines Stichverhältnis $f:l$ besitze, daß seine Achse mit guter Näherung durch die Parabel

$$y = \frac{4f}{l^2} \cdot x(l - x)$$

oder durch den, Kämpfer und Scheitel verbindenden, Kreis mit dem Radius

$$r = \frac{l^2}{8f} + \frac{f}{2}$$

dargestellt werden kann. Sodann möge die von Ort zu Ort veränderliche Druckkraft N im Bogen durch ihren größten Festwert K ersetzt werden, welcher der Kämpferreaktion gleich ist. Diese Voraus-

---

[1]) Von der irrigen Voraussetzung ausgehend, daß der Scheiteldurchmesser eine Symmetrieachse für die elastische Linie sei, hat K. Federhofer, Sitzungsberichte der K. K. Akademie der Wissensch. in Wien 1909, Knickformeln abgeleitet, die naturgemäß zu unrichtigen Ergebnissen führen.

[2]) Über die vom Verfasser aufgestellte Theorie berichten G. C. Mehrtens und F. Bleich, Eisenbau 1913, S. 361ff. Vgl. dazu allerdings die Berichtigung des Verfassers S. 423 desselben Jahrganges.

setzung ist etwas zu ungünstig, spielt aber bei flachen Bogen nur eine untergeordnete Rolle, da bei diesen die Druckkraft längs des Bogens nur wenig sich ändert. Weiterhin möge die Zahl der den Bogenträger belastenden Hängestangen hinreichend groß sein, um zu rechtfertigen, daß an Stelle von Einzellasten eine stetig verteilte Belastung in die Rechnung eingeführt wird. Auch diese Forderung dürfte, wie der später angeführte Versuch zeigt, wohl immer genügend gut erfüllt sein. Schließlich soll zunächst noch angenommen werden, daß die Knickspannung kleiner sei als die Spannung an der Proportionalitätsgrenze.

Unter diesen Voraussetzungen ist dann die Differentialgleichung der elastischen Linie für flache Bogen, wenn auch auf die Verkürzung der Bogenachse durch die Druckkräfte Rücksicht genommen wird,

Gl. 1)
$$\left(1 - \frac{N}{EF}\right) \cdot \frac{d^2 y}{ds^2} + \frac{y}{r^2} = - \frac{M}{EJ}.$$

Den Größtwert K von N am Kämpfer erhält man für Vollbelastung des Bogenträgers (dies ist die ungünstigste Belastungsweise) mit p t/m aus dem Horizontalschub H, der sehr nahe mit dem Werte $\frac{pl^2}{8f}$ übereinstimmt, und der Vertikalreaktion $V = \frac{pl}{2}$ zu

Gl. 2)
$$K = \sqrt{V^2 + H^2} \simeq \frac{pl^2}{8f} \cdot \sqrt{1 + \left(\frac{4f}{l}\right)^2},$$

woraus man durch Entwicklung der Quadratwurzel nach dem binomischen Satz den Näherungswert

Gl. 3)
$$K = \frac{pl^2}{8f} \cdot \left[1 + 8 \cdot \left(\frac{f}{l}\right)^2\right]$$

ableitet.

Für flache Bogen kann im planmäßigen Zustand mit genügender Genauigkeit das Biegungsmoment längs der Bogenachse $M = 0$ gesetzt werden, da für diesen Zustand bei gleichförmiger Belastung die Bogenachse und die Stützlinie sehr nahe zusammenfallen. Ist aber die Belastung so groß, daß der Bogen knickt, so ändert sich beim Knicken die Druckkraft N um einen Betrag ΔN, der bei kleinen Ausweichungen y der Stabachse selbst klein ist. Gleichzeitig ändert sich aber auch die Lage der Stützlinie gegenüber der ursprünglichen Bogenachse. Nimmt man an, daß der Abstand der Stützlinie von der Bogenachse δ sei, wenn der Bogen um das kleine Maß y ausknickt, dann ist jedenfalls auch δ klein im Vergleich zu y und es folgt aus dem Ausdruck für das Moment

Gl. 4) $M = (N + \Delta N) \cdot (y + \delta) = N \cdot y + N \cdot \delta + \Delta N \cdot y + \Delta N \cdot \delta$

unter Vernachlässigung der kleinen Größen höherer Ordnung

Gl. 5)
$$M \simeq N \cdot y$$

bzw. wegen $N \cong K$

Gl. 5a)
$$M = K \cdot y.$$

Hiermit geht die Differentialgleichung der elastischen Linie über in

Gl. 6)
$$\left(1 - \frac{K}{EF}\right) \cdot \frac{d^2 y}{ds^2} + \frac{y}{r^2} = -\frac{Ky}{EJ},$$

welche mit der Abkürzung

$$\frac{1}{k^2} = \frac{\dfrac{1}{r^2} + \dfrac{K}{EJ}}{1 - \dfrac{K}{EF}}$$

auch in der Form geschrieben werden kann

Gl. 7)
$$\frac{d^2 y}{ds^2} + \frac{y}{k^2} = 0,$$

mit dem Integral

Gl. 8)
$$y = A \cdot \sin \frac{s}{k} + B \cdot \cos \frac{s}{k}.$$

Da sich im Bogenscheitel, wie auch der Versuch lehrt, ein Inflexionspunkt der elastischen Linie einstellt, so ergeben die Randbedingungen

$$y = 0 \quad \text{für} \quad s = 0, \quad \text{wonach} \quad B = 0, \quad \text{und}$$

$$y = 0 \quad \text{für} \quad s = \frac{b}{2}, \quad \text{wonach} \quad A \cdot \sin(b : 2k) = 0,$$

unter b die ganze Länge der Bogenachse verstanden. Aus letzterer Bedingung folgt für $A \neq 0$, d. h. wenn überhaupt Knicken eintritt, daß dies bei $\dfrac{b}{2k} = n\pi$ geschieht, wo n eine ganze Zahl ist.

Hiernach wird der kleinste, kritische Kämpferdruck bei $n = 1$ aus $k = \dfrac{b}{2\pi}$ durch

Gl. 9)
$$K_k = EJ \cdot \frac{\dfrac{4\pi^2}{b^2} - \dfrac{1}{r^2}}{1 + \dfrac{4\pi^2 i^2}{b^2}}$$

bestimmt.

Vernachlässigt man das der Verkürzung der Bogenachse Rechnung tragende Glied $\dfrac{4\pi^2 i^2}{b^2}$, welches nur bei wenig schlanken Bogenträgern von Einfluß ist, so erhält man genau genug[1])

$$\text{Gl. 10)} \qquad K_k = E\,J \cdot \left(\frac{4\,\pi^2}{b^2} - \frac{1}{r^2} \right),$$

eine Formel, die ihre Verwandtschaft mit der für den Kreisbogen unter gleichförmigem Normaldruck abgeleiteten Gleichung 6) in § 28 deutlich verrät.

Wird die Knickspannung nach Gl. 10) größer als die Spannung an der Proportionalitätsgrenze, so führt die Benutzung dieser Gleichung zu einer Überschätzung der tatsächlich vorhandenen Sicherheit.

Man kann die Rechnung aber leicht auf das Gebiet der nichtproportionalen Formänderungen ausdehnen, wenn man entsprechend der umgeformten Gl. 10)

$$K_k = \pi^2\,E\,J \cdot \left(\frac{4}{b^2} - \frac{1}{\pi^2 r^2} \right)$$

den Klammerausdruck

$$\text{Gl. 11)} \qquad \frac{4}{b^2} - \frac{1}{\pi^2 r^2} = \frac{1}{l_k^2}$$

setzt, womit man aus Gl. 10) die

$$\text{Gl. 12)} \qquad K_k = \frac{\pi^2 \cdot E\,J}{l_k^2}$$

gewinnt.

Durch Gl. 11) ist daher diejenige Länge l_k eines geraden Stabes definiert, welcher bei gleichem Querschnitt wie der Bogen auch die gleiche Knickgrenze hätte, solange die Proportionalitätsgrenze nicht überschritten wird. Mit Hilfe der durch Gl. 11) definierten Ersatzlänge erhält man nun für $\sigma_k > \sigma_p$ die Knickgrenze nach den Tetmajerschen Formeln, z. B. für Flußeisen,

$$\text{Gl. 13)} \qquad K_k = \left(3{,}1 - 0{,}0114 \cdot \frac{l_k}{i} \right) \cdot F,$$

wo i der Trägheitshalbmesser des Querschnittes ist. Die Grenze für die Anwendbarkeit dieser Formel ist die übliche und der darnach berechnete Sicherheitsgrad ist, wie immer nach den Tetmajerschen Formeln, ein wenig niedriger als der tatsächliche.

Bei der üblichen Gestaltung der Querschnitte vollwandiger Bogenbrücken ist i von dem Werte $(h:2)$ wenig verschieden, wo h die Höhe des Querschnittes bedeutet. Setzt man für eine Überschlagsrechnung nach Gl. 11) für l den Näherungswert $b/2$, so wird $l/i \approx b/h$. Da nun aber ein Konstruktionsverhältnis $b/h = 60$ schon einer außergewöhnlich schlanken Bogenform entspricht, so folgt, daß

---

[1]) Vgl. die von J. Melan in Handbuch der Ing.-Wissensch., II. Bd., 5. Abtlg., S. 130 entwickelte Theorie des Zweigelenkbogens, welche irrtümlich unter Vernachlässigung der Tatsache, daß der Bogenscheitel Inflexionspunkt ist, die Knickgrenze nur zu etwa $^1/_4$ ihres wirklichen Betrages ergibt.

bei Bogenbrücken die Bedingung $l/i < 105$ wohl immer erfüllt ist, und daß demzufolge beim Knicken des Zweigelenkbogens innerhalb seiner Ebene die Überschreitung der Proportionalitätsgrenze die Regel bildet.

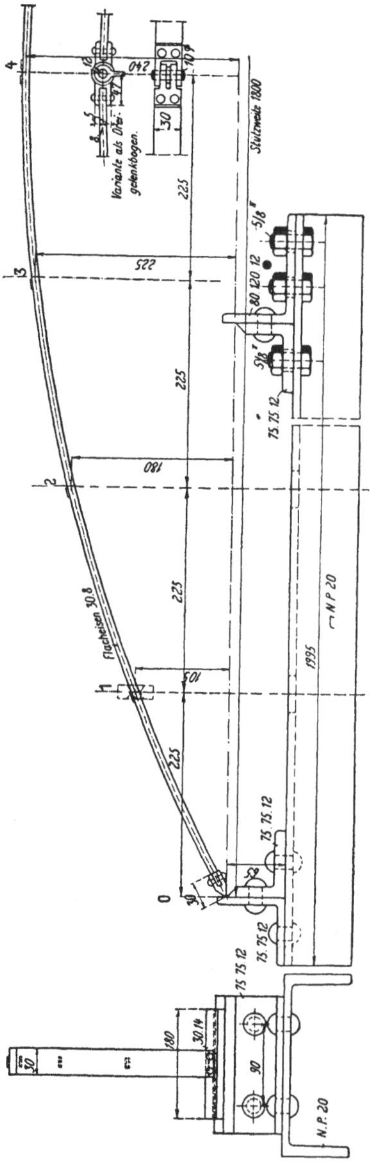

Eine Erhöhung der Knicksicherheit kann bei Zweigelenkbogen Brücken die Steifigkeit der Fahrbahn bedingen. Da sich die Fahrbahn im Falle des Ausknickens, solange man von der Schiefstellung und der Längenänderung der die Fahrbahn tragenden Vertikalen absieht, merklich nach derselben Kurve deformiert wie der Bogen selbst, so läßt sich der günstige Einfluß der Fahrbahnsteifigkeit schätzungsweise dadurch berücksichtigen, daß man in den abgeleiteten Knickformeln

Gl. 14) $\qquad J = J_T + \Sigma(J_F)$

setzt, wobei J_T das Trägheitsmoment der Tragwand bezügl. ihrer Schwerachse darstellt, während in $\Sigma(J_F)$ die Trägheitsmomente der zugehörigen Fahrbahnlängsträger bezügl. ihrer Schwerachsen zusammengefaßt sind. Die Anwendung von Gl. 14) setzt jedoch voraus, daß die Mitwirkung der Fahrbahn konstruktiv sich ermöglichen läßt. Wären z. B. zwischen Kämpfer und Brückenmitte die Längsträger durch eine Dilatation unterbrochen, so vermöchte die Fahrbahn die Knickkraft für den Bogen nur in geringem Maße zu erhöhen.

Bei der Herleitung der Gl. 13) wurde der Einfluß der axialen Verkürzung des Bogens auf die Bestimmung der Knickgrenze außer acht gelassen. Will man ihn berücksichtigen, so ergibt sich die folgende Gleichung zur Berechnung der Knickkraft:

Gl. 15) $\qquad K_k = \dfrac{1}{1 + \dfrac{4\,\pi^2 i^2}{b^2}} \cdot \left(3{,}1 - 0{,}0114 \cdot \dfrac{l_k}{i}\right) \cdot F \,.$

Abb. 71.

Abb. 72.

Mit abnehmender Schlankheit (l_k/i) gewinnt das in Gl. 15) auftretende Korrekturglied $\dfrac{4\pi^2 i^2}{b^2}$ an Bedeutung.

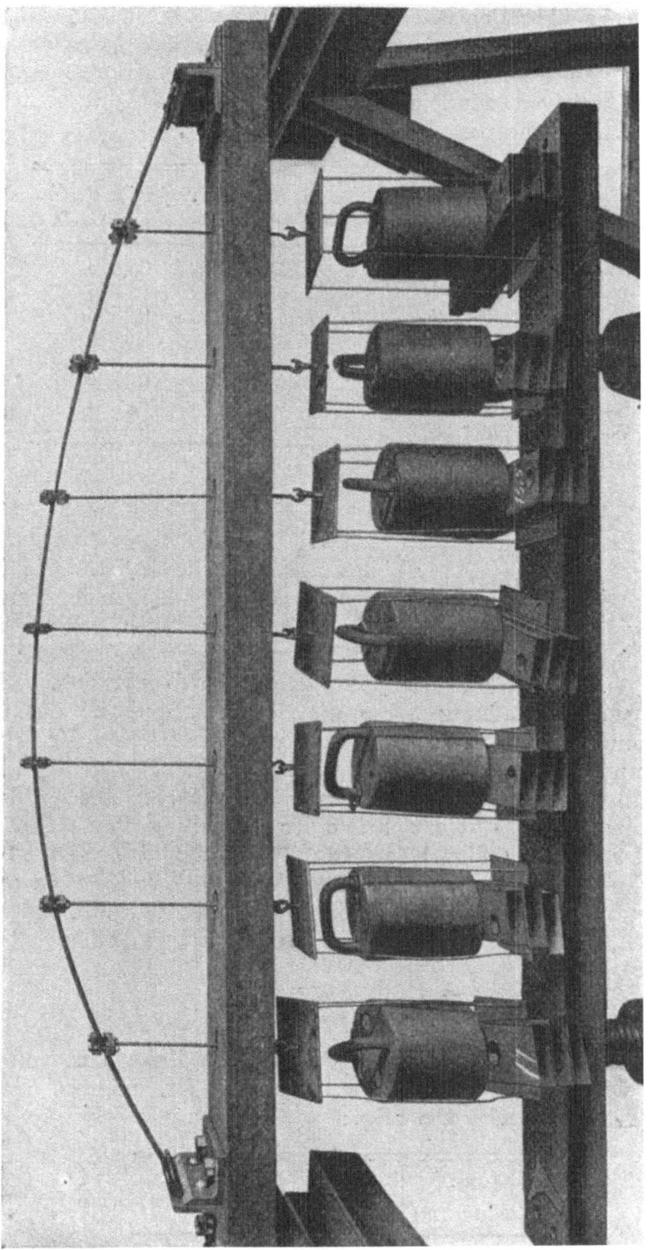

Zur Prüfung der vorstehenden Untersuchung wurde vom Verfasser bei der von ihm vorgenommenen Bearbeitung des Projektes
„Sichelbogen" für den engeren Wettbewerb um die Erbauung einer

Straßenbrücke über den Rhein bei Köln der nachstehend beschriebene Versuch an einem Parabelbogen durchgeführt. Als Versuchsmaterial für den in den Abb. 70, 71 und 72 dargestellten Bogen diente ein Stab von weichem Flußeisen 30/8 mm, dessen Querschnitte aus folgender Tabelle hervorgehen.

Feld	Breite (mm)	Höhe (mm)	Fläche (cm²)	Trägheitsmoment (cm⁴)
0—1	32,6	8,0	2,61	0,1390
1—2	32,0	7,9	2,53	0,1316
2—3	31,9	8,0	2,55	0,1362
3—4	32,2	7,8	2,51	0,1274
4—5	32,4	7,8	2,53	0,1282
5—6	32,5	8,0	2,60	0,1388
6—7	32,0	8,0	2,56	0,1365
7—8	32,0	8,0	2,56	0,1365
Mittelwerte			$F_m = 2{,}56$ cm²	$J_m = 0{,}1343$ cm⁴

Die Stützweite betrug $l = 180$ cm, die Pfeilhöhe $f = 24{,}1$ cm.

Die Bogenenden stützen sich mit Schneiden gegen Pfannen der Widerlager, wie aus den Abbildungen ersichtlich ist. Die Lasten wurden pendelnd aufgehängt, wozu dieselben Hängestangen verwendet wurden wie bei dem S. 114 beschriebenen Versuch. Schwingungen des Bogens erfolgten bei jeder Belastung unterhalb der Knickgrenze in der Weise, daß der Bogenscheitel in Ruhe verblieb. Mit der Steigerung der Belastung nahm die Schwingungsdauer des Bogens entsprechend der Vergrößerung des Trägheitsmomentes der bewegten Massen und der gleichzeitigen Abnahme der bewegenden Kräfte (Überschuß der äußeren über die inneren Kräfte) zu. Die Knickgrenze des Bogens wurde erreicht bei einer Belastung von 36,07 kg an jedem der gleichmäßig belasteten Knotenpunkte, bzw. $7 \cdot 36{,}07 = 252{,}5$ kg am ganzen Bogen. Die Knicklinie zeigte den aus den Abb. 70 und 73 ersichtlichen Verlauf. Unter der Annahme einer parabolischen Einflußlinie für den Horizontalschub gemäß

$$H = \frac{3}{32} \cdot \frac{c}{f} \cdot n \cdot (n - m),$$

wo c die Feldweite, m und $(n - m)$ die von links bzw. von rechts gezählte Ordnungsziffer der Knotenpunkte ist, rechnet sich der kritische Kämpferdruck wie folgt:

Last-stellung (m)	$(n - m)$	H für die Knotenlast 1
0	8	0,000
1	7	0,613
2	6	1,051
3	5	1,312
4	4	1,401

Hieraus folgt H, wenn alle Knotenpunkte mit 1 kg belastet sind, zu

$$H = 2 \cdot (0,613 + 1,051 + 1,312) + 1,401 = 7,353 \text{ kg.}$$

An der Knickgrenze war sonach beim Versuch

$$H = 7,353 \cdot 36,07 = 265 \text{ kg;} \qquad V = 3,5 \cdot 36,07 = 126,25 \text{ kg;}$$

$$K = \sqrt{265^2 + 126,25^2} = 294 \text{ kg.}$$

Die theoretische Knickkraft K_k ergibt sich unter der Annahme, $E = 2\,000\,000$ kg/cm² (der Elastizitätsmodul wurde für das Material nicht bestimmt, doch dürfte der geschätzte Wert etwa zutreffen), mit

$$r = \frac{180^2}{8 \cdot 24,1} + \frac{24,1}{2} = 180,05 \text{ cm,}$$

$$b = 180 \cdot \left[1 + \frac{8}{3} \cdot \left(\frac{24,1}{180} \right)^2 \right] = 188,6 \text{ cm,}$$

$$\text{zu } K_k = 2\,000\,000 \cdot 0,1343 \cdot \left[\frac{4\pi^2}{188,6^2} - \frac{1}{180,5^2} \right] = 290,2 \text{ kg.}$$

Die Abweichung vom Versuchswert beträgt somit $(290,2 - 294):294$ $= -0,013$ oder $-1,3\,\%$. Daß der Versuchsstab etwas mehr trug als sich theoretisch hätte erwarten lassen sollen, erklärt sich vielleicht daraus, daß der theoretischen Behandlung etwas zu ungünstige Annahmen zugrunde gelegt wurden; vielleicht liegt aber auch die Ursache in einer zu niederen Schätzung von E. Mit $E = 2\,150\,000$ kg/cm² hätte man erhalten

$$K_k' = \frac{2\,150}{2\,000} \cdot 290,2 = 312 \text{ kg}$$

und hierfür den Fehler zu

$$(312 - 294):294 = +0,061 \quad \text{oder} \quad 6,1\,\%.$$

Die Knickspannung beim Versuch, der die Theorie so gut bestätigte als sich nur erwarten ließ, war $\sigma_k = \dfrac{294}{2,56} = 115$ kg/cm² und lag somit weit unter der Proportionalitätsgrenze.

§ 30. Die Knicksicherheit eingespannter Bogenträger.

Für den eingespannten Bogenträger (Abb. 69) lautet die Differentialgleichung der elastischen Linie wie in § 29

Gl. 1)
$$\frac{d^2 y}{d s^2} \left[1 - \frac{N}{E F} \right] + \frac{y}{r^2} = -\frac{M}{E J},$$

wobei wieder für den Größtwert K der Druckkraft N an den Kämpfern

Gl. 2)
$$K = \frac{p\,l^2}{8 f} \cdot \left[1 + 8 \left(\frac{f}{l} \right)^2 \right]$$

geschrieben werden kann. Mit $M = K \cdot y$ als Biegungsmoment für den knickenden Bogen erhält man aus Gl. 1)

Gl. 3)
$$\frac{d^2 y}{d s^2} \cdot \left[1 - \frac{K}{E F}\right] + \frac{y}{r^2} = - \frac{K \cdot y}{E J} \, ,$$

oder mit der Abkürzung

$$\frac{1}{k^2} = \left(\frac{1}{r^2} + \frac{K}{E J}\right) : \left(1 - \frac{K}{E F}\right)$$

Gl. 4)
$$\frac{d^2 y}{d s^2} + \frac{y}{k^2} = 0$$

mit dem Integral

Gl. 5)
$$y = A \cdot \sin \frac{s}{k} + B \cdot \cos \frac{s}{k} \, .$$

Als freie Knicklänge ist hier (vgl. § 28, Fall 2) das Drittel der Bogenlänge b einzuführen. Zählt man daher die Bogenlänge s vom Inflexionspunkt J_1 aus, so ist $y = 0$ für $s = 0$ und $y = 0$ für $s = \dfrac{b}{3}$, wonach sich die Gleichungen ergeben

Gl. 6a)
$$B = 0;$$

Gl. 6b)
$$A \cdot \sin \frac{b}{3 k} = 0.$$

Aus Gl. 6b) folgt mit n als einer ganzen Zahl

Gl. 7)
$$\frac{b}{3 k} = n \pi$$

und hieraus für $n = 1$ mit

$$\frac{1}{k} = \frac{3 \pi}{b} = \sqrt{\left(\frac{1}{r^2} + \frac{K}{E J}\right) : \left(1 - \frac{K}{E F}\right)}$$

Gl. 8)
$$K_k = E J \cdot \frac{9 \dfrac{\pi^2}{b^2} - \dfrac{1}{r^2}}{1 + \dfrac{9 \cdot \pi^2 i^2}{b^2}}$$

als kritischer Kämpferdruck.

Unter Vernachlässigung der Achsverkürzung des Bogens, welche sich in dem Nennerglied $\dfrac{9 \pi^2 i^2}{b^2}$ ausdrückt. erhält man die praktisch genügend genaue

Gl. 9)
$$K_k = E J \cdot \left[9 \cdot \frac{\pi^2}{b^2} - \frac{1}{r^2}\right]$$

in vollkommener Analogie zu der oben abgeleiteten Gleichung für

Kreisbogenträger mit eingespannten Enden unter gleichförmigem Normaldruck. Überschreitet die Knickspannung die Proportionalitätsgrenze, so wird Gl. 9) hinfällig. Wir setzen in diesem Falle

Gl. 10)
$$\frac{9}{b^2} - \frac{1}{\pi^2 r^2} = \frac{1}{l_k^2}$$

wodurch man wieder diejenige Länge l_k eines geraden Stabes definiert, der bei gleichem Querschnitt dieselbe Knickgrenze hat wie der eingespannte Bogenträger. Unter Anwendung dieser Ersatzlänge l_k verwende man die Tetmajerschen Formeln, z. B. für Flußeisen

Gl. 11)
$$K_k = \left(3,1 - 0,0114 \cdot \frac{l_k}{i}\right) \cdot F$$

für $l_k/i < 105$. Auch hier tritt durch eine steife Fahrbahn eine Erhöhung der Knickgrenze ein, die sich näherungsweise nach den Ausführungen auf S. 143 berechnen läßt.

§ 31. Die Knicksicherheit des steifen Dreigelenkbogens [1]).

Da beim Zweigelenkbogen der Bogenscheitel einen Inflexionspunkt der elastischen Linie darstellt, liegt der Schluß nahe, daß folglich an dieser Stelle auch ein Gelenk ausgeführt werden könne und daß daher das Ergebnis unserer Untersuchung für den Zweigelenkbogen ohne weiteres auch für einen Dreigelenkbogen richtig sei. Man würde aber hierbei, wie aus den folgenden Überlegungen und dem Versuche hervorgehen wird, die Knickfestigkeit des Dreigelenk-

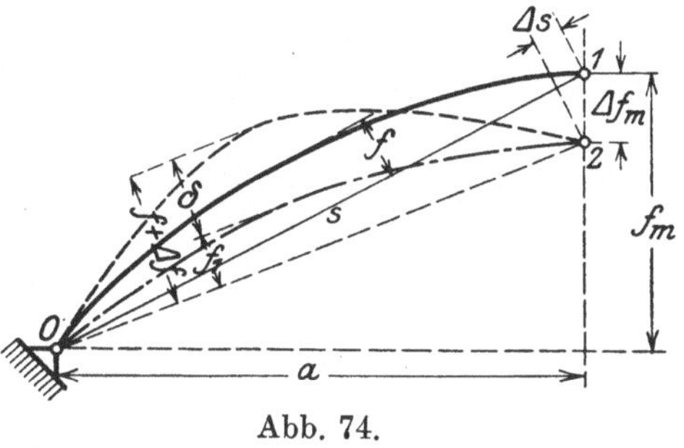

Abb. 74.

bogens nicht unerheblich überschätzen. Bei Ausführung eines Scheitelgelenkes wird nämlich der Bogen nachgiebiger, so daß der kritische Horizontalschub am deformierten System von dem aus dem planmäßigen Netz ermittelten Wert in merklicher Weise abweicht.

Sei in Abb. 74, welche eine Bogenhälfte darstellt, 0 — 1 die planmäßige Bogenachse, 0·— 2 die ausgeknickte Bogenachse von der um Δs verkürzten Sehnenlänge und dem um Δf vermehrten Pfeil.

---

[1]) Über die von F. Engesser aufgestellten Näherungsrechnung hat der Verfasser in der Zeitschr. „Der Eisenbau", 1913 S. 425 berichtet. An derselben Stelle findet sich auch der vom Verfasser durchgeführte Knickversuch.

Beide Formen haben dieselbe Bogenlänge, für welche wir den für eine Parabel zutreffenden Näherungswert

Gl. 1)
$$b = s + \frac{8}{3}\cdot\frac{f^2}{s}$$

setzen.

Aus Gl. 1) erhält man durch Differenzieren

Gl. 1 a)
$$\varDelta b = \varDelta\left(s + \frac{8}{3}\cdot\frac{f^2}{s}\right) = \varDelta s + \frac{8}{3}\cdot\frac{s\cdot 2f\cdot\varDelta f - f^2\cdot\varDelta s}{s^2}$$

und, da der Bogen keine Längenänderung erfährt ($\varDelta b = 0$), hieraus

Gl. 2)
$$0 = \varDelta s + \frac{8}{3}\cdot\frac{s\cdot 2f\cdot\varDelta f - f^2\cdot\varDelta s}{s^2},$$

woraus

Gl. 3)
$$\varDelta f = \varDelta s\cdot\frac{3\,s^2 - 8\,f^2}{16\,f s}$$

folgt.

Die Stützlinie der äußeren Kräfte verläuft für Vollbelastung, die ungünstigste Belastungsannahme, nach dem Parabelbogen 0 — 2, dessen Pfeil

$$f_1 \cong \frac{1}{4}\left(f_m - \varDelta f_m\right) = \frac{1}{4}\left(f_m - \varDelta s\cdot\frac{s}{f_m}\right) = f - \frac{s\cdot\varDelta s}{16\,f}$$

ist. Mit diesem Werte f_1 wird nun in den Viertelspunkten der Öffnung der Abstand des deformierten Bogens von der Stützlinie

$$\delta = f + \varDelta f - f_1 = f + \varDelta f - \left(f - \frac{s\cdot\varDelta s}{16\,f}\right) = \varDelta f + \frac{s\cdot\varDelta s}{16\,f} = \varDelta s\cdot\frac{3s^2 - 8f^2}{16\,f\cdot s}$$

$$+ \frac{s\,\varDelta s}{16\,f} = \frac{\varDelta s}{4\,f\cdot s}\cdot\left(s^2 - 2f^2\right).$$

Das Moment der äußeren Kräfte wird somit in den Viertelspunkten

Gl. 4)
$$M_a = N\cdot\delta = \frac{N\cdot\varDelta s}{4\,f\cdot s}\cdot\left(s^2 - 2f^2\right),$$

und das der inneren Kräfte an derselben Stelle

Gl. 5)
$$M_i = EJ\cdot\left(\frac{1}{\varrho} - \frac{1}{r}\right),$$

worin r den ursprünglichen Krümmungsradius im Bogenviertel, ϱ den Krümmungsradius des verformten Bogens an derselben Stelle bedeutet.

Nun ist für flache Bogen aus Abb. 75

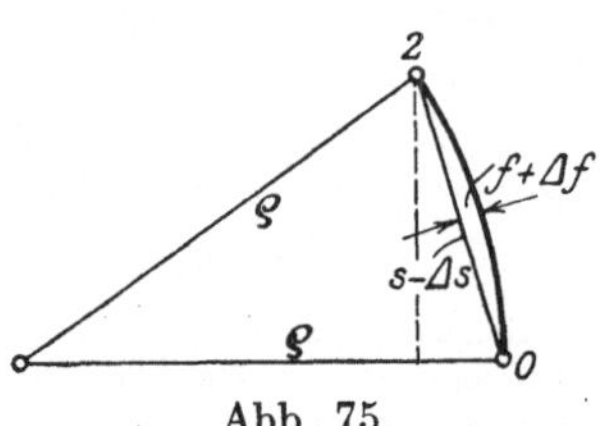

Abb. 75.

$$2\,\varrho\cdot(f + \varDelta f) = \left(\frac{s - \varDelta s}{4}\right)^2,$$

daher

$$\frac{1}{\varrho} = \frac{8\,(f+\varDelta f)}{(s-\varDelta s)^2} \eqsim \frac{8\,(f+\varDelta f)}{s^2\cdot\left(1-\dfrac{2\,\varDelta s}{s}\right)} \eqsim \frac{8\,(f+\varDelta f)}{s^2} : \left(1+\frac{2\,\varDelta s}{s}\right)$$

oder

$$\frac{1}{\varrho} \eqsim \frac{8}{s^2}\cdot\left(f+\varDelta f+\frac{2\,f\cdot\varDelta s}{s}\right) = \frac{8f}{s^2} + \frac{8\,\varDelta f}{s^2} + \frac{16\,f\cdot\varDelta s}{s^3}\,,$$

woraus

Gl. 6)
$$\frac{1}{\varrho} - \frac{1}{r} = \frac{8\,\varDelta f}{s^2} + \frac{16\,f\cdot\varDelta s}{s^3}$$

folgt. Hiernach wird nun nach Gl. 5) das innere Kraftmoment

$$M_i = E J\cdot\left(\frac{1}{\varrho} - \frac{1}{r}\right) = E J\cdot\left(\frac{8\,\varDelta f}{s^2} + \frac{16\,f\cdot\varDelta s}{s^3}\right)$$
$$= E J\cdot\left[\frac{8}{s^2}\cdot\frac{\varDelta s\,(3\,s^2-8f^2)}{16\,f\cdot s} + \frac{16\,f\cdot\varDelta s}{s^3}\right],$$

also

Gl. 7)
$$M_i = \frac{E J}{f\cdot s^3}\cdot\left[\frac{3}{2}\,s^2 + 12\,f^2\right]\cdot\varDelta s.$$

Aus Gl. 4) und Gl. 7) folgt nun wegen der Gleichheit des inneren und äußeren Kraftmomentes

Gl. 8)
$$\frac{N\cdot\varDelta s}{4\,f\cdot s}\cdot\left(s^2 - 2f^2\right) = \frac{E J}{f\cdot s^3}\cdot\left(\frac{3}{2}\,s^2 + 12\,f^2\right)\cdot\varDelta s,$$

woraus sich die Knickkraft für den Dreigelenkbogen zu

Gl. 9)
$$N = E J\cdot\frac{6\,s^2 + 48\,f^2}{s^2\cdot(s^2 - 2f^2)}$$

ergibt. Für flache Bogen genügt der Näherungswert

Gl. 10)
$$N_k \eqsim E J\cdot\frac{6\cdot(s^2 + 2f^2)}{s^4}\,.$$

Für sehr flache Bogen wird angenähert

Gl. 11)
$$N_k \eqsim \frac{6\,E J}{b^2}\,,$$

wo $b = s + \dfrac{8}{3}\cdot\dfrac{f^2}{s}$ die Bogenlänge ist, oder auch

Gl. 12)
$$N_k \eqsim \frac{6\,E J}{a^2}\,.$$

Durch diese Formeln ist nun der kritische Bogendruck N_k bestimmt, der den Dreigelenkbogen an die Knickgrenze bringt. Unter

N_k ist hierbei der für Vollbelastung in den Viertelspunkten des Bogens wirkende, planmäßig zu ermittelnde, Druck zu verstehen.

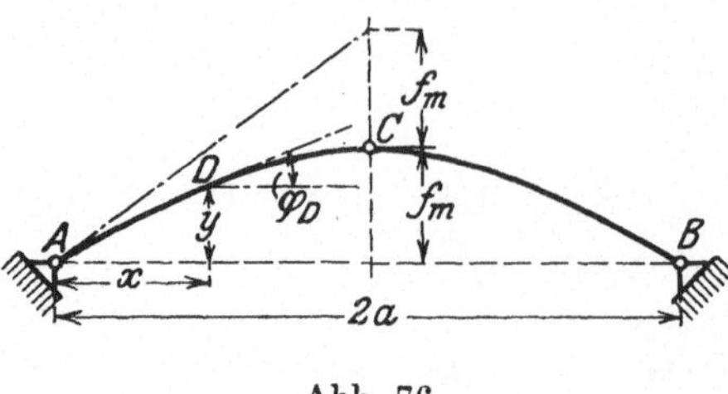

Abb. 76.

Für den mit der gleichförmigen Last p (t/m) belasteten Bogen (Abb. 76) ist der Horizontalschub

Gl. 13) $\qquad H = \dfrac{p\,a^2}{2\,f_m}.$

Ist φ_D der Neigungswinkel zwischen der parabolischen Stützlinie im Viertelspunkte D und der Kämpferhorizontalen $A\,B$, so wird

Gl. 14) $\qquad\qquad N_D = H \cdot \sec \varphi_D$

die Stützlinienkraft im Punkte D.

Aus der Gleichung der Stützlinie

$$y = \frac{f_m}{a^2} \cdot x \cdot (2\,a - x)$$

folgt

$$\frac{d\,y}{d\,x} = \operatorname{tg} \varphi = \frac{f_m}{a^2} \cdot (2\,a - 2\,x)$$

und für den Viertelspunkt D bei $x = \dfrac{a}{2}$:

$$\operatorname{tg} \varphi_D = \frac{f_m}{a}$$

und Gl. 15) $\qquad \sec \varphi_D = \sqrt{1 + \operatorname{tg}^2 \varphi_D} \cong 1 + \frac{f_m^{\,2}}{2\,a^2}.$

Aus Gl. 13) bis 15) wird daher

Gl. 16) $\qquad\qquad N_D = \dfrac{p\,a^2}{2\,f_m} \cdot \left[1 + \dfrac{1}{2}\left(\dfrac{f_m}{a}\right)^2\right].$

Für $N_D = N_k$ ergibt sich diejenige Belastung p der Längeneinheit, welche den Dreigelenkbogen zum Knicken bringt.

Je nach Anordnung der Konstruktion kann eine Unterstützung der Tragwand durch die Fahrbahnlängsträger bewirkt werden, deren schätzungsweise Berücksichtigung nach den Ausführungen S. 143 keine Schwierigkeiten bereitet.

Die Anwendbarkeit der Gl. 9) bis 12) unterliegt wieder der Beschränkung, daß die Knickspannung kleiner wird als die Spannung an der Proportionalitätsgrenze. Bei Überschreitung dieser Grenze setze man nach Gl. 9)

Gl. 17) $\qquad\qquad \dfrac{6\,s^2 + 48\,f^2}{\pi^2 \cdot s^2 \cdot (s^2 - 2\,f^2)} = \dfrac{1}{l_k^{\,2}}$

Abb. 77.

und wende für die durch Gl. 17) bestimmte Ersatzlänge l_k die Tetmajerschen Formeln an. Die Knickkraft wird dann z. B. für Flußeisen durch

Abb. 78.

Gl. 18)
$$N_k = \left(3{,}1 - 0{,}0114 \cdot \frac{l_k}{i}\right) \cdot F$$

für $l_k/i < 105$ gegeben. Man erhält für flache Bogen an Stelle von

Gl. 17) die Näherungswerte der Ersatzlänge l_k:

Gl. 19)
$$\frac{6\left(s^2+10f^2\right)}{\pi^2\cdot s^4}=\frac{1}{l_k^{\,2}},$$

für sehr flache Bogen:

Gl. 20)
$$\frac{6}{\pi^2\,b^2}=\frac{1}{l_k^{\,2}}$$

oder

Gl. 21)
$$\frac{6}{\pi^2\,a^2}=\frac{1}{l_k^{\,2}}.$$

Zur Prüfung der vorstehenden Theorie diente folgender Versuch des Verfassers an dem in den Abb. 71, 77 und 78 dargestellten Dreigelenkbogen, der, abgesehen vom Scheitelgelenk mit dem in § 29 erwähnten Zweigelenkbogen vollkommen übereinstimmte; nur betrug die Pfeilhöhe $f = 24{,}0$ cm.

Abb. 79 zeigt das Belastungsschema. Die Durchführung des Versuchs am Dreigelenkbogen war ursprünglich mit gleichen Lasten an jedem Knotenpunkt geplant. Da sich jedoch hierbei schon lange vor dem Erreichen der Knickgrenze eine starke Senkung des Scheitelgelenks ergab und der Bogen sich namentlich gegen Belastung des Scheitels selbst besonders empfindlich erwies,

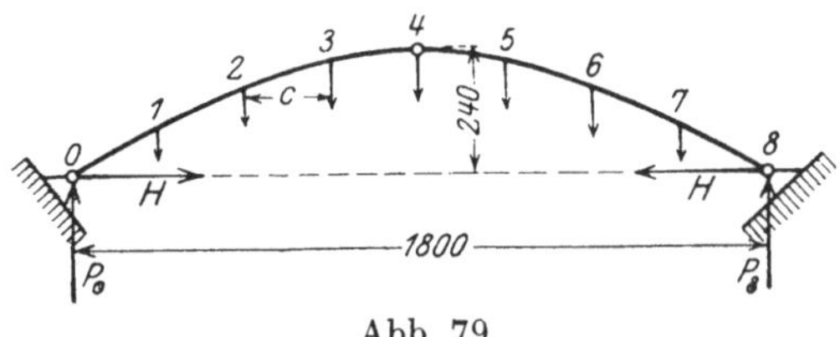

Abb. 79.

wurde der Versuch so durchgeführt, daß bei schwächer belastetem Scheitel eine merkliche Abnahme der Pfeilhöhe nicht eintrat. Durch allmähliche Steigerung der Belastung mittels kleiner Zusatzgewichte (es wurden hierzu Stanzbutzen verwendet) wurde der Bogen unter möglichster Ausgleichung der Knotenlasten zum Knicken gebracht. Die Gestalt des geknickten Bogens zeigt Abb. 78, welche bei einem Vorversuch aufgenommen wurde, bei dem die eben erwähnten Eigentümlichkeiten in dem Verhalten des Bogens sich geltend machten.

Die an der Knickgrenze vorhandene Belastung ist in folgender Tabelle angeführt.

Belastungstabelle für den Dreigelenkbogen-Versuch.

Knoten-punkt	Last (kg)	Moment für den Kämpfer 0 (kgcm)	Stützdrücke
1	26,600	26,600 · c	$P_8 = \dfrac{788{,}99\cdot c}{8\cdot c}$
2	27,675	55,350 · c	$= 97{,}374$ kg.
3	29,625	88,875 · c	
4	14,900	59,600 · c	
5	31,945	159,725 · c	$P_0 = 190{,}585 - 97{,}374$
6	30,040	180,240 · c	$= 93{,}211$ kg.
7	29,800	208,600 · c	
$\Sigma(\mathrm{P}) = 190{,}585$		$\Sigma(\mathrm{M}) = 778{,}990 \cdot c$ (kgcm)	

Aus dem im Scheitelgelenk verschwindenden Moment

$$M_4 = 93{,}211 \cdot 90{,}0 - 26{,}600 \cdot 67{,}5 - 27{,}675 \cdot 45 - 29{,}625 \cdot 22{,}5$$
$$- H \cdot 24{,}0 = 0$$

folgt der Horizontalschub $H = 195{,}019$ kg.

Man erhält nach Gl. 16) unter der Annahme einer parabolischen Stützlinie, die hier allerdings wegen der ungleichförmigen Lastverteilung nur näherungsweise gemacht werden darf, die Druckkraft im Bogenviertel

$$N_D = 195{,}019 \cdot \left[1 + \frac{24^2}{2 \cdot 90^2} \right] = 202 \text{ kg.}$$

Mit $s^2 = 90^2 + 24^2 = 8676 \text{ cm}^2$, $f = 24/4 = 6 \text{ cm}$, $J = 0{,}1343 \text{ cm}^4$ und $E = 2\,000\,000 \text{ kg/cm}^2$ erhält man folgenden theoretischen Wert für den kritischen Kämpferdruck nach Gl. 10)

$$N_k = \frac{6 \cdot (8676 + 10 \cdot 36) \cdot 2\,000\,000 \cdot 0{,}1343}{8676^2} = 194 \text{ kg.}$$

Die Abweichung zwischen Theorie und Versuch beträgt somit

$$(202 - 194) : 194 = + 0{,}0413 \text{ oder } 4{,}13\,{}^0/_0,$$

was als befriedigend anzusehen ist.

Die anderen Näherungsgleichungen ergeben Gl. 11) $N_k' = 182$ kg und Gl. 12) $N_k'' = 199$ kg.

Vergleicht man die experimentell gefundenen Knicklasten für den Zwei- und Dreigelenkbogen, so ergibt sich ein Unterschied von $(294 - 194) : 294 = 0{,}34$ oder $34\,{}^0/_0$. Man sieht daher, daß der Dreigelenkbogen wesentlich weniger stabil ist, als der Zweigelenkbogen.

§ 32. Der schlaffe Dreigelenkbogen mit Versteifungsträger[1].

Auch ein schlaffer Dreigelenkbogen mit Versteifungsträger, wie er in Abb. 80 dargestellt ist, verlangt zur Ermittlung seiner Knickgrenze die Berücksichtigung seiner Formänderung und ihres Einflusses auf den Kräfteplan. Zwischen der Sehne s des halben Bogens (Abb. 81) und seiner Bogenlänge b bestehe wieder die für Parabeln und flache Bögen gültige Näherungsgleichung

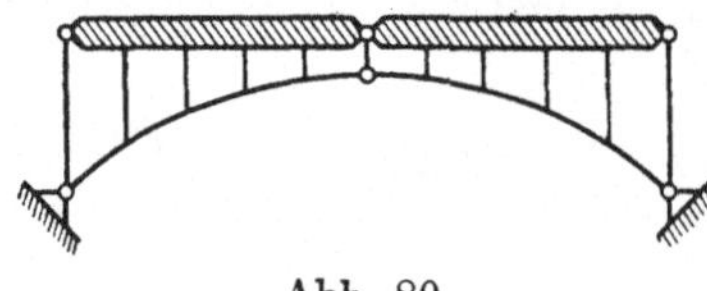

Abb. 80.

$$\text{Gl. 1)} \qquad b = s + \frac{8}{3} \cdot \frac{f^2}{s},$$

[1] F. Engesser, Über den Einfluß der Formänderungen auf den Kräfteplan statisch bestimmter Systeme, insbesondere der Dreigelenkbogen. Zeitschr. f. Arch.- u. Ing.-Wesen 1903, S. 177.

aus welcher

Gl. 2)
$$s = b - \frac{8}{3} \cdot \frac{f^2}{s} \cong b - \frac{8}{3} \cdot \frac{f^2}{b}$$

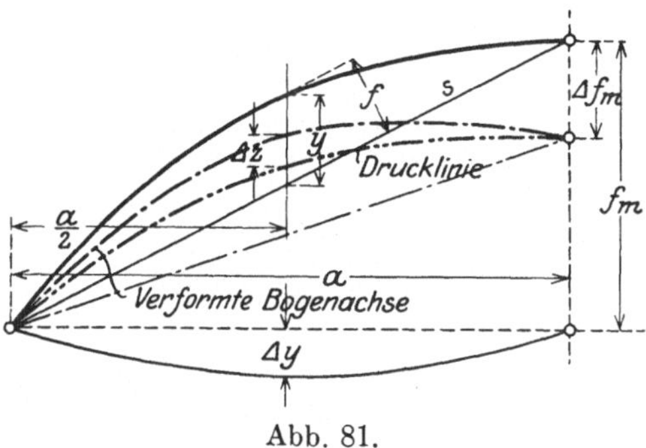

Abb. 81.

folgt. Differentiiert man Gl. 2) unter Berücksichtigung der Veränderlichkeit von b, s und f, so erhält man

Gl. 3)
$$\varDelta s = \varDelta b \cdot \left(1 + \frac{8\,f^2}{3\,b^2}\right) - \frac{16\,f \cdot \varDelta f}{3\,b}.$$

Aus der Gleichung $a^2 + f^2_m = s^2$ folgt durch Differenzieren $f_m \cdot \varDelta f_m = s \cdot \varDelta s$, woraus mit Rücksicht auf Gl. 3)

Gl. 5)
$$\varDelta f_m = \varDelta s \cdot \frac{s}{f_m} = \frac{s}{f_m} \cdot \left[\varDelta b \cdot \left(1 + \frac{8\,f^2}{3\,b^2}\right) - \frac{16\,f \cdot \varDelta f}{3\,b}\right]$$

sich ergibt.

Ersetzt man hierin noch s durch seinen Wert nach Gl. 2), so wird

Gl. 6)
$$\varDelta f_m = \frac{b}{f_m} \cdot \left(1 - \frac{8}{3} \cdot \frac{f^2}{b^2}\right) \cdot \left[\varDelta b \cdot \left(1 + \frac{8}{3} \cdot \frac{f^2}{b^2}\right) - \frac{16\,f \cdot \varDelta f}{3\,b}\right],$$

oder

Gl. 7)
$$\varDelta f_m = \frac{b \cdot \varDelta b}{f_m} \cdot \left[1 - \frac{64}{9} \cdot \left(\frac{f}{b}\right)^4\right] - \frac{16\,f \cdot \varDelta f}{3\,f_m} \cdot \left[1 - \frac{8}{3} \cdot \left(\frac{f}{b}\right)^2\right].$$

Bei den üblichen Verhältnissen von f/b ist es statthaft, in Gl. 7) die von diesem Verhältnis abhängigen Glieder zu vernachlässigen, wodurch man die Näherungsgleichung

Gl. 8)
$$\varDelta f_m = \frac{b \cdot \varDelta b}{f_m} - \frac{16}{3} \cdot \frac{f \cdot \varDelta f}{f_m}$$

für die Scheitelsenkung gewinnt.

Die Erhebung f des Bogens über seiner Sehne ist im Bogenviertel nur wenig von dem lotrechten Abstand y zwischen Bogen und Sehne an dieser Stelle verschieden; daher kann $f \cong y \cong \frac{1}{4} f_m$

und $\Delta f = \Delta y$ gesetzt werden, womit man aus Gl. 8) erhält

Gl. 9)
$$\Delta f_m = \frac{b \cdot \Delta b}{f_m} - \frac{4}{3} \cdot \Delta y .$$

Diese Gleichung setzt die Scheitelsenkung Δf_m zur Verkürzung Δb des Bogens und zur Senkung Δy, welche bei Vernachlässigung der Längenänderung der Hängestangen, Bogen und Versteifungsträger in den Viertelspunkten in gleicher Weise erfahren, in Beziehung.

Während der Versteifungsträger, wenn man den eintretenden Formänderungen des Systems keine Beachtung schenkt, Biegungsmomente nicht zu übertragen hätte, treten bei Berücksichtigung der Δy im Versteifungsträger Momente auf, deren Größtwert in den Viertelspunkten der Öffnung durch

Gl. 10)
$$M_{max} = H \cdot \Delta z$$

gegeben ist, worin H den Horizontalschub und Δz den lotrecht gemessenen Abstand zwischen der verformten Bogenachse und der Bogenstützlinie in den Viertelspunkten bedeutet. Die Senkung Δz der Stützlinie denken wir uns nun für die Berechnung in zwei Teile zerlegt, deren einer, Δz_1, allein auf die Verkürzung Δb der Bogenachse zurückzuführen ist, während der andere Bestandteil, Δz_2, lediglich infolge der Durchbiegungen Δy zur Entstehung kommt.

Man erhält aus Gl. 9) unter Beachtung der Eigenschaften der Parabel

Gl. 11)
$$\Delta z_1 = \frac{1}{4} \Delta f_m = \frac{b \cdot \Delta b}{4 f_m} ,$$

sowie unter ausschließlichem Einfluß der Senkungen Δy allein

Gl. 12)
$$\Delta z_2 = \Delta y + \frac{3}{4} \cdot \frac{4}{3} \cdot \Delta y = 2 \cdot \Delta y ,$$

wonach

Gl. 13)
$$\Delta z = \Delta z_1 + \Delta z_2 = \frac{b \cdot \Delta b}{4 f_m} + 2 \cdot \Delta y$$

folgt.

Entsprechend dem Verlauf der Stützlinie im Bogen, welche durch das Kämpfer- und Scheitelgelenk gehen muß, kann die Kurve der Biegungsmomente (Abb. 82) im Bogen als Parabel mit dem Maximalwert $M_{max} = H \cdot \Delta z$ angesehen werden. Ist J das Trägheitsmoment des Bogens für seine horizontale Schwerachse, so wird die maximale Durchbiegung Δy für die Parabel als

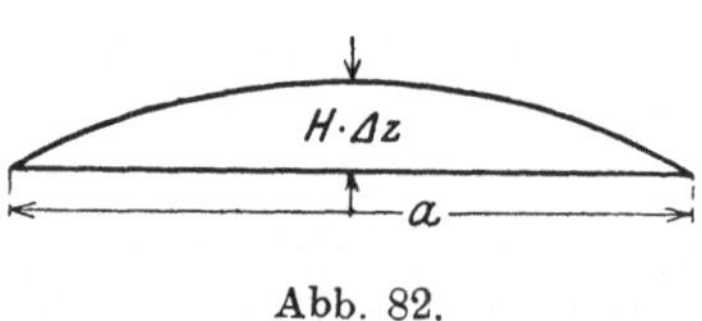

Abb. 82.

Momentenlinie im Viertelspunkte der Öffnung

Gl. 14)
$$\Delta y = \frac{5}{48} \cdot \frac{M_{max} \cdot a^2}{EJ}.$$

Aus den Gleichungen 10), 13) und 14) folgt jetzt

Gl. 15)
$$\Delta y = \frac{5}{48} \cdot \frac{H \cdot a^2}{EJ} \cdot \left[\frac{b \cdot \Delta b}{4 f_m} + 2 \cdot \Delta y \right].$$

Löst man Gl. 15) nach Δy auf, so folgt

Gl. 16)
$$\Delta y = \frac{5}{192} \cdot \frac{H \cdot a^2}{EJ} \cdot \frac{b \cdot \Delta b}{f_m} : \left[1 - \frac{10}{48} \cdot \frac{H \cdot a^2}{EJ} \right].$$

Diese Gleichung liefert endliche Deformationen Δy, solange der Nenner $\left(1 - \frac{10}{48} \cdot \frac{H a^2}{EJ} \right)$ von Null verschieden ist. Nähert sich der Nenner der Grenze Null, so wachsen die Deformationen ins Ungemessene, d. h. der Bogen knickt. Die Knickbedingung $\left(1 - \frac{10}{48} \cdot \frac{H a^2}{EJ} \right) = 0$ liefert daher

Gl. 17)
$$H_k = \frac{4{,}8 \cdot EJ}{a^2}$$

für den kritischen Horizontalschub. Nach Gl. 17) ist also die Knickgrenze des schlaffen Dreigelenkbogens vom Trägheitsmoment J und der halben Stützweite a annähernd halb so groß wie die eines sonst gleichen Stabes von der freien Länge a.

Für steife Dreigelenkbogen war in § 31 die Näherungsformel $N_k = \frac{6 \cdot EJ}{a^2}$ abgeleitet worden, welche für sehr flache Bogen gilt, bei denen die Druckkraft N_k im Bogenviertel nur wenig vom Horizontalschub H_k abweicht. Der Vergleich dieser Näherungsformel mit Gl. 17) lehrt, daß der steife Dreigelenkbogen hinsichtlich seiner Knickfestigkeit dem schlaffen Dreigelenkbogen mit Versteifungsträger um etwa $20^0/_0$ überlegen ist.

Die vorstehend entwickelten Gleichungen setzen die unbeschränkte Gültigkeit des Hookeschen Gesetzes voraus. Überschreitet die Knickspannung die Proportionalitätsgrenze, so führen wir die Länge l_k eines Ersatzstabes von gleicher Knickfestigkeit, wie sie der Bogen besitzt, ein, indem wir

Gl. 18)
$$H_k = \frac{4{,}8 \cdot EJ}{a^2} = \frac{\pi^2 \cdot EJ}{l_k^2}$$

setzen, woraus

Gl. 19)
$$l_k = \sqrt{2{,}054}\, a = 1{,}435\, a$$

folgt.

Außerhalb der Proportionalitätsgrenze findet man alsdann die Knickkraft nach den Tetmajerschen Formeln, z. B. für Flußeisen

Gl. 20)
$$H_k = \left(3{,}1 - 0{,}0114 \cdot \frac{l_k}{i}\right) \cdot F$$

für $l_k/i < 105$, worin l_k nach Gl. 19) und $i = \sqrt{\dfrac{J}{F}}$ einzuführen ist.

Auch hier |kann bei geeigneter Konstruktion eine steife Fahrbahn, die nach Gl. 18) bzw. Gl. 20) berechnete Knickgrenze auf ihren $\dfrac{J_T + \Sigma(J_F)}{J_T}$-fachen Betrag erhöhen (vgl. S. 143).

Zahlenbeispiel. Wie groß darf für den in Abb. 83 skizzierten Dreigelenkbogen mit Versteifungsträger die zulässige Belastung der Tragwand pro

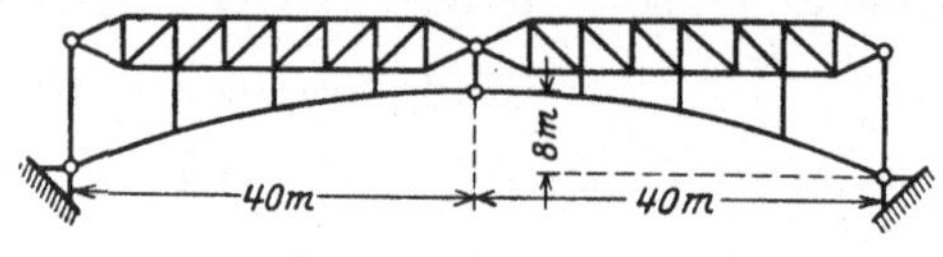

Abb. 83.

laufenden Meter bei 3,5facher Sicherheit höchstens sein, wenn $E = 2000$ t/cm², und für den Bogen $F = 950$ cm² und $J = 3\,500\,000$ cm⁴ ist?

Die als freie Knicklänge einzuführende Größe ist nach Gl. 19)
$$l_k = 1{,}435 \cdot a = 57{,}4 \text{ m} = 5740 \text{ cm.}$$

Man erhält für den Trägheitsradis $i = \sqrt{\dfrac{J}{F}} = \sqrt{\dfrac{3\,500\,000}{950}} = 60{,}7$ cm und für die Schlankheit $l_k/i = 5740 : 60{,}7 = 94{,}7$, wonach Gl. 20) maßgebend wird, nach welcher der kritische Horizontaldruck sich zu
$$H_k = (3{,}1 - 0{,}0114 \cdot 94{,}7) \cdot 950 = 1920 \text{ t}$$

berechnet. Bei 3,5facher Sicherheit ist sonach der zulässige Horizontalschub $H_{zul.} = 1920 : 3{,}5 = 548$ t und demnach aus
$$H_{zul.} = \frac{p_{zul.} \cdot (2a)^2}{8 f_m} = \frac{p_{zul.} \cdot a^2}{2 f_m}$$

die zulässige Belastung einer Tragwand
$$p_{zul.} = \frac{2 \cdot H_{zul.} \cdot f_m}{a^2} = \frac{2 \cdot 548 \cdot 800}{4000^2} = 5{,}48 \text{ t/m.}$$

Der vollwandige Stab mit veränderlichem Querschnitt, veränderlicher Stabkraft, mit oder ohne elastische Querstützung.

A. Stäbe ohne elastische Stützung.

§ 33. Zwei Methoden zur Berechnung gerader Vollwandstäbe von veränderlichem Querschnitt und veränderlicher Stabkraft.

Ist das Trägheitsmoment oder die Druckkraft eines Stabes von Stelle zu Stelle stetig oder sprungweise veränderlich, so können die in den Abschnitten I und II abgeleiteten Gleichungen zur Berechnung der Knickgrenze solcher Stäbe nur als Annäherungslösungen betrachtet werden, welche dann gut brauchbare Ergebnisse liefern, wenn das mittlere Trägheitsmoment des Stabes bzw. seine mittlere Druckkraft von ihren Kleinst- und Größtwerten nur unerheblich abweichen. Trifft diese Voraussetzung nicht zu, oder will man eine größere Schärfe der Berechnung herbeiführen, so empfiehlt es sich, eine der beiden folgenden Methoden anzuwenden.

1. Analytische Methode [1].

Die Differentialgleichung der elastischen Linie für den Stab mit veränderlichem Querschnitt lautet

Gl. 1)
$$\frac{d^2 y}{dx^2} + \frac{P}{EJ_x} \cdot y = 0,$$

wobei durch den Index x angedeutet werden soll, daß J_x eine Funktion von x ist. Gesetzt, es wäre eine Funktion

Gl. 2)
$$y = F(x)$$

---

[1] F. Engesser, Zeitschr. des Österr. Ing.- u. Arch.-Vereins 1893, Heft 38.

so gefunden, daß Gl. 2) das Integral von Gl. 1) darstellte, so wäre von selber auch

Gl. 3)
$$y = C \cdot F(x),$$

wo C eine willkürliche Konstante ist, ein Integral von Gl. 1), da sich aus Gl. 2) ebenso wie aus Gl. 3) die Differentialgleichung 1) in in der Form

Gl. 4)
$$F''(x) + \frac{P}{EJ_x} \cdot F(x) = 0$$

herstellen läßt. Diese Eigenschaft des Integrals ist ein Ausdruck dafür, daß bei der üblichen Ableitung der Knickkraft die entstehende Ausbiegung unbestimmt bleibt (vgl. S. 11 ff.).

Löst man Gl. 1) nach P auf, so erhält man

Gl. 5)
$$P = -EJ_x \cdot \frac{d^2 y}{dx^2} : y$$

oder da $-EJ_x \cdot \dfrac{d^2 y}{dx^2} = M_x$ ist,

Gl. 6)
$$P = +\frac{M_x}{y}.$$

Offenbar ist auch die Gl. 6), welche die Knickkraft zur Durchbiegung und zum Biegungsmoment an jeder Stelle in Beziehung setzt, unabhängig von dem Wert der Konstanten C und somit auch unabhängig von der Größe der entstehenden Ausbiegung. Sie gilt für jede beliebige Stelle x des knickenden Stabes, daher auch insbesondere für die Stabmitte, wo sie den Sonderwert

Gl. 7)
$$P = +\frac{M_{max}}{f}.$$

ergibt. Nimmt man J_x als unveränderlich an, so lautet die Gleichung der elastischen Linie nach § 3 $y = C \cdot \sin \dfrac{\pi x}{l}$, und man kann leicht zeigen, daß Gl. 6) oder 7) mit dieser Gleichung der elastischen Linie den Eulerschen Wert für die Knicklast ergibt. Man hat nämlich

$$M_x = -EJ_x \cdot \frac{d^2 y}{dx^2} = EJ \cdot C \cdot \frac{\pi^2}{l^2} \cdot \sin \frac{\pi x}{l} \quad \text{und} \quad \text{deshalb} \quad \text{nach} \quad \text{Gl. 6)}$$

$$P = \frac{M_x}{y} = \frac{EJ \cdot C \cdot \dfrac{\pi^2}{l^2} \cdot \sin \dfrac{\pi x}{l}}{C \cdot \sin \dfrac{\pi x}{l}} = EJ \cdot \frac{\pi^2}{l^2}.$$

Zur Berechnung von P nach Gl. 7) nimmt man bei veränderlichem Trägheitsmoment J_x zunächst eine für die Darstellung der

Momente passend erscheinende Funktion M_x an und bestimmt die zugehörige Biegungslinie gemäß

$$\text{Gl. 8)} \qquad y = \frac{l-x}{l} \cdot \int_0^x \frac{M_x \cdot x \cdot dx}{EJ_x} + \frac{x}{l} \cdot \int_x^l \frac{M_x(l-x)\,dx}{EJ_x},$$

in welche die gewählte Funktion M_x unter den Integralen einzuführen ist. Man erhält insbesondere für $x = \dfrac{l}{2}$ in Stabmitte bei symmetrischer Momentenlinie den Wert $y_{max} = f$ nach

$$\text{Gl. 8a)} \qquad f = \frac{1}{2}\left[\int_0^{\frac{l}{2}} \frac{M_x \cdot x \cdot dx}{EJ_x} + \int_{\frac{l}{2}}^l \frac{M_x \cdot (l-x) \cdot dx}{EJ_x} \right]$$

und hiermit aus Gl. 6) oder 7) einen Näherungswert der Knickkraft P. Die Näherung ist um so besser, je besser Gl. 6) für beliebige Abszissen x des Stabes befriedigt wird. Genügt die gemachte Annahme von M_x der letzteren Bedingung noch nicht, so empfiehlt es sich die nach Gl. 8) berechnete Biegungslinie als zweite Annäherung der Momentenlinie zu betrachten und hiermit die Rechnung von neuem zu beginnen. Meistens genügt ein zweimaliger Rechnungsgang. Wir erläutern das Verfahren an zwei Beispielen.

1. **Beispiel.** Sei $J_x = J = $ constans und als Linie der Biegungsmomente in erster Näherung die Parabel angenommen, welche einer gleichförmigen Belastung entspricht:

$$M_x^{\mathrm{I}} = \frac{p \cdot x \cdot (l-x)}{2}.$$

Man erhält dann aus Gl. 8)

$$y^{\mathrm{I}} = \frac{p\,x}{24\,EJ} \cdot (l^3 - 2\,l x^2 + x^3).$$

Nun wird $M_{max} = \dfrac{p\,l^2}{8}$ und $f = \dfrac{5}{384} \cdot \dfrac{p\,l^4}{EJ}$, wonach aus Gl. 7) $P = \dfrac{9,6\,EJ}{l^2}$ folgt. Gegenüber dem wahren Werte $P_E = \dfrac{\pi^2\,EJ}{l^2}$ nach **Euler** ist dieser Näherungswert um $2,8\,\%$ zu klein. Setzt man nunmehr zwecks weiterer Annäherung die Biegungslinie y^{I} als Momentenlinie, so folgt aus Gl. 8) mit $M_x^{\mathrm{II}} = x \cdot (l^3 - 2\,l x^2 + x^3)$ [1]

$$y^{\mathrm{II}} = \frac{1}{EJ} \cdot \left[\frac{l^5 \cdot x}{10} - \frac{l^3 \cdot x^3}{6} + \frac{l \cdot x^5}{10} - \frac{x^6}{30} \right],$$

woraus $M_{max} = \dfrac{5}{16} \cdot l^4$ und $f = \dfrac{61}{1920} \cdot \dfrac{l^6}{EJ}$ sich ergibt.

---

[1] Zur Vereinfachung wurde der Faktor $\dfrac{p}{24\,EJ}$ weggelassen; dies bedeutet nichts anderes als einen Wechsel des Maßstabes für die Biegungsmomente M^{II} gegenüber dem Maßstab von M^{I} und hat auf die Rechnung keinen Einfluß, da sich in Gl. 6) mit M_x in gleicher Weise auch der Maßstab von y ändert.

Nach Gl. 7) wird nun

$$P = \frac{5}{16} \cdot \frac{1920}{61} \cdot \frac{EJ}{l^2} = \frac{9{,}84 \cdot EJ}{l^2}$$

als zweiter Näherungswert erhalten mit einer Abweichung vom Eulerschen Wert von nur $0{,}3\,{}^0/_0$. Wäre diese Genauigkeit noch nicht hinreichend, so könnte man mit der neuen Biegungslinie als Momentenlinie das Verfahren fortsetzen.

2. Beispiel. Das Trägheitsmoment J_x variiere nach der Parabel $J_x = J_{max} \cdot \dfrac{4\,x \cdot (l - x)}{l^2}$. Nimmt man als Momentenlinie ebenfalls eine Parabel an $M_x = M_{max} \cdot \dfrac{4\,x \cdot (l - x)}{l^2}$, so liefert Gl. 8) die Biegungslinie in der Form $y = \dfrac{M_{max}}{EJ_{max}} \cdot \dfrac{x \cdot (l - x)}{2\,l^2}$, wonach $f = \dfrac{M_{max}}{EJ_{max}} \cdot \dfrac{l^2}{8}$ wird.

Aus Gl. 7) folgt somit $P = \dfrac{8\,EJ_{max}}{l^2}$, und dieser Wert ist zugleich der strenge Wert der Knickkraft, denn für ihn wird Gl. 6) an jeder Stelle x identisch erfüllt:

$$P = \frac{8\,EJ_{max}}{l^2} \equiv \left[M_{max} \frac{4\,x \cdot (l - x)}{l^2} \right] : \left[\frac{M_{max}}{EJ_{max}} \cdot \frac{x \cdot (l - x)}{2\,l^2} \right] = \frac{M_x}{y}\,.$$

In allen Fällen, wo sich die Funktion $J_x = F(x)$ nicht analytisch bestimmen läßt, oder wo die Entwicklung der Knickgrenze nach dem vorstehenden Verfahren Schwierigkeiten bereitet, empfiehlt sich die Behandlung nach der folgenden

2. Graphischen Methode,

welche im wesentlichen nur dadurch von der analytischen sich unterscheidet, daß bei ihr die Knicklinie durch zeichnerische Berechnung bestimmt wird.

Die Gl. 6) $M_x = P_k \cdot y$

verlangt weiter nichts, als daß die Momentenlinie M_x im Knickfalle zur Knicklinie y affin sei.

Nimmt man nun (ebenso wie zuvor beim analytischen Verfahren) eine beliebige, aber wahrscheinliche Momentenlinie M_x^{I} zeichnerisch an, so kann man hierzu die Biegungslinie y^{I} zeichnerisch nach dem Mohrschen Verfahren ermitteln; die Biegungslinie y^{I} ist nämlich das Seilpolygon, das mit der Poldistanz $E \cdot J_c$ für die verzerrte Momentenfläche $M_x^{\mathrm{I}} \cdot \dfrac{J_c}{J_x}$ als Belastungsfläche gezeichnet wird[1]).

---

[1]) Die Differentialgleichung der mit der Poldistanz H gezeichneten Seillinie für eine Belastungsfläche, deren Ordinaten $= M_x$ sind, lautet:

a) $H \cdot \dfrac{d^2 y}{d x^2} = M_x$.

Die Differentialgleichung der zur Momentenfläche der M_x gehörigen Biegungslinie ist

Wäre zufällig die Momentenlinie M_x^{I} richtig gewählt worden, so müßte das Verhältnis $M_x^{\mathrm{I}} : y^{\mathrm{I}}$ an jeder Stelle des Stabes gleich groß und gleich der Knickkraft P_k sein. Ob und mit welcher Näherung dies zutrifft, erkennt man leicht, wenn man die erhaltene Biegungslinie y^{I} so vergrößert, daß ihre größte Ordinate mit der größten Ordinate der Momentenlinie M_x^{I} übereinstimmt.

Zeigt sich zwischen der Momentenlinie und der vergrößerten Biegungslinie noch eine erhebliche Abweichung, so nimmt man die vergrößerte Biegungslinie als neue Momentenlinie M_x^{II} an und konstruiert hierzu wie zuvor das Seilpolygon mit der Poldistanz $E \cdot J_c$ für die verzerrte Momentenlinie $M_x^{\mathrm{II}} \cdot \dfrac{J_c}{J_x}$ als Belastungsfläche, wodurch man eine Biegungslinie mit den Ordinaten y^{II} erhält.

Man erhält mit der Fortsetzung des Verfahrens, ebenso wie vorher auf analytischem Wege, auch hier eine immer bessere Annäherung an den Wert der Knickgrenze.

Sind Momentenlinie und Biegungslinie affin, ist also $M_x = P_k \cdot y$, so ist auch

Gl. 9)
$$\int_0^l M_x \cdot dx = P \cdot \int_0^l y \cdot dx.$$

Man kann also auch die Knickgrenze $P_k = \dfrac{\displaystyle\int_0^l M_x \cdot dx}{\displaystyle\int_0^l y \cdot dx}$ durch Planimetrieren der Momentenfläche und der Fläche der Biegungslinie bestimmen.

Vianello[1]) empfiehlt als erstes die Annahme der Biegungslinie y^0 und berechnet dann aus der zu dieser Biegungslinie gehörigen Momentenlinie M_x^{I} wie zuvor auf graphischem Wege eine neue Biegungslinie y^{I}. Die Knickkraft ist dann nach Vianello gemäß Gl. 9)

b) $\dfrac{d^2 y}{dx^2} = \dfrac{M_x}{E J_x}$, oder, wenn man ein konstantes Trägheitsmoment J_c als Bezugsträgheitsmoment einführt:

c) $\dfrac{d^2 y}{dx^2} = \dfrac{1}{E J_c} \cdot M_x \cdot \dfrac{J_c}{J_x}$.

Der Vergleich von Gleichung a) mit Gleichung c) lehrt daher, daß man die Biegungslinie erhält als die mit der Poldistanz $E J_c$ gezeichnete Seillinie für die verzerrte Momentenfläche $M_x \cdot \dfrac{J_c}{J_x}$ als Belastungsfläche.

Wählt man statt der Poldistanz $H = E J_c$ die Poldistanz $H' = \dfrac{E J_c}{m}$, wo m eine beliebige Zahl ist, so erhält man die Ordinaten der Biegungslinie in der zugehörigen Seillinie in m-facher Vergrößerung.

<hr>

[1]) L. Vianello, Z. d. Ver. deutsch. Ing. 1898, S. 1436.

zu bestimmen und zur Erzielung größerer Genauigkeit das Verfahren erforderlichenfalls zu wiederholen.

Das graphische Verfahren eignet sich sowohl für veränderliche Stabkraft wie für veränderliche Querschnitte und soll im folgenden an zwei Beispielen erläutert werden.

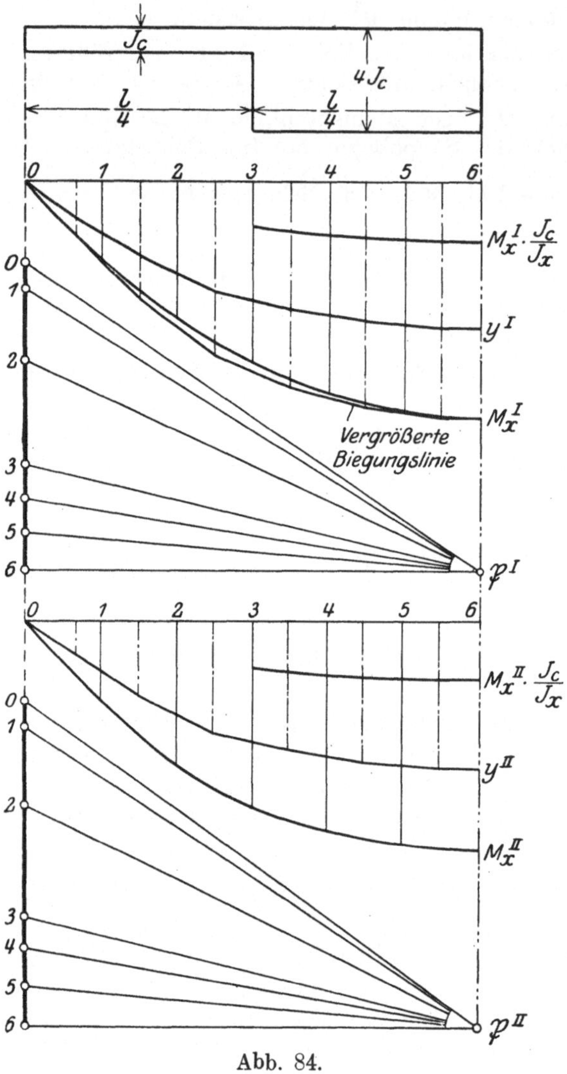

1. Beispiel: Für einen Stab mit freien Enden, dessen Trägheitsmoment in den beiden äußeren Vierteln der Stablänge nur $^1/_4$ so groß ist wie in der Stabmitte, soll die Knickgrenze graphisch ermittelt werden.

Der Symmetrie wegen ist in Abb. 84 der Stab nur hälftig gezeichnet. Die Trägheitsmomente seien J_c in den äußeren Vierteln und $4 \cdot J_c$ in Stabmitte (vgl. Abb. 84); die Stablänge l ist durch eine Strecke von 12 cm Länge zur Darstellung gebracht, so daß als

$$\text{Längenmaßstab } 1\,\text{cm} = \frac{l}{12}$$

sich ergibt.

Als Bezugsträgheitsmoment J_c wurde das kleinere Trägheitsmoment an den Stabenden gewählt und dementsprechend die Linie der $M_x^{\mathrm{I}} \cdot \dfrac{J_c}{J_x}$ gezeichnet.

Statt $H = E \cdot J_c$ wurde die Länge $H' = \dfrac{l}{2}$ als Poldistanz gewählt. Hierdurch erscheinen die Ordinaten der Biegungslinie y^{I} in $\dfrac{EJ_c}{\dfrac{l}{2}} = \dfrac{2EJ_c}{l}$ -facher Vergrößerung.

Die Ordinaten der Linie $M_x^{\mathrm{I}} \cdot \dfrac{J_c}{J_x}$ wurden — um in der Zeichnung das Seilpolygon der y^{I} nicht mit der Linie $M_x^{\mathrm{I}} \dfrac{J_c}{J_x}$ nahe zusammenfallen zu lassen — in $^2/_3$ Verkleinerung im Kräftepolygon eingetragen; dies hat eine Verkleinerung der Ordinaten y^{I} im Verhältnis von $2 : 3$ zur Folge.

Man erhält somit unter Beachtung des Längenmaßstabes, der Wahl der

Abb. 84.

Poldistanz und des Maßstabes des Kräftepolygons für die Ordinaten der Biegungslinie den Maßstab:

$$1\ \text{cm} = \frac{l}{12} \cdot \frac{l}{2\,EJ_c} \cdot \frac{3}{2} = \frac{l^2}{16\,EJ_c}.$$

Abb. 84 ergibt für den ersten Rechnungsgang mit M_x^{I} und y^{I}

das größte Biegungsmoment $\max M_x^{\mathrm{I}} = 3$ cm und

die größte Ordinate der Biegungslinie $\max y^{\mathrm{I}} = 1{,}87$ cm.

Unter Berücksichtigung des zuvor bestimmten Maßstabes folgt hieraus die Knickkraft

$$P^{\mathrm{I}} = \frac{\max M_x^{\mathrm{I}}}{\max y^{\mathrm{I}}} = \frac{3}{1{,}87} \cdot \frac{16\,EJ_c}{l^2} = 25{,}7 \cdot \frac{EJ_c}{l^2}.$$

Die Vergrößerung der Biegungslinie im Verhältnis von $\dfrac{\max M_x^{\mathrm{I}}}{\max y^{\mathrm{I}}}$ ergibt noch beträchtliche Abweichungen zwischen M_x^{I} und den vergrößerten Werten von y^{I} in den zwischen den Punkten 1 und 4 gelegenen Teilen des Stabes.

Dem zweiten Rechnungsgang ist die vergrößerte Biegungslinie der y^{I} als Momentenlinie M_x^{II} zugrunde gelegt; das Verfahren führt, von M_x^{II} ausgehend, zu einer Biegungslinie y^{II}, die schon innerhalb der Genauigkeit zeichnerischer Darstellung zur Linie der M_x^{II} affin ist. Man erhält wie zuvor aus

$$\max M_x^{\mathrm{II}} = 3\ \text{cm} \quad \text{und}$$
$$\max y^{\mathrm{II}} = 1{,}97\ \text{cm}$$

die Knickgrenze zu

$$P^{\mathrm{II}} = \frac{\max M_x^{\mathrm{II}}}{\max y^{\mathrm{II}}} = \frac{3}{1{,}97} \cdot \frac{16\,EJ_c}{l^2} = 24{,}35 \cdot \frac{EJ_c}{l^2}.$$

Damit ist, da der wahre Wert der Knickkraft $P_k = 24{,}25 \cdot \dfrac{EJ_c}{l^2}$ beträgt, eine Genauigkeit erreicht, die bei graphischer Berechnung nicht weiter zu verbessern ist.

Hätte man die Knickgrenze nicht durch Vergleichung der maximalen Ordinaten bestimmt, sondern durch Vergleichung der Flächen, so hätte man im ersten Rechnungsgang $P' = 25{,}15 \cdot \dfrac{EJ_c}{l^2}$ erhalten und

„   zweiten   „ $P'' = 24{,}10 \cdot \dfrac{EJ_c}{l^2}.$

Übrigens ist es nicht ohne Interesse, daß man unter Zugrundelegung eines mittleren Trägheitsmomentes

$$J_m = \frac{J_c + 4\,J_c}{2} = 2{,}5 \cdot J_c$$

für den vorliegenden Stab aus der Eulerschen Formel die Knickkraft

$$P_E = \pi^2 \cdot \frac{EJ_m}{l^2} = 24{,}65 \cdot \frac{EJ_c}{l^2}$$

erhält, welche trotz des starken Unterschiedes in den Trägheitsmomenten vom wahren Werte nur unerheblich abweicht.

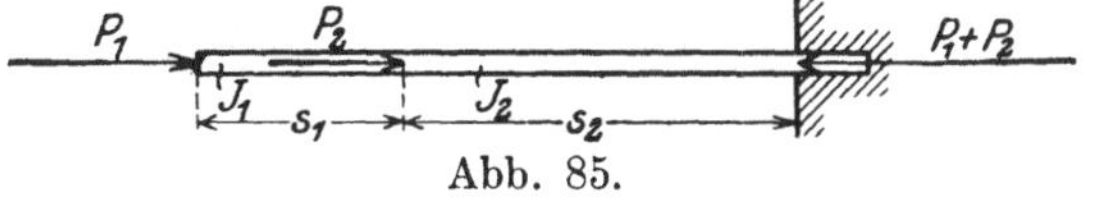

Abb. 85.

2. Beispiel: Der in Abb. 85 dargestellte, eingespannte Stab werde durch zwei Kräfte $P_1 = 3$ t und $P_2 = 2$ t in seiner Achse gedrückt. Sei $s_1 = 150$ cm;

$s_2 = 300$ cm, $J_1 = J_c = 120$ cm⁴; $J_2 = 400$ cm⁴; $E = 2150$ t/cm². Wie groß ist die Knicksicherheit?

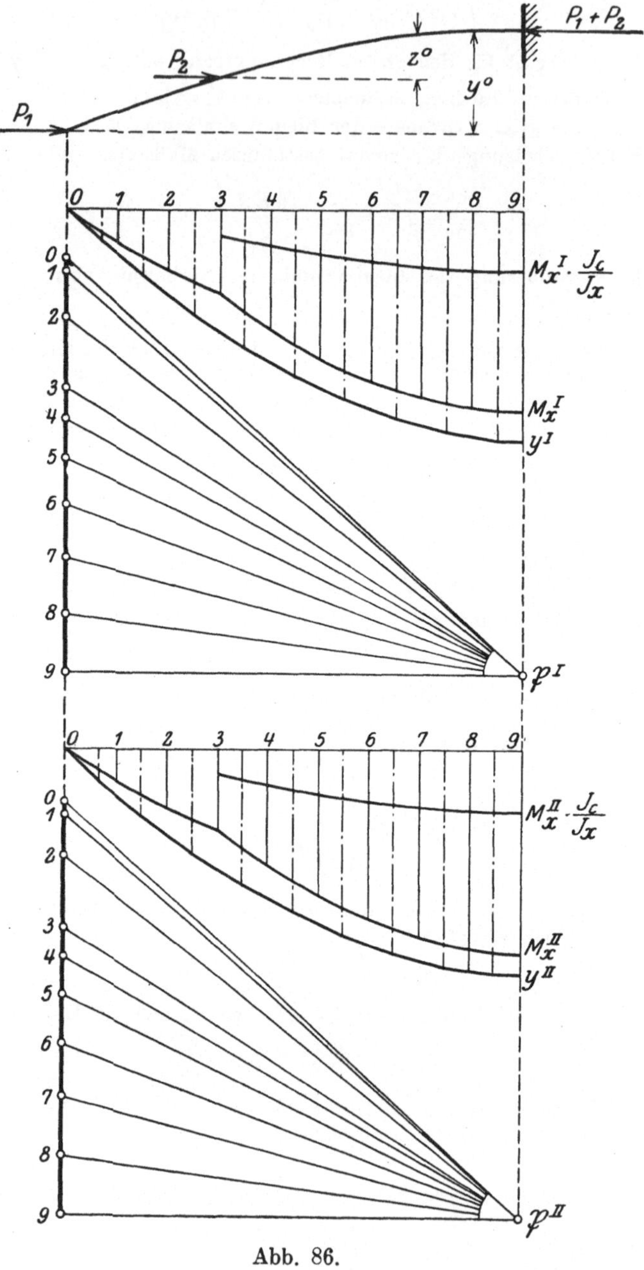

Abb. 86.

Zur graphischen Berechnung ist in Abb. 86 der Stab durch eine Strecke von 6 cm Länge dargestellt; der Längenmaßstab ist hiernach 1 cm = 75 cm.

Die zunächst willkürlich gewählte Biegungslinie y^0 ist mit einer größten Ordinate von $y^0_{max} = 100$ cm in diesem Maßstab gezeichnet.

Für die gewählte Biegungslinie y^0 und das Bezugsträgheitsmoment $J_c = J_1 = 120$ cm^4 erhält man die in nachstehender Tabelle berechneten Werte von M^I_x und $M^I_x \cdot \dfrac{J_c}{J_x}$:

Punkt	Hebelarme in cm		Biegungsmomente in tcm		M^I_x	$M^I_x \cdot \dfrac{J_c}{J_x}$
	y^0	z^0	$M_1 = P_1 \cdot y^0$	$M_2 = P_2 \cdot z^0$	tcm	tcm
0	0	—	0	—	0	0
1	21	—	63	—	63	63
2	38	—	114	—	114	114
3	55	—	165	—	165	165 bzw. 49,5[1])
4	68	13	204	26	230	69,0
5	80	25	240	50	290	87,0
6	89	34	267	68	335	100,5
7	95	40	285	80	365	109,5
8	99	44	297	88	385	115,5
9	100	45	300	90	390	117,0

Für die Darstellung der Kurven M^I_x und $M^I_x \cdot \dfrac{J_c}{J_x}$ wurde in Abb. 86 der Maßstab gewählt: 1 cm = 150 tcm.

Zur Darstellung des Kräftepolygons wurden die Belastungen in dem Maßstab 1 cm = 7500 tcm^2 gezeichnet.

Die als Poldistanz einzuführende Strecke

$$H = EJ_c = 2150 \cdot 120 = 258\,000 \text{ tcm}^2$$

wäre hiernach durch eine Strecke von der Länge $\dfrac{258\,000}{7500} = 34{,}4$ cm darzustellen gewesen.

Da die Zeichnung statt dessen mit einer Poldistanz von nur 6 cm Länge durchgeführt wurde, ergibt das Seilpolygon die Ordinaten y^I der Biegungslinie in $\dfrac{34{,}4}{6} = 5{,}73$ facher Vergrößerung.

Die maximale Ordinate von y^I ist im Seilpolygon durch eine Länge von 2,98 cm dargestellt. Da der Längenmaßstab 1 : 75 ist und die Vergrößerung des Seilpolygons 5,73fach, so ist

$$y^I_{max} = 2{,}98 \cdot \dfrac{75}{5{,}73} = 39{,}0 \text{ cm.}$$

Die bei der angenommenen Biegungslinie y^0 durch die Kräfte $P_1 = 3$ t und $P_2 = 2$ t hervorgerufenen Biegungsmomente M^I_x bewirken am Stabe statt der maximalen Durchbiegung $y^0_{max} = 100$ cm nur eine maximale Durchbiegung $y^I_{max} = 39$ cm. Hätte man statt der Kräfte P_1 und P_2 am Stabe Kräfte wirken lassen, die im Verhältnis $y^0_{max} : y^I_{max} = 100 : 39$ gegenüber P_1 und P_2 vergrößert waren, so hätten diese Kräfte den Stab bei einer größten Ausbiegung von 100 cm im Gleichgewicht gehalten. Die im Verhältnis 100 : 39 ver-

---

[1]) Wegen der sprungweisen Änderung des Trägheitsmomentes.

größeren Kräfte bringen somit den Stab an die Knickgrenze, und der Sicherheitsgrad ist in erster Annäherung:

$$\nu^{\mathrm{I}} = y^0_{max} : y^{\mathrm{I}}_{max} = 100 : 39 = 2{,}56\,{}^1).$$

Um zu einer zweiten Annäherung für die Knickgrenze zu gelangen, wurde die erhaltene Biegungslinie y^{I} so vergrößert, daß ihre größte Ordinate 100 cm wurde. Diese vergrößerte Biegungslinie wurde dann wie zuvor unter Benutzung derselben Maßstäbe zur Grundlage eines zweiten Rechnungsganges gemacht.

Man erhält dann nachstehende Berechnung der Momente M^{II}_x und $M^{\mathrm{I}}_x \cdot \dfrac{J_c}{J_x}$:

Punkt	Hebelarme in cm		Biegungsmomente in tcm		M^{II}_x	$M^{\mathrm{II}}_x \cdot \dfrac{J_c}{J_x}$	
	y^{I}	z^{I}	$M_1 = P_1 \cdot y^{\mathrm{I}}$	$M_2 = P_2 \cdot y^{\mathrm{I}}$	tcm	tcm	
0	0	—	0	0	0	0	
1	19,2	—	57,6	0	57,6	57,6	
2	37,6	—	112,8	0	122,8	112,8	
3	52,7	—	158,1	0	158,1	158,1	47,5 ²)
4	65,9	13,2	197,7	26,4	224,1		67,2
5	77,8	25,1	233,4	50,2	283,6		84,9
6	86,7	34,0	260,1	68,0	328,1		98,5
7	94,4	41,7	283,2	83,4	366,6		109,8
8	98,3	45,6	294,9	91,2	386,1		115,8
9	100	47,3	300,0	94,6	394,6		118,3

Die als Seilpolygon gezeichnete Biegungslinie y^{II} hat in der Abb. 86 eine durch eine Strecke von 2,92 cm Länge dargestellte, größte Ordinate y^{II}_{max}.

Unter Berücksichtigung der Maßstäbe entspricht dieser Strecke eine größte Ordinate $y^{\mathrm{II}}_{max} = 2{,}92 \cdot \dfrac{75}{5{,}73} = 38{,}2$ cm.

Man erhält hiernach für den Sicherheitsgrad in zweiter Annäherung den Wert

$$\nu^{\mathrm{II}} = y^0_{max} : y^{\mathrm{II}}_{max} = 100 : 38{,}2 = 2{,}62.$$

Bei dem eben angeführten Beispiel waren Stabkraft und Trägheitsmoment veränderlich, der Querschnitt jedoch bekannt. Die in praktischen Fällen meist wichtigere Aufgabe der Querschnittsbestimmung läßt sich meistens nur durch Probieren lösen; dies gilt sowohl für die graphische Behandlung wie auch für die analytische, welche die Querschnittsbemessung auf die Auflösung einer transzendenten Gleichung zurückführt.

Für eine große Zahl von Aufgaben hat J. Dondorff bei sprungweiser und stetiger Änderung der Axialkraft und des Querschnittes

---

¹) Da $M^{\mathrm{I}}_x = P_1 \cdot y^0 + P_2 \cdot z^0$ ist, so besteht bei diesem Belastungsfall keine Affinität zwischen der Momentenlinie M^{I}_x und der Biegungslinie y^0. Damit entfällt hier die Möglichkeit, die Güte der Annäherung zu kontrollieren!

²) Wegen der sprungweisen Änderung des Trägheitsmomentes.

die Knickbedingungen sowohl für freie, wie für eingespannte Stab-enden aufgestellt. Mit Rücksicht auf den praktisch geringen Nutzen der Mehrzahl dieser Ergebnisse, sollen im folgenden nur die Probleme behandelt werden, denen ein unmittelbares Interesse im Hinblick auf die technischen Bedürfnisse zukommt. Wir begnügen uns dabei mit der Mitteilung der Ergebnisse und verweisen bezüglich ihrer Herleitung auf die unten angeführte Schrift[1]).

§ 34. Der gelenkig befestigte Stab mit stetig veränderlichem Druck und Querschnitt.

Die hier folgenden Gleichungen zur Berechnung der Knickgrenze beschränken sich auf die Fälle, in denen der Stabdruck P_x und das Trägheitsmoment J_x seines Querschnittes an der Stelle x nach ge-wissen einfachen Gesetzen (linear oder parabolisch) sich ändern. Gerade solche Änderungen sind für praktische Fälle von Bedeutung. Wir erinnern z. B. daran, daß in den Gurtstäben eines Parallel-trägers die Stabkräfte sich für eine Einzellast in Trägermitte linear bzw. für gleichförmige Belastung parabolisch ändern.

1. Druck und Trägheitsmoment ändern sich parabolisch.

Hier ist also (Abb. 87)

$$P_x = P_{max} \cdot \left[1 - \frac{4x^2}{l^2}\right] \quad \text{und} \quad J_x = J_{max} \cdot \left[1 - \frac{4x^2}{l^2}\right],$$

daher $P_x : J_x = \text{konst.}$ Der Stab befindet sich in diesem Falle an der Knickgrenze, wenn

Gl. 1)
$$\frac{P_x}{J_x} = \frac{P_{max}}{J_{max}} = 18{,}48 \cdot \frac{E}{l^2}$$

erfüllt ist.

Näherungsweise tritt parabolische Änderung der Druckkräfte (Abb. 88) im Druckgurt eines gleichförmig belasteten Parallelträgers

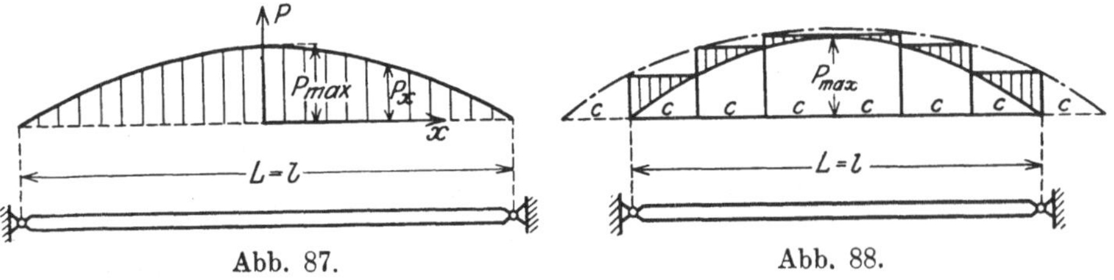

Abb. 87. Abb. 88.

auf. Ersetzt man den treppenförmigen Verlauf des Druckdiagramms eines Trägers von der Länge L und der Feldweite c durch die Parabel

[1]) J. Dondorff, Die Knickfestigkeit des geraden Stabes mit veränder-lichem Querschnitt und veränderlichem Druck, ohne und mit Querstützen, Diss., Düsseldorf 1907.

über L mit P_{max} als Scheitelordinate, so bleiben die schraffierten Zwickel des Diagramms unberücksichtigt; dieSicherheit wird daher überschätzt. Zeichnet man die dem Druckdiagramm umbeschriebene Kurve über $L + 2c$, so wird offenbar die Sicherheit zu reichlich. Man erhält so zwei Grenzwerte der Sicherheit, zwischen denen ihr wahrer Wert liegen muß. Die Interpolation zwischen den Grenzen der Sicherheitsgrade für die Kurve über L und die Kurve $L + 2c$ ist einigermaßen unsicher, und es erscheint daher zweckmäßig für einen mehrfeldrigen Stab von gleicher Feldweite, dessen Druckkräfte sich wie die Druckkräfte beim gleichförmig belasteten Parallelträger ändern, die Knickgrenze nach

Gl. 2)
$$\frac{P_x}{J_x} = \vartheta_1 \cdot \frac{E}{l^2}$$

zu bestimmen, worin ϑ_1 ein Wert ist, der nur von der Feldzahl n abhängt und aus Tabelle 18 entnommen werden kann.

Tabelle 18.

(Gelenkig befestigter Stab. Parabolische Änderung von Druck und Trägheitsmoment).

$n =$	2	4	6	8	10	12	16	20	24
$\vartheta_1 =$	9,88	11,76	13,28	14,26	14,92	15,36	16,08	16,52	16,80

Für unendlich große Felderzahl nähern sich die Zahlen ϑ_1 asymptotisch dem Grenzwert 18,48, der in Gl. 1) für stetige Änderung auftritt.

Beispiel: Für die Last 1 t/m sollen bei 4facher Sicherheit die Querschnitts-Trägheitsmomente eines Parallel-Fachwerkträgers von 20 m Stützweite ermittelt werden, der bei einer Trägerhöhe $h = 1,67$ m, $n = 12$ Felder hat. Der Elastizitätsmodul ist mit $E = 2150$ t/cm² einzuführen.

Die mit der Sicherheitszahl 4 multiplizierten Stabkräfte des Obergurts sind

$$O_1 = 36,7 \text{ t}, \quad O_2 = 66,7 \text{ t}, \quad O_3 = 90,0 \text{ t}, \quad O_4 = 106,7 \text{ t}, \quad O_5 = 116,7 \text{ t}, \quad O_6 = 120 \text{ t}.$$

Man entnimmt der Tabelle 18 den Wert $\vartheta_1 = 15,36$ für $n = 12$ und findet somit aus

$$\frac{J_x}{O_x} = \frac{l^2}{E \vartheta_1} = \frac{2000^2}{2150 \cdot 15,36} = 121 \text{ cm}^4/\text{t},$$

die erforderlichen Trägheitsmomente $J_x = 121 \cdot O_x$, also

$$J_1 = 4450 \text{ cm}^4, \quad J_2 = 8080 \text{ cm}^4, \quad J_3 = 10890 \text{ cm}^4, \quad J_4 = 12\,910 \text{ cm}^4,$$
$$J_5 = 14\,120 \text{ cm}^4 \text{ und } J_6 = 14\,530 \text{ cm}^4.$$

2. Druck und Trägheitsmoment nehmen von Stabmitte gegen das Stabende hin geradlinig zu Null ab.

Hier ist (Abb. 89)

$$P_x = P_{max} \cdot \left[1 - \frac{2x}{l}\right] \quad \text{und} \quad J_x = J_{max} \cdot \left[1 - \frac{2x}{l}\right].$$

Daher ist $P_x : J_x = $ konst.

Die Knickgrenze wird erreicht für

Gl. 3)
$$\frac{P_x}{J_x} = \frac{P_{max}}{J_{max}} = 23,12 \cdot \frac{E}{l^2}.$$

Besteht der Stab wieder aus einer beschränkten Anzahl von Feldern, wobei die Stabkräfte von Feld zu Feld sprungweise sich ändern, in derselben Art, in der bei einem Parallelträger für eine Einzellast in Trägermitte die Kräfte im Druckgurt sich ändern, so bestimmt sich die Knickgrenze nach

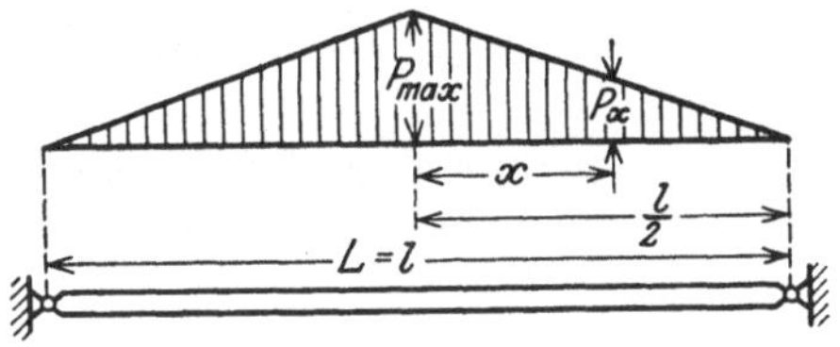

Gl. 4)
$$\frac{P_x}{J_x} = \vartheta_2 \cdot \frac{E}{l^2},$$

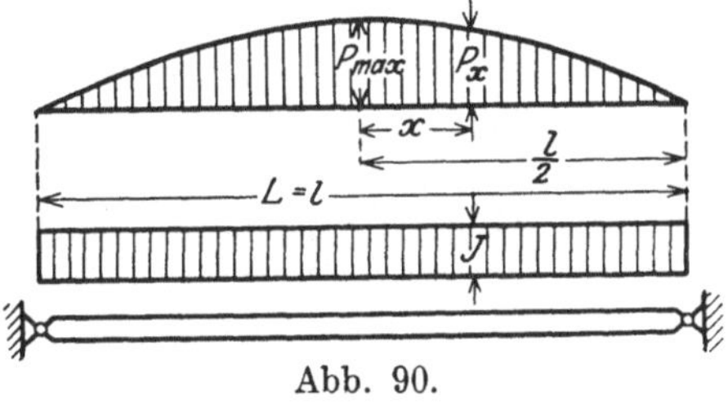

Abb. 89.

worin ϑ_2 ein aus Tabelle 19 für die Felderzahl n zu entnehmender Wert ist.

Tabelle 19.
(Gelenkig befestigter Stab. Lineare Änderung von Druck und Trägheitsmoment.)

$n =$	2	4	6	8	10	12	16	20	40
$\vartheta_2 =$	9,88	14,64	16,88	18,20	19,04	19,56	20,28	20,84	21,92

Für unendlich große Felderzahl nähern sich die Zahlen ϑ_2 asymptotisch dem Grenzwert 23,12, der in Gl. 3) für stetige Änderung steht.

3. Das Trägheitsmoment sei konstant, der Druck variiere parabolisch.

Hier ist (Abb. 90)

$$J_x = J = \text{konst.} \quad \text{und} \quad P_x = P_{max} \cdot \left[1 - \frac{4 x^2}{l^2} \right].$$

Die Knickgrenze wird erreicht für

Gl. 5)
$$P_{max} = 20,48 \cdot \frac{E J}{l^2}.$$

Für Stäbe von beschränkter Feldzahl n, bei denen die Druckkräfte in den einzelnen Feldern ebenso variieren, wie die Gurtkräfte eines gleichförmig belasteten Parallelträgers, gilt als Knickbedingung

Abb. 90.

Gl. 6)
$$P_{max} = \vartheta_3 \cdot \frac{E J}{l^2},$$

worin ϑ_3 ein aus Tabelle 20 für die zugehörige Feldzahl n zu entnehmender Wert ist.

Tabelle 20.
(Gelenkig befestigter Stab. Trägheitsmoment konstant.
Druckänderung parabolisch.)

$n =$	2	4	6	8	10
$\vartheta_3 =$	9,88	12,28	14,16	15,40	16,16

Für unendlich große Felderzahl nähern sich die Zahlen ϑ_3 asymptotisch dem Grenzwert 20,48 der Gl. 5), welche für stetige Druckänderung gilt.

4. Das Trägheitsmoment sei konstant, der Druck linear veränderlich.

Hier ist (Abb. 91)

$$J_x = J = \text{konst.} \quad \text{und} \quad P_x = P_{max} \cdot \left[1 - \frac{2\,x}{l} \right].$$

Die Knickgrenze wird erreicht für

Gl. 7)
$$P_{max} = 31{,}36 \cdot \frac{E\,J}{l^2}.$$

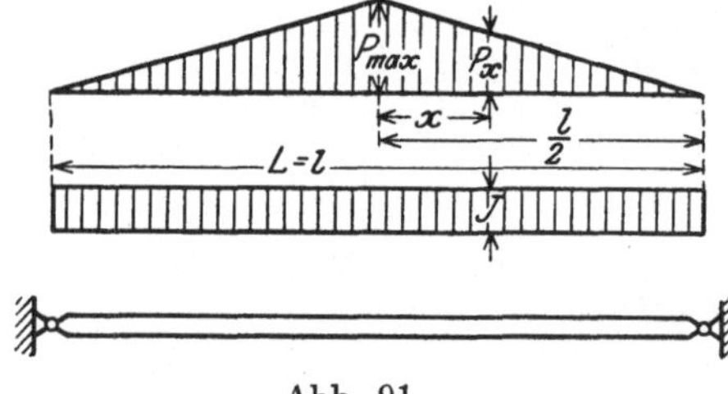

Abb. 91.

Besteht der Stab aus einer beschränkten Anzahl von Feldern, in denen sich die Druckkraft ebenso ändert, wie in den Gurtstäben eines in seiner Mitte belasteten Parallelträgers, so bestimmt sich die Knickgrenze nach

Gl. 8)
$$P_{max} = \vartheta_4 \cdot \frac{E\,J}{l^2},$$

worin ϑ_4 ein aus der Tabelle 21 für die Feldzahl n zu entnehmender Wert ist.

Tabelle 21.
(Gelenkig befestigter Stab. Trägheitsmoment konstant.
Druckänderung linear.)

$n =$	2	4	6	8	10
$\vartheta_4 =$	9,88	16,48	20,04	22,24	23,68

Für unendlich große Felderzahl nähern sich die Zahlen ϑ_4 asymptotisch dem Wert 31,36, der in Gl. 7) für stetige Druckänderung auftritt.

Die Anwendung der hier mitgeteilten Gesetze soll noch an zwei Beispielen gezeigt werden.

1. **Beispiel**: Die Träger eines Laufkranes seien als Parallelfachwerksträger von 1 m Systemhöhe bei 10 m Stützweite in 10 Felder unterteilt. Die ungünstigste Belastung in Trägermitte aus Laufkatze mit Nutzlast sei 10 t für einen Träger. Es sind die Trägheitsmomente der Stäbe des Druckgurts unter der Annahme zu berechnen, daß die Füllungsstäbe des Fachwerks dem Ausknicken des Druckgurtes keinen Widerstand entgegensetzen, und zwar:

a) für $P_x : J_x =$ konst.,

b) „ $J_x = J =$ konst.

Hierbei soll $E = 2150$ t/cm² und die Sicherheit $\nu = 5$ sein.

Aus der Momentenlinie für die ungünstigste Laststellung ergeben sich die 5fachen Stabkräfte zu

$$O_1 = 0 \text{ t}, \quad O_2 = 25 \text{ t}, \quad O_3 = 50 \text{ t}, \quad O_4 = 75 \text{ t}, \quad O_5 = 100 \text{ t}.$$

a) $O_x : J_x =$ konst.: Für $n = 10$ und lineare Druckänderung ist aus Tabelle 19 $\vartheta_2 = 19{,}04$. Hiermit wird

$$\frac{O_x}{J_x} = 19{,}04 \cdot \frac{2150}{1000^2} \quad \text{und} \quad J_x = \frac{1000^2}{19{,}04 \cdot 2150} \cdot O_x = 24{,}4 \cdot O_x,$$

wonach

$$J_1 = 0, \quad J_2 = 610 \text{ cm}^4, \quad J_3 = 1220 \text{ cm}^4, \quad J_4 = 1830 \text{ cm}^4 \quad \text{und} \quad J^5 = 2440 \text{ cm}^4.$$

b) Für $J_x = J =$ konst.: Man findet für $n = 10$ und lineare Druckänderung aus Tabelle 21) den Wert $\vartheta_4 = 23{,}68$, Hiermit wird

$$P_{max} = 23{,}68 \cdot \frac{EJ}{l^2}$$

woraus

$$J = J_x = \frac{P_{max} \cdot l^2}{23{,}68 \cdot E} = \frac{100 \cdot 1000^2}{23{,}68 \cdot 2150} = 1960 \text{ cm}^4.$$

Die Annahme $O_x : J_x =$ konst. führt gegenüber der Annahme $J_x =$ konst. hier (wie auch sonst) auf wirtschaftlichere Konstruktionen.

2. **Beispiel**: Eine durch einen oberen Längsverband geschlossene Brücke sei als Parallelfachwerkträger mit $L = 60$ m Stützweite, $n = 20$ Feldern von je $c = 3$ m Länge und $h = 5$ m Höhe ausgebildet. Der Abstand der beiden Tragwände sei $b = 6$ m und die Knotenlast 8 t. Die zulässige Druckspannung sei 1 t/cm². Die Sicherheit des Druckgurtes gegen seitliches Ausknicken soll 5fach sein. Welche Querschnitte müssen hierbei die Gurtstäbe erhalten, wenn als Trägheitsmoment des durch die oberen Gurtungen und den oberen Längsverband gebildeten Fachwerkstabes der Wert $J_x = F_x \cdot \dfrac{b^2}{2}$ angenommen werden kann, und wenn die Füllungsglieder der Tragwände dem seitlichen Ausknicken dieses Fachwerkstabes keinen Widerstand entgegensetzen?

Die ungünstigste Belastungsannahme ist die Vollbelastung der ganzen Brücke, welche eine parabolische Änderung der Stabkräfte im Obergurt zur Folge hat. Für die Knotenlast von 8 t ergeben sich folgende Stabkräfte in t:

O_1	O_2	O_3	O_4	O_5	O_6	O_7	O_8	O_9	O_{10}
38	72	102	128	150	168	182	192	198	200 t.

Ebenso groß sind wegen $\sigma_{zul.} = 1$ t/cm² auch die für die Aufnahme der Kräfte nötigen Querschnittsflächen F_x in cm².

Für parabolische Druckänderung und $P_x : J_x =$ konst. entnimmt man aus Tabelle 18 den zu $n = 20$ gehörigen Wert $\vartheta_1 = 16{,}52$

Da die Kraft O_x in jeder Tragwand auftritt, so ist für die ganze Brücke $2 \cdot O_x$ und bei 5facher Sicherheit $10 \cdot O_x$ in Rechnung zu stellen; man erhält daher

$$\frac{(10\, O_x)}{J_x} = 16{,}52 \cdot \frac{E}{l^2},$$

woraus

$$J_x = \frac{10\,O_x \cdot l^2}{16{,}52 \cdot E} = \frac{6000^2 \cdot 10}{16{,}52 \cdot 2150} \cdot O_x$$

oder $J_x = 10\,110 \cdot O_x$ folgt. Für

$$J_x = F_x \cdot \frac{b^2}{2} = 10\,110 \cdot O_x$$

ergibt sich bei der vorliegenden Brückenbreite $b = 600$ cm die gegen seitliches Knicken erforderliche Mindestfläche F_x der Gurtquerschnitte zu

$$F_x = \frac{2 \cdot 10\,110 \cdot O_x}{600^2} = 0{,}056 \cdot O_x \ (\text{cm}^2).$$

Da wegen $\sigma_{zul.} = 1\ \text{t/cm}^2\ F_x = O_x\ (\text{cm}^2)$ sein muß, so genügen die mit Rücksicht auf die zulässige Druckspannung erforderlichen Querschnitte in hohem Maß auch schon, um die seitliche Knicksicherheit des Obergurtes zu verbürgen.

Gegen Knicken bezügl. der horizontalen Schwerachsen wird für die Gurtstäbe das erforderliche Trägheitsmoment J_h aus der Eulerformel bei 5 facher Sicherheit

$$J_h = \frac{5\,O_x \cdot c^2}{\pi^2 E} = \frac{5 \cdot 300^2}{\pi^2 \cdot 2150} \cdot O_x = 21 \cdot O_x$$

ür die Feldweite c als freie Knicklänge bestimmt. Man erhält somit die nachstehenden Werte:

in Feld	1	2	3	4	5	
J_h	800	1510	2140	2690	3150	cm⁴
in Feld	6	7	8	9	10	
J_h	3530	3820	4030	4160	4200	cm⁴.

§ 35. Der eingespannte Stab mit konstantem Trägheitsmoment und veränderlichem Druck.

Bei Stäben mit gelenkig befestigten Enden ist allgemein, wie auch das S. 174 berechnete Beispiel gezeigt hatte, die Wahl eines unveränderlichen Trägheitsmomentes unwirtschaftlich.

Der vollkommen eingespannte Stab unterscheidet sich hierin grundsätzlich von dem Stab mit gelenkig befestigten Enden. Er kann bei konstantem Querschnitt um so wirtschaftlicher gebaut werden, je größer die Zahl n seiner Felder ist. Mit Rücksicht hierauf beschränken wir uns auf den Fall $J_x = J =$ constans.

1. Trägheitsmoment konstant. Druckänderung parabolisch.

Hier wird (Abb. 92) $J_x = J =$ constans und

$$P_x = P_{max} \cdot \left[1 - \frac{4\,x^2}{l^2}\right].$$

Man erreicht die Knickgrenze, wenn bei stetiger Druckänderung

Gl. 1)
$$P_{max} = 54{,}04 \cdot \frac{EJ}{l^2}$$

erfüllt ist.

Besteht der Stab wieder aus einer beschränkten Anzahl von Feldern und ändern sich die Stabkräfte von Feld zu Feld sprungweise in derselben Art, in der sich bei einem gleichförmig belasteten Parallelträger die Kräfte im Druckgurt ändern, so bestimmt sich die Knickgrenze nach

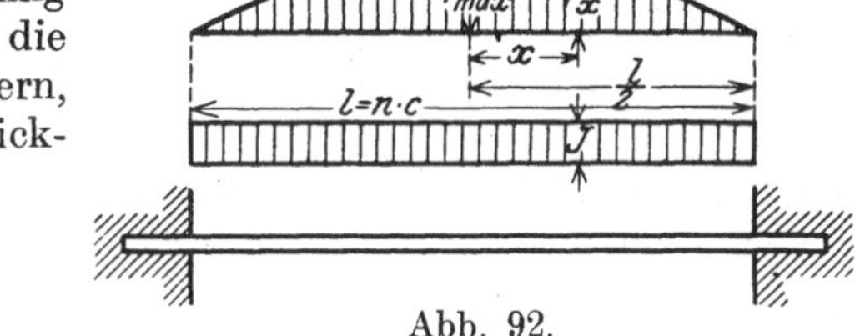
Abb. 92.

$$\text{G. 2)} \qquad P_{max} = \vartheta_5 \cdot \frac{EJ}{l^2}$$

worin der Wert ϑ_5 für eine bestimmte Feldzahl n aus Tabelle 22 zu entnehmen ist.

Tabelle 22.
(Eingespannter Stab. Konstantes Trägheitmoment. Parabolische
Druckänderung.)

$n =$	2	4	6	8	10	12	16	20	40
$\vartheta_5 =$	39,08	44,88	47,08	48,32	49,44	50,04	50,88	51,64	52,60

Für unendlich große Felderzahl nähern sich die Werte ϑ_5 asymptotisch dem Grenzwert 54,04, der in Gl. 1) entsprechend stetiger Druckänderung auftritt.

2. Trägheitsmoment konstant. Druckänderung linear.

Hier ist (Abb. 93) $J_x = J = $ constans und

$$P_x = P_{max} \cdot \left[1 - \frac{2x}{l} \right].$$

Die Knickgrenze wird bei stetiger Druckänderung durch

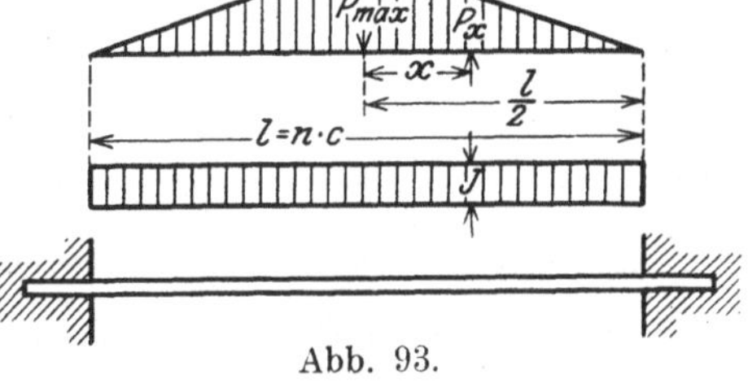
Abb. 93.

$$\text{Gl. 3)} \qquad P_{max} = 75,80 \cdot \frac{EJ}{l^2}$$

bestimmt.

Bei endlicher Anzahl von Feldern, wobei die Stabkräfte von Feld zu Feld sich sprungweise ebenso ändern, wie die Kräfte im Druckgurt eines Parallelträgers, der in seiner Mitte eine Einzellast trägt, berechne man die Knickgrenze gemäß

$$\text{Gl. 4)} \qquad P_{max} = \vartheta_6 \cdot \frac{EJ}{l^2},$$

worin die Werte ϑ_6 durch Tabelle 23 der jeweiligen Feldzahl n zugeordnet werden.

Tabelle 23.

(Eingespannter Stab. Konstantes Trägheitsmoment. · Lineare Druckänderung.)

$n =$	2	4	6	8	10	12	16	20	40
$\vartheta_6 =$	39,98	51,02	57,72	61,32	64,12	65,80	68,00	69,20	72,20

Für unendlich große Felderzahl nähern sich die Werte ϑ_6 asymptotisch dem Grenzwert 65,80 in Gl. 3) für stetige Druckänderung.

B. Stäbe mit elastischer Stützung[1].

§ 36. Allgemeine Theorie des Stabzuges mit elastischer Querstützung.

Die Zahl der bei Stäben mit elastischer Querstützung zu lösenden Probleme ist außerordentlich groß.

Je nachdem, ob der Druckstab gerade oder gekrümmt oder als gebrochener Stabzug durchgebildet ist, je nachdem, ob seine Druckkräfte und seine Querschnitte von Stelle zu Stelle stetig oder sprungweise veränderlich sind, schließlich auch je nachdem, ob die von der elastischen Stützung übertragenen Kräfte in einzelnen Punkten des Stabes konzentriert angreifen, oder ob ihre Wirkung über die ganze Länge des Druckstabes oder über einzelne seiner Teile sich stetig verteilt, ergeben sich die verschiedenartigsten Aufgaben, deren Lösungen zum Teil schon existieren.

Von weitgehendem, praktischen Interesse ist die Verfolgung derartiger Probleme ganz besonders für die Beurteilung der Frage der seitlichen Knicksicherheit der Druckgurte sog. „offener" Brücken, welche in Abschnitt V eingehend behandelt werden.

---

[1] Die grundlegenden Arbeiten hierzu verdankt man H. Zimmermann, der die rechnerisch sehr mühsam zu behandelnden, transzendenten Knickbedingungen für eine, wohl allen Anforderungen der Praxis genügende Zahl von Fällen vollständig berechnet und in einer für die unmittelbare Anwendung geeigneten Form in seiner Schrift „Die Knickfestigkeit eines Stabes mit elastischer Querstützung", Berlin, Wilhelm Ernst & Sohn, 1906 tabellarisch zusammengestellt hat. Vgl. hierzu auch die folgenden Abhandlungen:
H. Zimmermann, Der gerade Stab mit stetiger, elastischer Querstützung und beliebig gerichteten Einzellasten. Sitzungsberichte der Berliner Akademie, Math.-Phys. Klasse, 1905, S. 898 ff.
H. Zimmermann, Der gerade Stab auf elastischen Einzelstützen mit Belastung durch längsgerichtete Kräfte. Sitzungsberichte der Berliner Akademie, Math. Phys. Klasse, 1907, S. 235 ff.
H. Zimmermann, Das Stabeck auf elastischen Einzelstützen mit Belastung durch längsgerichtete Kräfte. Sitzungsberichte der Berliner Akademie, Math.-Phys. Klasse, 1907, S. 326 ff.
H. Zimmermann, Die Knickfestigkeit des geraden Stabes mit mehreren Feldern. Sitzungsberichte der Berliner Akademie, Math.-Phys. Klasse, 1909, S. 180 ff. und 348 ff.

Das in Abb. 94 dargestellte Stabeck liege in der XZ-Ebene; die Z-Achse des Koordinatensystems sei vertikal. Durch je zwei Knotenpunkte wird ein Feld des Stabecks begrenzt, und wir setzen voraus, daß innerhalb jedes Feldes der Stabquerschnitt und die Druckkraft konstant seien.

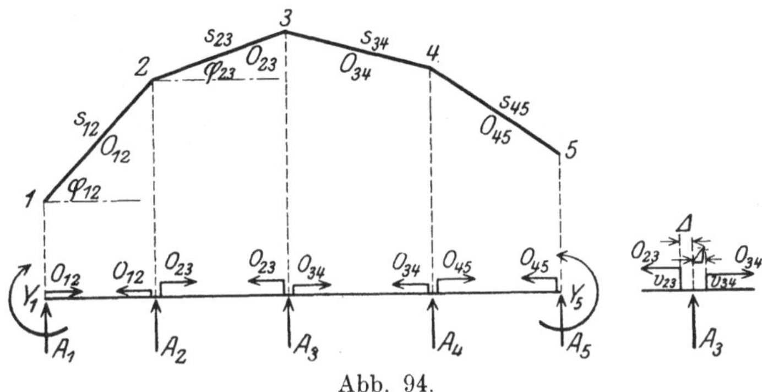

Abb. 94.

Wir führen folgende Bezeichnungen ein, durch die wir die den Feldern zugeordneten Größen von denen unterscheiden, welche Knotenpunkten zugeordnet sind:

a) Feldgrößen, gekennzeichnet durch Doppelindizes, welche durch die Ordnungsziffern der das Feld begrenzenden Knotenpunkte bestimmt werden. Insbesondere bezeichnen wir für das Feld 1—2 mit

s_{12} die wahre Systemlänge des Stabes 1—2,

φ_{12} seinen Neigungswinkel gegen die Horizontalebene XY,

$c_{12} = s_{12} \cdot \cos \varphi_{12}$ die Horizontalprojektion der Systemlänge (Feldweite),

O_{12} die Axialkraft des Stabes (als Druck positiv),

$H_{12} = O_{12} \cdot \cos \varphi_{12}$ die Horizontalkomponente dieser Kraft,

Q_{12} die Querkraft für den Stab 1—2,

v_{12} die Exzentrizität der Axialkraft,

J_{12} das Trägheitsmoment.

Hierbei möge insbesondere angenommen werden, daß die Angriffspunkte der Stabkräfte um einen unendlich kleinen Betrag $\varDelta$ von den Knotenpunkten entfernt liegen (vgl. die besondere Darstellung für den Knotenpunkt 3 in Abb. 94), wodurch wir an diesen Stellen Unstetigkeiten infolge der Verschiedenheit der Exzentrizitäten in den benachbarten Feldern vermeiden.

b) Knotenpunktsgrößen, gekennzeichnet durch die Ordnungsziffer des zugehörigen Knotenpunktes als Index. Wo an einem Knotenpunkte zwei verschiedene Größen auftreten, werden sie durch die Stellung des Index unterschieden; z. B. bedeuten:

$_2M$ das Moment unmittelbar **links** vom Knotenpunkt 2,

M_2 das Moment unmittelbar **rechts** vom Knotenpunkt 2,

$_2\beta$ den Winkel, den die Tangente an die elastische Linie unmittelbar **links** vom Knotenpunkt 2 mit der XZ-Ebene bildet,

β_2 den Winkel, den die Tangente an die elastische Linie unmittelbar **rechts** vom Knotenpunkt 2 mit der XZ-Ebene einschließt.

Die an jedem Knotenpunkt nur einmal auftretenden Größen, wie z. B. die Reaktion R_2 der elastischen Stütze im Knotenpunkt 2, oder das von der elastischen Stütze[1]) übertragene Moment X_2, erhalten ihren Index rechts von dem sie bezeichnenden Buchstaben, wobei ein Mißverständnis, daß hierdurch rechts vom Knotenpunkt auftretende Größen von solchen unterschieden werden sollen, die links vom Knotenpunkt auftreten, dadurch ausgeschlossen wird, daß diese Größen an jedem Knotenpunkt nur einmal vorhanden sind, und im Knotenpunkt selbst wirken.

Es soll untersucht werden, unter welchen Bedingungen das Stabeck aus der XZ-Ebene heraustritt, d. h. wann es nach der Y-Richtung ausknickt.

Dabei setzen wir voraus, daß die elastischen Stützen auf das ausknickende Stabeck Widerstände übertragen, welche den an jeder Stütze entstehenden Deformationen des Stabecks proportional sind. Diese Annahme über den Charakter der Stützenwiderstände entspricht innerhalb der Gültigkeitsgrenze des Hookeschen Gesetzes, für welche unsere Betrachtungen überhaupt nur zutreffen, dem Verhalten der z. B. bei offenen Brücken die elastische Stützung bewirkenden Halbrahmen.

Wir beschränken uns auf den Fall eines Stabecks von nur fünf Knotenpunkten, da die Rechnung ergeben wird, daß mit den hierfür abgeleiteten Gesetzen ohne weiteres auch das Stabeck mit beliebiger Knotenpunktszahl bewältigt werden kann.

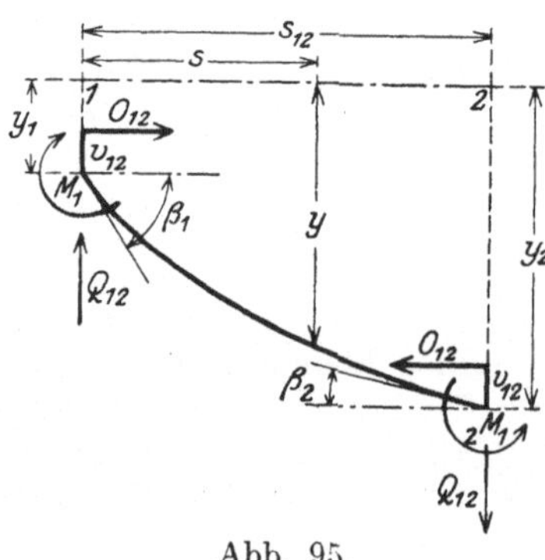

Abb. 95.

Zur Bestimmung der elastischen Linie schneiden wir unmittelbar neben den Knotenpunkten einen der Stäbe des Stabecks, z. B. den Stab 1—2 heraus (Abb. 95) und bringen an seinen Enden die Schnittkräfte O_{12}, und die Knotenpunktsmomente M_1, $_2M$ sowie die Querkräfte Q_{12} des Feldes 1—2 an. Wir bezeichnen die in der Richtung der nichtdeformierten Stabachse vom linken Knotenpunkt ab gemessene Abszisse mit s, die zugehörige Ordinate mit y. Dann ist das Moment an der Stelle s durch den Ausdruck

$$M_s = M_1 + O_{12}\,(v_{12} + y - y_1) + Q_{12}\,s$$

____
[1]) s. S. 182.

gegeben, wofür man auch schreiben kann:

$$M_s = O_{12}\,y + O_{12} \cdot \left[\frac{Q_{12}}{O_{12}} s + \left(v_{12} - y_1 + \frac{M_1}{O_{12}} \right) \right].$$

Man erhält hieraus mit den Abkürzungen

Gl. 1 a)
$$\frac{O_{12}}{EJ_{12}} = \frac{1}{k_{12}^2},$$

Gl. 1 b)
$$\frac{Q_{12}}{O_{12}} = a_{12}$$

und

Gl. 1 c)
$$v_{12} - y_1 + \frac{M_1}{O_{12}} = b_{12}$$

als Differentialgleichung der elastischen Linie aus $\dfrac{d^2 y}{d s^2} = - \dfrac{M_s}{EJ_{12}}$:

Gl. 1)
$$\frac{d^2 y}{d s^2} + \frac{y}{k_{12}^2} + \frac{a_{12}\,s + b_{12}}{k_{12}^2} = 0,$$

wozu als Integral

Gl. 2)
$$y = A_{12} \cdot \sin \frac{s}{k_{12}} + B_{12} \cdot \cos \frac{s}{k_{12}} - a_{12}\,s - b_{12}$$

gehört. Die Integrationskonstanten A_{12} und B_{12} bestimmen sich am einfachsten dadurch, daß man entsprechend der Differentialgleichung der elastischen Linie die aus Gl. 2) abgeleiteten Differentialquotienten $\dfrac{d^2 y}{d s^2}$

für $s = 0$ und $s = s_{12}$ mit den Werten von $- \dfrac{M_s}{EJ_{12}} = - \dfrac{M_s}{O_{12} k_{12}^2}$ für $s = 0$ und $s = s_{12}$ gleichsetzt (Randbedingungen). Man erhält dann, da für $s = 0$ $M_s = M_1 + O_{12} v_{12}$ und für $s = s_{12}$ $M_s = {}_2M + O_{12} v_{12}$ ist, mit der Abkürzung

Gl. 3)
$$\frac{s_{12}}{k_{12}} = \gamma_{12}$$

als Integrationskonstante:

Gl. 4)
$$\begin{cases} A_{12} = v_{12} \cdot \left(\dfrac{1}{\sin \gamma_{12}} - \dfrac{1}{\operatorname{tg} \gamma_{12}} \right) - \dfrac{M_1}{O_{12}} \cdot \dfrac{1}{\operatorname{tg} \gamma_{12}} + \dfrac{{}_2M}{O_{12}} \cdot \dfrac{1}{\sin \gamma_{12}}, \\[2ex] B_{12} = \dfrac{M_1}{O_{12}} + v_{12} . \end{cases}$$

Bildet man aus Gl. 2) durch Differenzieren die Ableitung $\dfrac{d y}{d s}$, welche die Neigung der Tangente an die elastische Linie gegen die XZ-Ebene bestimmt, so erhält man mit Einsetzung der Konstanten nach Gl. 4) und der Abkürzung

Gl. 5)
$$\frac{v_{12}}{k_{12}} = \delta_{12}$$

die Winkel der elastischen Linie an den Enden des Feldes für $s = 0$ und $s = s_{12}$ nach einer einfachen Rechnung zu

Gl. 6)

$$\operatorname{tg} \beta_1 = \delta_{12} \cdot \left(\frac{1}{\sin \gamma_{12}} - \frac{1}{\operatorname{tg} \gamma_{12}} \right) + \frac{M_1}{O_{12} s_{12}} \cdot \left(1 - \frac{\gamma_{12}}{\operatorname{tg} \gamma_{12}} \right)$$
$$+ \frac{{}_2M}{O_{12} s_{12}} \cdot \left(\frac{\gamma_{12}}{\sin \gamma_{12}} - 1 \right) + \frac{y_2 - y_1}{s_{12}} \,{}^1),$$

Gl. 7)

$$\operatorname{tg} {}_2\beta = - \delta_{12} \cdot \left(\frac{1}{\sin \gamma_{12}} - \frac{1}{\operatorname{tg} \gamma_{12}} \right) + \frac{M_1}{O_{12} s_{12}} \cdot \left(1 - \frac{\gamma_{12}}{\sin \gamma_{12}} \right)$$
$$+ \frac{{}_2M}{O_{12} s_{12}} \cdot \left(\frac{\gamma_{12}}{\operatorname{tg} \gamma_{12}} - 1 \right) + \frac{y_2 - y_1}{s_{12}} \,{}^1).$$

Durch zyklische Vertauschung der Indizes erhält man nach Gl. 6) und 7) ohne Rechnung alle Winkel β des Stabecks. Nur links vom Knotenpunkt 1 und rechts vom Knotenpunkt 5 tritt eine Anomalie auf, da hier keine Felder mehr angrenzen.

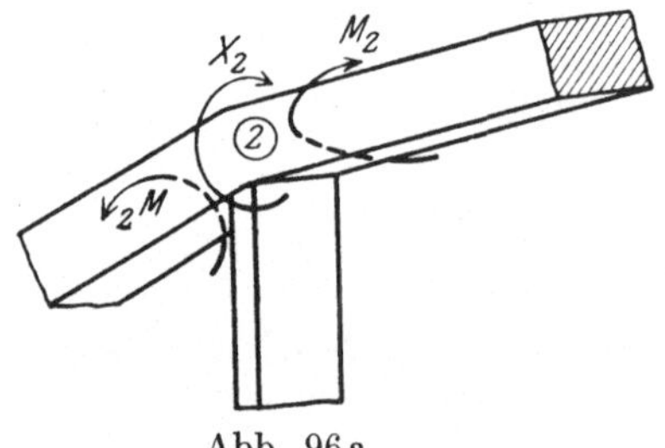

Abb. 96 a.

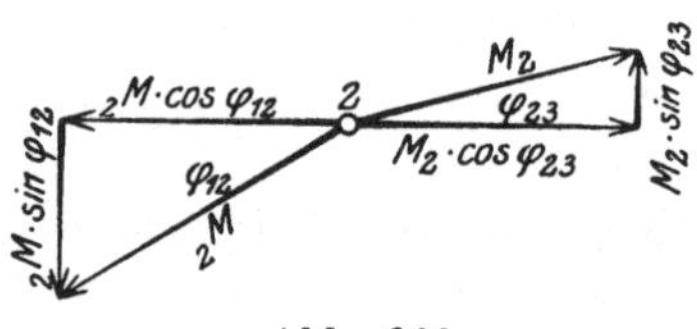

Abb. 96 b.

Für irgendeinen Knotenpunkt, z. B. Punkt 2, gelten nun nach Abb. 96 die Gleichgewichtsbedingungen für die Momente:

Gl. 8)

$$\begin{cases} {}_2M \cdot \cos \varphi_{12} = M_2 \cdot \cos \varphi_{23}, \\ {}_2M \cdot \sin \varphi_{12} - M_2 \cdot \sin \varphi_{23} = X_2. \end{cases}$$

Für die erste dieser beiden Gleichungen ist die Torsionssteifigkeit der Stütze bei 2 als verschwindend klein angenommen worden; in der zweiten Gleichung tritt ein neues Moment X_2 in die Erscheinung, welches um die X-Achse dreht und die Stütze nach der y-Richtung auszubiegen sucht, während es die Gurtungen verdreht. Bezeichnet man die horizontalen Komponenten der Momente ${}_2M$ und M_2 mit Y_2, so folgt aus den Gleichungen 8):

Gl. 9)

$$_2M \cdot \cos \varphi_{12} = M_2 \cdot \cos \varphi_{23} = Y_2$$

$^1)$ Hierbei ist $\alpha_{12} = \dfrac{Q_{12}}{O_{12}}$ durch den aus der Gleichgewichtsbedingung für den Stab 1—2 sich ergebenden Wert

$$\frac{Q_{12}}{O_{12}} = \frac{{}_2M}{O_{12} s_1} = \frac{M_1}{O_{12} s_{12}} - \frac{y_2 - y_1}{s_{12}}$$

ersetzt worden.

und

Gl. 10) $$X_2 = (\operatorname{tg}\varphi_{12} - \operatorname{tg}\varphi_{23}) \cdot Y_2,$$

womit alle an einem Knotenpunkt auftretenden Momente auf ein unbekanntes Moment Y_2 zurückgeführt sind, welches in der durch den Knotenpunkt 2 gelegten Horizontalebene dreht. Es versteht sich von selbst, daß das Moment Y_2 an jedem Knotenpunkt nur einmal vorkommt.

Knickt das Stabeck unter Wirkung seiner Belastung seitlich nach der Y-Richtung aus, so muß seine Knicklinie eine stetig verlaufende Kurve sein. Es muß demnach auch die Grundrißprojektion der elastischen Linie einen stetigen Verlauf haben und insbesondere müssen die an jedem Knotenpunkt zusammenstoßenden Stäbe in ihrer deformierten Gestalt an diesem Knotenpunkt eine gemeinsame Tangente in der Grundrißprojektion haben.

Ist nun (Abb. 97) β die Neigung der elastischen Linie des deformierten Stabes gegen die vertikale XZ-Ebene und φ die ursprüngliche Neigung dieses Stabes gegen die horizontale XY-Ebene, so bestimmt

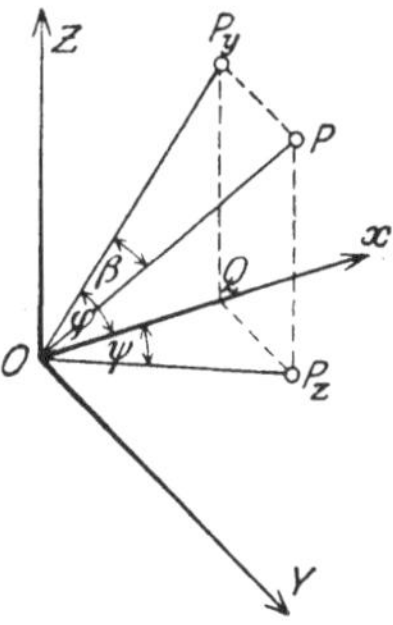

Abb. 97.

sich der Neigungswinkel ψ der Grundrißprojektion der elastischen Linie gegen die X-Achse leicht folgendermaßen:

$$\operatorname{tg}\psi = \frac{P_2 Q}{OQ} = \frac{PP_y}{OQ} = \frac{PP_y}{OP_y \cdot \cos\varphi} = \frac{\operatorname{tg}\beta}{\cos\varphi}.$$

Hiernach ist also erforderlich, daß z. B. für stetigen Übergang der elastischen Linie des Feldes 1—2 in die des Feldes 2—3 am Knotenpunkte 2 der Bedingung genügt wird

$$\frac{\operatorname{tg}_2\beta}{\cos\varphi_{12}} = \frac{\operatorname{tg}\beta_2}{\cos\varphi_{23}}.$$

Der Wert $\operatorname{tg}_2\beta$ ist in Gl. 7) berechnet; $\operatorname{tg}\beta_2$ findet man aus Gl. 6) durch Erhöhung aller Indizes um 1.

Beachtet man noch, daß

$$s_{12} \cdot \cos\varphi_{12} = c_{12} \quad \text{und} \quad O_{12} \cdot \cos\varphi_{12} = H_{12}$$

ist, und ersetzt man außerdem noch die Knotenpunktsmomente M nach Gl. 9) durch die Y, indem man

$$M_1 = \frac{Y_1}{\cos\varphi_{12}}, \quad {}_2M = \frac{Y_2}{\cos\varphi_{12}}, \quad M_2 = \frac{Y_2}{\cos\varphi_{23}} \quad \text{und} \quad {}_3M = \frac{Y_3}{\cos\varphi_{23}}$$

setzt, so erhält man für den Knotenpunkt 2 aus den Gleichungen 6) und 7):

Gl. 11)
$$\frac{\operatorname{tg}_2\beta}{\cos\varphi_{12}} = -\frac{\delta_{12}}{\cos\varphi_{12}} \cdot \left(\frac{1}{\sin\gamma_{12}} - \frac{1}{\operatorname{tg}\gamma_{12}}\right) + \frac{Y_1}{H_{12}c_{12}} \cdot \left(1 - \frac{\gamma_{12}}{\sin\gamma_{12}}\right)$$
$$- \frac{Y_2}{H_{12}c_{12}} \cdot \left(1 - \frac{\gamma_{12}}{\operatorname{tg}\gamma_{12}}\right) + \frac{y_2 - y_1}{c_{12}}.$$

Gl. 12)
$$\frac{\operatorname{tg}\beta_2}{\cos\varphi_{23}} = + \frac{\delta_{23}}{\cos\varphi_{23}}\cdot\left(\frac{1}{\sin\gamma_{23}} - \frac{1}{\operatorname{tg}\gamma_{23}}\right) + \frac{Y_2}{H_{23}\,c_{23}}\cdot\left(1 - \frac{\gamma_{23}}{\operatorname{tg}\gamma_{23}}\right)$$
$$- \frac{Y_3}{H_{23}\,c_{23}}\cdot\left(1 - \frac{\gamma_{23}}{\sin\gamma_{23}}\right) + \frac{y_3 - y_2}{c_{23}}.$$

Entsprechend der Stetigkeitsbedingung sind nun die rechten Seiten der Gl. 11) und 12) einander gleich, woraus man folgert

Gl. 13)
$$\frac{\delta_{12}}{\cos\varphi_{12}}\cdot\left(\frac{1}{\sin\gamma_{12}} - \frac{1}{\operatorname{tg}\gamma_{12}}\right) + \frac{Y_1}{H_{12}\,c_{12}}\cdot\left(1 - \frac{\gamma_{12}}{\sin\gamma_{12}}\right)$$
$$- \frac{Y_2}{H_{12}\,c_{12}}\cdot\left(1 - \frac{\gamma_{12}}{\operatorname{tg}\gamma_{12}}\right) + \frac{y_2 - y_1}{c_{12}} = \frac{\delta_{23}}{\cos\varphi_{23}}\cdot\left(\frac{1}{\sin\gamma_{23}} - \frac{1}{\operatorname{tg}\gamma_{23}}\right)$$
$$+ \frac{Y_2}{H_{23}\,c_{23}}\cdot\left(1 - \frac{\gamma_{23}}{\operatorname{tg}\gamma_{23}}\right) - \frac{Y_3}{H_{23}\,c_{23}}\cdot\left(1 - \frac{\gamma_{23}}{\sin\gamma_{23}}\right) + \frac{y_3 - y_2}{c_{23}}.$$

Wir führen nun die folgenden, zyklisch vertauschbaren Abkürzungen ein:

Gl. 14)
$$-\frac{\delta_{12}}{\cos\varphi_{12}}\cdot\left(\frac{1}{\sin\gamma_{12}} - \frac{1}{\operatorname{tg}\gamma_{12}}\right) = \omega_{12} \quad \text{usw.}$$

Gl. 15)
$$-\frac{1}{H_{12}\,c_{12}}\cdot\left(1 - \frac{\gamma_{12}}{\sin\gamma_{12}}\right) = \mathfrak{A}_1 \quad \text{usw.}$$

Gl. 16)
$$+\frac{1}{H_{12}\,c_{12}}\cdot\left(1 - \frac{\gamma_{12}}{\operatorname{tg}_{12}\gamma}\right) = \mathfrak{B}_{12} \quad \text{usw.}$$

Gl. 17)
$$\frac{y_2 - y_1}{c_{12}} = \eta_{12} \quad \text{usw.,}$$

und erhalten damit Gl. 13) in der kurzen Schreibweise:
$$\mathfrak{A}_1\cdot Y_1 + (\mathfrak{B}_{12} + \mathfrak{B}_{23})\cdot Y_2 + \mathfrak{A}_2\cdot Y_3 - \eta_{12} + \eta_{23} - \omega_{12} - \omega_{23} = 0.$$

Hiernach lassen sich nun leicht unter Beachtung des Umstandes, daß Knotenpunkte mit der Ziffer 0 und 6 sowie Felder 0—1 und 5—6 nicht existieren, die Gleichungen für alle Knotenpunkte anschreiben. Sie lauten bei fünf Knotenpunkten wie im vorliegenden Falle:

Gl. 18)
$$\begin{cases}
\mathfrak{B}_{12}\cdot Y_1 + \mathfrak{A}_1\cdot Y_2 - \operatorname{tg}\psi_1 + \eta_{12} \qquad\qquad - \omega_{12} = 0, \\
\mathfrak{A}_1\cdot Y_1 + (\mathfrak{B}_{12} + \mathfrak{B}_{23})\cdot Y_2 + \mathfrak{A}_2\cdot Y_3 - \eta_{12} + \eta_{23} - \omega_{12} - \omega_{23} = 0, \\
\mathfrak{A}_2\cdot Y_2 + (\mathfrak{B}_{23} + \mathfrak{B}_{34})\cdot Y_3 + \mathfrak{A}_3\cdot Y_4 - \eta_{23} + \eta_{34} - \omega_{23} - \omega_{34} = 0, \\
\mathfrak{A}_3\cdot Y_3 + (\mathfrak{B}_{34} + \mathfrak{B}_{45})\cdot Y_4 + \mathfrak{A}_4\cdot Y_5 - \eta_{34} + \eta_{45} - \omega_{34} - \omega_{45} = 0, \\
\mathfrak{A}_4\cdot Y_4 \qquad\quad + \mathfrak{B}_{45}\cdot Y_5 \qquad\qquad - \eta_{45} + \operatorname{tg}_5\psi - \omega_{45} \qquad = 0.
\end{cases}$$

Hierbei wurde abkürzend
$$\operatorname{tg}\psi_1 = \frac{\operatorname{tg}\beta_1}{\cos\varphi_{12}} \quad \text{und} \quad \operatorname{tg}_5\psi = \frac{\operatorname{tg}_5\beta}{\cos\varphi_{45}}$$

für den ersten und letzten Knotenpunkt geschrieben.

Die Gleichungen 18) unterscheiden sich der Form nach nicht von den bekannten Clapeyronschen Gleichungen, nur sind die Koeffizienten der Momente und die Größen ω transzendente Funktionen der Druckkräfte im Stabeck.

Für ein Stabeck auf starren Querstützen, bei welchem die Abstände y der Querstützen von der XZ-Ebene gegeben sind, können die Feldneigungen η nach Gl. 17) als gegeben angesehen werden. Sind dann in den Gleichungen 18) noch zwei Momente bekannt (z. B. $Y_1 = 0$ und $Y_5 = 0$ für drehbar befestigte Enden des Stabecks, so können aus diesen Gleichungen die Neigungen $\operatorname{tg}\psi_1$ und $\operatorname{tg}_5\psi$, sowie die unbekannten Momente Y der inneren Knotenpunkte berechnet werden. Die Gleichungen 18) genügen daher zusammen mit Gl. 2) bei starrer Stützung bereits zur Bestimmung der elastischen Linie und zur Berechnung der auftretenden Beanspruchungen.

Bei elastisch nachgiebigen Querstützen sind aber zur Lösung des Problems, da die Ausbiegungen y der Querstützen zunächst nicht bekannt sind, neben den Gl. 18) noch weitere Gleichungen aufzustellen, welche der Wirksamkeit der Querstützen Rechnung tragen.

Wie bereits auseinandergesetzt wurde, überträgt die Querstütze z. B. am Knotenpunkte 2) auf das Stabeck eine Stützreaktion R_2 und ein Moment X_2. Umgekehrte Wirkungen werden vom Stabeck auf die querstützende Konstruktion übertragen, wodurch sich die letztere um denselben Betrag y_2 verbiegt, um den das Stabeck am Knotenpunkt 2) aus der XZ-Ebene ausweicht.

Bezeichnet man mit $\mathfrak{r}$ die Verschiebung in der Y-Richtung, welche durch den auf die Stütze übertragenen Druck 1 t, und mit $\mathfrak{m}$ die Verschiebung in der Y-Richtung, welche durch das auf die elastische Stütze übertragene Moment 1 tcm am oberen Ende der Stütze erzeugt werden, so entsteht unter der Wirkung von R_2 und X_2 die Verschiebung

Gl. 19)
$$y_2 = R_2 \cdot \mathfrak{r}_2 + X_2 \cdot \mathfrak{m}_2$$

am Knotenpunkt 2.

Für die Momente X_2 wurde bereits in Gl. 10) der Ausdruck

Gl. 10a)
$$X_2 = (\operatorname{tg}\varphi_{12} - \operatorname{tg}\varphi_{23}) \cdot Y_2 = \tau_2 \cdot Y_2$$

gefunden, wobei zur Abkürzung

$$\tau_2 = \operatorname{tg}\varphi_{12} - \operatorname{tg}\varphi_{23}$$

geschrieben wurde. Führt man in unmittelbarer Nähe rechts und links vom Knotenpunkte 2) (Abb. 98) einen Schnitt durch die angrenzenden Stäbe, so erhält man für den Stützdruck R_2 die Beziehung

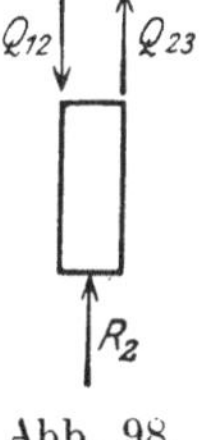

Abb. 98.

$$R_2 = Q_{23} - Q_{12}.$$

Für die Querkräfte Q erhält man aus den Gleichgewichtsbedingungen für die Felder 1—2 und 2—3:

$$Q_{12} = \frac{_2M - M_1}{s_{12}} - O_{12} \cdot \frac{y_2 - y_1}{s_{12}},$$

$$Q_{23} = \frac{_3M - M_2}{s_{23}} - O_{23} \cdot \frac{y_3 - y_2}{s_{23}},$$

woraus man durch Erweiterung der rechten Seite mit $\cos \varphi$ die Beziehungen ableitet

Gl. 20)
$$\begin{cases} Q_{12} = \dfrac{Y_2 - Y_1}{c_{12}} - H_{12}\,\eta_{12}, \\[2mm] Q_{23} = \dfrac{Y_3 - Y_2}{c_{23}} - H_{23}\,\eta_{23}, \\[2mm] R_2 = \dfrac{Y_1}{c_{12}} - Y_2 \cdot \left(\dfrac{1}{c_{12}} + \dfrac{1}{c_{23}}\right) + \dfrac{Y_3}{c_{23}} + H_{12}\,\eta_{12} - H_{23}\,\eta_{23}. \end{cases}$$

Für den ersten und letzten Auflagerpunkt ist

$$R_1 = Q_{12} \quad \text{und} \quad R_5 = - Q_{45}.$$

Man erhält demnach ans den Gleichungen 10a), 19) und 20) die folgende Gruppe von Gleichungen, welche die Bedingung elastischer Stützung in den einzelnen Knotenpunkten zum Ausdruck bringt:

Gl. 21)
$$\begin{cases} y_1 = \mathfrak{r}_1 \cdot \left[\quad -\dfrac{Y_1}{c_{12}} \quad\quad + \dfrac{Y_2}{c_{12}} \quad\quad - H_{12}\,\eta_{12}\right] + \mathfrak{m}_1\,\tau_1 \cdot Y_1, \\[3mm] y_2 = \mathfrak{r}_2 \cdot \left[\dfrac{Y_1}{c_{12}} - Y_2 \cdot \left(\dfrac{1}{c_{12}} + \dfrac{1}{c_{23}}\right) + \dfrac{Y_3}{c_{23}} + H_{12}\,\eta_{12} - H_{23}\,\eta_{23}\right] + \mathfrak{m}_2\,\tau_2 \cdot Y_2, \\[3mm] y_3 = \mathfrak{r}_3 \cdot \left[\dfrac{Y_2}{c_{23}} - Y_3 \cdot \left(\dfrac{1}{c_{23}} + \dfrac{1}{c_{34}}\right) + \dfrac{Y_4}{c_{34}} + H_{23}\,\eta_{23} - H_{34}\,\eta_{34}\right] + \mathfrak{m}_3\,\tau_3 \cdot Y_3, \\[3mm] y_4 = \mathfrak{r}_4 \cdot \left[\dfrac{Y_3}{c_{34}} - Y_4 \cdot \left(\dfrac{1}{c_{34}} + \dfrac{1}{c_{45}}\right) + \dfrac{Y_5}{c_{45}} + H_{34}\,\eta_{34} - H_{45}\,\eta_{45}\right] + \mathfrak{m}_4\,\tau_4 \cdot Y_4, \\[3mm] y_5 = \mathfrak{r}_5 \cdot \left[\dfrac{Y_4}{c_{45}} - \dfrac{Y_5}{c_{45}} \quad\quad\quad + H_{45}\,\eta_{45} \quad\quad\right] + \mathfrak{m}_5\,\tau_5 \cdot Y_5. \end{cases}$$

Subtrahiert man die erste Gleichung der Gruppe 21) von der zweiten und dividiert die Differenz durch c_{12}, dividiert man ebenso die Differenz der zweiten und dritten Gleichung durch c_{23} usw, so erhält man mit den zyklisch vertauschbaren Bezeichnungen:

Gl. 22)
$$\frac{\mathfrak{r}_2}{c_{12} \cdot c_{23}} = \mathfrak{C}_2 \quad \text{und} \quad \frac{\mathfrak{r}_2 + \mathfrak{r}_3}{c_{23}{}^2} = \mathfrak{C}_{23},$$

Gl. 23)
$$\frac{\mathfrak{m}_2\,\tau_2}{c_{23}} = \mathfrak{L}_{23} \quad \text{und} \quad \frac{\mathfrak{m}_3\,\tau_3}{c_{23}} = \mathfrak{R}_{23},$$

Gl. 24) $\dfrac{H_{12} \cdot \mathfrak{r}_2}{c_{23}} = \vartheta_2; \quad H_{23} \cdot \dfrac{\mathfrak{r}_2 + \mathfrak{r}_3}{c_{23}} - 1 = i_{23} \quad \text{und} \quad \dfrac{H_{34} \cdot \mathfrak{r}_3}{c_{23}} = k_3.$

aus den Gleichungen 21) die folgende Gleichungsgruppe:

$$
\text{Gl. 25)}\;
\begin{cases}
(\mathfrak{C}_{12} \qquad -\mathfrak{L}_{12})\cdot Y_1 - (\mathfrak{C}_{12}+\mathfrak{C}_2-\mathfrak{R}_{12})\cdot Y_2 + \mathfrak{C}_2\cdot Y_3 \\
\qquad\qquad + i_{12}\,\eta_{12} - k_2\cdot\eta_{23} = 0, \\[4pt]
-\mathfrak{C}_2\cdot Y_1 + (\mathfrak{C}_{23}+\mathfrak{C}_2-\mathfrak{L}_{23})\cdot Y_2 - (\mathfrak{C}_{23}+\mathfrak{C}_3-\mathfrak{R}_{23})\cdot Y_3 + \mathfrak{C}_3\cdot Y_4 \\
\qquad\qquad -\vartheta_2\cdot\eta_{12} + i_{23}\cdot\eta_{23} - k_3\cdot\eta_{34} = 0, \\[4pt]
-\mathfrak{C}_3\cdot Y_2 + (\mathfrak{C}_{34}+\mathfrak{C}_3-\mathfrak{L}_{34})\cdot Y_3 - (\mathfrak{C}_{34}+\mathfrak{C}_4-\mathfrak{R}_{34})\cdot Y_4 + \mathfrak{C}_4\cdot Y_5 \\
\qquad\qquad -\vartheta_3\cdot\eta_{23} + i_{34}\cdot\eta_{34} - k_4\cdot\eta_{45} = 0, \\[4pt]
-\mathfrak{C}_4\cdot Y_3 + (\mathfrak{C}_{45}+\mathfrak{C}_4-\mathfrak{L}_{45})\cdot Y_4 - (\mathfrak{C}_{45} \qquad -\mathfrak{R}_{45})\cdot Y_5 \\
\qquad\qquad -\vartheta_4\cdot\eta_{34} + i_{45}\cdot\eta_{45} \qquad = 0.
\end{cases}
$$

Man hat nunmehr für das elastisch gestützte Stabeck von fünf Knotenpunkten die fünf Gleichungen der Gruppe 18) und die vier Gleichungen der Gruppe 25), zusammen also neun Gleichungen. Die Zahl der darin auftretenden Unbekannten setzt sich zusammen aus

5 Knotenpunktsmomenten Y_1 bis Y_5,

4 Neigungswinkeln der Feldsehnen η_{12} bis η_{45} und

2 Endneigungen $\operatorname{tg}\psi_1$ und $\operatorname{tg}_5\psi$.

Hiernach müssen also von den $5+4+2=11$ Unbekannten zwei gegeben sein (z. B. $Y_1=0$ und $Y_5=0$ oder $\operatorname{tg}\psi_1=0$ und $\operatorname{tg}_5\psi=0$), worauf das Problem gelöst werden kann. Man findet dann aus den Gleichungen der Gruppe 18) und Gruppe 25) die restlichen Unbekannten, wonach die elastische Linie des Stabecks und seine Beanspruchungen bestimmt sind.

Sind die Hebelarme v von Null verschieden, so nehmen auch die Größen Y und η immer von Null verschiedene Werte an; man hat es in diesem Falle mit einer Aufgabe der Biegung zu tun, die im besonderen auf die Ermittlung sog. Nebenspannungen hinausläuft. Dem Knickfalle entspricht der Zustand, wo bei zentrisch angreifenden Kräften, also bei verschwindenden Hebelarmen v, von Null verschiedene Momente Y und Feldneigungen η sich ergeben.

Mit dem Verschwinden der Hebelarme v verschwinden nach Gl. 5) die Werte δ und folglich nach Gl. 14) auch die Werte ω. Mit dem Verschwinden der Werte ω geht aber aus den Gleichungsgruppen 18) und 25) ein vollständiges System homogener, linearer Gleichungen hervor, dessen Matrix auf S. 188 für ein Stabeck von fünf Knotenpunkten so angeschrieben wurde, daß die Unbekannten Y, $\operatorname{tg}\psi$ und η in der obersten Zeile und die ihnen zugeordneten Koeffizienten in den zugehörigen Kolonnen senkrecht untereinander stehen; hierbei ist noch angenommen, daß die Endmomente Y_1 und Y_5 bekannt und, wie bei gelenkiger Befestigung der Enden, gleich Null seien.

Matrix der Koeffizienten der Gleichungsgruppe 26.

Y_2	Y_3	Y_4	$\operatorname{tg}\psi_1$	η_{12}	η_{23}	η_{34}	η_{45}	$\operatorname{tg}{}_5\psi'$	
$\mathfrak{A}_1$	0	0	-1	$+1$	0	0	0	0	$=0$
$\mathfrak{B}_{12}+\mathfrak{B}_{23}$	$\mathfrak{A}_2$	0	0	-1	$+1$	0	0	0	$=0$
$\mathfrak{A}_2$	$\mathfrak{B}_{23}+\mathfrak{B}_{34}$	$\mathfrak{A}_3$	0	0	-1	$+1$	0	0	$=0$
0	$\mathfrak{A}_3$	$\mathfrak{B}_{34}+\mathfrak{B}_{45}$	0	0	0	-1	$+1$	0	$=0$
0	0	$\mathfrak{A}_4$	0	0	0	0	-1	$+1$	$=0$
$-(\mathfrak{C}_{12}+\mathfrak{C}_2-\mathfrak{R}_{12})$	$\mathfrak{C}_2$	0	0	i_{12}	$-\varkappa_2$	0	0	0	$=0$
$+(\mathfrak{C}_{23}+\mathfrak{C}_2-\mathfrak{L}_{23})$	$-(\mathfrak{C}_{23}+\mathfrak{C}_3-\mathfrak{R}_{23})$	$\mathfrak{C}_3$	0	$-\vartheta_2$	i_{23}	$-\varkappa_3$	0	0	$=0$
$-\mathfrak{C}_3$	$+(\mathfrak{C}_{34}+\mathfrak{C}_3-\mathfrak{L}_{34})$	$-(\mathfrak{C}_{34}+\mathfrak{C}_4-\mathfrak{R}_{34})$	0	0	$-\vartheta_3$	i_{34}	$-\varkappa_4$	0	$=0$
0	$-\mathfrak{C}_4$	$+(\mathfrak{C}_{45}+\mathfrak{C}_4-\mathfrak{L}_{45})$	0	0	0	$-\vartheta_4$	i_{45}	0	$=0$

In der Gleichungsgruppe 26) sind die Koeffizienten der Unbekannten durch eine starke Umrandung zusammengefaßt; sie bilden die Determinante des Gleichungssystems, welche mit D bezeichnet werden soll. Nach der Theorie der linearen Gleichungen können aus dem homogenen System Gl. 26) von Null verschiedene Werte Y, $\operatorname{tg}\psi$ und η nur hervorgehen, wenn die Determinante D der Koeffizienten verschwindet.

Die Bedingung $D = 0$ ist somit die Knickbedingung des Systems.

Ohne weiteres ist ersichtlich, daß die durchgeführte Untersuchung auch den Fall des mehrfeldrigen, geraden Stabes umfaßt, für welchen nur die Werte $\cos\varphi = 1$ zu setzen sind. Auch lassen sich nach den abgeleiteten Gleichungen 18) und 25) sofort die Knickbedingungen für ein Stabeck von beliebiger Feldzahl, sowie für verschiedene Befestigungsbedingungen (eingespannte Enden, wo $\operatorname{tg}\psi_1 = \operatorname{tg}{}_5\psi = 0$; Gelenke in zwei beliebigen Knotenpunkten k und i, wobei $Y_i = Y_k = 0$ usw.) ohne Rechnung anschreiben.

Eine eingehende Diskussion von derartigen Knickfällen findet sich in den angeführten Abhandlungen Zimmermanns.

Es ist praktisch nicht daran zu denken, die durchgeführte Untersuchung dazu zu verwenden, um für ein gegebenes Stabeck denjenigen Belastungszustand zu ermitteln, unter welchem es an die Knickgrenze gelangt. Hierzu werden die Kräfte, welche durchweg als transzendente Funktionen in die Koeffizienten der Unbekannten des Systems 26) eingehen, durch die Knickbedingung $D = 0$ in einer allzu verwickelten Weise zueinander in Beziehung gesetzt.

Umgekehrt können indessen die Gleichungen 26) dazu dienen, für ein gegebenes System und einen gegebenen Belastungszustand die Knicksicherheit zu ermitteln, wozu man folgendermaßen vorgehen kann.

Sei (K_1) das gegebene Kräftesystem aus der Gebrauchsbelastung, so ordnet die Gleichungsgruppe 26) diesem System eine bestimmte

Determinante D_1 zu, welche im allgemeinen von Null verschieden ist. Entspricht das System (K_1) einem stabilen Belastungszustand, so ist $D_1 > 0$.

Man kann nun für ein Kräftesystem (K_2), bei welchem die Kräfte des Systems (K_1) verdoppelt wurden, die Rechnung wiederholen und erhält eine Determinante D_2, welche ebenfalls noch größer als Null sei. Fährt man so fort, so gelangt man zu folgender Zuordnung:

Kräftesystem:	(K_1)	(K_2)	(K_3)	. . .	(K_i)	(K_k)
Determinante:	D_1	D_2	D_3	. . .	D_i	D_k
Wert von D:	> 0	> 0	> 0	. . .	> 0	< 0.

Hieraus ist zu schließen, daß die Sicherheitszahl zwischen i und k liegt, da ein zwischen den Systemen (K_i) und (K_k) befindliches Kräftesystem (K_ν) zu Erfüllung der Knickbedingung $D = 0$ führt. Bei der strengen Berechnung der Knicksicherheit offener Brücken wird hierfür in § 42 noch ein Zahlenbeispiel angeführt werden. Von großer allgemeiner Bedeutung sind jedoch zwei Folgerungen, welche aus dem streng gesetzmäßigen Aufbau der Gleichungen 26) gezogen werden können, und die wir als die Zimmermannschen Teilsätze bezeichnen wollen. Diese Sätze wurden von Zimmermann nur für den geraden Stab von mehreren Feldern bewiesen, doch kann es keinem Zweifel unterliegen, daß sie auch für das mehrfeldrige Stabeck Geltung haben.

Unterteilt man (Abb. 99) einen mehrfeldrigen Stab in zwei oder mehr Teile, so lassen sich für jeden Stabteil einzeln und ebenso auch für den ganzen Stab die Knickbedingungen,

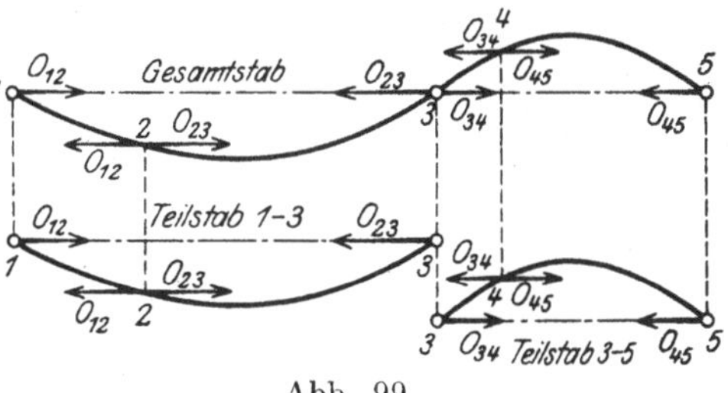

Abb. 99.

wie sie zuvor abgeleitet wurden, aufstellen. Man erhält sie ohne Rechnung aus den Gleichungssystemen 18) und 25). Sorgt man nun noch dafür, daß die einzelnen Teile dieselben Neigungen der Tangenten an ihre elastische Linie und dieselben Biegungsmomente in ihren Endknotenpunkten haben, welche sie im ganzen Stabe hätten, so ergeben sich aus dem Vergleich der Knickbedingung für den ganzen Stab und der Knickbedingungen für seine einzelnen Teile die folgenden beiden Zimmermannschen Teilsätze.

Erster Teilsatz: Sind für zwei oder mehrere Teile eines Stabes die Knickbedingungen jeweils einzeln erfüllt, so ist notwendig auch die Knickbedingung für den ganzen Stab erfüllt.

Zweiter Teilsatz: Ist die Knickbedingung für einen Stab und für einen oder mehrere seiner Teile erfüllt, so ist sie notwendig auch für den Restteil des Stabes erfüllt.

Während der erste Teilsatz ziemlich leicht einleuchtet, ist der aus dem zweiten Teilsatze zu ziehende Schluß, daß ein Stab, dessen einer Teil sich eben an der Knickgrenze befindet, so und nur so als Ganzes an die Knickgrenze gelangen kann, daß auch der Restteil für sich an die Knickgrenze gebracht wird, überraschend. Man erhält entsprechend dem zweiten Teilsatz für ein mehrfeldriges System ganz allgemein verschiedene Möglichkeiten, das System an die Knickgrenze zu bringen, denen auch verschiedene mathematische Lösungen entsprechen, die Zimmermann als Haupt- und Nebenlösungen bezeichnet. Die den einzelnen Lösungen entsprechenden elastischen Linien sind dadurch gekennzeichnet, daß die Stabachse in ihrer stabilen Anfangslage mit der Achse des geknickten Stabes außer den je nach den Bedingungen des Problems festgehaltenen Punkten bei der Hauptlösung keinen Schnitt- oder Berührungspunkt, bei der

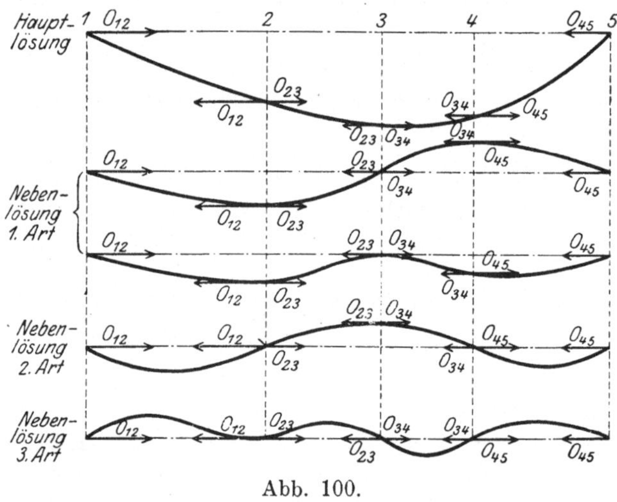

Abb. 100.

Nebenlösung erster Art einen Schnitt- oder Berührungspunkt, bei der Nebenlösung zweiter Art zwei Schnitt- oder Berührungspunkte usw. gemeinsam hat. Dementsprechend ist der Verlauf der elastischen Linie in Abb. 100 für die Hauptlösung und einige Nebenlösungen dargestellt.

Während die Hauptlösung dem Verschwinden der Determinante D entspricht, treten Nebenlösungen auf, wenn sich einzelne Teile des Stabes für sich an der Knickgrenze befinden. Man kann die Bedingungen hierfür aus der Determinante D ohne weiteres ableiten, wenn man von folgender Überlegung ausgeht.

Ist $D = 0$ die Knickbedingung für den Stab von vier Feldern entsprechend der Hauptlösung bei gelenkig befestigten Enden, so kann man sich, um z. B. die in Abb. 99 dargestellte Nebenlösung erster Art zu finden, den Stab in zwei zweifeldrige Stäbe 1—3 und

3—5 zerlegt denken. Für jeden Teil läßt sich dann die Knickbedingung in Form von Determinanten anschreiben. Für die der
Nebenlösung mit einem Schnittpunkte angehörigen Stabteile 1—3
und 3—5 ist bei dem beiden Teilen gemeinsamen Knotenpunkt 3
die Bedingung

Gl. 27) $$M_3 = {}_3M = 0$$

zu erfüllen. Stellt man unter Beachtung der Bedingung 27) die
Knickbedingungen gemäß den Gleichungen 18) und 25) für die beiden
Stabteile bei verschwindenden Werten ω auf, so zeigt sich, daß sie
aus der Hauptlösung $D = 0$ erhalten werden können, wenn man in
der Determinante D alle Zeilen und Kolonnen, in welchen Elemente
mit den Indizes 34 und 45 bzw. 12 und 23 vorkommen, streicht,
wodurch man bezüglich die Knickbedingungen für die Teile 1—3
und 3—5 erhält.

§ 37. Der stetig gestützte Stab mit gelenkig befestigten Enden bei stetiger (insbesondere parabolischer) Änderung von Druck und Trägheitsmoment.

Neben der konstanten Druckkraft P_0 (Abb. 101) möge in dem
Stabe noch die veränderliche Druckkraft P_x auftreten, die ebenso
wie das veränderliche Trägheitsmoment J_x von x abhängen möge;

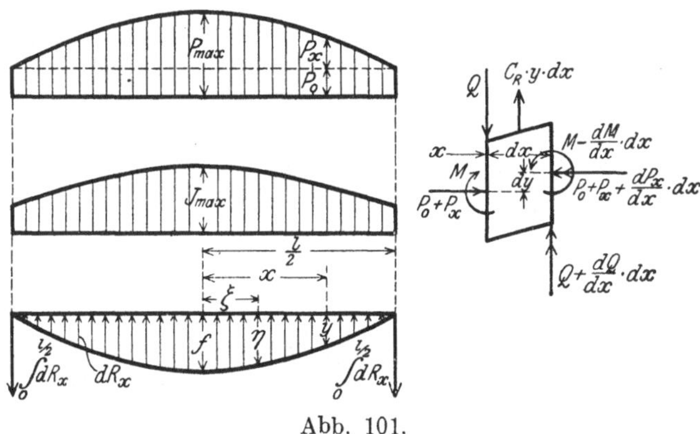

Abb. 101.

die Abhängigkeit zwischen P_x, J_x und x sei durch die Funktionen
$P_x = P(x)$ und $J_x = J(x)$ gegeben, von denen wir nur voraussetzen
wollen, daß sie bezüglich der Stabmitte symmetrisch seien.

Aus der Differentialgleichung der elastischen Linie

$$\frac{d^2 y}{d x^2} = -\frac{M_x}{E J_x}$$

oder

Gl. 1)
$$E J_x \cdot \frac{d^2 y}{d x^2} = - M_x$$

erhält man durch Differentiation

Gl. 2)
$$E J_x \cdot \frac{d^3 y}{d x^3} + E \cdot \frac{d^2 y}{d x^2} \cdot \frac{d J_x}{d x} = - \frac{d M_x}{d x}.$$

Schneidet man an der Stelle x ein Stabelement von der Länge $d x$ aus dem Stabe heraus (Abb. 101) und bringt an seinen Enden die Schnittkräfte und außerdem die von der stetigen Stützung herrührende Kraft $d R_x$ an dem Element an, so liefert die Bedingung für das Gleichgewicht der Kräfte an dem Element (mit der durch den Schwerpunkt des Schnittes x gehenden Achse als Bezugsachse) die Beziehung:

Gl. 3)
$$M_x - \left(M_x - \frac{d M_x}{d x} \cdot d x \right) - \left(P_0 + P_x + \frac{d P_x}{d x} \cdot d x \right) \cdot d y$$
$$- \left(Q_x + \frac{d Q_x}{d x} \cdot d x \right) \cdot d x - d R_x \cdot \frac{d y}{2} = 0.$$

Vernachlässigt man hierin die unendlich kleinen Größen zweiter Ordnung, so erhält man nach Division beider Seiten durch $d x$ aus Gl. 3):

Gl. 4)
$$- \frac{d M_x}{d x} = - P_0 \cdot \frac{d y}{d x} - P_x \cdot \frac{d y}{d x} - Q_x.$$

Bezeichnet man mit C_R diejenige Stützreaktion, welche bei einer Ausbiegung um 1 cm an einem Stabelement von 1 cm Länge infolge der stetigen, elastischen Stützung hervorgerufen würde, so ist (Abb. 101) die elementare Stützreaktion an der Stelle ξ

Gl. 5)
$$d R_\xi = C_R \cdot \eta \cdot d \xi.$$

Da wegen der Symmetrie die Querkraft in der Stabmitte verschwindet, so wird die aus den Reaktionen $d R_\xi$ entstehende Querkraft Q_x durch

Gl. 6)
$$Q_x = C_R \int_{\xi=0}^{\xi=x} \eta \cdot d \xi$$

bestimmt.

Man erhält somit aus Gl. 2), 4) und 5) als Differentialgleichung der elastischen Linie:

Gl. 7)
$$E J_x \cdot \frac{d^3 y}{d x^3} + E \cdot \frac{d^2 y}{d x^2} \cdot \frac{d J_x}{d x} = - P_0 \cdot \frac{d y}{d x} - P_x \cdot \frac{d y}{d x} - C_R \int_{\xi=0}^{\xi=x} \eta \cdot d \xi.$$

Das hierin auftretende, bestimmte Integral $\int_{\xi=0}^{\xi=x} \eta \cdot d \xi$ ist eine Funktion seiner oberen Grenze x und kann aus der Differentialgleichung ausgeschieden werden[1]), wenn man diese nach x differenziert. Man erhält dann, wenn man noch nach den Ableitungen von y ordnet, aus Gl. 7) die Differentialgleichung vierter Ordnung mit veränderlichen Koeffizienten als Differentialgleichung der elastischen Linie:

$$\text{Gl. 8)}\qquad EJ_x\cdot\frac{d^4 y}{d x^4}+2\,E\cdot\frac{d^3 y}{d x^3}\cdot\frac{d J_x}{d x}+\left(E\cdot\frac{d^2 J_x}{d x^2}+P_x+\mathrm{P}_0\right)\cdot\frac{d^2 y}{d x^2}$$

$$+\frac{d P_x}{d x}\cdot\frac{d y}{d x}+C_R\cdot y=0.$$

In dem Integral von Gl. 8) treten vier Integrationskonstanten auf, zu deren Berechnung die folgenden vier Gleichungen zur Verfügung stehen:

$$\text{Gl. 9)}\qquad y=0 \ \text{ für } \ x=\frac{l}{2}$$

$$\text{Gl. 10)}\qquad \frac{d^2 y}{d x^2}=-\frac{M_x}{EJ_x}=0 \ \text{ für } \ x=\frac{l}{2}$$

als Randbedingungen,

$$\text{Gl. 11)}\qquad \frac{d y}{d x}=0 \ \text{ für } \ x=0 \ \text{ wegen der Symmetrie zur Stabmitte,}$$

$$\text{Gl. 12)}\qquad \frac{d^3 y}{d x^3}=0 \ \text{ für } \ x=0 \ \text{ entsprechend dem in Stabmitte vor-}$$

handenen, maximalen Biegungsmoment M_x.

Für die Anwendungen sind besonders die Fälle wichtig, wo das Verhältnis $P_x:J_x$ konstant wird.

Wir behandeln hier besonders den Fall, wo Druck und Trägheitsmoment von der Mitte nach den Enden hin parabolisch zu Null abnehmen.

Sei hierfür

$$P_x=P_{max}\cdot\left[1-\frac{4\,x^2}{l^2}\right]$$

und

$$J_x=J_{max}\cdot\left[1-\frac{4\,x^2}{l^2}\right],$$

wonach $\dfrac{P_x}{J_x}=\text{constans.}$

---

[1]) Ist $F'(\mathrm{x})$ die abgeleitete Funktion von $F(\mathrm{x})$, also $F'(\mathrm{x})=\dfrac{d}{d x}F(\mathrm{x})$,

so ist $\displaystyle\int_{x=a}^{x=b}F'(\mathrm{x})\,d x=F(\mathrm{b})-F(\mathrm{a})$ und hiernach $\dfrac{d}{d b}\displaystyle\int_{x=a}^{x=b}F'(\mathrm{x})\,d x=\dfrac{d}{d b}\,[F(\mathrm{b})-$

$F(\mathrm{a})]=\dfrac{d}{d b}F(\mathrm{b})=F'(\mathrm{b})$. Man erhält daher für $\dfrac{d}{d x}\displaystyle\int_{\xi=0}^{\xi=x}\eta\cdot d\xi$ den Wert y.

Gl. 8) gibt hierfür mit $P_0 = 0$ die Differentialgleichung der elastischen Linie in der Form

Gl. 13)
$$EJ_x \cdot \frac{d^4 y}{d x^4} + 2 E \cdot \frac{d^3 y}{d x^3} \cdot \frac{d J_x}{d x} + \left[E \cdot \frac{d^2 J_x}{d x} + P_x \right] \cdot \frac{d^2 y}{d x^2}$$
$$+ \frac{d P_x}{d x} \cdot \frac{d y}{d x} + C_R \cdot y = 0.$$

Führt man in Gl. 13) durch die Substitution $z = \dfrac{2 x}{l} - 1$ eine neue Veränderliche ein, so geht sie über in

Gl. 14)
$$z \cdot (z + 2) \cdot \frac{d^4 y}{d z^4} + 4 \cdot (z + 1) \cdot \frac{d^3 y}{d z^3} + \left[\frac{z \vartheta}{4} \cdot (z + 2) + 2 \right] \cdot \frac{d^2 y}{d z^2}$$
$$+ \frac{\vartheta}{2} \cdot (z + 1) \cdot \frac{d y}{d z} - \frac{\varkappa \vartheta}{16} \cdot y = 0.$$

Hierin wurde zur Abkürzung

Gl. 15)
$$\vartheta = \frac{P_{max} \cdot l^2}{E J_{max}}$$

und

Gl. 16)
$$\varkappa = \frac{C_R \cdot l^2}{P_{max}}$$

geschrieben.

Die Integration der Gl. 14) liefert nach Bestimmung der Integrationskonstanten die Knickbedingung in der Form einer transzendenten Beziehung zwischen den Werten ϑ und $\varkappa$, für welche J. Dondorff[1]) die in der Tabelle 24 angegebenen Wertepaare angibt.

Tabelle 24.
(Gelenkig befestigter Stab. Stetige elastische Stützung. Druck und
Trägheitsmoment variieren parabolisch.)

$\varkappa =$	0 (keine Querstützung)	1,88	6,40	32,80	64,0
$\vartheta =$	18,48	40	80	200	272

Die Werte der Tabelle 24 sind in Abb. 102 durch eine Kurve dargestellt, der man zum praktischen Gebrauch für einen bestimmten Wert ϑ den zugehörigen Wert $\varkappa$ entnimmt, wodurch nach Gl. 16) der erforderliche Wert von C_R festgelegt ist.

Zahlenbeispiel: Ein Parallelträger von $L = 30$ m Stützweite bestehe aus zwei Fachwerktragwänden mit je 10 Feldern von $c = 3$ m Länge und $h = 3$ m Höhe und soll bei 6 m Breite für eingeleisigen Eisenbahn- und Fußgängerverkehr berechnet werden, wobei, entsprechend den preußischen Mini-

---

[1]) a. a. O. S. 38.

sterialvorschriften mit einem Belastungsgleichwert von $p = 2{,}667$ t/m für den Lastenzug, in den Obergurtstäben die folgenden größten Stabkräfte entstehen:

$$O_1 = 36 \text{ t}, \quad O_2 = 64 \text{ t}, \quad O_3 = 84 \text{ t}, \quad O_4 = 96 \text{ t}, \quad O_5 = 100 \text{ t}.$$

Die einzelnen Felder des Obergurtes seien gegen seitliches Ausknicken nach der Eulerschen Formel auf 15fache Sicherheit für die Feldlänge c als freie Knicklänge berechnet, und ihre zulässige Druckspannung sei $\sigma_{zul.} = 1$ t/cm².

Wie groß ist die Größe C_R zu wählen, wenn die Sicherheit des Obergurtes gegen seitliches Ausknicken mit Berücksichtigung stetig verteilter, elastischer Querstützung hinsichtlich der Gurtkräfte 4fach sein soll?

Mit Rücksicht auf die zulässige Spannung $\sigma_{zul.} = 1{,}0$ t/cm² wird für die Gurtkraft O (t) der erforderliche Querschnitt $F = O$ (cm²), also

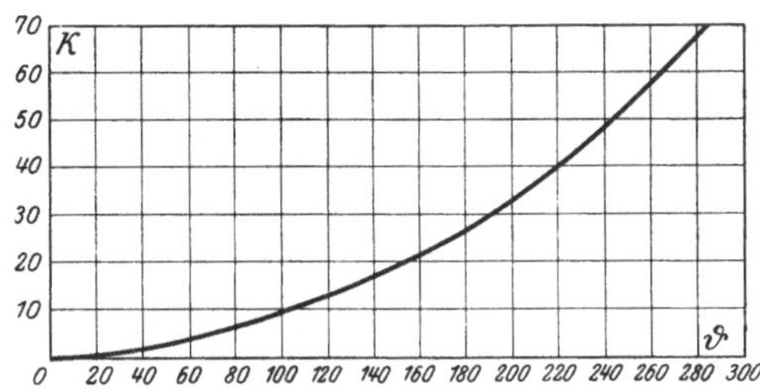

Abb. 102.

$$F_1 = 36 \text{ cm}^2, \quad F_2 = 64 \text{ cm}^2, \quad F_3 = 84 \text{ cm}^2, \quad F_4 = 96 \text{ cm}^2, \quad F_5 = 100 \text{ cm}^2.$$

Das für fünfzehnfache Sicherheit nach Euler aus der Feldweite c als der freien Knicklänge berechnete Trägheitsmoment der Gurtungen für die vertikalen Schwerachsen wird

$$J_x = \frac{15\,O_x \cdot c^2}{\pi^2 \cdot E} = \frac{15 \cdot 300^2}{\pi^2 \cdot 2150} \cdot O_x = 63{,}6 \cdot O_x \text{ cm}^4,$$

woraus $J_{max} = 63{,}6 \cdot O_{max} = 6360$ cm⁴ folgt.

Soll die ganze Gurtung gegen seitliches Ausknicken vierfache Sicherheit hinsichtlich der Stabkräfte erhalten, so ist die Querstützung so zu bemessen, daß erst bei den vierfachen Gurtkräften die Knickgrenze erreicht wird. Es ist also

$$\vartheta = \frac{(4\,O_{max}) \cdot l^2}{E J_{max}} = \frac{4 \cdot 100 \cdot 3000^2}{2150 \cdot 6360} = 263{,}2.$$

Zu $\vartheta = 263{,}2$ entnimmt man aus der Kurve Abb. 102) $\varkappa = 61{,}8$. Aus Gl. 16) $\varkappa = \dfrac{C_R \cdot l^2}{(4\,O_{max})}$ folgt daher die für die Querstützung maßgebende Größe

$$C_R = \frac{\varkappa \cdot (4\,O_{max})}{l^2} = \frac{4 \cdot 100 \cdot 61{,}80}{3000^2} = 0{,}00275 \text{ t/cm}^2.$$

Nimmt man an, daß diese Steifigkeit durch die in Abständen von 3 m angeordneten Halbrahmen erzeugt wird, so ist jeder Halbrahmen mindestens mit der Steifigkeit

$$C_R \cdot c = 300 \cdot 0{,}00275 = 0{,}725 \text{ t/cm}$$

auszustatten.

Demnach sind die Halbrahmen nach Maßgabe der in § 39 hierzu gegebenen Anleitung so zu dimensionieren, daß sie für zwei an ihren oberen Enden angreifende Kräfte von je 0,725 t um je 1 cm sich verbiegen.

Der für die Euler-Rechnung eingeführte Sicherheitsgrad $\nu = 15$ scheint auf den ersten Blick übertrieben vorsichtig gewählt zu sein. Es ist daher von Interesse, zu bemerken, daß die tatsächliche Sicherheit der Gurtstäbe innerhalb der Feldlänge lange nicht 15fach ist.

Bei $F = O$ und $J = 64,6 \cdot O$ wird nämlich $i = \sqrt{\dfrac{J}{F}} = \sqrt{64,6} = 8,05$ cm, mithin $l/i = 300/8,05 = 37,3$, also kleiner als 105. Die Knickspannung ist demnach nach der Tetmajerschen Formel zu rechnen und man erhält

$$\sigma_k = 3,1 - 0,0114 \cdot 37,3 = 2,675 \ \text{t/cm}^2,$$

womit man zu einer Knickkraft

$$O_k = 2,675 \cdot F \ (\text{t})$$

für die Obergurtstäbe gelangt.

Die tatsächliche Knicksicherheit dieser Stäbe ist daher

$$\nu = \frac{O_k}{O} = \frac{2,675 \ F}{F} = 2,675.$$

Man sieht an diesem Beispiel, wie stark unter Umständen die Überschätzung der tatsächlichen Sicherheit bei unrichtiger Anwendung der Eulerschen Formel sein kann.

Die seitliche Knicksicherheit der Druckgurtungen offener Brücken.

§ 38. Allgemeine Bemerkungen zum Problem der Seitensteifigkeit von Brücken.

Das verbreitetste, praktische Anwendungsgebiet der Theorie des elastisch gestützten Druckstabes bilden die offenen oder halboffenen Brücken. So bezeichnet man Brücken, bei denen ein Längsverband in der Höhe der oberen Gurtungen ganz oder teilweise fehlt. Solche Ausführungen sind nicht selten und werden meistens dadurch veranlaßt, daß die Höhe des für den Verkehr freizuhaltenden Lichtraumprofils die Anordnung eines oberen Längsverbandes nicht gestattet; in diesem Falle entsteht beim Parallelfachwerkträger die Bauweise der offenen Brücke. Beim Bogenträger mit unten liegender Fahrbahn kann in den gegen die Kämpfer gelegenen Teilen der Brücke durch Weglassung des oberen Längsverbandes die halboffene Bauweise bedingt werden. Bisweilen führen aber auch ästhetische Gesichtspunkte zur Unterdrückung des oberen Verbandes, auch wo ein solcher aus konstruktiven Gründen ausführbar wäre.

Besitzt die Brücke in ihrer ganzen Längenausdehnung einen aus Pfosten und Diagonalen bestehenden, oberen Längsverband, so bilden dessen Diagonalen und Pfosten mit den Obergurten der Brücke zusammen einen gegliederten Druckstab, dessen Länge beim Parallelträger gleich der Stützweite $\left(\text{bei gekrümmtem Obergurt gleich } \sum \dfrac{c}{\cos \varphi}\right)$ ist, und dessen beide Gurtungen bei gleichförmiger Belastung der ganzen Brücke an entsprechenden Knotenpunkten gleichem Druck unterworfen sind. Hat die Brücke, was wir im folgenden voraussetzen, außerdem noch einen unteren Längsverband, so kann man annehmen, daß ihre an den Knotenpunkten angeordneten Querverbindungen durch den unteren Längsverband festgehalten werden. Der vom oberen Längsverband und den oberen Gurtungen gebildete Fachwerkstab erhält hierbei mit Rücksicht auf die aufzunehmenden Windkräfte praktisch fast immer so starke Diagonalen und Pfosten, daß sein wirksames Trägheitsmoment hinreichend genau durch $F_g \cdot \dfrac{b^2}{2}$ gegeben ist, wo F_g den Querschnitt einer Gurtung und b die theoretische Entfernung der Tragwände bedeutet. Außerdem wird der Fachwerkstab durch die Querverbände, welche in diesem Falle als geschlossene Rahmen ausgebildet und demnach sehr biegungssteif sind, in seinen Knotenpunkten elastisch gestützt. Die Knicksicherheit solcher geschlossener Brücken bedarf hiernach, da sie gewöhnlich überreichlich ist (vgl. das Beispiel S. 175), fast nie eines besonderen Nachweises.

Bei den offenen Brücken besteht die Möglichkeit, daß jede der beiden Gurtungen unabhängig von der anderen seitlich ausknickt. Die nicht miteinander gemeinsam wirkenden Gurtungen müssen also jede einzeln der Knickgefahr gewachsen sein und werden hierbei durch die Steifigkeit der als Halbrahmen ausgebildeten Querverbände unterstützt.

Nimmt man an, daß die einzelnen Knotenpunkte etwa wie reibungslose Kugelgelenke eine freie Drehbarkeit der Gurtstäbe ermöglichen, so erhält man, da in praxi die Gurtungen gewöhnlich kontinuierlich durchlaufen, einen unteren Grenzwert der Knicksicherheit. Hierfür hat H. Müller-Breslau[1]) eine strengere Berechnungsmethode entwickelt, aus welcher die von F. Engesser[2]) aufgestellte Näherungsrechnung abgeleitet werden kann.

Einen oberen Grenzwert der Sicherheit erhält man hingegen unter der Voraussetzung, daß die Gurtungen ein unendlich großes Trägheitsmoment besitzen. Die hieraus sich ergebende Sicherheit ist jedoch angenähert nur dann einigermaßen zutreffend, wenn bei sehr nachgiebigen Querverbänden sehr steife Gurtungen vorhanden sind.

Für kontinuierlich durchlaufende Gurtungen läßt sich die Knickgrenze strenge bestimmen, wenn man auf die in § 36 behandelte Theorie des mehrfeldrigen Stabzuges mit elastischen Einzelstützen zurückgeht. Man gelangt dann zu einer Knickbedingung in der Gestalt einer Determinante n-ten Grades, wenn die Brücke n Felder besitzt, und erhält für den Fall der Symmetrie noch eine wesentlich einfachere Knickbedingung. Die Anwendung der strengen Berechnung hat Müller-Breslau a. a. O. für kontinuierlich durchlaufende Gurtungen gegeben. Sie führt indessen schon in einfachen Fällen zu einer so umständlichen Rechnung, daß sich auch hier eine annäherungsweise Behandlung des Problems empfiehlt. Zur näherungsweisen Ermittlung der Sicherheit tut man dann gut, Voraussetzungen zu machen, welche ungünstiger sind, als die tatsächlichen Verhältnisse. Es wird dann die wirkliche Sicherheit immer größer als die rechnungsmäßige, was auch erwünscht ist, solange hieraus keine ernsten wirtschaftlichen Nachteile erwachsen.

---

[1]) H. Müller-Breslau, Die graphische Statik der Baukonstruktionen, Bd. II, 2. Abtlg., zweite Lieferung, Leipzig 1908. S. 309 ff.
[2]) F. Engesser, Zusatzkräfte und Nebenspannungen, Bd. 2, S. 142 ff.

Es liegt auf der Hand, daß die Verschiedenheit der Steifigkeit der Halbrahmen, wie sie oft durch die Konstruktion bedingt wird z. B. nimmt bei Brücken mit gekrümmtem Obergurt mit abnehmender Bauhöhe der Halbrahmen an den Brückenenden die Rahmensteifigkeit von der Mitte nach den Auflagern hin bei gleicher Ausbildung aller Rahmenquerschnitte erheblich zu — eine Erhöhung der tatsächlichen Sicherheit mit sich bringt, wofern man der Näherungsrechnung eine dem schwächsten Halbrahmen zukommende Steifigkeit zugrunde legt. Ebenso führt die Rechnung zu einer Unterschätzung der wirklichen Sicherheit, wenn man statt der beim Träger auf zwei Stützen nach den Auflagern zu abnehmenden Gurtkräfte eine der Brückenmitte entsprechende Gurtkraft in Rechnung stellt. Zu ungunsten der Sicherheit spricht dagegen die Wahl eines unveränderlichen Trägheitsmomentes J der Gurtungen, wenn für J ein der Brückenmitte entsprechender Wert angenommen wird; denn gegen die Auflager zu nehmen bei solchen Trägern die Trägheitsmomente ab. Da die Abnahme der Trägheitsmomente in der Regel in schwächerem Maße sich vollzieht als die Abnahme der Gurtkräfte, so läßt sich im allgemeinen immer erwarten, daß die ungünstige Voraussetzung für die Gurtkräfte durch die zu günstige Annahme unveränderlichen Trägheitsmomentes noch nicht völlig ausgeglichen wird, daß also die beiden Voraussetzungen in ihrer Gesamtwirkung immer noch eine zu kleine rechnungsmäßige Sicherheit zur Folge haben. Beim Träger auf mehreren Stützen kann durch das Auftreten negativer Momente auch die Möglichkeit eintreten, daß die obere Gurtung teils auf Zug, teils auf Druck beansprucht wird. Hierbei wird der gezogene Teil der Gurtung, in gleicher Weise wie beim Träger auf zwei Stützen die Abnahme der Gurtkraft, einer Erhöhung der tatsächlichen Sicherheit Vorschub leisten, und bei Vernachlässigung dieses Einflusses bewegt man sich wiederum auf der sicheren Seite.

Hiernach könnte es den Anschein erwecken, als ob die Lösung der hier vorliegenden Aufgaben dem Gefühl des Konstrukteurs, seiner mehr oder weniger reichen Erfahrung und seinem Verantwortlichkeitsempfinden einen weiten Spielraum in der Auswahl der vereinfachenden Annahmen offen ließe; die Kenntnis der Wirkung der vereinfachenden Voraussetzungen dient jedoch hier als eine erwünschte Führerin. Auch lassen sich unter Berücksichtigung verschiedener Annahmen bei den hier zu behandelnden Problemen wohl immer obere und untere Grenzwerte der Sicherheit ableiten, die eng genug liegen, um sowohl leichtsinniges Disponieren wie auch unwirtschaftlichen Materialaufwand in wünschenswerter Weise auszuschließen.

Die halboffenen Brücken nehmen zwischen den offenen und geschlossenen Brücken eine Mittelstellung ein. Bei ihnen befinden sich die Enden der Obergurte zwischen den Auflagern und den Windportalen etwa in demselben Falle wie die Gurtungen einer offenen Brücke, und sind einzeln als Stäbe mit elastischer Stützung durch Halbrahmen von hinreichender Steifigkeit zu sichern. Der mittlere Teil solcher Brücken zwischen den Windportalen ist in einer ähnlichen Lage wie die Druckgurtungen von geschlossenen Brücken, und benötigt in der Regel einen Nachweis für seine seitliche Sicherheit nicht. Streng genommen liegt hier eine sehr verwickelte Aufgabe vor, zu deren Lösung die oberen Gurtungen mit dem über der Brückenmitte angeordneten, oberen Windverband als ein vergitterter Druckstab aufzufassen wären, dessen Enden zwischen Portal und Auflager keine Vergitterung mehr aufweisen, und der übrigens in allen Knotenpunkten elastisch bzw. starr gestützt ist. Dieser Fall liegt auch vor, wenn z. B. der obere Windverband als diagonalenloses System (Vierendeel) ausgeführt wird, wodurch ein elastisch gestützter Rahmenstab mit an den Enden fehlenden Querverbindungen entsteht. Hier ist immer nur eine Annäherungsrechnung am Platze; es empfiehlt sich dabei, den geschlossenen Teil der Brücke für sich mit einer Sicherheit auszubilden, die zweckmäßig höher zu wählen ist als die üblicherweise verlangte, die Portale tunlich steif zu bemessen, die offenen Teile aber so zu berechnen, wie wenn sie an den Auflagern und Portalen in seitlich unverschieblicher Weise mit Gelenken gelagert wären.

Zur Erhöhung der Sicherheit stehen im allgemeinen verschiedene Möglichkeiten offen. Man kann durch Wahl einer engeren Feldteilung die Zahl der elastischen Stützen erhöhen oder durch Verringerung der Trägerhöhe die Steifigkeit der Halbrahmen vergrößern — da die Steifigkeit ungefähr umgekehrt proportional den dritten Potenzen der Trägerhöhe wächst, während die Gurtkräfte nur etwa im linearen Verhältnis mit der Trägerhöhe variieren, so muß die Sicherheit des Druckgurtes durch diese Maßnahme wachsen —, oder man kann durch Verstärkung der Rahmenquerschnitte eine genügende Steifigkeit der Stützen herbeiführen, oder auch die Knicksicherheit durch Änderung der Gurtquerschnitte beeinflussen. Welche Maßnahmen in jedem Falle vorzuziehen sind, ist nicht ohne weiteres zu entscheiden und hängt von den Vorzügen und Nachteilen ab, welche durch die Änderung sonst bedingt werden. Sofern nur wirtschaftliche Überlegungen die Wahl des Mittels bestimmen, kann man sich durch die in § 45 ausgeführten, überschläglichen Vergleichsrechnungen über den Materialaufwand von Fall zu Fall ein Urteil bilden.

§ 39. Berechnung der Querrahmenwiderstände.

In den Untersuchungen der §§ 36 und 37 hatten wir vorausgesetzt, daß bei seitlichem Ausknicken des Druckgurtes in den einzelnen Knotenpunkten Widerstände überwunden werden, die um so beträchtlicher sind, je größer die Steifigkeit der Querverbände ist. Bei offenen Brücken sind diese Querverbände Rahmen von U-förmiger Gestalt, die aus dem unteren Fahrbahnquerträger und den beiden Pfosten bestehen; bei geschlossenen Brücken tritt zu diesen Stäben noch ein dem oberen Windverbande angehöriger, horizontaler Querriegel.

Bezeichnet man mit (vgl. S. 185)

$\mathfrak{r}$ die Ausbiegung des oberen Rahmenendes durch eine dort angreifende Horizontalkraft von 1 t,

$\mathfrak{m}$ die Ausbiegung des oberen Rahmenendes durch ein dort wirkendes Moment von 1 tcm,

$\mathfrak{y}$ die Ausbiegung desselben Punktes infolge der Querträgerbelastung,

y die gesamte Ausbiegung des oberen Rahmenendes, welche zugleich auch die seitliche Ausbiegung der Gurtung darstellt,

so gilt, sofern, wie wir zunächst voraussetzen wollen, die Proportionalitätsgrenze nicht überschritten wird, die Beziehung

$$\text{Gl. 1)} \qquad\qquad y = R \cdot \mathfrak{r} + \mathfrak{M} \cdot \mathfrak{m} + \mathfrak{y}.$$

Hierin ist R (t) die im oberen Rahmenende wirkende Kraft, $\mathfrak{M}$ (tcm) das dort wirksame Moment.

Die Entstehung der von der Querträgerbelastung abhängigen Ausbiegung $\mathfrak{y}$ setzt voraus, daß die Querträger mit den Rahmen in steifer Verbindung stehen; ist die Fahrbahn auf Querträgern montiert, welche mit Gelenken an ihren Enden gestützt sind, so hat die Querträgerbelastung keine Deformationen $\mathfrak{y}$ des oberen Rahmenendes im Gefolge.

Unsere nächste Aufgabe besteht nun in der Berechnung der Größen $\mathfrak{r}$, $\mathfrak{m}$ und $\mathfrak{y}$.

1. Offene Brücken mit einteiligem Druckgurt.

a) Berechnung von $\mathfrak{r}$. Für den in Abb. 103 dargestellten Halbrahmen sei J_p das Trägheitsmoment und h_p die Höhe des nachgiebigen Teiles eines Pfostens; letztere erstreckt sich, wenn das

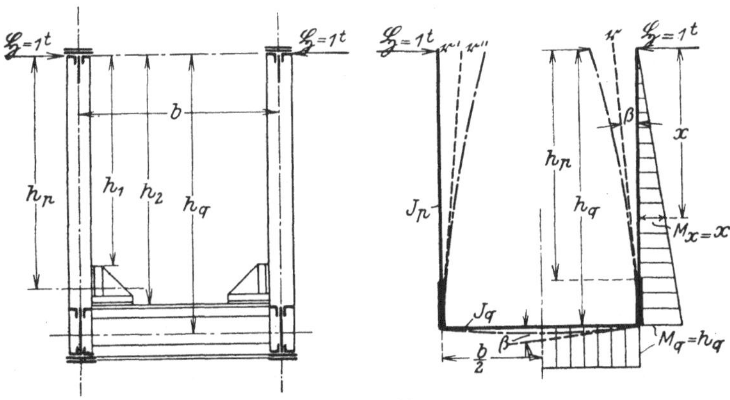

Abb. 103.

untere Eckblech fehlt, bis zur Oberkante des Querträgers. Bei Anordnung von Eckblechen ist h_p zu schätzen zwischen h_1 und h_2, wobei ungefähr $h_p = \dfrac{h_1 + h_2}{2}$ gewählt werden mag. Hierbei ist zu beachten, daß eine zu große Wahl von h_p immer zu einem im Vergleich zur Wirklichkeit ungünstigen Wert für den Sicherheitsgrad führt.

Die von $\mathfrak{H} = 1\,\mathrm{t}$ erzeugten Momente sind in Abb. 103 dargestellt. Man kann die von ihnen bedingte Deformation $\mathfrak{r}$ in zwei Beträge $\mathfrak{r}'$ und $\mathfrak{r}''$ zerlegen, von denen der erste $\mathfrak{r}'$ entstände, wenn nur der Querträger nachgiebig wäre, während der zweite $\mathfrak{r}''$ dadurch erhalten wird, daß man nur die Pfosten als nachgiebig ansieht.

Es ist dann

Gl. 2) $$\mathfrak{r} = \mathfrak{r}' + \mathfrak{r}''.$$

Aus dem Drehwinkel β für die Endtangenten des Querträgers mit dem Trägheitsmoment J_q

Gl. 3) $$\beta = \int\limits_0^{\frac{b}{2}} \frac{M \cdot dx}{E J_q} = \int\limits_0^{\frac{b}{2}} \frac{h \cdot dx}{E J_q}$$

folgt dann zunächst

Gl. 4) $$\mathfrak{r}' = \beta \cdot h_q = \frac{h_q}{E} \cdot \int\limits_0^{\frac{b}{2}} \frac{dx}{J_q}.$$

Ferner ist für die Pfosten

Gl. 5) $$\mathfrak{r}'' = \int\limits_0^{h_p} \frac{M_x \cdot x \cdot dx}{E J_p} = \frac{1}{E} \cdot \int\limits_0^{h_p} \frac{x^2 \cdot dx}{J_p}.$$

Somit wird

G. 6) $$\mathfrak{r} = \frac{1}{E} \cdot \left[h_q^2 \cdot \int\limits_0^{\frac{b}{2}} \frac{dx}{J_p} + \int\limits_0^{h_p} \frac{x^2 \cdot dx}{J_p} \right].$$

Sind die Trägheitsmomente des Querträgers und der Pfosten nur wenig veränderlich, so können für J_q und J_p immer konstante Mittelwerte gesetzt werden, wodurch man

Gl. 7) $$\mathfrak{r} = \frac{1}{E} \cdot \left[\frac{h_q^2 b}{2 J_q} + \frac{h_p^3}{3 J_p} \right]$$

erhält.

Sind die Rahmen nicht wie im vorstehenden Falle mit einheitlichen Querschnitten ausgeführt, sondern, wie dies Abb. 104 zeigt, in Fachwerke aufgelöst, so folgt $\mathfrak{r}$ aus der Gleichsetzung der inneren und äußeren Arbeit. Bei einer Verschiebung leisten die Kräfte $\mathfrak{H} = 1\,\mathrm{t}$ die Arbeit

Gl. 8) $$A = 2 \cdot \mathfrak{H} \cdot \tfrac{1}{2}\mathfrak{r} = \mathfrak{H} \cdot \mathfrak{r} = \mathfrak{r}.$$

Bezeichnet man mit S die in einem Stabe des Fachwerkes bei der Belastung $\mathfrak{H} = 1\,\mathrm{t}$ auftretende Kraft, so berechnet sich die innere Arbeit nach

Gl. 9)
$$U = \sum \frac{S^2 \cdot s}{2\,EF},$$

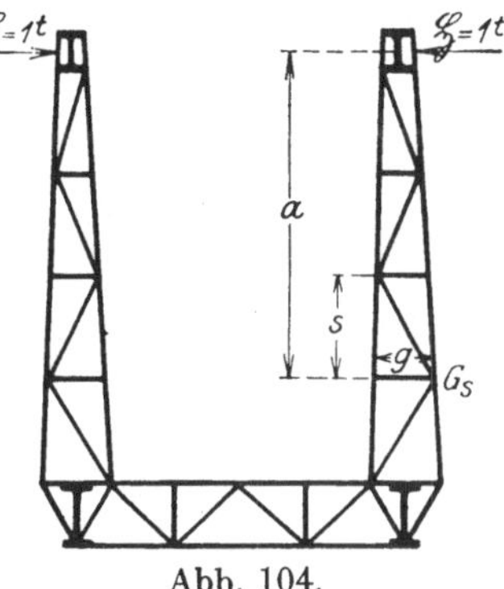

Abb. 104.

wobei die Summe über alle Fachwerkstäbe auszudehnen ist. Es genügt jedoch fast immer, in dieser Summe nur die Kräfte S in den Gurtungen zu berücksichtigen, die Kräfte der Wandglieder indessen zu vernachlässigen. Ist nun G der Gegenpunkt eines Gurtstabes von der Länge s, g sein senkrechter Abstand von der Achse dieses Stabes, und a sein Abstand von der Kraftachse $\mathfrak{H}$, so ist

Gl. 10)
$$S = \frac{\mathfrak{H} \cdot a}{g} = \frac{a}{g}$$

die im Stabe s auftretende Kraft. Man erhält damit aus Gl. 9)

Gl. 11)
$$U = \sum \frac{a^2 s}{2\,EF \cdot g^2}$$

und aus

Gl. 12)
$$A = U$$

folgt mithin die Verschiebung $\mathfrak{r}$ infolge $\mathfrak{H} = 1\,\mathrm{t}$ zu

Gl. 13)
$$\mathfrak{r} = \sum \frac{a^2 s}{2\,EF g^2}.$$

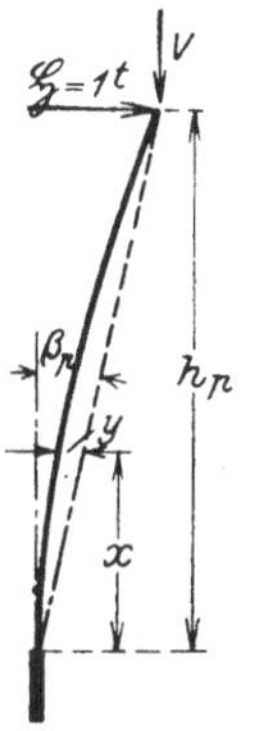

Wirken in den vertikalen Pfosten außerdem noch Systemkräfte V, welche davon herrühren, daß die Pfosten der Halbrahmen zugleich auch Stäbe des Fachwerks sind, so ändern sich die vorstehenden Formeln zur Berechnung der $\mathfrak{r}$ insofern, als der Wert $\mathfrak{r}''$ größer oder kleiner wird, je nachdem ob die Systemkraft V den Pfosten auf Druck oder auf Zug beansprucht. Nur bei sehr nachgiebigen Pfosten ist der Einfluß von V auf die Werte $\mathfrak{r}''$ von erheblicher Größe.

Für den in Abb. 105 dargestellten Belastungsfall des Rahmens wird für V als Druckkraft das Biegungsmoment an der Stelle x

Abb. 105.

Gl. 14)
$$M_x = V \cdot y + \mathfrak{H}\,(h_p - x).$$

Dabei ist die x-Achse des Koordinatensystems durch die Richtung der Kraft V bestimmt, welche durch den unteren Fußpunkt des Pfostens geht. Man erhält nach Gl. 14) die Differentialgleichung der elastischen Linie zu

$$\text{Gl. 15)} \qquad \frac{d^2 y}{d x^2} = -\frac{V}{E J_p} \cdot y - \frac{\mathfrak{H}}{E J_p} \cdot (h_p - x).$$

Das Integral hiervon ist mit

$$\text{Gl. 16)} \qquad \frac{V}{E J_p} = \frac{1}{k^2}$$

$$\text{Gl. 37)} \qquad y = C_1 \cdot \sin \frac{x}{k} + C_2 \cdot \cos \frac{x}{k} - \frac{\mathfrak{H}}{V} (h_p - x).$$

Da für $x = 0$ und $x = h$ die Ordinate x verschwindet, so ist

$$0 = C_2 - \frac{\mathfrak{H}}{V} \cdot h_p \quad \text{oder} \quad C_2 = \frac{\mathfrak{H} \cdot h_p}{V},$$

$$0 = \frac{\mathfrak{H} \cdot h_p}{V} \cdot \cos \frac{h_p}{k} + C_1 \cdot \sin \frac{h_p}{k} \quad \text{oder} \quad C_1 = -\frac{\mathfrak{H} \cdot h_p}{V} \cdot \operatorname{cotg} \frac{h_p}{k}.$$

Mithin wird für diese Werte der Konstanten

$$\text{Gl. 18)} \qquad y = \frac{\mathfrak{H}}{V} \cdot \left[h_p \cdot \left(\cos \frac{x}{k} - \operatorname{cotg} \frac{h_p}{k} \cdot \sin \frac{x}{k} \right) - h_p + x \right],$$

und sonach

$$\text{Gl. 19)} \qquad \beta_p = \left(\frac{dy}{dx} \right)_{x=0} = \frac{\mathfrak{H}}{V} \cdot \left[-\frac{h_p}{k} \cdot \operatorname{cotg} \frac{h_p}{k} + 1 \right].$$

Aus $\mathfrak{r}'' = \beta_p \cdot h_p$ folgt daher in diesem Falle

$$\text{Gl. 20)} \qquad \mathfrak{r}'' = \frac{\mathfrak{H} \cdot h_p}{V} \cdot \left[1 - \frac{h_p}{k} \cdot \operatorname{cotg} \frac{h_p}{k} \right],$$

und demnach für $\mathfrak{H} = 1 \text{ t}$:

$$\text{Gl. 21)} \qquad \mathfrak{r} = \frac{b \, h_p^2}{2 \, E J_q} + \frac{h_p}{V} \cdot \left[1 - \frac{h_p}{k} \cdot \operatorname{cotg} \frac{h_p}{k} \right].$$

Ähnlich gestaltet sich die Berechnung von $\mathfrak{r}$ auch für den Fall, daß der Pfosten durch die Kraft V einer Zugbeanspruchung unterworfen wird. Doch darf die günstige Wirkung einer als Zug auftretenden Systemkraft V auf die Größe von $\mathfrak{r}$ fast immer unberücksichtigt bleiben.

Falls V den Pfosten auf Druck beansprucht, ist noch ein Umstand zu berücksichtigen, der bisher vernachlässigt wurde.

Es möge angenommen werden, daß mit Rücksicht auf die zu erstrebende seitliche Sicherheit der Druckgurtungen ein den vorstehenden Rechnungen entsprechendes Trägheitsmoment für die Pfosten (J_p') und Querträger (J_q) ermittelt worden sei, wodurch diese Bauteile zur Sicherung der Gurtungen hinreichend steif sind. Wirkt nun aber die Kraft V im Pfosten als Druck, so muß mit Rücksicht auf die hierdurch bedingte Knickgefahr dieser Pfosten bei ν-facher Sicherheit das Trägheitsmoment

$$J_p'' = \frac{\nu \cdot V \cdot l^2}{E \cdot \pi^2}$$

bzw. einem entsprechend aus der Tetmajerschen Formel zu berechnenden Wert erhalten, wo für offene Halbrahmen (s. S. 104) $l \backsimeq 0,8\,h_p$ gesetzt werden kann. Demnach ist das gesamte Trägheitsmoment des Pfostens zu $J_p = J_p' + J_p''$ zu wählen, damit der Pfosten beiden von ihm zu erfüllenden Bedingungen für seine eigene Knicksicherheit und die der Gurtungen im gewünschten Maße gerecht wird.

b) Berechnung von $\mathfrak{m}$. Wir haben jetzt zu untersuchen, welche Verschiebung $\mathfrak{m}$ des oberen Rahmenendes für ein durch die Gurtungen dort übertragenes Moment von der Größe 1 tcm entsteht.

Da das Moment 1 tcm längs des ganzen Rahmens konstant ist, so wird (Abb. 106) die Drehung der Endtangenten

Gl. 22 a)
$$\beta = \int\limits_0^{\frac{b}{2}} \frac{dx}{EJ_q}$$

und für konstantes J_q

Gl. 22 b)
$$\beta = \frac{b}{2\,EJ_q}\,.$$

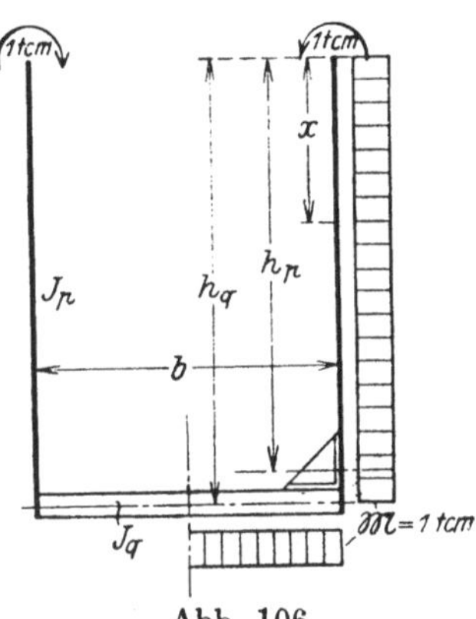

Abb. 106.

Infolgedessen erfährt das obere Pfostenende die Verschiebung

Gl. 23)
$$\mathfrak{m}' = \beta \cdot h_q = h_q \cdot \int\limits_0^{\frac{b}{2}} \frac{dx}{EJ_q} = \frac{b\,h_q}{2\,EJ_q}\,.$$

Hierzu kommt aus der Verbiegung der Pfosten

Gl. 24 a)
$$\mathfrak{m}'' = \int\limits_0^{h_p} \frac{x \cdot dx}{EJ_p}\,,$$

und bei konstantem J_p

Gl. 24 b)
$$\mathfrak{m}'' = \frac{h_p{}^2}{2\,EJ_p}\,.$$

Man erhält somit aus

Gl. 25)
$$\mathfrak{m} = \mathfrak{m}' + \mathfrak{m}''$$

Gl. 26)
$$\mathfrak{m} = \frac{1}{E} \cdot \left[h_q \cdot \int\limits_0^{\frac{b}{2}} \frac{dx}{J_q} + \int\limits_0^{h_p} \frac{x \cdot dx}{J_p} \right]$$

für veränderliche Querschnitte, und

$$\text{Gl. 27)} \qquad \mathfrak{m} = \frac{1}{2\,E} \cdot \left[\frac{b \cdot h_q}{J_q} + \frac{h_p{}^2}{J_p} \right]$$

für unveränderliche Querschnitte.

c) Berechnung von $\mathfrak{y}$. Für eine zur Mittelebene der Brücke symmetrische Belastung der Querträger ergibt sich $\mathfrak{y}$ ohne weiteres aus der Momentenkurve M_0 des Querträgers. Ist M_0 durch Rechnung oder Konstruktion des Seilpolygons ermittelt, so wird der Drehwinkel β_0 der Endtangenten des Querträgers (Abb. 107) unter Wirkung von M_0

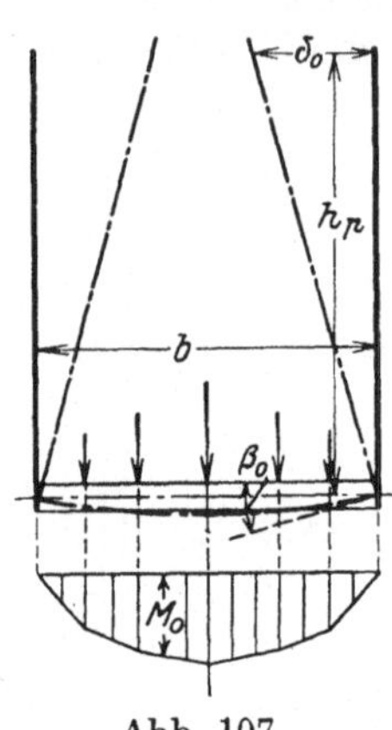

Abb. 107.

$$\text{Gl. 28)} \qquad \beta_0 = \int_0^{\frac{b}{2}} \frac{M_0 \cdot dx}{E J_q}.$$

Vermöge dieser Winkeländerung erfährt das obere Ende des Halbrahmens die Verschiebung

$$\text{Gl. 29)} \qquad \mathfrak{y} = h_p \cdot \beta_0 = h_p \cdot \int_0^{\frac{b}{2}} \frac{M_0 \cdot dx}{E J_q}.$$

Sind alle Querträger einer Brücke gleichmäßig belastet, was bei gleichmäßiger Belastung der ganzen Brücke und unveränderlicher Feldweite nur für die Endquerträger nicht zutrifft, so sind die Größen $\mathfrak{y}$ für jeden Querrahmen gleich groß, falls auch die Querträger alle gleich steif sind. Durch die Verschiebungen $\mathfrak{y}$ wird somit die obere Gurtung nicht gekrümmt, vielmehr neigen sich beide Tragwände um den Winkel β_0 nach innen. Nur an den Brückenenden, wo entweder die Belastung oder die Querschnittsbemessung des Querträgers von den übrigen abweicht, tritt eine Änderung ein. Sieht man von dieser Ausnahme ab, so ist die Größe von $\mathfrak{y}$ für die Knicksicherheit des Druckgurtes ohne Bedeutung.

2. Offene Brücken mit zweiteiligem Druckgurt.

Ist die Druckgurtung nicht einteilig, sondern wie dies z. B. beim Fachwerkbogenträger der Fall ist, aus zwei Teilen zusammengesetzt, die den Ober- und Untergurt des Bogens bilden, so ändert sich die vorstehende Berechnung von r, da beide Gurtungen voneinander verschiedene Deformationen y_o und y_u annehmen können, die nur den Verschiebungen y_o und y_u der entsprechenden Punkte der Pfosten gleich sein müssen. Sei (Abb. 108)

r_{oo} die Verschiebung des oberen Gurtes durch $\mathfrak{H}_o = 1\,\text{t}$,

r_{ou} „ „ „ „ „ „ $\mathfrak{H}_u = 1\,\text{t}$,

r_{uo} „ „ „ unteren „ „ $\mathfrak{H}_o = 1\,\text{t}$,

r_{uu} „ „ „ „ „ „ $\mathfrak{H}_u = 1\,\text{t}$,

so sind die unter gleichzeitiger Wirkung von R_o und R_u entstehenden Verschiebungen y_o und y_u der beiden Gurtungen[1])

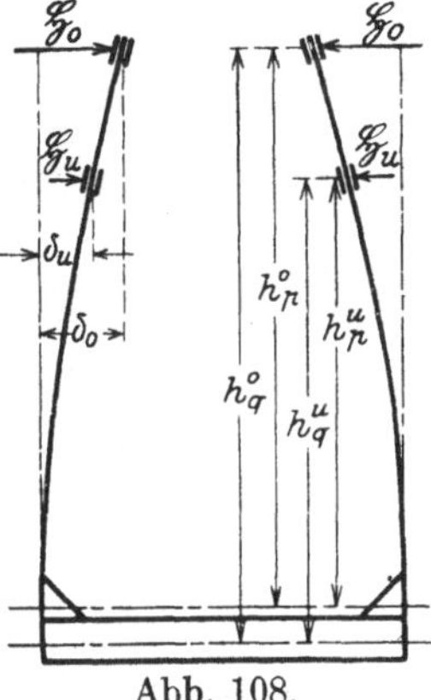
Abb. 108.

Gl. 30)
$$\begin{cases} y_o = R_o \cdot r_{oo} + R_u \cdot r_{ou}, \\ y_u = R_o \cdot r_{uo} + R_u \cdot r_{uu}. \end{cases}$$

Mit Rücksicht auf die **Maxwell**sche Vertauschung ist hierbei noch

Gl. 31) $\qquad r_{ou} = r_{uo}.$

Man erhält aus den Gl. 30) die Reaktionen

Gl. 32) $\begin{cases} R_o = (y_o \cdot r_{uu} - y_u \cdot r_{ou}) : (r_{oo} \cdot r_{uu} - r_{ou}^2), \\ R_u = (-y_o \cdot r_{ou} + y_u \cdot r_{oo}) : (r_{oo} \cdot r_{uu} - r_{ou}^2). \end{cases}$

Hierin ist nun nach den vorigen Ermittlungen für konstante J_p und J_q

Gl. 33)
$$\begin{cases} r_{oo} = \dfrac{1}{E} \cdot \left[\dfrac{b\,h_{qo}^2}{2\,J_q} + \dfrac{h_{po}^3}{3\,J_p} \right], \\[2ex] r_{ou} = r_{uo} = \dfrac{1}{2\,E} \cdot \left[\dfrac{h_{qo} \cdot h_{qu} \cdot b}{J_q} + \dfrac{h_{pu}^2}{J_p}\left(h_{po} - \dfrac{h_{pu}}{3} \right) \right], \\[2ex] r_{uu} = \dfrac{1}{E} \cdot \left[\dfrac{b\,h_{qu}^2}{J_q} + \dfrac{h_{pu}^3}{3\,J_p} \right]. \end{cases}$$

In dieser Form sind bei gegebenen Abmessungen die Werte r_{oo}, r_{ou}, r_{uu} unschwer zu berechnen. Setzt man abkürzend

Gl. 34)
$$\begin{cases} C_{oo} = \dfrac{r_{uu}}{r_{oo}\,r_{uu} - r_{ou}^2} \qquad \text{und} \quad C_{ou} = -\dfrac{r_{ou}}{r_{oo} \cdot r_{uu} - r_{ou}^3}, \\[2ex] C_{uu} = \dfrac{r_{oo}}{r_{oo}\,r_{uu} - r_{ou}^2} \end{cases}$$

so sind die C nach Berechnung der Gl. 33) leicht zu bestimmende Zahlen und es wird

Gl. 35a) $\qquad R_o = C_{oo} \cdot y_o + C_{ou} \cdot y_u$

Gl. 35b) $\qquad R_u = C_{ou} \cdot y_o + C_{uu} \cdot y_u,$

---

[1]) Hierbei ist die Einwirkung der Momente $\mathfrak{M}$ und der von der Querträgerbelastung entstehenden y auf die genannten Verschiebungen y_o und y_u vernachlässigt, um die Rechnung nicht unnötig zu erschweren.

womit die Beziehung zwischen den Reaktionen R der Halbrahmen und den Verschiebungen y der Gurtungen hergestellt ist.

3. Halboffene Brücken.

Bei halboffenen Brücken, bei denen nur über einen Teil der Brückenlänge ein oberer Windverband angeordnet wird (Abb. 109), treten in dem geschlossenen Teile an Stelle der bisher behandelten offenen Rahmen geschlossene Rahmen auf, die einer Formänderung der oberen Gurtung einen sehr viel beträchtlicheren Widerstand entgegensetzen.

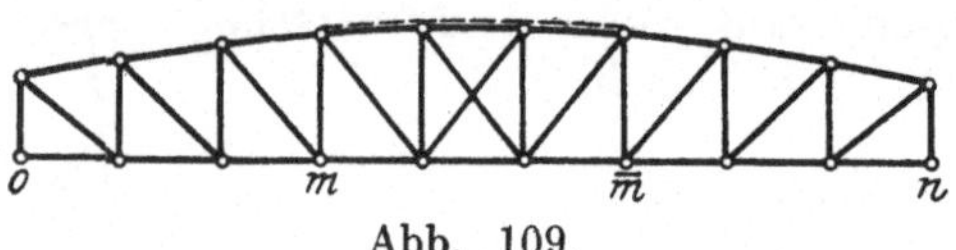

Abb. 109.

Ohne großen Fehler läßt sich die Verschiebung der zwischen den Knotenpunkten m und $\overline{m}$ liegenden, geschlossenen Rahmen unter Wirkung der horizontalen Rahmenkraft $\mathfrak{H} = 1\,\mathrm{t}$ als verschwindend klein ansehen, so daß die Knotenpunkte m und $\overline{m}$, die Enden der offenen Teile der Brücke, als gelenkige Befestigungsstellen der oberen Gurtungen aufgefaßt werden können, welche in der quer zur Tragwand liegenden Richtung so gut wie unverschieblich sind. Die Teile $0 - m$ und $\overline{m} - n$ sind dann allein als offene Brücke zu behandeln.

Für eine strengere Rechnung wäre an den Knotenpunkten m und $\overline{m}$ die elastische Stützung durch die Kraft

Gl. 36)
$$R_m = R_{\overline{m}} = \tfrac{1}{2} \sum_m^{\overline{m}} R_i$$

zu berücksichtigen, wobei R_i, die Stützreaktion eines geschlossenen Querrahmens, folgendermaßen berechnet werden kann.

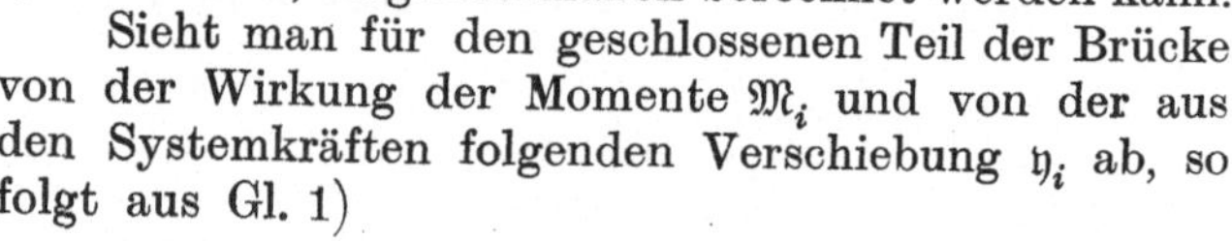

Sieht man für den geschlossenen Teil der Brücke von der Wirkung der Momente $\mathfrak{M}_i$ und von der aus den Systemkräften folgenden Verschiebung $\mathfrak{y}_i$ ab, so folgt aus Gl. 1)

Gl. 37)
$$R_i = \frac{y_i}{\mathfrak{r}_i}.$$

Abb. 110.

Nach Winkler[1]) erhält man nun für die Verschiebung $\mathfrak{r}_i$ (Abb. 110) den Wert

Gl. 38)
$$\mathfrak{r}_i = \frac{h^2}{12\,E} \cdot \frac{\dfrac{b}{J_o}\left[\dfrac{2h}{J_p} + \dfrac{b}{J_q}\right] + \dfrac{h}{J_p}\left[\dfrac{3h}{J_p} + \dfrac{2b}{J_q}\right]}{\dfrac{b}{J_q} + \dfrac{6h}{J_p} + \dfrac{b}{J_o}}.$$

---

[1]) Winkler, Querkonstruktionen, Wien 1884.

§ 40. Die Gurtung mit Kugelgelenken (unterer Grenzfall für die Knicksicherheit.)

Unter der Voraussetzung, daß die Gurtstäbe an den Knotenpunkten durch reibungsfreie Kugelgelenke verbunden seien, läßt sich bei den üblichen Ausführungen ein unterer Grenzwert für die seitliche Knicksicherheit der Druckgurte herleiten.

Liegt in der unteren Ebene ein Längsverband, so können die seitlichen Deformationen des Untergurts genau genug gleich Null gesetzt werden. Die obere Gurtung ist hierbei mit Hilfe der Querverbände gegen das Ausknicken zu sichern.

Die Deformationen der Querrahmen sind nun je nach der Art der Konstruktion der Fahrbahn verschieden.

Sind die Querverbände aus den Wandgliedern der Fachwerke und besonderen Unterzügen gebildet, so erfahren sie bei Belastung der Fahrbahn, welche auf die an den Wandstäben mit Gelenken eingehängten Fahrbahnquerträger wirkt (vgl. z. B. die Kipperbrücke der Sächsischen Schmalspurbahnen, Ziv.-Ing. 1886, S. 62), keine Biegungsdeformation, solange die Steifigkeit der Querverbindung ein Knicken des Druckgurtes zu verhüten imstande ist. In diesem Falle liegt ein eigentliches Knickproblem vor.

Sind dagegen die Fahrbahnquerträger zugleich auch die Unterzüge der Querverbände, so tritt bei Belastung der Fahrbahn immer ein seitliches Ausweichen des Druckgurtes ein. Ein eigentliches Knickproblem ergibt sich dann nur, wenn alle Querträger gleich belastet werden und folglich eine gleichmäßige Neigung beider Tragwände nach innen stattfindet; die Achsen aller Gurtstäbe bleiben in einer Ebene und werden gegen Heraustreten aus derselben durch die Steifigkeit der Querrahmen gesichert.

Für die folgenden Untersuchungen[1]) werden zunächst die beiden Möglichkeiten der Fahrbahnanordnung in Betracht gezogen. Wir setzen voraus, daß die Beanspruchungen auch im Knickfall die Proportionalitätsgrenze nicht überschreiten, und benützen im übrigen die bereits in § 36 verwendeten Bezeichnungen.

Sei (Abb. 111) y_2 die, nach innen als positiv gezählte, wagrechte Ver-

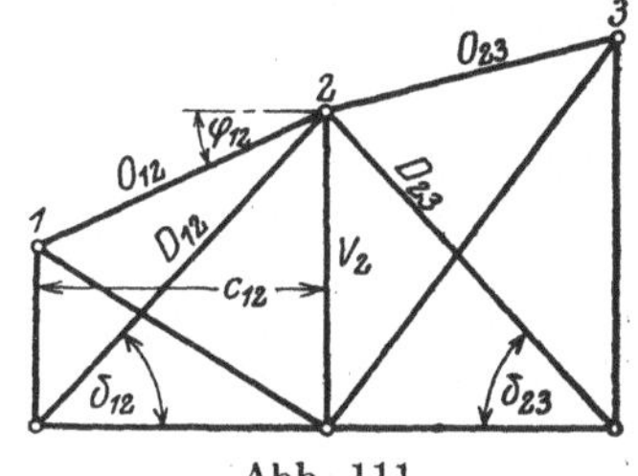

Abb. 111.

schiebung des Knotenpunktes 2 der oberen Gurtung, so ist der Sinus des Winkels, den der Obergurtstab s gegen die Tragwandebene bildet, durch $\dfrac{y_2 - y_1}{s_{12}}$ gegeben; entsprechend ist, da die

---

[1]) F. Engesser, Nebenspannungen, S. 142 ff., und Zentralblatt der Bauverwaltung 1892, S. 349. — H. Müller-Breslau, Graphische Statik, Bd. II, S. 309 ff.

Verschiebung der unteren Knotenpunkte verschwindet, der Sinus der Winkel für die Wandglieder

$$D_{12}: \frac{y_2}{d_{12}}; \qquad D_{23}: \frac{y_2}{d_{23}}; \qquad V_2: \frac{y_2}{v_2}.$$

Vernachlässigt man die am oberen Knotenpunkt etwa angreifende Knotenlast, so ist die Resultierende der wagerechten Komponenten aller Stabkräfte S durch $\Sigma S \cdot \sin(\sigma)$ gegeben, wenn (σ) den Winkel zwischen Stab und Tragwandebene angibt, welcher zuvor für jeden Stab durch seinen Sinus bestimmt wurde. Andererseits ist die der Deformation y_2 am zweiten Querrahmen entsprechende Kraft $R_2 = \dfrac{y_2 - \mathfrak{y}_2}{\mathfrak{r}_2}$ (§ 39, Gl. 1), da die Momente $\mathfrak{M}_2$ wegen der Kugelgelenke verschwinden.

Im Gleichgewichtsfalle ist

Gl. 1) $$\Sigma S \cdot \sin(\sigma) = R_2 = \frac{y_2 - \mathfrak{y}_2}{\mathfrak{r}_2}.$$

Nun ist, wenn man Druckkräfte als positiv zählt,

Gl. 2) $$\Sigma S \cdot \sin(\sigma) = O_{12} \cdot \frac{y_2 - y_1}{s_{12}} + O_{23} \cdot \frac{y_2 - y_3}{s_{23}} + D_{12} \cdot \frac{y_2}{d_{12}}$$
$$+ D_{23} \cdot \frac{y_2}{d_{23}} + V_2 \cdot \frac{y_2}{v_2}$$

und man erhält somit aus Gl. 1) und Gl. 2) die Gleichgewichtsbedingung für den Obergurtknotenpunkt 2:

Gl. 3) $$O_{12} \cdot \frac{y_2 - y_1}{s_{12}} + O_{23} \cdot \frac{y_2 - y_3}{s_{23}} + D_{12} \cdot \frac{y_2}{d_{12}} + D_{23} \cdot \frac{y_2}{d_{23}}$$
$$+ V_2 \cdot \frac{y_2}{v_2} = \frac{y_2 - \mathfrak{y}_2}{\mathfrak{r}_2}.$$

Durch diese Beziehung wird der Zusammenhang zwischen den Verschiebungen dreier aufeinanderfolgender Knotenpunkte und den Stabkräften festgelegt. Ordnet man links nach den Ordnungsziffern der y, so folgt

Gl. 4) $$-\frac{O_{12}}{s_{12}} \cdot y_1 + \left[\frac{O_{12}}{s_{12}} + \frac{O_{23}}{s_{23}} + \frac{D_{12}}{d_{12}} + \frac{D_{23}}{d_{23}} + \frac{V_2}{v_2}\right] \cdot y_2$$
$$-\frac{O_{23}}{s_{23}} \cdot y_3 = \frac{y_2 - \mathfrak{y}_2}{\mathfrak{r}_2}.$$

Das Gleichgewicht der zu V_2 parallelen Komponenten aller Stäbe am Knotenpunkt 2 verlangt

$$V_2 + D_{12} \cdot \frac{v_2}{d_{12}} + D_{23} \cdot \frac{v_2}{d_{23}} + O_{12} \cdot \frac{v_2 - v_1}{s_{12}} + O_{23} \cdot \frac{v_2 - v_3}{s_{23}} = 0,$$

woraus man sofort die Gleichung ableitet

$$\frac{V_2}{v_2} + \frac{D_{12}}{d_{12}} + \frac{D_{23}}{d_{23}} = -\,O_{12}\cdot\frac{v_2 - v_1}{v_2\cdot s_{12}} - O_{23}\cdot\frac{v_2 - v_3}{v_2\cdot s_{23}}\,.$$

Führt man diesen Ausdruck in die Klammer [ ] in Gl. 4) ein, so wird der Koeffizient von y_2:

$$[\;] = \left[\frac{O_{12}}{s_{12}}\cdot\frac{v_1}{v_2} + \frac{O_{23}}{s_{23}}\cdot\frac{v_3}{v_2}\right].$$

Nach Einführung dieses Koeffizienten in Gl. 4) erhält man mit

Gl. 5) $\quad -\dfrac{O_{12}}{s_{12}}\cdot y_1 + \left[\dfrac{O_{12}}{s_{12}}\cdot\dfrac{v_1}{v_2} + \dfrac{O_{23}}{s_{23}}\cdot\dfrac{v_3}{v_2}\right]\cdot y_2 - \dfrac{O_{23}}{s_{23}}\cdot y_3 = \dfrac{y_2 - \mathfrak{y}_2}{\mathfrak{r}_2},$

eine Gleichung, die außer den bekannten Stablängen nur noch die unbekannten Deformationen y und die leicht zu berechnenden Obergurtkräfte enthält. Wir schreiben sie in der Form

Gl. 6) $\quad z_{12}\cdot y_1 - \left[z_{12}\cdot\dfrac{v_1}{v_2} - \dfrac{1}{\mathfrak{r}_2} + z_{23}\cdot\dfrac{v_3}{v_2}\right]\cdot y_2 + z_{23}\cdot y_3 = \dfrac{\mathfrak{y}_2}{\mathfrak{r}_2},$

wobei abkürzend mit zyklischer Vertauschung $z_{12} = \dfrac{O_{12}}{s_{12}} = \dfrac{O_{12}\cdot\cos\varphi_{12}}{c_{12}}$ geschrieben wurde. Gl. 6) läßt sich so oft aufstellen, als der Obergurt Knotenpunkte zählt; die Zahl der Gleichungen genügt demnach zur Berechnung der Knotenpunktsverschiebungen.

Für den ersten Knotenpunkt 0 ist zu setzen $z_0 = \dfrac{O_{01}}{s_{01}} = 0$.

Für den letzten Knotenpunkt n ist zu setzen $z_n = \dfrac{O_{n-1,n}}{s_{n-1,n}} = 0$.

Hiernach lauten die Bestimmungsgleichungen für die y

Gl. 7) $\quad\begin{cases} -\left[\ -\dfrac{1}{\mathfrak{r}_0} + z_{01}\cdot\dfrac{v_1}{v_0}\right]\cdot y_0 - z_{01}\cdot y_1 = \dfrac{\mathfrak{y}_0}{\mathfrak{r}_0} \\[2ex] z_{01}\cdot y_0 - \left[z_{01}\cdot\dfrac{v_0}{v_1} - \dfrac{1}{\mathfrak{r}_1} + z_{12}\cdot\dfrac{v_2}{v_1}\right]\cdot y_1 - z_{12}\cdot y_2 = \dfrac{\mathfrak{y}_1}{\mathfrak{r}_1} \\[2ex] z_{12}\cdot\mathfrak{y}_1 - \left[z_{12}\cdot\dfrac{v_1}{v_2} - \dfrac{1}{\mathfrak{r}_2} + z_{23}\cdot\dfrac{v_3}{v_2}\right]\cdot y_2 - z_{23}\cdot y_3 = \dfrac{\mathfrak{y}_2}{\mathfrak{r}_2} \end{cases}$

Verschwinden nicht alle von der Querträgerbelastung herrührenden Werte $\mathfrak{y}$ auf der rechten Seite der Gl. 7) gleichzeitig, so liefern diese Gleichungen endliche Ausbiegungen y, aus denen die Größe der auftretenden Kräfte R und die hiermit verbundenen Nebenspannungen berechnet werden können. Es liegt aber hierbei so lange kein Knicken vor, als nicht die aus den Koeffizienten der y auf der linken Seite gebildete Nennerdeterminante D verschwindet.

14*

Für $D = 0$ ergeben sich bei endlichen $\mathfrak{y}$ theoretisch unendlich große Ausbiegungen y entsprechend dem Knickfalle.

Verschwinden aber alle $\mathfrak{y}$ gleichzeitig, was dann eintritt, wenn die Querträger gleich belastet sind, so liefern die Geichungen 7) im allgemeinen keine Deformationen y, wenn nicht die Nennerdeterminante D verschwindet. Hier liegt alsdann ein reines Knickproblem vor, bei dem die Durchbiegungen y unbestimmte Werte annehmen.

Soll die Gurtung ν-fache Sicherheit gegen Knicken haben, so darf die Determinante D erst bei den ν-fachen Werten der Stabkräfte 0 verschwinden.

Man erkennt, daß die Größe der Durchbiegung $\mathfrak{y}$ aus den Systemkräften ohne Einfluß auf die Knickgrenze ist.

Bei ν-facher Belastung erlangen die Werte z und $\mathfrak{y}$ ihre ν-fachen Werte. Die Determinante $D = 0$ ist daher als Knickbedingung für ν-fache Sicherheit einfach mit ν-fachen Werten von z zu schreiben, da die $\mathfrak{y}$ hierbei keine Rolle spielen. Bei einer Berechnung der Nebenspannungen dagegen wären auch die ν-fachen Werte von $\mathfrak{y}$ einzuführen und die Horizontalkraft R_m am Knotenpunkte m aus

$$R_m = \frac{y_m - \mathfrak{y}_m}{\mathfrak{r}_m}$$

zu bestimmen.

Das Verschwinden der Nennerdeterminante liefert für den Sicherheitsgrad eine Bestimmungsgleichung, welche vom n-ten Grade ist, wenn die Brücke n Felder hat. Dividiert man in den Gl. 7) den einzigen von z freien Koeffizienten $\dfrac{1}{\mathfrak{r}}$ durch ν, was dieselbe Wirkung hat, wie die Einführung ν-facher Belastungen, so ermäßigt sich der Grad der Bestimmungsgleichung für ν um 1.

Allgemein lautet dann die Knickbedingung z. B. für ein System von vier Feldern:

$$\text{Gl. 8)} \quad \begin{vmatrix} -\left[-\dfrac{1}{\nu\,\mathfrak{r}_0} + z_{01}\cdot\dfrac{v_1}{v_0}\right] & +z_{01} & () & 0 \\[2ex] +z_{01} & -\left[z_{01}\cdot\dfrac{v_0}{v_1} - \dfrac{1}{\nu\cdot\mathfrak{r}_1} + z_{12}\cdot\dfrac{v_2}{v_1}\right] & z_{12} & 0 \\[2ex] () & +z_{12} & -\left[z_{12}\cdot\dfrac{v_1}{v_2} - \dfrac{1}{\nu\cdot\mathfrak{r}_2} + z_{23}\cdot\dfrac{v_3}{v_2}\right] & +z_{23} \\[2ex] 0 & 0 & +z_{23} & -\left[z_{23}\cdot\dfrac{v_2}{v_3} - \dfrac{1}{\nu\,\mathfrak{r}_3}\right] \end{vmatrix} = 0.$$

Eine Berechnung der Sicherheit ist hiernach bei einer Brücke von großer Feldzahl recht umständlich. Einen besonders einfachen Bau erhält diese Knickbedingung für den Parabelträger. Bei diesem System wird nämlich (Abb. 112)

$$v_m = 4f\cdot\frac{m\,(n-m)}{n^2} \qquad O_m\cdot\cos\varphi_m = \frac{pl^2}{8f}$$

und mithin bei konstanter Feldweite c z. B.

$$z_{12} = \frac{O_{12} \cdot \cos \varphi_{12}}{c} = \frac{pl^2}{8fc},$$

d. h. es wird z konstant.

Ferner wird

$$\frac{v_{m-1}}{v_m} = \frac{(m-1)(n-m+1)}{m \cdot (n-m)},$$

$$\frac{v_{m+1}}{v_m} = \frac{(m+1)(n-m-1)}{m \cdot (n-m)},$$

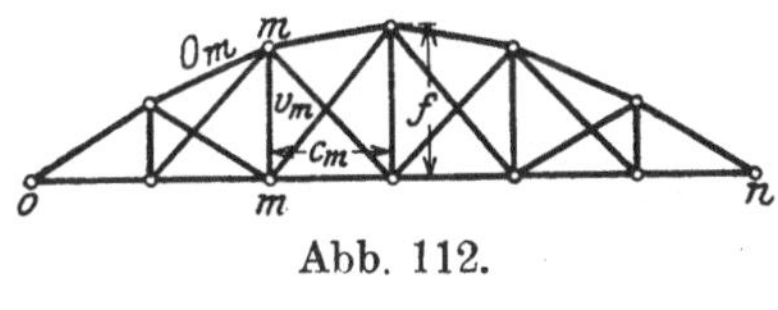

Abb. 112.

woraus durch Addition folgt

$$z \left[\frac{v_{m-1}}{v_m} + \frac{v_{m+1}}{v_m} \right] = z \cdot \left[2 - \frac{2}{m(n-m)} \right].$$

Führt man diesen Wert in die Diagonalglieder der Determinante Gl. 8) ein, so schreibt sich der Klammerausdruck

$$-\left[z \cdot \frac{v_{m-1}}{v_m} - \frac{1}{v \cdot \mathfrak{r}_m} + z \cdot \frac{v_{m+1}}{v_m} \right] = - z \cdot \left[2 - \frac{2}{m \cdot (n-m)} \right] + \frac{1}{v \cdot \mathfrak{r}_m}.$$

Schreibt man für diesen Ausdruck abkürzend $\alpha_m \cdot z$, so ist

$$\alpha_m = - 2 + \frac{2}{m(n-m)} + \frac{1}{z \cdot v \cdot \mathfrak{r}_m}.$$

Dividiert man in der Determinante D noch Glied für Glied mit z, welches ja beim Parabelträger konstant ist, so erhält man mit Berücksichtigung des Umstandes, daß beim Parabelträger die seitlichen Durchbiegungen in den Knotenpunkten O und n verschwinden, die Knickbedingung in der Form:

Gl. 9)

$$\begin{vmatrix} \alpha_1 & 1 & 0 & 0 & 0 & \cdots & 0 \\ 1 & \alpha_2 & 1 & 0 & 0 & \cdots & 0 \\ 0 & 1 & \alpha_3 & 1 & 0 & \cdots & 0 \\ \vdots & & & & & & \vdots \\ 0 & \cdots & 0 & 1 & \alpha_{n-3} & 1 & 0 \\ 0 & \cdots & 0 & 0 & 1 & \alpha_{n-2} & 1 \\ 0 & \cdots & 0 & 0 & 0 & 1 & \alpha_{n-1} \end{vmatrix} = 0,$$

wobei

Gl. 10)

$$\alpha_m = - 2 + \frac{2}{m(n-m)} + \frac{8fc}{pl^2 \cdot v \cdot \mathfrak{r}_m}$$

ist.

Mit Rücksicht auf die Symmetrie bezüglich der Mitte vereinfacht sich beim Träger mit $2\,n$-Feldern die Determinante auf eine solche vom n-ten Grade.

Der größte Wert, welchen der Ausdruck $\dfrac{2}{m\,(n-m)}$ annimmt, ist $\dfrac{2}{n-1}$ für $m=1$ bzw. $m=n-1$; bei großer Felderzahl kann daher dieses Glied in Gl. 10) vernachlässigt und statt dessen

Gl. 11)
$$\alpha_m \cong -2 + \frac{8fc}{pl^2 \cdot \nu \cdot \mathfrak{r}_m} \cong -2 + \frac{1}{z \cdot \nu \cdot \mathfrak{r}_m}$$

geschrieben werden.

Bei konstanter Gurtkraft nehmen z und bei gleicher Ausbildung aller Querrahmen $\mathfrak{r}_m$ konstante Werte an. Es wird daher α_m konstant und man erhält statt Gl. 6) die Bedingung

Gl. 12)
$$y_1 + \left(-2 + \frac{1}{z \cdot \nu \cdot \mathfrak{r}}\right) \cdot y_2 + y_3 = 0 .$$

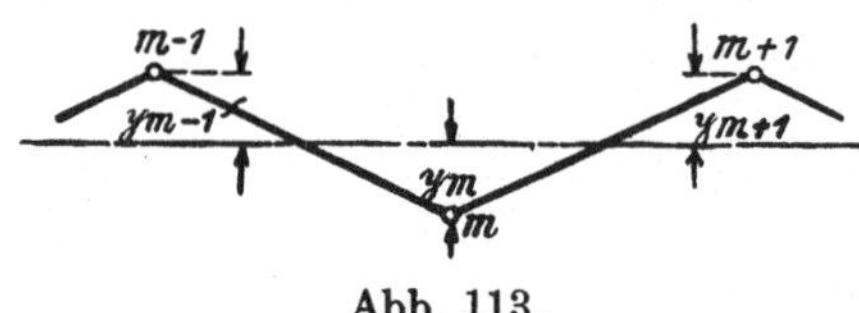

Abb. 113.

Knickt der mit Kugelgelenken ausgestattete Obergurt aus, so ist die ungünstigste Knicklinie eine Zickzacklinie, welche beiderseits der ursprünglichen Trägerebene liegt, so daß für die Brückenmitte bei symmetrischen Verhältnissen (Abb. 113) $y_1 = -y_2 = y_3$ wird, wonach aus Gl. 12) folgt:

$$4y_2 = y_2 \cdot \frac{1}{z \cdot \nu \cdot \mathfrak{r}} .$$

Man findet hieraus die das Knicken verhütende Steifigkeit des **Querrahmens** mit

Gl. 13)
$$\mathfrak{r} = \frac{1}{4z \cdot \nu} \quad {}^{1})$$

für ν-fache Sicherheit.

Setzt man für z seinen Wert

$$z = \frac{O \cdot \cos \varphi}{c} ,$$

so folgt aus Gl. 13) die Knickgrenze

Gl. 14)
$$\nu \cdot O = \frac{c}{\cos \varphi \cdot 4\,\mathfrak{r}}$$

und man erhält hiernach insbesondere mit

$$\mathfrak{r} = \frac{b \cdot h_q^{\,2}}{2\,EJ_q} + \frac{h_p^{\,3}}{3\,EJ_p}$$

---

[1]) Diese Näherungsformel hat bereits F. Engesser abgeleitet (Nebenspannungen, S. 145). Sie gilt angenähert auch für die Mitte eines Parallelträgers, wo die Gurtkraft wenig variiert.

die Näherungsformeln

Gl. 15)
$$v \cdot O_{max} = \frac{c}{4} : \left[\frac{b\,h_q^2}{2\,E\,J_q} + \frac{h_p^3}{3\,E\,J_p} \right]$$

für Parallelträger,

Gl. 16)
$$v \cdot \frac{p\,l^2}{8f} = \frac{c}{4} : \left[\frac{b\,h_q^2}{2\,E\,J_q} + \frac{h_p^3}{3\,E\,J_p} \right]$$

für Parabelträger.

Für beide Trägerarten ist die rechnerische Sicherheit nach diesen Gleichungen kleiner als die wirkliche, wenn in Gl. 15) die größte Gurtkraft O_{max} in Brückenmitte und in Gl. 16) die Steifigkeit des nachgiebigsten Querrahmens an derselben Stelle eingeführt werden.

Zahlenbeispiel. Für die strenge Berechnung der Knicksicherheit nach Gl. 9) gibt Müller-Breslau a. a. O. das folgende Zahlenbeispiel.

Eine Fußgängerbrücke von $L = 20$ m Stützweite, $b = 4$ m Breite und 10 Feldern von je $c = 2$ m Länge ist als Parabelträger mit $f = 2,5$ m Stichhöhe gebaut. Die Belastung aus Eigengewicht und gleichförmiger Verkehrslast sei $p = 1,4$ t/m für jede Tragwand. Die gewählten Querschnitte sind

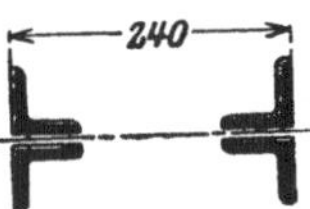

Abb. 114.

für die Querträger 1 NP. ⊢⊣ 30 mit $J_q = 9785$ cm⁴,
für die Pfosten: 4 Winkel 60/8 NP. nach Abb. 114 mit
$J_p = 3900$ cm⁴.

Für $E = 2150$ t/cm² wird $E \cdot J_q = 2100$ tm² und $E \cdot J_p = 840$ tm².

Hiermit wird

$$1 : \mathfrak{r}_m = 1 : \left[\frac{4 \cdot h_q^2}{2 \cdot 2100} + \frac{h_p^3}{3 \cdot 840} \right]$$

und mit

$$z = \frac{p\,L^2}{8f} = 14 \text{ t/m} \qquad \frac{1}{z \cdot \mathfrak{r}_m} = \frac{10\,000}{133 \cdot h_q^2 + 56 \cdot h_p^3},$$

wobei die h in Meter einzuführen sind.

Die Berechnung der Werte $\dfrac{1}{z \cdot \mathfrak{r}_m}$ erfolgt nachstehend tabellarisch.

m	0	1	2	3	4	5
v_m	0	0,90	1,60	2,10	2,40 ·	2,50
h_q	0	0,75	1,45	1,95	2,25	2,35
h_p	0	0,60	1,30	1,80	2,10	2,20
$\dfrac{1}{z \cdot \mathfrak{r}_m}$	∞	115	25	12	8	8

Gleicht man die Werte $\dfrac{1}{z \cdot \mathfrak{r}_m}$ an den Knotenpunkten 3, 4 und 5 durch den Wert 9 aus, so wird unter Vernachlässigung des kleinen Betrages $\dfrac{2}{m(n-m)}$:

$$\alpha_1 = \frac{115}{v} - 2; \quad \alpha_2 = \frac{25}{v} - 2; \quad \alpha_3 = \alpha_4 = \alpha_5 = \frac{9}{v} - 2.$$

Die Knickbedingung Gl. 9) geht dann wegen der Symmetrie bezügl. des Knotenpunktes 5 über in

$$\begin{vmatrix} \dfrac{115}{\nu}-2 & 1 & 0 & 0 & 0 \\[2mm] 1 & \dfrac{25}{\nu}-2 & 1 & 0 & 0 \\[2mm] 0 & 1 & \dfrac{9}{\nu}-2 & 1 & 0 \\[2mm] 0 & 0 & 1 & \dfrac{9}{\nu}-2 & 1 \\[2mm] 0 & 0 & 0 & 2 & \dfrac{9}{\nu}-2 \end{vmatrix} = 0 \; [1])$$

Man erhält hieraus für den Sicherheitsgrad ν die Gleichung:

$$\nu^4 - 51\,\nu^3 + 722\,\nu - 3196\,\nu + 4183 = 0 \,,$$

aus der als kleinste, reelle Wurzel durch Probieren $\nu = 2{,}4$ folgt.

Die Sicherheit ist demnach 2,4fach.

Da die Berechnung nach diesem Verfahren für große Felderzahl ziemlich umständlich ist, möge noch der Näherungswert der Sicherheit nach Gl. 15) zum Vergleich berechnet werden.

Hier ist näherungsweise

$$\nu = \frac{c}{4 \cdot O_{max}} \cdot \frac{1}{\dfrac{b\,h_q^2}{2\,E\,J_q} + \dfrac{h_p^3}{3\,E\,J_p}} = \frac{c}{4\,O_{max}} \cdot \frac{1}{r_5}\,.$$

Nun ist

$$\frac{1}{r_5} = 8 \cdot z = 8 \cdot 14 = 112 \; \text{t/m}$$

und

$$O_{max} = \frac{1{,}4 \cdot 20^2}{8 \cdot 2{,}5} = 28 \; \text{t},$$

wonach mit $c = 2$ m

$$\nu = \frac{2}{4 \cdot 28} \cdot 112 = 2{,}0$$

folgt. Gl. 15) liefert also einen zu ungünstigen Näherungswert für die Sicherheit, wie dies auch zu erwarten war, da ihr der nachgiebigste Rahmen zugrunde gelegt wurde und die Rahmensteifigkeit gegen die Auflager hin stark zunimmt.

§ 41. Kontinuierliche Gurtungen von unendlich großem Trägheitsmoment. (Oberer Grenzfall für die Knicksicherheit.)

Ist eine sehr steife, im Grenzfalle unnachgiebige Gurtung, durch elastische Halbrahmen in ihren einzelnen Knotenpunkten gestützt, so kann ein „Ausknicken" nur so eintreten, daß sich (Abb. 115) die ganze Gurtung unter Überwindung des Widerstandes der Querstützen

---

[1]) Das Glied „2" in der letzten Zeile der Determinante entsteht infolge der Symmetrie. Die dieser Zeile entsprechende Gleichung für den fünften Knotenpunkt lautet nämlich:

$$y_4 + \alpha_5 y_5 + y_4 = 2 y_4 + \alpha_5 y_5 = 0.$$

gegen ihre Anfangslage um einen Winkel α dreht, selbst aber dabei ihre gerade Form beibehält. Bei Symmetrie hinsichtlich der Anordnung und der Belastung liegt der Drehpunkt in Brückenmitte.

Wir betrachten das Gleichgewicht an einem beliebigen, inneren Knotenpunkt, z. B. dem Knotenpunkt 2, wo die von der elastischen Stütze übertragene Kraft R_2 wieder durch den Ansatz gegeben ist

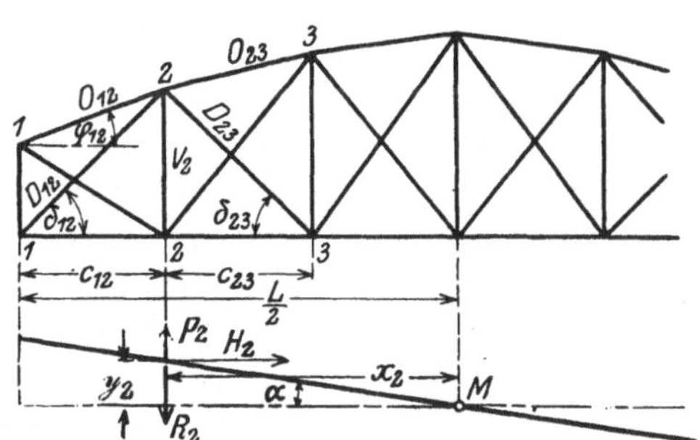

Abb. 115.

Gl. 1) $\qquad R_2 = \dfrac{y_2 - \mathfrak{y}_2}{r_2}.$

Hierbei sind die y positiv gezählt, wenn sie nach innen liegen. Dieser Kraft R_2 wirken die Kräfte H_2 und P_2 entgegen, welche den Winkel α zu vergrößern trachten. Ein Rundschnitt um den Knotenpunkt 2 liefert, wenn Druckkräfte als positiv gezählt werden, für den Knotenpunkt 2 folgende Gleichgewichtsbedingungen:

Gl. 2) $\qquad P_2 = D_{12}\,\dfrac{y_2}{d_{12}} + D_{23}\,\dfrac{y_2}{d_{23}} + V_2\,\dfrac{y_2}{v_2} + O_{12}\cdot\dfrac{y_2-y_1}{s_{12}} + O_{23}\cdot\dfrac{y_2-y_3}{s_{23}},$

Gl. 3) $\qquad H_2 = D_{12}\cdot\dfrac{c_{12}}{d_{12}} - D_{23}\,\dfrac{c_{23}}{d_{23}} \qquad + O_{12}\cdot\dfrac{c_{12}}{s_{12}} - O_{23}\cdot\dfrac{c_{23}}{s_{23}}.$

Die Aufstellung der Gleichgewichtsbedingung für Drehung um die Brückenmitte M liefert die Gleichung

Gl. 4) $\qquad \sum_{0}^{n} R_m\cdot x_m = \sum_{0}^{n} P_m\cdot x_m + \sum_{0}^{n} H_m\cdot y_m.$

Führt man in Gl. 4) die durch die Gl. 1) bis 3) bestimmten Kräfte R_m, P_m und H_m ein, so wird Gl. 4) von den Stabkräften des Systems abhängig. Betrachten wir dann zunächst in der so entstehenden Gleichung die nur von den Gurtkräften O_m bewirkten Momente M^0, so wird wegen der Beziehung

Gl. 5) $\qquad\qquad\qquad y_m = \alpha\cdot x_m$

die Momentensumme für den Knotenpunkt m

Gl. 6) $\displaystyle\sum M_m^0 = O_{m-1,\,m}\cdot\alpha\cdot\dfrac{x_m-x_{m-1}}{s_{m-1,\,m}} + O_{m,\,m+1}\cdot\alpha\cdot\dfrac{x_m-x_{m+1}}{s_{m,\,m+1}}$

$\qquad\qquad + O_{m-1,\,m}\cdot\alpha\cdot\dfrac{c_{m-1,\,m}}{s_{m-1,\,m}} - O_{m,\,m+1}\cdot\alpha\cdot\dfrac{x_m}{s_{m,\,m+1}}.$

Nun ist aus der Abb. 115

$\qquad x_m - x_{m-1} = -\,c_{m-1,\,m} \qquad \text{und} \qquad x_m - x_{m+1} = +\,c_{m,\,m+1}.$

Durch Einführung der Werte c in Gl. 6) erhält man daher

Gl. 7)
$$\sum M_m^0 = 0,$$

d. h. die von den Gurtkräften O herrührenden Drehmomente verschwinden.

Mit Beachtung von Gl. 7) und Gl. 1) folgt daher aus Gl. 4)

Gl. 8)
$$\sum_0^n \frac{y_m - \mathfrak{y}_m}{\mathfrak{r}_m} \cdot x_m = \sum_0^n \left[D_{m-1,\,m} \cdot x_m \cdot y_m + D_{m,\,m+1} \cdot x_m \cdot y_m \right.$$
$$\left. + \frac{V_m}{v_m} \cdot x_m \cdot y_m + D_{m-1,\,m} \cdot c_{m-1,m} \cdot y_m - D_{m,\,m+1} \cdot c_{m,m+1} \cdot y_m \right].$$

Beachtet man noch, daß

$$x_m + c_{m-1,m} = x_{m-1} \quad \text{und} \quad x_m - c_{m,m+1} = x_{m+1}$$

ist, so folgt hieraus

Gl. 9)
$$\sum_0^n x_m \cdot \frac{y_m - \mathfrak{y}_m}{\mathfrak{r}_m} = \sum_0^n y_m : \left[D_{m-1,\,m} \cdot \frac{x_{m-1}}{d_{m-1,m}} + D_{m,m+1} \cdot \frac{x_{m+1}}{d_{m,m+1}} \right.$$
$$\left. + V_m \cdot \frac{x_m}{v_m} \right],$$

und für $y_m = \alpha \cdot x_m$

Gl. 10)
$$\sum_0^n x_m \cdot \frac{\alpha\, x_m - \mathfrak{y}_m}{\mathfrak{r}_m} = \sum_0^n \alpha\, x_m \cdot \left[D_{m-1,\,m} \cdot \frac{x_{m-1}}{d_{m-1,m}} \right.$$
$$\left. + D_{m,m+1} \cdot \frac{x_{m+1}}{d_{m,m+1}} + V_m \cdot \frac{x_m}{v_m} \right].$$

Für ν-fache Sicherheit sind die Kräfte D und V mit ν zu multiplizieren. Es wird alsdann

Gl. 11)
$$\sum_0^n x_m \cdot \frac{\alpha\, x_m - \mathfrak{y}_m}{\mathfrak{r}_m} = \sum_0^n \nu\, \alpha\, x_m \cdot \left[D_{m-1,\,m} \cdot \frac{x_{m-1}}{d_{m-1,m}} \right.$$
$$\left. + D_{m,m+1} \cdot \frac{x_{m+1}}{d_{m,m+1}} + V_m \cdot \frac{x_m}{v_m} \right].$$

Entstehen aus der Querträgerbelastung von Null verschiedene Werte $\mathfrak{y}_m$, so läßt sich aus Gl. 11) die einzige Unbekannte α berechnen und man erhält damit die Möglichkeit, die Nebenspannungen zu bestimmen.

Sind alle Querrahmen so belastet, daß sie gleiche Deformationen $\mathfrak{y}_m$ erfahren, so spielen diese für das Gleichgewicht keine Rolle. Man erhält dann die von α unabhängige Gleichung

Gl. 12)
$$\sum_0^n \frac{x_m^2}{\mathfrak{r}_m} = \nu \cdot \sum_0^n x_m \cdot \left[D_{m-1,\,m} \cdot \frac{x_{m-1}}{d_{m-1,m}} + D_{m,m+1} \cdot \frac{x_{m+1}}{d_{m,m+1}} \right.$$
$$\left. + V_m \cdot \frac{x_m}{v_m} \right],$$

aus der entweder bei gegebener Querrahmensteifigkeit $\dfrac{1}{r_m}$ die Sicherheit ν des Systems oder bei verlangter Sicherheit ν die erforderliche Steifigkeit $\dfrac{1}{r_m}$ bestimmt werden kann.

Ist einer der Querrahmen starr $(r_i = 0)$, so wird nach Gl. 12) die Sicherheit unendlich groß, falls nicht auch $x_i = 0$ ist, wobei dann eben der mittlere Querrahmen starr wäre.

Die vorstehende Entwicklung ist von der Form des Obergurtes unabhängig, gilt also ohne weiteres auch für den Parallelträger, für welchen sie bei konstanter Feldweite c eine besonders einfache Form annimmt.

Für Parallelträger werden nämlich mit c auch die Größen d und v konstant. Mit

$$x_{m-1} = x_m + c \quad \text{und} \quad x_{m+1} = x_m - c$$

schreibt sich dann Gl. 12) in der Form

$$\text{Gl. 13)} \quad \sum_0^n \frac{x_m^2}{r_m} = \nu \cdot \sum_0^n x_m \cdot \left[x_m \cdot \left(\frac{D_{m-1,m}}{d} + \frac{D_{m,m+1}}{d} + \frac{V_m}{v} \right) + c \cdot \left(\frac{D_{m-1,m}}{d} - \frac{D_{m,m+1}}{d} \right) \right].$$

Nun ist (Abb. 116), wenn man Knotenlasten an den oberen Gurtungen vernachlässigt,

$$\frac{D_{m-1,m} + D_{m,m+1}}{d} + \frac{V_m}{v} = 0$$

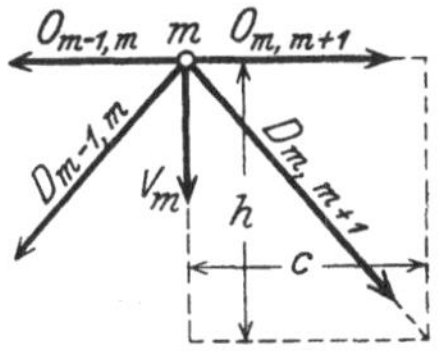

und

$$D_{m-1,m} \cdot \frac{c}{d} - D_{m,m+1} \cdot \frac{c}{d} = O_{m-1,m} - O_{m,m+1} = \varDelta O_m.$$

Abb. 116.

Somit wird aus Gl. 13) für gleiche Steifigkeit $\dfrac{1}{r}$ aller Querrahmen

$$\text{Gl. 14)} \quad \frac{1}{r} \cdot \sum_0^n x_m^2 = \nu \cdot \sum_0^n x_m \cdot \varDelta O_m.$$

Zählt man (Abb. 117) die Knotenpunkte von der Mitte (O) nach den Enden $(+k$ und $-k)$, so geht die Gl. 14) über in

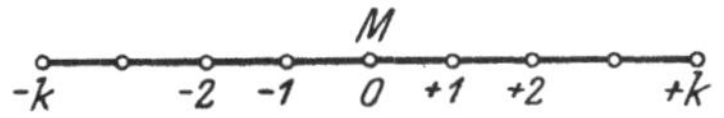

Abb. 117.

$$\text{Gl. 15)} \quad \frac{1}{r} \cdot \sum_{-k}^{+k} x_m^2 = \nu \cdot \sum_{-k}^{+k} x_m \cdot \varDelta O_m.$$

Nun ist

$$x_m = m \cdot c \quad \text{und} \quad O_{m-1,m} = O_{max} \cdot \left[1 - \frac{m^2}{k^2} \right]$$

für gleichmäßige Belastung des Trägers. Man erhält daher mit

$$\varDelta O_m = O_{max} \cdot \left[\frac{(m+1)^2 - m^2}{k^2} \right] = O_{max} \cdot \frac{2m+1}{k^2}$$

aus Gl. 15).

Gl. 16)
$$\frac{c}{\mathfrak{r}} \cdot \sum_{-k}^{+k} (m^2) = \frac{\nu}{k^2} \cdot O_{max} \cdot \left[2 \sum_{-k}^{+k} m^2 + \sum_{-k}^{+k} m \right].$$

Wegen $\sum_{-k}^{+k} m = 0$ folgt nun aus Gl. 16) sofort die Beziehung

Gl. 17)
$$\frac{c}{\mathfrak{r}} = \frac{2\nu O_{max}}{k^2}.$$

Führt man hierin wieder die Felderzahl $n = 2k$ ein, so wird

Gl. 18)
$$\frac{c}{\mathfrak{r}} = \frac{8\nu O_{max}}{n^2}.$$

Setzt man noch $n = \dfrac{L}{c}$ und

$$O_{max} = \frac{pL^2}{8h},$$

so folgt mit h als der Höhe des Parallelträgers die Rahmensteifigkeit

Gl. 19)
$$\frac{1}{\mathfrak{r}} = \frac{\nu p c}{h},$$

woraus der Sicherheitsgrad gegen seitliches Knicken

Gl. 20)
$$\nu = \frac{h}{p c \mathfrak{r}}.$$

Durch diese Gleichungen, die bereits von Engesser[1]) abgeleitet wurden, läßt sich ein oberer Grenzwert der Knicksicherheit berechnen, der der wirklichen Sicherheit um so·näher kommt, je steifer die Gurtungen und je nachgiebiger die elastischen Stützen sind.

§ 42. Elastische Gurtungen mit Halbrahmen (strenge Berechnung der Knicksicherheit offener Brücken).

Die Lösung dieses Problems ist durch die Untersuchungen des § 36 vollständig vorbereitet, und es bedarf für die Anwendung auf die Berechnung der Sicherheit offener Brücken nur noch der Einführung der Stabkräfte, wie sie in dem besonderen Falle auftreten.

Wir betrachten wieder die Verhältnisse an einem inneren Knotenpunkte, z. B. dem Knotenpunkt 2 des Obergurtes. Bei der Gurtung mit Kugelgelenken (§ 40, Gl. 5) hatten wir zwischen der Reaktion R_2

---

[1]) F. Engesser, Nebenspannungen, S. 148.

eines Querrahmens und den am selben Knotenpunkt angreifenden Gurtkräften O_{12} und O_{23} die Beziehung ermittelt:

Gl. 1)
$$-\frac{O_{12}}{s_{12}}\cdot y_1 + \left[\frac{O_{12}}{s_{12}}\cdot\frac{h_1}{h_2} + \frac{O_{23}}{s_{23}}\cdot\frac{h_3}{h_2}\right]\cdot y_2 - \frac{O_{23}}{s_{23}}\cdot y_3 = R_2.$$

Diese Gleichung gilt auch hier, wenn auf der linken Seite, welche die in die Richtung von y_2 fallenden Komponenten der Gurtkräfte enthält (Abb. 118), noch die von den Knotenpunktsmomenten herrührenden Kräfte am Knotenpunkt 2 addiert werden.

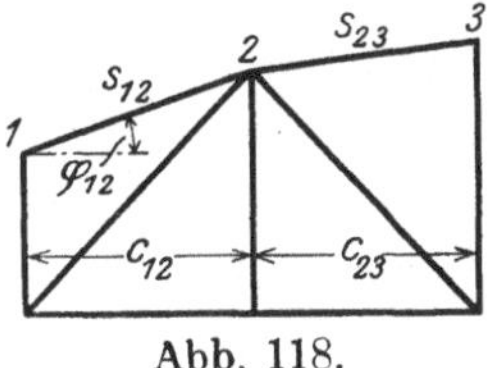

Abb. 118.

Für die am Knotenpunkt 2 wirksamen Momente hatten wir (§ 36, Gl. 9 und 10) die Beziehungen gefunden

$$_2M\cdot\cos\varphi_{12} = M_2\cdot\cos\varphi_{23} = Y_2$$
$$\mathfrak{M}_2 = Y_2\cdot(\operatorname{tg}\varphi_{12} - \operatorname{tg}\varphi_{23}).$$

Aus den an den Enden des Stabes 1—2 (Abb. 119) angreifenden Momenten wird die Querkraft dieses Stabes

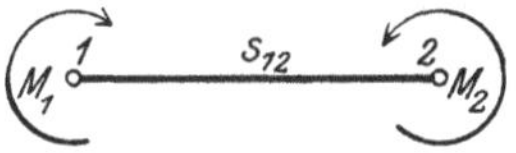

$$Q_{12} = \frac{M_1 - {}_2M}{s_{12}}.$$

Abb. 119.

Am Knotenpunkt 2 ist daher in Gl. 1) noch die Differenz der Querkräfte der angrenzenden Stäbe einzuführen

$$Q_{12} - Q_{23} = \frac{M_1 - {}_2M}{s_{12}} + \frac{{}_3M - M_2}{s_{23}},$$

welche mit Einführung der Größen Y übergeht in

Gl. 2)
$$Q_{12} - Q_{23} = \frac{Y_1 - Y_2}{s_{12}\cdot\cos\varphi_{12}} + \frac{Y_3 - Y_2}{s_{23}\cdot\cos\varphi_{23}} = \frac{Y_1 - Y_2}{c_{12}} + \frac{Y_3 - Y_2}{c_{23}}.$$

Man erhält, wenn man den durch Gl. 2) bestimmten Wert der Differenz der Querkräfte auf der linken Seite der Gl. 1) addiert, mit der Abkürzung $z_{12} = \dfrac{O_{12}}{s_{12}}$ usw. die für elastische Gurtungen geltende Knotenpunktsgleichung:

Gl. 3)
$$-z_{12}\cdot y_1 + \left[z_{12}\cdot\frac{h_1}{h_2} + z_{23}\cdot\frac{h_3}{h_2}\right]\cdot y_2 - z_{23}\cdot y_3 + \frac{Y_1 - Y_2}{c_{12}}$$
$$+ \frac{Y_3 - Y_2}{c_{23}} = R_2.$$

Aus § 39, Gl. 1)
$$y_2 = R_2\cdot\mathfrak{r}_2 + \mathfrak{M}_2\cdot\mathfrak{m}_2 + \mathfrak{y}_2$$

und § 36, Gl. 10a)
$$\mathfrak{M}_2 = \tau_2\cdot Y_2,$$

wo $\tau_2 = \operatorname{tg} \varphi_{12} - \operatorname{tg} \varphi_{23}$ ist, folgt die Stützreaktion

Gl. 4)
$$R_2 = \frac{y_2 - \mathfrak{y}_2}{\mathfrak{r}_2} - \frac{\mathfrak{m}_2}{\mathfrak{r}_2} \cdot \tau_2 \cdot Y_2$$

und hiernach aus Gl. 3)

Gl. 5)
$$-z_{12} \cdot y_1 + \left[z_{12} \frac{h_1}{h_2} - \frac{1}{\mathfrak{r}_2} + z_{23} \cdot \frac{h_3}{h_2} \right] \cdot y_2 - z_{23} \cdot y_3 + \frac{Y_1}{c_{12}}$$
$$- \left[\frac{1}{c_{12}} - \frac{\mathfrak{m}_2 \tau_2}{\mathfrak{r}_2} + \frac{1}{c_{23}} \right] \cdot Y_2 + \frac{Y_3}{c_{23}} = - \frac{\mathfrak{y}_2}{\mathfrak{r}_2},$$

oder

Gl. 6)
$$z_{12} \cdot y_1 - \left[z_{12} \frac{h_1}{h_2} - \frac{1}{\mathfrak{r}_2} + z_{23} \cdot \frac{h_3}{h_2} \right] \cdot y_2 + z_{23} \cdot y_3 - \frac{Y_1}{c_{12}}$$
$$+ \left[\frac{1}{c_{12}} - \frac{\mathfrak{m}_2 \tau_2}{\mathfrak{r}_2} + \frac{1}{c_{23}} \right] \cdot Y_2 - \frac{Y_3}{c_{23}} = \frac{\mathfrak{y}_2}{\mathfrak{r}_2}.$$

Die Gl. 6) läßt sich ebenso oft aufstellen, als das Fachwerk Knotenpunkte zählt. Für den ersten Knotenpunkt (0) und den letzten (n) vereinfachen sich die zugehörigen Knotenpunktsgleichungen, da hierfür

$$z_0 = 0 \text{ und bei Gelenkbefestigung } Y_0 = 0$$
$$z_n = 0 \text{ \quad \textit{\char34} \quad \textit{\char34} \quad \textit{\char34} \quad } Y_n = 0 \text{ ist.}$$

Man erhält so $(n + 1)$ Gleichungen für eine Brücke von n Feldern. Die Zahl der Unbekannten ist durch $(n + 1)$ Verschiebungen y_0 bis y_n und $(n - 1)$ Momente Y_1 bis Y_{n-1} gegeben. Es sind daher noch $(n - 1)$ Gleichungen aufzustellen, die man aus der Bedingung stetigen Überganges der Grundrißprojektion der elastischen Linie des Druckgurtes an den $(n - 1)$ inneren Knotenpunkten gewinnt.

Als Bedingung stetigen Übergangs z. B. am Knotenpunkt 2 hatten wir § 36, Gl. 13) abgeleitet. Beachtet man, daß die dort auftretenden Glieder ω_{12} und ω_{23} hier verschwinden, da die Stabkräfte zentrisch angreifen, so schreibt sich jene Gleichung mit den zyklisch vertauschbaren Abkürzungen

Gl. 7)
$$\zeta_{12}' = 1 - \frac{\alpha_{12}}{\operatorname{tg} \alpha_{12}},$$

Gl. 8)
$$\zeta_{12}'' = \frac{\alpha_{12}}{\sin \alpha_{12}} - 1,$$

wo

Gl. 9)
$$\alpha_{12} = \sqrt{\frac{O_{12} \cdot s_{12}^2}{E J_{12}}}$$

ist,

Gl. 10)
$$\frac{\zeta_{12}''}{H_{12} c_{12}} \cdot Y_1 + \left[\frac{\zeta_{12}'}{H_{12} c_{12}} + \frac{\zeta_{23}'}{H_{23} c_{23}} \right] \cdot Y_2 + \frac{\zeta_{23}''}{H_{23} c_{23}} \cdot Y_3$$
$$+ \frac{y_1}{c_{12}} - \left[\frac{1}{c_{12}} + \frac{1}{c_{23}} \right] \cdot y_2 + \frac{y_3}{c_{23}} = 0.$$

Diese Gleichung, die sich $(n-1)$-mal aufstellen läßt, gilt auch, wenn ein Teil der Obergurtstäbe auf Zug beansprucht wird, was beim Träger auf mehreren Stützen in Betracht kommt. Nur haben dann die Koeffizienten ζ die durch die folgenden Gleichungen gegebene Bedeutung.

Gl. 7a) $$\zeta'_{12} = \alpha_{12} \cdot \mathfrak{Cotg}\, \alpha_{12} - 1,$$

Gl. 8a) $$\zeta''_{12} = 1 - \alpha_{12} \cdot \mathfrak{Cof}\, \alpha_{12}.$$

Für den ersten und letzten Knotenpunkt, wo bei Gelenkbefestigung die Y_0 und Y_n verschwinden, vereinfachen sich die Gl. 10), welche die Stetigkeitsbedingung zum Ausdruck bringen. Durch die Gleichungen der Gruppe 6) und 10) ist der Ansatz zur Lösung für den allgemeinsten Fall gegeben. Für konstante Feldweite $c_{m, m+1} = c$ erhält man mit

$$z_{m,m+1} \cdot c = \frac{O_{m,m+1}}{s_{m,m+1}} \cdot c = H_{m,m+1}$$

für jeden Knotenpunkt statt der Gl. 6) und 10) die Gleichungen, welche nachstehend für den Knotenpunkt 2 angeschrieben sind:

Gl. 11)
$$H_{12} \cdot y_1 - \left[H_{12} \cdot \frac{h_1}{h_2} - \frac{c}{\mathfrak{r}_2} + H_{23} \cdot \frac{h_3}{h_2} \right] \cdot y_2 + H_{23} \cdot y_3 - Y_1$$
$$+ \left[2 - \frac{\mathfrak{m}_2\, \tau_2\, c}{\mathfrak{r}_2} \right] \cdot Y_2 - Y_3 = \frac{\mathfrak{y}_2\, c}{\mathfrak{r}_2},$$

Gl. 12)
$$\frac{\zeta''_{12}}{H_{12}} \cdot Y_1 + \left[\frac{\zeta'_{12}}{H_{12}} + \frac{\zeta'_{23}}{H_{23}} \right] \cdot Y_2 + \frac{\zeta''_{23}}{H_{23}} \cdot Y_3 + y_1 - 2\,y_2 + y_3 = 0.$$

Eine besonders einfache Form nehmen diese Beziehungen beim Parabelträger an, für den bei gleichmäßiger Vollbelastung

$$H_{m, m+1} = H,$$

die Horizontalkomponente der Obergurtkräfte, konstant angenommen werden darf.

Führt man in diesem Falle die Abkürzungen ein:

$$a_m = Y_m : H,$$
$$\alpha_m = \frac{c}{H\,\mathfrak{r}_m} - \frac{h_{m-1}}{h_m} - \frac{h_{m+1}}{h_m} = \frac{c}{H\,\mathfrak{r}_m} - 2 + \frac{2}{m(n-m)}\,^{1)},$$
$$\varepsilon_m = 2 - \frac{\mathfrak{m}_m \cdot \tau_m \cdot c}{\mathfrak{r}_m}, \quad \text{wo} \quad \tau_m\, c = 8f\frac{c^2}{L^2} = \frac{8f}{n^2}$$
$$b_m = \frac{c \cdot \mathfrak{y}_m}{H \cdot \mathfrak{r}_m},$$

$^{1)}$ Vgl. S. 213.

so erhält man für den Parabelträger die Gleichungen:

Gl. 13)
$$\begin{cases}
\alpha_1 y_1 + y_2 \qquad\ + \varepsilon_1 a_1 - a_2 = b_1\,, \\
y_1 + \alpha_2 y_2 + y_3 - a_1 + \varepsilon_2 a_2 - a_3 = b_2\,, \\
y_2 + \alpha_3 y_3 + y_4 - a_2 + \varepsilon_3 a_3 - a_4 = b_3\,, \\
\ \vdots \qquad\qquad\qquad\qquad\qquad\ \vdots
\end{cases}$$

Gl. 14)
$$\begin{cases}
-\dfrac{2\,y_1}{\zeta''} + \dfrac{y_2}{\zeta''} \qquad\ + 2\,\dfrac{\zeta'}{\zeta''}\,a_1 + a_2 = 0\,, \\[2ex]
\dfrac{y_1}{\zeta''} - \dfrac{2\,y_2}{\zeta''} + \dfrac{y_3}{\zeta''} + a_1 + 2\,\dfrac{\zeta'}{\zeta''}\,a_2 + a_3 = 0\,, \\[2ex]
\dfrac{y_2}{\zeta''} - \dfrac{2\,y_3}{\zeta''} + \dfrac{y_4}{\zeta''} + a_2 + 2\,\dfrac{\zeta'}{\zeta''}\,a_3 + a_4 = 0\,, \\[2ex]
\ \vdots \qquad\qquad\qquad\qquad\qquad\ \vdots
\end{cases}$$

Hierbei sind in den Gl. 14) die ζ' und ζ'' für alle Knotenpunkte durch Mittelwerte ersetzt, was beim Parabelträger nur einen kleinen Fehler bedingt.

Um aus den Gl. 13) und 14) die von den unbekannten Momenten Y_m abhängigen Größen a_m zu eliminieren, addiert man die Gl. 14) zu den $(n-1)$ ersten Gleichungen der Gruppe 13) der Reihe nach. Man erhält dann mit den Abkürzungen

$$\psi_m = 1 : \left(\varepsilon_m + 2\,\frac{\zeta'}{\zeta''}\right); \qquad \vartheta_m = \psi_m \cdot \left[1 + \frac{1}{\zeta''}\right]; \qquad \varrho_m = \psi_m \cdot \left[\alpha_m - \frac{2}{\zeta''}\right]\,.$$

die Gleichungen

Gl. 15)
$$\begin{cases}
a_1 = \psi_1\,b_1 - \vartheta_1 \cdot (\quad + y_2) - \varrho_1 \cdot y_1\,. \\
a_2 = \psi_2\,b_2 - \vartheta_2 \cdot (y_1 + y_3) - \varrho_2 \cdot y_2\,, \\
a_3 = \psi_3\,b_3 - \vartheta_3 \cdot (y_2 + y_4) - \varrho_3 \cdot y_3\,, \\
\ \vdots \qquad\qquad\qquad\qquad\ \vdots
\end{cases}$$

Führt man die durch diese Gleichungen bestimmten Werte a_m in die Gleichungen 13) ein, so erhält man das System von $(n-1)$ Gleichungen, welches nur noch die Unbekannten y_m enthält mit den Abkürzungen

Gl. 16)
$$\begin{cases}
(1 - \varepsilon_1\,\psi_1)\,b_1 + \psi_2\,b_2 = A_1 \\
\psi_1\,b_1 + (1 - \varepsilon_2\,\psi_2)\,b_2 + \psi_3\,b_3 = A_2 \\
\psi_2\,b_2 + (1 - \varepsilon_3\,\psi_3)\,b_3 + \psi_4\,b_4 = A_3 \\
\ \vdots \qquad\qquad\qquad\qquad\ \vdots
\end{cases}$$

zu

$$\text{Gl. 17)}\begin{cases}
\left[\begin{matrix}\alpha_1 - \varepsilon_1\varrho_1 \\ + \vartheta_2\end{matrix}\right]y_1 + \left[\begin{matrix}1 + \varrho_2 \\ -\varepsilon_1\vartheta_1\end{matrix}\right]y_2 + \vartheta_2 y_3 = A_1\,^1) \\[2ex]
\left[\begin{matrix}1 + \varrho_1 \\ -\varepsilon_2\vartheta_2\end{matrix}\right]y_1 + \left[\begin{matrix}\alpha_2 - \varepsilon_2\varrho_2 \\ +\vartheta_1 + \vartheta_3\end{matrix}\right]y_2 + \left[\begin{matrix}1 + \varrho_3 \\ -\varepsilon_2\vartheta_2\end{matrix}\right]y_3 + \vartheta_3 y_4 = A_2 \\[2ex]
\vartheta_2 y_1 + \left[\begin{matrix}1 + \varrho_2 \\ -\varepsilon_3\vartheta_3\end{matrix}\right]y_2 + \left[\begin{matrix}\alpha_3 - \varepsilon_3\varrho_3 \\ +\vartheta_2 + \vartheta_4\end{matrix}\right]y_3 + \left[\begin{matrix}1 + \varrho_4 \\ -\varepsilon_3\vartheta_3\end{matrix}\right]y_4 + \vartheta_4 y_5 = A_3 \\[1ex]
\quad\vdots \qquad\qquad\qquad\qquad\qquad\qquad\qquad\qquad\quad \vdots
\end{cases}$$

So oft Deformationen $\mathfrak{y}_m$ der Querrahmen infolge der Belastung der Querträger auftreten, liegt im allgemeinen eine Aufgabe der Biegung vor, für welche die Berechnung der y_m aus den Gl. 17) die Möglichkeit eröffnet, die Nebenspannungen zu ermitteln. Verschwinden alle $\mathfrak{y}_m$ oder werden sie alle gleich groß, so tritt im allgemeinen keine Deformation y_m auf; bei gleichen Werten y_m an allen Knotenpunkten neigen sich beide Tragwände gleichmäßig nach innen. Nur wenn zugleich in diesem Falle auch die Nennerdeterminante D der Gleichungen 17) verschwindet, treten Formänderungen y_m von unbestimmter Größe auf; hier liegt dann der Knickfall vor. Führt man die ν-fachen Systemkräfte für die Berechnung der Koeffizienten der Gleichung 17) ein, so liefert die Knickbedingung $D = 0$ eine Gleichung für ν, die im allgemeinen durch Probieren zu lösen ist. Da jedoch in die Ausdrücke ζ' und ζ'' die Gurtkräfte als transzendente Funktionen eingehen, so empfiehlt es sich, für Werte von ν, welche gleich 1, 2, 3, usf. sind, den Wert der Determinante D zu berechnen, welcher dann so lange größer als Null bleibt, als die Gurtung für die 1-, 2-, 3-fachen Kräfte stabil ist. Mit der Annäherung der Systemkräfte an die Knickgrenze strebt D der Null zu. Nach Überschreitung dieser Grenze wird D kleiner als Null. Wie immer ist aber auch hier die Knickbelastung unabhängig von den Werten $\mathfrak{y}_m$, welche nur die Nebenspannungen beeinflussen.

Die einschlägigen Verhältnisse lassen sich sehr gut an dem folgenden Zahlenbeispiel übersehen, welches der „Graphischen Statik" von Müller-Breslau entnommen ist.

Zahlenbeispiel. Eine eingleisige Eisenbahnbrücke (Parabelträger) von $L = 18$ m Stützweite und $f = 2{,}52$ m Stichhöhe, habe sechs Felder von der Länge $c = 3$ m und der Breite $b = 4{,}8$ m. Aus der Belastung durch eine gleichförmig verteilte Last von $2{,}33$ t/m und die Achsdrücke einer Lokomotive in ihrer gefährlichsten Stellung (Abb. 120) sind an den Knotenpunkten 1, 2 und 3 folgende Größen berechnet:

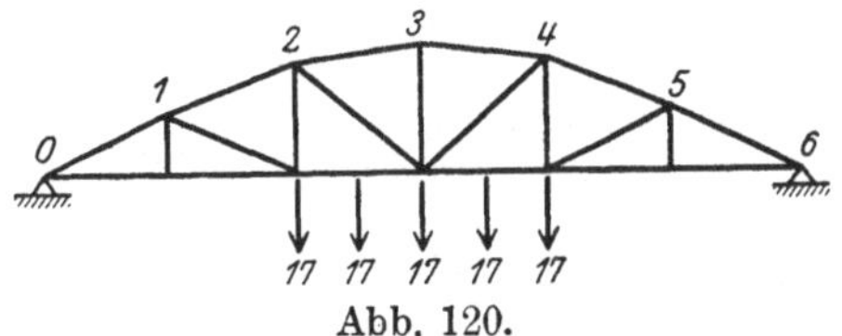

Abb. 120.

$^1)$ Wo die Auflösung dieses Gleichungssystems erwünscht sein sollte, empfiehlt sich die Anwendung eines von A. Ostenfeld, „Eisenbau" 1913, S. 120 ff. angegebenen Verfahrens.

Knotenpunkt	1	2	3	
Knotenlasten (t)	7,0	32,5	41	
Momente (tm)	180	339	400,5	
Horizontalkräfte H der Gurtungen (t)	64	76	80	(für eine Tragwand)

Bei $E = 2150$ t/cm² und einem Trägheitsmoment $J_g = 3754$ cm⁴ für die Gurtungen wird $E \cdot J_g = 0,215 \cdot 3754 = 810$ tm².

Für ν-fache Belastung wird daher

$$\alpha_{01} = \sqrt{\frac{\nu O_{01} \cdot s_{01}^2}{EJ_g}} = \sqrt{\frac{\nu \cdot H_{01} \cdot s_{01}^3}{EJ_g \cdot c}} = \sqrt{\nu \cdot \frac{64 \cdot 3{,}31^3}{810 \cdot 3{,}00}} = \sqrt{0{,}955\,\nu},$$

$$\alpha_{23} = \sqrt{\frac{\nu O_{23} \cdot s_{23}^2}{EJ_g}} = \sqrt{\frac{\nu \cdot H_{23} \cdot s_{23}^3}{EJ_g \cdot c}} = \sqrt{\nu \cdot \frac{80 \cdot 3{,}01^3}{810 \cdot 3{,}00}} = \sqrt{0{,}887\,\nu},$$

daher für

$$\nu = 1 \quad \alpha_{01} = 0{,}98; \ \alpha_{23} = 0{,}94$$
$$\nu = 2 \quad \alpha_{01} = 1{,}38; \ \alpha_{23} = 1{,}33$$
$$\nu = 3 \quad \alpha_{01} = 1{,}69; \ \alpha_{23} = 1{,}63,$$

wofür wir ausgleichend folgende Mittelwerte setzen:

$$\nu = 1 \qquad 2 \qquad 3$$
$$\alpha_m = 0{,}96 \qquad 1{,}36 \qquad 1{,}66 \ \text{im Bogenmaß}$$
$$\alpha_m = 55^0 \qquad 78^0 \qquad 95^0 \ \text{im Gradmaß.}$$

Hiernach berechnet sich aus den entwickelten Gleichungen die folgende Tabelle:

ν	ζ'	ζ''	$2 \cdot \dfrac{\zeta'}{\zeta''}$	$\dfrac{2}{\zeta''}$	$1 + \dfrac{1}{\zeta''}$
1	0,3278	0.1719	3,81	11,63	6.82
2	0,7109	0,3904	3,64	5,12	3,56
3	1,1452	0,6603	3.44	3,00	2,50

Für die Halbrahmen ist

$$J_p = 1960 \text{ cm}^4 \qquad EJ_p = 0{,}215 \cdot 1960 = 636 \text{ tm}^2,$$
$$J_q = 119\,600 \text{ cm}^4 \qquad EJ_q = 0{,}215 \cdot 119\,600 = 25\,600 \text{ tm}^2$$

gegeben.

Damit folgt

$$\frac{1}{\mathfrak{r}_m} = 1 : \left[\frac{b h_q^2}{2\,EJ_q} + \frac{h_p^3}{3\,EJ_p} \right] = 10\,000 : [0{,}94\,h_q^2 + 5{,}24\,h_p^3] \quad \left.\begin{array}{l} \end{array}\right\} \ \text{wenn die Höhen}$$

$$\mathfrak{m}_m = \frac{b h_q}{2\,EJ_q} + \frac{h_p^2}{2\,EJ_p} = [0{,}94\,h_q + 7{,}86 \cdot h_p^2] : 10\,000 \quad \left.\begin{array}{l} \end{array}\right\} \ \begin{array}{l} h \text{ in Metern} \\ \text{gemessen werden.} \end{array}$$

Setzt man $h_q = h_m - 0{,}30$, $h_p = h_m - 0{,}80$, wo h_m die Systemlänge des Pfostens ist so erhält man für die Knotenpunkte 1, 2 und 3 nach den obigen Festsetzungen die folgenden, tabellarisch berechneten Werte, wobei noch

$$\mathfrak{r}\,c = \frac{8\,f}{n^2} = \frac{8 \cdot 2{,}52}{36} = 0{,}187 \text{ m}$$

zu setzen ist:

Knotenpunkt	1	2	3
h_m	1,40	2,24	2,52 m
h_q	1,10	1,94	2,22 m
h_p	0,60	1,44	1,72 m
$1 : r_m$	4407	521	320 t/m
m_m	0,000376	0,00181	0,00253 m/tm
$\dfrac{m_m\, r_m\, c}{r_m}$	0,95	0,53	0,45
$\varepsilon_m = 2 - \dfrac{m_m\, r_m\, c}{r_m}$	1,05	1,47	1,55

Für ν-fache Belastung ist

$$\alpha_m = \frac{c}{\nu \cdot H \cdot r_m} - 2 + \frac{2}{m(n-m)}.$$

Setzt man in diesem Ausdruck zur Sicherheit für H seinen Maximalwert $H = 80$ t, so erhält man:

für $\nu = 1$

Knotenpunkt	α_m	ψ_m	ϑ_m	ϱ_m	$1 - \varepsilon_m \psi_m$
1	164	0,206	1,40	$+31,29$	0,78
2	17,8	0,189	1,29	$+ 1,17$	0,72
3	10,1	0,187	1,28	$- 0,29$	0,71

für $\nu = 2$

1	81	0,213	0,76	$+16,16$	0,78
2	8,02	0,196	0,70	$+ 0,57$	0,71
3	4,11	0,193	0,69	$- 0,19$	0,70

für $\nu = 3$

1	53,5	0,223	0,56	$+11,26$	0,77
2	4,76	0,204	0,51	$+ 0,36$	0,70
3	2,11	0,200	0,50	$- 0,18$	0,69

Für die Berechnung der $b_m = c\, \mathfrak{y}_m : [\nu H r_m]$, die von $\mathfrak{y}_m$ abhängen, sind die Einwirkungen der gleichförmigen und konzentrierten Lasten zu berücksichtigen. Für die Belastung eines Querträgers durch zwei Kräfte P_m (Abb. 121) wird die Fläche der Momentenlinie:

$$\int_0^{\frac{b}{2}} M_0 \cdot dx = P_m \cdot 1,5 \cdot (1,5 + 1,8) \cdot \frac{1}{2} = 2,475\, P_m.$$

Mit

$$\mathfrak{y}_m = \frac{h_q \cdot \int_0^{\frac{b}{2}} M_0 \cdot dx}{E J_q}$$

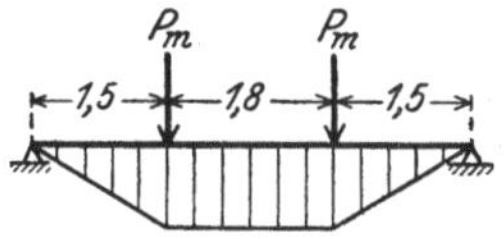

Abb. 121.

folgt daher bei der Belastung νP_m:

$$b_m = \frac{c \cdot 2{,}475 \cdot \nu \cdot P_m \cdot h_q}{\nu H \cdot r_m \cdot E J_q} = \frac{P_m \cdot h_q}{3448 \cdot H \cdot r_m}.$$

Für die einzelnen Knotenpunkte erhält man daher

15*

Knotenpunkt	1	2	3
P'_m (aus der Lokomotive)	0	12,75	17 t
P''_m (aus der gleichförmigen Last)	2	2	2 t
P_m (total)	2	14,75	19 t
$h_q : \tau_m$		6169,8	1167,04	808,4 t
b_m		0,0444	0,0620	0,0552 t

Man findet mit den so berechneten Werten die Größen A_m für die Knotenpunkte

Knotenpunkte	1	2	3
$\nu = 1$	$A_1 = 0{,}046\,35$	$A_2 = 0{,}064\,41$	$A_3 = 0{,}063\,18$
$\nu = 2$	$A_1 = 0{,}046\,78$	$A_2 = 0{,}064\,13$	$A_3 = 0{,}062\,98$
$\nu = 3$	$A_1 = 0{,}046\,84$	$A_2 = 0{,}064\,34$	$A_3 = 0{,}063\,38$
Mittelwerte:	$A_1 = 0{,}046$	$A_2 = 0{,}064$	$A_3 = 0{,}063$

für alle Werte von ν.

Nun lassen sich die Gleichungen zur Bestimmung der y_m sofort anschreiben, wobei wegen der Symmetrie ($y_1 = y_5$; $y_2 = y_4$; $y_3 = y_3$) nur die halbe Zahl der Unbekannten auftritt.

Die Gleichungen lauten:

1) für $\nu = 1$:

$$\left. \begin{array}{l} 132{,}2\,y_1 + 0{,}7\,y_2 + 1{,}3\,y_3 = 0{,}046 \\ 31{,}8\,y_1 + 18{,}8\,y_2 - 1{,}2\,y_3 = 0{,}064 \\ 2{,}6\,y_1 + 0{,}4\,y_2 + 14{,}1\,y_3 = 0{,}063 \end{array} \right\}, \quad \text{woraus} \quad \left\{ \begin{array}{l} y_1 = 0{,}289 \text{ mm} \\ y_2 = 3{,}192 \text{ mm} \\ y_3 = 4{,}324 \text{ mm} . \end{array} \right.$$

Die Determinante ist $D = 34\,743{,}974 > 0$.

2) für $\nu = 2$:

$$\left. \begin{array}{l} 64{,}7\,y_1 + 0{,}8\,y_2 + 0{,}7\,y_3 = 0{,}046 \\ 16{,}1\,y_1 + 9{,}3\,y_2 - 0{,}2\,y_3 = 0{,}064 \\ 1{,}4\,y_1 + 1{,}0\,y_2 + 5{,}8\,y_3 = 0{,}063 \end{array} \right\}, \quad \text{woraus} \quad \left\{ \begin{array}{l} y_1 = 0{,}530 \text{ mm} \\ y_2 = 6{,}172 \text{ mm} \\ y_3 = 9{,}670 \text{ mm} . \end{array} \right.$$

Die Determinante ist $D = 3430{,}086 > 0$.

3) für $\nu = 3$:

$$\left. \begin{array}{l} 42{,}2\,y_1 + 0{,}8\,y_2 + 0{,}5\,y_3 = 0{,}046 \\ 11{,}5\,y_1 + 5{,}8\,y_2 + 0{,}1\,y_3 = 0{,}064 \\ 1{,}0\,y_1 + 1{,}2\,y_2 + 3{,}4\,y_3 = 0{,}063 \end{array} \right\}, \quad \text{woraus} \quad \left\{ \begin{array}{l} y_1 = 0{,}735 \text{ mm} \\ y_2 = 9{,}317 \text{ mm} \\ y_3 = 15{,}025 \text{ mm} . \end{array} \right.$$

Die Determinante ist $D = 799{,}920 > 0$.

Man erhält bei $\nu = 4$ für die Determinante etwa den Wert $D = 200$, so daß also wenigstens vierfache Sicherheit vorhanden ist. Trägt man, wie dies in Abb. 122 geschah, D als Funktion von ν auf, so findet man aus dem Schnitt dieser Kurve mit $D = 0$ die Sicherheit zu etwa $\nu = 4{,}2$.

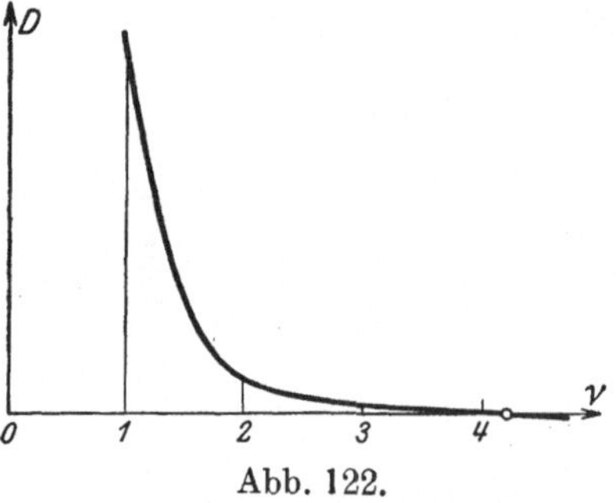

Abb. 122.

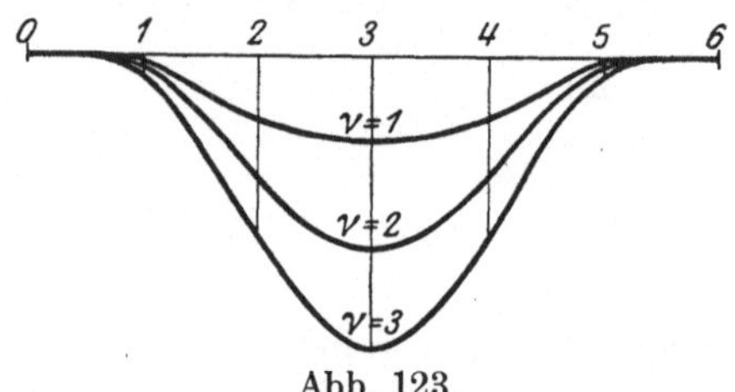

Abb. 123.

Da in dem gewählten Beispiel die Deformationen $\mathfrak{y}_m$ von Null verschieden waren, so entspricht den verschiedenen Belastungszuständen bei $\nu = 1, 2$ bzw. 3 jeweils eine bestimmte, elastische Linie, welche in Abb. 123 in verzerrtem Maßstabe zur Darstellung gelangte. Man beachte die charakteristische Form dieser Kurven, welche dem Verlauf der elastischen Linie für einen vollkommen eingespannten, knickenden Stab ähnlich ist. Die bemerkte Ähnlichkeit bildet den Ausgangspunkt für die in § 46 durchgeführte Untersuchung.

Die umständliche Berechnung des Sicherheitsgrades, wie sie an vorstehendem Beispiel klar zu erkennen ist, ruft das Bedürfnis nach einfachen Näherungsformeln zur Bestimmung der Knickgrenze wach, mit deren Aufstellung wir uns nunmehr zu befassen haben.

§ 43. Die Näherungsformeln von Engesser und seine Modellversuche[1]).

Unter der Voraussetzung, daß die Druckgurtung eine gerade Achse besitze, ihr Querschnitt und ihre Druckkraft an jeder Stelle unveränderlich denselben Wert haben, sowie der weiteren, vereinfachenden Annahme, daß die Wirkung der elastischen Einzelstützen durch die einer stetig verteilten Stützung ersetzt werden könne, was dem Ansatze

Gl. 1) $$d R_x = C \cdot y \cdot dx$$

mit C als einer noch zu bestimmenden Konstanten entspricht und bei verhältnismäßig zahlreichen Querrahmen genau genug zutrifft, knickt der Obergurt bei gelenkig festgehaltenen Enden mit einer elastischen Linie, deren einzelne Wellen unter sich kongruent sind (Abb. 124) und deren Inflexionspunkte J auf der ursprünglichen Achse

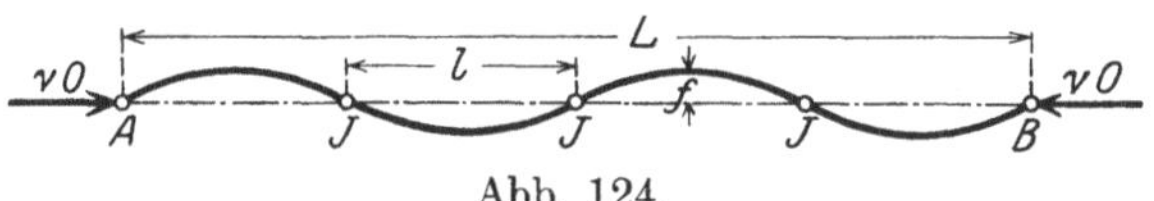

Abb. 124.

$A B$ der Gurtung liegen. Die Länge l einer einzelnen Halbwelle ist abhängig von der in Gl. 1) auftretenden Konstanten C, dem Trägheitsmoment J_g der Gurtung und der Größe der Druckkraft vO. Mit Rücksicht darauf, daß die Gurtung die v-fache Gebrauchslast mindestens für die Feldlänge als freie Länge knicksicher muß übertragen können, ist l jedenfalls immer größer als die Feldweite c.

Wir setzen zunächst stets voraus, daß beim Erreichen der Knickgrenze sowohl in den Gurtungen wie in den Querrahmen keine Spannungen auftreten, welche größer sind als die Spannung an der Proportionalitätsgrenze, und betrachten (Abb. 125) eine einzelne Halbwelle, für welche die von der Kraft vO geleistete, äußere Arbeit durch

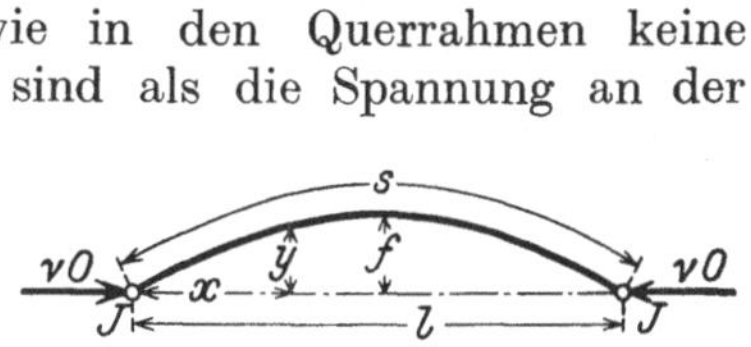

Gl. 2) $$A_a = vO \cdot \varDelta l$$

Abb. 125.

---

[1]) F. Engesser, Nebenspannungen, S. 150 ff., sowie verschiedene Abhandlungen im „Zentralbl. der Bauverw." 1884, S. 415; 1885, S. 71; 1892, S. 349; 1909, S. 178; „Deutsche Bauzeitung" 1891, S. 362; „Z. d. Ver. deutsch. Ing.", 1895, S. 1021.

gegeben ist, wo $\Delta l = s - l$ die Annäherung der Inflexionspunkte J bedeutet. Im Gleichgewichtsfalle muß die innere Arbeit A_i der äußeren Arbeit A_a für eine Halbwelle gleich sein.

Die innere Arbeit A_i setzt sich zusammen aus A_g, der Biegungsarbeit der Gurtungen, und A_p, der Arbeit aus der Formänderung der elastischen Stützen. Es ist

Gl. 3)
$$A_g = \int_0^l \frac{M^2\,dx}{2\,EJ_g} = \int_0^l \left(\left[-EJ_g \cdot \frac{d^2 y}{dx^2} \right]^2 : 2\,EJ_g \right) \cdot dx$$

$$= \frac{EJ_g}{2} \cdot \int_0^l \left(\frac{d^2 y}{dx^2} \right)^2 \cdot dx.$$

Gl. 4)
$$A_p = \int_0^l \frac{d\,R_x \cdot y \cdot dx}{2} = \frac{C}{2} \cdot \int_0^l y^2 \cdot dx$$

und somit

Gl. 5)
$$A_i = \frac{EJ_g}{2} \cdot \int_0^l \left(\frac{d^2 y}{dx^2} \right)^2 \cdot dx + \frac{C}{2} \cdot \int_0^l y^2 \cdot dx = \nu\,O \cdot \Delta l.$$

Mit genügender Genauigkeit darf man als Gleichung der elastischen Linie die Sinuslinie

Gl. 6)
$$y = f \cdot \sin \frac{\pi x}{l}$$

voraussetzen, wonach

$$\left[\frac{d^2 y}{dx^2} \right]^2 = \left[-f \cdot \frac{\pi^2}{l^2} \cdot \sin \frac{\pi x}{l} \right]^2 = f^2 \cdot \frac{\pi^4}{l^4} \cdot \sin^2 \frac{\pi x}{l}$$

ist. Man erhält hiermit

$$\int_0^l \left[\frac{d^2 y}{dx^2} \right]^2 \cdot dx = f^2 \cdot \frac{\pi^4}{l^4} \cdot \int_0^l \sin^2 \frac{\pi x}{l} \cdot dx = f^2 \cdot \frac{\pi^4}{2\,l^3}$$

und
$$\int_0^l y^2 \cdot dx = f^2 \cdot \int_0^l \sin^2 \frac{\pi x}{l} \cdot dx = f^2 \cdot \frac{l}{2},$$

wonach aus Gl. 5) folgt

Gl. 7)
$$A_i = \frac{EJ_g \cdot f^2\,\pi^4}{4\,l^3} + \frac{C f^2 l}{4}.$$

Die Gleichheit zwischen der inneren und äußeren Arbeit ergibt nun

Gl. 8)
$$\nu\,O \cdot \Delta l = \frac{\pi^2}{4} \cdot \frac{f^2}{l} \cdot \left[\frac{\pi^2 EJ_g}{l^2} + C \cdot \frac{l^2}{\pi^2} \right].$$

Nun ist $\quad \Delta l = \int_0^l ds - l = \int_0^l dx \sqrt{1 + \left(\frac{dy}{dx} \right)^2} - l,$

worin für kleine Deformationen y genau genug

$$\sqrt{1+\left(\frac{dy}{dx}\right)^2}=1+\frac{1}{2}\left(\frac{dy}{dx}\right)^2$$

gesetzt werden kann. Man erhält dann mit dem aus Gl. 6) folgenden Differentialquotienten

$$\frac{dy}{dx}=f\cdot\frac{\pi}{l}\cdot\cos\frac{\pi x}{l}$$

nach Ausführung der Integration

Gl. 9)
$$\varDelta l=\frac{\pi^2}{4}\cdot\frac{f^2}{l}.$$

Aus Gl. 8) und 9) folgt schließlich

Gl. 10)
$$\nu O=\frac{\pi^2\,EJ_g}{l^2}+\frac{C\cdot l^2}{\pi^2}.$$

Durch Gl. 10) wird die Knickkraft νO in Abhängigkeit gebracht von der vorläufig noch unbekannten, freien Knicklänge l. Unter allen Wertepaaren νO und l, welche Gl. 10) befriedigen, ist daher jenes Paar aufzusuchen, welches νO zu einem Minimum macht. Man erhält diesen Wert aus

Gl. 11)
$$\frac{d}{dl}(\nu O)=0=-\frac{2\pi^2EJ_g}{l^3}+\frac{2C}{\pi^2}l,$$

wenn

Gl. 12)
$$\frac{d^2}{dl^2}(\nu O)=+\frac{6\pi^2EJ_g}{l^4}+\frac{2C}{\pi^2}>0$$

wird.

Aus Gl. 11) folgt die kritische Wellenlänge zu

Gl. 13)
$$l=\pi\sqrt[4]{\frac{EJ_g}{C}},$$

wofür nach Gl. 12)

$$\frac{d^2}{dl^2}(\nu O)=8\frac{C}{\pi^2}>0$$

wird, entsprechend dem Eintritt des Minimums für νO.

Aus Gl. 10) folgt mit dem durch Gl. 13) bestimmten Werte der freien Knicklänge die Knickkraft

Gl. 14)
$$\nu O=2\sqrt{C\cdot EJ_g}.$$

Es bleibt nunmehr noch der Wert der Konstanten C zu bestimmen.

Ist wieder $\mathfrak{r}$ die Verschiebung eines oberen Rahmenendes für die an ihm angreifende Kraft $\mathfrak{H}=1\,\mathrm{t}$, so ist $y=R\cdot\mathfrak{r}$ die Deformation unter Wirkung von R. Verteilt man die Reaktion R einer Stütze stetig auf die Feldweite c, so wird $\dfrac{R}{c}=\dfrac{y}{c\,\mathfrak{r}}$ der elastische

Widerstand für die Längeneinheit des Gurtes und demnach der Widerstand für das Längenelement dx:

$$dR_x = \frac{R}{c} \cdot dx = \frac{y \cdot dx}{c\mathfrak{r}}.$$

Der Vergleich dieser Beziehung mit Gl. 1) liefert daher

Gl. 15)
$$C = \frac{1}{c\mathfrak{r}}.$$

Man erhält durch Einführung des so bestimmten Wertes von C folgende Gebrauchsformeln für

die freie Knicklänge:

Gl. 16)
$$l = \pi \sqrt[4]{EJ_g \cdot c\mathfrak{r}},$$

die Knickkraft:

Gl. 17)
$$vO = 2 \sqrt{\frac{EJ_g}{c\mathfrak{r}}},$$

die Sicherheit:

Gl. 18)
$$v = \frac{2}{O} \cdot \sqrt{\frac{EJ_g}{c\mathfrak{r}}},$$

die erforderliche Rahmensteifigkeit:

Gl. 19)
$$\frac{1}{\mathfrak{r}} = \frac{v^2 O^2 c}{4EJ_g}.$$

Die so abgeleiteten Näherungsformeln hatten zur Voraussetzung, daß die Enden der Gurtungen am seitlichen Ausweichen verhindert seien; dies ist beim Parabelträger, wo die Steifigkeit der Endrahmen unbegrenzt hoch wird, genau genug der Fall, bei Parallelträgern näherungsweise dann, wenn etwa die Endquerverbände durch Diagonalen versteift sind (Abb. 126) oder wenn sie eine sehr große Widerstandsfähigkeit gegen Verbiegung besitzen. Es kann sich bei festgehaltenen Endpunkten der Gurtungen, da diese Punkte Inflexionspunkte der Knicklinie sind, nur eine ganze Anzahl (m) von Halbwellen auf die Länge L der ganzen Brücke ausbilden, so daß

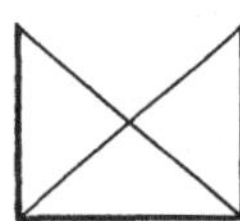

Abb. 126.

Gl. 20)
$$ml = L$$

wird, wo m eine ganze Zahl ist. Auf die Erfüllung der Gl. 20) war aber bisher noch keine Rücksicht genommen worden. Um ein Urteil über den Einfluß der durch Gl. 20) auferlegten Einschränkung unserer Näherungstheorie zu gewinnen, sei einmal vorausgesetzt, daß die nach Gl. 17) berechnete Knickgrenze vermöge der vorgegebenen Größen J_g und $\dfrac{1}{\mathfrak{r}}$ einen solchen Betrag annehme, daß nach Gl. 16) die Gl. 20) für ganzzahlige Werte m nicht erfüllt sei; man kann dann jedenfalls schreiben

Gl. 21) $$(m + \varepsilon)\,l = L,$$

wo $0 < \varepsilon < 1$ ist.

Die durch Gl. 21) bestimmte Länge l einer halben Welle

$$l = \frac{L}{m + \varepsilon}$$

ist dann durch die Grenzen

$$\frac{L}{m + 1} < l < \frac{L}{m}$$

eingeschlossen. Die Halbwellen

$$\frac{L}{m + 1} \quad \text{und} \quad \frac{L}{m}$$

sind unmögliche Formen der Knicklinie, da sie die Brückenlänge in keine ganze Anzahl von Teilen zerlegen. Die zwischen den beiden Grenzen gelegene Welle mit der halben Wellenlänge

$$l = \frac{L}{m + \varepsilon}$$

ist dagegen möglich.

Betrachtet man nun z. B. in Gl. 17) die Rahmensteifigkeit $\dfrac{1}{\mathfrak{r}}$ als veränderlich, das Trägheitsmoment J_g der Gurtung aber als konstant, so stellt Gl. 17) eine Parabel dar, welche in Abb. 127 gezeichnet wurde.

In den Punkten 1, 2, 3, 4, ..., welche den Wellenlängen $l = \dfrac{L}{m}$ für ganzzahlige Werte m entsprechen, gibt die Gl. 17) unter den gemachten Voraussetzungen die Knickkraft νO entsprechend den Ordinaten der Parabel. Für Zwischenpunkte sind die Knickkräfte durch die Ordinaten des der Parabel umbeschriebenen Tangentenvielseits 1, 2, 3, 4, ...

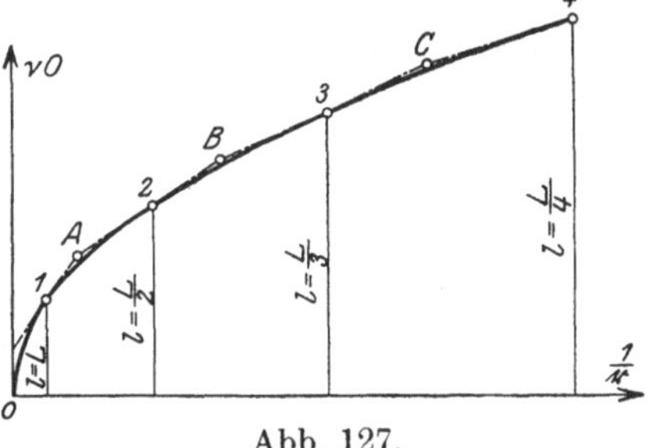

Abb. 127.

bestimmt. Man erkennt leicht, daß in den Ecken A, B, C, ... die größten Differenzen $\varDelta\,(\nu O)$ der Ordinaten der Parabel und ihres Tangentenvielseits sich ergeben, daß diese Differenzen gegen (νO) klein sind, mit wachsender Zahl der Halbwellen abnehmen und schließlich, daß die der Parabel zugehörigen Werte immer auf der sicheren Seite liegen. Gleiche Ergebnisse liefert die analoge Überlegung für konstante Werte $\dfrac{1}{\mathfrak{r}}$ und veränderliche Werte J_g.

Sind J_g und $\dfrac{1}{\mathfrak{r}}$ zugleich veränderlich, so stellt Gl. 17) für die Knickkraft νO eine parabolische Kegelfläche dar und man kann analog schließen, daß in den Fällen, wo ein Wertepaar J_g und $\dfrac{1}{\mathfrak{r}}$ nicht auf eine ganze Anzahl von halben Wellen l führt, die Knickkraft durch die zu J_g und $\dfrac{1}{\mathfrak{r}}$ gehörige Ordinate eines Vielflaches bestimmt wird, welches die Kegelfläche in den ganzzahligen Werten m zugehörigen Geraden berührt. Auch hier nehmen die Unterschiede der Ordinaten mit wachsenden Werten m ab und die Ordinaten der Kegelfläche gewähren eine größere Sicherheit.

Es ist daher in jedem Falle eine Untersuchung, ob m sich ganzzahlig ergibt, entbehrlich.

Wir haben nun noch zu untersuchen, welchen Einfluß es auf die Rechnung hat, wenn die gemachten Voraussetzungen

1. stetige und gleichförmige Wirkung der Querrahmen,
2. unverschiebliche Befestigung der Gurtenden,
3. unveränderliche Werte von $\dfrac{1}{\mathfrak{r}}$, O und J_g,
4. gerade Achse des Obergurts

in Wirklichkeit entweder gar nicht, oder nur teilweise erfüllt sind.

1. Die Wirkung der elastischen Einzelstützen.

Die einzelnen Querrahmen übertragen ihre Kräfte nur in den Knotenpunkten auf die Gurtung, welche daher mindestens auf die Feldlänge c die Kraft νO zu übertragen imstande sein muß. Fällt wie in Abb. 128 die Mitte der Halbwelle l mit der Mitte eines Feldes zusammen, so ist dieser Fall für die Unterstützung des Druckgurtes durch die Reaktionen R der ungünstigste. In Gl. 10) tritt

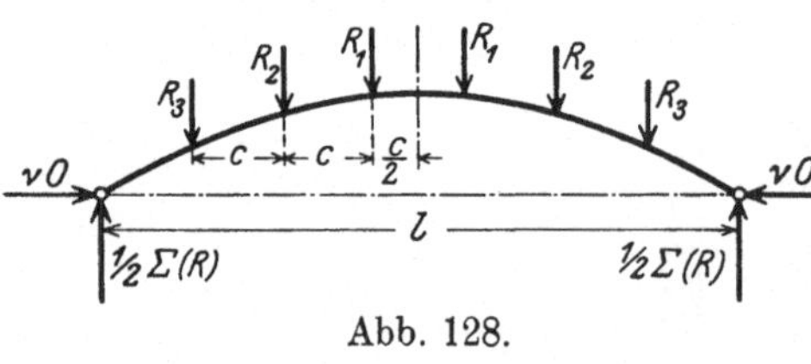

Abb. 128.

jetzt an Stelle des Gliedes $\dfrac{\varDelta l \cdot C\, l^2}{\pi^2}$, das die Arbeit der stetig verteilten Reaktionen angab, die Summe der von den einzelnen Reaktionen R geleisteten Arbeiten.

Mit

$$y_1 = f \cdot \sin \pi \cdot \frac{l - c}{2\,l},$$

$$y_2 = f \cdot \sin \pi \cdot \frac{l - 3c}{2\,l}$$

wird

$$R_1 = \frac{y_1}{\mathfrak{r}} = \frac{f}{\mathfrak{r}} \cdot \sin \pi \cdot \frac{l-c}{2\,l},$$

$$R_2 = \frac{y_2}{\mathfrak{r}} = \frac{f}{\mathfrak{r}} \cdot \sin \pi \cdot \frac{l-3c}{2\,l}, \quad \text{usw.}$$

Die von den Rahmenreaktionen geleistete Arbeit wird daher für unveränderliche Rahmensteifigkeit $\frac{1}{\mathfrak{r}}$ innerhalb der Länge einer Halbwelle

$$A_p = \sum_0^l \frac{R_m \cdot y_m}{2} = \frac{f^2}{2\,\mathfrak{r}} \cdot \left[\sin^2 \pi \frac{l-c}{2\,l} + \sin^2 \pi \frac{l-3c}{2\,l} + \cdots \right]_0^l,$$

und man erhält statt Gl. 10), wenn man in dem Ausdruck für A_p wieder den Faktor

$$\frac{\pi^2}{4} \cdot \frac{f^2}{l} = \varDelta l$$

vor die Klammer setzt,

Gl. 22)
$$\nu O = \frac{\pi^2 E J_g}{l^2} + \frac{2\,l}{\pi^2\,\mathfrak{r}} \cdot \left[\sin^2 \frac{\pi\,(l-c)}{l} + \sin^2 \frac{\pi\,(l-3c)}{l} + \cdots \right]_0^l.$$

Man findet wie früher aus Gl. 22) die Knickgrenze für diejenige Wellenlänge l, welche νO zu einem Minimum macht. Hierbei ist aber zu beachten, daß mit wachsender Wellenlänge immer mehr Glieder auftreten, welche den von den Rahmenreaktionen geleisteten Arbeiten entsprechen. Ein klares Urteil über die zwischen den Gleichungen 10) und 22) bestehenden Unterschiede erhält man durch eine graphische Darstellung. Schreibt man zu diesem Zweck die Gleichungen in der Form

Gl. 22a)
$$\nu O = \frac{\pi^2 E J_g}{l^2} + \frac{2\,l}{\pi^2\,\mathfrak{r}} \cdot \delta_1,$$

Gl. 10a)
$$\nu O = \frac{\pi^2 E J_g}{l^2} + \frac{2\,l}{\pi^2\,\mathfrak{r}} \cdot \delta_2,$$

so erkennt man sofort, daß sie sich nur in den Ausdrücken unterscheiden, welche von den Koeffizienten

Gl. 23)
$$\begin{cases} \delta_1 = \left[\sin^2 \frac{\pi\,(l-c)}{2\,l} + \sin^2 \frac{\pi\,(l-3c)}{2\,l} + \cdots \right]_0^l, \\[2mm] \delta_2 = \frac{l}{2\,c}, \end{cases}$$

beeinflußt werden. Zum Vergleich stellen wir für verschiedene Verhältnisse l/c die Koeffizienten δ_1 und δ_2, sowie deren Unterschiede in Tabelle 25, welche nach den Gleichungen 23) berechnet wurde, zusammen.

Tabelle 25.

l/c	δ_1	δ_2	$\delta_2 - \delta_1$
1,0	0,000	0,500	$+$ 0,500
1,25	0,191	0,625	$+$ 0,434
1,50	0,500	0,750	$+$ 0,250
1,75	0,778	0,875	$+$ 0,097
2,00	1,000	1,000	0,000
2,50	1,309	1,250	$-$ 0,059
3,00	1,500	1,500	0,000
3,50	1,723	1,750	$+$ 0,027
4,00	2,000	2,000	0,000

Die graphische Darstellung dieser Tabelle (Abb. 129) zeigt, daß für $2c < l < 3c$ die größte Differenz etwa $\delta_2 - \delta_1 = -0,06$ ist. Der relative Fehler wird daher für das mit $\dfrac{2l}{\pi^2 \mathfrak{r}}$ multiplizierte Glied in diesem Intervall nur etwa

$$\frac{\delta_2 - \delta_1}{\delta_1} \cdot 100 = - \frac{0,06}{1,309} \cdot 100 = - 4{,}6\,^0/_0.$$

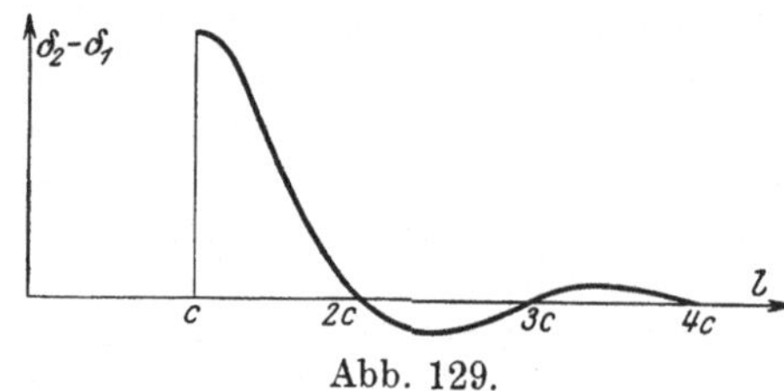

Abb. 129.

Da mit diesem Fehler nur das von $\dfrac{2l}{\pi^2 \mathfrak{r}}$ abhängige Glied behaftet ist, so wird der Fehler in der Bestimmung von νO wegen des ziemlich großen Betrages $\dfrac{\pi^2 E J_g}{l^2}$ erheblich kleiner als $4{,}6\,^0/_0$, insbesondere dann, wenn das Trägheitsmoment J_g der Gurtungen von beträchtlicher Größe ist. Da dieses praktisch meistens zutrifft, so folgt, daß die Anwendung von Gl. 22a) zur Bestimmung der Knickgrenze nur dann herangezogen werden muß, wenn sich die freie Knicklänge $l < 2c$ ergibt.

Ist die Rahmensteifigkeit $\dfrac{1}{\mathfrak{r}}$ nicht bei allen Rahmen gleich, so geben die entwickelten Gleichungen für Mittelwerte von $\dfrac{1}{\mathfrak{r}}$, welche darin einzuführen sind, Näherungslösungen. Nimmt $\dfrac{1}{\mathfrak{r}}$ gegen die Enden hin zu, wie dies bei Trägern mit gekrümmtem Obergurt bei gleicher Querschnittsausbildung aller Rahmen wegen der unterschiedlichen Konstruktionshöhe der Pfosten der Fall ist, so erhält man durch Einführung einer den kleinsten Werten $\dfrac{1}{\mathfrak{r}}$ entsprechenden Steifigkeit aus den Gl. 16) bis 19) etwas zu ungünstige Ergebnisse.

2. Nachgiebigkeit der Endrahmen.

Sind die Endpunkte der Gurtungen gegen ein Ausweichen aus der Vertikal-Ebene nicht gesichert, so bildet sich an den Enden (Abb. 130) eine etwas abweichende Knicklinie aus; gegen die Mitte der Brücke hin verschwindet der Einfluß der Endrahmen, weshalb für diesen Teil der Gurtungen die oben entwickelten Näherungsformeln Geltung behalten.

Ist die Steifigkeit $\dfrac{1}{r_0}$ des Endrahmens gerade halb so groß wie die der übrigen Rahmen, so kann wie früher angenommen werden, daß sich die Reaktionen $\dfrac{y_0}{r_0}$ und $\dfrac{y}{r}$ stetig verteilen. Ist $\dfrac{1}{r_0} > 0{,}5 \dfrac{1}{r}$, so muß noch der Überschuß

$$R_0 = y_0 \cdot \left[\frac{1}{r_0} - 0{,}5\,\frac{1}{r} \right]$$

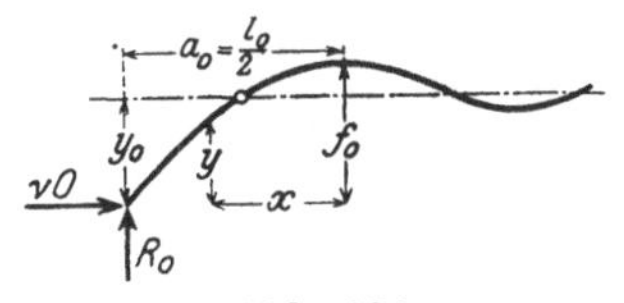

Abb. 130.

als Einzel-Reaktion am Ende der Gurtungen eingeführt werden.

Wir betrachten nun (Abb. 130) die elastische Linie des Gurtendes mit der Viertelswelle $\dfrac{l_0}{2} = a_0$.

Sei c_0 diejenige Länge, auf welche die Reaktionen der mittleren Rahmen gleichförmig verteilt werden müßten, um eine Reaktion von der Größe R_0 zu bewirken, so ist

Gl. 24)
$$R_0 = y_0 \left[\frac{1}{r_0} - 0{,}5\,\frac{1}{r} \right] = \frac{c_0 \cdot y_0}{c \cdot r}$$

zu setzen, woraus

Gl. 25)
$$c_0 = \frac{c}{r} \left[\frac{1}{r_0} - 0{,}5\,\frac{1}{r} \right]$$

folgt.

Das Gleichgewicht der auf die Länge a_0 entfallenden, senkrecht zur Gurtachse wirkenden Kräfte verlangt

$$R_0 + \int_0^{a_0} dR = 0$$

oder mit Rücksicht auf Gl. 24):

Gl. 26)
$$\frac{c_0 y_0}{c\,r} + \int_0^{a_0} \frac{1}{c\,r}(y_0 - y) \cdot dx = 0.$$

Setzt man in Gl. 26) die elastische Linie durch

Gl. 27)
$$y = f_0 \cdot \cos \frac{\pi x}{2 a_0}$$

ein, so wird mit

$$\frac{1}{c\,\mathfrak{r}}\int_0^{a_0}\left[y_0 - f_0\cdot\cos\frac{\pi x}{2\,a_0}\right]\cdot dx = \frac{1}{c\,\mathfrak{r}}\left[a_0 y_0 - f_0\cdot\frac{2\,a_0}{\pi}\right]$$

aus Gl. 26) erhalten

Gl. 28)
$$y_0 = \frac{2 f_0}{\pi} : \left[1 + \frac{c_0}{a_0}\right].$$

Stellt man noch die Bedingung für das Drehgleichgewicht bezüglich des um a_0 vom Brückenende entfernten Punktes auf, so erhält man

Gl. 29)
$$\nu O \cdot f_0 = R_0 a_0 + \int_0^{a_0} x\cdot dR - EJ_g\cdot\left(\frac{d^2 y}{d x^2}\right)_{(x=0)}$$

oder mit Rücksicht auf die Gleichungen 24) und 27)

Gl. 30)
$$\nu O \cdot f_0 = \frac{c_0 y_0}{c\,\mathfrak{r}}\cdot a_0 + \int_0^{a_0}\frac{x}{c\,\mathfrak{r}}\cdot(y_0 - y)\cdot dx + EJ_g\cdot\frac{\pi^2 f_0}{4\,a_0^2}.$$

In dieser Gleichung wird

$$\int_0^{a_0}\frac{x}{c\,\mathfrak{r}}\cdot\left(y_0 - f_0\cdot\cos\frac{\pi x}{2\,a_0}\right)dx = \frac{1}{c\,\mathfrak{r}}\cdot\left[y_0\cdot\frac{a_0^2}{2} - f_0\cdot\left(\frac{2\,a_0}{\pi}\right)^2\left(\frac{\pi}{2} - 1\right)\right]$$

$$= \frac{1}{c\,\mathfrak{r}}\cdot\left[\frac{2 f_0}{\pi^2}\cdot\frac{a_0^2}{2\cdot\left(1 + \frac{c_0}{a_0}\right)} - f_0\cdot\frac{4\,a_0^2}{\pi^2}\left(\frac{\pi}{2} - 1\right)\right].$$

Man erhält daher aus Gl. 30)

Gl. 31)
$$\nu O = \frac{2 c_0 a_0}{\pi c\,\mathfrak{r}}\cdot\frac{1}{1 + \frac{c_0}{a_0}} + \frac{a_0^2}{\pi c\,\mathfrak{r}\left(1 + \frac{c_0}{a_0}\right)} - \frac{2\,a_0^2}{\pi c\,\mathfrak{r}} + \frac{4\,a_0^2}{\pi^2 c\,\mathfrak{r}} + \frac{\pi^2 E J_g}{4\,a_0^2}$$

oder

Gl. 32)
$$\nu O = \frac{2\,a_0^2}{\pi c\,\mathfrak{r}}\cdot\left[\frac{c_0}{a_0 + c_0} + \frac{a_0}{2\,(a_0 + c_0)} + \frac{2}{\pi} - 1\right] + \frac{\pi^2 E J_g}{4\,a_0^2}.$$

Die nach Gl. 32) bestimmte Knickkraft νO hängt sowohl von der Länge a_0 als von der Größe c_0 ab. Man findet, wenn das Verhältnis

$$\frac{1}{\mathfrak{r}_0}\quad\text{zu}\quad\frac{1}{\mathfrak{r}}$$

der Rahmensteifigkeiten bekannt ist, aus Gl. 25) die Größe c_0 und hierzu von Fall zu Fall aus Gl. 32) die Knickkraft, indem man

$$\frac{d}{d a_0}(\nu O) = 0$$

setzt und hierzu vO als Minimum von Gl. 32) berechnet. Zum Beispiel wird für

$$\frac{1}{r_0} = 0,5\,\frac{1}{r}$$

aus Gl. 25) $c_0 = 0$, wonach Gl. 32) in

Gl. 33)
$$vO = \frac{2a_0^{\,2}}{\pi c r}\left[\frac{2}{\pi} - \frac{1}{2}\right] + \frac{\pi^2 E J_g}{4a_0^{\,2}}$$

übergeht.

Hieraus ist

$$\frac{d}{da_0}(vO) = \frac{4a_0}{\pi c r}\left[\frac{2}{\pi} - \frac{1}{2}\right] - \frac{\pi^2 E J_g}{2a_0^{\,3}} = 0,$$

woraus

$$a_0^{\,2} = \frac{\pi^2}{4}\cdot\sqrt{\frac{E J_g \cdot c \cdot r}{1 - \dfrac{\pi}{4}}}$$

folgt.

Setzt man diesen Wert von a_0 in Gl. 33) ein, so wird

Gl. 34)
$$vO = 2\sqrt{\frac{E J_g}{c r}}\cdot\sqrt{1 - \frac{\pi}{4}}\,.$$

Vergleicht man diesen Ausdruck mit der für feste Enden gültigen Gl. 17), so erkennt man, daß für den Fall, wo die Endrahmen nur die halbe Steifigkeit der Zwischenrahmen besitzen, die Knickkraft an den Gurtenden nur

$$\sqrt{1 - \frac{\pi}{4}} = 0,463\,\text{mal}$$

so groß sein darf wie in Brückenmitte.

Die Berechnung der Knickkraft aus Gl. 32) für beliebige Verhältnisse der Steifigkeiten der End- und Zwischenrahmen bereitet keine Schwierigkeit.

3. Änderung von $\dfrac{1}{r}$, O und J_g.

Beim Parabelträger und bei Bogenbrücken ändern sich die Kräfte und die Trägheitsmomente von Stelle zu Stelle nur wenig; man kann hier unschwer immer Mittelwerte dieser Größen in die Gleichungen 16) bis 19) einführen. Wegen der Abnahme der Konstruktionshöhe für die Querrahmen nehmen dagegen gegen die Auflager hin deren Steifigkeiten sehr stark zu. Diesem Umstand kann man näherungsweise nach den in § 46 folgenden Untersuchungen Rechnung tragen, sicherer geht man jedoch immer, wenn man die vorstehend entwickelten Formeln anwendet und dabei die Steifigkeit des nachgiebigsten Querrahmens einführt.

Parallelträger zeigen eine annähernd parabolische Abnahme der Gurtkräfte von der Mitte nach den Auflagern hin; meistens nimmt bei ihnen, wenn auch in geringerem Grade, der Querschnitt entsprechend den Gurtkräften ab, während die Rahmensteifigkeit sich gar nicht oder nur wenig ändert. Rechnet man daher mit konstanten Werten O, J_g und $\dfrac{1}{\mathfrak{r}}$, welche etwa den für die Brückenmitte gegebenen Verhältnissen entsprechen, so bewegt man sich auf der sicheren Seite. Erforderlichenfalls kann man auch für die durch die Gleichungen

$$\mathfrak{i}_x = \frac{J_{gx} \cdot O}{O_x} \quad \text{und} \quad \left(\frac{1}{\mathfrak{r}}\right)_x = \frac{O}{\mathfrak{r}_x \cdot O_x}$$

bestimmten Größen angemessene Mittelwerte $\mathfrak{i}^*$ und $\dfrac{1}{\mathfrak{r}^*}$ bilden und hierfür gemäß der Gleichung

$$\nu O = 2 \sqrt{\frac{E\,\mathfrak{i}^*}{c \cdot \mathfrak{r}^*}}$$

die Knickkraft berechnen.

4. Einfluß der Gurtkrümmung.

Infolge der Gurtkrümmung wird (Abb. 131) durch die elastischen Stützen zwischen zwei Knotenpunkten $(m-1)$ und (m) noch ein Torsionsmoment übertragen, dessen Größe durch $\mathfrak{M}$ (vgl. § 36, Gl. 10) gegeben ist. Der Einfluß dieser Momente auf die Verschiebungen y der Knotenpunkte ist jedoch im allgemeinen nur von geringfügiger Bedeutung.

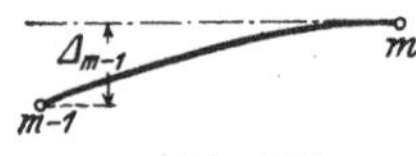

Abb. 131.

Er darf daher um so mehr vernachlässigt werden, als infolge des steifen Anschlusses zwischen den Halbrahmen und den Gurtungen entgegengesetzte Torsionsmomente entstehen, welche die y vermindern, in der vorstehenden Näherungsrechnung aber unberücksichtigt geblieben sind.

Einige Beispiele mögen die Anwendung der entwickelten Gesetze erläutern.

1. Zahlenbeispiel. Die im Jahre 1883 eingestürzte Straßenbrücke bei Rykon-Zell hatte eine größte Gurtkraft von $O_{max} = 12{,}3$ t in Brückenmitte und an derselben Stelle Gurtungen von $J_g = 80$ cm⁴. Die Pfosten der offenen Halbrahmen bestanden bei 2,25 m Höhe aus einem Winkeleisen NP. 70/7 mit $J_p = 43$ cm⁴ und waren in Abständen von $c = 2{,}6$ m entsprechend der Feldteilung angeordnet.

Wie groß ist die Knicksicherheit des Druckgurtes unter Vernachlässigung der Querträgersteifigkeit und welches Trägheitsmoment hätten die Pfosten mindestens haben müssen, um die Gurtung gegen die fünffache Gebrauchslast zu sichern?

Man erhält unter Vernachlässigung der Querträgersteifigkeit

$$\frac{1}{\mathfrak{r}} = \frac{3\,E J_p}{h_p{}^3} = \frac{3 \cdot 2150 \cdot 43}{225^3} = 0{,}0243 \ \text{t/cm}.$$

Mit $EJ_g = 2150 \cdot 80 = 172\,000$ tcm² wird die Wellenlänge der Knicklinie nach Gl. 16) zu

$$l = \pi \sqrt[4]{\frac{172\,000 \cdot 260}{0,0243}} = 650 \text{ cm}$$

ermittelt. Hier ist also

$$l = \frac{650}{260} \cdot c = 2,5\,c,$$

daher sind die Näherungsformeln 16) bis 19) anwendbar. Man erhält aus Gl. 18) den Sicherheitsgrad

$$v = \frac{2}{O} \cdot \sqrt{\frac{EJ_g}{c\mathfrak{r}}} = \frac{2}{12,3} \cdot \sqrt{\frac{172\,000 \cdot 0,0243}{260}} = 0,65,$$

eine Ziffer, die durch ihre Niedrigkeit den erfolgten Einsturz zur Genüge erklärt.

Um die Gurtungen mit fünffacher Sicherheit auszustatten, setzen wir nach Gl. 19)

$$\frac{1}{\mathfrak{r}} = \frac{3\,EJ_p}{h^3} = \frac{v^2 O^2 c}{4\,EJ_g},$$

woraus das erforderliche Trägheitmoment des Pfostens zu

$$J_p = \frac{v^2 O^2 c \cdot h_p^3}{12\,E^2 \cdot J_g} = \frac{25 \cdot 12,3^2 \cdot 260 \cdot 225^3}{12 \cdot 2150 \cdot 172\,000} = 2510 \text{ cm}^4$$

folgt.

2. Zahlenbeispiel. Die im Jahre 1874 nach einem Entwurf von F. Engesser gebaute Straßenbrücke über die Weschnitz bei Weinheim ist als Parabelträger mit doppeltem Diagonalensystem und Pfosten ausgebildet. Bei der Berechnung des Druckgurtes wurde[1] seine seitliche Sicherung folgendermaßen untersucht: Für kongruente Wellen des Gurts (Abb. 132) lautet die Bedingung für das Drehgleichgewicht um den Punkt D:

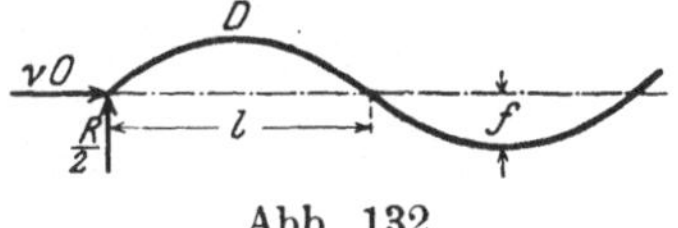

Abb. 132.

$$\frac{R}{2} \cdot \frac{l}{2} - vO \cdot f = \frac{EJ_g}{\varrho},$$

wenn ϱ den Krümmungsradius der Gurtung und R die Reaktion eines Querrahmens angibt, welche bei der Ausbiegung f auftritt. Setzt man in dieser Gleichung, wie früher erläutert,

$$R = \frac{f}{\mathfrak{r}},$$

so folgt

$$\left(vO - \frac{l}{4\mathfrak{r}}\right) \cdot f = -\frac{EJ_g}{\varrho}.$$

Wird hierin

$$v \cdot O = \frac{l}{4\mathfrak{r}},$$

so wird die Ausbiegung f dem Knickfalle entsprechend unendlich groß, falls ϱ endlich ist, andernfalls unbestimmt. Die Bedingung

$$vO = \frac{l}{4\mathfrak{r}}$$

wurde als Knickbedingung angesehen, mit der Maßgabe, daß für l die Feldweite c gesetzt werden solle. Hiernach erhielt die Brücke bei einer größten

---

[1] Zeitschr. f. Arch.- u. Ing.-Wesen 1895. Beim Entwurf dieser Brücke fehlte eine theoretische Behandlung der Knicksicherheit offener Brücken noch völlig. Der hier angedeutete Weg war der erste Versuch einer Lösung.

Gurtkraft von $O_{max} = 100$ t in ihrer Mitte folgende Abmessungen, aus denen ihre Knicksicherheit bestimmt werden soll: $J_g = 5400$ cm⁴; $J_p = 4800$ cm⁴; $c = 280$ cm; $h_p = 260$ cm. Man erhält hieraus unter Vernachlässigung der Querträgersteifigkeit

$$\frac{1}{\mathfrak{r}} = \frac{3\,E J_p}{h_p{}^3} = \frac{3 \cdot 2150 \cdot 4800}{260^3} = 1{,}76 \text{ t/cm}$$

und somit aus Gl. 18) die Sicherheit

$$\nu = \frac{2}{100} \cdot \sqrt{\frac{2150 \cdot 5400 \cdot 1{,}76}{280}} = 5{,}4 \,.$$

Eine ausgezeichnete Bestätigung der vorstehenden Untersuchungen lieferten von Engesser angestellte Modellversuche[1]).

Abb. 133a.

Die aus Abb. 133 ersichtliche Versuchsanordnung bestand aus einem 1000 mm langen Flacheisenband V von $25 \times 1{,}3$ mm² Querschnitt und $J_g = 4{,}6$ mm⁴, in welches die Knickkraft νO durch eine an dem Winkelhebel C befindliche Schneide eingeleitet wurde. Der Erzeugung der Knickkraft νO diente eine Grundbelastung der Schale G und daneben die allmählich anwachsende Zusatzlast des stoßfrei in das über die Schale G befestigte, graduierte Gefäß einlaufenden Wassers.

Der Versuchsstab V war durch die elastischen Ständer H seitlich gestützt, deren wechselseitige Entfernungen voneinander nach Be-

---

[1]) Fr. Engesser, Versuche und Untersuchungen über den Knickwiderstand des seitlich gestützten Stabes, Der Eisenbau 1918, S. 28ff.

dürfnis verändert werden konnten. Diese, 115 mm freie Höhe besitzenden, Ständer kamen in zwei Ausführungen zur Anwendung:

a) 15 mm breit und 1,7 mm dick; Steifigkeit $\dfrac{1}{\mathfrak{r}} = 0{,}185$ kg/mm,

b) 15 mm „ „ 2,23 mm „ ; „ $\dfrac{1}{\mathfrak{r}} = 0{,}417$ kg/mm.

Diese Steifigkeiten der elastischen Ständer waren durch Biegungsversuche bestimmt.

Bei der gewählten schlanken Form des Stabes V fanden alle Versuche bei Knickspannungen statt, die unter der Proportionalitätsgrenze des Materiales lagen.

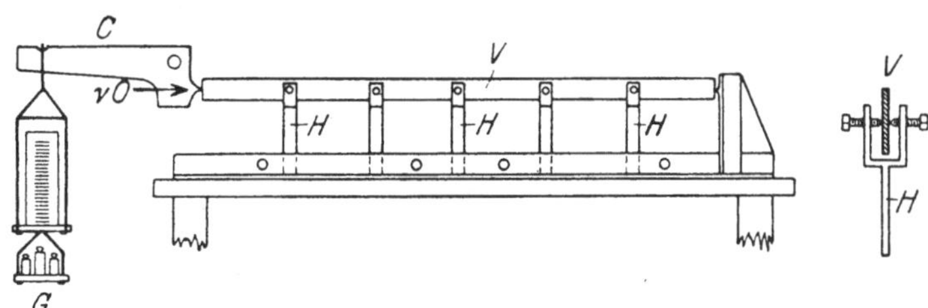

Abb. 133b. Abb. 133c.

Die Modellversuche zerfallen in zwei Gruppen:

1. Versuche mit durchweg gleichen Entfernungen der seitlich stützenden Ständer.

2. Versuche mit ungleichen Entfernungen der seitlich stützenden Ständer.

1. Versuche bei gleicher Ständerentfernung.

Ist c die konstante Ständerentfernung, so ist nach den zuvor gegebenen Entwicklungen die Knickkraft

Gl. I)
$$vO = 2 \sqrt{\frac{E \cdot J_g}{c \cdot \mathfrak{r}}},$$

die Länge l eine Halbwelle

$$l = \pi \cdot \sqrt[4]{E J_g \cdot c \cdot \mathfrak{r}}.$$

Da die Gurtungen zum mindesten für die Feldweite c gegenüber der Knickkraft vO sicher sein müssen, so ist $l = c$ die kleinste Wellenlänge, bei der überhaupt der elastischen Stützung noch eine Bedeutung zukommen kann; für diesen Grenzfall ist dann nach Euler aus

$$vO = \frac{\pi^2 \cdot E J_g}{c^2} \qquad \min J_g = \frac{vO \cdot c^2}{\pi^2 \cdot E}$$

der Kleinstwert unter allen interessierenden Trägheitsmomenten, bei dessen Bestehen die Knotenpunkte der Knickwelle mit den Ständer-

16*

entfernungen zusammenfallen und wobei sich der seitlich gestützte Stab verhält wie die in § 40 behandelte Gurtung mit Kugelgelenken, für die aus § 40 Gl. 14 (wegen $\cos\varphi = 1$ für den geraden Stab) die erforderliche Ständersteifigkeit

$$\text{Gl. II)} \qquad \frac{1}{\mathfrak{r}} = \frac{4\,\nu\,O}{c}$$

ist.

Läßt man das Trägheitsmoment J_g des seitlich gestützten Stabes wachsen, so ermäßigt sich die erforderliche Rahmensteifigkeit $\frac{1}{\mathfrak{r}}$ von ihrem durch Gl. II) gegebenen höchsten Grenzwert auf den aus Gl. I) folgenden Wert

$$\text{Gl. III)} \qquad \frac{1}{\mathfrak{r}} = \frac{\nu^2 \cdot O^2 \cdot c}{4\,E\,J_g}\,.$$

Bezeichnet man mit

$$x = \frac{\pi^2 E\,J_g}{c^2} : \nu\,O$$

das Verhältnis zwischen der für die Feldweite c als Knicklänge berechneten Eulerschen Knickkraft und der Knickkraft νO des seitlich gestützten Stabes, so läßt sich Gl. III) auch schreiben

$$\text{Gl. IV)} \qquad \frac{1}{\mathfrak{r}} = \frac{\pi^2 \cdot \nu\,O}{4\,c\,x} \backsimeq \frac{2,5\,\nu\,O}{c\,x}\,.$$

Die Modellversuche ergaben, daß das durch Gl. IV) dargestellte Gesetz sehr genau erfüllt wird, wenn etwa $x > 3$ ist (vgl. die Gl. IV darstellende Kurve der Abb. 134, welche sehr nahe durch die den Versuchsergebnissen entsprechenden Punkte für $x > 3$ läuft).

Für $x = 1$ entsprechend dem Grenzwert, wo der Stab sich wie eine Gurtung mit Kugelgelenken verhält, ergibt Gl. II) die Rahmensteifigkeit im Verhältnis zur Knickkraft (Punkt G der Abb. 134).

Für $1 < x < 3$ läßt sich, wie die Modellversuche ergaben, das Gesetz für die Abhängigkeit zwischen Knickkraft und Rahmensteifigkeit durch eine Übergangskurve darstellen, deren Gleichung nach Engesser etwa

$$\text{Gl. V)} \begin{cases} \dfrac{1}{\mathfrak{r}} = \dfrac{4\,\nu\,O}{c} - \dfrac{\nu\,O}{c} \cdot \sqrt{1{,}63 \cdot [5{,}08\,(x-1) - (x-1)^2]} & \text{oder abgerundet} \\[2ex] \dfrac{1}{\mathfrak{r}} = \dfrac{\nu\,O}{c} \cdot \left[4 - \sqrt{\dfrac{5}{3}\,(x-1)\,(6-x)} \right] \end{cases}$$

lautet. Auch diese Übergangskurve[1] ist aus Abb. 134 mit den die Versuchsbeobachtungen darstellenden Punkten ersichtlich.

---

[1] Sie ist eine Ellipse mit vertikaler Tangente im Punkte G und stetigem Übergang in die durch Gl. IV gegebene Kurve für $x = 3$.

2. Versuche mit ungleichen Ständerentfernungen.

Die Versuche mit ungleichen Ständerentfernungen bezweckten die Feststellung der Formen der Knickwellen und der Änderung der Knickkraft, welche durch Vergrößerung oder Verkleinerung einzelner Feldweiten hervorgerufen wird, und bestätigen ebenfalls die Ergebnisse der zuvor angeführten, theoretischen Erwägungen in befriedigendem Maße. Unter den Versuchsergebnissen mögen die folgenden als bemerkenswert hervorgehoben werden:

a) Eine Verkürzung des Endfeldes auf die Hälfte erhöht die Knickkraft nur unwesentlich.

b) Ein großes Mittelfeld wird durch seine feste Verbindung mit stärkeren, kleineren Nachbarfeldern erheblich knickfester; gerade so, als ob der Stab am Rande des Mittelfeldes durch die Nachbarfelder teilweise eingespannt wäre.

c) Bei zwei großen Mittelfeldern ist diese günstige Wirkung kräftiger, kleiner Nachbarfelder geringer als bei einem Mittelfeld.

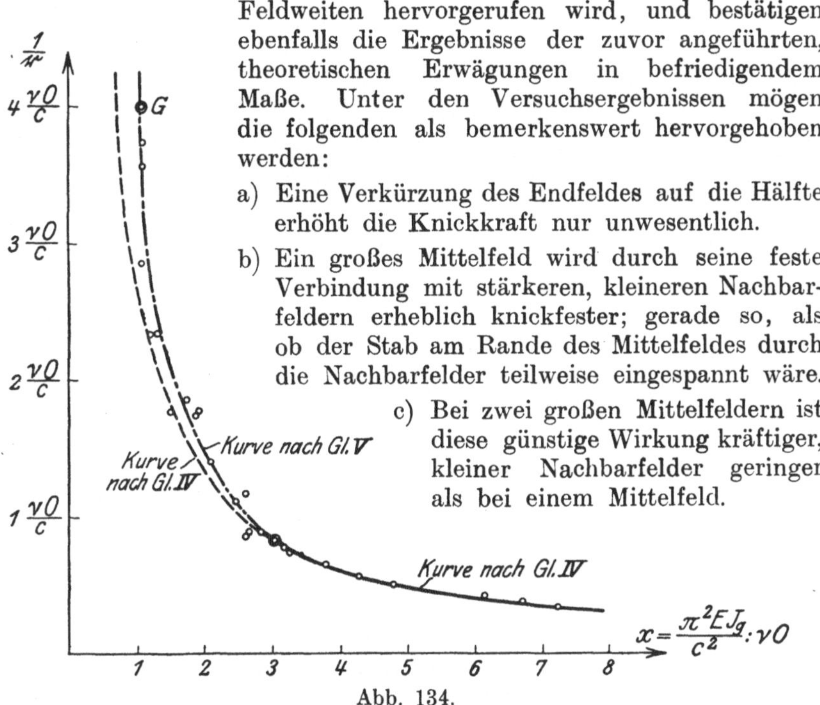

Abb. 134.

§ 44. Die Berechnung der Knicksicherheit offener Brücken bei Überschreitung der Proportionalitätsgrenze.

Die Formeln, welche wir bisher für die Ermittlung der Knickgrenze bei offenen Brücken abgeleitet hatten, sind zunächst immer an das Hookesche Elastizitätsgesetz geknüpft, insofern vorausgesetzt wurde, daß der Modul E, der nur für elastische Formänderungen gilt, unbeschränkt derselbe bleibe. Die Ergebnisse sind daher nur so lange richtig, als die an der Knickgrenze auftretenden Spannungen in dem Druckgurt sowie in den elastischen Stützen nicht größer werden als die Spannung σ_p an der Proportionalitätsgrenze. Ist dies aber der Fall, so ist die Berechnung entsprechend abzuändern. Hierbei ist man nun, da die Knickspannung von vornherein nicht bekannt ist, zunächst in Ungewißheit darüber, welchen Knickmodul T man an die Stelle von E einzusetzen hat.

Bezeichnet man den für die Gurtungen einzuführenden Modul

mit T_g, den für die Rahmen mit T_q und T_p, so ist, da die Ableitung der Grundgleichungen sich nicht ändert,

$$\nu\,O = \frac{\pi^2\,T_g \cdot J_g}{l^2} + \frac{l^2}{\pi^2\,c\,\mathfrak{r}}\,,$$

wobei etwa

$$\mathfrak{r} = \frac{b\,h_q^2}{2\,T_q\,J_q} + \frac{h_p^3}{3\,T_p\,J_p}$$

zu setzen ist. Man erkennt hieraus, daß ganz allgemein $\nu\,O$ eine Funktion von l, T_g, T_q und T_p ist, und daß sonach der Eintritt des Minimums von $\nu\,O$ in sehr verschiedener Weise möglich wird. Zweckmäßig betrachtet man als Grenzfälle, zwischen denen der wahre Wert der Knickgrenze praktisch wohl immer liegt, die beiden folgenden:

Fall a). Der Modul der Gurtung sinke an der Knickgrenze auf T_g, während für die Halbrahmen E bis zur Knickgrenze gültig bleibe.

Fall b). Der Modul für die Gurtungen und die Halbrahmen möge an der Knickgrenze den Wert T haben.

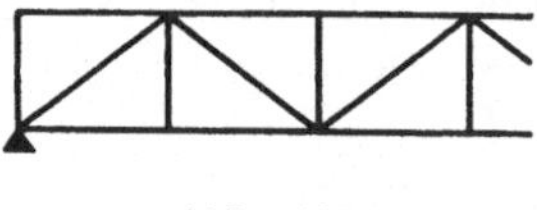

Abb. 135.

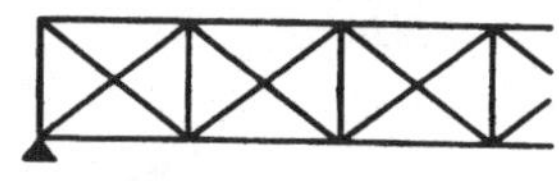

Abb. 136.

Beide Grenzfälle werden kaum je streng verwirklicht sein. Der erste Grenzfall ist der praktisch wichtigere und tritt ungefähr ein, wenn der untere Querriegel des Halbrahmens nicht auch zugleich die Rolle eines Fahrbahnquerträgers spielt und die Pfosten keine wesentlichen Beanspruchungen als Fachwerkstäbe der Haupttragwände erhalten, wie dies z. B. bei den Hilfsständern von Strebenfachwerken (Abb. 135 u. 136) zutrifft. Der zweite Fall entspricht wohl im allgemeinen der ungünstigsten Annahme, die denkbar ist.

Unter Zugrundelegung der Tetmajerschen Formel

$$\sigma_k = \alpha - \beta \cdot \frac{l}{i}$$

gestaltet sich nun die Berechnung wie folgt.

Fall a). Aus

Gl. 1)
$$\nu\,O = \frac{\pi^2\,T_g\,J_g}{l^2} + \frac{l^2}{\pi^2\,c\,\mathfrak{r}}$$

erhält man durch Division mit dem Gurtquerschnitt F_g die Knickspannung

Gl. 2)
$$\frac{\nu\,O}{F_g} = \sigma = \pi^2\,T_g \cdot \left(\frac{i_g}{l}\right)^2 + \frac{l^2}{\pi^2\,c\,\mathfrak{r}\,F_g}\,,$$

welche ersichtlich von T_g und l zugleich abhängt. Da nun jenseits der Proportionalitätsgrenze T_g und l ganz allgemein durch die bei jedem Stab gültigen Beziehungen

Gl. 3)
$$\begin{cases} \sigma_k = \pi^2 T_g \cdot \left(\dfrac{i_g}{l}\right) & \text{(allgemeine Knickformel)} \\[2ex] \sigma_k = \alpha - \beta \cdot \left(\dfrac{l}{i_g}\right) & \text{(Tetmajer)} \end{cases}$$

verknüpft sind, so kann man

Gl. 4)
$$\pi^2 T_g \cdot \left(\frac{i_g}{l}\right)^2 = \alpha - \beta \cdot \frac{l}{i_g}$$

setzen. Man erhält damit aus Gl. 2) die nur noch von l allein abhängige Beziehung

Gl. 5)
$$\sigma = \alpha - \beta \cdot \frac{l}{i_g} + \frac{l^2}{\pi^2 \mathfrak{cr} F_g}.$$

Die geringste Spannung σ, bei welcher der Gurt knickt, folgt aus der Bedingung

Gl. 6)
$$\frac{d\sigma}{dl} = 0 = -\frac{\beta}{i_g} + \frac{2l}{\pi^2 \mathfrak{cr} F_g},$$

welche die Knicklänge l zu

Gl. 7)
$$l = \frac{\beta \pi^2 \mathfrak{cr} F_g}{2 i_g}$$

ergibt. Man erhält für den durch Gl. 7) bestimmten Wert l das Minimum von σ aus Gl. 5) mit

Gl. 8)
$$\sigma_k = \alpha - \frac{\beta^2 \pi^2 \mathfrak{cr} F_g}{4 i_g^2}.$$

Setzt man hierin für Flußeisen

$$\alpha = 3,1 \ \text{t/cm}^2, \quad \beta = 0,0114 \ \text{t/cm}^2$$

und

$$i_g^2 = \frac{J_g}{F_g},$$

so erhält man die Gebrauchsformel

Gl. 9)
$$\sigma_k = 3,1 - 0,00032 \cdot \frac{\mathfrak{cr} F_g^2}{J_g},$$

welche anzuwenden ist, wenn die Knickspannung im Gurt größer als σ_p wird und die Querrahmen nur unterhalb der Proportionalitätsgrenze beansprucht sind. Aus dem Vergleich der Knickspannung mit der Gebrauchsspannung $\dfrac{O}{F_g}$ folgt der Sicherheitsgrad für diesen Fall aus

Gl. 10)
$$\nu = \frac{\sigma_k \cdot F_g}{O} = \frac{F_g}{O} \cdot \left[3,1 - 0,00032 \cdot \frac{c\,\mathfrak{r}\,F_g{}^2}{J_g} \right]\,{}^{1)}.$$

Fall b). Der Modul für Gurt, Pfosten und Querträger sei T. In diesem Falle lautet die Grundgleichung

Gl. 11)
$$\nu\,O = \frac{\pi^2 T J_g}{l^2} + \frac{l^2 T}{\pi^2 c\,\mathfrak{r}\,E},$$

wobei wieder $\mathfrak{r}$ durch seinen innerhalb der Proportionalitätsgrenze gültigen Wert

$$\mathfrak{r} = \frac{b\,h_q{}^2}{2\,E J_q} + \frac{h_p{}^3}{3\,E J_g}$$

einzusetzen ist. Dividiert man Gl. 11) durch den Gurtquerschnitt F_g, so folgt die Knickspannung

Gl. 12)
$$\sigma = \frac{\nu\,O}{F_g} = \pi^2 T \cdot \left(\frac{i_g}{l}\right)^2 + \frac{l^2 T}{\pi^2 c\,\mathfrak{r}\,E F_g}.$$

In Gl. 12) ist die Knickspannung wieder von T und l zugleich abhängig. Aus den Gleichungen 3) folgt nun

Gl. 13)
$$\pi^2 T \cdot \left(\frac{i_g}{l}\right)^2 = \alpha - \beta \cdot \frac{l}{i_g}$$

und hieraus

Gl. 14)
$$l^2 T = \frac{l^4}{\pi^2 i_g{}^2} \cdot \left[\alpha - \beta \cdot \frac{l}{i_g}\right].$$

Führt man diese Ausdrücke in Gl. 12) ein, so folgt die Knickspannung als Funktion von l allein

Gl. 15)
$$\sigma = \alpha - \beta \cdot \frac{l}{i_g} + \frac{1}{\pi^4 c\,\mathfrak{r}\,i_g{}^2 E F_g} \left[\alpha l^4 - \beta \cdot \frac{l^5}{i_g}\right].$$

$^{1)}$ Durch Einführung von

$$T_g = \frac{\sigma_k (\alpha - \sigma_k)^2}{\pi^2 \beta^2}.$$

(vgl. § 18, Gl. 11) in die fertige Formel

$$\sigma_k = \frac{2}{F_g} \sqrt{\frac{T_g \cdot J_g}{c\,\mathfrak{r}}}$$

leitet F. Engesser, Zentralbl. d. Bauverw. 1909, die Formel ab

$$\sigma_k = m - \sqrt{m^2 - \alpha^2},$$

worin

$$m = \alpha + \frac{c\,F_g{}^2 \pi^2 \beta^2\,\mathfrak{r}}{8 J_g}$$

ist. Hierbei wird der Einfluß von T_g auf die Bestimmung der kritischen Länge l nicht berücksichtigt.

Die kleinste Knickspannung erhält man für

Gl. 16) $\qquad \dfrac{d\sigma}{dl} = 0 = -\dfrac{\beta}{i_g} + \dfrac{1}{\pi^4 c r i_g{}^2 \cdot E F_g}\left[4\alpha l^3 - 5\beta \dfrac{l^4}{i_g}\right]$ [1].

Eine allgemeine Lösung dieser Gleichung ist nicht möglich, da sie vom 4. Grade ist. Wo eine verhältnismäßig genaue Lösung nötig wird, empfiehlt sich die Newtonsche Näherungsmethode. Meistens dürfte indessen eine zeichnerische Auflösung von Gl. 16), wie wir sie nachfolgend für ein Zahlenbeispiel durchführen, ebenso zweckmäßig sein.

Zu der aus Gl. 16) bestimmten Länge l liefert Gl. 15) die Knickspannung, wonach durch Vergleich mit der Gebrauchsspannung $\dfrac{O}{F_g}$ der Sicherheitsgrad ν berechnet werden kann. Die Ausführung der Berechnung möge an einem Zahlenbeispiel gezeigt werden.

Zahlenbeispiel. Für eine Straßenbrücke, welche nach Abb. 136 als Parallelträger mit doppeltem Strebensystem und Hilfsvertikalen ausgebildet ist, sei die größte Gurtkraft in Brückenmitte $O_{max} = 100$ t; ferner sei an derselben Stelle

$J_g = 5400$ cm⁴; $c = 280$ cm; $F_g = 150$ cm²; $r = 0{,}582$ cm/t; $E = 2150$ t/cm².

Die Knickkraft und die Knicksicherheit gegenüber der Gebrauchslast soll berechnet werden, wenn das Baumaterial Flußeisen ist. Um zunächst uns zu vergewissern, ob die Knickspannung über der Proportionalitätsgrenze liegt, rechnen wir nach § 43, Gl. 17) die Knickkraft

$$\nu O = 2 \cdot \sqrt{\dfrac{E J_g}{c r}} = 2\sqrt{\dfrac{2150 \cdot 5400}{280 \cdot 0{,}582}} = 535\ \text{t},$$

woraus die Knickspannung

$$\sigma_k = \dfrac{535}{150} = 3{,}56\ \text{t/cm}^2 > \sigma_p$$

folgt. Es sind demnach die in diesem Paragraphen entwickelten Methoden zur Bestimmung der Knickgrenzen anzuwenden, und man erhält für

Fall a) nach Gl. 9)

$$\sigma_k = 3{,}1 - 0{,}00032 \cdot \dfrac{280 \cdot 0{,}582 \cdot 150^2}{5400} = 2{,}883\ \text{t/cm}^2.$$

Aus der maximalen Gebrauchsspannung

$$\sigma = \dfrac{100}{150} = 0{,}667\ \text{t/cm}^2$$

---

[1] Durch Einsetzen von T in die fertige Gleichung

$$\sigma_k = \dfrac{2}{F_g} \cdot \sqrt{\dfrac{T}{E} \cdot \dfrac{J_g \cdot T}{c r}} = \dfrac{2T}{F_g} \cdot \sqrt{\dfrac{J_g}{E c r}}$$

leitet F. Engesser a. a. O. die Formel ab

$$\sigma_k = \alpha - \beta \cdot \pi \sqrt[4]{\dfrac{F_g{}^2 c r E}{4 J_g}},$$

wobei wiederum der Einfluß von T auf die Bestimmung des Minimums der Knickkraft unberücksichtigt geblieben ist. Die Engesserschen Formeln sind im Falle b) bequemer und liefern für das folgende Zahlenbeispiel die Sicherheiten $\nu = 3{,}53$ im Falle a) und $\nu = 3{,}33$ im Falle b).

wird somit die Sicherheit

$$\nu = \frac{2{,}883}{0{,}667} = 4{,}33\,.$$

Die Länge einer Halbwelle wird nach Gl. 7)

$$l = \frac{0{,}0114 \cdot \pi^2 \cdot 280 \cdot 0{,}582 \cdot 150}{2 \cdot \sqrt{5400 : 150}} = 229\ \mathrm{cm}\,.$$

Da somit

$$\frac{l}{c} = \frac{229}{280} = 0{,}82$$

ist, so kann der berechnete Sicherheitsgrad nur als Annäherung betrachtet werden (vgl. S. 236).

Fall b). Mit

$$i = \sqrt{5400 : 150} = 6$$

geht Gl. 16) über in

$$\frac{d\sigma}{dl} = 0 = -\frac{0{,}0114}{6} + \frac{1}{\pi^4 \cdot 280 \cdot 0{,}582 \cdot 36 \cdot 2150 \cdot 150} \cdot \left[12{,}4\,l^3 - \frac{5 \cdot 0{,}0114}{6} \cdot l^4\right].$$

Soll σ ein Minimum werden, so muß

$$\frac{d^2\sigma}{dl^2} > 0 \quad \text{oder} \quad 2 \cdot 12{,}4 - 4 \cdot 0{,}0095\,l > 0$$

sein, woraus

$$l < \frac{3 \cdot 12{,}4}{4 \cdot 0{,}0095} = 984\ \mathrm{cm}$$

folgt.

Wir untersuchen den Ausdruck $\dfrac{d\sigma}{dl}$ für $l < 984\ \mathrm{cm}$ und beschränken uns dabei zweckmäßig auf Werte, die in der Nähe der unter a) berechneten freien Länge $l = 229\ \mathrm{cm}$ liegen. Man erhält für

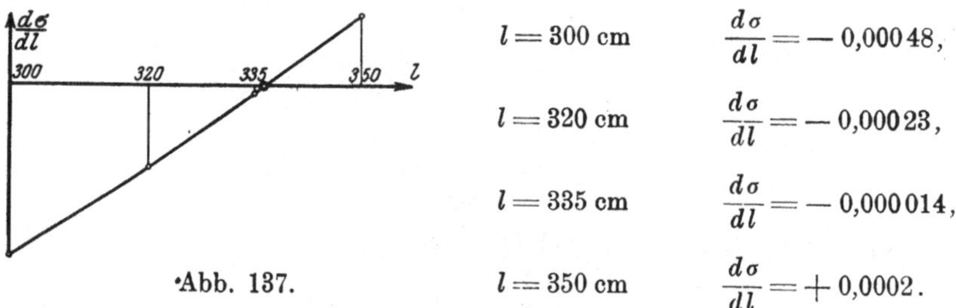

Abb. 137.

$$l = 300\ \mathrm{cm} \qquad \frac{d\sigma}{dl} = -0{,}00048\,,$$

$$l = 320\ \mathrm{cm} \qquad \frac{d\sigma}{dl} = -0{,}00023\,,$$

$$l = 335\ \mathrm{cm} \qquad \frac{d\sigma}{dl} = -0{,}000014\,,$$

$$l = 350\ \mathrm{cm} \qquad \frac{d\sigma}{dl} = +0{,}0002\,.$$

Das Minimum ergibt sich demnach graphisch aus Abb. 137 für $l = 336\ \mathrm{cm}$. Für diesen Wert folgt aus Gl. 15) die Knickspannung

$$\sigma_k = 2{,}462 + 0{,}035 = 2{,}497\ \mathrm{t/cm^2}\,,$$

wobei $2{,}462\ \mathrm{t/cm^2}$ die Knickspannung der Gurtung für die Länge $l = 336\ \mathrm{cm}$ ohne elastische Stützung wäre. Aus dem Vergleich der Knickspannung mit der Gebrauchsspannung folgt die Sicherheit zu

$$\nu = 2{,}497 : 0{,}667 = 3{,}74\,.$$

Da hierbei wiederum $\dfrac{l}{c} = \dfrac{336}{280} = 1{,}2$ kleiner als 2 ist, so hat der berechnete Sicherheitsgrad nur die Bedeutung eines Näherungswertes, welche erforderlichenfalls noch mit Rücksicht auf den konzentrierten Angriff der Reaktionen der Querrahmen nach S. 236 zu berichtigen wäre.

Mit Rücksicht auf den geringen Einfluß, den die von der Rahmensteifigkeit herrührende Erhöhung der Knickspannung um $0{,}035\ t/cm^2$ auf die gesamte Knickspannung $2{,}497\ t/cm^2$ hat, kann indessen diese Berichtigung unterbleiben.

Die in § 43 gemachten Einschränkungen für den Geltungsbereich der Engesserschen Näherungsformeln behalten sinngemäß ihre Bedeutung auch für das Gebiet jenseits der Proportionalitätsgrenze.

§ 45. Ermittlung der wirtschaftlichsten Verstärkung offener Brücken mit Rücksicht auf die Knicksicherheit ihrer Druckgurtungen.

Bei der Berechnung von Brücken ohne oberen Längsverband kommt es nicht selten vor, daß die mit Rücksicht auf die aufzunehmenden Systemkräfte berechneten Querschnitte der Gurtungen, Pfosten und Querträger nicht zu der erforderlichen Sicherung des Druckgurtes hinreichen. Man ist alsdann genötigt, Änderungen zu treffen, welche zu einem bestimmten, vorgegebenen Sicherheitsgrad für die gedrückten Gurtungen führen.

Eine Verstärkung durch Einbau von Eckblechen an den Rahmen (Abb. 103) wird im allgemeinen, wo sie angängig ist, immer bereits beim Vorentwurf schon in Erwägung zu ziehen sein. Eine höhere Knicksicherheit für die Gurtungen könnte man daher z. B. durch eine Verminderung der Trägerhöhe oder durch eine Vermehrung der Zahl der Querrahmen erreichen, würde sich aber dabei eben jener Vorteile wieder begeben, welche für die Wahl der Trägerhöhe und der Feldweite des Vorentwurfes bestimmend waren. Demnach bleibt als Mittel zur Erzielung eines höheren Sicherheitsgrades gegen seitliches Ausweichen der Druckgurte nur noch eine Verstärkung der Querschnitte der Gurtungen selbst oder der Querrahmen übrig. Bei den Querrahmen ist die Nachgiebigkeit der Fahrbahnquerträger meistens so gering und dementsprechend auch der Einfluß der Querträgerabmessungen auf die Knicksicherheit der Gurtungen gewöhnlich so unbedeutend, daß die Erreichung einer höheren Knicksicherheit durch Verstärkung der Querträger wohl nie auf wirtschaftliche Weise herbeigeführt werden kann. Wir können uns demgemäß auf die Untersuchung des Einflusses von Gurt- oder Pfostenverstärkungen beschränken. Dabei setzen wir voraus, daß der mit den vorläufigen Querschnitten sich ergebende Sicherheitsgrad den Wert ν habe, während der verlangte Sicherheitsgrad ν' sei[1]).

Wir gehen von der Engesserschen Näherungsformel für den Sicherheitsgrad (§ 43, Gl. 18) aus und vereinfachen sie dadurch, daß wir

---

[1]) Die folgenden Entwicklungen gelten ebensowohl für den Fall, daß die Vorberechnung zu reichliche Querschnitte ergeben hat, wie für den Fall, daß eine Querschnittsverstärkung am Platze ist. Im ersteren Falle ist $\nu < \nu'$, andernfalls $\nu < \nu'$.

die zur Berechnung der Rahmensteifigkeit einzuführenden Höhen h_p und h_q gleich h schreiben, wodurch man

Gl. 1)
$$v = \frac{2E}{O \cdot h \cdot \sqrt{c}} \cdot \sqrt{\frac{6 J_g \cdot J_p \cdot J_q}{3 b J_p + 2 h J_q}}$$

erhält.

Will man durch Verstärkung des Gurtquerschnittes erreichen, daß die Sicherheit den Wert v' erhält, so ist der Wert J_g' des Trägheitsmomentes der Gurtung durch die Gleichung zu bestimmen:

Gl. 2)
$$v' = \frac{2E}{O h \sqrt{c}} \cdot \sqrt{\frac{6 J_g' \cdot J_p \cdot J_q}{3 b J_p + 2 h J_q}} \,.$$

Aus Gl. 1) und 2) erhält man durch Division

$$\left(\frac{v'}{v}\right)^2 = \frac{J_g'}{J_g} \,,$$

und demnach für die Verstärkung $\Delta J_g = J_g' - J_g$ der Gurtung

Gl. 3)
$$\Delta J_g = \left[\left(\frac{v'}{v}\right)^2 - 1\right] \cdot J_g \,.$$

Soll andererseits die Wahl des Trägheitsmomentes für die Pfosten zu einer v'-fachen Sicherheit führen, so ist zu setzen:

Gl. 4)
$$v' = \frac{2E}{O h \sqrt{c}} \cdot \sqrt{\frac{6 J_g J_p' J_q}{3 b J_p' + 2 h J_q}} \,,$$

wonach aus Gl. 1) und Gl. 4) durch Division

$$\left(\frac{v'}{v}\right)^2 = \frac{J_p'}{J_p} \cdot \frac{3 b J_g + 2 h J_p}{3 b J_p' + 2 h J_q}$$

folgt. Führt man hierin statt J_p' den Wert $\Delta J_p + J_p$ ein, so ergibt die Auflösung der so entstehenden Gleichung nach ΔJ_p den Wert

Gl. 5)
$$\Delta J_p = \frac{\left[\left(\frac{v'}{v}\right)^2 - 1\right] \cdot J_p}{1 - 1 : \left(1 + \frac{2 h J_q}{3 b J_p}\right)} \,.$$

Ist, wie dies häufig vorkommt, der Einfluß der Querträger auf die Sicherung der Gurtungen nur unerheblich, so erhält man statt Gl. 5) die

Gl. 5 a)
$$\Delta J_p = \left[\left(\frac{v'}{v}\right)^2 - 1\right] \cdot J_p$$

zur Bestimmung der Pfostenverstärkung.

Von den durch die Gl. 3) und 5) bestimmten Verstärkungen ist im allgemeinen diejenige wirtschaftlicher, welche den geringeren Materialaufwand erfordert. Um zweckmäßige Gebrauchsformeln zu entwickeln, mögen nun einige Voraussetzungen über die Form der Querschnitte gemacht werden.

Für Gurtquerschnitte nach Abb. 138, welche durch Lamellen von der Dicke d und der Breite g verstärkt werden mögen, wird $\Delta J_g = \dfrac{d \cdot g^3}{12}$, woraus die erforderliche Querschnittsfläche der Lamellen mit $d \cdot g = \dfrac{12 \Delta J_g}{g^2}$ folgt. Für zwei Gurtungen und die Feldweite c wird daher das zur Verstärkung aufzuwendende Volumen durch

$$\text{Gl. 6)} \qquad \Delta_g = \frac{24\, c \cdot \Delta J_g}{g^2}$$

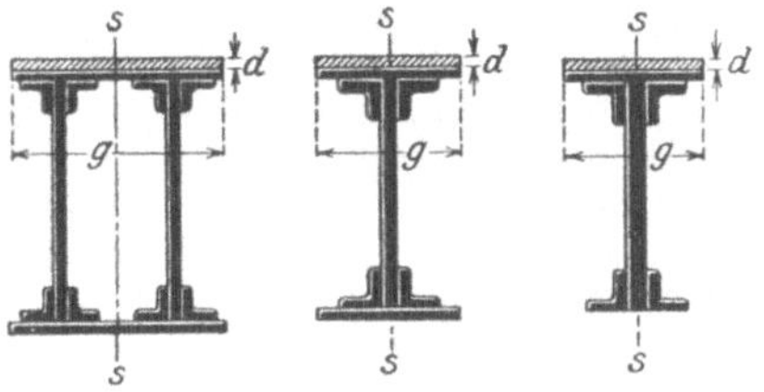

Abb. 138. 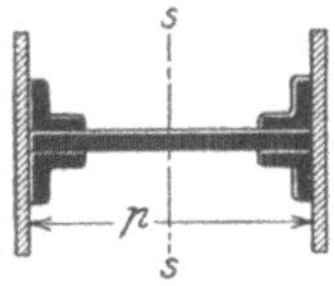 Abb. 139.

bestimmt; führt man in Gl. 6) den Wert ΔJ_g gemäß Gl. 3) ein, so folgt mit

$$\text{Gl. 7)} \qquad \Delta_g = \left[\left(\frac{v'}{v}\right)^2 - 1\right] \cdot \frac{24\, c \cdot J_g}{g^2}$$

die Volumvermehrung für die Feldweite.

Für die Pfosten seien Querschnitte nach Abb. 139 gewählt, deren Höhe wir mit p bezeichnen. Durch die schraffierten Lamellen, deren Querschnittsfläche insgesamt F_p sei, werde das Trägheitsmoment für die Schwerachse um ΔJ_p vermehrt. Dann ist annähernd

$$\Delta J_p = F_p \cdot \frac{p^2}{4},$$

woraus sich der aufzuwendende Querschnitt mit

$$F_p = \frac{4\, \Delta J_p}{p^2}$$

ergibt. Der Materialverbrauch für die Verstärkung eines Querrahmens, der zwei Pfosten von der Höhe h besitzt, wird somit durch das Volumen

$$\text{Gl. 8)} \qquad \Delta_p = 2\, h\, F_p = \frac{8\, h \cdot \Delta J_p}{p^2}$$

gegeben.

Setzt man in Gl. 8) noch den Wert $\varDelta J_p$ nach Gl. 5) ein, so folgt

Gl. 9)
$$\varDelta_p = \frac{8\,h}{p^2}\cdot\left[\left(\frac{\nu'}{\nu}\right)^2 - 1\right]\cdot\frac{J_p}{1-1:\left(1+\dfrac{2\,h\,J_q}{3\,b\,J_p}\right)},$$

und bei sehr geringem Einfluß der Querträger

Gl. 9 a)
$$\varDelta_p = \frac{8\,h}{p^2}\cdot\left[\left(\frac{\nu'}{\nu}\right)^2 - 1\right]\cdot J_p,$$

wodurch der Volumzuwachs für eine Feldweite durch die erforderliche Verstärkung der Pfosten bestimmt ist.

Zahlenbeispiel. Für einen Parallelträger sei aus der Vorberechnung bekannt:

$$h = 480\ \text{cm};\quad c = 420\ \text{cm};$$
$$J_g = 63\,920\ \text{cm}^4\quad \text{und}\quad g = 40\ \text{cm für die Gurtungen};$$
$$J_p = 14\,860\ \text{cm}^4\quad \text{und}\quad p = 28\ \text{cm für die Pfosten}.$$

Für eine maximale Stabkraft $O_{max} = 230$ t sollen bei $E = 2150$ t/cm² die Gurtungen 5fach knicksicher gemacht werden. Wie groß wird unter der Voraussetzung, daß der Einfluß der Querträger auf die Knickfestigkeit der Gurtungen vernachlässigt werden kann, der Materialaufwand für die Feldweite, wenn entweder die Gurt- oder die Pfostenquerschnitte verstärkt werden?

Die Knicksicherheit wird nach der Engesserschen Näherungsformel unter Vernachlässigung der Quersteifigkeit durch

$$\nu = \frac{2}{O}\cdot\sqrt{\frac{E J_g}{c\,\mathfrak{r}}}$$

gegeben, wo

$$\mathfrak{r} = \frac{h^3}{3\,E J_p}$$

ist. Man erhält mit

$$\mathfrak{r} = \frac{480^3}{3\cdot 2150\cdot 14\,860} = 1{,}153\ \text{cm/t}$$

den der vorläufigen Berechnung entsprechenden Sicherheitsgrad zu

$$\nu = \frac{2}{230}\cdot\sqrt{\frac{2150\cdot 63\,920}{420\cdot 1{,}153}} = 4{,}63.$$

Soll die Sicherheit 5fach werden, so erhält man mit

$$\nu' = 5\quad \text{und}\quad \left(\frac{\nu'}{\nu}\right)^2 - 1 = \left(\frac{5}{4{,}63}\right)^2 - 1 = 0{,}164$$

den erforderlichen Materialaufwand aus

Gl. 7)
$$\varDelta_g = \frac{24\cdot 420\cdot 63\,920}{1600}\cdot 0{,}164 = 66\,000\ \text{cm}^3/\text{Feldweite}$$

bei Verstärkung der Gurtungen, und aus

Gl. 9 a)
$$\varDelta_p = \frac{8\cdot 480}{28^2}\cdot 0{,}164\cdot 14\,860 = 11\,930\ \text{cm}^3/\text{Feldweite}$$

bei Verstärkung der Pfosten. Demnach ist die Pfostenverstärkung für den beabsichtigten Zweck die wirtschaftlichere Lösung, wie dies wohl im allgemeinen überhaupt der Fall ist. Bei dieser Vergleichsrechnung wurde stillschweigend vorausgesetzt, daß die Knickspannung unter der Proportionalitätsgrenze liege; dies wäre im besonderen Fall noch zu prüfen.

§ 46. Die Knicksicherheit der Druckgurte offener Brücken mit sehr steifen Endrahmen (Bogenbrücken und Parabelträger).

Nimmt die Steifigkeit der Halbrahmen wie z. B. bei Bogenbrücken mit untenliegender Fahrbahn oder bei Parabelträgern gegen die Auflager hin sehr stark zu, so kann hierdurch eine mehr oder weniger vollkommene Einspannung des Druckgurtes bewirkt werden, dessen elastische Linie dann etwa die Form der in Abb. 123 für einen solchen Träger dargestellten Kurven annimmt. Kann sich in diesem Falle für die ganze Stützweite nur eine einzige Welle von der Länge $2\,l$ (Abb. 140) ausbilden, wovon man sich nach der hier zu entwickelnden Formel zur Berechnung der Wellenlänge[1]) in jedem Falle noch besonders zu überzeugen hat, so führen nachstehende Überlegungen zu einer annäherungsweisen Berechnung der Knickgrenze.

Die elastische Linie des Druckgurtes, welche der Abb. 140 entsprechen möge, ersetzen wir durch die die ursprüngliche Achse AB berührenden Parabeln AJ und JB, sowie die Parabel JJ[2]); diese Kurven müssen bei J stetig, d. h. mit gemeinsamer Ordinate und Tangente ineinander übergehen. Mit den in der Figur eingetragenen Bezeichnungen schreiben sich daher die Gleichungen dieser Kurven

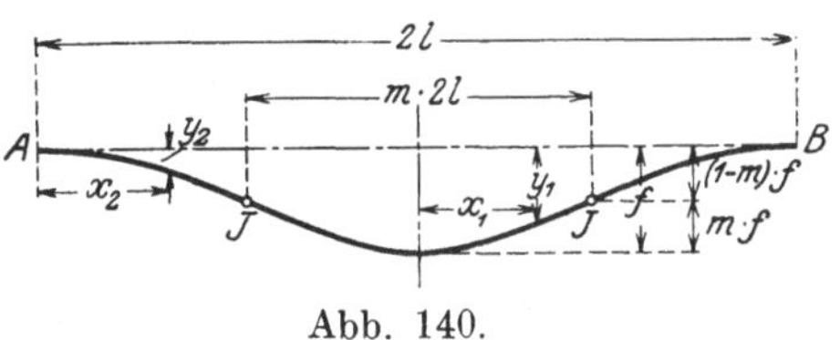

Abb. 140.

$$\text{Gl. 1)} \qquad \begin{cases} y_1 = f - \dfrac{x_1{}^2}{(m\,l)^2} \cdot m f, \\[3mm] y_1 = \dfrac{x_2{}^2}{[(1-m)\,l]^2} \cdot (1-m) \cdot f. \end{cases}$$

Man überzeugt sich leicht, daß die Gl. 1) an den Inflexionspunkten J dieselben Ordinaten $y_1 = y_2 = (1-m)\cdot f$ und dieselben Neigungen

$$\frac{d\,y_1}{d\,x_1} = \frac{d\,y_2}{d\,x_2} = 2 \cdot \frac{f}{l}$$

der Tangenten ergeben.

---

[1]) Vgl. R. Briske, Die Knicksicherheit der Druckgurtungen offener Brücken. Zentralbl. d. Bauverw. 1910, S. 53.

[2]) In § 43 hatten wir als elastische Linie die Sinuslinie vorausgesetzt; hätte man dort mit einer parabolischen Knicklinie gerechnet, so wäre man nur zu wenig abweichenden Ergebnissen gelangt. Wir ziehen hier die Annäherung der elastischen Linie durch eine Parabel vor, da sie zu einfacheren Formeln führt als die Sinuslinie.

Die Arbeitsgleichung lautet hier wieder

Gl. 2) $$A_a = A_g + A_p.$$

Für die Annäherung $\varDelta(2\,l)$ der Punkte A und B wird die äußere Arbeit der Knickkraft

Gl. 3) $$A_a = \nu O \cdot \varDelta(2\,l).$$

Zwischen der Größe $\varDelta(2\,l)$ und den Parabelabmessungen besteht für flache Parabeln näherungsweise die Beziehung

$$\varDelta(2\,l) = 2\,ml\left(1 + \frac{2}{3} \cdot \frac{f^2}{l^2}\right) + 2\,(1-m)\,l \cdot \left(1 + \frac{2}{3} \cdot \frac{f^2}{l^2}\right) - 2\,l = \frac{4}{3} \cdot \frac{f^2}{l},$$

wonach aus Gl. 3) folgt:

Gl. 4) $$A_a = \nu O \cdot \frac{4}{3} \cdot \frac{f^2}{l}.$$

Die Biegungsarbeit der Gurtungen wird

Gl. 5) $$A_g = 2\int_A^J \left(\frac{d^2 y_2}{dx_2^{\,2}}\right)^2 \cdot \frac{EJ_g}{2} \cdot dx_2 + 2 \cdot \int_J^C \left(\frac{d^2 y_1}{dx_1^{\,2}}\right)^2 \cdot \frac{EJ_g}{2} \cdot dx_1.$$

Aus den Gl. 1) erhält man

$$\frac{d^2 y_1}{dx_1^{\,2}} = -\frac{2f}{ml^2} \quad \text{und} \quad \frac{d^2 y_2}{dx_2^{\,2}} = +\frac{2f}{(1-m)\,l^2}.$$

Führt man diese Werte in Gl. 5) ein, so folgt nach Ausführung der Integration die Gurtarbeit

Gl. 6) $$A_g = EJ_g \cdot \left[\frac{4f^2}{(1-m)\,l^3} + \frac{4f^2}{m\,l^3}\right] = \frac{4\,EJ_g \cdot f^2}{l^3} \cdot \frac{1}{m\,(1-m)}.$$

Die Arbeit der Pfosten wird, wenn man vorsichtshalber für alle Pfosten den Wert $\dfrac{1}{\mathfrak{r}}$ des nachgiebigsten Rahmens einführt, unter Annahme einer stetigen Verteilung der Rahmenreaktionen durch

Gl. 7) $$A_p = \frac{2}{c\,\mathfrak{r}} \cdot \left[\int_A^J \frac{y_2^{\,2} \cdot dx_2}{2} + \int_J^C \frac{y_1^{\,2} \cdot dx_1}{2}\right]$$

bestimmt.

Führt man in diese Gleichung die durch Gl. 1) gegebenen Werte von y_1 und y_2 ein, so erhält man nach Ausführung der Integration

Gl. 8) $$A_p = \frac{f^2 l}{5\,c\,\mathfrak{r}} \cdot \left[1 + 2\,m - \frac{m^2}{3}\right].$$

Mit den Gl. 4), 6) und 8) geht nunmehr die Arbeitsgleichung über in

Gl. 9) $$\nu O \cdot \frac{4}{3} \cdot \frac{f^2}{l} = \frac{4\,EJ_g \cdot f^2}{l^3} \cdot \frac{1}{m\,(1-m)} + \frac{f^2 l}{5\,c\,\mathfrak{r}}\left[1 + 2\,m - \frac{m^2}{3}\right],$$

woraus

Gl. 10)
$$\nu O = \frac{3\,EJ_g}{l^2}\cdot\frac{1}{m\,(1-m)} + \frac{3\,l^2}{20\,c\,\mathfrak{r}}\left[1 + 2\,m - \frac{m^2}{3}\right].$$

folgt.

Nach Gl. 10) hängt die Knickgrenze von l und m ab; die kleinste Knickkraft erhält man demnach für

Gl. 11)
$$\begin{cases}\dfrac{\partial\,(\nu O)}{\partial\,l} = 0 = -\dfrac{6\,EJ_g}{l^3}\cdot\dfrac{1}{m\,(1-m)} + \dfrac{6\,l}{20\,c\,\mathfrak{r}}\cdot\left[1 + 2\,m - \dfrac{m^2}{3}\right],\\[3mm]\dfrac{\partial\,(\nu O)}{\partial\,m} = 0 = \dfrac{3\,EJ_g}{l^2}\cdot\dfrac{2\,m-1}{m^2\cdot(1-m)^2} + \dfrac{3\,l^2}{20\,c\,\mathfrak{r}}\cdot\left[2 - \dfrac{2}{3}\,m\right].\end{cases}$$

Schreibt man die Gleichungen 11) in der Form

$$\frac{EJ_g}{l^2}\cdot\frac{1}{m\,(1-m)} = \frac{l^2}{20\,c\,\mathfrak{r}}\cdot\left[1 + 2\,m - \frac{m^2}{3}\right],$$

$$\frac{EJ_g}{l^2}\cdot\frac{2\,m-1}{m^2\cdot(1-m)^2} = \frac{l^2}{20\,c\,\mathfrak{r}}\cdot\left[\frac{2}{3}\,m - 2\right],$$

so erhält man durch Division dieser beiden Gleichungen die Bestimmungsgleichung für m:

$$\frac{2\,m-1}{m\,(1-m)} = \frac{\dfrac{2}{3}\,m - 2}{1 + 2\,m - \dfrac{m^2}{3}},$$

aus welcher mit $m^2 + 1{,}2\,m - 0{,}6 = 0$ der Wert $m = \dfrac{\sqrt{24}-3}{5} = 0{,}38$ folgt.

Der zu diesem Werte m gehörige Wert l wird:

Gl. 12)
$$l = \sqrt[4]{\frac{20\,EJ_g\cdot c\cdot\mathfrak{r}}{m\,(1-m)\cdot\left(1 + 2\,m - \dfrac{m^2}{3}\right)}} = 2{,}65\,\sqrt[4]{EJ_g\,c\,\mathfrak{r}}\;.$$

Man erhält mit diesen Werten von m und l das Minimum der Knickkraft aus Gl. 10) mit

$$\nu O = \frac{3\,EJ_g}{2{,}65^2\cdot\sqrt{EJ_g\,c\,\mathfrak{r}}}\cdot\frac{1}{0{,}38\cdot0{,}62}$$

$$+ \frac{3\cdot2{,}65^2\cdot\sqrt{EJ_g\,c\,\mathfrak{r}}}{20\,c\,\mathfrak{r}}\cdot\left[1 + 2\cdot0{,}38 - \frac{0{,}38^2}{3}\right] = 3{,}615\,\sqrt{\frac{EJ_g}{c\,\mathfrak{r}}}$$

oder rund

Gl. 13)
$$\nu O = 3{,}6\cdot\sqrt{\frac{EJ_g}{c\,\mathfrak{r}}}\;.$$

Dieser Wert ist 1,8 mal so groß als der durch § 43, Gl. 17) bestimmte Wert

$$\nu O = 2 \cdot \sqrt{\frac{E J_g}{c \mathfrak{r}}},$$

der für unveränderliche Rahmensteifigkeit gilt.

Bereits am Eingang dieses Paragraphen hatten wir hervorgehoben, daß die vorstehenden Entwicklungen nur Geltung haben, wenn sich lediglich eine Welle von der Länge $2l$ auf die ganze Stützweite auszubilden vermag.

Ist die Entstehung von mehreren Wellen möglich, so werden bei wechselnder Rahmensteifigkeit die einzelnen Wellen verschieden lang; die längsten Wellen entstehen bei den nachgiebigsten, die kürzesten Wellen bei den steifsten Querrahmen. Bei der Entstehung verschiedener, unter sich nicht kongruenter Wellen würde aber die Bedingung, daß die Formänderungsarbeit für eine Welle ein Minimum werden müsse, zur Bestimmung der Knickgrenze nicht dienen können. Vielmehr hätte man diese aus der Forderung abzuleiten, daß die Formänderungsarbeit für die ganze Gurtung, d. h. für alle Wellen, einen Kleinstwert annehme. Bei der Ausbildung einer einzigen Welle auf die ganze Stützweite jedoch deckt sich diese letztere Forderung mit den in Gl. 11) ausgesprochenen Bedingungen, worauf die Anwendbarkeit der hier entwickelten Gleichungen begründet wird, wenn die nach Gl. 12) berechnete Länge l der halben Stützweite annähernd gleich ist.

1. **Zahlenbeispiel.** Der im Zuge der Döberitzer Heerstraße die Havel überbrückende Zweigelenkbogenträger mit Zugband (Abb. 141) hat folgende Abmessungen:

$$J_g = 835\,000 \text{ cm}^4; \quad c = 630 \text{ cm}; \quad \mathfrak{r}_5 = 0,308 \text{ cm/t}.$$

Wie groß wird bei $E = 2150$ t/cm² die Wellenlänge l, die Knickkraft νO, und wie groß die Sicherheit gegenüber einem größten Horizontalschub $H = 873,3$ t?

Man erhält mit $E \cdot J = 2150 \cdot 835\,000 = 1\,796\,000\,000$ tcm² $= 179\,600$ tm²

$$l = 2,65 \cdot \sqrt[4]{179\,600 \cdot 6,3 \cdot 0,00308} = 20,35 \text{ m}$$

und somit die Knickkraft

$$\nu O = 3,6 \cdot \sqrt{\frac{179\,600}{6,3 \cdot 0,00308}} = 10\,950 \text{ t}$$

und die Knicksicherheit

$$\nu = \frac{10\,950}{873,3} = 12,5.$$

Obwohl die berechnete Länge $l = 20,35$ m von der halben Stützweite $0,5 L = 31,5$ m beträchtlich abweicht, kommt der berechnete Näherungswert der Knicksicherheit dem genauen Wert sehr nahe, welcher sich nach den Ausführungen des § 42 zu $\nu = 13$ ergibt.

Würde man die Rahmen viermal so nachgiebig ausbilden, so wäre der Näherungswert für die Knicksicherheit mit $\nu = 3,6 \cdot \sqrt{\dfrac{E J_g}{4 \, c \, \mathfrak{r}}} = \dfrac{12,5}{2} = 6,25$ gegeben; die strenge Rechnung nach § 42 ergibt in diesem Falle $\nu = 8$.

2. Zahlenbeispiel. Wie groß ist für das S. 225 gegebene Zahlenbeispiel die Knicksicherheit nach der Näherungsformel Gl. 13) dieses Paragraphen?

Man erhält mit $EJ_g = 810\ \mathrm{tm^2}$, $c = 3\ \mathrm{m}$ und $\dfrac{1}{\mathfrak{r}} = 320\ \mathrm{t/m}$ nach Gl. 13) die Sicherheit

$$\nu = \sqrt{\frac{810}{3\cdot 320}} = 3,31\,.$$

Die Wellenlänge wird hier durch Gl. 12) mit

$$l = 2,65\cdot \sqrt{\frac{810\cdot 3}{320}} = 7,3\ \mathrm{m}\quad\cdot$$

bestimmt; sie ist also auch hier nur annähernd gleich der halben Stützweite $0,5\,L = 9\ \mathrm{m}$. Dementsprechend weicht auch das Ergebnis der Näherungs-

formeln von dem strengen Wert ab, welcher die Knicksicherheit zu 4,2 ergeben hatte. In allen Fällen jedoch bewegen sich bei den angeführten Beispielen die aus den Näherungsformeln berechneten Sicherheitsgrade auf der Seite der größeren Sicherheit. Dies entspricht unserer Rechnungsannahme, wonach an Stelle der unterschiedlichen Steifigkeit der einzelnen Querrahmen zur Ableitung der Näherungsformeln ungünstigerweise der nachgiebigste Querrahmen zugrunde gelegt wurde.

Mit Rücksicht auf die sehr einfache Berechnung können daher die vorstehenden Formeln für Brücken angewendet werden, bei denen

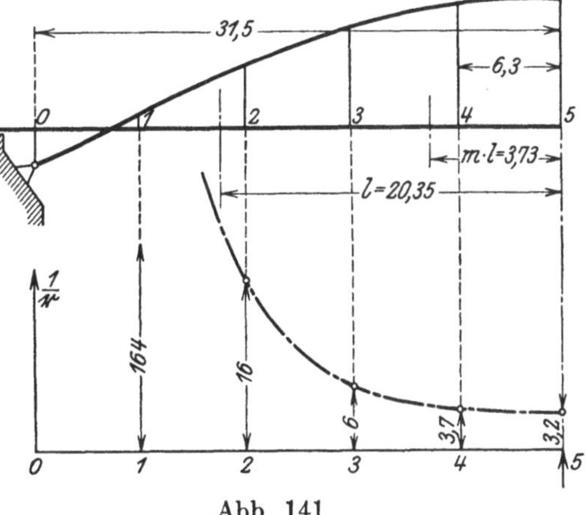

Abb. 141.

sehr steife Querrahmen an den Brückenenden vorhanden sind. Nach den angeführten Zahlenbeispielen läßt sich erwarten, daß die Annäherung gut ist, solange die nach Gl 12) berechnete halbe Wellenlänge l nicht kleiner als etwa ein Drittel der Stützweite ist.

§ 47. Die Knicksicherheit offener Fachwerkbogenbrücken[1]).

Bei Fachwerksbogenträgern werden die beiden Bogengurtungen mit Kräften O und U gedrückt. Bei sehr nachgiebigen Pfosten und weitem Abstand der beiden Gurtungen voneinander können die Gurtstäbe des Bogens mit verschiedenen Wellenlängen ausknicken. Für jeden Gurt wird die Wellenlänge durch das Steifigkeitsmaß der Gurtstäbe selbst und durch die von den Querrahmen ausgeübten Widerstände bestimmt. Die an jeder Gurtung wirksamen Rahmenreaktionen, R_o am Obergurt und R_u am Untergurt, sind, wie in

---

[1]) R. Briske, Die Knicksicherheit der Druckgurte offener Bogenbrücken, Zeitschr. f. Arch.- u. Ing.-Wesen 1911, S. 238.

§ 39 gezeigt wurde, nicht voneinander unabhängig, sondern es wird z. B. R_o sowohl durch die dem Obergurt beim Knicken zugehörige Deformation y_o als auch durch die Deformation y_u des Untergurtes bestimmt, und ebenso hängt auch R_u von diesen beiden Deformationsgrößen ab.

Je widerstandsfähiger die Pfosten der Querrahmen gegen Formänderungen sind, und je enger die beiden Druckgurtungen des Fachwerkbogens beisammen liegen, um so mehr wird die Annahme, welche den Ausgangspunkt der folgenden Näherungsrechnungen bildet, begründet sein, daß beide Gurtungen mit derselben Wellenlänge $2l$ ausknicken, wobei der Obergurt größere Ausbiegungen erfährt als der Untergurt des Bogens (vgl. Abb. 142).

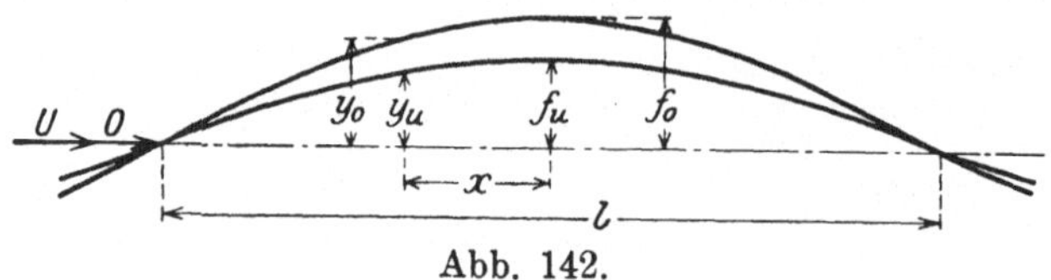

Abb. 142.

Mit den in § 39 eingeführten Konstanten C_{oo}, C_{ou} und C_{uu} erhalten wir zwischen den Deformationen y und den Rahmenreaktionen R die dort aufgestellten Beziehungen

$$R_o = C_{oo} \cdot y_o + C_{ou} \cdot y_u \quad \text{und} \quad R_u = C_{ou} \cdot y_o + C_{uu} \cdot y_u.$$

Falls nur die Länge l wesentlich größer als die doppelte Feldweite $2c$ ist (vgl. § 43, Absatz 1) können diese Reaktionen gleichförmig auf die Feldweite verteilt werden und man erhält so die Reaktionen für die Längeneinheit zu

$$r_o = \frac{C_{oo}}{c} \cdot y_o + \frac{C_{ou}}{c} \cdot y_u \quad \text{und} \quad r_u = \frac{C_{ou}}{c} \cdot y_o + \frac{C_{uu}}{c} \cdot y_u.$$

Setzt man die elastischen Linien der Gurtungen als Sinuskurven an, so folgt mit

$$y_o = f_o \cdot \cos\frac{\pi x}{l} \quad \text{und} \quad y_u = f_u \cdot \cos\frac{\pi x}{l}.$$

$$r_o = \frac{C_{oo}}{c} \cdot f_o \cdot \cos\frac{\pi x}{l} + \frac{C_{ou}}{c} \cdot f_u \cdot \cos\frac{\pi x}{l},$$

$$r_u = \frac{C_{ou}}{c} \cdot f_o \cdot \cos\frac{\pi x}{l} + \frac{C_{uu}}{c} \cdot f_u \cdot \cos\frac{\pi x}{l}.$$

Mit diesen Reaktionen läßt sich nun, genau so wie dies in § 43 für einen einzigen Druckgurt geschah, für den Obergurt und den Untergurt je eine Arbeitsgleichung aufstellen und man erhält

Gl. 1)
$$\begin{cases} \nu O = \dfrac{\pi^2 \cdot EJ_o}{l^2} + \dfrac{l^2}{\pi^2 c} \cdot \left[C_{oo} + C_{ou} \cdot \dfrac{f_u}{f_o} \right] \\[2ex] \nu U = \dfrac{\pi^2 \cdot EJ_u}{l^2} + \dfrac{l^2}{\pi^2 c} \cdot \left[C_{uu} + C_{ou} \cdot \dfrac{f_o}{f_u} \right]. \end{cases}$$

Die Gleichungen 1) enthalten noch das Verhältnis $f_o:f_u$ der Pfeile der Knicklinien beider Gurtungen; eliminiert man dieses Verhältnis aus den beiden Gleichungen, so erhält man für den Sicherheitsgrad ν die Gleichung

$$\text{Gl. 2)} \qquad \nu = \frac{\pi^2 E}{2\,l^2}\cdot\left[\frac{J_o}{O}+\frac{J_u}{U}\right]+\frac{l^2}{2\,\pi^2 c}\cdot\left[\frac{C_{oo}}{O}+\frac{C_{uu}}{U}\right]$$

$$\pm\sqrt{\left\{\frac{\pi^2 E}{2\,l^2}\left[\frac{J_o}{O}+\frac{J_u}{U}\right]+\frac{l^2}{2\,\pi^2 c}\cdot\left[\frac{C_{oo}}{O}+\frac{C_{uu}}{U}\right]\right\}^2+\frac{C_{ou}^2}{O\,U}\cdot\frac{l^4}{\pi^4 c^2}}\,.$$

Zu jeder. halben Wellenlänge l gehören nach Gl. 2) zwei verschiedene Werte ν, von denen jeweils der kleinere maßgebend ist, welcher durch das negative Vorzeichen der Quadratwurzel bestimmt wird. Diejenige Wellenlänge l, welche den kleineren dieser beiden Werte ν zu einem Minimum macht, ist die kritische Wellenlänge, welche dem Knickfalle mit den kleinsten Knickbelastungen νO und νU entspricht. Das Minimum von ν läßt sich aus Gl. 2) in geschlossener Form berechnen, wenn $\dfrac{J_o}{O}=\dfrac{J_u}{U}$ ist; trifft diese Voraussetzung auch nicht näherungsweise zu, so hat man ν_{min} durch Probieren zu ermitteln. Als erste Näherung für die Annahme von l können dabei die Ergebnisse der folgenden Überlegungen dienen, welche zweckmäßig auch da angewendet werden können, wo eine schärfere Berechnung entbehrlich ist.

Zur Gewinnung einer Näherungslösung nehmen wir an, daß sich die Querrahmen so verbiegen, wie wenn nur der Obergurt des Bogens allein vorhanden wäre. In diesem Falle verschwinden die Reaktionen R_u des Untergurtes und man erhält aus den Gleichungen

$$y_o = R_o\cdot\mathfrak{r}_{oo}+R_u\cdot\mathfrak{r}_{ou} \quad\text{und}\quad y_u = R_o\cdot\mathfrak{r}_{uo}+R_u\cdot\mathfrak{r}_{uu}$$

die Beziehung

$$y_o:y_u = \mathfrak{r}_{oo}:\mathfrak{r}_{uo}\,.$$

Die Verkürzung $\varDelta l$ des mit dem Pfeil f ausknickenden Bogens beträgt nach unseren früheren Berechnungen (§ 43, Gl. 9)

$$\varDelta l_o = \frac{\pi^2 f_o^{\,2}}{4\,l^2}$$

für den Obergurt, und

$$\varDelta l_u = \frac{\pi^2 f_u^{\,2}}{4\,l^2}$$

für den Untergurt.

Hiernach ist

$$\varDelta l_u:\varDelta l_o = f_u^{\,2}:f_o^{\,2} = \mathfrak{r}_{uo}^{\,2}:\mathfrak{r}_{oo}^{\,2}\,.$$

Wie in § 43 findet man nun hier für die Formänderungsarbeiten folgende Werte:

Arbeit der Gurtkräfte:

$$A_a = \nu O \cdot \varDelta l_o + \nu U \cdot \varDelta l_u.$$

Biegungsarbeit der Gurtungen:

$$A_g = \frac{\pi^2 E J_o}{l^2} \cdot \varDelta l_o + \frac{\pi^2 E J_u}{l^2} \cdot \varDelta l_u.$$

Arbeit der Querrahmen:

$$A_p = \int_0^l \frac{y_o^2 \cdot dx}{2 c \cdot \mathfrak{r}_{oo}} = \frac{f_o^2 \cdot l}{4 c \mathfrak{r}_{oo}} = \frac{l^2 \cdot \varDelta l_o}{\pi^2 c \, \mathfrak{r}_{oo}}.$$

Die Arbeitsgleichung $A_a = A_g + A_p$ liefert demnach die Beziehung

$$\nu O \cdot \varDelta l_o + \nu U \cdot \varDelta l_u = \frac{\pi^2 E}{l^2} \cdot \Big[J_o \cdot \varDelta l_o + J_u \cdot \varDelta l_u \Big] + \frac{l^2 \cdot \varDelta l_o}{\pi^2 c \, \mathfrak{r}_{oo}}.$$

Dividiert man diese Gleichung durch $\varDelta l_o$, so folgt aus

$$\nu \cdot \Big[O + \frac{\varDelta l_u}{\varDelta l_o} \cdot U \Big] = \frac{\pi^2 E}{l^2} \cdot \Big[J_o + \frac{\varDelta l_u}{\varDelta l_o} \cdot J_u \Big] + \frac{l^2}{\pi^2 c \, \mathfrak{r}_{oo}}$$

mit $\varDelta l_u : \varDelta l_o = \mathfrak{r}_{uo}^2 : \mathfrak{r}_{oo}^2 = \psi$ die Gleichung

$$\nu \cdot [O + \psi U] = \frac{\pi E}{l^2} [J_o + \psi J_u] + \frac{l^2}{\pi^2 c \, \mathfrak{r}_{oo}},$$

welche sich von § 43, Gl. 10 nur dadurch unterscheidet, daß

$$\left. \begin{array}{l} O + \psi U \ \text{ an die Stelle von } O \\ J_o + \psi J_u \ \text{ an die Stelle von } J_g \end{array} \right\} \text{ treten}.$$

Die Knicksicherheit ν und die freie Knicklänge l erhält man demnach ganz analog den Gleichungen 16) und 18) des § 43 zu

Gl. 3)
$$\nu = \frac{2}{O + \psi U} \cdot \sqrt{\frac{E (J_o + \psi J_u)}{c \, \mathfrak{r}_{oo}}}$$

und Gl. 4)
$$l = \pi \sqrt[4]{E (J_o + \psi J_u) c \, \mathfrak{r}_{oo}}.$$

Aus diesen Gleichungen findet man zunächst nur Näherungswerte für die Knicksicherheit ν und die Wellenlänge l, welche allenfalls durch Gl. 2) noch berichtigt werden können.

Wir erläutern die vorstehenden Ausführungen noch durch zwei Zahlenbeispiele.

1. Zahlenbeispiel. Für einen Fachwerkbogenträger mit Kämpfergelenken ist gegeben: $O = 500$ t; $U = 300$ t; $J_o = 150\,000$ cm⁴; $J_u = 90\,000$ cm⁴; $h_o = 800$ cm; $h_u = 600$ cm; $c = 400$ cm; $J_p = 100\,000$ cm⁴; $E = 2150$ t/cm². Der Querträger sei so wenig steif, daß sein Einfluß auf die Rahmenreaktion vernachlässigt werden darf. Wie groß ist die Knicksicherheit des Fachwerkbogens gegen Heraustreten aus der Tragwandebene?

Unter Vernachlässigung der Querträgerdeformation wird

$$r_{oo} = \frac{h_o{}^3}{3\,EJ_p} = \frac{800^3}{3 \cdot 2150 \cdot 100\,000} = 0,794 \text{ cm/t}$$

$$r_{uu} = \frac{h_u{}^3}{3\,EJ_p} = \frac{600^3}{3 \cdot 2150 \cdot 100\,000} = 0,335 \text{ cm/t}$$

$$r_{uo} = \frac{h_u{}^2}{2\,EJ_p} \cdot \left[h_o - \frac{1}{3}\,h_u\right] = \frac{600^2 \cdot 600}{2 \cdot 2150 \cdot 100\,000} = 0,503 \text{ cm/t} .$$

Man erhält daher

$$\psi = \left[\frac{r_{uo}}{r_{oo}}\right]^2 = \left[\frac{0,503}{0,794}\right]^2 = 0,4 ;$$

nach Gl. 4) ergibt sich nunmehr näherungsweise die Wellenlänge mit

$$l = \pi \sqrt[4]{2150 \cdot (150\,000 + 0,4 \cdot 90\,000) \cdot 400 \cdot 0,794} = 1877 \text{ cm} = 18,77 \text{ m}$$

und die Sicherheit mit

$$v = \frac{2}{500 + 0,4 \cdot 300} \cdot \sqrt{\frac{2150 \cdot (150\,000 + 0,4 \cdot 90\,000)}{400 \cdot 0,794}} = 3,62 .$$

Da in dem gewählten Beispiele die Verhältnisse $\dfrac{J_o}{O} = 300$ und $\dfrac{J_u}{U} = 300$ einander gleich sind, so läßt sich aus Gl. 2) das Minimum von v leicht geschlossen berechnen. Man erhält für $\dfrac{J_o}{O} = \dfrac{J_u}{U}$ aus Gl. 2)

$$v = \frac{\pi^2 EJ_o}{O\,l^2} + \frac{l^2}{2\,\pi^2 c} \cdot \left[\frac{C_{oo}}{O} + \frac{C_{uu}}{U} \pm \sqrt{\left[\frac{C_{oo}}{O} - \frac{C_{uu}}{U}\right]^2 + \frac{4\,C_{ou}^2}{OU}}\right] .$$

Hierin wird

$$C_{oo} = \frac{0,335}{0,794 \cdot 0,335 - 0,503^2} = 25,8 ,$$

$$C_{uu} = \frac{0,794}{0,794 \cdot 0,335 - 0,503^2} = 61,2$$

und

$$C_{ou} = -\frac{0,503}{0,794 \cdot 0,335 - 0,503^2} = -38,8 .$$

In vorstehender Gleichung für den Sicherheitsgrad nimmt mit den berechneten Werten C der Fakter von $\dfrac{l^2}{2\,\pi^2 c}$ für negatives Vorzeichen der Quadratwurzel den Wert

$$\frac{25,8}{500} + \frac{61,2}{300} - \sqrt{\left(\frac{25,8}{500} - \frac{61,2}{300}\right)^2 + \frac{4 \cdot 38,8^2}{500 \cdot 300}} = 0,0040$$

an. Aus

$$v = \frac{\pi^2 \cdot 2150 \cdot 150\,000}{500\,l^2} + \frac{0,0040\,l^2}{2 \cdot 400 \cdot \pi^2}$$

oder

$$v = \frac{6\,370\,000}{l^2} + 0,000\,000\,506\,l^2$$

findet man das Minimum von ν für

$$\frac{d\nu}{dl} = 0 = -\frac{2 \cdot 6\,370\,000}{l^3} + 2 \cdot 0,000\,000\,506\,l,$$

woraus die Wellenlänge

$$l = \sqrt[4]{\frac{6,37 \cdot 10^6}{0,506 \cdot 10^{-6}}} = 10^3 \sqrt[4]{12,59} = 1884\ \text{cm}$$

folgt.　Hiernach wird der Sicherheitsgrad

$$\nu = \frac{6,37 \cdot 10^6}{1,887 \cdot 10^6} + 0,506 \cdot 10^{-6} \cdot 1,884^2 \cdot 10^6 = 1,796 + 1,792 = 3,588\ .$$

Wie man sieht, weichen die nach den Näherungsformeln berechneten Werte für den Sicherheitsgrad und die kritische Wellenlänge nur sehr wenig von den strengeren Werten dieser Größen ab.

2. Zahlenbeispiel. Sei für einen Fachwerkbogenträger $O = 720$ t; $U = 80$ t und $E = 2150$ t/cm². Alle übrigen Werte J_0, J_u, c, r_{00}, r_{0u}, r_{uu}, ψ, C_{00}, C_{0u}, C_{uu} mögen dieselbe Größe haben wie im vorigen Beispiel. Wie groß ist die Sicherheit nach der Näherungsformel und wie groß nach der strengeren Rechnung, und wie verhalten sich in beiden Fällen die kritischen Wellenlängen l zueinander?

Die Näherungsrechnung nach den Gleichungen 3) und 4) liefert für den Sicherheitsgrad

$$\nu = \frac{2}{720 + 0,4 \cdot 80} \cdot \sqrt{\frac{2150 \cdot [150\,000 + 0,4 \cdot 90\,000]}{400 \cdot 0,794}} = 2,99\ .$$

Für die Wellenlänge ergibt sich

$$l = \pi \sqrt[4]{2150 \cdot (150\,000 + 0,4 \cdot 90\,000) \cdot 400 \cdot 0,794} = 1875\ \text{cm} = 18,75\ \text{m}\ .$$

Aus der strengeren Gl. 2) findet sich die Sicherheit in diesem Falle, da die Verhältnisse $\dfrac{J_o}{O}$ und $\dfrac{J_u}{U}$ einander nicht gleich sind, am besten durch Probieren.　Man hat

$$\nu = \frac{2150 \cdot \pi^2}{2l^2} \cdot \left[\frac{150\,000}{720} + \frac{90\,000}{80}\right] + \frac{l^2}{2 \cdot 400 \cdot \pi^2} \cdot \left[\frac{25,8}{720} + \frac{61,2}{80}\right]$$

$$- \sqrt{\left\{\frac{\pi^2 \cdot 2150}{2l^2} \cdot \left[\frac{150\,000}{720} - \frac{90\,000}{80}\right] + \frac{l^2}{2 \cdot 400 \cdot \pi^2} \cdot \left[\frac{25,8}{720} - \frac{61,2}{80}\right]\right\}^2 + \frac{38,8^2}{720 \cdot 80} \cdot \frac{l^4}{400^2 \pi^4}}\ .$$

Die Ausrechnung ergibt die folgende Gleichung, in der die Wellenlänge l in Metern einzuführen ist:

$$\nu = \frac{1402,6}{l^2} + 1,014\,l^2 - \sqrt{\left\{\frac{972,6}{l^2} + 0,923\,l^2\right\}^2 + 0,1685\ l^4}\ .$$

Man erhält für die dem Näherungswert $l = 18,75$ m benachbarten Wellenlängen die Sicherheitsgrade nach folgender Zusammenstellung:

Wellenlänge $l =$	18	19	20
Sicherheitsgrad $\nu =$	2,827	2,807	2,819

Bei der geringen Änderung, welche die Sicherheitsgrade mit der Änderung der Wellenlänge l erfahren, kann man den zur Wellenlänge $l = 19$ m gehörigen Sicherheitsgrad $\nu = 2,807$ als ungefähren Kleinstwert betrachten, der vom Näherungswerte $\nu = 2{,}99$ nur unerheblich abweicht; ebenso ist auch die Abweichung zwischen der näherungsweise berechneten Wellenlänge l und ihrem strengeren Werte gering.

Nimmt die Rahmensteifigkeit einer Fachwerkbogenbrücke, wie dies meistens der Fall sein wird, von Brückenmitte gegen die Auflager hin stark zu, so kann, wenn sich der Fachwerkbogen beim Ausknicken mit einer Wellenlänge deformiert, welche nahezu gleich der Brückenstützweite ist, mit einer Einspannung des Bogens an seinen Enden gerechnet werden. Es finden dann die Überlegungen des § 46 sinngemäß auch hier Anwendung. Die Sicherheit erhöht sich dementsprechend etwa auf ihren 1,8 fachen Betrag, während die kritische Länge l sich etwa im Verhältnis $\pi : 2{,}65$ vermindert. Man erhält demnach für Fachwerkbogenträger, deren Rahmen an Steifigkeit gegen die Kämpfer hin stark zunehmen, die folgenden Formeln:

Für die Knicksicherheit die durch Probieren aufzulösende

$$\text{Gl. 5)} \qquad \nu = \frac{1{,}8 \cdot \pi^2 E}{2\,l^2} \cdot \left[\frac{J_o}{O} + \frac{J_u}{U} \right] + \frac{1{,}8\,l^2}{2\,c\,\pi^2} \left[\frac{C_{oo}}{O} + \frac{C_{uu}}{U} \right]$$

$$- 1{,}8 \cdot \sqrt{\left\{ \frac{\pi^2 E}{2\,l^2} \cdot \left[\frac{J_o}{O} - \frac{J_u}{U} \right] + \frac{l^2}{2\,\pi^2 c} \left[\frac{C_{oo}}{O} - \frac{C_{uu}}{U} \right] \right\}^2 + \frac{C_{ou}}{OU} \cdot \frac{l^4}{\pi^4 c^2}} \,,$$

sowie für Näherungsrechnungen

$$\text{Gl. 6)} \qquad \nu = \frac{3{,}6}{O + \psi U} \cdot \sqrt{\frac{E\,(J_o + \psi J_u)}{c\,\mathfrak{r}_{oo}}}$$

mit

$$\text{Gl. 7)} \qquad l = 2{,}65 \cdot \sqrt{E\,(J_o + \psi J_u)\,c\,\mathfrak{r}_{oo}} \,.$$

Letztere Gleichung liefert die Länge l, welche entsprechend Abb. 140 wenigstens etwa einem Drittel der Stützweite gleich sein sollte, damit die Annahme einer Einspannung der Bogenenden sich rechtfertigen läßt.

Für praktische Berechnungen möge noch darauf hingewiesen werden, daß die strengeren Gleichungen den Sicherheitsgrad als Differenz zweier im Vergleich zum Sicherheitsgrade selbst großer Zahlen geben; es ist daher erforderlich, mit großer Schärfe zu rechnen, wenn man den Sicherheitsgrad genau bestimmen will, was doch schließlich der Zweck ist, durch den die Anwendung der strengeren Gleichungen begründet wird.

§ 48. Der Sicherheitsgrad.

Wir hatten bisher stillschweigend eine ν-fache Sicherheit gegen Knicken immer dadurch definiert, daß erst die ν-fache Gebrauchslast imstande sein sollte, ein System an die Knickgrenze zu bringen. In derselben Weise spricht man ja bekanntlich auch von einer

ν-fachen Sicherheit gegen Bruch oder gegen Überschreitung der Elastizitätsgrenze, wenn erst die ν-fachen Gebrauchslasten dazu führen, daß die Bruch- bzw. Elastizitätsgrenze erreicht wird.

Während nun bei der Beanspruchung auf Druck, Zug, Biegung oder Verdrehen wenigstens innerhalb der Elastizitätsgrenze die Flächenquerschnitte bzw. die Widerstands- oder Trägheitsmomente proportional der Sicherheitszahl wachsen, besteht im Falle der Knickung eine solche Proportionalität nur für die Eulersche Formel, der zufolge mit

$$P_E = \frac{\pi^2 E J}{l^2} \quad \text{und} \quad \nu = \frac{P_E}{P} \quad \text{in} \quad P = \frac{\pi^2 \cdot E}{l^2} \cdot \frac{J}{\nu}$$

für eine bestimmte Gebrauchslast P das Trägheitsmoment mit der Sicherheitszahl proportional sein muß. Wird die Knickspannung größer als die Spannung des Baustoffes an der Proportionalitätsgrenze, so ist nach Tetmajer die Knickgrenze durch den Ausdruck

$$P_k = \sigma_k \cdot F = \left(3{,}1 - 0{,}0114 \cdot \frac{l}{i}\right) \cdot F$$

gegeben und die Sicherheit wird ν-fach, wenn

$$P = \frac{P_k}{\nu} = \left(3{,}1 - 0{,}0114 \frac{l}{i}\right) \cdot \frac{F}{\nu}$$

ist. Zwischen F und ν besteht hier keine Proportionalität mehr, wenn man nicht etwa dafür sorgt, daß mit der Änderung von F i seinen Wert beibehält.

Aber auch in anderen Fällen wird bei der erwähnten Definition des Sicherheitsgrades die Proportionalität zwischen dem Sicherheitsgrad und der maßgebenden Querschnittsfunktion unmöglich. Ruht z. B. ein gedrückter Stab von unveränderlichem Querschnitt auf elastisch nachgiebigen Stützen, so besteht zwischen seiner Knickkraft P_k und seinem Trägheitsmoment J bei stetiger Stützung nach § 43, Gl. 18) die Beziehung

$$P_k = 2 \cdot \sqrt{\frac{E J}{c \mathfrak{r}}}.$$

Die Knickkraft ist also hier der Quadratwurzel aus dem Produkt von J in die Stützenwiderstände $\frac{1}{\mathfrak{r}}$ proportional. Überschreitet die Knickspannung die Proportionalitätsgrenze, so wird hier, wie wir sahen, die Abhängigkeit noch verwickelter.

Die Störung der Proportionalität zwischen der Belastung und der Querschnittsfunktionen gab wohl die Veranlassung zu anderen Begriffsbestimmungen für den Sicherheitsgrad gegen Knicken, von welchen namentlich die von J. Dondorff und H. Kayser einer näheren Erörterung bedürfen.

J. Dondorff[1]) geht bei seiner Definition des Sicherheitsgrades von der Eulerformel aus, bei welcher P_E und J proportional sind, und bezeichnet ein System als ν-fach knicksicher, wenn das vorhandene Trägheitsmoment ν-mal so groß ist als dasjenige, bei welchem das System unter der Gebrauchslast an die Knickgrenze gelangen würde. Für die Eulerformel ist diese Definition fraglos richtig. Bei Anwendung der Tetmajerschen Formeln wäre hingegen

$$P_k' = \left(3{,}1 - 0{,}0114 \cdot \frac{l}{\sqrt{\nu J : F}}\right) F = \left(3{,}1 - 0{,}0114 \cdot \frac{l}{i}\sqrt{\frac{1}{\nu}}\right) F$$

und, da ν immer größer als 1 sein muß, so wird die so berechnete Knickgrenze P_k' immer kleiner sein als die tatsächliche Knickgrenze. Die der Rechnung zugrunde gelegte Sicherheit ist daher in diesem Falle hinsichtlich der Gebrauchslast kleiner als die wirkliche Sicherheit.

Für das Beispiel des stetig gestützten Stabes wäre nach Dondorff die Knickkraft

$$P_k' = 2 \cdot \sqrt{\frac{E \cdot \nu J}{c\,\mathfrak{r}}},$$

und es wäre somit

$$P_k' : P_k = 2\sqrt{\frac{E\nu J}{c\,\mathfrak{r}}} : 2\sqrt{\frac{EJ}{c\,\mathfrak{r}}} \quad \text{oder} \quad P_k' : P_k = \sqrt{\nu} : 1,$$

d. h. bereits die mit $\sqrt{\nu}$ vervielfachte Gebrauchslast würde bei der Dondorffschen Definition hinreichen, um den Stab bei „ν-facher Sicherheit" an die Knickgrenze zu bringen. Bei $\nu = 4$ wäre also die Knickgrenze bereits bei der doppelten Gebrauchslast erreicht. Würde man die Dondorffsche Begriffsbestimmung sich zu eigen machen, so wäre also in jedem Falle immer noch besonders zu prüfen, wie

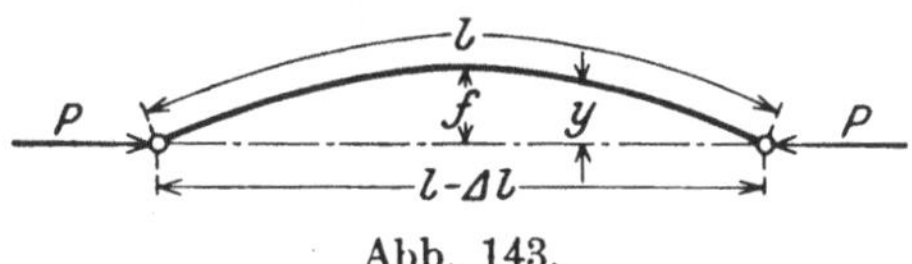

Abb. 143.

weit die Knickbelastung über der Gebrauchslast liegt, denn dieser Gesichtspunkt ist doch wohl letzten Endes entscheidend für die Beurteilung der Frage, wieviel einem Bauwerk äußersten Falles zugemutet werden darf.

H. Kayser[2]) geht bei der Definition des Sicherheitsgrades von einem Vergleich zwischen der virtuellen Druckarbeit und der virtuellen Biegungsarbeit aus, die er unter der Annahme eines schranken-

[1]) J. Dondorff, Dissertation, Seite 43.
[2]) Zentralbl. d. Bauverw. 1909, S. 349.

losen Geltungsbereiches für das Elastizitätsgesetz berechnet. Für eine beliebige, kleine Näherung der Stabenden Δl (Abb. 143). Ist die virtuelle Druckarbeit

$$A_a = P \cdot \Delta l.$$

Die virtuelle Arbeit der Biegung folgt aus dem Moment $P \cdot y$ zu

$$A_i = \int_0^l \frac{P^2 y^2 \cdot dx}{2\,EJ},$$

wonach nach Kayser der Sicherheitsgrad durch

$$\nu = \frac{\displaystyle\int_0^l \frac{P^2 \cdot y^2 \cdot dx}{2\,EJ}}{P \cdot \Delta l}$$

bestimmt wäre.

Man erhält für den vollwandigen Stab (auch mit elastischen Stützen, wenn man nur in diesem Falle die Biegungsarbeit um die Arbeit der Querstützen vermehrt) den Sicherheitsgrad innerhalb der Proportionalitätsgrenze in Übereinstimmung mit der aus der ν-fachen Steigerung der Gebrauchslast als Knicklast fließenden Zahl. Wird aber beim Knicken die Proportionalitätsgrenze überschritten, so führt die Kaysersche Festsetzung über den Sicherheitsgrad zu einer zu großen rechnerischen Sicherheit.

Mit Rücksicht darauf, daß bei den meisten Fällen im Eisenbau die Knickspannung über der Proportionalitätsgrenze liegt, erweist sich das Verfahren von Kayser als praktisch so gut wie wertlos für die Beurteilung der tatsächlichen Knickgefahr. Der Umstand, daß die Gebrauchsspannung unserer Bauwerke immer unter der Proportionalitätsgrenze liegt, berechtigt in keiner Weise dazu, sich mit einem auf der unbegrenzten Gültigkeit des Hookeschen Gesetzes fußenden Nachweis der Sicherheit, wie ihn Kayser a. a. O. vorschlägt und auch später noch vertritt, zufrieden zu geben[1]).

Im Gegensatze zu den milden Forderungen von Dondorff und

---

[1]) Der Eisenbau 1910, S. 142, „Die Knickversteifung doppelwandiger Druckquerschnitte“: „Definiert man den Sicherheitsgrad in dieser Weise, so wird man unabhängig von der Beanspruchung des Stabes an der Knickgrenze, welche meist außerhalb der Proportionalitätsgrenze liegt. ... Die abgeleiteten Formeln können dann allerdings nicht zur Berechnung der Knickkraft benutzt werden, deren Kenntnis in den meisten Fällen aber auch gar nicht notwendig ist.“

Nichts erscheint dem Verfasser wichtiger als geradezu die Kenntnis desjenigen Wertes der Belastung, bei dem die Stabilität wichtiger Bauglieder unsicher wird. Mit demselben Rechte könnte man ja auch die Tetmajerschen Formeln für entbehrlich erklären und nur nach Euler rechnen, da „die Kenntnis der Knickkraft in den meisten Fällen gar nicht notwendig ist“.

Vgl. hierzu auch die Ausführungen von Kayser in „Eisenbau“ 1910, S. 452, „Knickwiderstand von Druckstäben mit veränderlichem Querschnitt“.

Kayser vertritt Müller-Breslau[1]) bei vollwandigen und gegliederten
Stäben den Standpunkt, daß ein Druckstab, abgesehen von der hinsichtlich der Gebrauchslast zu beurteilenden ν-fachen Knicksicherheit,
imstande sein sollte, mindestens die doppelte Gebrauchslast an einem
Hebelarm $v = 0{,}01 \cdot l$ exzentrisch zur Achse angreifend mit einer
größten Randspannung zu ertragen, welche unter der Proportionalitätsgrenze liegt, vorausgesetzt, daß nicht eine größere Exzentrizität
als vorhanden nachgewiesen werden kann.

Zur Begründung der Definitionen von Dondorff und Kayser
ließe sich etwa anführen, daß gewöhnlich der rechnerisch nachzu-
weisende Sicherheitsgrad gegen Knicken erheblich größer sei als der
gegen Bruch, und daß es daher keinen Sinn habe die Druckstäbe
eines Bauwerkes gegen eine Belastung zu sichern, bei deren Vorhandensein seine Zugglieder bereits durch Bruch zerstört sind. Diese
Begründung könnte indessen höchstens dazu Veranlassung geben, die
Zug- und Druckglieder nicht mit derselben Sicherheitszahl gegenüber der Gebrauchslast auf Bruch bzw. Knicken zu berechnen. Hierbei
ist jedoch zu bedenken, daß sehr leicht zwischen der tatsächlichen
und der rechnerisch nachgewiesenen Knicksicherheit beträchtliche
Unterschiede bestehen können. Betrachtet man den Druckstab als
zentrisch belastet, so ist dies der Idealfall, welcher in praxi nur
selten verwirklicht ist; die Ausbildung der Knotenpunkte mit Knoten-
blechen bedingt das Auftreten mehr oder weniger großer Exzentrizitäten der Stabkräfte am ausgeführten System. Kleine Deformationen
des Stabes von der Bearbeitung her erniedrigen durch die Entstehung von Nebenspannungen die Sicherheit. Lokale Schwächungen
der Querschnitte, ungleichartiges Material, Erschütterungen, verschieden starke Erwärmung durch die Wirkung der Sonnenbestrahlung
wirken im selben Sinne, so daß der tatsächliche Sicherheitsgrad wohl
nicht immer so groß sein mag wie der rechnerische. So sehr man
daher, einwandfreie Berechnung vorausgesetzt, geneigt sein könnte,
den Sicherheitsgrad gegen Knicken hinsichtlich der Belastung nicht höher
anzusetzen als den für Zug- oder Biegungsbeanspruchung, ebenso-
sehr kann man hiergegen auch berechtigte Bedenken haben, wenn
man im Auge behält, wie viele ungünstige Nebeneinflüsse bei der
Berechnung unserer Bauten unberücksichtigt bleiben müssen.

Unter allen Umständen aber ist es empfehlenswerter, zur Beurteilung der Sicherheit immer von dem Verhältnis zwischen Knicklast und Gebrauchslast auszugehen und in den Fällen, wo eine derartige Festsetzung zu unwirtschaftlicher Formgebung führt (z. B.
Tetmajersche Formeln) lieber die Sicherheitszahl zu erniedrigen,
als die Definition des Sicherheitsgrades zu ändern, da hieraus leicht
eine Unklarheit über die Nähe der Gefahr für den Bestand eines
Bauwerkes entspringen könnte.

Die Auffassung, daß der Sicherheitsgrad aus dem Vergleich der
Gebrauchsbelastung und der Knickbelastung beurteilt werden solle,

---

[1]) Der Eisenbau 1911, „Über exzentrisch gedrückte gegliederte Stäbe".

kommt in allen amtlichen Vorschriften zur Berechnung öffentlicher Bauten zum Ausdruck. Über die Wahl der Sicherheitszahl selbst gehen jedoch die Meinungen auseinander.

Die Berliner Baupolizei schreibt z. B. unter Anwendung der Eulerformel für Säulen aus Gußeisen eine achtfache, für Säulen aus Schweißeisen eine sechsfache Sicherheit gegenüber der Gebrauchslast vor, wenn die Last genau zentrisch angreift, und verlangt eine Erhöhung der Gebrauchslast um 50% bei exzentrischer Kraftwirkung, wenn der Exzentrizitätshebel nicht bekannt ist.

Die preußischen Vorschriften verlangen eine 5fache Eulersche Sicherheit für die Gebrauchslast, wobei für Druckstäbe die Systemlänge als freie Knicklänge einzuführen ist.

Da es längst völlig feststeht, daß die Eulerrechnung außerhalb der Proportionalitätsgrenze viel zu günstig ist, und da ferner die Knickgrenze der meisten im Eisenbau verwendeten Druckstäbe über dieser Grenze liegt, kann man sich über die Zähigkeit, mit der an den preußischen Bestimmungen immer noch festgehalten wird, nur wundern. Wenn Zimmermann[1]) zur Verteidigung dieser Vorschriften darauf hinweist, daß nach seiner 40jährigen Erfahrung noch kein Stab versagt habe, der den preußischen Vorschriften genügte, so hat das nicht viel zu bedeuten, denn sicher versehen Stäbe, die nach den Tetmajerschen Formeln mit einer angemessenen Sicherheit (etwa 3) gerechnet sind, ihren Dienst mindestens eben so vollkommen. Eine Berechnung auf der Basis theoretisch wie praktisch gut begründeter Formeln hätte aber den Vorteil, daß sie das starke und gerechtfertigte Bedürfnis, den wirklichen Sicherheitsgrad tunlich genau zu kennen, zu befriedigen vermag.

Bei der auf Veranlassung von Zimmermann aufgestellten Berechnung von „Brückenbüchern“ ergaben sich unter Anwendung der Eulerschen Formel mit der Systemlänge als freier Knicklänge für einzelne Brücken folgende Sicherheitszahlen:

Warthebrücke bei Obornik.

(Parallelträger von 45,1 m Stützweite mit oben liegender Fahrbahn.)

	O_1	O_2	O_3	
$\nu =$	2,18	1,21	4,50	für die rechnungsmäßige Gebrauchslast,
$\nu =$	—	1,06	—	für die Gebrauchslasten des Jahres 1898.

Unterführung bei der Luisenstraße in Berlin.

(Dreigelenkbogen von 18,9 m Stützweite.)

	V_0	V_1	D_1
$\nu =$	1,5	1,7	1,8

Brücke der sog. Pulverbahn über die Spree.

(Halbparabelträger von 55,5 m Stützweite.)

	V_2	V_3	V_4	V_5	
$\nu =$	1,23	0,88	1,03	1,44	(ohne Windkräfte).

---

[1]) Zentralbl. d. Bauverw. 1912, S. 189.

Lennebrücke am Bahnhof Hohenlimburg.
(Parallelträger von 20,6 m Stützweite.)

$$\begin{array}{ccccc} & D_1 & D_2 & D_3 & D_4 \\ \nu = & 0{,}8 & 0{,}9 & 1{,}1 & 1{,}5 \end{array}$$

Die von einer Eisenbahndirektion für einen Stab nach den preußischen Vorschriften ermittelte „Sicherheit" $\nu = 0{,}1$ verdient als denkwürdig hier noch erwähnt zu werden.

Daß so geringe Sicherheitsgrade zu keiner Katastrophe geführt haben, ist nicht gerade befremdlich. Bei so schwach ausgebildeten Druckstäben mußten deren Lasten eben von den benachbarten und wenig ausgenützten Stäben übertragen werden, und es ist anzunehmen, daß hierbei hauptsächlich die Gurtungen sich beteiligten, welche infolgedessen naturgemäß ziemlich erhebliche Nebenspannungen erhielten. Auch wird ja namentlich bei steifen Gurtgliedern eine teilweise Einspannung der Diagonalen und Pfosten bewirkt (§ 24, Abs. 2), so daß wohl in allen angeführten Fällen die wirkliche Sicherheit wenigstens $= 1$ war.

Daß aber bei solchen Verhältnissen unsere Baustoffe nicht immer geduldiger sind als sie es wohl hier noch waren, beweist der Einsturz der Birsbrücke bei Mönchenstein, deren Mittel-Diagonalen 6 und 8 nach dem Gutachten von Ritter und Tetmajer[1] etwa einfache Eulersche Knicksicherheit hatten. Hier hätte schon wegen der exzentrischen Ausbildung der Knotenpunkte mit beträchtlichen Nebenspannungen gerechnet und dementsprechend auch der rechnerische Sicherheitsgrad unbedingt in angemessener Weise erhöht werden müssen.

Es nützt wenig, wenn z. B. für die Anwendung der preußischen Vorschriften empfohlen wird[2]:

„Bei der Berechnung der Knicksicherheit sind mit besonderer Sorgfalt alle in Betracht kommenden Belastungsverhältnisse zu untersuchen. Namentlich dürfen, wenn nur zentrisch wirkende Belastung angenommen wird und wenn die Knicksicherheit nur eben den vorgeschriebenen Mindestwert hat, die untersten Werte der zulässigen Spannungen nicht überschritten werden."

Eine volle Gewähr bildet eben eine sorgfältige Erwägung aller in Betracht kommenden Belastungsverhältnisse bei der Berechnung erst dann, wenn diese auch auf theoretisch einwandfreie Gesetze aufgebaut wird.

In welchem Maße stoßweise oder zwischen gewissen Größt- oder Kleinstwerten wechselnde Belastung die Knickgrenze beeinflussen, ist

---

[1]) Zentralbl. d. Bauverw. 1891, S. 470. Vgl. hierzu auch Schweiz. Bauztg. 1891 und Deutsche Bauztg. 1891, S. 362 und S. 552.

[2]) Runderlaß des preuß. Ministeriums d. öffentl. Arbeiten vom 10. März 1912 (Zentralbl. d. Bauverw. 1912).

bisher in keiner Weise bekannt. Es ergibt sich hieraus die Notwendigkeit, in solchen Fällen mit erhöhten Sicherheitszahlen zu rechnen. Ein besonders häufiger Fall dieser Art ist die Knickbeanspruchung von Kolbenstangen. Hier wird bei kleinen Maschinen mit einer 8- bis 12-fachen Sicherheit gerechnet, wenn der Druck nur zwischen Null und einem Größtwert schwankt und Biegungsbeanspruchung nicht in Frage kommt, mit einer 15- bis 22fachen Sicherheit, wenn die Stangenkraft zwischen positiven und negativen Größtwerten sich ändert.

Eine hohe Sicherheitszahl gegen Knicken ist bei Bauwerken zur Erzielung einer angemessenen Erschütterungsfreiheit gegenüber beweglichen Lasten von großem Vorteil; schon lange vor dem Einsturz der Birsbrücke bemerkte das Fahrpersonal Schwingungen der Brücke und ihrer Stäbe, auch wenn nur leichte Lastenzüge die Brücke befuhren. Der Eintritt von Schwingungen kann aber wegen der dadurch geweckten Spannungen für die Knickgefahr nur von ungünstiger Wirkung sein.

Theorie der gegliederten Druckstäbe.
(Gitter- und Rahmenstäbe.)

§ 49. Allgemeine Bemerkungen über Gliederstäbe.

Beim vollwandigen Druckstab geschieht die Aufnahme der beim
Knicken entstehenden Querkräfte durch den Steg des Querschnittes
(Stehbleche); ersetzt man den Steg durch irgendwelche Querverbindungen, z. B. Diagonalvergitterung oder Diagonalen mit Pfosten oder
auch durch Querbleche (Bindebleche), so fällt diesen Querverbin-

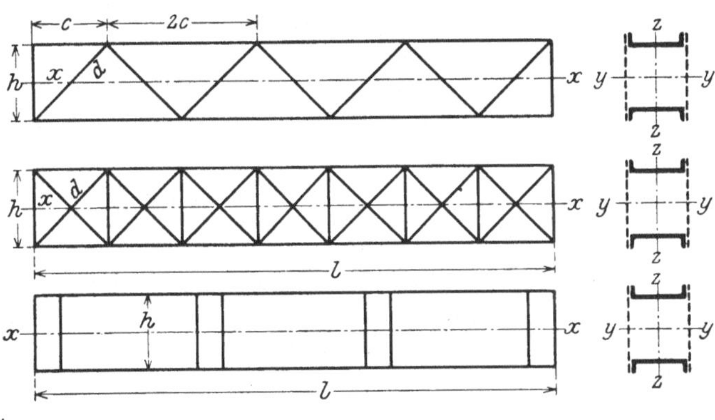

Abb. 144.

dungen, ebenso wie den Füllungsstäben von Fachwerksbrücken, vor-
nehmlich die Aufgabe zu, die Querkräfte zu übertragen, während
sich die Stabgurtungen in erster Linie an der Aufnahme der beim
Knicken entstehenden Biegungsmomente beteiligen.

Knickt ein gegliederter Stab (Abb. 144) senkrecht zur Vergitterungsebene aus, so ist hierbei die Vergitterung unbeteiligt an der
Aufnahme der Querkräfte, welche durch die Stege der Gurtquerschnitte übertragen werden. Die Knickgrenze bestimmt sich für
diese Richtung auch beim gegliederten Stab nach den für vollwandige Stäbe in den Abschnitten I und II aufgestellten Gesetzen.

Für die Theorie der Gliederstäbe ist nur das Ausknicken innerhalb der Ebene, in welchen der Querverband angeordnet ist, von Belang, wobei die Querkraft durch den Querverband aufgenommen werden muß. Wir wolllen diese Art des Ausknickens eines Gliederstabes als „Knicken in der Bildebene" ansprechen. Es ist selbstverständlich, daß ein Stab für beide Knickrichtungen die erforderliche Sicherheit besitzen muß, und wir setzen in der Folge stets voraus, daß die Knicksicherheit quer zur Bildebene mindestens nicht kleiner sei als die innerhalb der Bildebene, ohne daß wir dies jedesmal ausdrücklich hervorheben.

Wir bezeichnen als „Gitterstäbe" oder „Fachwerkstäbe" solche Gliederstäbe, deren Querverbindungen aus Pfosten und Diagonalen oder lediglich aus Diagonalen bestehen, und übertragen zugleich auch auf sie sinngemäß alle Bezeichnungen des Fachwerkträgers (z. B. Gurtungen, Feldweite, Höhe, Länge, Knotenpunkte usw.); als Rahmenstäbe dagegen sprechen wir solche Stäbe an, deren Gurtungen durch steif angeschlossene Querbleche oder Bindebleche verbunden sind, zu welchen also unter den Brückensystemen die sogenannten Vierendeelträger das Analogon bilden. Die Gurtungen werden, wo nicht das Gegenteil davon bemerkt wird, als parallel und von unveränderlichem Querschnitt vorausgesetzt. Ebenso wird allgemein angenommen, daß die Diagonalen, Pfosten oder Querbleche in allen Feldern des Gliederstabes denselben Querschnitt aufweisen. Insbesondere benützen wir für gegliederte Stäbe allgemein folgende Bezeichnungen:

P für die in Richtung der Stabachse wirkende Druckkraft,

v für den Exzentrizitätshebel dieser Kraft,

l für die ganze Stablänge,

h für den Abstand zwischen den Schwerachsen der Gurtungen,

c für die Projektion der Entfernung zweier benachbarter Knotenpunkte auf die Stabachse (Feldweite),

$n = l : c$ für die Felderzahl,

F_g für die Querschnittsfläche einer Gurtung,

J_g für das Trägheitsmoment einer Gurtung bezüglich ihrer zur Bildebene senkrechten Schwerachse,

$J = 2 J_g + F_g \cdot \dfrac{h^2}{2}$ für das Ersatzträgheitsmoment eines vollwandig gedachten Stabes, dessen Profil mit dem von den Gurtungen gebildeten Profil übereinstimmt,

F_d für die Summe der Querschnittsflächen aller Diagonalstäbe, welche durch einen achsrecht zum Stabe geführten Schnitt getroffen werden[1]),

---

[1]) Kraft dieser Festsetzungen werden dann die später zu entwickelnden Gleichungen unabhängig von der Anzahl der Ebenen, in welchen die Vergitterungen angeordnet werden, da im allgemeinen die Annahme erlaubt ist, daß sich die Querkräfte auf die einzelnen Vergitterungsebenen gleichförmig verteilen.

J_d für die Summe der Querschnittsträgheitsmomente aller Diagonalen, welche durch einen achsrecht zum Stabe geführten Schnitt getroffen werden[1]),

F_p für die Summe der Querschnittsflächen aller an einem Knotenpunkte befindlichen Pfosten bzw. Bindebleche[1]),

J_p für die Summe der Trägheitsmomente aller an einem Knotenpunkte befindlichen Pfosten bzw. Bindebleche[1]),

O, U, D für die Stabkräfte im Obergurt, Untergurt, bzw. den Diagonalen,

y_m für die Durchbiegung des Stabes am Knotenpunkt m,

Δy_m für die Differenz $y_m - y_{m-1}$ der Durchbiegungen y,

$\Delta^2 y_m$ für die Differenz $= \Delta y_{m+1} - \Delta y_m = y_{m+1} - 2 y_m + y_{m-1}$,

f für die größte Durchbiegung in Stabmitte,

E für den Elastizitätsmodul,

G für den Gleitmodul,

Die Art und Weise, wie gegliederte Stäbe an die Grenze ihrer Tragfähigkeit gelangen können, ist nun sehr verschieden.

Bei sachgemäßer Berechnung und guter konstruktiver Gestaltung kann das Knicken, ähnlich wie bei vollwandigen Stäben, so geschehen, daß sich sowohl die Gurtungen wie die Stabachse nach einer gekrümmten Linie biegen, welche im Falle symmetrischer Anordnung und symmetrischer Belastung in der Stabmitte ihre größte Ordinate hat. Sind die Gurtungen aber für die zu übertragenden Kräfte zu schwach, so kann bei reichlichen Querverbindungen ein Knicken der einzelnen Gurtungen zwischen zwei benachbarten Knotenpunkten eintreten. Bei schwachen Querverbänden hingegen können diese Verbände früher an ihre Knickgrenze oder an ihre Bruchgrenze gelangen als der Gliederstab selbst.

Im Sinne der in § 11 angeführten Theorie des Verzweigungs-Gleichgewichts gesprochen, liegen sonach bei einem gegliederten Druckstabe verschiedene Verzweigungspunkte vor, nach deren Erreichung die zuvor stabile Gleichgewichtsfigur labil wird.

Immer aber ist die Knickgrenze P_k eines gegliederten Stabes beim Ausknicken in der Bildebene niedriger als die Knickgrenze P_E eines gleichlangen Vollwandstabes, dessen Trägheitsmoment gleich dem Ersatzträgheitsmoment J ist. Man kann $P_k = \alpha \cdot P_E$ setzen, wo $\alpha < 1$, der Abminderungskoeffizient des gegliederten Stabes ist.

Die Aufgabe, welche bei der Berechnung gegliederter Stäbe auftritt, ist nun eine doppelte.

Zunächst handelt es sich darum, für einen Stab, dessen Konstruktion bekannt ist, die Knickgrenze zu bestimmen; sodann aber ist es ebenso wichtig, zu wissen, welche Kräfte an der Knickgrenze von den Querverbindungen zu übertragen sind und welche Spannungen dabei in den Querverbindungen und in ihren Nietanschlüssen auftreten. Sind diese beiden Aufgaben gelöst, so ist damit zugleich auch der Weg gewiesen, wie für eine bestimmte Gebrauchslast unter

---

[1]) Siehe Anmerkung auf voriger Seite.

Rücksicht auf die angestrebte Sicherheit ein Stab zu konstruieren ist, welche Abmessungen seine Querverbindungen erhalten müssen und wie diese an die Gurtungen anzuschließen sind. Man ist, wie sich noch zeigen wird, bei der Berechnung eines Gliederstabes für eine bestimmte Gebrauchslast auf Probieren angewiesen und kann hierbei am einfachsten davon ausgehen, daß man auf Grund ähnlicher Ausführungen den Abminderungskoeffizienten α zunächst schätzt und hiernach die Gurtquerschnitte und ihren Abstand h wählt. Hiernach bleibt nur noch übrig, die Wahl der Querverbindungen so einzurichten, daß der geschätzte Wert α erreicht wird.

Die Berechnungsmethoden, welche später mitgeteilt werden, beruhen teils auf rationeller Grundlage, wie das Verfahren von Müller-Breslau und Engesser, teils liegt, wie bei der Formel von Krohn, eine nicht ganz einwandfreie Annahme zugrunde.

Eine scharfe Berechnung gegliederter Stäbe läßt sich auch innerhalb der Proportionalitätsgrenze nicht erwarten. Es scheint aber auch nicht erforderlich, die Anforderungen an die Genauigkeit der Theorie allzu hoch zu stellen. Gliederstäbe enthalten fast immer Material von verschiedenen Hitzen und verschiedenen Walzenstraßen; der Dehnungsmodul verschiedener Teile eines Gliederstabes ist unterschiedlich; der für Druck anders als der für Zug. Die Nachgiebigkeit der Nietverbindungen, kleine Nebenmomente, welche bei nicht genau zentrischen Knotenpunkten entstehen, ungleiche Erwärmung der beiden Gurtungen, Materialfehler, Fehler der Ausführung, kleine Deformationen, welche die Stäbe bei der Bearbeitung oder beim Transport erleiden, sind alles Ursachen, die je nach der Richtung, in welcher sie zusammenwirken, die Knickgrenze eines Gliederstabes mehr oder weniger stark beeinflussen, eine allzu strenge Rechnung aber nicht immer lohnen.

Vermag die Theorie das Problem auch innerhalb der Elastizitätsgrenze nur näherungsweise zu verfolgen, so gilt dies erst recht dann, wenn die Knickspannungen die Proportionalitätsgrenze überschreiten; hier treten in den verschiedenen Teilen des Stabes Spannungen auf, die teils oberhalb teils unterhalb dieser Grenze liegen; die Formänderungen folgen teilweise dem Hookeschen Gesetz, teils weichen sie in den höher beanspruchten Elementen des Gliederstabes von diesem Gesetze ab, wonach denn für die einzelnen Glieder nach Maßgabe ihrer Beanspruchung mit einem von Ort zu Ort veränderlichen Modul gerechnet werden müßte, was natürlich unmöglich ist.

Durch Einführung des aus den Tetmajerschen oder sonstigen empirischen Formeln abgeleiteten Knickmoduls T gelingt es aber auch hier, die Knickgrenze der Gliederstäbe und die Beanspruchungen ihrer Querverbindungen wenigstens abzuschätzen.

Trotz der erwähnten Schwierigkeiten darf man aber wohl behaupten, daß die Theorie der gegliederten Druckstäbe bereits heute schon einen Grad von Vollkommenheit erreicht hat, der in den Händen des damit vertrauten Ingenieurs die Gewähr für die Sicherheit bietet, welche wir von unseren öffentlichen Bauten zu erwarten berechtigt sind.

Der Gebrauchswert der im folgenden mitgeteilten Methoden ist verschieden je. nach dem bei der Berechnung angestrebten Zwecke.

Für einen ersten Überschlag beim Entwurf empfiehlt sich die Formel von Krohn, da sie zunächst eine Abschätzung der Knickgrene ermöglicht, ohne daß die Querverbindungen zuvor dimensioniert sind.

Allerdings ist die Krohnsche Formel nur für gedrungene Gliederstäbe brauchbar, deren Knickspannungen die Proportionalitätsgrenze überschreiten. Für Stäbe, deren Knickspannungen unter dieser Grenze bleiben, liefert sie unbrauchbare Werte für die Knicklasten.

Ist aber hiernach die Dimensionierung der Querverbände erfolgt, so sollte ein Gliederstab immer noch nach den strengeren Formeln von Engesser oder Müller-Breslau nachgeprüft werden. Geradezu unentbehrlich sind die Methoden von Müller-Breslau, wenn der Gliederstab exzentrischem Druck ausgesetzt ist.

Obwohl an und für sich die Knickgrenze eines Stabes durch den exzentrischen Lastangriff nicht beeinträchtigt wird, so muß doch die Steigerung der Spannungen, welche infolge der Exzentrizität in manchen Teilen des Stabes auftritt, wohl im Auge behalten werden. Schon lange vor dem Erreichen der Knickgrenze kann bei solchen Stäben die Tragfähigkeit erschöpft werden, wenn die am stärksten beanspruchten Fasern an die Bruchgrenze gelangen. Es liegt hier neben dem reinen Knickproblem noch ein Bruchproblem vor, das je nach der Größe der entstehenden Nebenspannungen an Bedeutung dem Knickproblem vorangeht.

Bezeichnet man mit

$\sigma = \dfrac{P}{2\,F_g}$ die Grundspannung der Gurtung, mit

χ die durch Wärme, exzentrische Knotenpunkte, Zwängungen, Abweichungen zwischen dem wirklichen und planmäßigen Stabnetz usw. bedingten Nebenspannungen, und mit

ξ die durch das Auftreten vorher nicht vorhandener Exzentrizitäten bei der Deformation entstehenden Nebenspannungen,

so lassen sich diese Spannungen und ihre Resultierende in übersichtlicher Weise wie in Abb. 145 darstellen. Während die Werte σ innerhalb der Elastizitätsgrenze mit P proportional anwachsen, neh-

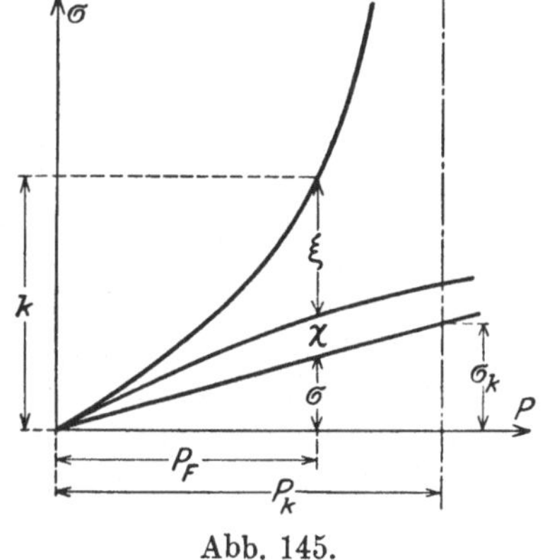

Abb. 145.

men die Spannungen χ mit wachsender Belastung P immer weniger stark zu; die Werte ξ sind zu Beginn der Belastung, wo die Deformationen verschwindend klein sind, selbst noch verschwindend klein, wachsen aber mit zunehmender Last rasch an, so daß die gesamte Spannung $\sigma_{res} = \sigma + \chi + \xi$ unter Umständen bereits bei der Belastung P_F die Festigkeit k des Materiales erreichen kann ehe σ den Wert σ_k bei der Knicklast $P = P_k$ des Stabes erreicht hat.

§ 50. Der nur durch Diagonalen versteifte Gitterstab bei exzentrischer Belastung[1]).

Der in Abb. 146 durch sein Netz dargestellte Stab sei durch eine Druckkraft P belastet, deren Exzentrizität durch den Hebelarm v dargestellt wird.

Für die Vergitterung, die hier durch einen einfachen Diagonalenzug geschieht, welcher in mehreren Ebenen angeordnet werden kann,

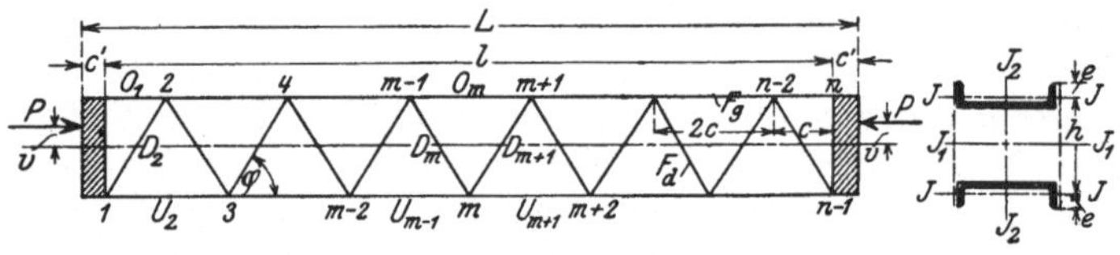

Abb. 146.

setzen wir sowohl hier, als auch für alle späteren Fälle ausdrücklich voraus, daß einer steigenden Diagonale einer Vergitterungsebene jeweils auch steigende Diagonale in den übrigen Vergitterungsebenen entspreche. Durch diese Anordnung der Vergitterung wird bewirkt, daß die Gurtungen nicht auf Verdrehen beansprucht werden, wie dies der Fall wäre, wenn sich in einem Felde des Stabes innerhalb der verschiedenen Vergitterungsebenen fallende und steigende Diagonalen entsprächen. Fast immer wird sich eine solche Konstruktion, wie wir sie hier voraussetzen, auch verwirklichen lassen; sie ermöglicht es, die Rechnung auf eine einigermaßen sichere Grundlage aufzubauen. Kann eine Torsion der Gurtungen aus konstruktiven Gründen nicht umgangen werden, so ist jedenfalls zu empfehlen, daß der rechnerische Sicherheitsgrad in angemessener Weise erhöht wird, wenn die Stabilität an der Hand der nachstehenden Rechnungen bestimmt werden soll; denn bei Verdrehung der Gurtung hängen die Durchbiegungen des Stabes auch von den Torsionsmomenten ab, welche durch die gegenläufigen Diagonalen veranlaßt werden. Der gesetzmäßige Zusammenhang für diese Abhängigkeit ist indessen namentlich infolge der Unsicherheit, welche der Theorie des Torsionswiderstandes von Walzprofilen anhaftet, so wenig geklärt, daß eine strenge Berechnung solcher Gitterstäbe mit den heutigen Mitteln der Festigkeitslehre noch nicht gegeben werden kann.

---

[1]) Müller-Breslau, Neuere Methoden der Festigkeitslehre, Leipzig 1913, S. 415 ff.

Außer den schon in § 49 festgesetzten Bezeichnungen führen wir in diesem Paragraphen folgende Bezeichnungen ein:

O_m für den Druck im Obergurtstab, dessen Gegenpunkt m ist,

U_{m+1} für den Druck im Untergurtstab, dessen Gegenpunkt $m+1$ ist,

D_m für die Kraft in der Diagonale $m-1, m$ (als Zug positiv),

d für die Länge einer Diagonale, wobei (Abb. 147) zu beachten ist, daß sie sich etwas kleiner ergibt als die Systemlänge bei zentrischer Knotenpunktsausbildung,

δ für den Neigungswinkel der Diagonale D (wirklicher Winkel zwischen der Diagonalachse und der Stabachse, der bei nicht zentrischen Knotenpunkten größer ist als der durch $\operatorname{tg}\delta_0 = \dfrac{h}{c}$ bestimmte Neigungswinkel δ_0),

M_m für das Moment am Knotenpunkt m und

$\overline{M}_m$ für das Moment in der Mitte des Gurtstabes, dessen Gegenpunkt m ist.

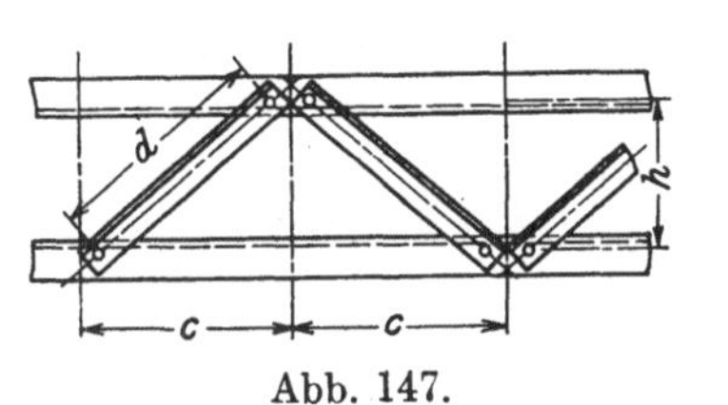

Abb. 147.

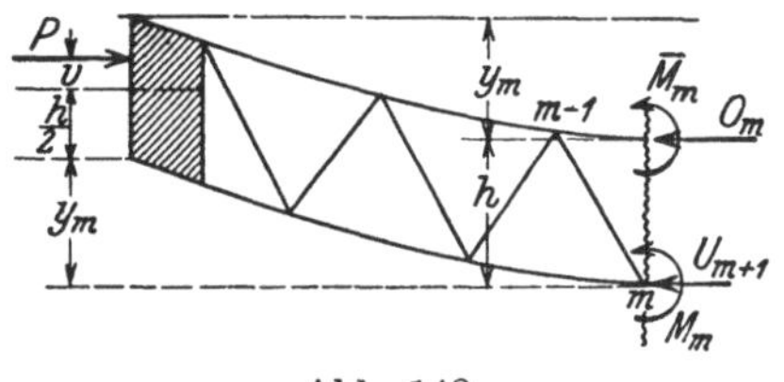

Abb. 148.

1. Aufstellung der Grundgleichungen.

Setzt man voraus, daß die Befestigung der Diagonalenenden einer Drehung keinen Widerstand leistet, so erhält man aus den Bedingungen für das Drehgleichgewicht um die Gegenpunkte der Gurtstäbe für die Kräfte in den Gurtungen (Abb. 148) die Werte:

Gl. 1)
$$O_m = \frac{P}{2} + \frac{P(v+y_m)}{h} - \frac{M_m + \overline{M}_m}{h},$$

Gl. 2)
$$U_{m+1} = \frac{P}{2} - \frac{P(v+y_{m-1})}{h} - \frac{M_{m-1} + \overline{M}_{m-1}}{h}.$$

Das in Stabmitte auftretende Biegungsmoment $\overline{M}_m$ bestimmt sich nun aus den Endmomenten des Gurtstabes wie folgt:
Mit

$$M = M_{m-1} + \frac{M_{m+1} - M_{m-1}}{2c} \cdot x + O_m \cdot y$$

als Biegungsmoment an der Stelle x erhält man aus der Differentialgleichung der elastischen Linie,

$$\frac{d^2 y}{d x^2} = -\frac{M}{E J_g},$$

das Integral

$$y = C_1 \cdot \cos \frac{x}{k} + C_2 \cdot \sin \frac{x}{k} - \frac{1}{O_m} \cdot \left(M_{m-1} + \frac{M_{m+1} - M_{m-1}}{2\,c} \cdot x \right),$$

worin abkürzend

$$\frac{1}{k} = \sqrt{\frac{O_m}{E\,J_g}}$$

gesetzt ist. Durch zweimalige Differentiation folgt hieraus

$$\frac{d^2\,y}{d\,x^2} = - \frac{C_1}{k^2} \cdot \cos \frac{x}{k} - \frac{C_2}{k^2} \cdot \sin \frac{x}{k}$$

oder

$$M = - \frac{E\,J_g}{k^2} \cdot \left(C_1 \cos \frac{x}{k} + C_2 \sin \frac{x}{k} \right) = O_m \left(C_1 \cos \frac{x}{k} + C_2 \sin \frac{x}{k} \right).$$

Für $x = 0$ ist

$$M = M_{m-1} = O_m \cdot C_1, \quad \text{also} \quad C_1 = \frac{M_{m-1}}{O_m}.$$

Für $x = 2\,c$ ist

$$M = M_{m+1} = O_m \cdot \left(C_1 \cdot \cos \frac{2\,c}{k} + C_2 \cdot \sin \frac{2\,c}{k} \right),$$

woraus

$$C_2 = \left[\frac{M_{m+1}}{O_m} - \frac{M_{m-1}}{O_m} \cdot \cos \frac{2\,c}{k} \right] \cdot \frac{1}{\sin \dfrac{2\,c}{k}}.$$

Mit diesen Werten von C_1 und C_2 wird das Moment an einer beliebigen Stelle x nach kurzer Rechnung

$$M = \frac{M_{m-1} \cdot \sin \dfrac{2\,c - x}{k} + M_{m+1} \cdot \sin \dfrac{x}{k}}{\sin \dfrac{2\,c}{k}}.$$

Insbesondere erhält man hiernach für das Moment $\overline{M}_m$ in Stabmitte bei $x = c$ den Wert

Gl. 3)
$$\overline{M}_m = \frac{1}{2} \left(M_{m-1} + M_{m+1} \right) \cdot \sec \frac{\alpha_m^0}{2}$$

und entsprechend:

Gl. 4)
$$\overline{M}_{m-1} = \frac{1}{2} \left(M_{m-2} + M_m \right) \cdot \sec \frac{\alpha_{m-1}^u}{2},$$

wobei

Gl. 5) $$\alpha_m^0 = \sqrt{\frac{O_m \cdot (2\,c)^2}{E\,J_g}} \quad \text{und} \quad \alpha_{m-1}^u = \sqrt{\frac{U_{m-1} \cdot (2\,c)^2}{E\,J_g}}$$

gesetzt werden muß.

Für den ersten Obergurtstab O_1 tritt an Stelle von Gl. 1)

Gl. 6)
$$O_1 = \frac{P}{2} + \frac{P(v+y_1)}{h} - \frac{M_0 + M_1}{h}.$$

Das Gleichgewicht der Horizontalkräfte in einem Schnitt durch den Stab führt auf die Beziehung

Gl. 7)
$$D_m \cdot \cos \delta = O_m + U_{m-1} - P.$$

Nach den Gl. 1) bis 7) können die Längenänderungen $\varDelta o$, $\varDelta u$ und $\varDelta d$ der Fachwerkstäbe berechnet werden; dieselben sind[1]) mit den Senkungen y durch die beiden Gleichungen

Gl. 8)
$$\frac{y_m - y_{m-1}}{c} - \frac{y_{m+1} - y_m}{c} = \frac{\varDelta o_m + (\varDelta d_m + \varDelta d_{m+1}) \cdot \sec \delta}{h};$$

Gl. 9)
$$\frac{y_{m+1} - y_m}{c} - \frac{y_{m+2} - y_{m+1}}{c} = -\frac{\varDelta u_{m+1} + (\varDelta d_{m+1} + \varDelta d_{m+2}) \cdot \sec \delta}{h}$$

verknüpft. Man erhält aus Gl. 8) und 9) mit

$$\varDelta o = \frac{O \cdot 2c}{EF_g}, \quad \varDelta u = \frac{U \cdot 2c}{EF_g} \quad \text{und} \quad \varDelta d = \frac{D \cdot d}{EF_d} = \frac{D \cdot \cos \delta \cdot d \cdot \sec \delta}{EF_d},$$

wenn außerdem noch

Gl. 10)
$$\gamma = \frac{F_g}{F_d} \frac{d}{c} \cdot \sec^2 \delta$$

gesetzt wird

Gl. 11)
$$\frac{EF_g \cdot h}{2c^2} \cdot (-y_{m-1} + 2y_m - y_{m+1})$$
$$= O_m + \frac{\gamma}{2} (D_m + D_{m+1}) \cdot \cos \delta,$$

Gl. 12)
$$\frac{EF_g \cdot h}{2c^2} \cdot (-y_m + 2y_{m+1} - y_{m+2})$$
$$= -U_m - \frac{\gamma}{2} (D_{m+1} + D_{m+2}) \cdot \cos \delta.$$

Für den Knotenpunkt 1 und seinen Gegenstab vereinfacht sich Gl. 11) zu

Gl. 13)
$$\frac{EF_g \cdot h}{c^2} \cdot (2y_1 - y_2) = O_1 + \gamma D_2 \cdot \cos \delta.$$

Zwischen den Biegungsmomenten der Gurtungen und ihren Durchbiegungen läßt sich nun aus der Bedingung stetigen Überganges der elastischen Linie der Gurtstäbe zweier benachbarter Felder an dem dazwischen liegenden Knotenpunkt eine Beziehung aufstellen, welche wir nach § 42, Gl. 10) sofort anschreiben können, wenn wir die Feld-

---

[1]) Müller-Breslau, Neuere Methoden, S. 44.

weite c konstant setzen und die dort mit Y bezeichneten Momente durch M und die Kräfte H durch O ersetzen. Man erhält dann

Gl. 14)
$$- y_{m-1} + 2\, y_{m+1} - y_{m+3} = \frac{M_{m-1}}{O_m} \cdot \zeta''_m$$
$$+ M_{m+1} \cdot \left(\frac{\zeta'_m}{O_m} + \frac{\zeta'_{m+2}}{O_{m+2}} \right) + \frac{\zeta''_{m+2}}{O_{m+2}} \cdot M_{m+3},$$

worin abkürzend

Gl. 15)
$$\zeta'_m = 1 - \alpha_m \cdot \operatorname{cotg} \alpha_m,$$

Gl. 16)
$$\zeta''_m = \frac{\alpha_m}{\sin \alpha_m} - 1 \quad \text{und} \quad \alpha_m = \sqrt{\frac{O_m \cdot (2\, c)^2}{E J_g}}$$

gesetzt ist.

Ganz entsprechende Gleichungen gelten auch für die untere Gurtung. Nur bei sehr schlanken Gurtungen spielt der Einfluß der Axialkraft O in Gl. 14) eine Rolle; im allgemeinen kann man ihn vernachlässigen und erhält dann (vgl. die Theorie des Gitterstabes mit Querriegeln S. 298 und die Theorie der Rahmenstäbe S. 315) statt Gl. 14) die einfache Beziehung

Gl. 17)
$$- y_{m-1} + 2\, y_{m+1} - y_{m+3}$$
$$= \frac{(2\, c)^2}{6\, E J_g} \left(M_{m-1} + 2\, M_{m+1} + M_{m+3} \right).$$

Da in den Gl. 14) bis 16) außer den Momenten auch die Stabkräfte in sehr verwickelter Form auftreten, so kann eine Bestimmung der Durchbiegungen hieraus nur durch Probieren bewirkt werden. Das Verfahren ist jedoch sehr zeitraubend; indessen läßt sich die Anwendung dieser strengeren Formeln ganz wesentlich dadurch vereinfachen, daß man für die Stabkräfte die Näherungswerte

$$O = \frac{P}{2} + \frac{P v}{h} \quad \text{und} \quad U = \frac{P}{2} - \frac{P v}{h}$$

einführt, für welche bei kleinem Exzentrizitätshebel v auch noch einfacher $O = U = \dfrac{P}{2}$ geschrieben werden kann. Zahlenrechnungen zeigen, daß diese Annäherung statthaft ist. Es werden nun durch diese Näherungswerte von O und U die Koeffizienten ζ' und ζ'' bei gleicher Feldteilung $2\, c$ konstant und man erhält statt Gl. 13) die einfachere

Gl. 18)
$$M_{m-1} + 2\, M_{m+1} \cdot \frac{\zeta'}{\zeta''} + M_{m+3}$$
$$= \frac{O}{\zeta''} \left(- y_{m-1} + 2\, y_{m+1} - y_{m+3} \right).$$

An den Enden des Gliederstabes treten an Stelle von Gl. 17) zwei durch die dort geänderten Verhältnisse bedingte, abweichende Beziehungen:

Gl. 19)
$$M_0 \cdot \zeta_1' + M_2 \cdot \zeta_1'' = O \cdot \left(y_1 \cdot \frac{c + c'}{c'} - y_2\right),$$

wobei die ζ_1', ζ_1'' nach Gl. 15) und 16) mit

Gl. 20)
$$\alpha_1 = \sqrt{\frac{O_1 c^2}{E J_g}}$$

zu bestimmen sind, und

Gl. 21)
$$M_0 \cdot \frac{2\,\zeta_1''}{\zeta''} + \frac{2\,\zeta_1' + \zeta''}{\zeta''}\,M_2 + M_4 = \frac{O}{\zeta''} \cdot (-2\,y_1 + 3\,y_2 - y_4).$$

Entsprechend Gl. 19) lautet für das Endfeld des Untergurtes die

Gl. 22)
$$M_1 \cdot \zeta' + M_3 \cdot \zeta'' = U \cdot \left(y_1 \cdot \frac{2\,c + c'}{c'} - y_3\right).$$

Benützt man die für steife Gurtungen brauchbare Gl. 17), so erhält
man für die Endfelder die besonderen Bedingungen:

Gl. 23)
$$2\,M_0 + M_2 = \frac{6\,E J_g}{c^2}\left(y_1 \cdot \frac{c + c'}{c'} - y_2\right),$$

Gl. 24)
$$M_0 + 6\,M_2 + 2\,M_4 = \frac{6\,E J_g}{(2\,c)^2} \cdot (-4\,y_1 - 6\,y_2 - 2\,y_4)$$

und

Gl. 25)
$$2\,M_1 + M_3 = \frac{6\,E J_g}{(2\,c)^2} \cdot \left(y_1 \cdot \frac{2\,c + c'}{c'} - y_3\right).$$

In den Gleichungen 18) bis 25) sind die Momente M als Funktionen
der Durchbiegungen y ausgedrückt; daneben treten noch die Gurtkräfte O auf, welche indessen durch die früheren Beziehungen 11)
bis 13) ebenfalls durch y ausgedrückt werden können. Man kann
somit ein, wie man sich leicht überzeugt, vollständiges System von
linearen Gleichungen aufstellen, welches nur die Durchbiegungen als
einzige Unbekannten enthält. Verschwindet die Nennerdeterminante
dieser Gleichungen, so ergeben sich endliche Durchbiegungen y auch
dann, wenn die Absolutglieder dieser Gleichungen alle verschwinden.
Die Durchbiegungen sind alsdann von der unbestimmten Form $\dfrac{0}{0}$.

Das Verschwinden der Nennerdeterminante liefert daher die Knickbedingung für den Gitterstab.

Wäre es nun nicht möglich, in der Aufstellung der Gleichungen
für die Durchbiegungen wesentliche Vereinfachungen vorzunehmen,
so würde die Berechnung des Knickfalles in jedem Falle eine sehr
zeitraubende und umständliche Arbeit notwendig machen, die wegen
der leicht unterlaufenden Fehler im allgemeinen nicht einmal größere
Zuverlässigkeit gewährleisten könnte als Näherungslösungen.

Es mögen nun zunächst die Ergebnisse eines von Müller-
Breslau durchgerechneten Zahlenbeispieles, soweit sie für die Folge

in Betracht kommen, angeführt werden. Auf die hieraus zu gewinnenden Erfahrungen, die sich auch in anderen Fällen zahlenmäßig bestätigen lassen, können dann die später zu besprechenden Vereinfachungen der Grundgleichungen gestützt werden.

2. Ergebnisse einer numerischen Berechnung.

Für den in Abb. 149 gezeichneten Gitterstab sei $l = 400$ cm; $h = 25$ cm; $c = 50$ cm. Die Gurtungen bestehen aus $\llcorner$-Eisen NP. 26

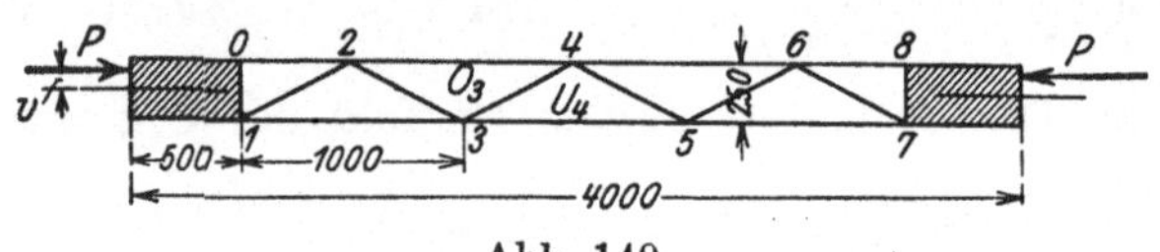

Abb. 149.

und haben $J_g = 317$ cm⁴; $F_g = 48,3$ cm². Die Diagonalen sind als Winkeleisen 60/40/7 mit einer Querschnittsfläche von 6,55 cm² ausgebildet, so daß bei Vorhandensein von zwei Gitterwänden

$$F_g = 13,1 \text{ cm}^2$$

wird.

Nach Abb. 150 ist

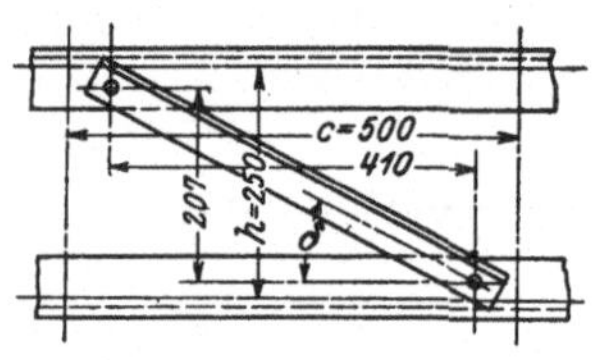

Abb. 150.

$$d = \sqrt{41^2 + 20{,}7^2} = 45{,}93 \text{ cm.}$$

$$\operatorname{tg} \delta = \frac{20{,}7}{41{,}0} = 0{,}504\,878,$$

$$\sec \delta = 1{,}120\,22$$

und damit

$$\gamma = \frac{F_g}{F_d} \cdot \frac{d}{c} \cdot \sec^2 \delta = \frac{48{,}3}{13{,}1} \cdot \frac{45{,}93}{50} \cdot 1{,}120\,22^2 = 4{,}25.$$

Die Belastung $P = 200$ t greife an einem kleinen Hebelarm v an. Der Elastizitätsmodul sei $E = 2150$ t/cm².

Zur Berechnung nehme man zunächst

Gl. 26) $O \cong U \cong 0{,}5\,P = 100$ t

an und bestimme hierzu die Werte ζ' und ζ''. Man erhält dann aus den Gl. 18) bis 22) die Momente M als Funktionen der Durchbiegungen y. Die Momente $\overline{M}$ in den Stabmitten können hiernach aus der Gl. 3) zu

$$\overline{M}_m = \frac{1}{2}(M_{m-1} + M_{m+1}) \cdot \sec \frac{\alpha}{2}$$

berechnet werden, worin

$$\alpha = \sqrt{\frac{P \cdot (2\,c)^2}{2 \cdot E J_g}}$$

zu setzen ist. Hiernach ergeben sich die Stabkräfte O und U, die ursprünglich zu $0,5\,P$ geschätzt waren, nach den Gl. 1) und 2) mit ihren berichtigten Werten in Abhängigkeit von den Durchbiegungen des Stabes. Nach Gl. 7) können nunmehr die Kräfte der Diagonalen bestimmt werden, worauf die Gl. 11) bis 13) mit Einsetzung der zuvor in den y ausgedrückten Stabkräfte O, U und D das Gleichungssystem zur Bestimmung der Durchbiegungen y liefern. Führt man die hieraus berechneten Werte y nachträglich wieder in die Gleichungen für O, U und D ein, so ist die Beanspruchung des Stabes bekannt.

Für das angeführte Zahlenbeispiel ergibt sich nach Müller-Breslau:

$$y_1 = 0{,}047\,1017\,v - 0{,}001\,7577 \text{ cm,}$$
$$y_2 = 0{,}087\,1254\,v - 0{,}080\,3713 \text{ cm,}$$
$$y_3 = 0{,}115\,8486\,v - 0{,}014\,0183 \text{ cm,}$$
$$y_4 = 0{,}119\,9967\,v - 0{,}092\,3282 \text{ cm,}$$

$$\left.\begin{array}{l} M_0 = 3{,}599\,v + 80{,}01 \text{ tcm} \\ M_2 = 3{,}902\,v - 37{,}61 \text{ tcm} \\ M_4 = 3{,}927\,v + 18{,}13 \text{ tcm} \end{array}\right\} \text{ am Obergurt,}$$

$$\left.\begin{array}{l} M_1 = 3{,}328\,v - 4{,}70 \text{ tcm} \\ M_3 = 3{,}948\,v + 2{,}14 \text{ tcm} \end{array}\right\} \text{ am Untergurt,}$$

$$O_1 = 96{,}67 + 8{,}100\,v,$$
$$U_2 = 99{,}08 - 8{,}365\,v,$$
$$O_3 = 100{,}38 + 8{,}547\,v,$$
$$U_4 = 101{,}58 - 8{,}610\,v,$$
$$D_2 = -4{,}42 - 0{,}298\,v,$$
$$D_3 = -0{,}61 + 0{,}204\,v,$$
$$D_3 = 2{,}91 - 0{,}70\,v.$$

Aus diesen Ergebnissen folgt zunächst, daß auch für verschwindende Hebelarme v in den Gurtungen Biegungsmomente und in den Diagonalen Kräfte auftreten, sowie auch, daß die von den Hebelarmen v abhängigen Bestandteile dieser Größen fast durchgehends nur kleine Werte annehmen. Weiterhin ergibt sich, daß die Näherungen $O = \dfrac{P}{2} + \dfrac{Pv}{h}$ und $U = \dfrac{P}{2} - \dfrac{Pv}{h}$ sehr gut zutreffen.

Bei den Biegungsmomenten der Gurtungen zeigen die vom Hebelarm v abhängigen Bestandteile eine nur geringe Veränderlichkeit. Die Kräfte in den Diagonalen sind klein.

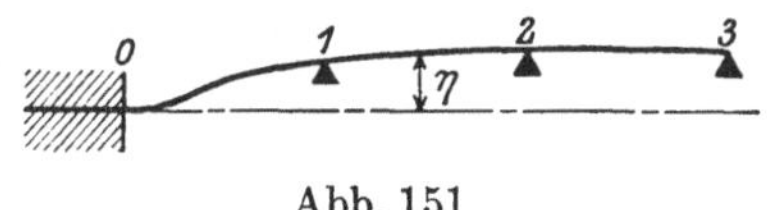

Abb. 151.

Daß auch bei zentrischer Belastung die Füllungsglieder des Stabes beansprucht werden und in den Gurtungen Biegung auftritt, ist leicht durch die in Abb. 151 skizzierte Formänderung eines Gitterstabes zu erklären. Wären hier bei axial wirkender Kraft P die beiden Gurtungen gleichmäßig mit $0{,}5\,P$ gedrückt, die Diagonalen aber spannungslos, so würde, wenn bei 0 und 2 Gelenke angeordnet wären, der Obergurt die Form der geknickten Linie 024 annehmen. Einer solchen scharfen Krümmungsänderung widersteht aber die Gurtung durch ihre Biegungssteifigkeit, wodurch die zuvor als spannungslos vorausgesetzten Diagonalen eine Längenänderung und somit auch eine Beanspruchung erfahren müssen.

Wir gehen jetzt dazu über, auf Grund der Ergebnisse des Zahlenbeispiels Näherungsrechnungen aufzustellen.

Aus den Gl. 11) und 12) erhält man nach Einführung der durch Gl. 1), 2) und 7) bestimmten Werte O, U, D die folgenden beiden Gleichungen, in denen $\varDelta^2 y_m = y_{m-1} - 2\,y_m + y_{m+1}$ ist:

Gl. 27)
$$-\varDelta^2 y_{m+1}\left(\frac{E F_g\,h^2}{2\,P\,c^2}-\frac{\gamma}{2}\right)+\frac{M_m+\overline{M}_m}{P}-\frac{\gamma}{2\,P}\cdot(M_{m-1}$$
$$+\,\overline{M}_{m-1}-2\,M_m-2\,\overline{M}_m+M_{m+1}+\overline{M}_{m+1})=y_m+v+\frac{h}{2},$$

Gl. 28)
$$-\varDelta^2 y_{m+2}\left(\frac{E F_g\,h^2}{2\,P\,c^2}-\frac{\gamma}{2}\right)+\frac{M_{m+1}+\overline{M}_{m+1}}{P}-\frac{\gamma}{2\,P}\cdot(M_m+\overline{M}_m$$
$$-2\,M_{m+1}-2\,\overline{M}_{m+1}+M_{m+2}+\overline{M}_{m+2})=y_{m+1}+v-\frac{h}{2}.$$

Die Gleichungen 27) und 28) stimmen bis auf das Vorzeichen von h überein. Für die folgenden Untersuchungen möge nun zunächst aus ihnen h gestrichen werden, um nur den Einfluß abzuschätzen, den die Größe v auf die Rechnung hat.

3. Abschätzung des Einflusses von v.

Das oben angeführte Zahlenbeispiel ergab, daß die von v abhängigen Bestandteile der Momente hinsichtlich ihrer Größe nur so geringen Schwankungen unterliegen, daß man genügend genau in Analogie zu der Differentialgleichung

$$M=-E J\cdot\frac{d^2 y}{d x^2}$$

die Differenzengleichung schreiben kann

$$M_m=-E J_g\cdot\frac{\varDelta^2 y_{m+1}}{c^2}.$$

Die Biegungslinie der Gurtung läßt sich annähernd durch die Parabel $y_m=\dfrac{4\,f}{n^2}\cdot m\cdot(n-m)$ ansetzen. Bildet man entsprechend der Parabelgleichung die Werte $\varDelta^2 y$, so ergibt sich, daß der in Gl. 27) auftretende Ausdruck

$$(M_{m-1}+\overline{M}_{m-1}-2\,M_m-2\,\overline{M}_m+M_{m+1}+\overline{M}_{m+1})$$

verschwindet. Aus Gl. 27) folgt dann die einfache Beziehung

$$- \Delta^2 y_{m+1} \cdot \left(\frac{EF_g \cdot h^2}{2\,P\,c^2} - \frac{\gamma}{2} \right) - y_m + \frac{2\,EJ_g}{P\,c^2} \cdot \Delta^2 y_{m+1} = v\,.$$

Schreibt man

Gl. 29)
$$\varrho = 1 : \left(\frac{EJ}{P c^2} - \frac{\gamma}{2} \right),$$

so geht diese Differenzengleichung über in

Gl. 30)
$$- y_{m+1} + (2 - \varrho) y_m - y_{m-1} = v \cdot \varrho.$$

Man überzeugt sich leicht durch die Probe, daß das Integral[1]) dieser Gleichung durch

Gl. 31)
$$y_m = A \cdot \cos m\vartheta + B \cdot \sin m\vartheta - v$$

gegeben ist, worin

Gl. 32)
$$\cos \vartheta = 1 - \frac{\varrho}{2}$$

ist.

Da aus Symmetriegründen $y_m = y_{n-m}$ ist, so kann man statt Gl. 31) das Integral auch in der Form schreiben

Gl. 31 a)
$$y_m = C \cdot \cos \left(\frac{n}{2} - m \right) \vartheta - v.$$

Für das erste Feld des Fachwerkstabes liefert Gl. 7)

$$\frac{2\,y_1}{c} - \frac{y_2}{c} = - \frac{\Delta^2 y_2}{c} = \frac{\Delta o_1 + \Delta d_2 \cdot \sec \delta}{c}\,.$$

Setzt man hierin gemäß Gl. 1)

$$\Delta o_1 = \frac{c}{EF_g} \cdot \left[\frac{P}{h} \left(v + \frac{h}{2} + y_1 \right) - \frac{M_0 + M_1}{h} \right]$$

und

$$\Delta d_2 \cdot \sec \delta = [P(y_1 - y_2) + M_2 + \overline{M_2} - M_1 - M_0] \cdot \frac{\gamma \cdot c}{EF_g h}\,,$$

führt man außerdem für die wenig voneinander verschiedenen Momente $M_0, M_1, M_2, \overline{M_2}$ den Wert $M = - EJ_g \cdot \dfrac{\Delta^2 y}{c^2}$ ein, und vernachlässigt das Glied Ph für die Abschätzung des Einflusses von v, so folgt

$$- \Delta^2 y_2 \cdot \left(\frac{EF_g h^2}{c^2} + \frac{2\,EJ_g}{c^2} \right) - P y_1 - \gamma P (y_1 - y_2) = P \cdot v,$$

---

1) Vgl. etwa Markoff, Lehrbuch der Differenzenrechnung, deutsch von Friesendorff u. Prümm, Leipzig 1896, sowie G. Wallenberg u. A. Guldberg, Lehrb. d. Differenzengleichungen.

wofür man mit den Abkürzungen

$$\alpha = 2 \cdot E \cdot \frac{F_g\, h^2 + 2\, J_g}{P\, c^2} - \gamma - 1$$

und

$$\beta = E \cdot \frac{F_g\, h^2 + 2\, J_g}{P\, c^2} - \gamma\ .$$

auch schreiben kann

Gl. 32) $\alpha \cdot y_1 - \beta \cdot y_2 = v.$

Führt man hierin wieder die aus Gl. 31 a) für $m = 1$ und $m = 2$ folgenden Werte y_1 und y_2 ein, so folgt die Konstante

$$C = \frac{v\,(1 + \alpha - \beta)}{\alpha \cdot \cos\left(\frac{n}{2} - 1\right)\vartheta - \beta \cdot \cos\left(\frac{n}{2} - 2\right)\vartheta}\ ;$$

hiermit erhält man aus Gl. 31 a) für $m = \dfrac{n}{2}$ den Größtwert von y zu

Gl. 33) $f = C - v = v \cdot \left[\dfrac{1 + \alpha - \beta}{\alpha \cdot \cos\left(\frac{n}{2} - 1\right)\vartheta - \beta \cdot \cos\left(\frac{n}{2} - 2\right)\vartheta} - 1\right].$

Für das oben angeführte Zahlenbeispiel findet sich hiernach $f = 0{,}126\, v$ wenig abweichend von dem genauen Werte $y_4 = 0{,}120\, v$.
Für parabolische Verbiegung der Gurtungen

$$y_m = \frac{4\, f}{n^2} \cdot m\,(n - m)$$

ergibt sich das Biegungsmoment

Gl. 34) $M = - E J_g \cdot \dfrac{\varDelta^2\, y_m}{c^2} = \dfrac{8\, E J_g \cdot f}{l^2}.$

Man erhält mit dem zuvor angeführten Werte $f = 0{,}126\, v$

$$M = \frac{8\, E J_g \cdot 0{,}126\, v}{l^2} = 4{,}29 \cdot v \ \text{tcm}.$$

Während bei der genauen Berechnung M zwischen $3{,}33\, v$ und $3{,}95\, v$ lag, gibt also die Näherungsrechnung eine Überschätzung des Einflusses der Exzentrizität v auf die Momente.
Hat der Stab kein starres Endfeld, so ändert sich die Bestimmung der Konstante C in Gl. 31 a); es wird dann aus

$$y_0 = C \cdot \cos\frac{n\,\vartheta}{2} - v = 0$$

$$C = v \cdot \sec\frac{n\,\vartheta}{2}$$

und hiermit für $m = \dfrac{n}{2}$ aus Gl. 31 a)

Gl. 35)
$$f = v \cdot \left(\sec \frac{n\,\vartheta}{2} - 1 \right).$$

Es ist leicht zu zeigen, daß die Differenzengleichung des Gliederstabes

$$- y_{m-1} + (2 - \varrho)\, y_m - y_{m+1} = v\varrho$$

der Differentialgleichung für den exzentrisch belasteten Vollwandstab

Gl. 36)
$$\frac{d^2 y}{d x^2} = - P \cdot \frac{v + y}{E J_v}$$

genau analog gebildet ist. Schreibt man nämlich die Differenzengleichung in der Form

Gl. 37)
$$y_{m-1} - 2\, y_m + y_{m+1} = - \varrho \cdot (v + y_m)$$

und beachtet man, daß

$$y_{m-1} - 2\, y_m + y_{m+1} = \varDelta^2 y_m$$

ist, so folgt durch Division mit

Gl. 38)
$$c^2 = \varDelta x^2$$

Gl. 39)
$$\frac{\varDelta^2 y_m}{\varDelta x^2} = - \frac{\varrho}{c^2} \cdot (v + y_m),$$

wonach einfach der Ausdruck $\dfrac{\varrho}{c^2}$ für den Gliederstab dem Ausdruck $\dfrac{P}{E J_v}$ des vollwandigen Stabes entspricht.

4. Die Knickbedingung.

Aus Gl. 35) folgt für $\sec \dfrac{n\,\vartheta}{2} = \infty$ eine Biegung des Stabes auch bei verschwindendem Exzentrizitätshebel v; man erhält somit in

Gl. 40)
$$n\,\vartheta = \pi$$

die Knickbedingung. Mit Berücksichtigung der Gl. 32) folgt nun aus der Knickbedingung wegen

Gl. 41)
$$\cos \vartheta = \cos \frac{\pi}{n} = 1 - \frac{\varrho}{2} = 1 - 1 : \left(\frac{2\, E J}{P\, c^2} - \gamma \right)$$

die Knicklast

Gl. 42)
$$P_k = \varkappa \cdot \varkappa' \cdot \frac{\pi^2\, E J}{l^2};$$

hierin sind zur Abkürzung gesetzt

Gl. 43)
$$\varkappa = \frac{1}{1 + \gamma\left(1 - \cos\dfrac{\pi}{n}\right)}$$

und

Gl. 44)
$$\varkappa' = 2\left(\frac{n}{\pi}\right)^2 \cdot \left(1 - \cos\frac{\pi}{n}\right).$$

Aus Tabelle 26 entnimmt man für die dort angeführten Werte der Feldzahl n die zugehörigen Werte $\varkappa'$, welche für unendlich große Felderzahl n asymptotisch der Grenze 1 zustreben.

Tabelle 26.

Koeffizienten $\varkappa'$ in Abhängigkeit von der Feldzahl n.

n	$\varkappa'$	n	$\varkappa'$	n	$\varkappa'$
3	0,912	6	0,977	12	0,994
4	0,950	8	0,987	14	0,996
5	0,968	10	0,992	16	0,997

Um $\varkappa$ schnell berechnen zu können, setze man aus Gl. 44)

$$1 - \cos\frac{\pi}{n} = \varkappa' \cdot \left(\frac{\pi}{n}\right)^2 \cdot \frac{1}{2} \approx \varkappa' \cdot \frac{5}{n^2} \quad \text{oder mit} \quad \varkappa' \approx 1 \quad 1 - \cos\frac{\pi}{n} = \frac{5}{n^2}$$

in Gl. 43) ein, wonach

Gl. 45)
$$\varkappa = \frac{n^2}{n^2 + 5\gamma}$$

folgt. Hiernach wird

Gl. 46)
$$P_k = \frac{\pi^2 \cdot EJ}{l^2} \cdot \varkappa' \cdot \frac{n^2}{n^2 + 5\gamma}.$$

Die in diesen Formeln einzuführende Zahl n gibt bei einem Stabe, der ganz in Fachwerk ausgeführt ist, an den Enden also keine steifen Felder besitzt, die Zahl aller am Ober- und Untergurt befindlichen Knotenpunkte an und ist gleich dem Werte $l:c$.

Hat der Stab steifwandig ausgebildete Endfelder, und will man dem Umstande, daß die Stabenden der Biegung einen höheren Widerstand entgegensetzen als die mittleren Felder, Rechnung tragen, so kann man statt der ganzen Baulänge l mit dem verminderten Wert $l - 2\varDelta$ rechnen, wobei die Korrektur $2\varDelta$ nach den Angaben in § 12 entsprechend der Länge der steifen Enden zu berechnen ist, im übrigen aber die Endfelder behandeln, wie wenn sie ebenfalls mit Diagonalen ausgestattet wären. Man wird bei diesem Vorgehen immer etwas zu sicher verfahren.

5. Abschätzung des Einflusses von h.

Die Abschätzung des Einflusses der Trägerhöhe h auf die entstehenden Beanspruchungen begegnet erheblichen Schwierigkeiten.

Nimmt man (Abb. 151) an, daß alle Knotenpunkte zwischen 1 und $(n-1)$ um dasselbe Maß η ausbiegen[1]), so gelten für die Momente die Clapeyronschen Gleichungen:

$$2\,M_0 + M_1 = +\frac{6\,EJ_g}{c^2}\cdot\eta$$

$$M_0 + 6\,M_1 + 2\,M_2 = -\frac{6\,EJ_g}{c^2}\cdot\eta$$

$$M_1 + 4\,M_2 + M_3 = 0$$

$$M_2 + 4\,M_3 + M_4 = 0$$

$$\vdots \qquad\qquad \vdots$$

$$M_{k-2} + 4\,M_{k-1} + M_k = 0$$

und für den mittleren Knotenpunkt k:

$$M_{k-1} + 4\,M_k + M_{k-1} = 0.$$

Dividiert man die letzte Gleichung durch M_k und schreibt

Gl. 47)
$$\bar{\varkappa}_k = -\frac{M_{k-1}}{M_k},$$

so folgt

$$-\bar{\varkappa}_{k-1} + 4 - \frac{1}{\bar{\varkappa}_k} = 0$$

und hieraus

$$\bar{\varkappa}_{k-1} = 4 - \frac{1}{\bar{\varkappa}_k}.$$

Man erhält, vom mittleren Knotenpunkt aus anfangend,

$$\bar{\varkappa}_k = -\frac{M_{k-1}}{M_k} = +2$$

und folglich

$$\bar{\varkappa}_{k-1} = 4 - \frac{1}{2} = 3{,}5$$

$$\bar{\varkappa}_{k-2} = 4 - \frac{1}{3{,}5} = 3{,}712$$

$$\bar{\varkappa}_{k-3} = 4 - \frac{1}{3{,}712} = 3{,}731$$

$$\vdots \qquad\qquad \vdots$$

Die Zahlen $\bar{\varkappa}$ nähern sich dem durch $\bar{\varkappa} = 4 - \dfrac{1}{\varkappa}$ bestimmten Grenzwert $\bar{\varkappa} = 2 + \sqrt{3} = 3{,}732$.

---

[1]) Diese Annahme wird durch die für die neue Quebec-Brücke durchgeführten Versuche gut bestätigt (§ 63 und 64).

Da, wie man erkennt, diese Grenze sehr rasch erreicht wird, so kann man bei nicht zu kleinen Werten von n

Gl. 48)
$$M_2 = - \frac{M_1}{3,732}$$

setzen. Damit werden die beiden ersten Clapeyronschen Gleichungen

$$2\,M_0 + M_1 = \frac{6\,EJ_g}{c^2} \cdot \eta$$

und

$$M_0 + 5,464\,M_1 = - \frac{6\,EJ_g}{c^2} \cdot \eta,$$

woraus

Gl. 49)
$$M_1 = -\,0,465\,M_0$$

und

Gl. 50)
$$M_0 = +\,3,91 \cdot \frac{EJ_g}{c^2} \cdot \eta$$

folgen.

Setzt man für η den von Müller-Breslau angegebenen Näherungswert

Gl. 51)
$$\eta = \frac{P\,c^2}{2\,E\left[F_g\,h + \dfrac{4\,J_g}{h}\,(\gamma + 0,5)\right]}\ ^{1)},$$

so kann der Einfluß von h auf die Biegungsmomente hiernach annähernd bestimmt werden. Für die Enddiagonale D gilt die Näherungsformel für die Stabkraft

Gl. 52)
$$D_2 = \frac{-\,M_0 + M_2{}^2}{h} \cdot \sec \delta.$$

Wegen der willkürlichen Annahme gleicher Ausbiegungen η zwischen den Knotenpunkten 1 und $(n-1)$ kommt den hier angeführten Gleichungen eine große Genauigkeit nicht zu; es empfiehlt sich daher, sie nur als erste Näherungen zu betrachten und, falls eine strengere Untersuchung nötig ist, die allgemeinen Gleichungen anzuwenden, welche unter Benutzung der Näherungswerte rasch genug zu brauchbaren Ergebnissen führen dürften.

6. Kritik der Knickformel.

Die unter 4) entwickelten Beziehungen sind auf Grund ihrer Herleitung der Beschränkung unterworfen, daß im Stabe an keiner Stelle die Spannung die Proportionalitätsgrenze überschreitet. Wie die Rechnung ergeben hatte, treten auch bei zentrischem Lastangriff beträchtliche Biegungsmomente in den Gurtungen auf, so daß deren

---

[1] Neuere Methoden (1913), S. 434.

größte Spannungen z. B. für den Obergurt durch

$$\sigma_{max} = \frac{O}{F_g} + \frac{M}{W_g}$$

bestimmt werden. Es muß also

$$\sigma_{max} < \sigma_p$$

sein, wenn die entwickelten Gleichungen gelten sollen.

Für den Fall, daß die Knickspannung σ_k des Gitterstabes die Proportionalitätsgrenze überschreitet, empfiehlt Müller-Breslau die Anwendung nachstehender Berechnung auf Grund der Tetmajerschen Formel.

Zu

$$J = F_g \frac{h^2}{2} + 2 J_g$$

bestimme man einen Trägheitsradius i wie für einen vollwandigen Stab nach

$$i = \sqrt{\left(F_g \frac{h^2}{2} + 2 J_g\right) : 2 F_g}$$

und setze die Knicklast

Gl. 53) $$P_k = \varkappa \cdot \varkappa' \cdot \left(3,1 - 0,0114 \frac{l}{i}\right) \cdot 2 F_g,$$

wobei der Ausdruck $\dfrac{\pi^2 E J}{l^2}$ in Gl. 42) durch seinen Wert nach der Tetmajerschen Formel ersetzt wurde.

Nimmt man außerdem schätzungsweise an, daß $v + f = 0,005\, l$ sei, so wird die stärker gedrückte Gurtung durch

$$O = \frac{1}{2} P_k \cdot \left[1 + \frac{l}{100\, h}\right]$$

belastet; dieser Wert darf dann höchstens gleich der Knickfestigkeit eines Gurtstabes für die Länge 2 c sein.

Aus

$$O = \frac{P_k}{2} \cdot \left[1 + \frac{l}{100\, h}\right] = \left[3,1 - 0,0114 \cdot \frac{2\, c}{i_g}\right] \cdot F_g \quad \text{mit} \quad i_g = \sqrt{\frac{J_g}{F_g}}$$

folgt

Gl. 54) $$P_k = \frac{200\, h}{100\, h + l} \cdot \left[3,1 - 0,0114 \cdot \frac{2\, c}{i_g}\right] F_g.$$

Von den durch die Gleichungen 53) und 54) bestimmten Knicklasten betrachte man dann die kleinere als maßgebend [1]).

Die Anwendung der Gl. 42) ist indessen offenbar bereits innerhalb der Elastizitätsgrenze an die Beschränkung geknüpft, daß der

---

[1]) H. Müller-Breslau, Über exzentrisch gedrückte Stäbe und über Knickfestigkeit, Eisenbau 1911, S. 447.

Stab mit einer gewissen Mindestzahl n der Felder gebaut sei, wie aus folgenden Überlegungen hervorgeht.

Ersetzt man in der Formel

$$P_k = \varkappa \cdot \varkappa' \cdot \frac{\pi^2\, E J}{l^2}$$

den Wert l durch nc, so erhält man

$$P_k = \frac{\varkappa\, \varkappa'}{n^2} \cdot \frac{\pi^2\, E J}{c^2} = \alpha' \cdot \frac{\pi^2\, E J}{c^2},$$

wenn man den Koeffizienten α' zur Abkürzung für $\dfrac{\varkappa\, \varkappa'}{n^2}$ schreibt. Der Ausdruck $\dfrac{\pi^2\, E J}{c^2}$ entspricht der Knickkraft eines vollwandigen Stabes von der freien Knicklänge c und dem Trägheitsmoment

$$J = F_g \frac{h^2}{2} + 2\, J_g\,.$$

Die Änderung von n nach ganzen Zahlen entspricht dem Aufbau einer Reihe von Stäben mit gleicher Querschnittsausbildung und gleicher Vergitterung, aber verschiedener Feldzahl, daher auch verschiedener Länge l. Für solche Stäbe muß erwartet werden, daß mit zunehmender Gesamtlänge l die Knickkraft abnimmt.

Setzt man nun

$$\varkappa = \frac{n^2}{n^2 + 5\,\gamma} \quad \text{und} \quad \varkappa' = 2\left(\frac{n}{\pi}\right)^2\left(1 - \cos\frac{\pi}{n}\right),$$

so wird

$$\alpha' = \frac{2}{n^2 + 5\,\gamma} \cdot \left(1 - \cos\frac{\pi}{n}\right) \cdot \left(\frac{n}{\pi}\right)^2.$$

Entwickelt man hierin $\cos\dfrac{\pi}{n}$ in eine Reihe, so folgt mit

$$\cos\frac{\pi}{n} = 1 - \left(\frac{\pi}{n}\right)^2 \cdot \frac{1}{2!} + \left(\frac{\pi}{n}\right)^4 \cdot \frac{1}{4!} - + \cdots$$

$$\alpha' = \frac{2}{n^2 + 5\,\gamma} \cdot \left[\frac{1}{2!} - \left(\frac{\pi}{n}\right)^2 \cdot \frac{1}{4!} + \left(\frac{\pi}{n}\right)^4 \cdot \frac{1}{6!} - + \cdots\right].$$

Nach dieser Gleichung sind die in Tabelle 27 aufgeführten Werte α' berechnet worden. Dabei wurden die Potenzen von $\left(\dfrac{\pi}{n}\right)$ bis $\left(\dfrac{\pi}{n}\right)^4$ berücksichtigt, solange $n \leqq 4$ war; für $n \geqq 5$ wurden die Glieder $\left(\dfrac{\pi}{n}\right)^4$ und alle höheren Potenzen vernachlässigt, was statthaft ist, da der Fehler in dem Glied $\left(\dfrac{\pi}{n}\right)^4 \cdot \dfrac{1}{6!}$ für $n = 5$ nur noch etwa $1:4500$ ist.

Tabelle 27.

Werte der Koeffizienten $\alpha' = \dfrac{\varkappa\,\varkappa'}{n^2}$ in Abhängigkeit von γ und der Feldzahl n.

	$n=1$	$n=2$	$n=3$	$n=4$	$n=5$	$n=6$	$n=7$	$n=8$	$n=9$	$n=10$
$\gamma=0$	0,4484	0,2025	0,1040	0,0593	0,0386	0,0271	0,0201	0,0154	0,0122	0,0099
$\gamma=0,5$	0,1279	0,1248	0,0814	0,0513	0,0352	0,0254	0,0191	0,0148	0,0118	0,0096
$\gamma=1,0$	0,0748	0,0902	0,0668	0,0452	0,0322	0,0238	0,0182	0,0143	0,0115	0,0094
$\gamma=1,5$	0,0527	0,0705	0,0568	0,0404	0,0297	0,0224	0,0174	0,0138	0,0112	0,0092
$\gamma=2,0$	0,0407	0,0579	0,0493	0,0365	0,0276	0,0212	0,0167	0,0133	0,0109	0,0090
$\gamma=3,0$	0,0280	0,0427	0,0390	0,0306	0,0242	0,0191	0,0154	0,0125	0,0103	0,0086
$\gamma=4,0$	0,0214	0,0338	0,0323	0,0264	0,0214	0,0174	0,0143	0,0117	0,0098	0,0082
$\gamma=5,0$	0,0173	0,0280	0,0275	0,0232	0,0193	0,0160	0,0133	0,0111	0,0093	0,0079
$\gamma=10,0$	0,0044	0,0150	0,0159	0,0144	0,0129	0,0113	0,0100	0,0086	0,0075	0,0066

Die in Tabelle 27 angeführten Zahlenwerte sind in Abb. 152 als Kurven dargestellt, deren jede einem bestimmten Werte γ angehört. Aus der graphischen Darstellung erkennt man leicht, daß abgesehen von dem Werte $\gamma = 0$ (der, als zu einer undehnbaren Vergitterung gehörig, keine praktische Bedeutung besitzt) für beliebige Werte γ die Knickkraft mit wachsender Stablänge zunächst wächst und dann erst wieder abnimmt. Dieses Ergebnis ist auffallend. Für $\gamma = 10$, was einer schwachen Vergitterung entspricht, hat ein Stab von der Länge $3\,c$ eine größere Knickkraft als ein gleicher Stab von der Länge $2\,c$, ein Stab von der Länge $4\,c$ eine nur um $4\,^0/_0$ kleinere und ein Stab von der Länge $9\,c$ eine nur um $50\,^0/_0$ kleinere

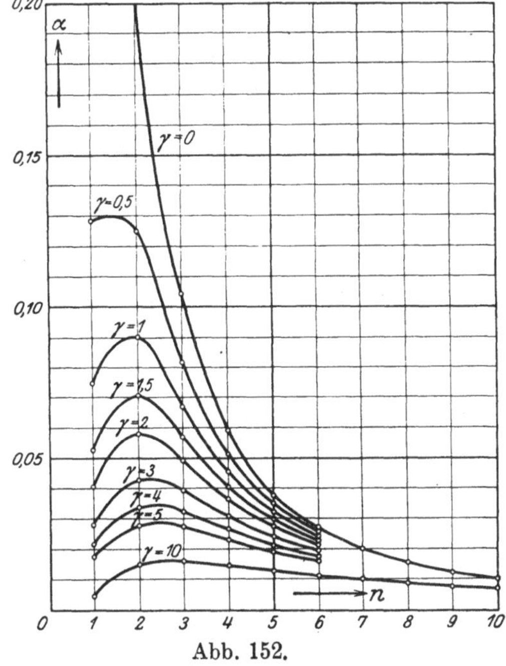

Abb. 152.

Knickkraft als der gleiche Stab von der Länge $2\,c$. Man wird vermuten dürfen, daß dieses befremdliche Ergebnis unserer Knickformel bei Gliederstäben von wenigen Feldern daraus entspringt, daß die Näherungen, aus denen Gl. 42) hergeleitet wurde, für Stäbe von geringer Feldzahl nicht zutreffen.

Nach dem Verlauf der in Abb. 152 dargestellten Kurven muß man die Forderung stellen, daß ein Stab, auf den die Gl. 42) anwendbar sein soll, wenigstens 4 Felder haben müsse.

Aber auch die jenseits der Proportionalitätsgrenze von **Müller-Breslau** vorgeschlagene Gl. 53) $P_k = \varkappa \cdot \varkappa' \cdot \left(3{,}1 - 0{,}0114\,\dfrac{l}{i}\right) \cdot 2\,F_g$ liefert je nach den gewählten Abmessungen für kurze Stäbe eine kleinere Knickkraft als für längere Stäbe gleicher Bauart.

Setzt man, um dies zu zeigen, für einen Gitterstab $c = h$, $i \cong 0{,}5\,h$, sowie $n = l:c$, so wird

$$\frac{l}{i} = \frac{2\,l}{h} = 2\,n$$

und somit die Knickspannung nach Gl. 53)

$$\sigma_k = \varkappa \cdot \varkappa' \cdot (3{,}1 - 0{,}0228 \cdot n)\,.$$

Setzt man

$$\varkappa = \frac{n^2}{n^2 + 5\,\gamma} \quad \text{und für} \quad \varkappa' = 2 \left(\frac{n}{\pi}\right)^2 \cdot \left(1 - \cos \frac{\pi}{n}\right)$$

durch Reihenentwicklung

$$\varkappa' = 2 \cdot \left(\frac{n}{\pi}\right)^2 \cdot \left[\left(\frac{\pi}{n}\right)^2 \cdot \frac{1}{2!} - \left(\frac{\pi}{n}\right)^2 \cdot \frac{1}{4!} + - \ldots\right] \cong 1 - \frac{0{,}822}{n^2}\,,$$

so erhält man

$$\sigma_k = \frac{n^2}{n^2 + 5\,\gamma} \cdot \left[1 - \frac{0{,}822}{n^2}\right] \cdot [3{,}1 - 0{,}0228\,n] \cong \frac{n^2 - 0{,}8}{n^2 + 5\,\gamma}[3{,}1 - 0{,}02\,n]\,.$$

Wählt man hierin z. B. $\gamma = 6{,}4$, so folgt aus

$$\sigma_k = \frac{n^2 - 0{,}8}{n^2 + 32} \cdot [3{,}1 - 0{,}02\,n]$$

oder für hinreichend großes n

$$\sigma_k = \frac{3{,}1\,n^2 - 0{,}02\,n^3}{n^2 + 32}$$

mit

$$\frac{d\,\sigma_k}{d\,n} = 0 \cong \frac{200\,n - 2\,n^2 - 0{,}02\,n^4}{(n^2 + 32)^2}$$

ein Maximum für die Knickspannung bei etwa $n = 20$ mit dem Wert

$$\max \sigma_k = \frac{3{,}1 \cdot 20^2 - 0{,}02 \cdot 20^3}{20^2 + 32} = \frac{400}{232} \cdot \sigma_v\,,$$

wobei $\sigma_v = 3{,}1 - 0{,}02 \cdot 20$ die Knickspannung des vollwandigen Ersatzstabes ist.

Man erhält entsprechend der oben abgeleiteten Gleichung

$$\sigma_k = \frac{n^2 - 0{,}8}{n^2 + 5\gamma} \cdot [3{,}1 - 0{,}02\,n] = \alpha \cdot \sigma_v,$$

wo

$$\alpha = \frac{n^2 - 0{,}8}{n^2 + 5\gamma}$$

ist, für $h = c$ und $\gamma = 6{,}4$ die in Tabelle 28 angeführten Zahlenwerte.

Tabelle 28.

Knickspannungen nach Gl. 53) in Abhängigkeit von der Feldzahl n.

n	6	10	15	20	25	30
σ_v	2,98	2,90	2,80	2,70	2,60	2,50
α	0,52	0,752	0,876	0,924	0,951	0,966
σ_k	1,55	2,18	2,45	2,50 (Maximum)	2,47	2,41

Tabelle 28 zeigt, daß bei den gewählten Verhältnissen $(c = h$ und $\gamma = 6{,}4)$ erst dann eine angemessene Änderung der Knickspannung sich ergibt, wenn die Feldzahl größer als 20 ist. Je nach den Werten, welche man $c : h$ und γ beilegt, verschiebt sich die Stelle der maximalen Knickspannung. Wo immer aber sie auch liegen möge, so muß jedenfalls mit zunehmender Stablänge immer eine Abnahme der Knickspannung erwartet werden; da Gl. 53) zu diesen selbstverständlichen Ergebnissen nicht führt, so empfehlen wir, jenseits der Proportionalitätsgrenze lieber die in § 53 folgenden Näherungsformeln zu benützen, denen dieser Mangel nicht anhaftet; die Gl. 54) hat schon ihrer willkürlichen Ableitung gemäß nur den Wert einer Abschätzungsformel; als solche kann sie beim Dimensionieren eines Stabes, ehe dessen Konstruktion bereits festliegt, gute Dienste leisten.

Zahlenbeispiel. Für 2 Versuchsstäbe, welche nur an ihren Enden von dem S. 284 beschriebenen Stab abweichend gebaut waren, und deren Länge zu $l = c' + c'' + 6\,c = 51{,}5 + 53{,}0 + 300 = 404{,}5$ cm gegeben ist, ergaben Knickversuche von Müller-Breslau die Knicklast zu rund 200 t.

Man bestimme die Größe der theoretischen Knicklast

a) wenn keine Überschreitung der Proportionalitätsgrenze stattfindet,
b) im Falle der Überschreitung dieser Grenze,
c) nach der Abschätzungsformel Gl. 54).

Zu a). Unter Vernachlässigung der nur geringen Verschiedenheit der Feldlängen, sowie der steifen Endfelder ist $n = l : c \cong 8$ zu setzen. Hierzu gehört nach Tabelle 26) $\varkappa = 0{,}987$.

Der Wert von γ ist bereits S. 284 zu $\gamma = 4{,}25$ bestimmt worden, wonach

$$\varkappa = \frac{n^2}{n^2 + 5\gamma} = \frac{64}{64 + 21{,}25} = 0{,}751$$

folgt.

Man erhält daher mit $J = F_g \dfrac{h^2}{2} + 2 J_g = \dfrac{48,3 \cdot 25^2}{2} + 2 \cdot 317 = 15\,728$ cm⁴

und $\pi^2 E = \pi^2 \cdot 2150 = 21\,220$ t/cm²

$$P_k = \varkappa \cdot \varkappa' \cdot \frac{\pi^2 E J}{l^2} = 0{,}987 \cdot 0{,}751 \cdot \frac{21\,220 \cdot 15\,728}{404{,}5^2} = 151{,}5 \text{ t.}$$

Zu b). Mit $i = \sqrt{\dfrac{J}{2\,F_g}} = \sqrt{\dfrac{15\,728}{2 \cdot 48{,}3}} = 12{,}8$ cm erhält man nach Gl. 53)

$$P_k = \varkappa \cdot \varkappa' \cdot \left(3{,}1 - 0{,}0114 \cdot \frac{l}{i}\right) \cdot 2\,F_g = 0{,}987 \cdot 0{,}751 \cdot \left(3{,}1 - 0{,}0114 \cdot \frac{404{,}5}{12{,}8}\right) \cdot 2 \cdot 48{,}3$$
$$= 196 \text{ t.}$$

Zu c). Die Abschätzung nach Gl. 54) liefert mit $i_g = \sqrt{\dfrac{317}{48{,}3}} = 2{,}56$ cm

$$P_k = \frac{200\,h}{100\,h + l} \cdot \left(3{,}1 - 0{,}0114 \cdot \frac{2\,c}{i_g}\right) \cdot F_g = \frac{200 \cdot 25}{100 \cdot 25 + 404{,}5} \cdot \left(3{,}1 - 0{,}0114 \cdot \frac{100}{2{,}56}\right) \cdot 48{,}3$$
$$= 221 \text{ t.}$$

Von den berechneten Werten kommt somit der unter b) angeführte dem Versuchswerte am nächsten. Da die reine Druckspannung beim Versuch $\sigma = \dfrac{200}{2 \cdot 48{,}3} = 2{,}07$ t/cm² in der Nähe der Proportionalitätsgrenze lag, so ist zu vermuten, daß diese Grenze infolge der Biegungsmomente in den Gurtungen auch wirklich überschritten wurde.

§ 51. Der durch Diagonalen und Pfosten versteifte Gitterstab bei exzentrischer Belastung[1].

1. Aufstellung der Grundgleichungen.

Für die folgenden Entwicklungen wird wieder vorausgesetzt, daß bei Vergitterung in mehreren Ebenen die Diagonalen gleichläufig sind,

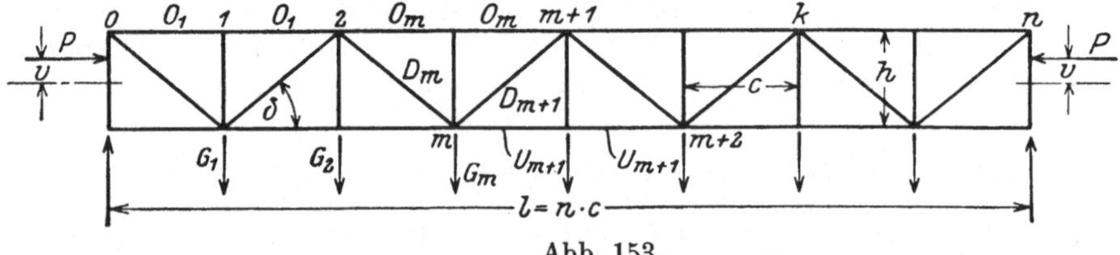

Abb. 153.

so daß die Torsion der Gurtungen durch die von den Diagonalen eingeleiteten Kräfte nicht zu gewärtigen ist.

Zum Unterschiede von den früher schon benutzten Bezeichnungen verwenden wir hier die folgenden (siehe Abb. 153 und 154):

y_m^o für die Durchbiegung des Obergurtes im Schnitt m,

y_m^u für die Durchbiegung des Untergurtes im Schnitt m,

y_m für die Senkung der Mitte des Querriegels bei m,

---

[1] H. Müller-Breslau, Neuere Methoden, 1913, S. 442 ff.

M_m^o für das Biegungsmoment des Obergurts im Querschnitt $m - m$,

M_m^u für das Biegungsmoment des Untergurtes im Querschnitt $m - m$,

Q_m für die von der Querbelastung G im Felde $(m - 1)$, m erzeugte Querkraft,

M_m' für das von der Querbelastung G im Schnitt $m - m$ erzeugte Moment,

V_m für die Axialkraft im Querriegel bei m,

Δh_m für die Längenänderung des Querriegels $m - m$.

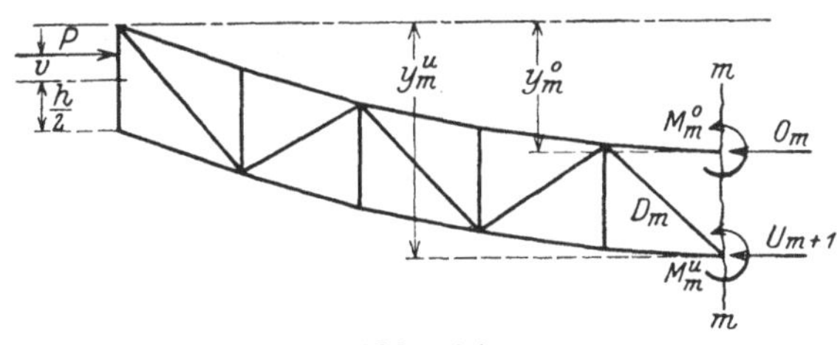

Abb. 154.

Zwischen den Durchbiegungen y_m^o, y_m^u, y_m der Enden und Mitte des m-ten Querriegels und dessen Längenänderung Δh_m bestehen die Beziehungen:

Gl. 1) $y_m^o = y_m - \tfrac{1}{2}\Delta h_m$ und $y_m^u = y_m + \tfrac{1}{2}\Delta h_m$.

Mit diesen Werten erhält man (Abb. 154) für die Gurtkräfte aus den für die Gegenpunkte der Gurtstäbe aufgestellten Momentengleichungen:

Gl. 2) $O_m = \dfrac{P}{h}\left(\dfrac{h}{2} + v + y_m + \dfrac{\Delta h_m}{2}\right) + \dfrac{M_m'}{h} - \dfrac{M_m^o + M_m^u}{h}$

und

Gl. 3) $U_{m+1} = -\dfrac{P}{h}\left(-\dfrac{h}{2} + v + y_m - \dfrac{\Delta h_m}{2}\right) - \dfrac{M_{m+1}'}{h}$

$$+ \dfrac{M_{m+1}^o + M_{m+1}^u}{h}.$$

Die Bedingung für das Gleichgewicht der horizontalen Komponenten in einem Schnitt $m - m$ durch den Gitterstab führt unter Benützung der Gl. 2) und 3) und mit Beachtung der Beziehung $\dfrac{M_m' - M_{m-1}'}{c} = Q_m$ zu

Gl. 4) $D_m \cdot h \cdot \cos \delta = P\,(y_m - y_{m-1}) + \dfrac{P}{2}\,(\Delta h_m + \Delta h_{m-1})$

$$- Q_m c + M_{m-1}^o + M_{m-1}^u - M_m^o - M_m^u,$$

wonach entsprechend für den Schnitt $m + 1$ folgt

Gl. 5) $D_{m+1} \cdot h \cdot \cos \delta = P(y_m - y_{m+1}) + \dfrac{P}{2}(\varDelta h_m + \varDelta h_{m+1})$

$$- Q_{m+1} c + M^o_{m+1} + M^u_{m+1} - M^o_m - M^u_m.$$

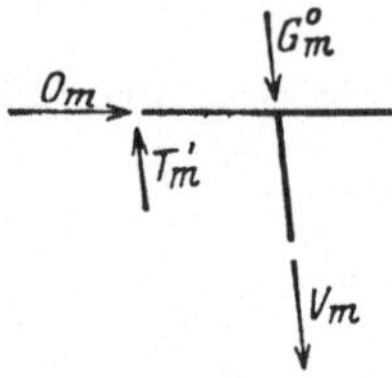

Teilt man die Querbelastung G_m in die am oberen und unteren Knotenpunkte angreifenden Bestandteile G^o_m und G^u_m, so erhält man für V_m aus einem Rundschnitt um den Knotenpunkt m der oberen Gurtung (Abb. 155) den Wert

Abb. 155.

$$V_m = O_m \cdot \frac{y^o_{m+1} - 2 y^o_m + y^o_{m-1}}{c} + T'_m + T''_m - G^o_m.$$

Führt man für die Scherkräfte T_m der Gurtungen ihre Werte ein

$$T'_m = \frac{M^o_m - M^o_{m-1}}{c}$$

und

$$T''_m = \frac{M^o_m - M^o_{m+1}}{c},$$

so folgt mit der Abkürzung $\varDelta^2 y^o_m = y^o_{m+1} - 2 y^o_m + y^o_{m-1}$

Gl. 6) $V_m = O_m \cdot \dfrac{\varDelta^2 y^o_m}{c} - \dfrac{M^o_{m-1} - 2 M^o_m + M^o_{m+1}}{c} - G^o_m$

und analog für den Knotenpunkt $(m + 1)$ des Untergurtes

Gl. 7) $V_{m+1} = - U_{m+1} \cdot \dfrac{\varDelta^2 y^u_{m+1}}{c} + \dfrac{M^u_m - 2 M^u_{m+1} + M^u_{m+2}}{c}$

$$+ G^u_{m+1}.$$

Nach den Gl. 2) bis 7) können nun die Längenänderungen aller Stäbe berechnet werden

$$\varDelta o = \frac{O \cdot 2 c}{E F_g}, \qquad \varDelta u = \frac{U \cdot 2 c}{E F_g}, \qquad \varDelta d = \frac{D \cdot d}{E F_d}; \qquad \varDelta h = \frac{V \cdot h}{E F_p}.$$

Zwischen diesen Längenänderungen und den Senkungen y von drei aufeinanderfolgenden Knotenpunkten der Gurtungen bestehen aber die bereits für den Stab ohne Pfosten benützten Beziehungen[1]

$$\frac{- y^o_{m-1} + 2 y^u_m - y^o_{m+1}}{c} = + \frac{\varDelta o_m + (\varDelta d_m + \varDelta d_{m+1}) \sec \delta}{h} \qquad \text{(Abb. 156)}$$

$$\frac{- y^u_m + 2 y^o_{m+1} - y^u_{m+2}}{c} = - \frac{\varDelta u_{m+1} + (\varDelta d_{m+1} + \varDelta d_{m+2}) \sec \delta}{h} \qquad \text{(Abb. 157)}$$

---

[1] Müller-Breslau, Neuere Methoden.

Ersetzt man hierin die Senkungen der Gurtungen nach Gl. 1) durch diejenigen der Pfostenmitten, so erhält man

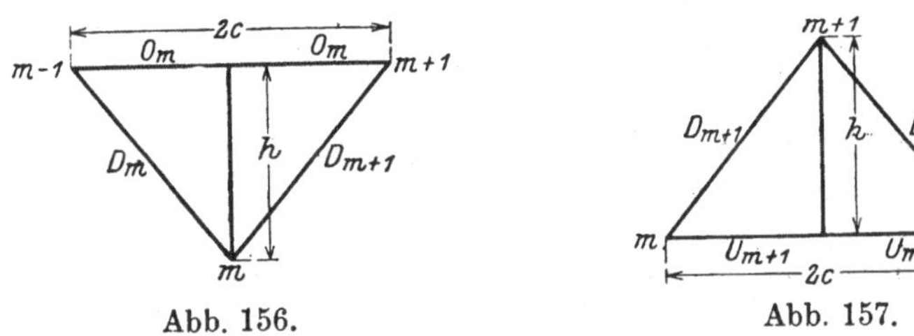

Abb. 156. Abb. 157.

Gl. 8)
$$\frac{-y_{m-1} + 2y_m - y_{m+1}}{c} = + \frac{\varDelta o_m + (\varDelta d_m + \varDelta d_{m+1})\sec\delta}{h} - \frac{\varDelta h_{m-1} + 2\varDelta h_m + \varDelta h_{m+1}}{2c};$$

Gl. 9)
$$\frac{-y_m + 2y_{m+1} - y_{m+2}}{c} = - \frac{\varDelta u_{m+1} + (\varDelta d_{m+1} + \varDelta d_{m+2})\sec\delta}{h} + \frac{\varDelta h_m + 2\varDelta h_{m+1} + \varDelta h_{m+2}}{2c}.$$

Zwischen den Momenten der Gurtungen und ihren Durchbiegungen bestehen aber die schon in § 50 benützten, strengen Gleichungen

Gl. 10)
$$\begin{cases} M^o_{m-1}\cdot\dfrac{\zeta''_m}{O_m} + M^o_m\cdot\left(\dfrac{\zeta'_m}{O_m} + \dfrac{\zeta'_{m+1}}{O_{m+1}}\right) + M^o_{m+1}\cdot\dfrac{\zeta''_{m+1}}{O_{m+1}} = -\varDelta^2 y^o_m, \\[3mm] M^u_{m-1}\cdot\dfrac{\zeta''_m}{U_m} + M^u_m\cdot\left(\dfrac{\zeta'_m}{U_m} + \dfrac{\zeta'_{m+1}}{U_{m+1}}\right) + M^u_{m+1}\cdot\dfrac{\zeta''_{m+1}}{U_{m+1}} = -\varDelta^2 y^u_m, \end{cases}$$

worin

Gl. 11) $\zeta'_m = 1 - \alpha_m\cdot\cot g\,\alpha_m$ und $\zeta''_m = \dfrac{\alpha_m}{\sin\alpha_m} - 1$

und

Gl. 12) $\alpha_m = \sqrt{\dfrac{O_m c^2}{EJ_g}}$ bzw. $\sqrt{\dfrac{U_m c^2}{EJ_g}}$ ist.

An Stelle der transzendenten Beziehungen 10) erhält man durch Reihenentwicklung der Gl. 11) die sehr gute Näherungsgleichung

Gl. 13) $\mu''_m\cdot M^o_{m-1} + 2(\mu'_m + \mu'_{m+1})M^o_m + \mu''_{m+1}\cdot M^o_{m+1} = -\dfrac{6EJ_g}{c^2}\cdot\varDelta^2 y^o_m,$

worin

Gl. 14)
$$\begin{cases} \mu'_m = 1 + \dfrac{O_m c^2}{15\,EJ_g} \\[3mm] \mu''_m = 1 + \dfrac{7}{4}\dfrac{O_m c^2}{15\,EJ_g} \end{cases}$$

zu setzen ist.

Meistens genügt schon die Näherung $\mu' = \mu'' = 1$, wonach aus Gl. 13) die einfache Gleichung hervorgeht:

Gl. 15)
$$M^o_{m-1} + 2 M^o_m + M^o_{m+1} = -\frac{6 E J_g}{c^2} \cdot \Delta^2 y^o_m.$$

Für den Untergurtstab bestehen entsprechend den Gl. 13) bis 15) die analogen Beziehungen

Gl. 13 a) $\quad \mu''_m \cdot M^u_{m-1} + 2 \left(\mu'_m + \mu'_{m+1} \right) M^u_m + \mu'_{m+1} \cdot M^u_{m+1}$

$$= -\frac{6 E J_g}{c^2} \cdot \Delta^2 y^u_m$$

mit

Gl. 14 a)
$$\begin{cases} \mu'_m = 1 + \dfrac{U_m c^2}{15 E J_g} \\[2ex] \mu''_m = 1 + \dfrac{7}{4} \dfrac{U_m c^2}{15 E J_g} \end{cases}$$

oder noch einfacher

Gl. 15 a)
$$M^u_{m-1} + 2 M^u_m + M^u_{m+1} = -\frac{6 E J_g}{c^2} \cdot \Delta^2 y^u_m.$$

Führt man in Gl. 8) und 9) die durch die Gl. 2) bis 7) bestimmten Stabkräfte ein, so erhält man ein Gleichungssystem, in welchem nur noch die Momente und die Durchbiegungen vorkommen. Ersetzt man die Momente M^o und M^u noch gemäß den Gl. 15) durch die Durchbiegungen y, so enthält das hieraus entstehende Gleichungssystem nur noch die Durchbiegungen y, zu deren Bestimmung die Zahl der zur Verfügung stehenden Gleichungen hinreicht. Das Verschwinden der Nennerdeterminante dieser Gleichungen liefert auch für den Fall, daß deren Absolutglieder verschwinden, endliche Durchbiegungen y von unbestimmter Größe; das Verschwinden der Nennerdeterminante kommt daher der Knickbedingung des Gitterstabes gleich. Zur Ermittlung einer geschlossenen Formel für die Knicklast sind indessen die obigen Grundgleichungen zu verwickelt; es sollen daher zunächst an denselben Vereinfachungen vorgenommen werden, deren Berechtigung ähnlich wie in § 50 aus den Ergebnissen numerischer Berechnungen sich herleitet.

2. Näherungsrechnungen.

Aus den Gleichungen 1) folgt

Gl. 16)
$$\begin{cases} \dfrac{\Delta^2 y^o_m}{c^2} = \dfrac{\Delta^2 y_m}{c^2} - \dfrac{\Delta h_{m-1} - 2\,\Delta h_m + \Delta h_{m+1}}{2 c^2}, \\[3ex] \dfrac{\Delta^2 y^u_m}{c^2} = \dfrac{\Delta^2 y_m}{c^2} + \dfrac{\Delta h_{m-1} - 2\,\Delta h_m + \Delta h_{m+1}}{2 c^2} \end{cases}$$

Da die Querriegel nur sehr geringe Beanspruchungen erfahren, nehmen die Δh nur kleine Werte an; vernachlässigt man demgemäß in Gl. 16) die Längenänderungen Δh der Querriegel, so erhält man

$$y_m^o = y_m^u = y_m \qquad \text{und} \qquad M_m^o = M_m^u = M_m \,.$$

Mit diesen Näherungen erhält man nun folgende Beziehungen:

Gl. 17) $$M_{m-1} + 4 M_m + M_{m+1} = -\frac{6 EJ}{c^2} g \cdot \Delta^2 y_m \qquad \text{aus Gl. 15)}$$

Gl. 18) $$O_m = \frac{P}{h}\left(v + y_m + \frac{h + \Delta h_m}{2}\right) + \frac{M'_m}{h} - \frac{2 M_m}{h} \qquad \text{aus Gl. 2)}$$

Gl. 19) $$U_{m+1} = -\frac{P}{h}\left(v + y_{m+1} - \frac{h + \Delta h_m}{2}\right) - \frac{M'_{m+1}}{h}$$
$$+ 2 \frac{M_{m+1}}{h} \qquad \text{aus Gl. 3)}$$

Gl. 20) $$D_m \cos \delta = \frac{P}{h}(y_m - y_{m-1}) + \frac{P}{2 h}(\Delta h_m + \Delta h_{m-1})$$
$$+ Q_m \cdot \frac{c}{h} + 2 \frac{M_{m-1} - M_m}{h} \qquad \text{aus Gl. 4)}$$

Gl. 21) $$D_{m+1} \cos \delta = \frac{P}{h}(y_m - y_{m+1}) + \frac{P}{2 h}(\Delta h_m + \Delta h_{m+1})$$
$$- Q_{m+1} \cdot \frac{c}{h} - 2 \cdot \frac{M_m - M_{m+1}}{h} \qquad \text{aus Gl. 5)}$$

Gl. 22) $$V_m = O_m \cdot \frac{\Delta^2 y_m}{c} - \frac{M_{m-1} - 2 M_m + M_{m+1}}{c} - G_m^o \qquad \text{aus Gl. 6)}$$

Gl. 23) $$V_{m+1} = -U_{m+1} \cdot \frac{\Delta^2 y_{m+1}}{c} + \frac{M_m - 2 M_{m+1} + M_{m+2}}{c}$$
$$+ G_{m+1}^u \qquad \text{aus Gl. 7)}$$

Die mit der Bezeichnung G_m eingeführten Querbelastungen werden meistens gleichförmig verteilt sein; ist g die den Lasten G_m entsprechende gleichförmige Belastung in Tonnen für die Längeneinheit, so hat man mit $l = nc$

Gl. 24) $$\begin{cases} G_m^o = G_m^u = \dfrac{1}{2} g c \\[2ex] Q_m = g c \cdot \left(\dfrac{n+1}{2} - m\right) \\[2ex] M'_m = \dfrac{g c^2}{2} \cdot m \cdot (n - m) \,. \end{cases}$$

Drückt man durch die nach Gl. 18) bis 24) bestimmten Werte der Stabkräfte in den Gl. 8) und 9) die Längenänderungen Δo, Δu

und Δd aus, so erhält man die beiden Beziehungen

Gl. 25)

$$-\Delta^3 y_m \cdot \left(\frac{E F_g h^2}{c^2} - \gamma P\right) - 2 P y_m + 4 M_m$$
$$- 2\gamma\left(M_{m-1} - 2 M_m + M_{m+1}\right)$$
$$= 2 P\left(v + \gamma b + c_m + \frac{h - \Delta' h_m}{2}\right).$$

Gl. 26)

$$-\Delta^2 y_{m+1} \cdot \left(\frac{E F_g h^2}{c^2} - \gamma P\right) - 2 P y_{m+1} + 4 M_{m+1}$$
$$- 2\gamma\left(M_m - 2 M_{m+1} + M_{m+2}\right)$$
$$= 2 P\left(v + \gamma b + c_{m+1} - \frac{h - \Delta' h_{m+1}}{2}\right).$$

Hierin ist

Gl. 27)
$$\gamma = \frac{F_g}{F_d} \cdot \frac{d}{c} \cdot \sec^2 \delta,$$

Gl. 28)
$$b = \frac{g c^2}{2 P},$$

Gl. 29)
$$c_m = \frac{M'_m}{P} = \frac{g c^2}{2 P} \cdot m(n - m) = b \cdot m \cdot (n - m),$$

sowie

Gl. 30)
$$\begin{cases} \Delta' h_m = \left(\frac{E F_g h^2}{2 P c^2} - \frac{1}{2\gamma}\right)(\Delta h_{m-1} + 2\Delta h_m + \Delta h_{m+1}) - \Delta h_m, \\ \Delta' h_{m+1} = \left(\frac{E F_g h^2}{2 P c^2} - \frac{1}{2\gamma}\right)(\Delta h_m + 2\Delta h_{m+1} + \Delta h_{m+2}) - \Delta h_{m+1}. \end{cases}$$

Da die Längenänderungen zweier aufeinanderfolgenden Pfosten sich nur wenig voneinander unterscheiden, kann man näherungsweise

$$\Delta h_{m-1} + 2\Delta h_m + \Delta h_{m+1} = 4\Delta h_m$$

setzen, und erhält so aus Gl. 30), wenn man noch den sehr kleinen Betrag $-\Delta h_m$ vernachlässigt

Gl. 31)
$$\Delta' h_m = 2\Delta h_m \cdot \left(\frac{E F_g h^2}{P c^2} - \frac{1}{\gamma}\right).$$

3. Bestimmung der Knickgrenze.

Die Gl. 25) und 26) unterscheiden sich nur durch das Vorzeichen von $(h - \Delta' h)$. Um zu Näherungsformeln zu gelangen, möge zunächst der Einfluß der Größen v, b und c, die in den beiden Gleichungen mit gleichen Vorzeichen auftreten, für sich betrachtet werden. Setzt man in Gl. 17), da die Momente an drei aufeinanderfolgenden Knotenpunkten wenig verschieden sind,

$$M_{m-1} = M_{m+1} = M_m,$$

so folgt

Gl. 32)
$$M_m = - E J_g \cdot \frac{\varDelta^2 y_m}{c^2}$$

und man erhält hiermit aus Gl. 25)

Gl. 33)
$$- \varDelta^2 y_m \left(\frac{E F_g h^2}{2 P c^2} - \frac{1}{2\gamma} + \frac{2 E J_g}{P c^2} \right) - y_m = v + b\gamma + c_m .$$

Führt man das Ersatzträgheitsmoment

$$J = \frac{F_g h^2}{2} + 2 J_g$$

ein, so folgt aus Gl. 33) mit der Abkürzung

Gl. 34)
$$\frac{1}{\varrho} = \frac{E J}{P c^2} - \frac{\gamma}{2}$$

die Bestimmungsgleichung der y zu

Gl. 35)
$$- y_{m-1} + (2 - \varrho) y_m - y_{m+1} = \varrho (v + b\gamma + c_m)$$

oder, wenn man für c_m seinen Wert nach Gl. 29) schreibt,

Gl. 35a)
$$- y_{m-1} + (2 - \varrho) y_m - y_{m+1} = \varrho (v + b\gamma + b m [n - m]) .$$

Es ist leicht zu zeigen, daß diese Gleichung der Differentialgleichung eines exzentrisch belasteten Vollwandstabes genau analog gebildet ist. Wegen der Symmetrie muß $y_m = y_{n-m}$ sein. Man findet daher das allgemeine Integral der Differenzengleichung 35a) aus der partikulären Lösung

Gl. 36)
$$y_m^I = C \cdot \cos \left[\left(\frac{n}{2} - m \right) \vartheta \right] - v - b\gamma ,$$

worin

Gl. 37)
$$\cos \vartheta = 1 - \frac{\varrho}{2}$$

ist, durch Hinzufügen der das Auftreten von m in Gl. 35a) berücksichtigenden Funktion

$$y_m^{II} = C_0 + C_1 m + C_2 m^2 ,$$

wonach denn das allgemeine Integral

Gl. 36a)
$$y_m = y_m^I + y_m^{II} = C \cdot \cos \left[\left(\frac{n}{2} - m \right) \vartheta \right] - v - b\gamma$$
$$+ C_0 + C_1 m + C_2 m^2$$

folgt.

Da Gl. 36a) die Differenzengleichung 35a) identisch befriedigen muß, so erhält man durch Einführung der y nach Gl. 36a) in Gl. 35a) zur Bestimmung der Konstanten C_0, C_1 und C_2 die Gleichung

$$\varrho (b - C_2) m^2 - \varrho (b n + C_1) m - (\varrho C_0 + 2 C_2) = 0,$$

welche für willkürliche Werte m nur erfüllt sein kann, wenn ihre Koeffizienten einzeln verschwinden. Man findet daher:

$$C_0 = -\frac{2b}{\varrho}; \qquad C_1 = -bn; \qquad C_2 = b$$

und durch Einführung dieser Werte in Gl. 36a) die Gleichung für die Durchbiegung

$$y_m = C \cdot \cos\left[\left(\frac{n}{2} - m\right)\vartheta\right] - v - b\gamma - \frac{2b}{\varrho} - bm(n-m).$$

Zur Bestimmung der Konstanten C führt die Bedingung $y_0 = 0$, welche für einen Stab ohne steife Endfelder richtig wäre. Die Berücksichtigung etwa steifer Endfelder kann hier wie beim Gitterstab ohne Querriegel durch Verminderung der Länge l geschehen, so daß es genügt, hier die Endfelder als nicht steif anzunehmen. Man findet dann die Konstante

$$C = -\frac{v + b\gamma + 2\dfrac{b}{\varrho}}{\cos\dfrac{n\vartheta}{2}}$$

und erhält hiermit aus Gl. 36a)

$$y_m = \left(v + b\gamma + 2\frac{b}{\varrho}\right)\left(\frac{\cos\left[\left(\dfrac{n}{2} - m\right)\vartheta\right]}{\cos\dfrac{n\vartheta}{2}} - 1\right) - bm(n-m).$$

Führt man hierin die durch Gl. 28) und 29) gegebenen Werte ein, so folgt

Gl. 38) $\qquad y_m = \left[v + \dfrac{c}{2}\left(\gamma + \dfrac{2}{\varrho}\right) \cdot \dfrac{G}{P}\right] \cdot \left(\dfrac{\cos\left[\left(\dfrac{n}{2} - m\right)\vartheta\right]}{\cos\dfrac{n\vartheta}{2}} - 1\right) - \dfrac{M'_m}{P}.$

Aus Gl. 38) ergeben sich auch bei verschwindenden Werten v und G endliche Durchbiegungen y_m, falls

$$\frac{n\vartheta}{2} = \frac{\pi}{2}$$

wird.

Die letztere Bedingung bestimmt somit die Knickgrenze, und da sie mit der des Gitterstabes ohne Querriegel übereinstimmt, folgt sofort

Gl. 39) $\qquad\qquad\qquad P_k = \varkappa \cdot \varkappa' \cdot \dfrac{\pi^2 EJ}{l^2}$

mit

$$\varkappa' = 2\left(\frac{n}{\pi}\right)^2 \cdot \left(1 - \cos\frac{\pi}{n}\right) \qquad \text{und} \qquad \varkappa \backsimeq \frac{n^2}{n^2 + 5\gamma}.$$

Nach der Theorie von Müller-Breslau ergibt sich somit das überraschende Resultat, daß der Einbau von Pfosten bei einem Gitterstabe dessen Knickgrenze nicht beeinflußt. Dieses unbefriedigende, weil offenbar widersinnige Ergebnis, ist vermutlich dem Umstande zuzuschreiben, daß an den strengen Gleichungen im Interesse der Entwicklung eines geschlossenen Ausdruckes für die Knicklast unzulässig starke Vereinfachungen vorgenommen werden mußten, bei denen der Einfluß der Querriegel in Wegfall kam. Die abgeleitete Formel Gl. 39) kann daher nur zur angenäherten Bestimmung der Knickfestigkeit e'nes mit Pfosten und Diagonalen versteiften Stabes herangezogen werden.

4. Abschätzung des Einflusses von v.

Für die am höchsten beanspruchte Gurtung kann man näherungsweise setzen

Gl. 40)
$$O_m = \frac{P}{2} + P \cdot \frac{v+f}{h},$$

wenn f die Durchbiegung in Stabmitte angibt und nur der Einfluß von v auf die Stabkräfte berücksichtigt werden soll. Schreibt man Gl. 35) in der gleichfalls nur v berücksichtigenden Form

Gl. 41)
$$-\Delta^2 y_m = \varrho (v + y_m)$$

und vergleicht man diesen Ausdruck mit der oben angeführten Gl. 32), so folgt aus der Differenzengleichung

Gl. 42)
$$M_m = - EJ_g \cdot \frac{\Delta^2 y_m}{c^2}$$

wegen

Gl. 43)
$$M_m = - \frac{EJ_g \cdot \varrho}{c^2} \cdot (v + y_m)$$

das unter ausschließlichem Einfluß von v entstehende, maximale Moment

Gl. 44)
$$M_{max} = - \frac{EJ_g \cdot \varrho}{c^2} \cdot (v + f).$$

Aus Gl. 40) und 44) ergibt sich somit die dem Einfluß von v näherungsweise Rechnung tragende Beziehung für die größte Gurtspannung mit W_g als dem Widerstandsmoment einer Gurtung

Gl. 45)
$$\sigma_{max} = \frac{P}{2 F_g} + \left(\frac{P}{F_g h} + \varrho \cdot \frac{EJ_g}{W_g c^2} \right) \cdot (v + f).$$

Setzt man hierin wieder nach § 2, Gl. 17)

$$v + f = v + \frac{1{,}25}{v-1} \cdot v = \frac{v + 0{,}25}{v-1} \cdot v = v' \cdot v,$$

wo

Gl. 46)
$$\nu' = \frac{\nu + 0{,}25}{\nu - 1}$$

ist, so folgt

Gl. 47)
$$\sigma_{max} = \frac{P}{2\,F_g} + \left(\frac{P}{F_g\,h} + \varrho \cdot \frac{E\,J_g}{W_g\,c^2} \right) \nu\,\nu'.$$

Für die Diagonalen ist näherungsweise nach Gl. 20)

Gl. 48)
$$D_m = \frac{P}{h}\,(y_m - y_{m-1}) \cdot \sec \delta.$$

Man findet aus Gl. 38)

$$y_m \cong \nu \left\{ \cos\left[\left(\frac{n}{2} - m\right)\vartheta\right] \cdot \sec \frac{n\,\vartheta}{2} - 1 \right\},$$

wonach mit kurzer Zwischenrechnung

$$y_m - y_{m-1} = 2\,\nu \cdot \sin\left[\left(\frac{n+1}{2} - m\right)\vartheta\right] \cdot \sin \frac{\vartheta}{2} \cdot \sec \frac{n\,\vartheta}{2}$$

folgt.

Für $m = 1$ folgt hiernach aus Gl. 48), wenn man noch $\sin\left(\dfrac{n-1}{2}\,\vartheta\right)$ auf $\sin \dfrac{n\,\vartheta}{2}$ aufrundet,

$$D_1 = \frac{2\,P\nu}{h} \cdot \sin \frac{\vartheta}{2} \cdot \operatorname{tg} \frac{n\,\vartheta}{2} \cdot \sec \delta.$$

Für kleine Winkel $\dfrac{\vartheta}{2}$ ist $\sin \dfrac{\vartheta}{2} = \dfrac{\vartheta}{2}$ und demnach aus Gl. 37)

$$\frac{\varrho}{2} = 1 - \cos \vartheta = 2 \cdot \sin^2 \frac{\vartheta}{2} = \frac{\vartheta^2}{2} \quad \text{oder} \quad \vartheta = \sqrt{\varrho};$$

da ferner

$$f = y_{max} = \nu \cdot \left(\sec \frac{n\,\vartheta}{2} - 1 \right)$$

ist, und somit

$$\sec \frac{n\,\vartheta}{2} = \frac{\nu + f}{\nu} = \frac{\nu\,\nu'}{\nu} = \nu',$$

so folgt für D_1 der Näherungswert

Gl. 49)
$$D_1 = P \cdot \frac{\nu}{h} \cdot \sec \delta \cdot \sqrt{\varrho\,(\nu'^2 - 1)}.$$

Die Diagonale D_1 ist am höchsten beansprucht und erhält Zug, wenn ν (im Sinne der Abb. 153) positiv ist, d. h. wenn die Diagonale 01 an dem Knotenpunkte 0 der Gurtung beginnt, welcher der Kraftrichtung benachbart ist.

5. Abschätzung des Einflusses von h.

Wir vernachlässigen hierzu in den Gl. 25) und 26) die Größen v, b und c, außerdem den Betrag $\varDelta h$ und berücksichtigen in ihnen nur die Glieder $\pm Ph$. Daß hierbei auch für verschwindend kleine Werte g und v eine Verbiegung der Gurtungen und eine Beanspruchung der

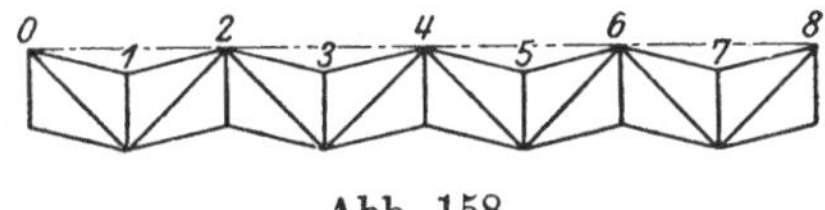

Abb. 158.

Querverbindungen auftritt, kann man sich an dem in Abb. 158 dargestellten Gitterstab klarmachen, bei welchem alle Gurtstäbe um denselben Betrag verkürzt seien, während die Diagonalen und Querriegel, für welche eine große Widerstandsfähigkeit vorausgesetzt wird, ihre Längen nicht merklich ändern. Hierbei müssen die Knotenpunkte in einer Zickzacklinie legen. Wird jedoch durch die Biegungssteifigkeit der Gurtungen die skizzierte Deformation unmöglich, so hat dies Beanspruchungen der Wandglieder zur Folge.

Macht man, um den Einfluß von h abzuschätzen, für die Biegungsmomente die Annahme:

$$M_{m-1} = M_{m+1} = - M_m,$$

so folgen aus Gl. 17) die

Gl. 50)
$$\begin{cases} M_m = - \dfrac{3\,EJ_g}{c^2} \cdot \varDelta^2 y_m = - M_{m-1} = - M_{m+1}, \\[2mm] M_{m+1} = + \dfrac{3\,EJ_g}{c^2} \cdot \varDelta^2 y_{m+1} = - M_m = - M_{m+2}. \end{cases}$$

Damit gehen die Gl. 25) und 26) über in

Gl. 51)
$$\begin{cases} - \varDelta^2 y_m \cdot \left[\dfrac{EF_g h^2}{c^2} + \dfrac{12\,EJ_g}{c^2}(1 + 2\gamma) - P\gamma \right] - 2\,P \cdot y_m \\[1mm] \qquad\qquad = + P \cdot h, \\[3mm] - \varDelta^2 y_{m+1} \left[\dfrac{EF_g h^2}{c^2} + \dfrac{12\,EJ_g}{c^2}(1 + 2\gamma) - P\gamma \right] - 2\,P \cdot y_{m+1} \\[1mm] \qquad\qquad = - P \cdot h. \end{cases}$$

Schreibt man

$$\varrho' = 2\,P : \left[\dfrac{EF_g h^2}{c^2} + \dfrac{12\,EJ_g}{c^2}(1 + 2\gamma) - P\gamma \right],$$

so liefern die Gl. 51) das System zur Bestimmung der y:

$$\text{Gl. 53)}\quad\begin{cases}(2-\varrho')y_1-y_2 & =+\varrho'\cdot\dfrac{h}{2},\\[2mm]-y_1+(2-\varrho')y_2-y_3 & =-\varrho'\cdot\dfrac{h}{2},\\[1mm]\cdots\cdots\cdots\cdots\cdots\cdots\cdots\cdots\cdots\cdots\cdots\\[1mm]-y_{n-3}+(2-\varrho')y_{n-2}-y_{n-1}=\mp\varrho'\cdot\dfrac{h}{2},\\[2mm]-y_{n-2}+(2-\varrho')y_{n-1} & =\pm\varrho'\cdot\dfrac{h}{2}.\end{cases}$$

Ist n eine gerade Zahl, so gilt in den letzten Gleichungen das obere, für ungerade n das untere Vorzeichen.

Addiert man in Gl. 53) jede Gleichung zur folgenden, so erhält man mit

$$\eta_m=\frac{1}{2}\left(y_m+y_{m-1}\right)$$

das System der Differenzengleichungen

$$-\eta_{m-1}+(2-\varrho')\,\eta_m-\eta_{m+1}=0,$$

dessen Integral für gerade Zahlen n wegen

$$\eta_m=\eta_{n+1-m}$$

$$\text{Gl. 54)}\qquad \eta_m=C'\cdot\cos\left[\left(\frac{n+1}{2}-m\right)\vartheta'\right],$$

und für ungerade Zahlen n wegen

$$\eta_m=-\,\eta_{n+1-m}$$

$$\text{Gl. 54a)}\qquad \eta_m=C''\cdot\cos\left[\left(\frac{n+1}{2}-m\right)\vartheta'\right]$$

ist, wo

$$\cos\vartheta'=1-\frac{\varrho'}{2}.$$

Aus Gl. 53)

$$y_1\cdot(2-\varrho')-y_2=+\varrho'\cdot\frac{h}{2}$$

folgen mit

$$y_1=2\,\eta_1\quad\text{und}\quad y_2=2\,\eta_2-y_1=2\,\eta_2-2\,\eta_1$$

die Konstanten

$$C'=\frac{h}{2}\cdot\frac{\sin\dfrac{\vartheta'}{2}\cdot\operatorname{tg}\dfrac{\vartheta'}{2}}{\cos\dfrac{n\,\vartheta'}{2}}\quad\text{und}\quad C''=\frac{h}{2}\cdot\frac{\sin\dfrac{\vartheta'}{2}\cdot\operatorname{tg}\dfrac{\vartheta'}{2}}{\sin\dfrac{n\,\vartheta'}{2}}.$$

Man erhält mit diesen Konstanten, wenn man die η wieder durch die y ersetzt, folgende Formeln für die Durchbiegungen:
Bei gerader Feldzahl n:

$$\text{Gl. 55)} \qquad y_m = + h \cdot \operatorname{tg}^2 \frac{\vartheta'}{2} \cdot \frac{\cos \dfrac{m\,\vartheta'}{2} \cdot \cos \dfrac{(n-m)\,\vartheta'}{2}}{\cos \dfrac{n\,\vartheta'}{2}},$$

wenn der Knotenpunkt m im Untergurt liegt;

$$\text{Gl. 56)} \qquad y_m = + h \cdot \operatorname{tg}^2 \frac{\vartheta'}{2} \cdot \frac{\sin \dfrac{m\,\vartheta'}{2} \cdot \sin \dfrac{(n-m)\,\vartheta'}{2}}{\cos \dfrac{n\,\vartheta'}{2}},$$

wenn der Knotenpunkt m im Obergurt liegt;
bei ungerader Feldzahl n:

$$\text{Gl. 57)} \qquad y_m = + h \cdot \operatorname{tg}^2 \frac{\vartheta'}{2} \cdot \frac{\cos \dfrac{m\,\vartheta'}{2} \cdot \sin \dfrac{(n-m)\,\vartheta'}{2}}{\sin \dfrac{n\,\vartheta'}{2}},$$

wenn der Knotenpunkt m im Untergurt liegt;

$$\text{Gl. 58)} \qquad y_m = - h \cdot \operatorname{tg}^2 \frac{\vartheta'}{2} \cdot \frac{\sin \dfrac{m\,\vartheta'}{2} \cdot \cos \dfrac{(n-m)\,\vartheta'}{2}}{\sin \dfrac{n\,\vartheta'}{2}};$$

wenn der Knotenpunkt m im Obergurt liegt.

Für untenliegende Knotenpunkte m folgt hieraus bei kleinen Werten $\dfrac{\vartheta'}{2}$ genügend genau für gerade Zahlen n:

$$\text{Gl. 59)} \qquad \varDelta y_m = y_m - y_{m-1} = h \cdot \operatorname{tg}^2 \frac{\vartheta'}{2} = h \cdot \left(\frac{\vartheta'}{2}\right)^2 = \frac{h\,\varrho'}{4},$$

eine Näherungsformel, die auch für ungerade Feldzahl n gilt.

Da von einem Knotenpunkt zum nächsten $\varDelta y$ sein Vorzeichen wechselt, so wird

$$\text{Gl. 60)} \qquad \varDelta^2 y = \pm 2\,\varDelta y = \pm \frac{h\,\varrho'}{2}.$$

Hiernach entstehen ohne Rücksicht auf das Vorzeichen Momente

$$\text{Gl. 61)} \qquad M = \frac{3\,EJ_g}{c^2} \cdot \varDelta^2 y = \frac{3}{2} \cdot \frac{EJ_g}{c^2} \cdot h\,\varrho'.$$

Aus Gl. 20) folgt hiermit für eine linkssteigende Diagonale:

$$\text{Gl. 62)} \quad D_m = \frac{P}{h}(y_m - y_{m-1}) - \frac{4\,M_m}{h} = -\left(\frac{6\,EJ_g}{c^2} - \frac{P}{4}\right) \cdot \varrho' \cdot \sec \delta,$$

und aus Gl. 18) für die Gurtkraft

$$\text{Gl. 63)} \qquad O \simeq \frac{P}{2} - \frac{3\,EJ_g}{c^2} \cdot \varrho',$$

wofür auch näherungsweise $0{,}5\,P$ gesetzt werden kann.

Aus Gl. 23) folgt hiermit und mit $U \simeq 0{,}5\,P$ der größte Zug im Querriegel:

$$\text{Gl. 64)} \qquad V = -U \cdot \frac{\Delta^2 y}{c} - 4\,\frac{M}{c} = \frac{h}{c}\left(\frac{P}{4} + \frac{6\,EJ_g}{c^2}\right)\varrho'.$$

Zu einer noch weitergehenden Erleichterung der Rechnung empfiehlt sich die Einführung der Koeffizienten

$$\text{Gl. 65)} \qquad \gamma'' = \frac{P\,c^2}{6\,EJ_g}$$

und

$$\text{Gl. 66)} \qquad \gamma' = 1 : \left(\frac{F_g\,h^2}{12\,J_g} + 1 + 2\,\gamma - 0{,}5\,\gamma\,\gamma''\right).$$

Dann erhält man wegen $\varrho' = \gamma' \cdot \gamma''$

$$\text{Gl. 67)} \qquad D = -P\gamma'\left(1 - \frac{1}{4}\gamma''\right)\sec \delta,$$

$$\text{Gl. 68)} \qquad V = +P\gamma' \cdot \left(1 + \frac{1}{4}\gamma''\right) \cdot \frac{h}{c}$$

und

$$\text{Gl. 69)} \qquad O = \frac{P}{2}(1 - \gamma'),$$

sowie

$$\text{Gl. 70)} \qquad M = \frac{P\,h\,\gamma'}{4}.$$

Hiermit ist eine bequeme Abschätzung der von h abhängenden Beanspruchungen möglich; z. B. wird die größte Gurtspannung

$$\text{Gl. 71)} \qquad \sigma_{max} = \frac{P}{2\,F_g}(1 - \gamma') + \frac{P\,h\,\gamma'}{4\,W_g}.$$

In dem Ausdruck für γ' spielt gewöhnlich der Wert γ'' eine untergeordnete Rolle; vernachlässigt man ihn, so erhält man aus Gl. 67)

$$\text{Gl. 72)} \qquad D = -P \cdot \left(1 - \frac{1}{4}\gamma''\right)\gamma' \cdot \sec \delta \simeq -P\gamma' \cdot \sec \delta$$

$$\simeq -P \cdot \sec \delta : \left(\frac{F_g\,h^2}{12\,J_g} + 1 + 2\,\gamma\right).$$

Bezeichnet man die nach der **Eulerschen** Formel zu bestimmende Knickkraft der Diagonale mit

$$D_k = \frac{\pi^2\, E\, J_d}{d^2}\,,$$

so liefert die Bedingung

$$D_k = \frac{\pi^2\, E\, J_d}{d^2} = P \cdot \sec \delta : \left(\frac{F_g\, h^2}{12\, J_g} + 1 + 2\,\gamma\right)$$

diejenige Belastung

Gl. 73)
$$P = \frac{\pi^2\, E\, J_d}{d^2} \cdot \left(\frac{F_g\, h^2}{12\, J_g} + 1 + 2\,\gamma\right) \cdot \cos \delta\,,$$

bei der die Tragfähigkeit der Diagonale erschöpft wird, weil sie ausknickt. Entsprechend würde man bei gedrungenen Diagonalen die für diese kritische Belastung des Gitterstabes unter Benutzung der **Tetmajerschen** Formel für die Diagonale zu bestimmen haben.

6. Einfluß von $\varDelta h$.

Die Größe $\varDelta h$ übt auf die durch die vorstehenden Abschätzungsformeln bestimmten Kräfte und Momente nur einen kleinen Einfluß aus. Will man den durch Vernachlässigung von $\varDelta h$ begangenen Fehler etwa ausgleichen, so kann dies nach **Müller-Breslau** dadurch geschehen, daß man an Stelle des in die Formeln für die Stabkräfte, Momente und Spannungen eingeführten Wertes γ' mit dem verminderten Betrag

$$\gamma' \cdot \left(1 - 2\,\frac{V}{P} \cdot \frac{F_g}{F_p} \cdot \frac{h^2}{c^2}\right)$$

rechnet, worin V durch Gl. 68) zu bestimmen ist. Da die hieraus entstehende Korrektur immer zu ganz wenig verminderten Beanspruchungen führt, empfiehlt es sich, sie überhaupt nicht vorzunehmen.

Auch die in diesem Paragraphen gegebenen Entwicklungen beruhen auf der Voraussetzung, daß die Spannung im Stabe nirgends die Proportionalitätsgrenze überschreitet. Nach **Müller-Breslaus** Vorschlag könnte man für den Fall der Überschreitung dieser Grenze die Knickkraft durch Einführung des Trägheitsradius

$$i = \sqrt{\frac{J}{2\,F_g}} = \sqrt{\frac{F_g\,\dfrac{h^2}{2} + 2\,J_g}{2\,F_g}}$$

für den vollwandigen Ersatzstab entsprechend der Formel von **Tetmajer** durch

Gl. 74)
$$P_k = \varkappa \cdot \varkappa' \cdot \left(3{,}1 - 0{,}0114\,\frac{l}{i}\right) \cdot 2\,F_g$$

bestimmen. Hierzu aber, sowie zu der Knickbedingung Gl. 39) gelten entsprechend der Übereinstimmung der betreffenden Gleichungen die im Absatz 5 des vorigen Paragraphen gemachten, kritischen Bemerkungen.

Zur Abschätzung der Knickgrenze kann auch hier, entsprechend den Ausführungen des vorigen Paragraphen,

$$\text{Gl. 75)} \qquad P_k = \frac{200\,h}{100\,h + l} \cdot \left(3{,}1 - 0{,}0114\,\frac{c}{i_g}\right) \cdot F_g$$

verwendet werden.

Zahlenbeispiel. Für einen Gitterstab mit Diagonalen und Pfosten sei $l = 600$ cm; $c = 60$ cm; $n = 10$; $h = 25$ cm. Die Gurtungen (Abb. 159) werden gebildet von 2 $\sqcap$-Eisen NP. 30 mit $J_g = 495$ cm^4; $F_g = 58{,}8$ cm^2 und $e = 7{,}3$ cm

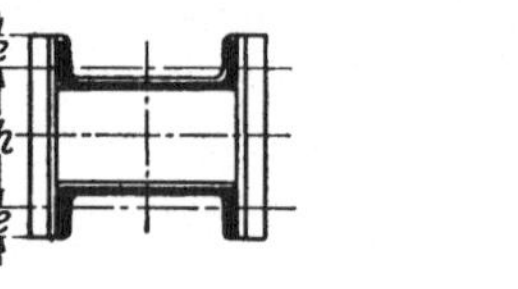

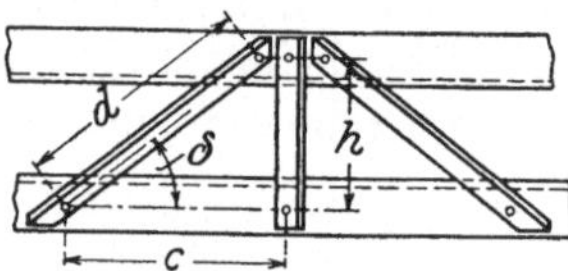

Abb. 159.   Abb. 160.

als dem äußersten Faserabstand. Die Diagonalen und Querriegel, in zwei Vergitterungsebenen angeordnet, werden von Winkeleisen 60/40/7 gebildet, wonach $F_d = F_p = 13{,}1$ cm^2 ist. Der Elastizitätsmodul sei $E = 2150$ t/cm^2.

Gemäß der aus Abb. 160 ersichtlichen konstruktiven Anordnung der Vergitterung ist zur Berechnung von γ zu setzen $d : c = 1$ und $\sec \delta = 1{,}2$, wonach

$$\gamma = \frac{F_g}{F_d} \cdot \frac{d}{c} \cdot \sec^2 \delta = \frac{58{,}8}{13{,}1} \cdot 1{,}0 \cdot 1{,}2^2 \sim 6{,}5$$

folgt. Nun ist

$$J = \frac{F_g h^2}{2} + 2 J_g = \frac{58{,}8 \cdot 25^2}{2} + 2 \cdot 495 = 19\,365 \text{ cm}^4,$$

und $\varkappa' = 0{,}992$ aus der Tabelle 26 für $n = 10$. Ferner wird

$$\varkappa = \frac{n^2}{n^2 + 5\,\gamma} = \frac{100}{100 + 5 \cdot 6{,}5} = 0{,}755\,.$$

Somit wäre, falls die Knickspannung unter der Proportionalitätsgrenze läge, die Knicklast nach Gl. 39)

$$P_k = \varkappa \cdot \varkappa' \cdot \frac{\pi^2 E J}{l^2} = 0{,}992 \cdot 0{,}755 \cdot \frac{\pi^2 \cdot 2150 \cdot 19\,365}{600^2} = 856 \text{ t}.$$

Die hierzu gehörige Knickspannung

$$\sigma_k = \frac{P_k}{2\,F_g} = \frac{856}{2 \cdot 58{,}8} = 7{,}28 \text{ t/cm}^2$$

ist schon allein ohne die von der Biegung abhängige Zusatzspannung weit größer als σ_p, so daß die Gl. 39) nicht anwendbar ist.

Nach Gl. 74) erhält man mit

$$i = \sqrt{\frac{19\,365}{2 \cdot 58{,}8}} = 12{,}84 \text{ cm}$$

$$P_k = \varkappa \cdot \varkappa' \cdot \left(3,1 - 0,0144 \cdot \frac{l}{i}\right) \cdot F_g$$

$$= 0,992 \cdot 0,755 \cdot \left(3,1 - 0,0114 \cdot \frac{600}{12,84}\right) \cdot 2 \cdot 58,8 = 225 \text{ t}.$$

Die Abschätzung nach Gl. 75) ergibt mit

$$i_g = \sqrt{495 : 58,8} = 2,9 \text{ cm}$$

den Wert

$$P_k = \frac{200\,h}{100\,h + l} \cdot \left(3,1 - 0,0114 \cdot \frac{c}{i_g}\right) \cdot F_g$$

$$= \frac{200 \cdot 25}{100 \cdot 25 + 600} \cdot \left(3,1 - 0,0114 \cdot \frac{60}{2,9}\right) \cdot 58,8 = 265 \text{ t}.$$

§ 52. Der exzentrisch belastete Rahmenstab[1]).

Abgesehen von den allgemeinen Bezeichnungen des § 49 bezeichnen wir für den in Abb. 161 und 162 dargestellten Rahmenstab mit

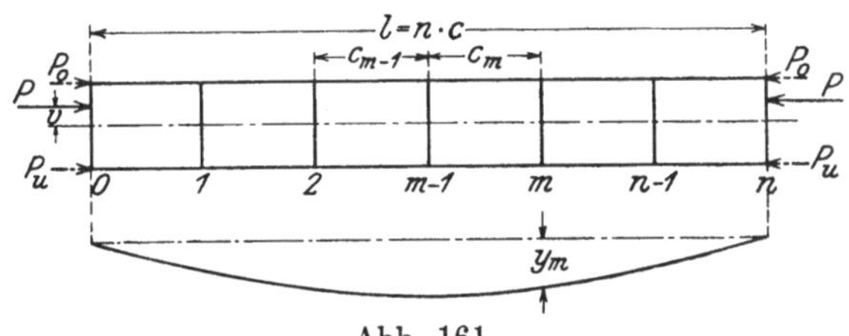

Abb. 161.

O_m die Gurtkraft im Stabe $m - 1, m$ des Obergurtes,

U_m die Gurtkraft im Stabe $m - 1, m$ des Untergurtes,

$_mM_k^o, M_m^o$ die Momente für die Obergurtstäbe links und rechts vom Knotenpunkt m,

$_mM^u, M_m^u$ die Momente für die Untergurtstäbe links und rechts vom Knotenpunkt m,

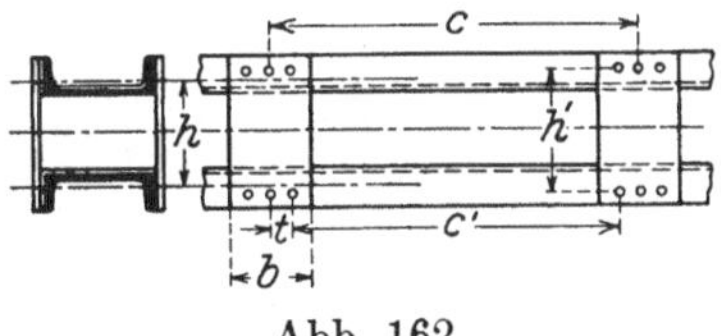

Abb. 162.

S_m die Querkraft für die Gurtungen im Felde $m - 1, m$,

Q_m die Querkraft für das Bindeblech bei m,

M_{bm}^o, M_{bm}^u die Momente am oberen und unteren Ende dieses Bindebleches,

h' den Abstand der Nietreihen des Bindebleches voneinander,

---

[1]) H. Müller-Breslau, Neuere Methoden, 1913, S. 380 ff.

b die Breite der Bindebleche,

c' den Abstand der innersten Nieten benachbarter Bindebleche voneinander,

t die Nietteilung der Bindebleche, wonach (Abb. 162) $c' = c - 2\,t$ ist,

$\beta_m^o,\ \beta_m^u$ die Neigungen der elastischen Linie beider Gurtungen am Knotenpunkt m (Abb. 163),

$\alpha_m^o,\ \alpha_m^u$ die Neigungswinkel der elastischen Linie der Bindebleche bei m an deren Enden (Abb. 165).

1. Aufstellung der Grundgleichungen.

Abb. 163 zeigt die dem Knotenpunkt m benachbarten Felder des Stabes, welche unmittelbar ·neben den angrenzenden Bindeblechen herausgeschnitten sind, mit den als Ersatz der Schnittspannungen

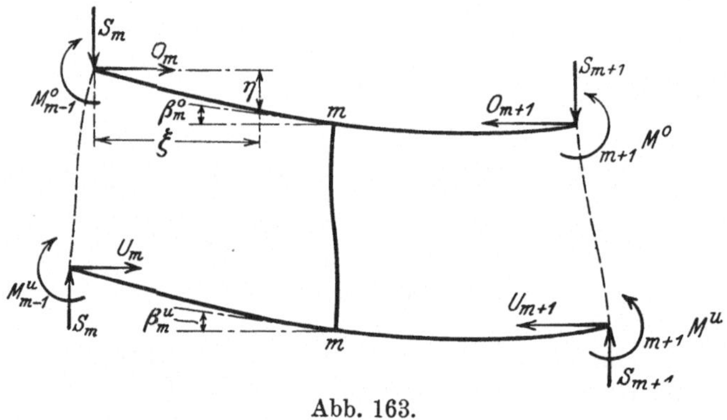

Abb. 163.

eingeführten Schnittkräften und Momenten. Vernachlässigt man von vornherein die unbeträchtlichen Längenänderungen der Querverbin-

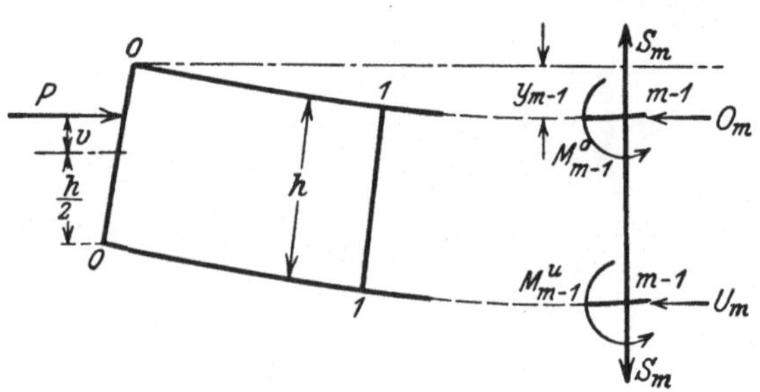

Abb. 164.

dungen, was bei deren Steifigkeit zulässig ist, so sind die Deformationen beider Gurtungen an zusammengehörigen Knotenpunkten m gleich groß. Für das Stück $0, m - 1$ des Stabes (Abb. 164), dessen

Endpunkt $m-1$ sich gegenüber dem Punkte 0 um y_{m-1} senkt, lauten die Gleichgewichtsbedingungen

$$P\left(v+\frac{h}{2}+y_{m-1}\right)=O_m h+M^{o}_{m-1}+M^{u}_{m-1},$$

$$P\left(-v+\frac{h}{2}-y_{m-1}\right)=U_m h-M^{o}_{m-1}-M^{u}_{m-1},$$

woraus

Gl. 1)
$$\begin{cases} O_m=\dfrac{P}{h}\left(v+\dfrac{h}{2}+y_{m-1}\right)-\dfrac{M^{o}_{m-1}+M^{u}_{m-1}}{h}, \\[2ex] U_m=\dfrac{P}{h}\left(-v+\dfrac{h}{2}-y_{m-1}\right)+\dfrac{M^{o}_{m-1}+M^{u}_{m-1}}{h}. \end{cases}$$

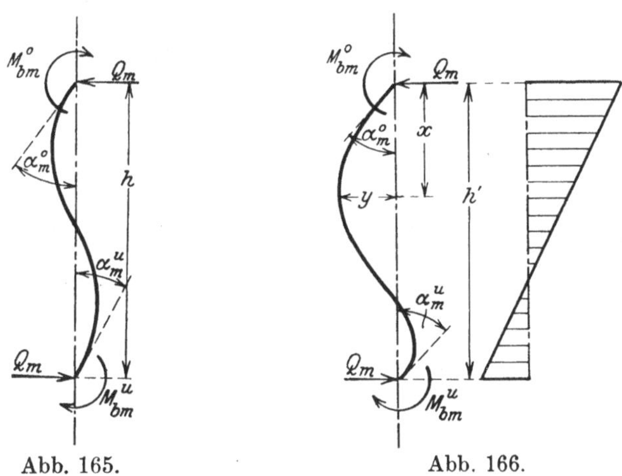

Abb. 165.   Abb. 166.

Die Bedingung für das Drehgleichgewicht eines Gurtstabes von der Länge c_m liefert

Gl. 2)
$$\begin{cases} {}_mM^{o}=M^{o}_{m-1}+O_m\cdot\varDelta y_m-S_m\cdot c_m, \\[1ex] {}_mM^{u}=M^{u}_{m-1}+U_m\cdot\varDelta y_m+S_m\cdot c_m. \end{cases}$$

Ein Rundschnitt um den Knotenpunkt m liefert die Beziehungen

Gl. 3)
$$\begin{cases} M^{o}_{bm}={}_mM^{o}-M^{o}_m, \\[1ex] M^{u}_{bm}={}_mM^{u}-M^{u}_m. \end{cases}$$

Das Gleichgewicht eines Bindebleches verlangt (Abb. 165)

Gl. 4)
$$Q_m=\frac{M^{o}_{bm}+M^{u}_{bm}}{h}$$

und

Gl. 5)
$$Q_m=O_{m+1}-O_m=U_m-U_{m+1}.$$

Für die Berechnung der Neigungswinkel α an den Enden der Bindebleche (Abb. 166) kann die kleine Axialkraft in diesen Blechen vernachlässigt werden. Man hat dann

$$\alpha_m = \alpha'_m + \alpha''_m,$$

wobei α'_m allein von den Momenten M^o_{bm} und M^u_{bm}
und α''_m allein von der Querkraft Q_m

abhängt. Die Differentialgleichung der elastischen Linie des Bindebleches

$$- E J_p \cdot \frac{d^2 y}{d x^2} = M^o_{bm} - \frac{M^o_{bm} + M^u_{bm}}{h'} \cdot x,$$

worin J_p das Trägheitsmoment des Bindebleches ist, hat das Integral

$$- E J_p \cdot y = M^o_{bm} \cdot \frac{x^2}{2} - \frac{M^o_{bm} + M^u_{bm}}{h'} \cdot \frac{x^3}{6} + C_1 x + C_2.$$

Aus den Randbedingungen

$$y_0 = 0 \quad \text{für} \quad x = 0 \quad \text{und} \quad y_{h'} = 0 \quad \text{für} \quad x = h'$$

folgen die Konstanten

$$C_2 = 0 \quad \text{und} \quad C_1 = M^u_{bm} \cdot \frac{h'}{6} - M^o_{bm} \cdot \frac{h'}{3}.$$

Damit wird

$$- E J_p \cdot y = M^o_{bm} \left(\frac{x^2}{2} - \frac{x^3}{6 h'} - \frac{h' x}{3} \right) - M^u_{bm} \left(\frac{x^3}{6 h'} - \frac{h' x}{6} \right).$$

Durch Differenzieren folgt hieraus

$$\frac{dy}{dx} = \alpha'_m = - \frac{1}{E J_p} \cdot \left[M^o_{bm} \left(x - \frac{x^2}{2 h'} - \frac{h'}{3} \right) + M^u_{bm} \cdot \left(\frac{h'}{6} - \frac{x^2}{2 h'} \right) \right].$$

Man erhält sonach für $x = 0$

$$\alpha'^o_m = \frac{h'}{6 E J_p} \cdot \left(2 M^o_{bm} - M^u_{bm} \right),$$

für $x = h'$

$$\alpha'^u_m = \frac{h'}{6 E J_p} \cdot \left(2 M^u_{bm} - M^o_{bm} \right).$$

Für α''_m folgt bei konstanter Querkraft Q_m:

$$\alpha''^o_m = \alpha''^u_m = \frac{1,2 \, Q_m}{G F_p},$$

wobei für rechteckige Querschnitte der Bindebleche (§ 7) der Querschnittskoeffizient für die Schubdeformation 1,2 gesetzt wurde. Hiernach sind die Winkel α_m der Querverbindungen mit den Momenten

M_{bm} und der Querkraft Q_m der Bindebleche durch die Gleichungen verknüpft.

$$\text{Gl. 6)} \quad \begin{cases} \alpha_m^o = \dfrac{h'}{6\,E\,J_p}\left(2\,M_{bm}^o - M_{bm}^u\right) + \dfrac{1{,}2\,Q_m}{G\,F_p} \\[3mm] \alpha_m^u = \dfrac{h'}{6\,E\,J_p}\left(2\,M_{bm}^u - M_{bm}^o\right) + \dfrac{1{,}2\,Q_m}{G\,F_p} \end{cases}$$

Bei vollkommen steifen Querverbindungen berechnet sich die für die obere und untere Gurtung gleiche Drehung der Gurtungen bei $(m-1)$ gegen den Querschnitt m aus den Gurtkräften zu

$$\text{Gl. 7)} \qquad \tau_m = \frac{(O_m - U_m)\,c_m}{E\,F_g \cdot h},$$

woraus wegen Gl. 1) folgt

$$\text{Gl. 8)} \qquad \tau_m = \frac{2\,P\,c_m}{E\,F_g\,h^2}\,(v + y_{m-1}) - \frac{2\,c}{E\,F_g\,h}\left(M_{m-1}^o + M_{m-1}^u\right).$$

Zwischen den Neigungen β_{m-1} und β_m an zwei aufeinanderfolgenden Knotenpunkten besteht bei steifen Querverbindungen der Zusammenhang

$$\beta_{m-1} = \beta_m + \tau_m,$$

welcher bei nachgiebigen Bindeblechen übergeht in

$$\text{Gl. 9)} \qquad \beta_{m-1}^o = \beta_m^o + \tau_m + \alpha_{m-1}^o - \alpha_m^o$$

für die obere Gurtung und

$$\text{Gl. 10)} \qquad \beta_{m-1}^u = \beta_m^u + \tau_m + \alpha_{m-1}^u - \alpha_m^u$$

für die untere Gurtung.

Für den Obergurt lautet die Differentialgleichung der elastischen Linie

$$E\,J_g \cdot \frac{d^2\xi}{d\eta^2} = -\,O_m \cdot \eta - M_{m-1}^o + S_m \cdot \xi,$$

woraus mit der Abkürzung

$$\text{Gl. 11)} \qquad \frac{1}{k_m^o} = \sqrt{\frac{O_m}{E\,J_g}}$$

und unter Berücksichtigung der Randbedingungen

$$y = 0 \ \text{für}\ \xi = 0 \quad \text{und} \quad \eta = y_m - y_{m-1} = \varDelta y_m \ \text{für}\ \xi = c$$

folgt

$$\eta = \varDelta y_m \cdot \frac{\sin \dfrac{\xi}{k_m^o}}{\sin \dfrac{c}{k_m^o}} + \frac{M_{m-1}^o}{O_m} \cdot \left[\frac{\cos \dfrac{\frac{c_m}{2} - \xi}{k_m^o}}{\cos \dfrac{c_m}{2\,k_m^o}} - 1\right] + \frac{S_m}{O_m} \cdot \left[\xi - \frac{c_m \cdot \sin \dfrac{\xi}{k_m^o}}{\sin \dfrac{c_m}{k_m^o}}\right].$$

Bildet man hieraus durch Differenzieren

$$\frac{d\eta}{d\xi} = \beta,$$

so erhält man für

$$\xi = 0 \quad \text{und} \quad \xi = c_m$$

die Winkel β der Gurtenden

I) $\qquad \beta^0_{m-1} = \dfrac{\varDelta y_m}{k^o_m \cdot \sin \dfrac{c_m}{k^o_m}} + \dfrac{M^o_{m-1}}{k^o_m\, O_m} \cdot \mathrm{tg}\,\dfrac{c_m}{2\,k^o_m} + \dfrac{S_m}{O_m}\left[1 - \dfrac{c_m}{k^o_m \cdot \sin \dfrac{c_m}{k^o_m}}\right],$

II) $\qquad \beta^o_m = \dfrac{\varDelta y_m}{k^o_m} \cdot \mathrm{cotg}\,\dfrac{c_m}{k^o_m} - \dfrac{M^o_{m-1}}{k^o_m\, O_m} \cdot \mathrm{tg} \cdot \dfrac{c_m}{2\,k^o_m} + \dfrac{S_m}{O_m}\left[1 - \dfrac{c_m}{k^o_m} \cdot \mathrm{cotg}\,\dfrac{c_m}{k^o_m}\right].$

Subtrahiert man II) von I), so folgt wegen Gl. 9)

III) $\qquad \tau_m + \alpha^o_{m-1} - \alpha^o_m = \dfrac{\varDelta y_m}{k^o_m} \cdot \mathrm{tg}\,\dfrac{c_m}{2\,k^o_m} + \dfrac{2\,M^o_{m-1}}{k_m\, O_m} \cdot \mathrm{tg}\,\dfrac{c_m}{2\,k^o_m}$

$$- \frac{S_m}{O_m} \cdot \frac{c_m}{k^o_m} \cdot \mathrm{tg}\,\frac{c_m}{2\,k^o_m}.$$

Addiert man I) und II), so wird

IV) $\qquad \beta^o_m + \beta^o_{m-1} = \dfrac{\varDelta y_m}{k^o_m} \cdot \mathrm{cotg}\,\dfrac{c_m}{2\,k^o_m} + 2 \cdot \dfrac{S_m}{O_m}\left[1 - \dfrac{c_m}{2\,k^o_m} \cdot \mathrm{cotg}\,\dfrac{c_m}{2\,k^o_m}\right].$

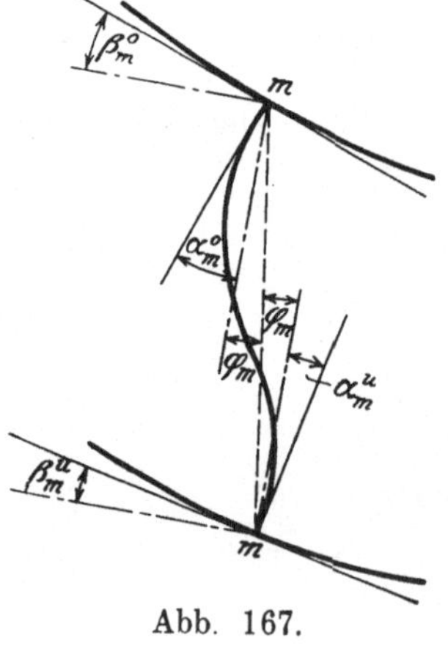

Abb. 167.

Aus Gl. 9) folgt aber, wenn man links β^o_m und rechts

$$\beta^o_m + \alpha^o_m - \alpha^o_m$$

addiert,

V) $\qquad \beta^o_m - \beta^o_{m-1} = 2\,\beta^o_m - 2\,\alpha^o_m + \alpha^o_{m-1}$

$$+ \alpha^o_m + \tau_m.$$

Aus Abb. 167 liest man aber für den Winkel φ_m zwischen der Geraden $m - m$ und der Vertikalen die Beziehungen ab

Gl. 12) $\quad \begin{cases} \varphi_m = \dfrac{\pi}{2} + \beta^o_m - \dfrac{\pi}{2} - \alpha^o_m = \beta^o_m - \alpha^o_m\,, \\[2ex] \varphi_m = \dfrac{\pi}{2} + \beta^u_m - \dfrac{\pi}{2} - \alpha^u_m = \beta^u_m - \alpha^u_m\,, \end{cases}$

womit

VI) $\qquad \beta^o_m + \beta^o_{m-1} = 2\left[\varphi_m + \tfrac{1}{2}\left(\alpha^o_{m-1} + \alpha^o_m + \tau_m\right)\right]$

folgt. Hiermit findet man aus IV)

IV a)
$$S_m = \frac{O_m}{1 - \dfrac{c_m}{2\,k_m^o}\cdot \operatorname{cotg}\dfrac{c_m}{2\,k_m^o}}\left[\varphi_m + \tfrac{1}{2}\left(\alpha_{m-1}^o + \alpha_m^o + \tau_m\right)\right.$$
$$\left. - \frac{c_m}{2\,k_m^o}\cdot \operatorname{cotg}\frac{c_m}{2\,k_m^o}\cdot \frac{\varDelta y_m}{c_m}\right].$$

Schreibt man noch abkürzend

Gl. 13)
$$\frac{c_m}{2\,k_m^o}\cdot \operatorname{cotg}\frac{c_m}{2\,k_m^o} = \gamma_m^o$$

und

Gl. 14)
$$O_m : \left(1 - \gamma_m^o\right) = O_m',$$

so erhält man aus Gl. IV a)

Gl. 15)
$$S_m = O_m'\cdot \left[\varphi_m + \frac{1}{2}\left(\alpha_{m-1}^o + \alpha_m^o + \tau_m\right) - \frac{\gamma_m^o\cdot \varDelta y_m}{c_m}\right].$$

Die genau analog für den Untergurt gültige Gleichung lautet

Gl. 15 a)
$$-S_m = U_m'\cdot \left[\varphi_m + \frac{1}{2}\left(\alpha_{m-1}^u + \alpha_m^u + \tau_m\right) - \frac{\gamma_m^u\cdot \varDelta y_m}{c_m}\right],$$

worin

Gl. 11 a)
$$\frac{1}{k_m^u} = \sqrt{\frac{U_m}{E J_g}},$$

Gl. 13 a)
$$\gamma_m^u = \frac{c_m}{2\,k_m^u}\cdot \operatorname{cotg}\frac{c_m}{2\,k_m^u}$$

und

Gl. 14 a)
$$U_m' = U_m : \left(1 - \gamma_m^u\right)$$

ist.

Durch Addition von Gl. 15) und 15 a) folgt

Gl. 16)
$$\frac{\varDelta y_m}{c_m} = \frac{y_m - y_{m-1}}{c_m} = \frac{\tau_m + 2\,\varphi_m}{2\,\psi_m} + \varrho_m,$$

worin abkürzend

Gl. 17)
$$\psi_m = \frac{\gamma_m^o\cdot O_m' + \gamma_m^u U_m'}{O_m' + U_m'} = 1 - \frac{\left(1 - \gamma_m^o\right)O_m' + \left(1 - \gamma_m^u\right)U_m'}{O_m' + U_m'}$$
$$= 1 - \frac{P}{O_m' + U_m'}$$

und

Gl. 18)
$$\varrho_m = \frac{O_m'\left(\alpha_{m-1}^o + \alpha_m^o\right) + U_m'\left(\alpha_{m-1}^u + \alpha_m^u\right)}{2\,\psi_m\left(O_m' + U_m'\right)}$$

geschrieben wurde. Man erhält entsprechend für das folgende Feld

Gl. 16a) $\quad -\dfrac{\varDelta y_{m+1}}{c_{m+1}} = \dfrac{y_m - y_{m+1}}{c_{m+1}} = \dfrac{\tau_{m+1} - 2\,\varphi_m}{2\,\psi_{m+1}} - \varrho_{m+1}$,

wobei

$$\psi_{m+1} \quad \text{und} \quad \varrho_{m+1}$$

nach Gl. 17) und 18) zu bilden sind. Wie Zahlenrechnungen zeigen, ist ψ_m im allgemeinen wenig kleiner als 1, φ_m dagegen sehr klein, so daß aus Gl. 16) und 16a) durch Addition und Vernachlässigung des sehr kleinen Betrages

$$\frac{\varphi_m}{\psi_m} - \frac{\varphi_m}{\psi_{m+1}}$$

Gl. 19) $\quad \dfrac{y_m - y_{m-1}}{c_m} + \dfrac{y_m - y_{m+1}}{c_{m+1}} = \dfrac{\tau_m}{2\,\psi_m} + \dfrac{\tau_{m+1}}{2\,\psi_{m+1}} + \varrho_m - \varrho_{m+1}$

folgt.

Aus III) folgt mit Rücksicht auf die Gl. 11)

Gl. 20) $\quad 2\,M^o_{m-1} = \dfrac{2\,E\,J_g}{c_m} \cdot \gamma^o_m\,[\tau_m + \alpha^o_{m-1} - \alpha^o_m] - O_m \cdot \varDelta y_m + S_m\,c_m$

und entsprechend für den Untergurt

Gl. 20a) $\quad 2\,M^u_{m-1} = \dfrac{2\,E\,J_g}{c_m} \cdot \gamma^u_m\,[\tau_m + \alpha^u_{m-1} - \alpha^u_m] - U_m \cdot \varDelta y_m - S_m\,c_m.$

Addiert man diese beiden Gleichungen, so erhält man

Gl. 21) $\quad 2\,(M^o_{m-1} + M^u_{m-1}) = \dfrac{2\,E\,J_g\,\tau_m}{c_m}\,(\gamma^o_m + \gamma^u_m) - P \cdot \varDelta y_m + A_m$,

wo

Gl. 22) $\quad A_m = \dfrac{2\,E\,J_g}{c_m} \cdot [\gamma^o_m\,(\alpha^o_{m-1} - \alpha^o_m) + \gamma^u_m\,(\alpha^u_{m-1} - \alpha^u_m)]$

geschrieben wurde; entsprechend findet man

Gl. 21a) $\quad 2\,(_{m+1}M^o + {}_{m+1}M^u) = \dfrac{2\,E\,J_g\,\tau_{m+1}}{c_{m+1}}\,(\gamma^o_{m+1} + \gamma^u_{m+1})$

$$- P \cdot \varDelta y_{m+1} + A_{m+1},$$

wo

Gl. 22a) $\quad A_{m+1} = \dfrac{2\,E\,J_g}{c_{m+1}} \cdot [\gamma^o_{m+1}\,(\alpha^o_m - \alpha^o_{m+1}) + \gamma^u_{m+1}\,(\alpha^u_m - \alpha^u_{m+1})].$

Setzt man die aus Gleichung 8) fließenden Momentensummen

$$2\,(M^o_{m-1} + M^u_{m-1}) = 2\,P\,(v + y_{m-1}) - \frac{E\,F_g\,h^2}{c_m} \cdot \tau_m,$$

$$2\,(_{m+1}M^o + {}_{m+1}M^u) = 2\,P\,(v + y_{m+1}) - \frac{E\,F_g\,h^2}{c_m} \cdot \tau_{m+1}$$

in Gleichung 21) und 21a) ein, so wird

Gl. 23)
$$\tau_m = \frac{P(2v + y_{m-1} + y_m)c_m - A_m c_m}{2E \cdot \left[\dfrac{F_g h^2}{2} + J_g \cdot (\gamma_m^o + \gamma_m^u)\right]},$$

Gl. 24)
$$\tau_{m+1} = \frac{P \cdot (2v + y_m + y_{m+1})c_{m+1} - A_{m+1} c_{m+1}}{2E \cdot \left[\dfrac{F_g h^2}{2} + J_g \cdot (\gamma_{m+1}^o + \gamma_{m+1}^u)\right]}.$$

Mit diesen Werten geht Gl. 19) über in

Gl. 25)
$$-\frac{y_{m-1}}{c_m}(1 + \varkappa_m) + \frac{y_m}{c_m}(1 - \varkappa_m) + \frac{y_m}{c_{m+1}}(1 - \varkappa_{m+1})$$

$$-\frac{y_{m+1}}{c_{m+1}}(1 + \varkappa_{m+1}) = 2v \cdot \left(\frac{\varkappa_m}{c_m} + \frac{\varkappa_{m+1}}{c_{m+1}}\right) - \frac{A_m}{P} \cdot \frac{\varkappa_m}{c_m}$$

$$-\frac{A_{m+1}}{P} \cdot \frac{\varkappa_{m+1}}{c_{m+1}} + \varrho_m - \varrho_{m+1},$$

worin die Abkürzung $\varkappa$ die Bedeutung hat

Gl. 26)
$$\varkappa_m = \frac{P \cdot c_m^2}{4E J_m'}$$

und

Gl. 27)
$$J_m' = \psi_m \cdot \left[F_g \cdot \frac{h^2}{2} + J_g \cdot (\gamma_m^o + \gamma_m^u)\right]$$

ist.

Ersetzt man in Gl. 15) den Wert

$$\varphi_m + \frac{1}{2}\tau_m$$

durch seinen aus Gl. 16) fließenden Ausdruck

$$\varphi_m + \frac{1}{2}\tau_m = \psi_m \cdot \frac{y_m - y_{m-1}}{c_m} - \varrho_m \psi_m = \psi_m\left(\frac{\Delta y_m}{c_m} - \varrho_m\right),$$

so folgt

$$S_m c_m = O_m' \cdot \psi_m (\Delta y_m - \varrho_m c_m) + \frac{1}{2} O_m' c_m (\alpha_{m-1}^o + \alpha_m^o) - O_m' \gamma_m^o \cdot \Delta y_m.$$

Wenn hierin im letzten Gliede der rechten Seite gemäß Gl. 14) noch

$$O_m' \gamma_m^o = O_m' - O_m$$

gesetzt wird, erhält man nach kurzer Umformung

$$S_m c_m - O_m \cdot \Delta y_m = -O_m'(1 - \psi_m) \cdot \Delta y_m - \frac{1}{2} O_m' \cdot c_m \cdot (2\psi_m \varrho_m - \alpha_{m-1}^o - \alpha_m^o);$$

mit diesem Werte aber wird aus Gl. 20) das Moment für den Obergurt

$$\text{Gl. 28)}\quad M^o_{m-1} = \frac{E J_g \gamma^o_m}{c_m}(\tau_m + \alpha^o_{m-1} - \alpha^o_m) - \frac{O'_m}{2}(1 - \psi_m)\,\varDelta y_m$$

$$- \frac{O'_m}{4} c_m (2\,\psi_m \varrho_m - \alpha^o_{m-1} - \alpha^o_m)$$

und entsprechend, wenn dieser Wert sowie der zuvor berechnete Wert von

$$S_m c_m - O_m \varDelta y_m$$

in Gl. 2) eingesetzt werden

$$\text{Gl. 29)}\quad {}_m M^o = \frac{E J_g \gamma^o_m}{c_m}(\tau_m + \alpha^o_{m-1} - \alpha^o_m) + \frac{O'_m}{2}(1 - \psi_m)\,\varDelta y_m$$

$$+ \frac{O'_m}{4} c_m (2\,\psi_m \varrho_m - \alpha^o_{m-1} - \alpha^o_m).$$

Die beiden ganz analogen Gleichungen für den Untergurt sind

$$\text{Gl. 28 a)}\quad M^u_{m-1} = \frac{E J_g \cdot \gamma^u_m}{c_m}(\tau_m + \alpha^u_{m-1} - \alpha^u_m) - \frac{U'_m}{2}(1 - \psi_m)\,\varDelta y_m$$

$$- \frac{U'_m}{4} c_m \cdot (2\,\psi_m \varrho_m - \alpha^u_{m-1} - \alpha^u_m),$$

$$\text{Gl. 29 a)}\quad {}_m M^u = \frac{E J_g \gamma^u_m}{c_m}(\tau_m + \alpha^u_{m-1} - \alpha^u_m) + \frac{U'_m}{2}(1 - \psi_m)\,\varDelta y_m$$

$$+ \frac{U'_m}{4} c_m (2\,\psi_m \varrho_m - \alpha^u_{m-1} - \alpha^u_m).$$

Besitzt der Stab n Felder, so läßt sich Gl. 25) im ganzen $(n-2)$ mal aufstellen; es können sonach, da $y_0 = 0$ und $y_n = 0$ bekannt sind, alle Durchbiegungen y des Stabes berechnet werden, sobald die Werte A, ϱ und $\varkappa$ ermittelt sind. Nun sind allerdings die Werte A, ϱ und $\varkappa$ vermöge der Gl. 1) und 2) selbst wieder in keineswegs einfacher Weise von den Durchbiegungen y abhängig, so daß es den Anschein hat, als ob durch die abgeleiteten Grundgleichungen nicht viel gewonnen sei.

Die Berechnung numerischer Beispiele, wovon wir das folgende[1] von Müller-Breslau entnehmen, führt indessen zu dem für die Folge wichtigen Ergebnis, daß die maßgebenden Koeffizienten der entwickelten Formeln feste, und durch Näherungswerte leicht zu ermittelnde Größen sind.

---

[1] Müller-Breslau, Neuere Methoden, 1913, S. 387 und 388.

2. Ergebnisse einer numerischen Berechnung.

Ein Rahmenstab bestehe aus zwei Gurtungen von $\sqcap$-Eisen
N P. 14 mit $J_g = 62{,}7$ cm^4; $F_g = 20{,}4$ cm^2; $h = 15$ cm. Sei ferner
$l = 600$ cm, $c = 100$ cm; $P = 40$ t und $v = 0{,}005\, l = 3$ cm. Die
numerische Berechnung wird zeigen, wie wenig die Werte ψ_m und
J'_m und folglich auch α_m sich mit dem Verhältnis ändern, nach welchem
sich die Last P auf den Ober- und Untergurt verteilt. Nimmt man
den Elastizitätsmodul $E = 2000$ t/cm^2 an und vernachlässigt dabei
zunächst die Formänderung der Bindebleche $(\alpha_m^o = \alpha_m^u = 0)$, so ergibt
die Rechnung die in Tabelle 29 zusammengestellten Werte.

Tabelle 29.

Werte ψ_m und J'_m für verschiedene Verteilungsverhältnisse
der Axialkraft auf die Gurtungen.

	O	U	$U:O$	ψ	J'
Fall I	20	20	1	0,863	2074
Fall II	28	12	0,429	0,863	2074
Fall III	34	6	0,176	0,863	2074

Hierbei ist betrachtet

Fall I: Verteilung der Last P bei zentrischem Angriff ohne Rücksicht auf die Formänderungen.

Fall II: Verteilung der Last P für $v = 3$ cm ohne Rücksicht auf die Formänderungen.

Fall III: Verteilung der Last P derart, daß die größte Durchbiegung in Stabmitte $f \backsimeq 2$ cm wird.

Für alle drei Fälle sind die Werte ψ und J' konstant und man
hat, wenn die Formänderung der Bindebleche vernachlässigt wird,
wenn also

$$\alpha_m^o = \alpha_m^u = 0$$

und folglich

$$\varrho = 0 \quad \text{und} \quad A = 0$$

werden, zur Bestimmung der y die einfachen Gleichungen

Gl. 25a)
$$-y_{m-1} + 2 y_m \cdot \frac{1-\varkappa}{1+\varkappa} - y_{m+1} = \frac{4\,v\varkappa}{1+\varkappa}.$$

Für

$$\varkappa = \frac{P c^2}{4\,E J'} = 0{,}024\,108$$

ergeben sich hiernach die Durchbiegungen in cm:

$$y_0 = y_6 = 0; \quad y_1 = y_5 = 1{,}0639; \quad y_2 = y_4 = 1{,}7451; \quad y_3 = 1{,}9796.$$

Hat man hiernach τ_m nach Gl. 23) ermittelt, so folgt der Wert von

$$O_m = \frac{P}{2} + \frac{E F_g h}{2 c_m} \cdot \tau_m,$$

welcher aus Gl. 7) entsteht, wenn U_m durch $P - O_m$ ersetzt wird. Schließlich ergeben die Gl. 28), 29), 28a), 29a) und 3) die Momente

$$M^o_{m-1}, \quad {}_m M^o, \quad M^u_{m-1}, \quad {}_m M^u \quad \text{und} \quad M^o_{bm} \quad \text{sowie} \quad M^u_{bm}.$$

Für die später durchzuführenden Näherungsrechnungen ist es von besonderer Bedeutung, daß die Werte O' und U' nahezu gleich sind, daß

$$2 \psi \cong \gamma^o + \gamma^u$$

annähernd konstant, daß ebenso J' konstant,

$$M^o_b \cong M^u_b \quad \text{und} \quad \psi, \ \gamma^o \ \text{und} \ \gamma^u$$

annähernd gleich 1 sind.

Aus Tabelle 30), welche die eben angeführten Größen für das vorliegende Zahlenbeispiel zusammenstellt, geht dies deutlich hervor.

Tabelle 30.

	γ^o	γ^u	$2\psi \cong \gamma^o + \gamma^u$	O' (t)	U' (t)	ψ	J' (cm⁴)
Fall I	0,86331	0,86331	1,727	146,32	146,32	0,863	2074
Fall II	0,80662	0,91893	1,726	144,79	148,02	0,863	2074
Fall III	0,76314	0,95981	1,723	143,54	149,29	0,862	2074

An den Bindeblechen treten folgende Momente auf

an den Knotenpunkten	0	1	2
M^o_b	7,6	16,6	8,7 (tcm)
M^u_b	7,4	16,8	8,9 (tcm).

Unter Beachtung der Ergebnisse dieses Beispiels, welche sich auch in anderen Fällen ähnlich vorfinden, werden wir später die bisher gewonnenen Gleichungen erheblich vereinfachen können.

Berechnet man mit den bisher ermittelten Größen und den nach Gl. 5) zu bestimmenden Querkräften Q die Drehungen α^o_m und α^u_m der Bindebleche, so gewinnt man die Möglichkeit, aus den Gl. 25) bessere Näherungen der y zu bestimmen, indem man hierin die Größen A und ϱ durch die neuen, nunmehr von Null verschiedenen Werte α^o_m und α^u_m ausdrückt.

Es möge indessen hier bemerkt werden, daß mit einer Änderung des Elastizitätsmoduls die Rechnungsergebnisse sich nicht einfach proportional ändern. So würde man z. B. für $E = 2150 \ \text{t/cm}^2$ erhalten

$$\psi = 0,873; \quad J' = 2100 \ \text{cm}^4; \quad \alpha = 0,022148; \quad y_1 = 0,9398;$$

$$y_2 = 1,5362; \quad y_3 = 1,7415 \ \text{cm}.$$

3. Näherungsrechnungen.

Man erhält durch Reihenentwicklung bei konstanter Feldweite $c_m = c$

$$1 - \gamma^o = 1 - \frac{c}{2k^0} \cdot \operatorname{cotg} \frac{c}{2k^0} = \frac{c^2}{3 \cdot 4 \, k^{02}} + \frac{c^4}{45 \cdot 16 \cdot k^{04}} + \cdots$$

oder mit

$$\frac{c}{2k^o} = \sqrt{\frac{O c^2}{4 \, E J_g}}$$

und unter Vernachlässigung der höheren als vierten Potenzen von $\dfrac{c}{2k^o}$

$$\left\{ \begin{aligned} 1 - \gamma^o &= O \cdot \xi + \frac{1}{5} O^2 \xi^2, \\[2mm] 1 - \gamma^u &= U \cdot \xi + \frac{1}{5} U^2 \xi^2, \end{aligned} \right. \qquad \text{mit} \quad \xi = \frac{c^2}{12 \, E J_g},$$

hiernach wird

$$O' = O : (1 - \gamma^o) = 1 : (\xi + \frac{1}{5} \xi^2 O)$$

und

$$U' = U : (1 - \gamma^u) = 1 : (\xi + \frac{1}{5} \xi^2 U).$$

Unter Vernachlässigung der kleinen Größe

$$\left(\frac{\xi}{5}\right)^2 \cdot O U$$

folgt dann

Gl. 30)
$$O' + U' = \frac{1}{\xi} \cdot \frac{2 + \dfrac{\xi}{5} P}{1 + \dfrac{\xi}{5} P}.$$

Nach Gl. 17) wird hiermit und mit der Abkürzung

Gl. 31)
$$\omega = \frac{P c^2}{12 \, E J_g} = P \cdot \xi,$$

Gl. 32)
$$\psi = 1 - \frac{P}{O' + U'} = 1 - \omega \cdot \frac{5 + \omega}{10 + \omega}.$$

Für diesen Ausdruck darf, da ω im allgemeinen immer klein ist, gesetzt werden

Gl. 32a)
$$\psi = 1 - \frac{1}{2} \omega = 1 - \frac{P c^2}{24 \, E J_g}.$$

Nun ist auf Grund obiger Reihenentwicklung

$$\gamma^o + \gamma^u = 2 - (O + U) \xi - \frac{1}{5} (O^2 + U^2) \xi^2 .$$

Hierin kann unter Vernachlässigung der kleinen Größe

$$\frac{1}{5}\left(O^2 + U^2\right)\xi^2$$

und mit $O + U = P$, sowie $P\,\xi = \omega$ geschrieben werden

Gl. 33) $$\gamma^o + \gamma^u = 2 - \omega = 2\left(1 - \frac{1}{2}\,\omega\right) = 2\,\psi,$$

womit aus Gl. 27)

Gl. 34) $$J' = \psi\left(F_g\,\frac{h^2}{2} + 2\,J_g\cdot\psi\right)$$

folgt.

Nimmt man für die Berechnung der M_m und $_mM$ die Werte $O' = U'$ an, so wird aus

$$\psi = 1 - \frac{P}{O' + U'} \cong 1 - \frac{P}{2\,O'} \cong 1 - \frac{P}{2\,U'}$$

Gl. 35) $$O' = U' = \frac{P}{2\left(1 - \psi\right)}.$$

Setzt man für die Berechnung der Drehwinkel α der Querverbindungen, wie es nach den Ergebnissen numerischer Berechnungen zulässig ist, $M^o_{bm} = M^u_{bm}$ voraus, so ist nach Gl. 6) $\alpha^o_m = \alpha^u_m$, und es wird hiernach aus Gl. 18) und 33)

Gl. 36) $$\varrho_m = \frac{\alpha_{m-1} + \alpha_m}{2\,\psi},$$

sowie nach Gl. 22) und 33)

Gl. 37) $$A_m = \frac{4\,E\,J_g\,\psi}{c_m}\left(\alpha_{m-1} - \alpha_m\right).$$

Aus den Gleichungen 23) und 27) erhält man

Gl. 38) $$\tau_m = \frac{P\left(v + y_{m-1} + y_m\right)\cdot c_m - A_m\,c_m}{2\,E\,J'}\cdot\psi.$$

Setzt man die aus den Gl. 35) bis 38) gewonnenen Werte in die Gl. 28) und 29a) ein, so erhält man für die Momente die Ausdrücke:

Gl. 39) $$M^o_{m-1} = -\frac{P}{4}\left(y_m - y_{m-1}\right) + \frac{P}{2}\cdot\frac{J'}{J_g}\cdot\gamma^o\,\psi\cdot\left(2\,v + y_m + y_{m-1}\right)$$
$$+ \varDelta\,M^o_{m-1},$$

Gl. 40) $$M^u_{m-1} = -\frac{P}{4}\left(y_m - y_{m-1}\right) + \frac{P}{2}\cdot\frac{J'}{J_g}\cdot\gamma^u\,\psi\cdot\left(2\,v + y_m + y_{m-1}\right)$$
$$+ \varDelta\,M^u_{m-1},$$

wobei die Beträge

$$\Delta M^o_{m-1} \quad \text{und} \quad \Delta M^u_{m-1}$$

nur von der Winkeländerung α der Querverbindungen abhängige Größen bezeichnen sollen, welche bei steifen Bindeblechen verschwinden und für die später noch Näherungswerte bestimmt werden.

Nach Gl. 3), 39) und 40) wird nun

Gl. 41) $\qquad M^o_{bm} = \dfrac{P}{4}\left(1 - 2\,\gamma^o\psi \cdot \dfrac{J_g}{J'}\right)(y_{m+1} - y_{m-1}) + \Delta_m M^o - \Delta M^o_m,$

Gl. 42) $\qquad M^u_{bm} = \dfrac{P}{4}\left(1 - 2\,\gamma^u\psi \cdot \dfrac{J_g}{J'}\right)(y_{m+1} - y_{m-1}) + \Delta_m M^u - \Delta M^u_m.$

An Stelle von Gl. 41) und 42) kann für $\gamma^o = \gamma^u = \psi$ folgende Näherung

Gl. 43) $\qquad M_{bm} = M^o_{bm} = M^u_{bm} = \dfrac{P}{4}\left(1 - 2\,\psi^2 \cdot \dfrac{J_g}{J'}\right)(y_{m+1} - y_{m-1})$

oder bei beträchtlichem Abstand h der Gurtungen unter Vernachlässigung von $2\,\psi^2\dfrac{J_g}{J'}$ der etwas zu große Wert

Gl. 44) $\qquad M_{bm} = \dfrac{P}{4}(y_{m+1} - y_{m-1})$

empfohlen werden.

Man erhält für ΔM^o_{m-1} den Ausdruck

$$\frac{E J_g \gamma^o}{c_m}\left[-\frac{A_m \psi\, c_m}{2\,E J'} + \alpha_{m-1} - \alpha_m\right]$$

und hieraus mit Rücksicht auf Gl. 37):

$$\Delta M^o_{m-1} = \frac{E J_g \gamma^o}{c_m}(\alpha_{m-1} - \alpha_m)\left(1 - 2\,\psi^2 \cdot \frac{J_g}{J'}\right)$$

und entsprechend

$$\Delta M^u_{m-1} = \frac{E J_g \gamma^u}{c_m}(\alpha_{m-1} - \alpha_m)\left(1 - 2\,\psi^2 \cdot \frac{J'}{J_g}\right).$$

Für die Drehwinkel α folgt aus den Gl. 6) mit $M^o_{bm} = M^u_{bm} = M_{bm}$ und $G = 0{,}4\,E$

$$\alpha_m = \frac{2\,M_{bm}}{E\,F_p \cdot h}\cdot\left(3 + \frac{F_p \cdot h \cdot h'}{12\,J_p}\right)$$

und wegen $J_p = F_p \cdot \dfrac{b^2}{12}$

$$\alpha_m = \frac{2\,M_{bm}}{E\,F_p \cdot h}\cdot\left(3 + \frac{h\,h'}{b^2}\right).$$

Aus Gl. 43) ergibt sich nunmehr

Gl. 45) $\quad \alpha_m = \dfrac{P}{2\,E\,F_p\,h} \cdot \left(3 + \dfrac{h\,h'}{b^2}\right)\left(1 - 2\,\psi^2 \cdot \dfrac{J_g}{J'}\right)(y_{m+1} - y_{m-1})$

und

Gl. 45a)
$$\alpha_{m-1} - \alpha_m$$
$$= \dfrac{P}{2\,E\,F_p \cdot h} \cdot \left(3 + \dfrac{h\,h'}{b^2}\right)\left(1 - 2\,\psi^2\dfrac{J_g}{J'}\right)(- y_{m-2} + y_{m-1} + y_m - y_{m+1}).$$

Der Einfluß der Drehungen α ist so unerheblich, daß mit hinreichender Genauigkeit für die in Gl. 45a) auftretenden Werte y die Ordinaten der Parabel

$$y_m = \dfrac{4\,f}{n^2} \cdot m\,(n - m)$$

eingesetzt werden dürfen, welche mit der Biegungslinie der Gurtungen in den Endordinaten $y = 0$ für $m = 0$ und $m = n$ und der maximalen Ausbiegung f für $m = \dfrac{n}{2}$ übereinstimmt.

Es wird dann

$$- y_{m-2} + y_{m-1} + y_m - y_{m+1} = - \dfrac{16}{n^2} \cdot f,$$

also konstant. Hiermit nimmt Gl. 45a) und demnach auch ΔM für alle Knotenpunkte einen festen Wert an. Setzt man noch $\gamma^0 = \psi$ und $\gamma^u = 1$ und schreibt abkürzend

Gl. 46) $\qquad K_m = \dfrac{P}{2} \cdot \psi \cdot \dfrac{J_g}{J'} \cdot (2\,v + y_m - y_{m+1}),$

Gl. 47) $\qquad K' = \dfrac{8\,P\,f}{n^2} \cdot \dfrac{J_g}{F_p\,h\,c} \cdot \left(3 + \dfrac{h\,h'}{b^2}\right)\left(1 - 2\,\psi^2 \cdot \dfrac{J_g}{J'}\right)^2,$

wobei

$$\left(1 - 2\,\psi^2 \cdot \dfrac{J_g}{J'}\right)$$

auch annähernd gleich 1 gesetzt werden kann, und berechnet hiermit ΔM, so folgt aus den Gl. 39) bis 40a) mit

$$\gamma^0 = \gamma^u = 1$$

Gl. 48) $\qquad M^0_{m-1} = M^u_{m-1} = - \dfrac{P}{4}(y_m - y_{m-1}) + K_m + K',$

Gl. 49) $\qquad {}_m M^0 = {}_m M^u = + \dfrac{P}{4}(y_m - y_{m-1}) + K_m + K'.$

Aus Gl. 1) folgen nunmehr die Gurtkräfte

Gl. 50) $\quad \begin{cases} O_m = \dfrac{P}{2} + \dfrac{P\,v}{h} + \dfrac{P(y_{m-1} + y_m)}{2\,h} - (K_m + K')(1 + \psi) \cdot \dfrac{1}{h}, \\[2mm] U_m = \dfrac{P}{2} - \dfrac{P\,v}{h} - \dfrac{P(y_{m-1} + y_m)}{2\,h} + (K_m + K')(1 + \psi) \cdot \dfrac{1}{h}, \end{cases}$

wofür genügend genau auch mit den Werten

$$\text{Gl. 51)}\quad\begin{cases} O_m=\dfrac{P}{2}+\dfrac{Pv}{h}+\dfrac{P(y_{m-1}+y_m)}{2h}, \\[2ex] U_m=\dfrac{P}{2}-\dfrac{Pv}{h}-\dfrac{P(y_{m-1}+y_m)}{2h} \end{cases}$$

gerechnet werden hann.

Mit den in den Gl. 36) und 37) gewonnenen Ausdrücken von ϱ_m und A_m erhält man nun die lineare Differenzengleichung 25) in der einfachen Form

$$\text{Gl. 52)}\quad -y_{m-1}\cdot(1+\varkappa)+2y_m\cdot(1-\varkappa)-y_{m+1}\cdot(1+\varkappa)=4\varkappa(v+v'_m),$$

worin

$$\text{Gl. 53)}\qquad v'_m=\frac{c}{4}(\alpha_{m-1}-\alpha_m)\left(\frac{1}{2\psi\varkappa}-4\psi\cdot\frac{EJ_g}{Pc^2}\right)$$

gesetzt ist. Mit $\gamma^0+\gamma^u=2\psi$ folgt aus Gl. 26) und 27)

$$\frac{1}{2\psi\varkappa}=\frac{E\cdot(F_g h^2+4\psi J_g)}{Pc^2}$$

und hiernach

$$\text{G. 53a)}\qquad v'_m=(\alpha_{m-1}-\alpha_m)\cdot\frac{E\,F_g\cdot h^2}{4\,Pc},$$

wofür man unter Beachtung von Gl. 45) auch schreiben kann

$$\text{Gl. 53b)}\quad v'_m=\frac{F_g h}{8F_p c}\left(3+\frac{hh'}{b^2}\right)\cdot\left(1-2\psi^2\cdot\frac{J_g}{J'}\right)\cdot(-y_{m-2}+2y_m-y_{m+2}).$$

Mit

$$\text{Gl. 54)}\qquad \varkappa'=\varkappa\cdot\frac{F_g h}{8F_p c}\left(3+\frac{hh'}{b^2}\right)\left(1-2\psi^2\frac{J_g}{J'}\right)$$

geht Gl. 52) über in

$$\text{Gl. 55)}\qquad y_{m-2}\cdot\varkappa'-y_{m-1}\cdot(1+\varkappa)+2y_m\cdot(1-\varkappa-\varkappa')$$
$$-y_{m+1}\cdot(1+\varkappa)+y_{m+2}\cdot\varkappa'=4\varkappa v.$$

Aus dem durch Gl. 55) dargestellten Gleichungssystem sind die y für gegebene $\varkappa$, $\varkappa'$ und v unschwer zu berechnen. Solange v von Null verschieden ist, ergeben sich immer endliche Verbiegungen y der Gurtungen. Für verschwindende Exzentrizitätshebel v hingegen endliche y nur dann, wenn gleichzeitig auch die Nennerdeterminante der Gl. 55) verschwindet. In diesem Falle knickt der Rahmenstab und das Verschwinden der Nennerdeterminante liefert seine Knickgrenze.

Man gelangt zu einer wesentlichen Vereinfachung der Lösung, die aber hinreichend genau ist, dadurch, daß man die Größen v'_m, welche nur von den kleinen Drehungen α der Querbleche abhängen

und demnach eine nur untergeordnete Bedeutung haben, aus der
oben schon angenommenen, parabolischen Biegungslinie berechnet

$$y_m = \frac{4\,f}{n^2} \cdot m \cdot (n - m),$$

wonach

$$-y_{m-2} + 2y_m - y_{m+2} = +\frac{32}{n^2} \cdot f$$

folgt. Dabei nimmt nach Gl. 53b)

Gl. 56) $$\qquad v'_m = v' = \frac{4\,F_g\,h \cdot f}{n^2\,F_p\,c} \cdot \left(3 + \frac{h\,h'}{b^2}\right)\left(1 - 2\,\psi^2 \cdot \frac{J_g}{J'}\right)$$

$$\approx \frac{4\,F_g\,h\,f}{n^2\,F_p\,c} \cdot \left(3 + \frac{h\,h'}{b^2}\right)$$

einen Festwert an und man erhält statt Gl. 52) die einfache Beziehung

Gl. 57) $$\quad -y_{m-1} + 2y_m \cdot \left(\frac{1-\varkappa}{2+\varkappa}\right) - y_{m+1} = \frac{4\,\varkappa}{1+\varkappa} \cdot (v + \varepsilon f),$$

worin

Gl. 58) $$\qquad \varepsilon = \frac{4\,F_g\,h}{n^2\,F_p\,c} \cdot \left(3 + \frac{h\,h'}{b^2}\right)$$

zu setzen ist.

4. Die Integration der Differenzengleichung und die Knickbedingung.

Ehe aus Gl. 57) durch Integration die Gleichung für die Ausbiegungen der Knotenpunkte hergeleitet wird, möge ihr Zusammenhang mit der bekannten Differentialgleichung für den exzentrisch
belasteten Vollwandstab aufgezeigt werden.

Addiert man zu Gl. 57) die Identität

$$2y_m - 2y_m = 0,$$

so folgt

$$-y_{m-1} + 2y_m - y_{m+1} + 2y_m \cdot \left[\frac{1-\varkappa}{1+\varkappa} - 1\right] = \frac{4\,\varkappa}{1+\varkappa} \cdot (v + \varepsilon f)$$

oder

$$-\Delta^2 y_m = \frac{4\,\varkappa}{1+\varkappa} \cdot (v + \varepsilon f + y_m).$$

Dividiert man diesen Ausdruck durch c^2, so wird aus

$$\frac{\Delta^2 y_m}{c^2} = -\frac{4\,\varkappa}{c^2(1+\varkappa)} \cdot (v + \varepsilon f + y_m)$$

mit $c^2 = \Delta x^2$

$$\frac{\Delta^2 y_m}{\Delta x^2} = -\frac{4\,\varkappa}{c^2(1+\varkappa)} \cdot (v + \varepsilon f + y_m).$$

Man erkennt sehr leicht, daß diese Gleichung, wenn man nur von dem unbedeutenden Einfluß der Verformung der Bindebleche absieht (also ε verschwinden läßt), völlig mit der Differentialgleichung des exzentrisch gedrückten Vollwandstabes übereinstimmt.

Es ist daher nicht schwer, das Integral der Differenzengleichung 57) anzugeben; es lautet mit A und B als Integrationskonstanten, wie man sich leicht durch Probieren verlässigt,

Gl. 57a)
$$y_m = A \cdot \cos m\,\vartheta + B \cdot \sin m\,\vartheta - (v + \varepsilon f)$$

mit Gl. 59)
$$\cos \vartheta = \frac{1 - \varkappa}{1 + \varkappa}.$$

Die Randbedingungen ergeben

für $m = 0$ $y_0 = 0 = A - (v - \varepsilon \cdot f)$, woraus $A = v + \varepsilon f$,

für $m = n$ $y_n = 0 = (v + \varepsilon f)(\cos n\,\vartheta - 1) + B \cdot \sin n\,\vartheta$,

woraus

$$B = (v + \varepsilon f) \cdot \frac{1 - \cos n\,\vartheta}{\sin n\,\vartheta}$$

folgt.

Setzt man diese Werte in Gl. 57a) ein, so ergibt sich nach einer einfachen, goniometrischen Umformung das Integral in der Form

Gl. 60)
$$y_m = (v + \varepsilon f) \cdot \left[\frac{\cos \left(\frac{n}{2} - m \right) \vartheta}{\cos \dfrac{n\,\vartheta}{2}} - 1 \right].$$

Ist die Zahl n der Felder gerade, so folgt für den mittelsten Knotenpunkt $m = \dfrac{n}{2}$

$$f = (v + \varepsilon f) \left(\frac{1}{\cos \dfrac{n\,\vartheta}{2}} - 1 \right),$$

wonach

Gl. 61)
$$f = v \cdot \frac{\sec \dfrac{n\,\vartheta}{2} - 1}{1 - \varepsilon \cdot \left(\sec \dfrac{n\,\vartheta}{2} - 1 \right)}$$

den maximalen Biegungspfeil liefert.

Wird in Gl. 61)

$$1 = \varepsilon \cdot \left(\sec \frac{n\,\vartheta}{2} - 1 \right) = 0,$$

so können auch bei verschwindendem v endliche Pfeile f von unbestimmter Größe auftreten, was dem Knicken des Rahmenstabes entspricht. Hierbei wird

Gl. 62)
$$\cos \frac{n\,\vartheta}{2} = \frac{\varepsilon}{1 + \varepsilon}.$$

Nach Berechnung von ε ist ϑ somit leicht zu ermitteln, wonach aus Gl. 59) mit

Gl. 63)
$$\varkappa = \frac{1 - \cos\vartheta}{1 + \cos\vartheta}$$

berechnet und in Gl. 26) eingesetzt werden kann; hiernach wird dann die Knicklast durch den Ausdruck

Gl. 64)
$$P_k = 4\varkappa \cdot \frac{EJ'}{c^2}$$

bestimmt.

Ist n eine ungerade Zahl, so ist für den der Stabmitte zunächst gelegenen Knotenpunkt $\dfrac{n-1}{2}$ beziehungsweise $\dfrac{n+1}{2}$ nach der Parabelgleichung

$$y_{\frac{n-1}{2}} = \frac{4f}{n^2} \cdot \frac{n-1}{2} \cdot \frac{n+1}{2}$$

und somit nach Gl. 60)

$$y_{\frac{n-2}{2}} = (v + \varepsilon f) \cdot \left(\frac{\cos\dfrac{\vartheta}{2}}{\cos\dfrac{n\vartheta}{2}} - 1 \right).$$

Hiernach wird

Gl. 65)
$$f = v \cdot \frac{\cos\dfrac{\vartheta}{2} \cdot \sec\dfrac{n\vartheta}{2} - 1}{\dfrac{n^2 - 1}{n^2} - \varepsilon\left(\cos\dfrac{\vartheta}{2} \cdot \sec\dfrac{n\vartheta}{2} - 1 \right)}.$$

Verschwindet in Gl. 65) der Nenner, so knickt der Stab aus; die Knickbedingung lautet daher

Gl. 66)
$$\cos\frac{n\vartheta}{2} = \frac{\varepsilon \cdot \cos\dfrac{\vartheta}{2}}{\dfrac{n^2 - 1}{n^2} + \varepsilon}.$$

Um diese Gleichung nach ϑ aufzulösen, kann man von dem aus Gl. 62) folgenden Näherungswert ausgehen und durch Probieren einen berichtigten Wert von ϑ aus Gl. 66) ermitteln. Da aber selbst für kleine Feldzahlen n und beträchtliche Steifigkeit der Querverbindungen die nach Gl. 62) und 66) berechneten Werte ϑ sich nur ganz wenig voneinander unterscheiden, so kann Gl. 62) auch für den Fall angewendet werden, wo der Stab in eine ungerade Anzahl von Feldern unterteilt ist. Von dieser Eigenschaft der Gl. 62) und 66) machen wir in der Folge Gebrauch.

Setzt man gemäß Gl. 32a)

$$\psi = 1 - \frac{Pc^2}{24 EJ_g}$$

in Gl. 34) ein, so wird

$$J' = \left[\frac{F_g h^2}{2} + 2 J_g\left(1 - \frac{Pc^2}{24 E J_g}\right)\right] \cdot \left(1 - \frac{Pc^2}{24 E J_g}\right).$$

Multipliziert man hierin die Klammern aus und streicht das kleine Glied

$$2 J_g \cdot \left(\frac{Pc^2}{24 E J_g}\right)^2,$$

so erhält man für J' den Ausdruck

Gl. 67)
$$J' = J - \frac{Pc^2}{24 E J_g}(J + 2 J_g),$$

worin

Gl. 68)
$$J = \frac{F_g h^2}{2} + 2 J_g$$

das wie für einen vollwandigen Stab berechnete Ersatzträgheitsmoment der beiden Gurtungen bedeutet. Man erhält schließlich aus Gl. 64) und 67) die Knickgrenze mit

Gl. 69)
$$P_k = \frac{4 E J}{c^2} : \left(\frac{1}{\varkappa} + \frac{J + 2 J_g}{6 J_g}\right).$$

Wir geben in der Folge dieser Knickbedingung noch eine andere Form und berücksichtigen dabei zwei Sonderfälle, je nach dem, ob die Querverbindungen als starr oder als nachgiebig angesehen werden können, wobei im letzteren Falle allerdings die Nachgiebigkeit der Bindebleche nur schätzungsweise berücksichtigt werden soll.

5. Knickbedingung für starre Bindebleche.

Man erhält für starre Bindebleche ($\alpha = 0$ und $\varepsilon = 0$) aus Gl. 62)
$\cos\dfrac{n\vartheta}{2} = 0$ und $n\vartheta = \pi$. Aus Gl. 63) folgt daher mit

$$\cos\vartheta = \cos\frac{\pi}{n} \qquad\qquad \varkappa = \frac{1 - \cos\dfrac{\pi}{n}}{1 + \cos\dfrac{\pi}{n}} = \operatorname{tg}^2\frac{\pi}{2n}.$$

Somit wird die Knickkraft

$$P_k = 4 \cdot \operatorname{tg}^2\frac{\pi}{2n} \cdot \frac{E J'}{c^2}.$$

Setzt man hierin $c = \dfrac{l}{n}$, so folgt

Gl. 70)
$$P_k = \left(\frac{2n}{\pi}\right)^2 \cdot \left(\operatorname{tg}\frac{\pi}{2n}\right)^2 \cdot \frac{\pi^2 E J'}{l^2}$$

oder wenn man

Gl. 71)
$$\left(\frac{2n}{\pi}\right)^2 \cdot \left(\operatorname{tg}\frac{\pi}{2n}\right)^2 = \mu$$

schreibt,

Gl. 72)
$$P_k = \mu \cdot \frac{\pi^2 \, EJ'}{l^2}.$$

Diese Bedingung entspricht der Knickgrenze eines gleich langen vollwandigen Stabes, dessen Trägheitsmoment

Gl. 73)
$$\mu J' = \mu \cdot \psi \cdot \left[\frac{F_g \, h^2}{2} + 2 \, \psi \cdot J_g \right]$$

ist.

Der Wert μ nähert sich mit wachsender Feldzahl n asymptotisch der Einheit. Die der Feldzahl n zugeordneten Werte von μ enthält Tabelle 31.

Tabelle 31.

Feldzahl n	2	3	4	5	6	7	8	9
Koeffizient μ	1,621	1,216	1,113	1,070	1,048	1,035	1,026	1,021

Führt man in Gl. 72) den Näherungswert von J' nach Gl. 67) ein, so folgt

Gl. 74)
$$P_k = \mu \cdot \frac{\pi^2 \, EJ}{l^2} : \left(1 + 0{,}411 \cdot \mu \cdot \frac{J + 2 \, J_g}{n^2 \, J_g} \right).$$

Die Knickkraft eines vollwandigen Stabes vom Trägheitsmoment J wird, wie man aus Gl. 74) erkennt, auf den $\mu : \left(1 + 0{,}411 \cdot \mu \cdot \frac{J + 2 \, J_g}{n^2 \, J_g} \right)$-fachen Betrag erniedrigt, wenn der Stab als Rahmenstab ausgebildet wird.

6. Abschätzung der Knickgrenze mit Rücksicht auf die Nachgiebigkeit der Querverbindungen.

Aus der S. 332 entwickelten Differenzengleichung des Rahmenstabes

$$\frac{\Delta^2 y_m}{\Delta x^2} = - \frac{4 \varkappa}{c^2 (1 + \varkappa)} \cdot (v + \varepsilon f + y_m)$$

erhält man unter Vernachlässigung der Verformung der Bindebleche (d. h. unter der Annahme $\varepsilon = 0$)

$$\frac{\Delta^2 y_m}{\Delta x^2} = - \frac{4 \varkappa}{c^2 (1 + \varkappa)} \cdot (v + y_m);$$

vergleicht man diese Gleichung mit der Differentialgleichung des vollwandigen Stabes

$$\frac{d^2 y}{d x^2} = - \frac{P}{EJ_v} (v + y),$$

so findet man das Trägheitsmoment J_v des dem Rahmenstabe gleichwertigen Vollwandstabes zu

$$J_v = \frac{P \, c^2 \, (1 + \varkappa)}{4 \, E \varkappa}.$$

Für die Gebrauchslast P wird sonach der Sicherheitsgrad des Rahmenstabes durch

Gl. 75)
$$\nu = \frac{P_k}{P} = \frac{\pi^2 E J_v}{P l^2} = \frac{\pi^2 (1 + \varkappa)}{4 n^2 \varkappa}$$

gegeben, wofür näherungsweise

Gl. 76)
$$\nu = \frac{2{,}45 (1 + \varkappa)}{n^2 \varkappa}$$

gesetzt werden kann.

Für die Durchbiegung f kann man nun angenähert den in § 2 Gl. 17) gegebenen Wert setzen, wonach

Gl. 77)
$$f = \frac{1{,}25 \nu}{\nu - 1}$$

ist. Aus Gl. 61) erhält man aber bei $\varepsilon = 0$

Gl. 78)
$$f = \nu \cdot \left[\sec \frac{n \vartheta}{2} - 1 \right].$$

Für $\sec \dfrac{n \vartheta}{2} - 1$ ergibt sich daher aus den Gleichungen 77) und 78) der Wert

Gl. 79)
$$\sec \frac{n \vartheta}{2} - 1 = \frac{1{,}25}{\nu - 1}.$$

Setzt man diesen Wert wiederum in Gl. 61) ein, so erhält man den Annäherungswert für die Durchbiegung

Gl. 80)
$$f = \frac{1{,}25 \nu}{\nu - 1 - 1{,}25 \varepsilon}.$$

Wäre $\varepsilon = 0$, wären also die Bindebleche starr, so würde hiernach bei $\nu = 1$ der Stab knicken und der Biegungspfeil unendlich groß werden; sind die Bindebleche nachgiebig, so folgt aus Gl. 80), daß für $\nu = 1 + 1{,}25 \varepsilon$ der Pfeil f unendlich groß wird, d. h. der Stab mit nachgiebigen Bindeblechen knickt, wenn seine Sicherheit $1 + 1{,}25 \varepsilon$ beträgt, wo der Wert ε der Nachgiebigkeit der Querverbindungen Rechnung trägt. Hiernach müßte man einen Rahmenstab, dessen Sicherheit ν-fach sein soll, bei nachgiebigen Bindeblechen mit $[1 + 1{,}25 \varepsilon] \cdot \nu$-facher Sicherheit berechnen. Dies kommt aber auf dasselbe hinaus, wie wenn man ihn für ν-fache Sicherheit nach

Gl. 81)
$$P_k = \mu \cdot \frac{\pi^2 E J}{l^2 (1 + 1{,}25 \varepsilon)} : \left(1 + 0{,}411 \, \mu \, \frac{J + 2 J_g}{n^2 J_g} \right)$$

rechnet.

Wird im Stabe die Proportionalitätsgrenze überschritten, so verlieren die bisher angeführten Formeln ihre Gültigkeit; dabei ist zu beachten, daß wegen der in den Gurtungen auftretenden Biegungsmomente eine Überschreitung dieser Grenze bereits stattfindet, ehe die Druckspannung $\sigma_k = \dfrac{P_k}{2 F_g}$ den Wert σ_p erreicht hat.

Überschreitet die Spannung $\sigma_k = \dfrac{P_k}{2\,F_g}$ die Proportionalitätsgrenze, so setzt Müller-Breslau[1]) nach der Tetmajerschen Formel

$$P_T = \left[3{,}1 - 0{,}0114 \cdot \frac{l}{i}\right] \cdot 2\,F_g,$$

wo

$$i = \sqrt{\frac{J}{2\,F_g}} = \sqrt{\frac{F_g\,\dfrac{h^2}{2} + 2\,J_g}{2\,F_g}}$$

ist und multipliziert diesen Wert mit ψ, ohne die Nachgiebigkeit der Bindebleche zu berücksichtigen, da diese Rechnung ungünstig genug ist. Man erhält dann aus

$$P_k = \psi \cdot P_T = \left(1 - \frac{P_k \cdot c^2}{24\,E\,J_g}\right) \cdot P_T$$

$$\text{Gl. 82)} \quad P_k = \left[\left(3{,}1 - 0{,}0114 \cdot \frac{l}{i}\right) \cdot 2\,F_g\right] : \left(1 + \frac{c^2\left(3{,}1 - 0{,}0114\dfrac{l}{i}\right)2\,F_g}{24\,E\,J_g}\right)$$

als Knickgrenze.

Für eine erste Abschätzung der Knickgrenze empfiehlt sich auch hier wieder die bereits in den §§ 50 und 51 angeführte

$$\text{Gl. 83)} \quad P_k = \frac{200\,h}{100\,h + l} \cdot \left(3{,}1 - 0{,}0114\,\frac{c'}{i_g}\right) \cdot F_g,$$

worin $i_g = \sqrt{\dfrac{J_g}{F_g}}$ und c' die freie Knicklänge des einzelnen Gurtstabes ist.

1. Zahlenbeispiel. Der hier als Beispiel zu behandelnde Stab besitze die auf S. 325 angeführten Abmessungen. Ergänzend sei hier noch gegeben $n = 6$ als Feldzahl, $h' = 19{,}5$ cm als Abstand der Nietreihen der Bindebleche und $c' = 89$ cm als Abstand der innersten Nieten benachbarter Bindebleche voneinander. Die Bindebleche (2 an jedem Knotenpunkt) sind $b = 14$ cm breit und je 1 cm dick, wonach $F_p = 2 \cdot 14 \cdot 1 = 28$ cm² wird. Sie seien mit je zwei Nieten von 18 mm Durchmesser und $t = 8$ cm Teilung an jedem Ende angeschlossen. Der Stab bestehe aus Flußeisen mit einem Elastizitätsmodul von 2150 t/cm² und die Proportionalitätsgrenze liege bei $\sigma_p = 2{,}4$ t/cm².

Die Knickbedingung lautet nach Gl. 62)

$$\cos\frac{n\vartheta}{2} = \cos 3\vartheta = \frac{\varepsilon}{1 + \varepsilon},$$

worin nach Gl. 58)

$$\varepsilon = \left(3 + \frac{h\,h'}{b^2}\right) \cdot \frac{4\,F_g\,h}{n^2\,F_p \cdot c} = \left(3 + \frac{15 \cdot 19{,}5}{14^2}\right) \cdot \frac{4 \cdot 20{,}4 \cdot 15}{36 \cdot 28 \cdot 100} = 0{,}0545$$

---

[1]) Müller-Breslau, Über exzentrisch gedrückte Stäbe und über Knickfestigkeit, Eisenbau 1911, S. 483.

ist. Hiernach wird

$$\cos 3\vartheta = \frac{0,0545}{1,0545} = 0,0517$$

und somit

$$3\vartheta = 87^0\,2';\quad \vartheta = 29^0\,1'\quad \text{und}\quad \cos\vartheta = 0,8745\,.$$

Man erhält daher mit

$$\frac{1}{\varkappa} = \frac{1+\cos\vartheta}{1-\cos\vartheta} = \frac{1,8745}{0,1255} = 14,936$$

und

$$J = \frac{F_g h^2}{2} + 2J_g = \frac{20,4\cdot 15^2}{2} + 2\cdot 62,7 = 2420,4\ \text{cm}^4$$

$$P_k = \frac{4EJ}{c^2} : \left(\frac{1}{\varkappa} + \frac{J+2J_g}{6J_g}\right) = \frac{4\cdot 2150\cdot 2420,4}{100^2} : \left(14,936 + \frac{2420,4+2\cdot 62,7}{6\cdot 62,7}\right) = 96\,\text{t}\,.$$

Hieraus folgt

$$\sigma_k = \frac{P_k}{2F_g} = \frac{96}{40,8} = 2,35\ \text{t/cm}^2 < \sigma_p\,.$$

Rascher führt Gl. 74) zum Ziel:

$$P_k = \mu\cdot\frac{\pi^2 EJ}{l^2} : \left(1 + 0,411\,\mu\cdot\frac{J+2J_g}{n^2 J_g}\right).$$

Für $n = 6$ entnimmt man aus Tabelle 31 den Wert $\mu = 1,048$, wonach

$$P_k = 1,048\cdot\frac{\pi^2\cdot 2150\cdot 2420,4}{600^2} : \left(1 + 0,411\cdot 1,048\cdot\frac{2420,4+2\cdot 62,7}{36\cdot 62,7}\right) = 100,4\,\text{t}$$

folgt.

Will man hierin noch die Nachgiebigkeit der Bindebleche berücksichtigen, so ist nach Gl. 81) schätzungsweise

$$P_k = \mu\cdot\frac{\pi^2 EJ}{l^2\,(1+1,25\,\varepsilon)} : \left(1 + 0,411\cdot\frac{J+2J_g}{n^2 J_g}\right)$$

zu setzen, wonach mit $\varepsilon = 0,0545$ folgt

$$P_k = \frac{100,4}{1+1,25\cdot 0,0545} = 94\ \text{t}\,.$$

Für eine Belastung von 40 t am Hebelarm $v = 3$ cm erreicht indessen die maximale Spannung in den Gurtstäben bereits sehr nahe die Proportionalitätsgrenze. Für diesen Belastungsfall wird nämlich

$$\omega = \frac{Pc^2}{12\,EJ_g} = \frac{40\cdot 100^2}{12\cdot 2150\cdot 62,7} = 0,2473$$

$$\psi = 1 - \omega\cdot\frac{5+\omega}{10+\omega} = 0,873$$

und somit

$$J' = \psi\cdot\left(\frac{F_g h^2}{2} + 2\,\psi J_g\right) = 0,873\cdot\left(\frac{20,4\cdot 15^2}{2} + 2\cdot 0,873\cdot 62,7\right) = 2100\ \text{cm}^4$$

$$k = \frac{Pc^2}{4\,EJ'} = \frac{40\cdot 100^2}{4\cdot 2150\cdot 2100} = 0,0221\quad \text{und}\quad \nu \simeq \frac{2,45\,(1+\varkappa)}{n^2\varkappa} = 3,147\,.$$

Man erhält daher für die Durchbiegung in Stabmitte den Wert

$$f = \frac{1,25\,v}{\nu - 1 - 1,25\,\varepsilon} = \frac{1,25\cdot 3}{2,147 - 1,25\cdot 0,0545} = 1,804\ \text{cm}\,.$$

Für eine parabolische Biegungslinie

$$y_m = \frac{4f}{n^2}\cdot m\cdot(n-m)$$

wird $y_1 = 1,002$ cm und $y_2 = 1,604$ cm.

22*

Man erhält daher mit

$$K' = \frac{8\,Pf\,J_g}{n^2 J_p \cdot h \cdot c} \cdot \left(3 + \frac{hh'}{b^2}\right) = \frac{8\,PJ_g f \varepsilon}{F_g h^2} = \frac{8 \cdot 40 \cdot 62,7 \cdot 1,804 \cdot 0,0545}{20,4 \cdot 15^2} = 0,108 \text{ tcm},$$

$$K_m = \frac{P \cdot J_g \cdot \psi}{2\,J'} \cdot (2\,v + y_m - y_{m-1}) = \frac{40 \cdot 62,7 \cdot 0,873}{2 \cdot 2100} \cdot (2\,v + y_m - y_{m-1})$$

$$= 0,5123 \cdot (6 + y_m - y_{m-1}),$$

$$_mM = {_mM^0} = {_mM^u} = \frac{P}{4}(y_m - y_{m-1}) + K_m + K'$$

die folgenden Werte

Knotenpunkt	K_m	$P(y_m - y_{m-1})$	$_mM$
1	3,650 t	10,02 tcm	13,8 tcm
2	3,442 „	6,02 „	9,6 „
3	3,232 „	2,00 „	5,3 „

Für die Druckkraft im Obergurt ergeben sich nach

$$O_m = \frac{P}{2} + \frac{Pv}{h} + \frac{P}{2h}(y_m + y_{m-1}) - \frac{1 + \psi}{h} \cdot (K_m + K')$$

die Werte

$$O_1 = 29\,\text{t}; \quad O_2 = 31\,\text{t} \quad \text{und} \quad O_3 = 32\,\text{t}.$$

Hiernach wird die größte Spannung im Obergurt am rechten Ende des ersten Feldes

$$\sigma_{max} = \frac{O_1}{2\,F_g} + \frac{{_1M}}{W} = \frac{29}{20,4} + \frac{13,8}{14,75} = 2,36\,\text{t/cm}^2\,.$$

Für die Bindebleche am Knotenpunkt 1 ist das Moment

$$M_{b1} = \frac{P}{4}(y_2 - y_0) = \frac{40 \cdot 1,604}{4} \sim 16\,\text{tcm}$$

und hieraus die Querkraft für dieses Bindeblech

$$Q_1 = \frac{2\,M_{b1}}{h} = \frac{2 \cdot 16}{15} = 2,13\,\text{t}.$$

Hieraus ergeben sich nach Abb. 168 folgende Nietbeanspruchungen, wobei zu beachten ist, daß an jedem Knotenpunkt zwei Bindebleche vorhanden sind:

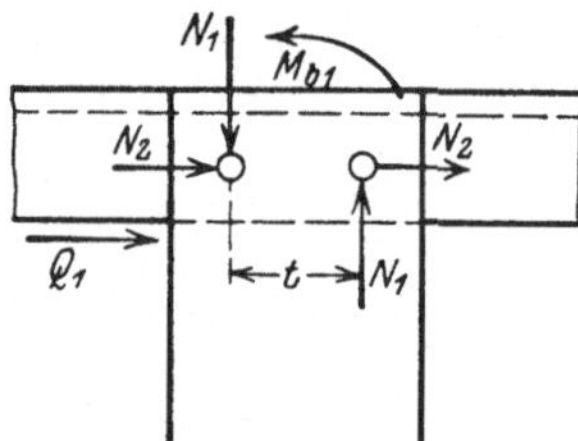

Abb. 168.

$$N_1 = M_{b1} : 2\,t = 1\,\text{t}$$
$$N_2 = Q_1 : 4 = 0,535\,\text{t}$$
$$N = \sqrt{N_1{}^2 + N_2{}^2} = 1,13\,\text{t},$$

wonach für die Nieten bei 18 mm Durchmesser die Scherspannung $\tau = 0,44\,\text{t/cm}^2$ und der Leibungsdruck $\sigma = 0,63\,\text{t/cm}^2$ folgen.

Das nutzbare Widerstandsmoment für die beiden Bindebleche ist nach Abzug der Nietlöcher $W_p = 49\,\text{cm}^3$, wonach die Randspannung der Querverbindungen aus deren Moment

$$\sigma_{max} = \frac{M_{b1}}{W_p} = \frac{16}{49} = 0,33\,\text{t/cm}^2$$

wird.

Bei hoher Ausnützung der Gurtungen erhalten daher die Querverbände und ihre Anschlüsse nur geringe Beanspruchungen.

2. Zahlenbeispiel. Hierfür diene der S. 400 beschriebene Versuchsstab des Hamburger Großgasbehälters, dessen drei Nachbildungen infolge des am 7. Dezember 1909 erfolgten Einsturzes dieses Bauwerkes auf Veranlassung des

Vereines deutscher Brücken- und Eisenbaufabriken in Groß-Lichterfelde geprüft wurden.

Für einen Stab dieser Bauart erhält man mit dem durch die Versuche bestimmten Wert $E = 2027$ t/cm²

$$\psi = 1 - \frac{Pc^2}{24\,EJ_g} = 1 - \frac{P \cdot 113,3^2}{24 \cdot 2027 \cdot 85,3} = 1 - 0,003\,093\,P\,,$$

also

$$J' = \psi \cdot \left(\frac{F_g h^2}{2} + 2\,\psi J_g\right) = \psi \cdot (473,26 + \psi \cdot 170,6)\,.$$

ψ und J' hängen noch von P ab. Wir setzen zunächst

$$\frac{1}{\varkappa} = 3 + \frac{F_g h}{2\,F_p c} \cdot \left(3 + \frac{h\,h'}{b^2}\right) = 3,0098$$

und bestimmen damit und mit $J = \dfrac{F_g h^2}{2} + 2J_g = 643,86$ cm⁴

$$P = 4 \cdot \frac{EJ}{c^2} : \left(\frac{1}{\varkappa} + \frac{J + 2J_g}{6\,J_g}\right) = 87\ \text{t}$$

etwas zu klein.

Für $P = 87$ t wird nun

$$1 - 2\,\psi^2 \cdot \frac{J_g}{J'} = 1 : \left(1 + \frac{4\,J_g}{F_g h^2} \cdot \psi\right) = 1 : (1 + 0,3605\,\psi) = 0,79\,,$$

womit sich der korrigierte Wert

$$\varkappa = \frac{1}{3 + 0,098 \cdot 0,79} = 0,325$$

ergibt.

J' hängt von P nahezu linear ab. Man findet aber für

$$P = 85\ \text{t} \qquad \psi = 0,737\ \text{und}\ J' = 441,5$$
$$P = 95\ \text{t} \qquad \psi = 0,706\ \text{und}\ J' = 419,2\,.$$

Mithin ist, wenn man zwischen diesen Grenzen von P linear interpoliert,

$$J' = 441,5 - (P - 85) \cdot \frac{441,5 - 419,2}{95 - 85} = 631 - 2,23\,P\,.$$

Nun erhält man nach Gl. 64)

$$P_k = \varkappa \cdot \frac{\pi^2 EJ'}{c^2}$$

mit $c = 113,3$ cm und $\varkappa = 0,325$, sowie dem durch lineare Interpolation gefundenen Ausdruck für J'

$$P_k = 0,325 \cdot \frac{\pi^2 \cdot 2027 \cdot (631 - 2,23\,P_k)}{113,3^2} = 0,2053 \cdot (631 - 2,23\,P_k)\,,$$

woraus man durch Auflösen nach P_k

$$P_k = 88,9\ \text{t}$$

erhält.

Dieser Wert stimmt gut überein mit dem Mittelwerte der drei Versuche, welcher $P = 84,6$ t war.

§ 53. Die Engesserschen Formeln für Gliederstäbe[1]).

Für gegliederte Stäbe tritt, wie die bisherigen Untersuchungen zeigten, eine Verminderung der Knickkraft gegenüber der des Voll-

---

[1]) F. Engesser, Verschiedene Abhandlungen: Die Knickfestigkeit gerader Stäbe, Zentralbl. d. Bauverw. 1891, S. 483; Zum Einsturze der Brücke

wandstabes mit gleichen Gurtungen ein, die von der Widerstandsfähigkeit der Querverbindungen gegen die beim Knicken entstehenden Querkräfte abhängt. Berechnet man diese Verminderung analog
dem Einfluß der Querkräfte für vollwandige Stäbe, der in § 7 untersucht wurde, so erhält man die nachstehend abgeleiteten Engesserschen Formeln, wobei wir wieder die in den § 49 bis 52 bereits eingeführten Bezeichnungen verwenden.

A. Rechnung innerhalb der Proportionalitätsgrenze.

1. Gitterstab mit einfachem Diagonalenzug ohne Pfosten.
(Abb. 146.)

Sei zunächst angenommen, daß die den Gitterstab bildenden
Stäbe an den Knotenpunkten durch reibungsfreie Gelenke verbunden
seien. Wäre hierbei der Diagonalenzug ebenso wirksam wie eine
volle Wand, so wäre die Knickgrenze des Stabes

$$P_E = \pi^2 \cdot \frac{EJ}{l^2},$$

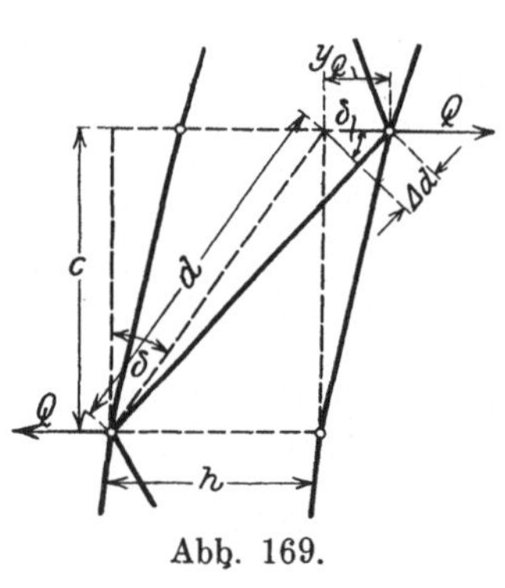

Abb. 169.

wo

$$J \simeq F_g \cdot \frac{h^2}{2}$$

näherungsweise für das Trägheitsmoment
des Ersatzstabes gesetzt ist.

Da die Vergitterung indessen schwächer ist als eine volle Wand, so schreiben
wir für die Knickkraft des Gitterstabes

$$\text{Gl. 1)} \qquad P_{k_0} = \alpha \cdot P_E = \alpha \cdot \frac{\pi^2 E F_g h^2}{2\,l^2},$$

worin der Abminderungskoeffizient $\alpha < 1$ analog den Ausführungen
des § 7 unter Rücksichtnahme auf den Einfluß zu berechnen ist,
den die Querkräfte auf die Formänderung des Gitterstabes ausüben.
Um diese Wirkung der Querkräfte auf die Formänderung des Stabes
zu bestimmen, betrachte man das in Abb. 169 skizzierte Stabfeld.
Die Verlängerung $\varDelta d$ der Diagonale ist

$$\varDelta d = \frac{D \cdot d}{E F_d}.$$

Hieraus wird die Verschiebung y_q zwischen zwei Knotenpunkten
infolge der Querkraft

$$y_q = \frac{\varDelta d}{\sin \delta} = \frac{D \cdot d}{E F_d \cdot \sin \delta}.$$

über den St. Lorenzstrom bei Quebec, Zentralbl. d. Bauverw. 1907, S. 609;
Knicksicherheit von Gitterstäben, Z. Ver. deutsch. Ing. 1908, S. 359; Über
die Knickfestigkeit von Rahmenstäben, Zentralbl. d. Bauverw. 1909, S. 136;
Über Knickfestigkeit und Knicksicherheit, Eisenbau 1911, S. 385.

Für die auf die Einheit der Stablänge sich ergebende Verschiebung

$$\frac{dy_q}{dx} = \frac{y_q}{c} = \frac{D \cdot d}{E\,F_d \cdot c \sin \delta}$$

erhält man mit Berücksichtigung der Beziehungen

$$\sin \delta \simeq h : d \quad \text{und} \quad D = \frac{Q}{\sin \delta} = Q \cdot \frac{d}{h}$$

Gl. 2)
$$\frac{dy_q}{dx} = \frac{Q \cdot d^3}{E\,F_d \cdot c\,h^2}.$$

Setzt man nun, genau wie wir das in § 7 getan haben, die durch die Querkräfte erzeugte elastische Linie mit

Gl. 3)
$$y_q = (1 - \alpha) \cdot y$$

an, so wird mit

Gl. 4)
$$Q = P_{k_0} \cdot \frac{dy}{dx}$$

aus Gl. 2), 3) und 4)

$$(1 - \alpha)\frac{dy}{dx} = \frac{P_{k_0} \cdot d^3}{E\,F_d \cdot c\,h^2} \cdot \frac{dy}{dx},$$

woraus

Gl. 5)
$$\alpha = 1 - \frac{P_{k_0}\,d^3}{E\,F_d \cdot c\,h^2}$$

folgt.

Man erhält aus den Gl. 1) und 5) durch Elimination von α

Gl. 6)
$$P_{k\,o} = \pi^2 \cdot \frac{E\,F_g\,h^2}{2\,l^2} : \left(1 + \frac{\pi^2\,F_g \cdot d^3}{2\,F_d \cdot l^2\,c}\right)^{1)}$$

als Knickgrenze für einen Gliederstab, dessen Gurtungen an den Knotenpunkten Gelenke besitzen. Fehlen diese Gelenke, wie dies bei praktischen Ausführungen immer zutrifft, so erhöht sich der durch Gl. 6) ermittelte Wert noch um die Knicklasten der beiden Gurtstäbe für die Länge l als freie Knicklänge. Die letzteren betragen zusammen

Gl. 7)
$$P_g = 2\,\pi^2 \cdot \frac{E\,J_g}{l^2},$$

wonach aus $P_{k_0} + P_g = P_k$ die Knickgrenze zu

Gl. 8)
$$P_k = \pi^2 \cdot \frac{E\,F_g\,h^2}{2\,l^2} : \left(1 + \frac{\pi^2\,F_g\,d^3}{2\,F_d\,l^2\,c}\right) + \frac{2\,\pi^2\,E\,J_g}{l^2}$$

bestimmt wird.

---

[1]) Diese Gleichung läßt sich aus der von Müller-Breslau gegebenen Gleichung (§ 50, Gl. 46) $P_k = \frac{n^2}{n^2 + 5\,\gamma} \cdot \varkappa' \cdot \frac{\pi^2\,E\,J}{l^2}$ ableiten, wenn man darin $n = l : c$, $J \simeq F_g \cdot \frac{h_2}{2}$, $\gamma = \frac{F_g}{F_d} \cdot \frac{d}{c} \cdot \sec^2 \delta$, $\varkappa' \simeq 1$ und $\sec \delta \simeq \frac{d}{c}$ setzt.

2. Vergitterung mit gekreuzten Diagonalen.
(Abb. 170.)

Bei gekreuzten Diagonalen entfällt auf jeden Diagonalenzug die halbe Querkraft. Wegen der doppelten Anzahl von Diagonalen, wodurch bei gleicher Querschnittsausbildung dieser Stäbe auch F_d sich verdoppelt, bleiben aber die obigen Entwicklungen bestehen und man erhält so die Knickgrenze nach

Gl. 9)
$$P_k = \pi^2 \cdot \frac{E F_g h^2}{2\, l^2} : \left(1 + \frac{\pi^2 F_g \cdot d^3}{2 F_d\, l^2\, c}\right) + \frac{2\pi^2 E J_g}{l^2}.$$

3. Vergitterung mit Pfosten und einfachem Strebenzug.
(Abb. 171 und 172.)

Man erhält, wenn man auch die Längenänderung der Pfosten in Betracht zieht, an Stelle von Gl. 2)

$$\frac{dy_q}{dx} = \frac{Q d^3}{E F_d h^2 c} + \frac{Q h}{E F_p c} = \frac{Q}{E h^2 c} \cdot \left[\frac{d^3}{F_d} + \frac{h^3}{F_p}\right].$$

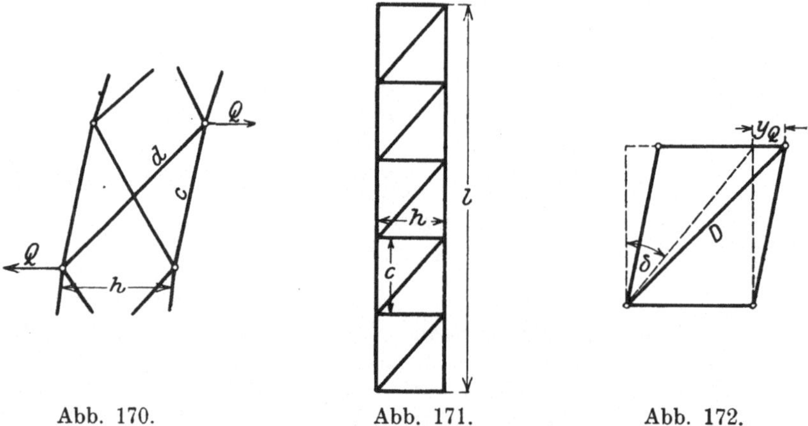

Abb. 170.　　　　　　　Abb. 171.　　　　　　　Abb. 172.

Es tritt hiernach in den früheren Formeln einfach $\left[\dfrac{d^3}{F_d} + \dfrac{h^3}{F_v}\right]$ an die Stelle von $\dfrac{d^3}{F_d}$. Man erhält daher die Knickgrenze nach

Gl. 10)
$$P_k = \frac{\pi^2 E F_g h^2}{2\, l^2} : \left(1 + \frac{\pi^2 F_g}{2\, l^2\, c} \cdot \left[\frac{d^3}{F_d} + \frac{h^3}{F_p}\right]\right) + \frac{2\pi^2 E J_g}{l^2}.$$

4. Vergitterung mit gekreuzten Diagonalen und Pfosten.

Bei diesem System der Vergitterung erhalten die Pfosten aus der Querkraft keine Spannung. Sie sind daher wirkungslos und könnten ebenso gut wegbleiben. Die Knickkraft rechnet sich für solche Stäbe dementsprechend wie unter 2.

5. Rahmenstäbe [1]).

Auch für Rahmenstäbe läßt sich die Knickkraft durch

$$P_k = \alpha \cdot \frac{\pi^2\, E\, J}{l^2}$$

ausdrücken, wobei wieder $\alpha < 1$ ist und entsprechend dem Einfluß der Querkräfte berechnet werden muß. Zur Berechnung von α betrachten wir die in Abb. 173 dargestellte Formänderung eines Feldes.

Die Wendepunkte der sich S-förmig verbiegenden Gurtungen und Bindebleche liegen etwa in den Mitten dieser Stäbe. Die dort angreifenden Querkräfte seien S_1 und S_2. Der unter Einfluß dieser Querkräfte entstehende Winkel β zwischen der Gurttangente $A\,C$ in A und der Gurtsehne $A\,B$ rührt von Biegungs- und Schubdeformationen her, die wir nachstehend getrennt berechnen.

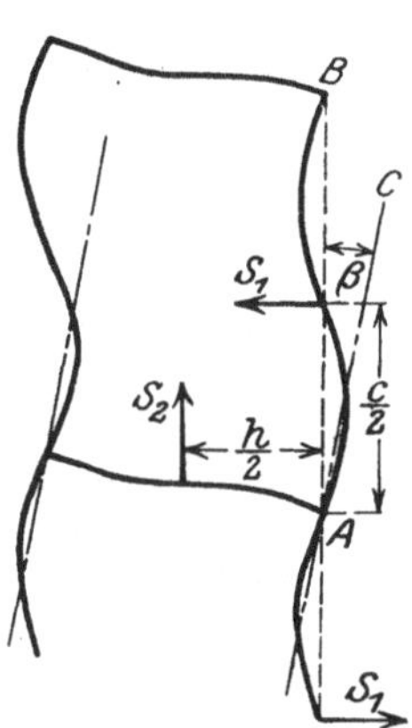

Abb. 173.

a) Biegungsdeformationen. Durch S_1 entsteht der Winkel

$$\beta_1 = \frac{S_1}{3\,E\,J_g} \cdot \left(\frac{c}{2}\right)^2 = \frac{S_1\,c^2}{12\,E\,J_g},$$

durch S_2 entsteht der Winkel

$$\beta_2 = \frac{S_2}{3\,E\,J_p} \cdot \left(\frac{h}{2}\right)^2 = \frac{S_2\,h^2}{12\,E\,J_p}.$$

Die Wirkung der Biegung auf die Winkeländerung wird daher

Gl. 11)
$$\beta_B = \beta_1 + \beta_2 = \frac{1}{12\,E} \cdot \left[\frac{S_1\,c^2}{J_g} + \frac{S_2\,h^2}{J_p}\right].$$

Da gleichzeitig mit den Kräften S_1 und S_2 auch Druckkräfte in den Gurtungen auftreten, welche infolge der Durchbiegung nach Gl. 11) eine zusätzliche Biegung der Gurtungen veranlassen, vergrößert sich der nach Gl. 11) berechnete Wert um ein Geringes. Man kann diesen Einfluß schätzungsweise berücksichtigen, indem man statt Gl. 11) schreibt

Gl. 12)
$$\beta_B = \frac{1}{\pi^2 E} \cdot \left[\frac{S_1\,c^2}{J_g} + \frac{S_2\,h^2}{J_p}\right].$$

b) Schubdeformationen. Durch S_1 entsteht der Winkel

$$\beta_3 = \frac{S_1 \cdot \zeta_g}{G \cdot F_g},$$

---

[1]) F. Engesser, Über die Knickfestigkeit von Rahmenstäben, Zentralbl. d. Bauverw. 1909, S. 136.

durch S_2 entsteht der Winkel

$$\beta_4 = \frac{S_2 \cdot \zeta_p}{G \cdot F_p'},$$

worin ζ_g und ζ_p von der Querschnittsform abhängige Koeffizienten sind ($\zeta = 1{,}2$ für rechteckige Querschnitte).

Demnach nimmt die durch den Schub bedingte Winkeländerung den Wert an

Gl. 13)
$$\beta_S = \beta_3 + \beta_4 = \frac{1}{G} \cdot \left[\frac{S_1 \cdot \zeta_g}{F_g} + \frac{S_2 \cdot \zeta_p}{F_p} \right].$$

Aus den Gl. 12) und 13) erhält man nun die gesamte Winkeländerung

Gl. 14)
$$\beta = \beta_B + \beta_S = S_1 \cdot \left[\frac{c^2}{\pi^2 \cdot E J_g} + \frac{\zeta_g}{G F_g} \right]$$
$$+ S_2 \cdot \left[\frac{h^2}{\pi^2 \cdot E J_p} + \frac{\zeta_p}{G F_p} \right].$$

Hierin sind nur noch die Querkräfte S_1 und S_2 durch die Querkraft Q des Rahmenstabes auszudrücken. S_2 ist dem Zuwachs $\varDelta O$ der Gurtkraft für die Feldlänge c gleich. Da aber

Gl. 15)
$$\varDelta O = \varDelta M : h$$

ist, wo $\varDelta M$ den Zuwachs des äußeren Momentes für die Feldlänge bedeutet, der aus der Querkraft Q zu

Gl. 16)
$$\varDelta M = Q \cdot c$$
sich berechnet, so ist

Gl. 17)
$$S_2 = \varDelta O = \varDelta M : h = Q \cdot \frac{c}{h}.$$

Aus der Momentengleichung für den Knotenpunkt A:

$$2 S_1 \cdot \frac{c}{h} = S_2 \cdot \frac{h}{2}$$

folgt

Gl. 18)
$$S_1 = S_2 \cdot \frac{h}{2c} = \frac{Q}{2}.$$

Man erhält nun aus den Gl. 14), 17) und 18)

Gl. 19)
$$\beta = Q \cdot \left[\frac{c h}{\pi^2 E J_p} + \frac{c^2}{2\pi^2 E J_g} + \frac{c \zeta_p}{G F_p h} + \frac{\zeta_g}{2 G F_g} \right].$$

Bezeichnet man wieder den von der Querkraft Q abhängigen Bestandteil der Biegungsordinate y mit y_q, so ist $\beta = \dfrac{d y_q}{d x}$, woraus

Gl. 20)
$$y_q = \int \beta \cdot d x$$
folgt.

Mit $\beta = Q \cdot C$ nach Gl. 19), wo C eine für

$$\left[\frac{c\,h}{\pi^2\,E\,J_p} + \frac{c^2}{2\,\pi^2\,E\,J_g} + \frac{c\,\zeta_p}{G\,F_p\,h} + \frac{\zeta_g}{2\,G\,F_g}\right]$$

gesetzte Konstante ist, folgt aus Gl. 20)

Gl. 21) $\qquad y_q = C \cdot \int Q \cdot d\,x = C \cdot M = C \cdot P_k \cdot y\,.$

Da nach Gl. 2) $y_q = (1 - \alpha) \cdot y$ ist, so wird aus Gl. 21)

Gl. 22) $\qquad (1 - \alpha)\,y = C\,P_k \cdot y\,,$

wodurch α bestimmt ist:

Gl. 23) $\qquad \alpha = 1 - C \cdot P_k$

$$= 1 - P_k \cdot \left[\frac{c\,h}{\pi^2\,E\,J_p} + \frac{c^2}{2\,\pi^2\,E\,J_g} + \frac{c\,\zeta_p}{G\,F_p\,h} + \frac{\zeta_g}{2\,G\,F_g}\right].$$

Eliminiert man aus Gl. 1) und 23) den Wert α, so folgt die Knickgrenze

Gl. 24) $\qquad P_k = \dfrac{\pi^2\,E\,F_g\,h^2}{2\,l^2}$

$$: \left[1 + \frac{\pi^2\,E\,F_g\,h^2}{2\,l^2} \cdot \left(\frac{c\,h}{\pi^2\,E\,J_p} + \frac{c^2}{2\,\pi^2\,E\,J_g} + \frac{c\,\zeta_p}{G\,F_p\,h} + \frac{\zeta_g}{2\,G\,F_g}\right)\right].$$

Dieser Ausdruck bedarf nun noch, in gleicher Weise wie die für die Gitterstäbe abgeleiteten Formeln, einer Berichtigung. Für $J_p = 0$, was einer Gelenkverbindung der Gurtungen an den Knotenpunkten entspräche, ergibt sich nämlich aus Gl. 24) $P_k = 0$, während in diesem Falle die Knickgrenze durch die Einzelgurtungen zu

$$P_k = \frac{2\,\pi^2\,E\,J_g}{l^2}$$

bestimmt wird. Um diesen Umstand zu berücksichtigen, addieren wir zu Gl. 24) noch das Korrekturglied

$$\frac{\psi\,\pi^2\,E\,J_g}{l^2}$$

und erhalten

Gl. 25) $\qquad P_k = \dfrac{\pi^2\,E\,F_g\,h^2}{2\,l^2}$

$$: \left[1 + \frac{\pi^2\,E\,F_g\,h^2}{2\,l^2} \cdot \left(\frac{c\,h}{\pi^2\,E\,J_p} + \frac{c^2}{2\,\pi^2\,E\,J_g} + \frac{c\,\zeta_p}{G\,F_p\,h} + \frac{\zeta_g}{2\,G\,F_g}\right)\right] + \psi \cdot \frac{\pi^2\,E\,J_g}{l^2}\,.$$

Für den Faktor ψ, der von dem Verhältnis der Steifigkeit der Querverbindungen zur Gurtsteifigkeit abhängt, kann man schätzungsweise setzen

Gl. 26) $\qquad \psi = \dfrac{2\,J_g}{J_g + \dfrac{c}{h}\,J_p}\,.$

Dieser Wert für ψ führt nämlich für den unteren Grenzfall $J_p == 0$ mit $\psi = 2$ auf den zu erwartenden Betrag

$$P_k = 2\,\frac{\pi^2\,E\,J_g}{l^2}$$

und für $J_p = \infty$ als oberen Grenzwert bei einem vollwandigen Stab mit $c:h = 0$ und $\psi = 2$ auf

$$P_k = \frac{\pi^2\,E\,F_g\,h^2}{2\,l^2} + 2\,\frac{\pi^2\,E\,J_g}{l^2} = \frac{\pi^2\,E}{l^2}\cdot\left[\frac{F_g\,h^2}{2} + 2\,J_g\right],$$

was ebenfalls richtig ist, da

$$\frac{F_g\,h^2}{2} + 2\,J_g$$

nichts anderes ist als Trägheitsmoment des Ersatzstabes.

Für die bei praktischen Aufgaben auftretenden Verhältnisse ist das Glied

$$\psi\cdot\frac{\pi^2\,E\,J_g}{l^2}$$

gewöhnlich so klein, daß es unbedenklich vernachlässigt werden darf. Tut man dies, so gewinnt man an Sicherheit.

Auch das Glied

$$\frac{\zeta_g}{2\,G\cdot F_g},$$

welches die Schubdeformation der Gurtungen berücksichtigt, hat gewöhnlich auf die Knickgrenze keinen nennenswerten Einfluß, so daß man dasselbe unterdrücken darf, ohne daß dabei eine merkliche Überschätzung der Sicherheit entsteht. Man erhält dann, wenn man noch $G = 0{,}4\,E$ setzt, die Gebrauchsformel

$$\text{Gl. 27)}\quad P_k = \frac{\pi^2\,E\,F_g\,h^2}{2\,l^2} : \left[1 + \frac{\pi^2\,F_g\,h^2}{2\,l^2}\left(\frac{c\,h}{\pi^2\,J_p} + \frac{c^2}{2\,\pi^2\,J_g} + \frac{\zeta_p\cdot c}{0{,}4\,F_p\cdot h}\right)\right].$$

Bei der Ableitung der Formeln für Rahmenstäbe wurden die Knotenpunkte als vollkommen biegungssteif angesehen. Die in Wirklichkeit durch Vernietung hergestellte Knotenpunktsverbindung entspricht dieser Voraussetzung nur in unvollkommener Weise, da durch die Deformation der Nieten eine kleine Nachgiebigkeit der Knotenpunkte bedingt wird. Man kann die infolge hiervon entstehende Verminderung der Knickgrenze zu etwa $5\,^0/_0$ veranschlagen und bringt sie in der Rechnung am einfachsten durch eine angemessene Verminderung des Elastizitätsmoduls zum Ausdruck.

6. Dimensionierung der Querverbindungen.

Von großer Wichtigkeit ist neben der Bestimmung der Knickgrenze gegliederter Stäbe die Dimensionierung ihrer Querverbände mit Rücksicht auf die entstehenden Beanspruchungen.

Es erscheint angemessen, zu verlangen, daß die Querverbände so lange Widerstand zu leisten vermögen, bis die Tragfähigkeit der Gurtungen gegen Bruch und Biegung erschöpft ist.

Für die Festigkeit k der Gurtungen gilt, wenn man mit f den Pfeil bezeichnet, bei dem die größte Randspannung der Gurtung den Wert k erreicht,

$$k = \frac{P_k}{2\,F_g} + \frac{P_k \cdot f}{W_g}\,,$$

woraus

$$f = \frac{W_g}{P_k} \cdot \left[k - \frac{P}{2\,F_g} \right] = \frac{W_g}{P_k} \cdot [k - \sigma_k]$$

folgt.

Das von den Gurtungen gebildete Widerstandsmoment ist näherungsweise $W_g = F_g \cdot h$, wonach

$$f = \frac{F_g h}{P_k} \cdot [k - \sigma_k]$$

folgt.

Die Querkraft eines knickenden Stabes besitzt nach § 21, Gl. 5) den Größtwert

$$Q_{max} = P_k \cdot \frac{\pi f}{l}\,,$$

woraus nach Einsetzung des zuvor berechneten Pfeiles f der Wert folgt

$$Q_{max} = \frac{\pi h}{l} \cdot (k - \sigma_k) \cdot F_g\,.$$

Entsprechend dieser Querkraft sind bei Diagonalvergitterungen die Diagonalen zu bemessen, wobei auch deren Knicksicherheit zu berücksichtigen ist, die für die Querkraft Q_{max} mindestens $= 1$ sein muß, wenn nicht vor der Erschöpfung der Stabfestigkeit der Gitterstab durch Ausknicken seines Querverbandes versagen soll. Die Beanspruchung der Füllungsstäbe darf für die aus Q_{max} folgenden Stabkräfte die Bruchgrenze dieser Stäbe übrigens erreichen, da kein Grund besteht, warum die Querverbindungen widerstandsfähiger sein sollten, als der Gesamtstab.

Bei Rahmenstäben ist entsprechend der obigen Ableitung die Gesamtzahl der Bindebleche an einem Knotenpunkt für das Biegungsmoment

$$S_2 \cdot \frac{h}{2} = \frac{Q_{max} \cdot c}{2} = M_b$$

zu berechnen, worin Q_{max} den zuvor ermittelten Wert hat. Außerdem ist darauf Bedacht zu nehmen, daß in den Bindeblechen noch die Querkraft S_2 auftritt, welche in diesen Blechen eine Schubspannung hervorruft, die aber wohl immer vernachlässigt werden darf. Entsprechend dem Moment und dieser Schubkraft sind dann die Querschnitte der Bindebleche so zu gestalten, daß die in ihnen auftretenden, größten Spannungen die Festigkeit des Materials zwar erreichen, aber jedenfalls nicht überschreiten.

Hiernach sind auch die Nietverbindungen der Füllungsstäbe bzw. Bindebleche zu bemessen, die gleichfalls nicht früher erschöpft werden dürfen, als die von ihnen angeschlossenen Querverbindungen. Mit Rücksicht auf die Abminderung der Knickgrenze infolge der Nachgiebigkeit der genieteten Knotenpunkte tut man jedoch immer besser, die Nieten für die Maximalquerkraft Q_{max} so zu dimensionieren, daß ihre Beanspruchung um einen angemessenen Betrag hinter ihrer Festigkeit zurückbleibt.

Da die oben berechnete Maximalquerkraft höchstens an bestimmten Stellen des Stabes den berechneten Wert erreicht, an anderen dagegen geringer ist, so könnten z. B. bei Stäben mit Spitzenlagerung der Enden die mittleren Querverbände leichter gehalten werden als die äußeren. Führt man alle Querverbindungen gleich kräftig aus und so, daß sie der maximalen Querkraft gewachsen sind — dies ist praktisch üblich —, so erhöht dies ihre Sicherheit.

B. Rechnung außerhalb der Proportionalitätsgrenze.

Die vorstehenden Entwicklungen setzen voraus, daß mindestens die Beanspruchung $\dfrac{P_k}{2\,F_g} = \sigma_k$ des Stabes an der Knickgrenze unterhalb der Proportionalitätsgrenze bleibe. Wird diese Grenze aber überschritten, so sind die entwickelten Gleichungen abzuändern, was durch Einführung des verminderten Knickmoduls T geschehen kann.

1. Gitterstab mit Diagonalen ohne Pfosten oder mit Kreuzdiagonalen und spannungslosen Pfosten.

Aus den Gl. 8) oder 9) erhält man für die Knickspannung, solange $\sigma_k < \sigma_p$ ist, durch Division $2\,F_g$ den Wert:

Gl. 28) $\qquad \sigma_k = \pi^2 \cdot E \cdot \left(\dfrac{i}{l}\right)^2 : \left[1 + 2\,\pi^2 \left(\dfrac{i}{l}\right)^2 \cdot \dfrac{F_g\,d^3}{F_d\,h^2\,c}\right] + \pi^2\,E \cdot \left(\dfrac{i_g}{l}\right)^2.$

Hierin ist

$$i \simeq \sqrt{\dfrac{F_g \cdot \dfrac{h^2}{2}}{2\,F_g}} = \dfrac{h}{2}$$

der Trägheitsradius des vollwandigen Ersatzstabes und

$$i_g \simeq \sqrt{\dfrac{J_g}{F_g}}$$

der Trägheitsradius einer Gurtung. Wird die Spannung $\sigma_k > \sigma_p$, so ist entsprechend der Schlankheit des Gliederstabes an Stelle von E der Knickmodul T einzuführen und man erhält

Gl. 29)
$$\sigma_k = \pi^2\, T\cdot\left(\frac{i}{l}\right)^2 : \left[1 + 2\,\pi^2\left(\frac{i}{l}\right)^2\cdot\frac{T}{E}\cdot\frac{F_g\, d^3}{F_d\, h^2\, c}\right] + \pi^2\, T\cdot\left(\frac{i_g}{l}\right)^2.$$

Aus den Tetmajerschen Formeln ist aber (§ 18, Gl. 11)

Gl. 30)
$$T = \frac{\sigma_k\,(\alpha - \sigma_k)^2}{\pi^2\,\beta^2}.$$

Führt man diesen Wert, welcher die Schlankheit des Gliederstabes durch den seiner Knickspannung angemessenen Modul T berücksichtigt, in Gl. 29) ein, so erhält man

$$\sigma_k = \pi^2\,\sigma_k\cdot\left(\frac{\alpha - \sigma_k}{\beta\,\pi}\right)^2\cdot\left(\frac{i}{l}\right)^2 : \left[1 + 2\,\pi^2\cdot\frac{\sigma_k\cdot(\alpha - \sigma_k)^2}{E\,\pi^2\,\beta^2}\cdot\left(\frac{i}{l}\right)^2\cdot\frac{F_g\, d^3}{F_d\, h^2\, c}\right]$$
$$+ \pi^2\cdot\sigma_k\cdot\left(\frac{\alpha - \sigma_k}{\beta\,\pi}\right)^2\cdot\left(\frac{i_g}{l}\right)^2,$$

woraus die Gleichung für die Knickspannung zu

Gl. 31)
$$1 = \left(\frac{\alpha - \sigma_k}{\beta}\cdot\frac{i}{l}\right)^2 : \left[1 + \frac{2\,\sigma_k\, F_g\, d^3}{E\, F_d\, h^2\, c}\cdot\left(\frac{\alpha - \sigma_k}{\beta}\cdot\frac{i}{l}\right)^2\right] + \left(\frac{\alpha - \sigma_k}{\beta}\cdot\frac{i_g}{l}\right)^2$$

folgt. Da diese Gleichung vom 5. Grade für σ_k ist, so läßt sich aus ihr die Unbekannte nur durch Probieren finden. Im allgemeinen ist aber das die Steifigkeit der Gurtungen berücksichtigende Glied $\left(\dfrac{\alpha - \sigma_k}{\beta}\cdot\dfrac{i_g}{l}\right)^2$ nur von geringer Bedeutung und kann praktisch genau genug vernachlässigt werden. Man erhält daher für die Knickspannung aus Gl. 31) die bequemere, kubische Gleichung

Gl. 32)
$$1 = \left(\frac{\alpha - \sigma_k}{\beta}\cdot\frac{i}{l}\right)^2\cdot\left(1 - \frac{2\,\sigma_k}{E}\cdot\frac{F_g\, d^3}{F_d\, h^2\, c}\right).$$

Es ist zweckmäßig, aus dieser Formel noch eine Näherungsgleichung abzuleiten, indem man den in der zweiten Klammer von Gl. 32) stehenden Wert σ_k durch einen Wert

Gl. 33)
$$\sigma_k^0 = \alpha - \beta\cdot\frac{l}{i}$$

ersetzt, welcher der Knickspannung des vollwandigen Ersatzstabes entsprechen würde. Man erhält dann

Gl. 34)
$$\sigma_k = \alpha - \beta\cdot\frac{l}{i\cdot\sqrt{1 - \dfrac{2\,\sigma_k^0}{E}\cdot\dfrac{F_g\, d^2}{F_d\, h^2\, c}}}.$$

Nötigenfalls kann man noch eine Korrektur vornehmen, indem man den aus Gl. 34) fließenden Näherungswert σ_k an Stelle von σ_k^0 in

Gl. 34) wieder einführt, wodurch man eine bessere Annäherung für die Knickspannung erhält. Meistens wird dies jedoch entbehrlich sein.

Eine bequeme Näherungsformel erhält man, wenn man den Knickmodul T in der durch § 18, Gl. 10) gegebenen Form einführt und dabei die Schlankheit des Ersatzstabes an Stelle der Schlankheit des Gliederstabes treten läßt. Man erhält dann mit

$$\text{Gl. 35)} \qquad T = \left(\alpha - \beta \cdot \frac{l}{i}\right) \cdot \left(\frac{l}{\pi i}\right)^2 = \sigma_k{}^0 \cdot \left(\frac{l}{\pi i}\right)^2$$

aus Gl. 29) mit Vernachlässigung der geringen, für ihre ganze Länge berechneten, Knickfestigkeit der beiden einzelnen Gurtungen den Näherungswert

$$\text{Gl. 36)} \qquad \sigma_k = \sigma_k{}^0 : \left(1 + \frac{2\,\sigma_k{}^0}{E} \cdot \frac{F_g\,d^3}{F_d\,h^2\,c}\right)$$

für die Knickspannung.

Werden auch die Spannungen der Diagonalen größer als die Spannung an der Proportionalitätsgrenze, so ist der in dem Gliede $\dfrac{2\,\sigma_k \cdot F_g \cdot d^3}{E\,F_d\,h^2\,c}$ auftretende Modul E durch einen entsprechend verminderten Modul T_D zu ersetzen, den man aus der Gleichung

$$\text{Gl. 37)} \qquad T_D = \frac{\sigma_D \cdot (\alpha - \sigma_D)^2}{\pi^2\,\beta^2}$$

bestimmen kann, in welcher σ_D die Spannung einer Diagonale für die nach Gl. 32), 34) oder 36) berechnete Knickgrenze ist.

2. Gitterstab mit Diagonalen und Pfosten.

An die Stelle von $\dfrac{d^3}{F_d}$ tritt in den oben angeführten Gleichungen 32), 34) und 36)

$$\left[\frac{d^3}{F_d} + \frac{h^3}{F_p}\right],$$

wonach

$$\text{Gl. 38)} \qquad 1 = \left(\frac{\alpha - \sigma_k}{\beta} \cdot \frac{i}{l}\right)^2 \cdot \left[1 - \frac{2\,\sigma_k}{E} \cdot \frac{F_g}{h^2\,c} \cdot \left(\frac{d^3}{F_d} + \frac{h^3}{F_p}\right)\right],$$

$$\text{Gl. 39)} \qquad \sigma_k = \alpha - \beta \cdot \frac{l}{i \cdot \sqrt{1 - \dfrac{2\,\sigma_k^0}{E} \cdot \dfrac{F_g}{h^2\,c} \cdot \left(\dfrac{d^3}{F_d} + \dfrac{h^3}{F_p}\right)}}$$

und

$$\text{Gl. 40)} \qquad \sigma_k = \sigma_k^0 : \left[1 + \frac{2\,\sigma_k^0}{E} \cdot \frac{F_g}{h^2\,c} \cdot \left(\frac{d^3}{F_d} + \frac{h^3}{F_p}\right)\right]$$

mit $\sigma_k^0 = \alpha - \beta \cdot \dfrac{l}{i}$ folgt.

3. Rahmenstäbe.

Man erhält, solange die Knickspannung unter der Proportionalitätsgrenze bleibt, aus Gl. 25) durch Division mit $2\,F_g$ die Knickspannung

$$\text{Gl. 41)}\qquad \sigma_k = \frac{\pi^2 E h^2}{4\,l^2} : \left[1 + \frac{\pi^2 E F_g h^2}{2\,l^2} \cdot \left(\frac{c\,h}{\pi^2 E J_p} + \frac{c^2}{2\,\pi^2 E J_g} + \frac{c\,\zeta}{G F_p\,h} + \frac{\zeta_g}{2\,G F_g} \right) \right] + \frac{\psi\,\pi^2 E J_g}{2\,l^2 F_g}.$$

Setzt man G gleich $0{,}4\,E$ und beachtet, daß $\dfrac{h}{2} \backsim i$ ist, und daher $\dfrac{h^2}{4\,l^2} = \left(\dfrac{i}{l} \right)^2$, so folgt aus Gl. 41)

$$\text{Gl. 42)}\qquad \sigma_k = \pi^2 E \cdot \left(\frac{i}{l} \right)^2 : \left[1 + \frac{\pi^2 F_g h^2}{2\,l^2} \cdot \left(\frac{c\,h}{\pi^2 J_p} + \frac{c^2}{2\,\pi^2 J_g} + \frac{c\,\zeta_p}{0{,}4\,F_p\,h} + \frac{\zeta_g}{0{,}8\,F_g} \right) \right] + \frac{\psi\,\pi^2 E}{2} \cdot \left(\frac{i_g}{l} \right)^2.$$

Streicht man hierin das der Gurtsteifigkeit Rechnung tragende Glied

$$\frac{\psi\,\pi^2 E}{2} \cdot \left(\frac{i_g}{l} \right)^2,$$

welches nur einen kleinen Beitrag zur Knickspannung liefert, so erhält man mit der Abkürzung

$$\text{Gl. 43)}\qquad l_0{}^2 = l^2 + \frac{F_g h^3 c}{2\,J_p} + \frac{F_g h^2 c^2}{4\,J_g} + \frac{\pi^2 F_g c\,h\,\zeta_p}{0{,}8\,F_p} + \frac{\pi^2 \zeta_g h^2}{1{,}6}$$

durch

$$\text{Gl. 44)}\qquad \sigma_k = \pi^2 \cdot E \cdot \left(\frac{i}{l_0} \right)^2$$

die Knickspannung, solange die Proportionalitätsgrenze nicht erreicht wird. Praktisch genau genug läßt sich der Einfluß der Glieder

$$\frac{\pi^2 F_g c\,h\,\zeta_p}{0{,}8\,F_p} + \frac{\pi^2 \zeta_g h^2}{1{,}6}$$

auf die Größe $l_0{}^2$ durch einen Zuschlag berücksichtigen, der etwa zwischen 5 und $10\,{}^0/_0$ geschätzt werden kann. Man berechnet dann die Knickspannung innerhalb der Proportionalitätsgrenze nach

$$\text{Gl. 45)}\qquad \sigma_k = \mu \cdot \pi^2 E \left(\frac{i}{l_0} \right)^2$$

mit $\mu = 0{,}90 \backsim 0{,}95$ und

$$\text{Gl. 46)}\qquad l_0{}^2 = l^2 + \frac{F_g h^3 c}{2\,J_p} + \frac{F_g h^2 c^2}{4\,\pi^2 J_g}.$$

Die Ausdehnung dieser Formel über die Proportionalitätsgrenze hinaus vollzieht sich nun einfach so, daß man wie für einen vollwandigen

Stab nach der **Tetmajer**schen Formel entsprechend der Schlankheit $l_0 : i$ die Knickspannung aus

Gl. 47)
$$\sigma_k = \mu \cdot \left[3,1 - 0,0114 \cdot \frac{l_0}{i} \right]$$

für $l_0 : i \leqq 105$ bestimmt, worin l_0 nach Gl. 46) zu berechnen und μ zwischen 0,90 und 0,95 zu schätzen ist. Rechnet man l_0 nach Gl. 43), so kann man $\mu = 1$ setzen.

Für $l_0 : i = 105$ liefern die Gl. 45) und 47) dieselbe Knickspannung.

1. Zahlenbeispiel. Wie groß ist nach den **Engesser**schen Formeln die Knicklast für den S. 400 behandelten Rahmenstab des Hamburger Groß-Gasbehälters?

Die in Groß-Lichterfelde ausgeführten Versuche ergaben die Knickspannung zu $84,6 : 48 = 1,76\ \text{t/cm}^2$, also unterhalb der Proportionalitätsgrenze. Man erhält daher mit $G = 0,4\,E$ und $E = 2027\ \text{t/cm}^2$ als dem Versuchswerte nach Gl. 25) die Knicklast:

$$P_k = \frac{\pi^2\,E J}{l^2} : \left[1 + \frac{\pi^2\,J}{l^2} \left(\frac{c\,h}{\pi^2\,J_p} + \frac{c^2}{2\,\pi^2\,J_g} + \frac{\zeta_g}{0,8\,F_g} + \frac{c\,\zeta_p}{0,4\,F_p\,h} \right) \right] + \frac{\psi\,\pi^2\,E J_g}{l^2}.$$

Hierin ist wegen des kleinen Wertes von h zu setzen:

$$J = \frac{F_g\,h^2}{2} + 2\,J_g = \frac{24 \cdot 6,28^2}{2} + 2 \cdot 85,3 = 644,6\ \text{cm}^4,$$

$$\frac{\pi^2\,E J}{l^2} = \frac{\pi^2 \cdot 2027 \cdot 644,6}{340^2} = 111,6\ \text{t}.$$

$$\frac{c\,h}{\pi^2\,J_p} = \frac{113,3 \cdot 6,28}{\pi^2 \cdot 366} = 0,1965,$$

$$\frac{c^2}{2\,\pi^2\,J_g} = \frac{113,3^2}{2\,\pi^2 \cdot 85,3} = 7,59,$$

$$\frac{\zeta_g}{0,8\,F_g} \simeq \frac{2,5}{0,8 \cdot 24} = 0,13,$$

$$\frac{c \cdot \zeta_p}{0,4\,F_p\,h} = \frac{113,3 \cdot 1,2}{0,4 \cdot 22,4 \cdot 6,28} = 2,42,$$

$$\left. \right\} \quad \begin{aligned} &\frac{c\,h}{\pi^2\,J_p} + \frac{c^2}{2\,\pi^2\,J_g} + \frac{\zeta_g}{0,8\,F_g} + \frac{c\,\zeta_p}{0,4\,F_p\,h} \\ &\qquad = 10,3365, \end{aligned}$$

$$\psi = \frac{2\,J_g}{J_g + \dfrac{c}{h}\,J_p} = \frac{170,6}{85,3 + \dfrac{113,3}{6,28} \cdot 366} = 0,025,$$

$$\frac{\psi\,\pi^2\,E J_g}{l^2} = \frac{0,025 \cdot \pi^2 \cdot 2027 \cdot 85,3}{340^2} = 0,37\ \text{t},$$

$$P_k = 111,6 : \left(1 + \frac{111,6}{2027} \cdot 10,3365 \right) + 0,37 \simeq 72\ \text{t}.$$

2. Zahlenbeispiel. An dem zuvor behandelten Zahlenbeispiel mögen geändert werden die Stablänge $l = 210\ \text{cm}$ und die Feldweite $c = 70\ \text{cm}$ für den Abstand der Querverbindung. Wie groß wird dann, wenn alle übrigen Angaben unverändert beibehalten werden, die Knickkraft dieses Stabes?

Durch eine Proberechnung überzeugt man sich leicht, daß die Knickspannung bei den Längenverhältnissen dieses Zahlenbeispieles über der Proportionalitätsgrenze liegt. Es ist daher nach Gl. 43) die Ersatzlänge l_0 zu bestimmen, wobei im zweiten und dritten Gliede der rechten Seite dieser Gleichung $\dfrac{F_g h^2}{2}$ durch das Ersatzträgheitsmoment

$$J_g = \frac{F_g h^2}{2} + 2 J_g$$

vertreten werden kann. Dann wird

$$l_0{}^2 = l^2 \cdot \left[1 + \frac{\pi^2 J}{l^2} \cdot \left(\frac{c h}{\pi^2 J_p} + \frac{c^2}{2 \pi^2 J_g} + \frac{c \zeta_p}{0,4 F_p h} + \frac{\zeta_g}{0,8 F_g}\right)\right].$$

Die zahlenmäßige Ausrechnung ergibt hierfür

$$\frac{\pi^2 J}{l^2} = \frac{\pi^2 \cdot 644,6}{210^2} = 0,144,$$

$$\frac{c h}{\pi^2 J_p} = \frac{70 \cdot 6,28}{\pi^2 \cdot 366} = 0,121,$$

$$\frac{c^2}{2 \pi^2 J_g} = \frac{70^2}{2 \pi^2 \cdot 85,3} = 2,902,$$

$$\frac{c \cdot \zeta_p}{0,4 F_p h} = \frac{70 \cdot 1,2}{0,4 \cdot 22,4 \cdot 6,28} = 1,493,$$

$$\frac{\zeta_g}{0,8 F_g} \backsimeq \frac{2,5}{0,8 \cdot 24} = 0,13,$$

$$\left. \right\} \quad \frac{c h}{\pi^2 J_p} + \frac{c^2}{2 \pi^2 J_g} + \frac{c \zeta_p}{0,4 F_p h} + \frac{\zeta_g}{0,8 F_g} = 4,646,$$

$$l_0{}^2 = l^2 \cdot [1 + 0,144 \cdot 4,646] = 1,669 \, l^2,$$
$$l_0 = 1,292 \, l = 271,8 \text{ cm},$$
$$i = \sqrt{\frac{J}{2 F_g}} = \sqrt{\frac{644,6}{2 \cdot 24}} = 3,67 \text{ cm},$$
$$l_0 : i = 271,8 : 3,67 = 74.$$

Hiernach wird die Knickspannung

$$\sigma_k = 3,1 - 0,0114 \cdot 74 = 2,257 \text{ t/cm}^2$$

und die Knickkraft

$$P_k = 2,257 \cdot 2,24 = 108 \text{ t}.$$

Es ist von Interesse, die für die gegliederten Stäbe dieses und des vorstehenden Beispiels berechneten Knicklasten mit den Knicklasten gleich langer Vollwandstäbe zu vergleichen, deren Trägheitsmoment dem Ersatzträgheitsmoment

$$J = \frac{F_g h^2}{2} + 2 J_g$$

gleich ist.

Mit $i = 3,67$ cm wird für den ersten Stab bei vollwandiger Ausführung die Knickspannung

$$\sigma_v = 3,1 - 0,0114 \cdot \frac{340}{3,67} = 2,044 \text{ t/cm}^2$$

und die Knickkraft

$$P_v = 2,044 \cdot 2 \cdot 24 = 98,3 \text{ t};$$

für den zweiten Stab erhält man bei vollwandiger Ausführung die Knickspannung zu

$$\sigma_v = 3,1 - 0,0114 \cdot \frac{210}{3,67} = 2,448 \text{ t/cm}^2$$

und daher seine Knickkraft

$$P_v = 2,448 \cdot 2 \cdot 24 = 117,5 \text{ t},$$

demnach beträgt für das erste Beispiel der Abminderungskoeffizient
$$\alpha_1 = 72 : 98{,}3 = 0{,}732$$
und für das zweite Beispiel derselbe Wert
$$\alpha_2 = 108 : 117{,}5 = 0{,}920.$$

    3. Zahlenbeispiel. Für den S. 314 beschriebenen Gitterstab soll nach den Engesserschen Formeln die Knickgrenze berechnet werden.

    Wie bereits die dort durchgeführte Rechnung ergab, lag die Knickgrenze dieses Stabes über der Proportionalitätsgrenze; es finden daher die Gl. 38) oder 39) Anwendung. Man erhält

Gl. 38)
$$1 = \left(\frac{\alpha - \sigma_k}{\beta} \cdot \frac{i}{l}\right)^2 \cdot \left[1 - \frac{2\,\sigma_k}{E} \cdot \frac{F_g}{h^2 c} \cdot \left(\frac{d^3}{F_d} + \frac{h^3}{F_p}\right)\right],$$

Gl. 39)
$$\sigma_k = \alpha - \beta \cdot \frac{l}{i\sqrt{1 - \dfrac{2\,\sigma_k{}^0}{E} \cdot \dfrac{F_g}{h^2 c}\left(\dfrac{d^3}{F_d} + \dfrac{h^3}{F_p}\right)}}.$$

    Zur Berechnung einer Näherung gehen wir von Gl. 39) aus und berechnen
$$J = \frac{F_g h^2}{2} + 2 J_g = \frac{58{,}8 \cdot 25^2}{2} + 2 \cdot 495 = 19\,365 \text{ cm}^4.$$

Mit $F_g = 58{,}8$ cm² wird
$$i = \sqrt{\frac{J}{2 F_g}} = \sqrt{\frac{19\,365}{2 \cdot 58{,}8}} = 12{,}83 \text{ cm}.$$

    Man erhält daher mit
$$l : i = 600 : 12{,}83 = 46{,}7$$
die Knickspannung des vollwandigen Ersatzstabes zu
$$\sigma_k{}^0 = 3{,}1 - 0{,}0114 \cdot 46{,}7 = 2{,}567 \text{ t/cm}^2.$$

Mit diesem Werte wird
$$\frac{2\,\sigma_k{}^0}{E} \cdot \frac{F_g}{h^2 c} \cdot \left(\frac{d^3}{F_d} + \frac{h^3}{F_p}\right) = \frac{2 \cdot 2{,}567}{2150} \cdot \frac{58{,}8}{25^2 \cdot 60} \cdot \left(\frac{65^3}{13{,}1} + \frac{25^3}{13{,}1}\right) = 0{,}0785.$$

Somit folgt aus Gl. 39) der Näherungswert für die Knickspannung mit dem Betrag
$$\sigma_k = 3{,}1 - 0{,}0114 \cdot \frac{46{,}7}{\sqrt{0{,}9215}} = 2{,}545 \text{ t/cm}^2.$$

Setzt man diesen Näherungswert an Stelle von $\sigma_k{}^0$ in Gl. 39) wieder ein, so erhält man eine zweite Näherung mit
$$\frac{2\,\sigma_k{}^0}{E} \cdot \frac{F_g}{h^2 c} \cdot \left(\frac{d^3}{F_d} + \frac{h^3}{F_p}\right) = \frac{2{,}545}{2{,}567} \cdot 0{,}0785 = 0{,}0778,$$

wonach sich der berichtigte Wert der Knickspannung nach Gl. 39) zu
$$\sigma_k = 3{,}1 - 0{,}0114 \cdot \frac{46{,}7}{\sqrt{0{,}9222}} = 2{,}546 \text{ t/cm}^2$$

ergibt. Dieser Wert befriedigt auch zugleich die strengere Gl. 38).

    Man erhält als Knickkraft
$$P_k = 2{,}546 \cdot 2 \cdot 58{,}8 = 299{,}6 \text{ t}.$$

    Nach Gl. 40) würde man für denselben Stab mit
$$\sigma_k{}^0 = 2{,}567 \text{ t/cm}^2 \quad \text{und} \quad i_g = \sqrt{\frac{495}{58{,}8}} = 2{,}9 \text{ cm}$$
die Knickspannung zu
$$\sigma_k = 2{,}567 : (1 + 0{,}0785) + 2{,}567 \cdot \left(\frac{2{,}9}{12{,}83}\right)^2 = 2{,}51 \text{ t/cm}^2$$

erhalten. Somit wird nach dieser Näherungsformel die Knickkraft
$$P_k = 2 \cdot 58{,}8 \cdot 2{,}51 = 295 \text{ t}.$$

§ 54. Das allgemeine Näherungsverfahren für Gliederstäbe von Engesser[1].

In § 33 war bereits für vollwandige Stäbe von veränderlichem Querschnitt die Knickgrenze durch

$$\text{Gl. 1)} \qquad P_k = \frac{M_{max}}{f}$$

bestimmt worden, wobei für eine geeignet angenommene Querbelastung des Stabes M_{max} das in Stabmitte vorhandene Biegungsmoment und f die an derselben Stelle für diese Querbelastung sich ergebende Durchbiegung bedeutete. Wählte man zunächst willkürlich für die Biegungsmomente des Stabes eine passend erscheinende Funktion und bestimmte man hierfür die Werte f, so konnte erforderlichenfalls die nach Gl. 1) näherungsweise berechnete Knickgrenze dadurch berichtigt werden, daß man die so ermittelte Biegungslinie als neue Momentenlinie einem zweiten Rechnungsgange zugrunde legte.

Dieses Verfahren läßt sich auch zur Ermittlung der Knickgrenze gegliederter Stäbe verwenden und gestattet im Gegensatze zu den bisher nur für bestimmte Formen des Querverbandes sowie für konstanten Abstand der Gurtungen aufgestellten Beziehungen, eine allgemeine Anwendung auch für die Fälle, wo der Querverband in anderer Weise als bisher durchgebildet ist, oder wo der Gurtabstand sich von Stelle zu Stelle ändern sollte. Hierbei ändert sich im Gegensatze zu den Ausführungen des § 33 nur die Berechnung des zu einer Momentenlinie gehörigen Pfeiles f insofern, als mit Rücksicht auf die Querverbindungen bei der Berechnung des Knickpfeiles f auch auf die durch die Querkräfte entstehenden Durchbiegungen Bedacht genommen werden muß.

Für die gewöhnlichen Aufgaben der Praxis genügt bei diesem Verfahren die Annahme einer parabolischen Momentenlinie

$$M_x = \frac{p \cdot x\,(l - x)}{2},$$

welche durch eine gleichförmige Belastung p beim frei aufliegenden Balken entsteht.

Wählt man die Belastung p, welcher sowohl M_{max} als auch f proportional ist, gleich der Einheit, so wird

$$\text{Gl. 2)} \qquad P_k = \frac{l^2}{8\,f},$$

wo f die zur Momentenlinie

$$M_x = \frac{x\,(l - x)}{2}$$

---

[1] F. Engesser, Über die Bestimmung der Knickfestigkeit gegliederter Stäbe. Zeitschr. d. österr. Ing.- u. Arch.-Vereines 1913, Heft 47.

gehörige Durchbiegung der Stabmitte ist. Besteht an einer schärferen Berechnung Interesse, so ist für die Momentenlinie

$$M_x^{\mathrm{I}} = \frac{x\,(l - x)}{2}$$

die Biegungslinie

$$y^{\mathrm{I}} = f(x)$$

zunächst zu ermitteln und hiernach in einem zweiten Rechnungsgange für die Momentenlinie

$$M_x^{\mathrm{II}} = y^{\mathrm{I}}$$

eine berichtigte Biegungslinie y^{II} zu berechnen; mit diesem Verfahren ist so lange fortzufahren, bis

$$M_x^{(n)} = C \cdot y^{(n)}$$

wird. Indessen ist die hierdurch zu erzielende Verbesserung für den Wert der Knickkraft so gering, daß sie für den Aufwand an Mühe nur in den seltensten Fällen entschädigen dürfte.

Für einen vollwandigen Stab läßt sich Gl. 2) in der Form schreiben:

Gl. 3)
$$P_E = \frac{l^2}{8 f_E},$$

worin

$$P_E = \frac{\pi^2\,E\,J}{l^2}$$

die Eulersche Knicklast und f_E den Biegungspfeil für einen vollwandigen Stab bedeutet; der letztere nimmt für eine parabolische Momentenlinie

$$M_x = \frac{x\,(l - x)}{2}$$

den Wert

$$f_E = \frac{5}{384} \cdot \frac{l^4}{E\,J}$$

an.

Aus den Gl. 2) und 3) folgt nun durch Elimination von l^2

Gl. 4)
$$P_k = P_E \cdot \frac{f_E}{f} = \alpha \cdot P_E = \alpha \cdot \frac{\pi^2\,E\,J}{l^2},$$

wonach der bereits in § 53 definierte Abminderungskoeffizient α sich als das Verhältnis der maximalen Durchbiegung eines vollwandigen Stabes zu der des ebenso belastet gedachten, gegliederten Stabes darstellt.

Bisher war für die Stäbe Spitzenlagerung vorausgesetzt. Die Gl. 4) gestattet aber auch bei vollkommener Einspannung der Stabenden eine Berechnung der Knickgrenze für gegliederte Stäbe, sofern man nur in dieser Gleichung den Wert P_E entsprechend der Knicklast des vollkommen eingespannten Vollwandstabes mit

$$P_E = \frac{4\,\pi^2\,E\,J}{l^2}$$

einsetzt und die Berechnung von f und f_E für eine parabolische Momentenlinie und vollkommene Einspannung der Stabenden durchführt.

Das Näherungsverfahren möge nun an einigen Beispielen erläutert werden. Um zugleich die Möglichkeit zu einer Prüfung seiner Genauigkeit zu gewinnen, sollen zunächst solche Stäbe gerechnet werden, deren Knickgrenze aus den Untersuchungen des § 53 bereits bekannt ist.

A. Berechnung innerhalb der Proportionalitätsgrenze.

1. Beispiel: Gitterstab mit parallelen Gurtungen und einfachem Diagonalenzug nach Abb. 146. Die Durchbiegung f kann in zwei Teile gespalten werden, deren einer f_M nur von den Biegungsmomenten, und deren anderer f_Q nur von den Querkräften erzeugt wird.

f_M entsteht durch die Formänderung der Gurtungen, welchen die Übertragung der Biegungsmomente zukommt, und nimmt mit dem Näherungswert $\dfrac{F_g h^2}{2}$ als Trägheitsmoment bei parabolischer Momentenlinie für den durch die beiden Gurtungen dargestellten Stab den Wert

$$\text{Gl. 5)} \qquad f_M = \frac{5}{384} \cdot \frac{2\,l^4}{E\,F_g\,h^2} = \frac{5}{192} \cdot \frac{l^4}{E\,F_g\,h^2}$$

an.

Zur Bestimmung von f_Q ist die Gleichung (§ 53, Gl. 2)

$$\frac{d\,y_q}{d\,x} = \frac{Q\,d^3}{E\,F_d \cdot h^2\,c}$$

zwischen den Grenzen

$$x = 0 \quad \text{und} \quad x = \frac{l}{2}$$

zu integrieren. Entsprechend

$$M = \frac{x \cdot (l - x)}{2}$$

als parabolischer Momentenlinie ist hierbei

$$Q = \frac{l}{2} - x$$

einzuführen. Man erhält so

$$\text{Gl. 6)} \qquad f_Q = \frac{d^3}{E\,F_d\,h^2\,c} \cdot \int_0^{\frac{l}{2}} \left(\frac{l}{2} - x \right) \cdot d\,x = \frac{l^2\,d^3}{8\,E\,F_d\,h^2\,c} \cdot$$

Somit wird

$$\text{Gl. 7)} \qquad f = f_M + f_Q = \frac{5\,l^4}{192\,E\,F_g\,h^2} + \frac{l^2\,d^3}{8\,E\,F_d\,h^2\,c},$$

und mit

$$\text{Gl. 8)} \qquad f_E = \frac{5\,l^4}{192\,E\,F_g\,h^2}$$

für den vollwandigen Ersatzstab vom Trägheitsmoment $\dfrac{F_g h^2}{2}$ erhält man

$$\text{Gl. 9)} \quad \alpha = \frac{f_E}{f} = 1 : \left(1 + \frac{192}{5} \cdot \frac{E\,F_g\,h^2}{l^4} \cdot \frac{l^2\,d^3}{8\,E\,F_d \cdot h^2\,c} \right) = 1 : \left(1 + 4{,}8 \cdot \frac{F_g\,d^3}{F_d\,h^2\,c} \right),$$

und hieraus die Knickkraft

Gl. 10)
$$P_k = \frac{\pi^2\,E\,F_g\,h^2}{2\,l^2} : \left(1 + 4{,}8\cdot\frac{F_g\,d^3}{F_d\,h^2\,c}\right).$$

Dieser Wert unterscheidet sich von dem durch § 53, Gl. 6 bestimmten Wert der Knickgrenze eines Stabes mit einfachem Diagonalenzug nur sehr wenig, da $\frac{\pi^2}{2} \cong 4{,}92$ von dem hier auftretenden Werte 4,8 im Nenner der Gl. 10) nur wenig verschieden ist. Der Unterschied ist durch die Annahme einer parabolischen Momentenlinie bedingt und würde für eine Sinuslinie als Momentenlinie verschwinden.

2. Beispiel. Für einen Gitterstab mit parallelen Gurtungen und einfachem Diagonalenzug soll die Knickgrenze bei vollkommener Einspannung der Stabenden bestimmt werden.

Zerlegt man wiederum die Durchbiegung f in f_M und f_Q, so ist für den vollkommen eingespannten und gleichförmig mit $p = 1$ belasteten Stab

Gl. 11)
$$f_M = \frac{l^4}{384\,E\,J} = \frac{l^4}{192\,E\,F_g\,h^2}.$$

f_Q findet sich aus der Beziehung

$$\frac{d\,y_q}{d\,x} = \frac{Q\cdot d^3}{E\,F_d\,h^2\,c},$$

in welcher aus der Momentenlinie für gleichförmige Last $p = 1$ entsprechend

$$M = \frac{l^2}{2}\left[\frac{1}{6} - \frac{x}{l} + \frac{x^2}{l^2}\right]$$

die Querkraft Q mit

$$Q = \frac{d\,M}{d\,x} = \frac{l^2}{2}\cdot\left[\frac{2\,x}{l^2} - \frac{1}{l}\right] = x - \frac{l}{2}$$

einzuführen ist. Man erhält daher

Gl. 12)
$$f_Q = \frac{d^3}{E\,F_d\,h^2\,c}\cdot\int\limits_0^{\frac{l}{2}}\left(x - \frac{l}{2}\right)dx = \frac{l^2\,d^3}{8\,E\,F_d\,c\,h^2},$$

und hiermit die gesamte Durchbiegung

Gl. 13)
$$f = f_M + f_Q = \frac{l^4}{192\,E\,F_g\,h^2} + \frac{l^2\,d^3}{8\,E\,F_d\,h^2\,c}.$$

Daher wird mit

$$f_E = \frac{l^4}{192\,E\,F_g\,h^2}$$

der Abminderungskoeffizient

$$\alpha = \frac{f_E}{f} = 1 : \left(1 + \frac{192\,E\,F_g\,h^2}{l^4}\cdot\frac{l^2\,d^3}{8\,E\,F_d\,h^2\,c}\right) = 1 : \left(1 + 24\cdot\frac{F_g\,d^3}{F_d\,l^2\,c}\right),$$

und sonach die Knickkraft

Gl. 14)
$$P_k = \frac{\pi^2\,E\,J}{l^2} : \left(1 + 24\cdot\frac{F_g\,d^3}{F_d\,l^2\,c}\right).$$

Der Einfluß der Vergitterung auf die Knickgrenze ist hiernach beim eingespannten Stab 5 mal so groß wie bei Spitzenlagerung der Enden.

3. Beispiel: Rahmenstab mit parallelen Gurtungen. Man erhält für solche Rahmenstäbe mit $J \cong \frac{F_g\,h^2}{2}$ für den Anteil f_M von f wieder den Wert

Gl. 15)
$$f_M = \frac{5\,l^4}{192\,E\,F_g\,h^2}.$$

Für die Durchbiegung f_Q erhält man aus § 53, Gl. 19) den Wert

Gl. 16)
$$f_Q = \int_0^{\frac{l}{2}} dy_q = \int_0^{\frac{l}{2}} Q \cdot C \cdot dx,$$

worin

Gl. 17)
$$C = \frac{c\,h}{\pi^2 E J_p} + \frac{c^2}{2\,\pi^2 E J_g} + \frac{\zeta_g}{2\,G F_g} + \frac{c\,\zeta_p}{G F_p h}$$

zu setzen ist. Durch Einsetzen des der gleichförmigen Belastung mit $p = 1$ entsprechenden Wertes

$$Q = \frac{l}{2} - x$$

für einen Stab mit frei drehbaren Enden erhält man nach Integration der Gl. 16) für die Durchbiegung f_Q den Wert

Gl. 18)
$$f_Q = \int_0^{\frac{l}{2}} C\left(\frac{l}{2} - x\right) dx = \frac{C l^2}{8}.$$

Somit wird die gesamte Durchbiegung

Gl. 19)
$$f = \frac{5\,l^4}{192\,E F_g h^2} + \frac{C l^2}{8},$$

und wegen

Gl. 20)
$$f_E = \frac{5\,l^4}{192\,E F_g h^2}$$

wird der Abminderungskoeffizient

Gl. 21)
$$\alpha = 1 : \left[1 + \frac{192\,E F_g h^2}{5\,l^4} \cdot C\,\frac{l^2}{8}\right] = 1 : \left[1 + \frac{4,8\,E F_g h^2}{l^2} \cdot C\right]$$

und die Knickkraft

Gl. 22)
$$P_k = \frac{\pi^2 E F_g h^2}{2\,l^2} : \left[1 + \frac{4,8\,E F_g h^2}{l^2}\left(\frac{c\,h}{\pi^2 E J_p} + \frac{c^2}{2\,\pi^2 E J_g} + \frac{c\cdot\zeta_p}{G F_p h} + \frac{\zeta_g}{2\,G F_g}\right)\right]$$

in Übereinstimmung mit § 53, Gl. 24), wenn man von der geringen Abweichung zwischen $\frac{\pi^2}{2}$ und 4,8 absieht, die wiederum von der Annahme einer parabolischen Momentenlinie herrührt.

4. Beispiel: Fachwerkstab mit gekrümmten Gurtungen und doppeltem Diagonalenzug. Für den in Abb. 174 durch sein Netz dargestellten Stab kann man zur Berechnung von f_M näherungsweise das Trägheitsmoment

$$J_x = F_g \cdot \frac{h_x^2}{2}$$

einführen. Nennt man das konstante Bezugträgheitsmoment J_0, so ist die zu der parabolischen Momentenlinie

$$M_x = \frac{x \cdot (l - x)}{2}$$

gehörige Biegungslinie nach dem Satze von Mohr als Seilpolygon der Belastungsfläche

$$\frac{M_x \cdot J_0}{J_x} = \frac{x\,(l - x)\,J_0}{F_g \cdot h_x^2} = \frac{J_0}{F_g} \cdot \frac{x\,(l - x)}{h_x^2}$$

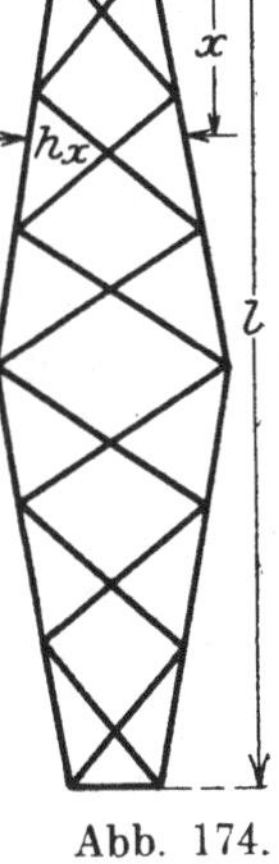

Abb. 174.

mit der Poldistanz EJ_0 leicht zu ermitteln, wonach f_M als maximale Ordinate der Biegungslinie bestimmt ist (vgl. § 33).

Zur Bestimmung von f_Q kann man wieder von der mit genügender Genauigkeit auch hier gültigen Beziehung § 53, Gl. 2) ausgehen:

$$\frac{d\,y_q}{d\,x} = \frac{Q_x \cdot d_x{}^3}{E\,F_d \cdot c_x \cdot h_x{}^2}\,,$$

aus welcher die Formänderung y_q für ein Feld zu

$$y_q = \frac{Q_x \cdot d_x{}^3}{E\,F_d \cdot h_x{}^2}$$

sich ergibt. Man erhält hiernach f_Q durch Summation aller y_q zwischen $x = 0$ und $x = \dfrac{l}{2}$ zu

Gl. 23)
$$f_Q = \sum_0^{\frac{l}{2}} y_q = \frac{1}{E} \cdot \sum_0^{\frac{l}{2}} \left(\frac{Q_x \cdot d_x{}^3}{F_d \cdot h_x{}^2} \right),$$

woraus entsprechend der Annahme gleichmäßiger Belastung für einen Stab mit frei drehbaren Enden wegen $Q = \dfrac{l}{2} - x$

Gl. 24)
$$f_Q = \frac{1}{E} \cdot \sum_0^{\frac{l}{2}} \frac{\left(\dfrac{l}{2} - x \right) d\,x}{F_d \cdot h_x{}^2}$$

folgt. Da f_E auch hier denselben Wert annimmt wie f_M, so wird der Abminderungskoeffizient α durch

Gl. 25)
$$\alpha = \frac{f_E}{f} = \frac{f_M}{f_M + f_Q} = 1 : \left(1 + \frac{f_Q}{f_M} \right)$$

und die Knickkraft durch

Gl. 26)
$$P_k = P_E : \left(1 + \frac{f_Q}{f_M} \right)$$

gegeben.

Hierin ist noch P_E nach § 33 wie für einen vollwandigen Stab von dem veränderlichen Trägheitsmoment

$$J_x = F_g \cdot \frac{h_x{}^2}{2}$$

zu ermitteln.

B. Berechnung außerhalb der Proportionalitätsgrenze.

Wird die Knickspannung $\sigma_k = \dfrac{P_k}{2\,F_g}$ größer als die Spannung des Materials an der Proportionalitätsgrenze, so ergeben sich für die unter A abgehandelten Beispiele durch Einführung eines entsprechend der Knickspannung herabgeminderten Moduls T als Gleichungen zur Bestimmung der Knickgrenze die schon in § 53 entwickelten, jenseits der Proportionalitätsgrenze gültigen Formeln. Man kann indessen diese Ergebnisse auch aus der Gl. 4) herleiten, wenn f_E und f entsprechend der Überschreitung der Proportionalitätsgrenze berechnet werden. Es ist in diesem Falle, wenn man die Durchbiegungen, welche bei dem Modul $E = 1$ entständen, mit f^I bezeichnet, nach Überschreitung der Proportionalitätsgrenze $f_M = f_M^I : T$ zu setzen, und ebenso $f_E = f_E^I : T = f_M^I : T$, während $f_Q = f_Q^I : E$ wird, solange nicht auch die Spannungen in den Querverbänden die Proportionalitätsgrenze überschreiten. Man erhält sonach für die gesamte Durchbiegung f der Stabmitte den Wert

$$\text{Gl. 27)} \qquad f = f_M + f_Q = \frac{1}{T} \cdot \left[f_M^I + \frac{E}{T} \cdot f_Q^I \right]$$

und sonach aus Gl. 4) die Knickkraft entsprechend

$$\text{Gl. 28)} \qquad P_k = P_E \cdot \frac{f_E}{f} = P_E : \left[1 + \frac{T}{E} \cdot \frac{f_Q^I}{f_M^I} \right] .$$

Diese Beziehung gilt ganz allgemein und führt, wie noch an einem Beispiel gezeigt werden soll, ebenfalls auf die im vorigen Paragraphen entwickelten Gleichungen.

1. Beispiel: Fachwerkstab mit parallelen Gurtungen und einfachem Diagonalen-Zug. Nach den vorausgeschickten Bemerkungen berechnen sich

$$f_M^I \quad \text{zu} \quad f_M^I = \frac{5\,l^4}{192\,F_g h^2} \quad \text{und} \quad f_Q^I \quad \text{zu} \quad f_Q^I = \frac{l^2 d^3}{8\,F_d h^2 c} .$$

Setzt man in Gl. 28) entsprechend § 18, Gl. 11) für den Knickmodul T den Wert

$$T = \frac{\sigma_k \cdot (\alpha - \sigma_k)^2}{\pi^2 \beta^2} ,$$

so wird

$$\frac{T}{E} \cdot \frac{f_Q^I}{f_M^I} = \frac{\sigma_k (\alpha - \sigma_k)^2}{E \pi^2 \beta^2} \cdot \frac{l^2 d^3}{8\,F_d h^2 c} \cdot \frac{192\,F_g h^2}{5\,l^4} = \frac{\sigma_k (\alpha - \sigma_k)^2}{E \pi^2 \beta^2} \cdot \frac{4{,}8\,F_g d^3}{\pi^2 F_d l^2 c} .$$

Ersetzt man noch h^2 im Zähler durch $4 i^2$, so erhält man

$$\frac{T}{E} \cdot \frac{f_Q^I}{f_M^I} = \frac{\sigma_k}{E} \cdot \left(\frac{\alpha - \sigma_k}{\pi \beta} \right)^2 \cdot \left(\frac{i}{l} \right)^2 \frac{4 \cdot 192 \cdot F_g d^3}{5 \cdot 8 \cdot \pi^2 F_d h c^2} \eqsim \frac{\sigma_k}{E} \cdot \left[\frac{\alpha - \sigma_k}{\pi \beta} \cdot \frac{i}{l} \right]^2 \cdot \frac{2 F_g d^3}{F_d h^2 c} ;$$

hiernach geht Gl. 28) über in

$$\text{Gl. 29)} \qquad 1 = \left[\frac{\alpha - \sigma_k}{\beta} \cdot \frac{i}{l} \right]^2 : \left[1 + \frac{768}{40\,\pi^2} \cdot \frac{\sigma_k}{E} \cdot \left(\frac{\alpha - \sigma_k}{\beta} \cdot \frac{i}{l} \right)^2 \cdot \frac{F_g\,d^3}{F_d\,h^2 c} \right]$$

oder

$$\text{Gl. 30)} \qquad 1 = \left[\frac{\alpha - \sigma_k}{\beta} \cdot \frac{i}{l} \right]^2 : \left[1 - \frac{768}{40\,\pi^2} \cdot \frac{\sigma_k}{E} \cdot \frac{F_g\,d^3}{F_d\,h^2 c} \right] .$$

Da $\dfrac{768}{40\,\pi^2} = 1{,}945$ nur wenig von 2 sich unterscheidet, so zeigt Gl. 30) eine befriedigende Übereinstimmung mit § 53, Gl. 32).

In ähnlicher Weise lassen sich aus der Gl. 28) auch alle anderen Beziehungen herleiten, welche für den Fall der Überschreitung der Proportionalitätsgrenze in § 53 angeführt wurden.

Ein anderes Verfahren der Berechnung gegliederter Stäbe jenseits der Proportionalitätsgrenze, für welches die Ausführungen des § 18 die Begründung abgeben, besteht darin, daß man für die Formänderung der Gurtungen verschiedene Werte des Dehnungsmoduls einführt.

Ist ein Stab (Abb. 175) bei der Spannung σ_p noch stabil und tritt für $\sigma_k > \sigma_p$ das Knicken ein, so erfolgen die Formänderungen des dem Krümmungsmittelpunkte abgewandten Gurtes AA nach dem Hookeschen Gesetz mit dem Modul E; der innere und stärker belastete Gurt JJ erfährt entsprechend der Abnahme seines Dehnungsmoduls mit zunehmender Überschreitung der Proportionalitätsgrenze stärkere und stärkere Formänderungen. Ist die Arbeitslinie des Baustoffes bekannt, so wird jeder Spannung σ durch sie ein Modul E_σ entsprechend der Beziehung $E_\sigma = \dfrac{d\sigma}{d\varepsilon}$ zugeordnet.

Die Formänderung der Gurtung infolge der Biegungsmomente erfolgt nun, wenn σ die Spannung der inneren Gurtung darstellt, zu

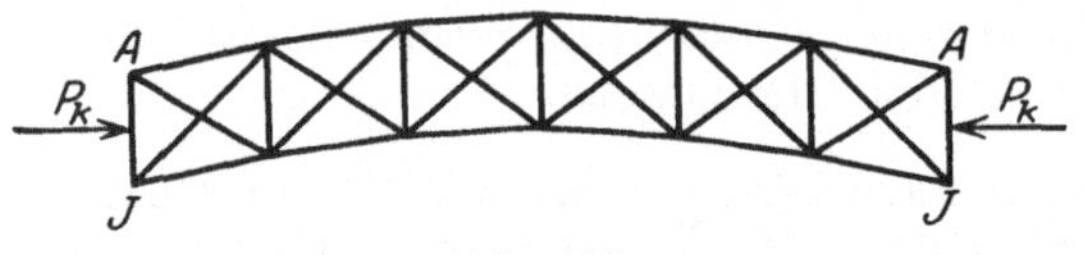

Abb. 175.

welcher der Modul E_σ gehört, so, wie wenn ihr Querschnitt statt F_g nur den Wert $F_g \cdot \dfrac{E_\sigma}{E}$ hätte, während die äußere Gurtung, für welche der Modul E innerhalb der Proportionalitätsgrenze Geltung behält, nach wie vor den vollen Querschnitt F_g hat (Abb. 176).

Das statische Moment für die Querschnitte nach der vorgenommenen Verminderung des Querschnittes der inneren Gurtung hängt nun noch von dem Modul E_σ ab. Es möge mit S_σ und das auf dieselbe Nullachse bezogene Trägheitsmoment mit J_σ bezeichnet werden. Dann ist für die Nullachse $m - m$ das statische Moment durch

$$S_\sigma = F_g \cdot \frac{h}{2} \cdot \left[1 - \frac{E_\sigma}{E} \right]$$

gegeben, und die Exzentrizität der Achse $n - n$ berechnet sich nach

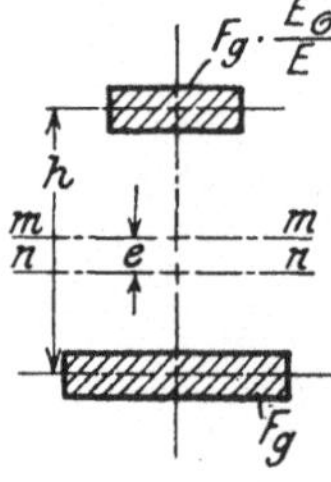

Abb. 176.

$$e_\sigma = \frac{S_\sigma}{F_g \left[1 + \dfrac{E_\sigma}{E} \right]} = \frac{h}{2} \cdot \frac{E - E_\sigma}{E + E_\sigma}.$$

Das für die Biegung maßgebende Trägheitsmoment wird nunmehr für die Nullachse $n - n$ durch

$$J_\sigma = \frac{F_g h^2}{4} \cdot \left[1 + \frac{E_\sigma}{E} \right] - \frac{F_g h^2}{4} \cdot \left[1 + \frac{E_\sigma}{E} \right] \cdot \left[\frac{E - E_\sigma}{E + E_\sigma} \right]^2$$

oder

Gl. 31)
$$J_\sigma = F_g \cdot h^2 \cdot \frac{E_\sigma}{E + E_\sigma}$$

bestimmt.

Mit diesem Trägheitsmoment berechnet man die von den Momenten M z. B. für eine parabolische Momentenlinie, außerdem aber auch noch von dem Modul E_σ abhängige Durchbiegung $f_{M,\sigma}$. Die Durchbiegung f_Q bleibt von der Änderung des Moduls unbeeinflußt, solange nicht in den Querverbänden die Proportionalitätsgrenze ebenfalls überschritten wird. Für die Knickkraft ergibt sich nach Durchführung dieser Berechnung aus Gl. 2) der Wert

Gl. 32)
$$P_k = \frac{l^2}{8\,(f_{M,\sigma} + f_Q)}\cdot$$

Die einzige Schwierigkeit besteht nun bei diesem Verfahren darin, daß man von vornherein den von der Spannung σ abhängigen Modul E_σ so wenig kennt wie die Spannung selbst. Diesem Übelstand läßt sich nun dadurch begegnen, daß man für die stärker gedrückte Gurtung der Reihe nach willkürliche Spannungswerte

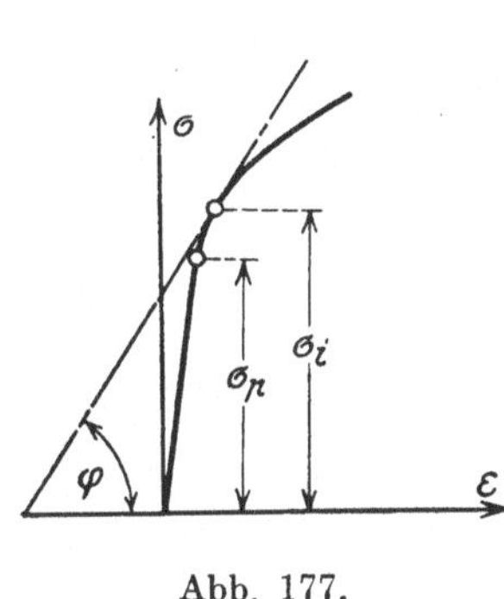

Abb. 177.

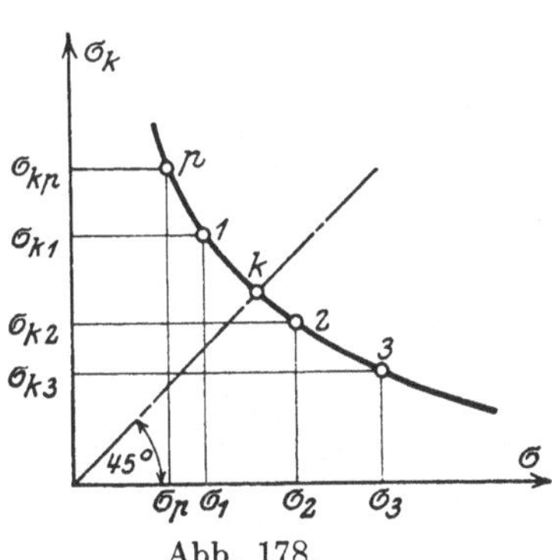

Abb. 178.

$\sigma_i = \sigma_1,\ \sigma_2,\ \sigma_3 \ldots > \sigma_p$ annimmt und zu jedem Werte den zugehörigen Modul

$$E_i = \frac{d_{\sigma i}}{d_\varepsilon} = \operatorname{tg} \varphi_i$$

aus der Arbeitslinie (Abb. 177) durch Konstruktion des zugeordneten Kurventangente bestimmt. Jedem Werte σ_i ordnet dann Gl. 31) ein bestimmtes Trägheitsmoment J_i zu, vermittels dessen nach Gl. 32) ein Wert für die Knickgrenze P_k und somit auch für die Knickspannung $\frac{P_k}{2\,F_g} = \sigma_k$ berechnet werden kann. Unter allen willkürlich gewählten Werten σ_i ist derjenige Wert σ_i^* der richtige, welcher der Knickspannung σ_k gleich ist. Trägt man also (Abb. 178) die durch die Werte $\sigma_1,\ \sigma_2,\ \sigma_3 \ldots$ usw., sowie die hierzu berechneten Werte σ_{k1}, $\sigma_{k2},\ \sigma_{k3}$ usw. bestimmte Kurve auf, so ergibt eine durch den Koordinatenursprung unter 45^0 gezogene Gerade durch ihren Schnittpunkt k mit dieser Kurve die Knickspannung σ_k für den gegliederten Druckstab.

Es ist ohne weiteres klar, daß dieses Verfahren auch auf die Gliederstäbe mit gekrümmten Gurtungen sich anwenden läßt, wofern nur die für das vierte Beispiel gemachten Bemerkungen berücksichtigt und das veränderliche Trägheitsmoment

$$J_{\sigma,x} = F_g \cdot h_x{}^2 \cdot \frac{E_\sigma}{E + E_\sigma}$$

gesetzt werden.

§ 55. Das Engessersche Abschätzungs-Verfahren mittels der Wirkungsgrade und die Krohnsche Formel[1]).

Ausgehend von der Tetmajerschen Formel

Gl. 1)
$$\sigma_k = \alpha - \beta \cdot \frac{l}{i}$$

kann man für einen vollwandigen Stab einen Koeffizienten η durch den Ansatz

Gl. 2) $\qquad \eta = \frac{\sigma_k}{\alpha} = 1 - \frac{\beta}{\alpha} \cdot \frac{l}{i} = \left(1 - 0{,}00368 \frac{l}{i} \text{ für Flußeisen}\right)$

definieren, wonach sich die Knickspannung dieses Stabes durch den Ausdruck

Gl. 3)
$$\sigma_k = \eta \cdot \alpha$$

bestimmen läßt.

Der Koeffizient η, der immer kleiner als 1 ist, zeigt an, in welchem Verhältnis die Knickspannung σ_k des Stabes zu der seinem Material eigentümlichen Spannung α steht; er kennzeichnet demnach die Güte der Ausnützung des Querschnittes und soll in der Folge als „Wirkungsgrad" angesprochen werden, wie man ja auch vom Wirkungsgrade einer Maschine spricht, wodurch man dort das Güteverhältnis zwischen der geleisteten und verbrauchten Arbeit bezeichnet.

Für einen vollwandigen Stab, dessen Knickfestigkeit den Eulerschen Gesetzen unterliegt, ist

Gl. 4)
$$\sigma_k = \pi^2 E \cdot \left(\frac{i}{l}\right)^2 .$$

Auch in diesem Falle wollen wir festsetzen, daß der Wirkungsgrad nach Gl. 3) bestimmt werden soll, worin nur die Knickspannung durch den in Gl. 4) gegebenen Ausdruck zu ersetzen ist.

---

[1]) Vgl. hierzu R. Krohn, Beitrag zur Untersuchung gegliederter Stäbe, Zentralbl. der Bauverw. 1908, S. 559; F. Engesser, Über die Knickfestigkeit von Rahmenstäben, Zentralbl. der Bauverw. 1909, S. 138; R. v. Saliger, Über den Knickwiderstand gegliederter Stäbe, Zeitschr. des österr. Ing.- u. Arch.-Vereines, 1912 S. 5, 21 u. 63; R. Mayer, Zur Knickfestigkeit gegliederter Stäbe, Zeitschr. des österr. Ing.- u. Arch.-Vereines, 1914, Heft 13.

Bezeichnet man z. B. die einem mehrstufigen Getriebe zugeführte Arbeit mit A, die von ihm abgegebene Arbeit mit a, und findet in dem Getriebe eine n-malige Umsetzung der Arbeiten mit den Wirkungsgraden η_1 bis η_n statt, so ist

Gl. 5)
$$a = [\eta_1 \cdot \eta_2 \cdot \ldots \cdot \eta_n] \cdot A.$$

Je mehr Arbeitsumsetzungen stattfinden und je ungünstiger jede einzelne Arbeitsumsetzung erfolgt, um so geringer ist zufolge Gl. 5) die abgegebene Arbeit gegenüber der zugeführten Arbeit. Wir ziehen von dieser Erscheinung einen Analogieschluß auf das Knicken gegliederter Stäbe.

Dementsprechend darf bei gegliederten Stäben erwartet werden, daß deren Knickspannung um so niedriger wird, je reicher der Gesamtquerschnitt des Stabes unterteilt ist, mit anderen Worten je mehr Möglichkeiten des Knickens bei einem solchen Stabe in Betracht kommen können. Je nachdem wollen wir solche Stäbe als „einstufig" oder „mehrstufig" ansprechen.

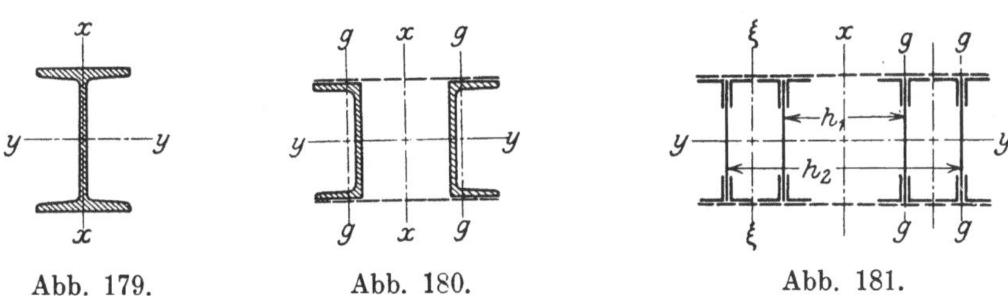

Abb. 179.   Abb. 180.   Abb. 181.

So ist z. B. für das Ausknicken in der Richtung der y-Achse der Querschnitt nach Abb. 179 einstufig, da für diese Knickrichtung einzig und allein die Schlankheit $\lambda = l : i_x$ in Betracht kommt. Der Stab nach Abb. 180 ist zweistufig, weil für ihn zwei Knickmöglichkeiten bestehen:

a) Der ganze Stab knickt mit $\lambda_1 = l : i$, wo $i = \sqrt{\dfrac{F_g \dfrac{h^2}{2} + 2 J_g}{2 F_g}}$ ist.

b) Die einzelne Gurtung knickt mit $\lambda_2 = c : i_g$ für die Feldweite c als freie Knicklänge.

In Abb. 181 dagegen ist ein dreistufiger Druckstab dargestellt, dessen Knickmöglichkeiten folgende sind:

a) Der ganze Stab knickt mit $\lambda_1 = l : i$, wo i durch

$$i = \sqrt{\left[4 J_g + F_g \cdot \left(\frac{h_1^2}{2} + \frac{h_2^2}{2} \right) \right] : 4 F_g}$$

gegeben ist;

b) eine Stabhälfte knickt mit $\lambda_2 = l' : i'$, wo i' sich aus

$$i' = \sqrt{2 J_g + F_g \cdot \frac{(h_2 - h_1)^2}{2} \right] : 2 F_g}$$

bestimmt und l' die größte freie Länge ist, mit welcher sie, seitlich ausweichen kann;

c) die einzelne Gurtung knickt mit $\lambda_3 = c : i_g$ für c gleich der Feldweite als freier Knicklänge und $i_g = \sqrt{J_g : F_g}$.

Für jede der betrachteten Knickmöglichkeiten läßt sich nun eine Knickspannung σ_k und ein zu ihr gehöriger Wirkungsgrad nach Gl. 2) bestimmen, so daß man für das n-stufige Druckglied die Beziehungen erhält:

$$\sigma_1 = \frac{\pi^2 E}{\lambda_1^2} \quad \text{nach Euler für} \quad \sigma_1 < \sigma_p$$
$$\sigma_1 = \alpha - \beta \cdot \lambda_1 \quad \text{nach Tetmajer für} \quad \sigma_1 > \sigma_p \qquad \text{und} \quad \eta_1 = \frac{\sigma_1}{\alpha}$$

$$\sigma_2 = \frac{\pi^2 E}{\lambda_2^2} \quad \text{nach Euler für} \quad \sigma_2 < \sigma_p$$
$$\sigma_2 = \alpha - \beta \cdot \lambda_2 \quad \text{nach Tetmajer für} \quad \sigma_2 > \sigma_p \qquad \text{und} \quad \eta_2 = \frac{\sigma_2}{\alpha}$$

$$\cdots \cdots \cdots \cdots \cdots \cdots \cdots \cdots$$

$$\sigma_n = \frac{\pi^2 E}{\lambda_n^2} \quad \text{nach Euler für} \quad \sigma_n < \sigma_p$$
$$\sigma_n = \alpha - \beta \cdot \lambda_n \quad \text{nach Tetmajer für} \quad \sigma_n > \sigma_p \qquad \text{und} \quad \eta_n = \frac{\sigma_n}{\alpha}.$$

Macht man nun in Analogie mit Gl. 5) die hypothetische Annahme, daß die Knickspannung eines n-stufigen Druckgliedes aus der dem Material eigentümlichen Spannung α durch Multiplikation von α mit dem Produkt aus den n „Wirkungsgraden" η_1 bis η_n, welche nach Gl. 2) zu berechnen sind, hergeleitet werden könne, so erhält man für die Knickspannung des n-stufigen Druckstabes die Beziehung

Gl. 6) $$\sigma_k = [\eta_1 \cdot \eta_2 \cdot \ldots \cdot \eta_n] \cdot \alpha.$$

Man kann nun die sehr bequeme Gl. 6) zur Abschätzung der Knickgrenze gegliederter Stäbe verwenden, wobei es gleichgültig ist, ob der Querverband aus einer Vergitterung oder aus Bindeblechen besteht, da ja die Abmessungen der Querverbindungen in Gl. 6) keine Rolle spielen.

Immer muß jedoch für die Anwendbarkeit der Gl. 6) die Voraussetzung erfüllt sein, daß bei der Knickfestigkeit σ_k des Gliederstabes nicht Querkräfte zur Wirkung gelangen, welche die Widerstandsfähigkeit der Querverbindungen gegen Bruch oder Knicken überschreiten. Sind die Querverbände schwach, so empfiehlt sich nach Engesser eine Berichtigung der Gl. 6) durch einen von der Steifigkeit des Querverbandes abhängigen Wirkungsgrad $0 \leqq \eta_q \leqq 1$, wonach

Gl. 7) $$\sigma_k = \eta_q \cdot [\eta_1 \cdot \eta_2 \cdot \ldots \cdot \eta_n] \cdot \alpha$$

zu setzen ist. Für den Fall starrer Querverbindungen ist $\eta_q = 1$; für vollkommen weiche Querverbände $\eta_q = 0$ zu setzen und zwischen diesen Grenzen η_q durch Versuche zu bestimmen. Bei sachgemäßer Ausbildung der Querverbindungen kann, wie die gute Übereinstimmung von Gl. 6) mit den Ergebnissen an sorgfältig konstruierten Versuchsstäben lehrt, genau genug $\eta_q \eqsim 1$ vorausgesetzt werden.

In seiner Abhandlung „Beitrag zur Untersuchung gegliederter Stäbe" gibt **Krohn** für zweistufige Druckstäbe aus Flußeisen die gewöhnlich als **Krohnsche Formel** bezeichnete

Gl. 8)
$$P_k = \frac{136\,h - l}{68\,h} \cdot P_1,$$

worin

Gl. 9)
$$P_1 = F_g \cdot \left(\alpha - \beta \cdot \frac{c}{i_g} \right)$$

die Knickkraft einer Gurtung für die Feldlänge c als freie Knicklänge bedeutet. Es läßt sich unschwer nachweisen, daß die **Krohnsche** Formel mit der für den zweistufigen Druckstab nach Gl. 6) gültigen

Gl. 10)
$$\sigma_k = \eta_1 \cdot \eta_2 \cdot \alpha$$

übereinstimmt.

Aus Gl. 8) folgt nämlich, wenn man P_1 nach Gl. 9) einführt und durch $2\,F_g$ dividiert, die Knickspannung nach der **Krohnschen** Formel zu

Gl. 11)
$$\sigma_k = \frac{136\,h - l}{136\,h} \cdot \left(\alpha - \beta \cdot \frac{c}{i_g} \right).$$

Nun ist für entsprechend weit gespreizte Gurtungen mit guter Näherung

$$J \simeq F_g \cdot \frac{h^2}{2}$$

und folglich

$$i = \sqrt{\frac{J}{2\,F_g}} \simeq \frac{h}{2},$$

also $h = 2\,i$. Mit diesem Werte von h erhält man für den in Gl. 11) auftretenden Ausdruck

$$\frac{136\,h - l}{136\,h} = \frac{272\,i - l}{272\,i} = 1 - \frac{1}{272} \cdot \frac{l}{i}.$$

Erweitert man hier noch mit α, so folgt

$$\frac{136\,h - l}{136\,h} = \left(\alpha - \frac{\alpha}{272} \cdot \frac{l}{i} \right) : \alpha$$

oder mit $\alpha = 3,1$ für Flußeisen:

$$\frac{136\,h - l}{136\,h} = \left(3,1 - 0,0114 \, \frac{l}{i} \right) : \alpha.$$

Nun ist $\left(3,1 - 0,0114 \, \frac{l}{i} \right)$ nichts anderes als die Knickspannung

σ_1 des Ersatzstabes, also wird

Gl. 12)
$$\frac{136\,h - l}{136\,h} = \frac{\sigma_1}{\alpha} = \eta_1.$$

Der in Gl. 11) stehende Klammerausdruck

$$\left(\alpha - \beta \cdot \frac{c}{i_g}\right) = \alpha - \beta \cdot \lambda_g$$

ist die Knickspannung σ_2 für eine Gurtung bei der Feldweite c als Knicklänge; mit Rücksicht auf Gl. 3) läßt sich daher

Gl. 13) $$\left(\alpha - \beta \cdot \frac{c}{i_g}\right) = \sigma_2 = \eta_2 \cdot \alpha$$

schreiben.

Hiernach folgt aber aus den Gl. 11) bis 13) $\sigma_k = \eta_1 \cdot \eta_2 \cdot \alpha$ in völliger Übereinstimmung mit der für den zweistufigen Druckstab nach Gl. 6) gebildeten Gl. 10).

Sind die Gurtungen nur wenig gespreizt, so empfiehlt Krohn neuerdings die Formel

Gl. 14) $$P_k = \frac{272\,i - l}{136\,i} \cdot P_1,$$

worin wieder P_1 nach Gl. 9) die Knickkraft für den einzelnen Gurtstab von der Feldweite c ausdrückt[1]).

Das Verfahren der Wirkungsgrade kann auch für Stäbe mit Flächenlagerung oder mit eingespannten Enden angewandt werden, wenn man nur diesen Randbedingungen entsprechend die 0,71-fache bzw. 0,5-fache Stablänge bei der Berechnung des Wirkungsgrades η_1 für den Ersatzstab als freie Knicklänge ansieht.

Der Gebrauchswert dieses Verfahrens ist, da die ihm zugrunde liegende Hypothese nicht begründet werden kann, nur an der Hand seiner Übereinstimmung mit Knickversuchen an gegliederten Stäben zu beurteilen.

Für einige der in Abschnitt VII behandelten Versuche geben wir in Tabelle 32 die nach Gl. 6) berechneten Knicklasten P_k, die durch die Versuche ermittelte Knickgrenze P_v, sowie den prozentualen Fehler von Gl. 6) gegenüber dem Versuchswert gemäß

$$\frac{P_v - P_k}{P_v} \cdot 100.$$

Hierbei wurde für die Berechnung von P_k nach Gl. 6) bei Stäben mit Flächenlagerung die 0,71-fache Stablänge als Knicklänge eingeführt; die Versuchsnummer der Tabelle entspricht der Numerierung der Stäbe in Abschnitt VII.

Es möge noch angefügt werden, daß das Verfahren der Wirkungsgrade für die in den § 62, 63 und 64 angeführten Versuche für die neue Quebecbrücke eine so gute Annäherung an die Ergebnisse der Knickproben zeitigt, daß es zur Abschätzung der Knick-

---

[1]) Da die Krohnsche Formel auf den empirischen Formeln von Tetmajer beruht, welche nur jenseits der Proportionalitätsgrenze gelten, so ist auch der Anwendungsbereich der Krohnschen Formel auf das Gebiet oberhalb der Proportionalitätsgrenze beschränkt; unterhalb der Proportionalitätsgrenze ist die Krohnsche Formel unbrauchbar.

grenze solcher Stäbe, bei denen der Querverband hinreichend widerstandsfähig bemessen wurde, im allgemeinen immer wird dienen können.

Tabelle 32.

Versuch Nr.	P_v (t)	P_k (t)	Prozentuale Abweichung $\dfrac{P_v - P_k}{P_v} \cdot 100$	Bemerkungen
1	80	89	— 11,2 %	Diese Versuchsstäbe zeigten
2	97	101	— 4,1 %	bis zu 10 % Unterschied
3	108	104	+ 3,7 %	der wirklichen von den
5	80	86	— 7,5 %	rechnungsmäßigen Quer
6	85	88	— 3,5 %	schnittsgrößen.
7	100	97	+ 3,0 %	
8	100	101	— 1,0 %	
12	53	56,6	— 6,8 %	} 2 gleiche Versuchsstäbe.
13	57	56,6	+ 0,7 %	
14	184	194	— 5,4 %	Querverband zu schwach.
15	220	221	— 0,5 %	
24	81	87,9	— 8,5 %	} 3 gleiche Versuchsstäbe.
25	89,4	87,9	+ 1,7 %	
26	83,5	87,9	— 5,3 %	

Zahlenbeispiel. Für die in § 61 a) behandelten, zweistufigen Rahmenstäbe ist $\lambda_1 = 92{,}9$ die Schlankheit des vollwandigen Ersatzstabes, $\lambda_2 = 56{,}3$ die Schlankheit einer Gurtung für die Feldweite.

Hiernach erhält man, wenn man zunächst die Tetmajersche Formel in Betracht zieht:

$$\sigma_1 = 3{,}1 - 0{,}0114 \cdot 92{,}9 = 2{,}041 \ \text{t/cm}^2; \quad \eta_1 = 0{,}658,$$
$$\sigma_2 = 3{,}1 - 0{,}0114 \cdot 56{,}3 = 2{,}457 \ \text{t/cm}^2; \quad \eta_2 = 0{,}792$$

und somit nach Gl. 6)

$$\sigma_k = 0{,}658 \cdot 0{,}792 \cdot 3{,}1 = 1{,}615 \ \text{t/cm}^2.$$

Da diese Spannung unter der Proportionalitätsgrenze liegt, so ist für die gedrungene Gurtung ($\lambda_2 = 56{,}3$) nach Tetmajer, für den vollwandigen Ersatzstab ($\lambda_1 = 92{,}9$) nach Euler zu rechnen. Man erhält mit dem Versuchswert $E = 2027 \ \text{t/cm}^2$

$$\sigma_1 = \frac{\pi^2 E}{\lambda_1^2} = \frac{\pi^2 \cdot 2027}{92{,}9^2} = 2{,}320 \ \text{t/cm}^2;$$

$\eta_1 = 0{,}748$ und $\eta_2 = 0{,}792$, wie zuvor, und somit nach Gl. 6) $\sigma_k = 0{,}748 \cdot 0{,}792 \cdot 3{,}1 = 1{,}83 \ \text{t/cm}^2$.

Die Knickspannung des Versuches war im Mittel $\sigma_v = 84{,}6 : 48 = 1{,}76 \ \text{t/cm}^2$.

Rechnet man die zu $\sigma_k = 1{,}83 \ \text{t/cm}^2$ gehörige Schlankheit λ_v eines vollwandigen Stabes aus, dessen Knickfestigkeit gleich groß ist wie die des Rahmenstabes, so erhält man

$$\lambda_v = \pi \sqrt{\frac{E}{\sigma_k}} = \pi \sqrt{\frac{2027}{1{,}83}} = 104{,}5.$$

Dieser Wert ist ganz wesentlich höher als der Wert λ_p, bei dem nach der Tetmajerschen Formel die Spannung an der Proportionalitätsgrenze erreicht wird, welche aus drei Zugversuchen mit dem ausnehmend hohen Werte $\sigma_p = 2{,}68 \ \text{t/cm}^2$ bestimmt wurde, zu dem nur $\lambda_p = 48$ gehört.

Da immer $\lambda_v > \lambda_1$ ist, und der Wert von λ_v erst nach Ermittlung von σ_k gefunden wird, so erscheint es zweckmäßig, das Kriterium dafür, ob η_1 aus der Eulerschen oder aus der Tetmajerschen Formel zu berechnen ist (der Wert η_2 dürfte fast in allen praktischen Fällen aus der Tetmajerschen

24*

Formel herzuleiten sein) lieber in die Bedingung $\sigma_k \gtrless \sigma_p$ zu werfen, von deren Erfüllung man sich durch eine Vorberechnung unterrichtet, als in die Bedingung $\lambda_v \gtrless \lambda_p$.

In welcher Weise die Dimensionierung des Querverbandes zu erfolgen hat, wurde in § 53 bereits gezeigt. Wir fügen hier ergänzend noch die Berechnung der Querverbände an, wie sie Krohn a. a. O. vorschlägt.

Aus der maximalen Querkraft

Gl. 15)
$$Q_{max} = P_k \cdot \frac{\pi f}{l}$$

des knickenden Stabes erhält man mit dem in Anm. 3, S. 79 angegebenen Werte $f = \beta \cdot \dfrac{l}{i} \cdot \dfrac{W}{P_k}$

Gl. 16)
$$Q_{max} = \frac{\pi \beta W}{i}$$

und mit $\beta = 0{,}0114$ für Flußeisen

Gl. 17)
$$Q_{max} = 0{,}0358 \, \frac{W}{i}.$$

Mit $W \simeq F_g \cdot h$ und $i \simeq \dfrac{h}{2}$ folgt hieraus

Gl. 18)
$$Q_{max} = 0{,}0358 \cdot 2 \cdot F_g = \frac{F_g}{14},$$

wobei F_g in cm² einzuführen ist, wenn man Q_{max} in Tonnen erhalten will. Bei Gitterstäben sind die Diagonalen für diese Querkraft mit

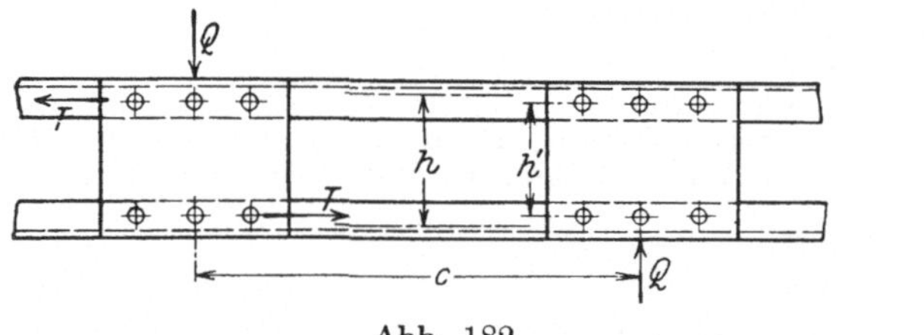

Abb. 182.
Abb. 183. 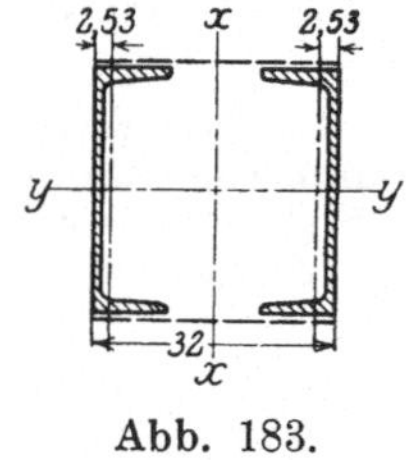

einfacher Bruch- bzw. Knicksicherheit auszubilden. Dabei wird man gut tun, von der Abnahme der Querkräfte gegen die Stabmitte hin abzusehen und alle Diagonalen gleich kräftig zu bemessen.

Die in den Bindeblechen von Rahmenstäben auftretenden Schubkräfte T folgen aus Abb. 182 mit

Gl. 19)
$$T = Q \cdot \frac{c}{h} = \frac{F_g \cdot c}{14 h}$$

und ihr Moment mit

Gl. 20)
$$M_b = T \cdot \frac{h'}{2} = \frac{F_g \cdot c h'}{28 h}.$$

wo h' der Nietabstand ist.

T und M_b dürfen das Bindeblech und seine Nieten nur bis zur Bruchgrenze bringen, wenn nicht die Zerstörung des Stabes durch Nachgeben der Querverbände vor seinem Ausknicken eintreten soll.

Ist der Stab an seinen Enden mit Flächen gelagert, so erhält man statt aus Gl. 18) die größte Querkraft aus

$$\text{Gl. 21)} \qquad Q_{max} \simeq \frac{F_g}{20}$$

und bei vollkommener Einspannung seiner Enden aus

$$\text{Gl. 22)} \qquad Q_{max} \simeq \frac{F_g}{28}.$$

In diesen Gleichungen ist wieder der Gurtquerschnitt in cm² einzuführen, wenn man die Querkraft in Tonnen erhalten will.

Zahlenbeispiel. Für eine Gebrauchslast von 65 t soll bei vierfacher Sicherheit ein gegliederter Druckstab von 650 cm Länge nach der Krohnschen Formel berechnet werden; seine Querverbindungen sollen entweder durch Bindebleche oder durch Vergitterungsdiagonalen bewirkt werden, deren Festigkeit zu 4 t/cm² anzunehmen ist.

Die Gurtungen des Stabes mögen von ⌐-Eisen gebildet werden. Wir wählen einen Querschnitt aus 2⌐-Eisen N. P. 280/10; 95/15 nach Abb. 183. Für diesen Querschnitt wird in bezug auf die Achse $y - y: J_y = 2 \cdot 6276 = 12\,552$ cm⁴; $F_g = 53,3$ cm²

$$i_y = \sqrt{\frac{12\,552}{2 \cdot 53,3}} = 10,85 \text{ cm} \quad \text{und} \quad l : i_y = 650 : 10,85 = 59,9.$$

Für das Knicken bezügl. der Achse $y - y$ ist die Tetmajersche Formel gültig, welche $\sigma_k = 3,1 - 0,0114 \cdot 59,9 = 2,417$ t/cm² und $P_k = 2,417 \cdot 106,6 = 258$ t ergibt. Hiernach erreicht die Sicherheit für diese Achse mit $v = 258 : 65 = 3,97$ sehr nahe den verlangten Wert 4.

Da für $h = 21$ cm J_x und J_y gleich werden, J_x aber größer zu wählen ist wie J_y, wenn die Sicherheit für beide Achsen gleich groß werden soll, so nehmen wir an $h = 26,94$ cm, wobei sich der Abstand zwischen den Außenkanten der Gurtungen zu 32 cm ergibt.

Die auf den stärker beanspruchten Gurt entfallende Kraft wird dann nach Gl. 8)

$$P_1 = P \cdot \frac{68\,h}{136\,h - l} = P \cdot \frac{68 \cdot 26,94}{136 \cdot 26,94 - 650}$$

oder $P_1 = 0,598 \cdot P = 38,9$ t.

Aus diesem Lastanteil ergibt sich die freie Länge c der Gurtstäbe zwischen den innersten Nieten benachbarter Querverbindungen nach der Tetmajerschen Formel wie folgt:

$$J_g = 450 \text{ cm}^4; \quad F_g = 53,3 \text{ cm}^2; \quad i_g = \sqrt{\frac{450}{53,3}} = 2,9 \text{ cm}.$$

Hiernach ist bei vierfacher Sicherheit die Länge c' durch

$$\sigma_k = \frac{4\,P_1}{F_g} = 3,1 - 0,0114 \cdot \frac{c'}{i_g}$$

bestimmt, woraus

$$c' = \left(3,1 - \frac{4\,P_1}{F_g}\right) \cdot \frac{i_g}{0,0114} = \left(3,1 - \frac{4 \cdot 38,9}{53,3}\right) \cdot \frac{2,9}{0,0114} = 46,8 \text{ cm}$$

folgt.

Dieser Länge entspricht bei Bindeblechen die in Abb. 184 gezeichnete Austeilung der Querversteifungen, bei welcher die Endbleche mit Rücksicht auf die dort größte Querkraft an jedem Knotenpunkt mit je drei Nieten, die übrigen mit je zwei Nieten angeschlossen sind.

Für die maximale Querkraft erhält man nach Gl. 18)

$$Q_{max} = \frac{F_g}{14} = \frac{53,3}{14} = 3,81 \text{ t};$$

sie erzeugt in den Nieten der Bindebleche die Schubkraft

$$T = Q_{max} \cdot \frac{c}{h} = 3,81 \cdot \frac{55,8}{26,94} = 7,9 \text{ t}$$

und das Biegungsmoment nach Gl. 20)

$$M_b = \frac{F_g\, c\, h'}{28 \cdot h} = \frac{53,3 \cdot 55,8 \cdot 22}{28 \cdot 26,94} = 87 \text{ tcm.}$$

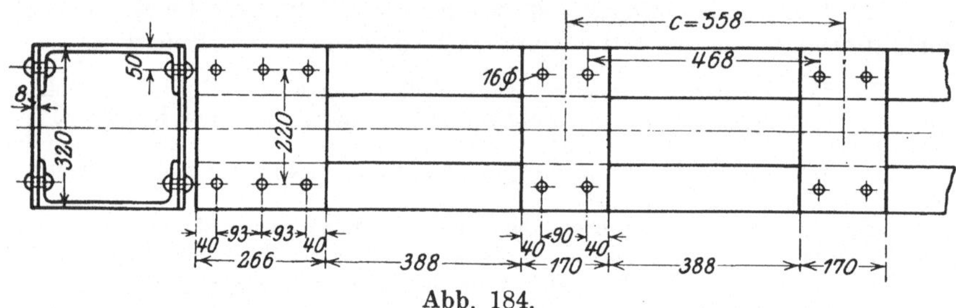

Abb. 184.

Da an jedem Knotenpunkt zwei Bindebleche vorhanden sind, so hat jedes Blech die halbe Schubkraft $\tfrac{1}{2}T = 4\,\text{t}$ und das halbe Moment $\tfrac{1}{2}M = 43,5\,\text{tcm}$ zu übertragen.

Das Widerstandsmoment eines Bindebleches ist mit Berücksichtigung seiner Nietschwächung:

$$W_b = \left(\frac{17^3 \cdot 0,8}{12} - \frac{1,6 \cdot 0,8 \cdot 9^2}{4} \right) : 8,5 = 35,4 \text{ cm}^3,$$

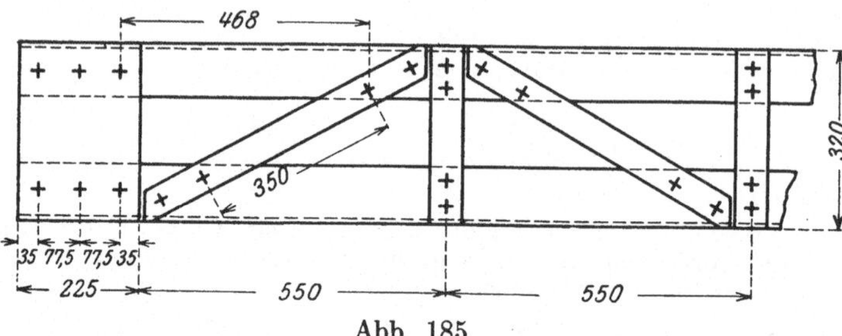

Abb. 185.

sein nutzbarer Querschnitt

$$F_b = (17 - 2 \cdot 1,6) \cdot 0,8 = 11 \text{ cm}^2.$$

Hiernach wird die größte Randspannung aus dem Biegungsmoment für ein Bindeblech $\sigma = 43,5 : 35,4 = 1,26\,\text{t/cm}^2$ und die Schubspannung etwa $\tau = 4 : 11 = 0,36\,\text{t/cm}^2$. Die Beanspruchung der Bindebleche ist demnach sehr nieder.

Für 2 Anschlußnieten von je 1,6 cm Durchmesser an einem Bindeblech wird das Widerstandsmoment der beiden Nietquerschnitte

$$W_N = \frac{\pi \cdot 1,6^2}{4} \cdot 9 = 18,1 \text{ cm}^3$$

und ihre Scherfläche

$$F_N = 2 \cdot \frac{\pi \cdot 1{,}6^2}{4} = 4{,}02 \text{ cm}^2.$$

Hieraus ergeben sich die Scherspannungen

$$\tau_1 = \frac{4}{4{,}02} = 1{,}0 \text{ t/cm}^2$$

und

$$\tau_2 = \frac{43{,}5}{18{,}1} = 2{,}4 \text{ t/cm}^2,$$

mithin die resultierende Scherspannung der Nieten

$$\tau = \sqrt{1{,}0^2 + 2{,}4^2} = 2{,}6 \text{ t/cm}^2.$$

Da diese Spannung in den Nieten erst an der Knickgrenze des Stabes erreicht wird, ist der Anschluß reichlich.

Die mit 3 Nieten angeschlossenen Endbleche sind natürlich noch niedriger beansprucht.

Führt man an Stelle der Bindebleche eine Diagonalvergitterung aus, so kann deren Austeilung etwa nach Abb. 185 erfolgen.

Da die Vergitterung in zwei Ebenen angeordnet ist, wird die auf eine Diagonale entfallende Kraft

$$D = \frac{Q_{max}}{2} \cdot \frac{\sqrt{55^2 + 32^2}}{32} = 3{,}78 \text{ t}$$

für die Belastung der Knickgrenze.

Für eine Zugfestigkeit von 4 t/cm² wird der erforderliche Querschnitt $F_{erf.} = 3{,}78 : 4{,}0 = 0{,}95$ cm².

Wählt man für die Diagonalen Flacheisen von 60/8 mm Querschnitt, so wird bei 16 mm starken Nieten für ihren Anschluß $F = (6{,}0 - 1{,}6)\,0{,}8 = 3{,}52$ cm², also für Zug reichlich.

$$J = \frac{6 \cdot 0{,}8^3}{12} = 0{,}256 \text{ cm}^4; \quad i_d = \sqrt{\frac{0{,}256}{4{,}80}} = 0{,}21 \text{ cm} \quad \text{und} \quad l_d : i_d = 35 : 0{,}21$$

$= 167$, wonach die Diagonalen nach der Eulerschen Formel auf Knicken zu berechnen sind. Ihre Knickkraft wird

$$P_D = \frac{\pi^2 \cdot 2150 \cdot 0{,}256}{35^2} \simeq 4{,}5 \text{ t}.$$

Der gewählte Querschnitt der Diagonalen ist daher genügend, da ihre größte Stabkraft ihre Knickgrenze nicht erreicht, wenn der Gitterstab seine Knickbelastung trägt.

Für den Anschluß mit 2 Nieten von 16 mm Durchmesser wird die Schubspannung

$$\tau = D : \left(2 \cdot \frac{\pi \cdot 1{,}6^2}{4}\right) = 0{,}93 \text{ t/cm}^2$$

und der Leibungsdruck

$$\sigma = D : (2 \cdot 1{,}6 \cdot 0{,}8) = 1{,}48 \text{ t/cm}^2.$$

Der Anschluß der Diagonalen ist daher ebenfalls genügend.

§ 56. Zusammenstellung der Gebrauchsformeln für Gliederstäbe.

1. Fachwerkstäbe mit einfachem Diagonalenzug.

Bezeichnungen.

F_g = Querschnitt einer Gurtung,

J_g = Trägheitsmoment einer Gurtung,

$J = \dfrac{F_g h^2}{2} + 2 J_g$ = Trägheitsmoment des Ersatzstabes,

$J \simeq \dfrac{F_g h^2}{2}$ = Trägheitsmoment des Ersatzstabes für weit gespreizte Gurtungen, bei denen $2 J_g$ klein ist gegen $F_g \dfrac{h^2}{2}$,

i_g = Trägheitsradius eines Gurtstabes,

c = Projektion der Länge d der Diagonalen auf ·die Gurtachse (Feldweite),

$\lambda_g = \dfrac{2\,c}{i_g}$ = Schlankheit eines Gurtstabes,

$i = \sqrt{J : 2\,F_g}$ = Trägheitsradius des Ersatzstabes,

$\lambda = l : i$ = Schlankheit des Ersatzstabes,

$n = l : c$ = Feldzahl,

F_d = Querschnitt aller in einem Feld vorhandenen Diagonalen,

k_g = Druckfestigkeit der Gurtungen,

δ = Neigungswinkel der Diagonalen gegen die Stabachse.

a) Abschätzung nach Krohn.

Knickkraft bei weitgespreizten Gurtungen:

$$P_k = \frac{136\,h - l}{68\,h} \cdot (3{,}1 - 0{,}0114 \cdot \lambda_g) \cdot F_g \text{ für Flußeisen mit } k_g < 4{,}5 \text{ t/cm}^2,$$

$$P_k = \frac{138{,}5\,h - l}{69{,}25\,h} \cdot (3{,}21 - 0{,}0116 \cdot \lambda_g) \cdot F_g \text{ für } \quad \text{"} \quad \text{"} \quad k_g > 4{,}5 \text{ t/cm}^2,$$

Knickkraft bei engestehenden Gurtungen:

$$P_k = \frac{272\,i - l}{236\,i} \cdot (3{,}1 - 0{,}0114 \cdot \lambda_g) \cdot F_g \text{ für Flußeisen mit } k_g < 4{,}5 \text{ t/cm}^2,$$

$$P_k = \frac{277\,i - l}{138{,}5\,i} \cdot (3{,}21 - 0{,}0116 \cdot \lambda_g) \cdot F_g \text{ für } \quad \text{"} \quad \text{"} \quad k_g > 4{,}5 \text{ t/cm}^2.$$

Diese Formeln sind nur anwendbar, wenn die danach berechnete Knickspannung $\sigma_k > \sigma_p$ ist (vgl. Anmerkung 1, S. 370).

Maximale Querkraft für den ganzen Stab bei Spitzenlagerung $Q_{max} = \dfrac{F_g}{14}$ an der Knickgrenze.

b) Abschätzung mit Hilfe der Wirkungsgrade nach Engesser.
Knickkraft innerhalb der Proportionalitätsgrenze: $P_k = \eta_1 \cdot \dfrac{\pi^2 E}{\lambda_g^2} \cdot 2 F_g$
für $\sigma_k < \sigma_p$, wobei

$$\eta_1 = 1 - 0{,}00368 \cdot \lambda_g \text{ für Flußeisen mit } k_g < 4{,}5 \text{ t/cm}^2,$$
$$\eta_1 = 1 - 0{,}00361 \cdot \lambda_g \text{ „ „ „ } k_g > 4{,}5 \text{ t/cm}^2.$$

Knickkraft außerhalb der Proportionalitätsgrenze:

$$P_k = \eta_1 \cdot \eta_2 \cdot \alpha \cdot 2 F_g$$

$$\left. \begin{array}{l} \eta_1 = 1 - 0{,}00368 \cdot \lambda \text{ für Fußeisen} \\ \eta_2 = 1 - 0{,}00368 \cdot \lambda_g \text{ „ „} \\ \alpha\ = 3{,}1 \text{ t/cm}^2 \text{ „ „} \end{array} \right\} \text{ mit } k_g < 4{,}5 \text{ t/cm}^2,$$

$$\left. \begin{array}{l} \eta_1 = 1 - 0{,}00361 \cdot \lambda \text{ für Flußeisen} \\ \eta_2 = 1 - 0{,}00361 \cdot \lambda_g \text{ „ „} \\ \alpha\ = 3{,}21 \text{ t/cm}^2 \text{ „ „} \end{array} \right\} \text{ mit } k_g > 4{,}5 \text{ t/cm}^2.$$

Maximale Querkraft für den ganzen Stab $Q_{max} = \dfrac{F_g}{14}$ an der Knickgrenze.

c) Berechnung nach Engesser. Knickkraft innerhalb der Proportionalitätsgrenze

$$P_k = \frac{\pi^2 E J}{l^2} : \left[1 + \frac{\pi^2}{2} \cdot \frac{F_g\, d^3}{F_d\, l^2\, c} \right] + \frac{2\,\pi^2 E J_g}{l^2}.$$

Knickkraft außerhalb der Proportionalitätsgrenze

$$P_k = 2 F_g \cdot \left[3{,}1 - \frac{0{,}0114 \cdot \lambda}{\sqrt{1 - \dfrac{2 \cdot (3{,}1 - 0{,}0114\,\lambda)}{E} \cdot \dfrac{F_g}{F_d} \cdot \dfrac{d^3}{h^2\, c}}} \right].$$

Maximale Querkraft für den ganzen Stab

$$Q_{max} = \frac{\pi F_g \cdot h}{l} \cdot [k_g - \sigma_k]$$

an der Bruchgrenze, worin k_g die Druckfestigkeit der Gurtungen ist.

d) Berechnung nach Müller-Breslau. Knickkraft innerhalb der Proportionalitätsgrenze

$$P_k = \varkappa \cdot \varkappa' \cdot \frac{\pi^2 E J}{l^2},$$

worin

$$\varkappa = 1 : \left[1 + \frac{F_g \cdot d}{F_d \cdot c} \cdot \sec^2 \delta \cdot \left(1 - \cos \frac{\pi}{u} \right) \right],$$

oder näherungsweise

$$\varkappa = n^2 : \left[n^2 + 5 \, \frac{F_g}{F_d} \cdot \frac{d}{c} \cdot \sec^2 \delta \right]$$

und

$$\varkappa' = 2 \cdot \left(\frac{n}{\pi} \right)^2 \cdot \left(1 - \cos \frac{\pi}{n} \right) \simeq 1 \, ;$$

Tabelle der Werte $\varkappa'$ s. S. 290.

2. Fachwerkstäbe mit Diagonalen und Pfosten.

Außer den unter 1. angeführten Bezeichnungen bedeuten hier F_p die Summe der Querschnitte aller Pfosten an einem Knotenpunkt und $\lambda_g = \dfrac{c}{i_g}$ die Schlankheit der Gurtungen für die Feldweite.

a) Abschätzung nach Krohn.   Wie unter 1a) mit $\lambda_g = \dfrac{c}{i_g}$.

b) Abschätzung mit Hilfe der Wirkungsgrade.   Wie unter 1b) mit $\lambda_g = \dfrac{c}{i_g}$.

c) Berechnung nach Engesser.   Knickkraft innerhalb der Proportionalitätsgrenze

$$P_k = \frac{\pi^2 \, E J}{l^2} : \left[1 + \frac{\pi^2}{2} \cdot \frac{F_g}{l^2 \, c} \cdot \left(\frac{d^3}{F_d} + \frac{h^3}{F_p} \right) \right] + \frac{2 \, \pi^2 \, E J_g}{l^2} .$$

Knickkraft außerhalb der Proportionalitätsgrenze

$$P_k = 2 \, F_g \cdot \left[3,1 - \frac{0,0114 \, \lambda}{\sqrt{1 - \dfrac{2 \cdot (3,1 - 0,0114 \, \lambda)}{E} \cdot \dfrac{F_g}{h^2 \, c} \cdot \left(\dfrac{d^3}{F_d} + \dfrac{h^3}{F_p} \right)}} \right] .$$

Maximale Querkraft für den ganzen Stab

$$Q_{max} = \frac{\pi \, F_g \cdot h}{l} \cdot [k_g - \sigma_k]$$

an der Bruchgrenze, worin k_g die Druckfestigkeit der Gurtungen ist.

d) Berechnung nach Müller-Breslau.   Wie unter 1d).

3. Rahmenstäbe.

Außer den unter 1. angeführten Bezeichnungen bedeuten hier

F_p die Summe der Querschnittsflächen aller Bindebleche an einem Knotenpunkt.

J_p Die Summe der Trägheitsmomente aller Bindebleche an einem Knotenpunkt für die zur Stabachse parallele Querachse ihres Querschnitts,

ζ_g, ζ_p Koeffizienten für die Schubdeformation der Gurtungen und Bindebleche ($\zeta_g \cong 2,0 \div 2,5$; $\zeta_p = 1,2$ für rechteckige Querschnitte,

$h' < h$ die Entfernung der Nietreihen eines Bindeblechs,

b die Breite eines Bindeblechs,

$c' < c$ die Entfernung der innersten Nieten zweier benachbarter Bindebleche,

$\lambda_g = \dfrac{c'}{i_g}$ die Schlankheit der Gurtungen für die Feldweite.

a) Abschätzung nach Krohn.

Knickkraft und maximale Querkraft für den ganzen Stab wie unter 1 a) mit

$$\lambda_g = \frac{c'}{i_g}.$$

Scherkraft in den Bindeblechen:

$$T = \frac{F_g \cdot c}{14\,h}.$$

Moment in den Bindeblechen:

$$M_b = \frac{F_g \cdot c \cdot h'}{28 \cdot h}.$$

T und M_b müssen von allen Bindeblechen eines Knotenpunktes mit mindestens einfacher Bruchsicherheit übertragen werden können.

b) Abschätzung mit Hilfe der Wirkungsgrade.

Knickkraft wie unter 1 b) mit $\lambda_g = \dfrac{c'}{i_g}$.

Querkraft und Beanspruchung der Bindebleche wie unter 3 a).

c) Berechnung nach Engesser.

Knickkraft innerhalb der Proportionalitätsgrenze

$$P_k = \frac{\pi^2\,EJ}{l} : \left[1 + \frac{\pi^2 J}{l^2}\left(\frac{c^2}{2\,\pi^2 J_g} + \frac{c\,h}{\pi^2 J_p} + \frac{\zeta_g}{0,8\,F_g} + \frac{c \cdot \zeta_p}{0,4\,h\,F_p} \right) \right] + \psi \cdot \frac{\pi^2\,E J_g}{l^2},$$

worin

$$\psi \cong \frac{2\,J_g}{J_g + \dfrac{c}{h} \cdot J_v}$$

ist.

Knickkraft außerhalb der Proportionalitätsgrenze

$$P_k = 2\,F_g \cdot \left[3{,}1 - 0{,}0114 \cdot \frac{l_0}{i} \right]$$

worin l_0 aus

$$l_0{}^2 = l^2 + \frac{J}{J_g} \cdot \frac{c^2}{2} + \frac{J}{J_p} \cdot c\,h + \frac{\pi^2 \zeta_g \cdot J}{0{,}8\,F_g} + \frac{\pi^2 c\,\zeta_p \cdot J}{0{,}4\,h\,F_p}$$

zu berechnen ist; näherungsweise kann man auch schätzen

$$P_k = \mu \cdot 2\,F_g \cdot \left[3{,}1 - 0{,}0114 \cdot \frac{l_0}{i} \right],$$

worin l_0 aus

$$l_0{}^2 = l^2 + \frac{J}{J_g} \cdot \frac{c^2}{2} + \frac{J}{J_p} \cdot c\,h$$

zu berechnen ist und μ zwischen 0,90 und 0,95 geschätzt werden kann.

Maximale Querkraft für den ganzen Stab an der Bruchgrenze

$$Q_{max} = \frac{\pi\,F_g\,h}{l} \cdot [k_g - \sigma_k].$$

Scherkraft in den Bindeblechen:

$$T = Q_{max} \cdot \frac{c}{h}.$$

Moment in den Bindeblechen:

$$M_b \cong Q_{max} \cdot \frac{c}{2}.$$

T und M_b müssen von allen Bindeblechen eines Knotenpunktes mit mindestens einfacher Bruchsicherheit übertragen werden können.

d) Berechnung nach Müller-Breslau.

Knickkraft innerhalb der Proportionalitätsgrenze

$$P_k = \pi^2 E \cdot \psi \cdot \left[\frac{F_g\,h^2}{2} + 2\,\psi\,J_g \right] \cdot \mu \cdot \frac{1}{1 + 1{,}25\,\varepsilon},$$

worin

$$\psi = 1 - \frac{P_k \cdot c^2}{24\,E\,J_g}$$

ist und

$$\mu = \left[\frac{2\,n}{\pi} \cdot \mathrm{tg}\,\frac{\pi}{2\,n} \right]^2$$

für die Feldzahlen $2 \leqq n \leqq 9$ aus Tabelle 31 zu entnehmen ist;

$$\varepsilon = \frac{4\,F_g\,h}{n^2\,F_p\,c} \cdot \left[3 + \frac{h\,h'}{b^2} \right]$$

eine Zahl, welche der Nachgiebigkeit der Bindebleche Rechnung trägt; für sehr steife Bindebleche ist $\varepsilon = 0$.

Näherungswert der Knickkraft innerhalb der Proportionalitätsgrenze:

$$P_k = \frac{\pi^2\,EJ}{l^2} \cdot \frac{\mu}{1+1,25\,\varepsilon} : \left[1 + 0,411\,\mu \cdot \frac{J + 2\,J_g}{6\,J_g}\right].$$

Knickkraft außerhalb der Proportionalitätsgrenze:

$$P_k = \frac{3,1 - 0,0114\,\lambda}{1 + \dfrac{c^2}{24\,E\,J_g} \cdot (3,1 - 0,0114\,\lambda) \cdot 2\,F_g} \cdot 2\,F_g.$$

4. Überschlagsformel von Müller-Breslau für Gitter- und Rahmenstäbe beliebiger Bauart.

$$P_k = \frac{200\,h}{100\,h + l} \cdot (3,1 - 0,0114 \cdot \lambda_g) \cdot F_g.$$

§ 57. Der Entwurf und die Herstellung gegliederter Druckstäbe.

Wenngleich nach dem jetzigen Stande der Theorie das Verhalten gegliederter Druckstäbe einer rechnerischen Behandlung zugänglich ist, so ist doch die Genauigkeit, mit der die Statik diesen Gebilden gerecht wird, nicht so groß als es sonst bei statischen Ermittlungen gemeinhin der Fall ist. Es ist daher angezeigt, bereits bei der Konstruktion solcher Stäbe hierauf Bedacht zu nehmen.

Alle Maßnahmen, durch welche die Grundlagen, auf denen die Berechnung eines Stabes sich aufbaut, so rein wie möglich verwirklicht werden, führen dazu, daß der Stab in seinem Verhalten nicht stark von den Ergebnissen der Rechnung abweicht.

Bei der Wahl des Materials wird man daher tunlich darauf zu halten haben, daß die einzelnen Bestandteile des Stabes in ihren elastischen Eigenschaften sich so ähnlich wie möglich sind, was im allgemeinen, wenn das Material einer Hütte entstammt, eher zutrifft, als wenn Baustoffe von verschiedener Herkunft und Entstehung zur Verarbeitung gelangen. Ist der Elastizitätsmodul nicht aus Versuchen bekannt, so tut man gut, für Flußeisen mit $E \cong 2000$ t/cm² zu rechnen.

Die Stabenden werden zweckmäßig sowohl bei Gitter- wie bei Rahmenstäben durch Bindebleche miteinander verbunden, deren Länge etwa gleich einer Feldweite zu bemessen ist.

Wird der Stab durch Diagonalen ausgesteift, so ist dafür Sorge zu tragen, daß möglichst kleine Nebenmomente an den Knotenpunkten entstehen. Man erreicht dies dadurch, daß man die Stäbe so anordnet, daß sich ihre Schwerlinien in den Knotenpunkten schneiden. Auch ist bei Vergitterungen in mehreren Ebenen darauf

zu achten, daß die in einem Felde liegenden Diagonalen entweder
alle fallen oder alle steigen; andernfalls bewirken die Diagonalen-
kräfte eine Verdrehung der Gurtungen, welche eine rechnerisch kaum
verfolgbare Herabsetzung der Knickgrenze nach sich zieht.

Eine Queraussteifung durch Bindebleche verlangt, daß die Bleche
so angeschlossen werden, daß sie angemessene Biegungsmomente
übertragen können. Auch sollten bei Rahmenstäben Bindebleche an
den Stabenden grundsätzlich nie fehlen.

Um die Bindebleche zur Übertragung von Momenten geeignet
zu machen, ist es erforderlich, jedes Blech an jedem Knotenpunkt
mit wenigstens zwei Nieten an die Gurtungen anzuschließen. Anschlüsse mit nur einem Niet, wie sie gelegentlich bei leichten Stäben
ausgeführt sind, müssen unter allen Umständen vermieden werden.
Solche „Bindebleche" vermögen nur Biegungsmomente zu übertragen,
welche kleiner sind als das Moment der von der Haftung der Nieten
abhängigen Reibungskräfte. Eine solche Konstruktion kann unter
Umständen längere Zeit hindurch ihren Dienst scheinbar einwandfrei versehen, später aber infolge geringfügiger Veranlassung versagen.

Ein Beispiel für eine derartige mangelhafte Ausführung bilden
die Stützen der eingestürzten Wiener Trambahnremise[1]), welche bei
4 m Länge aus zwei $\sqcap$-Eisen NP. 12 mit einem lichten Abstand
von 5,48 cm zwischen den einander zugekehrten Stegen der Profile
gebaut waren. Diese Stäbe waren als fälschlich sog. „Rahmenstäbe"
durchgebildet und ihre Bindebleche mit je einem (noch dazu ge-
stanzten!) Niet angeschlossen. Der Abstand der Bindebleche betrug
100 cm.

Nach der Berechnung hatte der Stab eine Nutzlast von 17 t
zu tragen, der er indessen nicht gewachsen war. Wäre gar kein
Querverband angeordnet worden, so wäre die Tragkraft dieses Stabes
gleich der der beiden einzelnen Gurtungen, also mit $J_g = 43,2\ \text{cm}^4$

$$P_k = \frac{\pi^2 \cdot 2150 \cdot 43,2}{(400)^2} = 11,44\ \text{t}$$

bei Spitzenlagerung und

$$P_k = \frac{\pi^2 \cdot 2150 \cdot 43,2}{(0,71 \cdot 400)^2} = 22,88\ \text{t}$$

bei Flächenlagerung der Stabenden gewesen.

Man erkennt somit, da der Stab bereits unter seiner Nutzlast
versagte, daß die Querverbindungen, wie dies bei ihrem schlechten
Anschluß ja auch nur natürlich ist, nahezu völlig wirkungslos waren.

Liegt die Vergitterung eines Gliederstabes in einer einzigen
Ebene, so ist diese natürlich die Symmetrieebene des Stabes. Bei
leichten Stäben, bei denen ohnehin die Querverbände aus praktischen
Gründen gewöhnlich schon stärker werden, als sie rechnungsmäßig

---

[1]) Beton und Eisen, 1912, S. 34.

sein müßten, empfiehlt sich die einwandige Vergitterung wegen ihrer Wirtschaftlichkeit.

Je breiter die Gurtungen entwickelt werden, um so mehr macht sich die Notwendigkeit geltend, Vergitterungen in zwei oder mehr Ebenen anzuordnen. Mit der Ausdehnung der Gurtquerschnitte nimmt die Gefahr zu, daß Teile dieser Querschnitte, z. B. Stehbleche oder Flanschen für sich einzeln an die Knickgrenze gelangen. Durch Anordnung der Vergitterung in mehreren Ebenen kann aber diese Gefahr einigermaßen hintangehalten werden.

So zeigt Abb. 186 den Querschnitt eines Untergurtstabes der Beaverbrücke mit Vergitterungen in der Flanschebene durch gekreuzte Flacheisendiagonalen und mit Winkeleisen in der mittleren Vergitterungsebene, wodurch zu gleicher Zeit die Flanschen und die Stehbleche gegen seitliches Ausknicken gesichert werden.

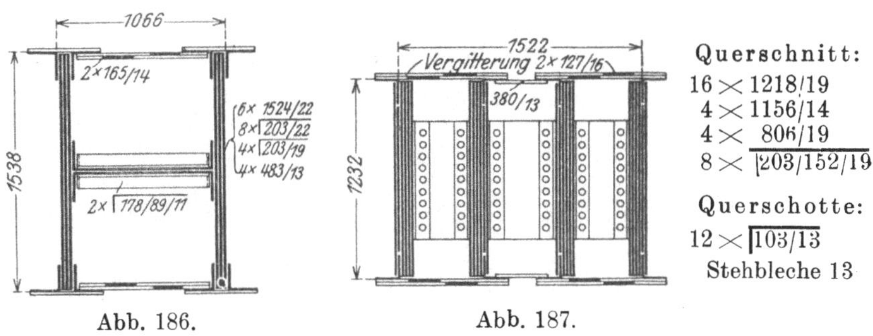

Abb. 186.   Abb. 187.

Ein viergurtiger Druckstab der Blackwell's-Island-Brücke (Abb. 187) besitzt Vergitterungen in den äußeren Flanschebenen durch gekreuzte Flacheisendiagonalen. Die Mittelgurte sind in den Flanschebenen durch Bindebleche versteift und alle Gurtungen in halber Stehblechhöhe durch Querschotte miteinander verbunden.

Ähnlich ist die Ausbildung der viergurtigen Untergurtstäbe für die kürzlich vollendete Quebec-Brücke (Abb. 188). Die Querschotte dieser Stäbe sind geteilt und werden zwischen den äußeren Gurtungen von Längsschotten unterbrochen, welche auf die ganze Stablänge durchlaufen. Zwischen den inneren Gurtungen liegt in halber Stehblechhöhe eine Querversteifung durch Bindebleche.

Die Ausführung von Längsschotten hat sich bei diesen Stäben als sehr vorteilhaft erwiesen. Nach Versuchen, welche im Auftrage des Board of Engineers für den Neubau der Quebec-Brücke ausgeführt wurden, steigerten Längsschotte die Tragfähigkeit der Stäbe bis zu 15 $^0/_0$ über ihren sonstigen Wert.

Querschotte, die immer in Abständen von mehreren Feldweiten voneinander angeordnet wurden, erwiesen sich als unvorteilhaft, wenn sie in den Ebenen lagen, in denen die Vergitterungsdiagonalen sich kreuzten. Bei den Versuchen versagten solche Stäbe in der Regel infolge der an den steifen Querschotten auftretenden, recht erheblichen Nebenspannungen. Hingegen sprechen die Versuche dafür, daß die Anordnung von Querschotten an den Endpunkten der Vergitterungsdiagonalen günstig wirkt.

Wie die Theorien von Engesser und Müller-Breslau zeigen, ist eine steife Querverbindung von günstigem Einfluß auf die Knickgrenze. Jedoch ist es oft unwirtschaftlich, die Knickgrenze durch steifere Querverbindungen zu erhöhen; man tut dann gut daran, dieses Ziel entweder durch Vergrößerung der Gurtquerschnitte oder durch weiteres Spreizen ihres Abstandes anzustreben. Weite Feldteilung vermehrt die von den Diagonalen oder Bindeblechen zu übertragenden Kräfte sowie die Knicklängen der Diagonalen und der einzelnen Gurtstäbe, sie vermindert jedoch die Zahl der Diagonalen und führt dadurch zu einer Verringerung der Herstellungs-

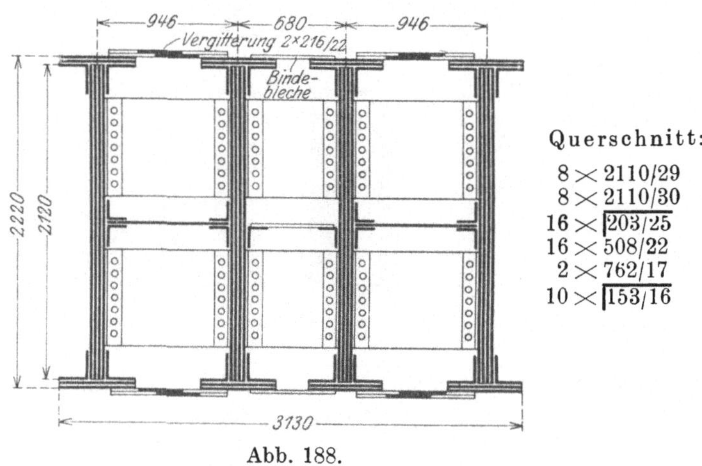

Abb. 188.

kosten. Im allgemeinen empfiehlt es sich, bei Gitterstäben die Feldweite c nur wenig größer zu wählen als den Abstand h der Gurtschwerlinien

Bei gelenkig befestigten Stabenden ist die Querkraft an den Enden am größten, bei vollkommen eingespannten Stäben im ersten und dritten Viertel der Stablänge. Hier sind daher auch die kräftigsten Querverbindungen erforderlich; die übrigen Verbände könnten zwar leichter gehalten werden, doch wird die bei gleichmäßig starker Querverbindung sich ergebende Materialverschwendung durch die einfachere Herstellung teilweise wettgemacht und außerdem die Sicherheit des Stabes erhöht, weshalb es gut ist, alle Querverbindungen gleichmäßig für die größte Querkraft einzurichten.

Da die beim Knicken auftretenden Querkräfte wegen der Unbestimmtheit des Knickpfeiles theoretisch nicht ermittelt werden können und sich lediglich unter ungünstigen Voraussetzungen obere Grenzwerte für sie angeben lassen (vgl. § 53 und 55), so scheint der Versuch das geeignetste Mittel, wenn man für die Dimensionierung der Querverbände sichere Unterlagen schaffen will.

Setzt man nach der Angabe von Krohn

$$Q_{max} = \frac{F_g}{14}$$

für einen Stab mit zwei Gurtungen an, so ist wegen $P_k = \sigma_k \cdot 2\,F_g$ die Querkraft

$$Q_{max} = \frac{P_k}{2\,\sigma_k \cdot 14} = \frac{P_k}{28 \cdot \sigma_k}\,.$$

Nimmt man als niederste Knickspannung etwa $\sigma_k = 1,8\ \text{t/cm}^2$ an (von den in Abschnitt VII angeführten Versuchsstäben, die fast durchweg praktischen Ausführungen nachgebildet waren, hatten nur einige wenige eine etwas geringere Knickspannung), so würde

$$Q_{max} \cong 0,02\,P_k$$

werden.

Die Ableitung der Krohnschen Näherungsformel für die Querkraft ist indessen theoretisch nicht einwandfrei; die in § 53 angegebene Näherungsformel von Engesser

$$Q_{max} = \frac{\pi\,F_g\,h}{l} \cdot [k_g - \sigma_k]$$

beruht auf der denkbar ungünstigsten Voraussetzung und liefert immer sehr reichliche Querverbände.

Für den Neuentwurf der Quebec-Brücke waren folgende Vorschriften für die Bemessung des Querverbandes der gegliederten Druckstäbe maßgebend:

1. Die Druckstäbe sind bei Ausführung in Flußeisen für eine zulässige Spannung von 0,98 t/cm² zu dimensionieren, gleichviel welche Schlankheit sie besitzen. Die nach diesen Vorschriften berechneten Stäbe hatten somit nach den in § 63 und 64 mitgeteilten Versuchsergebnissen durchweg eine Knicksicherheit, die etwa 2- oder mehrfach war. Für Nickelstahl war die zulässige Spannung zu 1,37 t/cm² festgesetzt.

2. Der Querverband ist für $2\,^0/_0$ der Gebrauchslast als Querkraft zu berechnen. Die ihm zugemutete Belastung war somit etwa $1\,^0/_0$ der Knicklast.

3. Für die $2\,^0/_0$ der Gebrauchslast betragende Querkraft, welche längs des ganzen Stabes als unveränderlich anzusehen ist, sollen in den Diagonalen Normalspannungen entstehen, die bei einem einfachen Diagonalenzug aus Flacheisen höchtens den Wert

$$\sigma_D = 0,6 - 0,0044\,\frac{d}{t}\ (\text{t/cm}^2)$$

erreichen dürfen, wenn d die Länge einer Diagonale zwischen den innersten Anschlußnieten und t ihre Dicke ist. Für gekreuzte Diagonalen, die am Kreuzungspunkt vernietet sind, darf die zulässige Beanspruchung auf $^4/_3$ des zuvor angegebenen Wertes σ_D erhöht werden.

Diese niederen Beanspruchungen der Vergitterungen wurden festgesetzt mit Rücksicht auf ihre exzentrische Anordnung. (Vgl. § 63 und 64.)

Die nach diesen Grundsätzen ausgeführten Querverbindungen sind offenbar im Vergleich zu der Forderung von Krohn nicht eben sehr reichlich; es hat sich jedoch für alle so gebauten Stäbe bei keinem Versuche ein Versagen der Querverbände vor der Erreichung der Knickgrenze ergeben, so daß anzunehmen ist, daß die oben gegebenen Anhaltspunkte für die Berechnung der Querverbände nicht nur eine hinreichende, sondern meist sogar eine überschüssige Sicherheit erzielen lassen.

Versuche an gegliederten Druckstäben.

Die Zahl der bisher an gegliederten Druckstäben durchgeführten Versuche ist wohl heute noch zu klein, als daß endgültige Schlußfolgerungen aus ihnen schon gezogen werden könnten. Immerhin gewinnen indessen die im Abschnitt VI mitgeteilten Theorieen sowie die Näherungsformeln in den Ergebnissen der Versuche eine gute Stütze.

Man wird nicht verlangen dürfen, daß die Übereinstimmung von Versuch und Theorie bei einem so verwickelten Problem und noch so geringer experimenteller Erfahrung schon sehr vollkommen ist. Kommen doch gelegentlich selbst bei Versuchen an mehreren unter sich gleichen Stäben oft recht erhebliche Abweichungen vor. So ergaben z. B. die drei unter § 61 B mitgeteilten Versuche an gleichen Rahmenstäben Knicklasten von rund

$$102 \text{ t, } 88 \text{ t und } 103 \text{ t,}$$

ohne daß für die beträchtlich kleinere Tragkraft des einen dieser Stäbe eine Ursache sich hätte feststellen lassen.

Wir geben in der Folge eine Übersicht über die bisher gewonnene Versuchserfahrung und beschränken diese nicht allein auf die Mitteilung der Stababmessungen, ihrer Bauweise und der Knicklasten, sondern wir werden, soweit hierüber Beobachtungen vorliegen, auch das elastische Verhalten dieser Stäbe beschreiben. Gerade die Messungen der eingetretenen Formänderungen dürfen ja ein weitgehendes Interesse beanspruchen, da sie, auch wenn quantitative Rückschlüsse daraus noch nicht hergeleitet werden können, doch in weitem Umfange eine Bestätigung für eine Reihe von in Abschnitt VI theoretisch begründeten Tatsachen liefern. Insbesondere zeigen aber solche Messungen, wie auch bei gut angeordneten Querverbänden die Spannungsverteilung in den Gurtquerschnitten, ohne daß die Belastung exzentrisch wirkt, mit zunehmender Steigerung der Druckkraft an Gleichförmigkeit verliert, ehe noch die Knickgrenze erreicht wird. Sie zeigen ferner den Einfluß von Nebenspannungen auf das Verhalten der Stäbe und ihrer Querverbindungen.

Bei allen Versuchen haben wir auch die theoretisch ermittelten Knicklasten vermerkt. Hierbei konnte und durfte es nicht in unserer

Absicht liegen, alle für Gliederstäbe mitgeteilten Rechnungsmethoden auf jeden einzelnen Fall anzuwenden. Dies erschien schon deswegen nicht angezeigt, weil nur sehr wenige der bisher veröffentlichten Versuche unmittelbar zum Zwecke der Prüfung der Theorie angestellt wurden. Bei den meisten Stäben war die Veranlassung für den Versuch das unmittelbar praktische Bedürfnis, die Knicklast eines bei einem Bauwerk zu verwendenden Stabes experimentell zu bestimmen. Dies hatte zur Folge, daß ein Teil der untersuchten Stäbe in seiner Konstruktion ganz erheblich von den Arten von Gliederstäben abwich, welche zuvor theoretisch behandelt wurden, so daß die Ergebnisse unserer Untersuchung hier nur angenähert anwendbar sind.

In allen Fällen aber glaubten wir die Versuchsergebnisse mit den Ergebnissen des in § 55 angegebenen Verfahrens der Wirkungsgrade vergleichen zu sollen, weil dieses Verfahren auf einer nicht weiter zu rechtfertigenden Annahme beruht, die eben nur durch den Vergleich mit den Versuchen ihre Berechtigung finden kann.

Alle mitgeteilten Versuchsstäbe sind fortlaufend numeriert; auf diese Numerierung beziehen wir uns im Text. Zur Erleichterung des Vergleiches unserer Übersicht mit den Originalberichten, soweit diese bisher veröffentlich sind, ist jeweils hinter dieser Numerierung in Klammer auch die Bezeichnung der Stäbe, wie sie der Originalbericht gibt, hinzugefügt.

§ 58. Die Wiener Versuche.

Von den durch F. v. Emperger[1]) veröffentlichten Versuchen geben wir diejenigen wieder, welche an eigentlichen Gliederstäben durchgeführt wurden. Keine Berücksichtigung haben wir solchen Rahmenstäben geschenkt, bei denen die Bindebleche nur mit je einem Niet an jedem Knotenpunkt angeschlossen waren. Wir hatten bereits in § 57 hervorgehoben, daß derartige Konstruktionen zu verwerfen seien, und finden in den an solchen Stäben angestellten Versuchen diese Behauptung bestätigt. Von zwei Stäben, welche sich nur darin unterscheiden, daß der eine Stab einnietig, der andere zweinietig angeschlossene Bindebleche besaß, wurden bezüglich die Knicklasten von 44 und 97 t ertragen.

Die Versuche wurden im Laboratorium der K. K. Technischen Hochschule zu Wien an Stäben von Flußeisen durchgeführt und zerfallen in drei Gruppen.

Gruppe A.

Alle Stäbe dieser Gruppe bestanden aus je zwei im Abstande von 15,8 cm voneinander liegenden Gurtungen ⊢⊣-Eisen Nr. 14

---

[1]) F. v. Emperger, Welchen Querverband bedarf eine Eisensäule? Beton und Eisen 1908, S. 71, 96, 119, 148, 193, 350 und 351.

nach Abb. 189. Die Stabenden sind mit bearbeiteten Flächen gelagert. wofür $0,71\,l$ als freie Knicklänge gesetzt werden darf.

Die Querschnittsfläche sollte normalerweise $40,6\ \text{cm}^2$ betragen; die benutzten Profile waren indessen bis zu $10\,^0/_0$ kleiner als die normalen, wodurch die theoretische Ermittlung der Knicklast nur in ungefähr ermöglicht ist, da die einzelnen Abweichungen nicht bekannt sind. Die theoretischen Querschnitte hatten

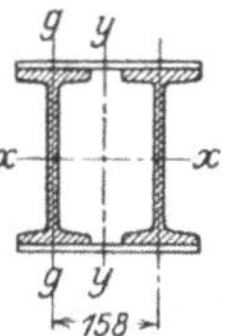

Abb. 189.

$$F_g = 20{,}3\ \text{cm}^2, \qquad J_g = 62{,}2\ \text{cm}^4, \qquad i_g = 1{,}75\ \text{cm},$$

$$J = \frac{20{,}3 \cdot 15{,}8^2}{2} + 2 \cdot 62{,}2 = 2661\ \text{cm}^4 \quad \text{und} \quad i = \sqrt{\frac{2661}{40{,}6}} = 8{,}09\ \text{cm}.$$

Der Querverband bestand für die Rahmenstäbe aus Querblechen mit

$$F_p = 2 \cdot 12 \cdot 0{,}6 = 14{,}4\ \text{cm}^2 \quad \text{und} \quad J_p = \frac{0{,}6 \cdot 12^3}{12} \cdot 2 = 43{,}2\ \text{cm}^4;$$

für den Gitterstab aus gekreuzten Diagonalen war

$$F_d = 4 \cdot 5 \cdot 0{,}6 = 12\ \text{cm}^2, \quad d = 34{,}4\ \text{cm} \quad \text{und} \quad c = 30{,}5\ \text{cm};$$

die Vergitterung, ebenso wie die Querbleche, waren in zwei Ebenen angeordnet.

(I und II scheiden aus wegen Vernietung der Querbleche mit nur einem Niet.)

Stab Nr. 1 (III). Rahmenstab mit $l = 360$ cm, $c = 100$ cm und $c' = 92$ cm als Entfernung der innersten Nieten benachbarter Bindebleche.

Knicklast des Versuches: 80 t.

Stab Nr. 2 (IV). Rahmenstab mit $l = 360$ cm; $c = 50$ cm; $c' = 42$ cm.

Knicklast des Versuches: 97 t.

Stab Nr. 3 (V). Gitterstab mit gekreuzten Diagonalen und $l = 360$ cm; $c = 30{,}5$ cm.

Knicklast des Versuches: 108 t.

Stab Nr. 4 (VI). Rahmenstab mit $l = 540$ cm; $c = 76$ cm und $c' = 68$ cm.

Knicklast des Versuches: 97 t.

Gruppe B.

Der Querschnitt dieser Stäbe bestand aus 2 ⌈-Eisen Nr. 14 nach Abb. 190 und ist durch folgende Werte, welche den Normalprofilen entsprechen, gekennzeichnet:

$$F_g = 20{,}6\ \text{cm}^2; \quad J_g = 71{,}2\ \text{cm}^4; \quad i_g = 1{,}86\ \text{cm}.$$

$$J = \frac{20{,}6 \cdot 8{,}4^2}{2} + 2 \cdot 71{,}2 = 1255\ \text{cm}^4; \quad i = 5{,}52\ \text{cm}.$$

Alle Stäbe waren an ihren Enden mit Flächen gelagert, wofür die 0,71-fache Stablänge als Knicklänge gerechnet werden kann.

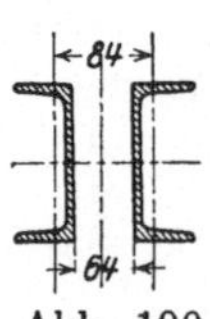

Abb. 190.

Stab Nr. 5 (I). Rahmenstab mit $l = 360$ cm; $c = 100$ cm; $c' = 92$ cm.

Bindebleche: $2 \times 12{,}0/0{,}6$ cm mit $F_p = 14{,}4$ cm^2 und $J_p = 43{,}2$ cm^4.

Knicklast des Versuches: 80 t.

Stab Nr. 6 (II). Rahmenstab mit $l = 360$ cm; $c = 100$ cm; $c' = 80$ cm.

Bindebleche doppelt so breit wie bei Stab Nr. 5, also $2 \times 24{,}0/0{,}6$ cm mit $F_p = 28{,}8$ cm^2 und $J_p = 345{,}6$ cm^4.

Knicklast des Versuches: 85 t.

(Stäbe III und IV scheiden aus, da sie nur aus je einem Felde bestanden.)

Stab Nr. 7 (V). Rahmenstab mit $l = 360$ cm; $c = 50$ cm und $c' = 42$ cm.

Bindebleche: $2 \times 12{,}0/0{,}6$ cm mit $F_p = 14{,}4$ cm^2 und $J_p = 43{,}2$ cm^4.

Knicklast des Versuches: 100 t.

Stab Nr. 8 (VI). Gitterstab mit einfachem Strebenzug und $l = 360$ cm; $c = 30{,}5$ cm; $d = 33{,}0$ cm.

Diagonalen aus Flacheisen $2 \times 5{,}0/0{,}6$ cm mit $F_d = 6{,}0$ cm^2.

Knicklast des Versuches: 100 t.

Gruppe C.

Der Querschnitt dieser Stäbe bestand aus 4 Winkeln 60/6 nach Abb. 191 mit $F_g = 6{,}09$ cm^2; $J_g = 20{,}2$ cm^4; $J_y = J_x = J = 1736$ cm^4; $i_g = 1{,}82$ cm und $i_y = i_x = i = 8{,}44$ cm.

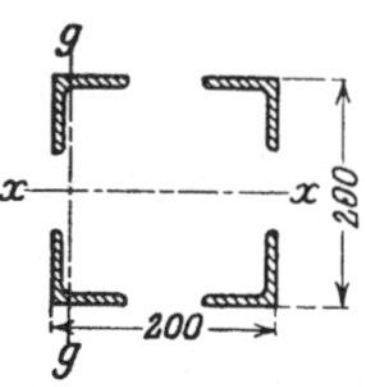

Abb. 191.

Alle Stäbe sind Rahmenstäbe mit Flächenlagerung, wofür die 0,71-fache Stablänge als Knicklänge gerechnet werden kann. Die Bindebleche waren 12 cm breit und 0,6 cm dick.

(Stab I scheidet aus, da seine Bindebleche nur einnietig angeschlossen waren.)

Stab Nr. 9 (II). $l = 261$ cm; $c = 50$ cm und $c' = 42$ cm.

Knicklast des Versuches: 65 t.

Stab Nr. 10 (III). $l = 315$ cm; $c = 100$ cm und $c' = 92$ cm.

Knicklast des Versuches: 58 t.

Stab Nr. 11 (IV). $l = 360$ cm; $c = 50$ cm und $c' = 42$ cm.

Knicklast des Versuches: 65 t.

Die Versuche dieser Gruppe ergeben merkwürdigerweise, daß der Stab Nr. 11 trotz seiner wesentlich größeren Länge ebenso tragfähig war wie der Stab Nr. 9.

Die aus den Versuchen ermittelten Knickspannungen sind in Tabelle 33 mit ihren theoretisch bestimmten Werten nach dem

Verfahren von Engesser, Müller-Breslau sowie dem Verfahren der Wirkungsgrade zusammengestellt, wobei die Flächenlagerung durch die 0,71-fache Stablänge als Knicklänge berücksichtigt wurde.

Tabelle 33.

| Stab Nr. | Knickspannungen σ_k in t/cm² | | | | Bemerkungen |
| | Versuchs-wert | Berechnete Werte nach | | | |
		Engesser	Müller-Breslau	Wirkungs-gradverfahren	
1	1,97	2,04	2,03	2,21	Die wirklichen Quer-schnittsflächen waren um bis zu 10 % zu klein.
2	2,39	2,31	2,51	2,50	
3	2,66	2,73	2,66	2,56	
4	2,39	2,09	2,30	2,19	
5	1,945	2,10	2,00	2,10	
6	2,065	2,16	2,00	2,16	
7	2,435	2,34	2,40	2,36	
8	2,435	2,532	2,47	2,42	
9	2,67	2,67	2,63	2,60	
10	2,38	2,38	2,11	2,28	
11	2,67	2,61	2,36	2,53	

Wie die Zusammenstellung zeigt, stimmen die nach den verschiedenen Methoden berechneten Werte mit den Beobachtungen einigermaßen überein. Eine gute Übereinstimmung war schon wegen der Abweichungen in den Querschnittsflächen nicht zu erwarten; demgemäß ist auch die Abweichung zwischen der Theorie und dem Versuch für die Stäbe Nr. 1—4 verhältnismäßig am größten. Der Stab Nr. 11, der bei gleicher Konstruktion aber 360 cm Stablänge ebensoviel trug wie der nur 261 cm lange Stab Nr. 9 und mehr als der im Verbande schwächere Stab Nr. 10 von 315 cm Länge scheint in besonderer Weise begünstigt gewesen zu sein. Vielleicht liegt aber die Ursache hierfür auch in der Ungenauigkeit der Angaben des Originalberichtes hinsichtlich der wirksamen Querschnittsflächen.

§ 59. Die Pariser Versuche.

Über diese Untersuchungen, die im Conservatoire national des arts et métiers zu Paris an gegliederten Brückenstäben angestellt wurden, berichtet R. Krohn[1]). Bei den Versuchen knickten die einzelnen Gurtungen zwischen den Querverbänden aus, da offenbar ihre freie Knicklänge zu groß bemessen war. Die Stabenden waren auf Schneiden so gestützt, daß das Knicken in der Bildebene, also unter Inanspruchnahme der Querverbindungen erfolgen mußte.

Stäbe Nr. 12 und 13 (I und II). Der Querschnitt bestand aus vier Winkeln 80/50/7 nach Abb. 192. Für die von zwei

---

[1]) Zentralblatt der Bauverwaltung 1909, S. 559 ff.

Winkeln gebildete Gurtung ist $F_g = 17{,}22$ cm²; $J_g = 34{,}2$ cm⁴ und $i_g = 1{,}406$ cm. Für den ganzen Stab ist $J = 2147$ cm⁴ und $i = 7{,}9$ cm. Die Stablänge betrug $l = 671$ cm; der Abstand der Bindebleche war $c = 95$ cm.

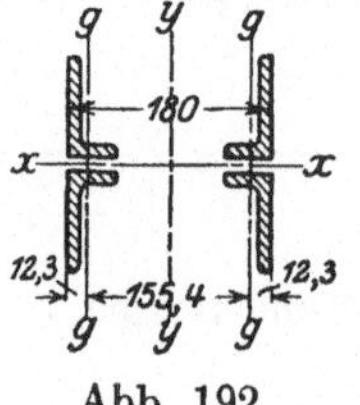

Abb. 192.

Die Bindebleche waren 13 cm breit und 1—4 cm dick und lagen zwischen den beiden Gurtungen; die stärksten Bleche befanden sich in Stabmitte, die schwächsten lagen an den Stabenden und hatten $F_p = 13$ cm² und $J_p = 183$ cm⁴. Der Abstand der innersten Nieten zweier benachbarter Bindebleche war $c' = 88$ cm.

Die Knicklast des Versuches betrug 53 t bei Stab Nr. 12, und 57 t bei Stab Nr. 13; der Mittelwert der Knicklast war 55 t und der Knickvorgang erfolgte bezüglich der Achsen $g — g$ der Gurtungen.

Die theoretische Knicklast berechnet sich nach

1. dem Verfahren der Wirkungsgrade:

$$\eta_1 = 1 - 0{,}00368 \cdot \frac{671}{7{,}9} = 0{,}687; \quad \eta_2 = 1 - 0{,}00368 \cdot \frac{95}{1{,}406} = 0{,}752$$

$$\sigma_k = 0{,}687 \cdot 0{,}752 \cdot 3{,}1 = 1{,}6 \text{ t/cm}^2; \quad P_k = 1{,}6 \cdot 2 \cdot 17{,}22 = 55{,}2 \text{ t}.$$

2. Engesser: $P_k = \dfrac{\pi^2 E J}{l_0^2}$.

Mit

$$l_0^2 = l^2 \cdot \left[1 + \frac{\pi^2 E J}{l^2} \left(\frac{c\,h}{\pi^2 E J_p} + \frac{c^2}{2\pi^2 E J_g} + \frac{c\,\zeta_p}{0{,}4\,E F_p\,h} + \frac{\zeta_g}{0{,}8\,E F_g} \right) \right]$$

$$\cong l^2 \cdot 1{,}661$$

und

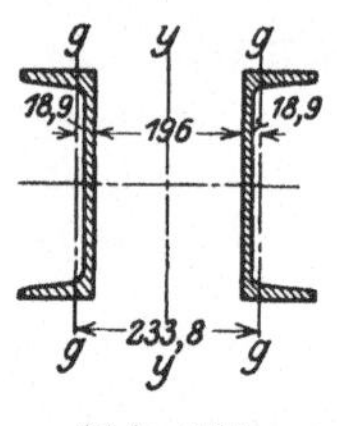

Abb. 193.

wird

$$\pi^2 E \cong 20000 \text{ t/cm}^2$$

$$P_k = \frac{20000 \cdot 2147}{1{,}661 \cdot 671^2} = 57{,}3 \text{ t}.$$

Stab Nr. 14 (III). Der Querschnitt bestand aus 2 ⌐-Eisen 220/75/15 nach Abb. 193. Es war $F_g = 47{,}4$ cm²; $J_g = 190$ cm⁴; $i_g = 2$ cm; $J = 13340$ cm⁴; $i = 11{,}86$ cm.

Die Stablänge war $l = 625$ cm. Als Querverbindungen dienten Bindebleche von 13/0,8 cm mit $F_p = 20{,}8$ cm² und $J_p = 293$ cm⁴, welche in Abständen von $c = 104{,}2$ cm angeordnet waren. Die Entfernung zwischen den innersten Nieten benachbarter Bindebleche war $c' = 97$ cm.

Knicklast beim Versuch: 184 t.

Die einzelnen Gurtstäbe knickten innerhalb der Feldweite um ihre eigenen Schwerachsen, nachdem zuvor die Bindebleche bzw. ihre Anschlüsse zerstört worden waren. Bei ausreichend bemessenem

Querverband hätte der Versuch wahrscheinlich eine kleinere Abweichung von der theoretischen Knicklast ergeben, die wir nachstehend berechnen nach

1. dem Verfahren der Wirkungsgrade:

$$\eta_1 = 1 - 0,003\,68 \cdot \frac{625}{11,86} = 0,806;$$

$$\eta_2 = 1 - 0,003\,68 \cdot \frac{104,8}{2} = 0,808;$$

$$\sigma_k = 0,806 \cdot 0,808 \cdot 3,1 = 2,02 \ \text{t/cm}^2; \quad P_k = 2,02 \cdot 2 \cdot 47,4 = 192 \ \text{t}.$$

2. Engesser: $P_k = \mu \cdot \left(3,1 - 0,0114 \cdot \frac{l_o}{i}\right) \cdot 2 \cdot F_g.$

$$l_o^2 = l^2 + \frac{J}{J_g} \cdot \frac{c^2}{2} + \frac{J}{J_p} \cdot c\,h = 625^2 + \frac{13\,340}{190} \cdot \frac{104,2^2}{2}$$

$$+ \frac{13\,340}{293} \cdot 104,3 \cdot 23,28,$$

$$= 942^2 \ \text{cm}^2,$$

$$P_k = \mu \cdot \left(3,1 - 0,0114 \cdot \frac{942}{11,86}\right) 2 \cdot F_g = 208 \ \text{t}.$$

Man erhält mit

$$\mu = 0,9; \quad P_k = 188 \ \text{t};$$

$$\mu = 0,95; \quad P_k = 198 \ \text{t}.$$

Nach Krohn wird das Moment für ein Bindeblech

$$\frac{1}{2} M_b = \frac{1}{2} \cdot \frac{F_g \cdot c}{28} = \frac{1}{2} \cdot \frac{47,4 \cdot 104,2}{28} = 88 \ \text{tcm};$$

das Widerstandsmoment des Bindebleches ist $W = 17,0 \ \text{cm}^3$, daher wird die größte Randspannung $\sigma = 88 : 17,0 = 5,18 \ \text{t/cm}^2$, wodurch die Zerstörung der Querverbindungen erklärlich ist.

Stab Nr. 15 (IV). Querschnitt wie bei Stab Nr. 14. Stablänge $l = 625$ cm. Die Querverbände wurden gebildet von Bindeblechen 13/0,8 cm mit $F_p = 20,8 \ \text{cm}^2$ und $J_p = 293 \ \text{cm}^4$. Der Abstand der Bindebleche betrug $c = 104,2$ cm; dazwischen wurden weitere Bindebleche 6,0/1,0 cm mit $F_p = 12 \ \text{cm}^2$ und $J_p = 36 \ \text{cm}^4$ eingebaut. Die so zwischen den Bindeblechen gebildeten Felder sind mit gekreuzten Flacheisendiagonalen 6,0/1,0 cm vergittert, für welche $F_d = 24 \ \text{cm}^2$ war.

Die freie Länge der Gurtungen zwischen den Diagonalen-Nieten betrug 35 cm.

Knicklast beim Versuch: 220 t.

Die theoretische Knicklast ergibt sich nach dem Verfahren der Wirkungsgrade wie folgt:

$$\eta_1 = 0,806 \text{ wie für Stab Nr. 14,}$$

$$\eta_2 = 1 - 0,00\,368 \cdot \frac{35}{2} = 0,937,$$

$$\sigma_k = 0,806 \cdot 0,937 \cdot 3,1 = 2,34 \text{ t/cm}^2; \quad P_k = 2,34 \cdot 2 \cdot 47,4 = 222 \text{ t.}$$

§ 60. Vergleichende Versuche der Gute-Hoffnungs-Hütte an Flußeisen- und Nickelstahlstäben[1]).

Anläßlich der Bearbeitung der Entwürfe für die in Nickelstahl erbaute Brücke über den Rhein-Herne-Kanal bei Oberhausen wurden auf Betreiben der Gute-Hoffnungs-Hütte die nachstehenden Vergleichsversuche an gegliederten Stäben im Kgl. Materialprüfungsamt zu Groß-Lichterfelde durchgeführt.

Zur Prüfung gelangten folgende Stäbe:

Nr. 16 und 17 (E5 und E8) aus Flußeisen nach Abb. 194.
Nr. 18 und 19 (NJ6 und NJ7) aus Nickelstahl nach Abb. 194.
Nr. 20 und 21 (E9 und E10) aus Flußeisen nach Abb. 195.
Nr. 22 und 23 (NJ11 und NJ12) aus Nickelstahl nach Abb. 195.

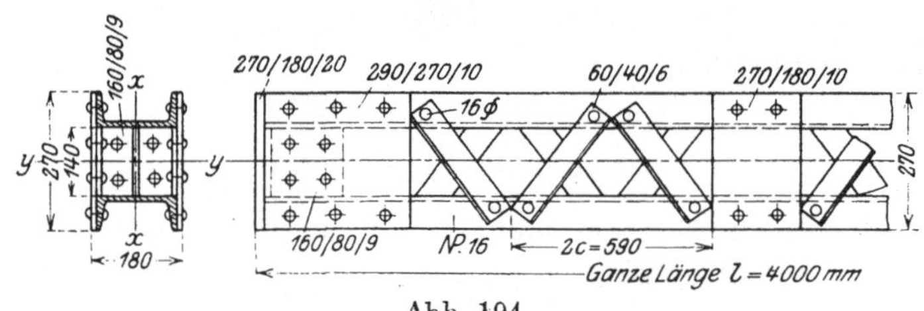

Abb. 194.

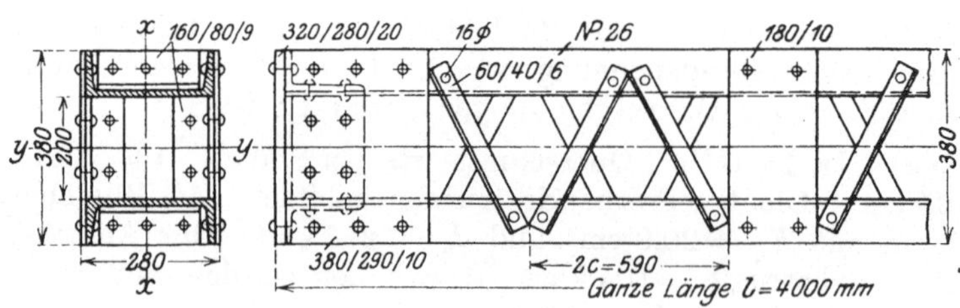

Abb. 195.

Die Stabquerschnitte sind aus je 2 ⌐⌐-Eisen NP. 16 in einem lichten Abstand von 14,0 cm bzw. aus je 2 ⌐⌐-Eisen NP. 26 in

---

[1]) S. „Stahl und Eisen" 1911, S. 188; „Der Eisenbau" 1911, Heft 2 und 3; 1912, S. 172.

einem lichten Abstand von 20 cm gebildet. Hieraus sind die folgenden Größen für die ausgeführten Stablängen $l = 400$ cm berechnet:

	Stäbe Nr. 16—19	Stäbe Nr. 20—23
F_g (cm²)	24	48,3
h (cm)	17,62	24,72
J_g (cm⁴)	85,3	317
$J = \dfrac{F_g h^2}{2} + 2 J_g$ (cm⁴)	3914	15 390
$i = \sqrt{\dfrac{J}{2 F_g}}$ (cm)	9,03	12,62
$l : i$	44,2	31,7
$i_g = \sqrt{\dfrac{J_g}{F_g}}$ (cm)	1,885	2,56
$2 c : i_g$	31,38	23,05

Die Stäbe legten sich in der Maschine mit flachen Enden gegen die Druckplatten, deren untere in einem Kugelgelenk ruhte, während die obere undrehbar an der Maschine befestigt war. Alle Stäbe wurden bei vertikaler Lage ihrer Achse geprüft.

Die Flußeisenstäbe waren von Normalqualität.

Für die Nickelstahlstäbe wurden bei einem Nickelgehalt von 2—2,5 % folgende Festigkeitseigenschaften vom Materialprüfungsamt Groß-Lichterfelde durch Zugproben ermittelt:

Zugfestigkeit 5,6—6,5 t/cm²; im Mittel 6,05 t/cm².
Streckgrenze mindestens 3,5 t/cm²; im Mittel 3,8 t/cm².
Dehnung bei 200 mm Meßlänge mindestens 18 %.
Querkontraktion mindestens 40 %.
Proportionalitätsgrenze aus Zugversuchen 2,05 t/cm².
Proportionalitätsgrenze aus Biegungsversuchen 3,00 t/cm².
Proportionalitätsgrenze im Mittel 2,5 t/cm².
Elastizitätsmodul $E = 2000$ t/cm².

Genaue Messungen der Stauchungen an den vier Kanten der Stäbe ergaben, daß der Mittelwert der Stauchungen etwa bis zur Streckgrenze sich proportional der Belastung änderte, woraus hervorgeht, daß die Stäbe gut zentrisch belastet waren.

Stab Nr. 16 aus Flußeisen. Die Knicklast betrug 119,5 t. Das Knicken erfolgte durch Ausweichen der Gurtungen zwischen den mittleren Bindeblechen. Die Knicklinie entspricht etwa der eines Stabes von der Feldlänge $2 c$ mit Einspannung des einen Stabendes. Die Querverbände blieben bis zur Knickgrenze unverletzt.

Stab Nr. 17 aus Flußeisen. Die Knicklast betrug 119,4 t. Der Stab knickte wie der Stab 16 durch Nachgeben der Gurtungen. Die Querverbände waren an der Knickgrenze noch unversehrt.

Stab Nr. 18 aus Nickelstahl. Die Knicklast war 169,1 t. Der Knickvorgang glich dem der vorigen Stäbe.

Stab Nr. 19 aus Nickelstahl. Die Knicklast war 179,1 t. Der Knickvorgang glich dem der früheren Stäbe.

Ein Vergleich der Stäbe 16 bis 19 lehrt, daß die mittlere Knicklast $\dfrac{169,1 + 179,1}{2} = 174,1$ t der Nickelstahlstäbe die mittlere Knicklast 119,45 t der Flußeisenstäbe um

$$\frac{174,1 - 119,45}{119,45} = 45,7\,^0/_0$$

übertraf.

Stab Nr. 20 aus Flußeisen. Die Knicklast erreichte den Wert 252,6 t. Der Knickvorgang ist ebenso wie auch bei den folgenden Stäben dem des Stabes Nr. 16 ganz ähnlich.

Stab Nr. 21 aus Flußeisen. Die Knicklast war 259,9 t.

Der Mittelwert der Knicklasten für die Stäbe Nr. 20 und 21 ist 256,25 t.

Stab Nr. 22 aus Nickelstahl. Die Knicklast betrug 375,7 t.

Stab Nr. 23 aus Nickelstahl. Die Knicklast war 370,9 t.

Für die Stäbe Nr. 22 und 23 ist der Mittelwert der Knicklasten 373,3 t.

Ein Vergleich der Stäbe Nr. 20—23 ergibt, daß die Steigerung der Knickgrenze durch Verwendung von Nickelstahl an Stelle von Flußeisen

$$\frac{373,3 - 256,25}{256,25} = 45,7\,^0/_0$$

ausmachte.

Die Versuche haben bei allen Stäben das Ergebnis gezeitigt, daß die Querverbände genügend kräftig waren, da nirgends ein Versagen der Querverbindungen auftrat.

Zu einer theoretischen Berechnung der Knickgrenze verwenden wir das Verfahren von Krohn, welches oberhalb der Proportionalitätsgrenze mit dem der Wirkungsgrade identisch ist und unabhängig von der Art der Querverbindungen angewandt werden kann, wenn nur die Querverbände mindestens ebenso widerstandsfähig sind wie der Gliederstab selbst.

Bei Flächenlagerung an beiden Enden wäre die freie Länge der Stäbe zu 0,71 l, bei reibungslosen Schneidenlagern zu 1,0 l anzunehmen; für den vorliegenden Fall wäre demnach etwa der Mittelwert 0,855 l passend, wenn das Ende mit Kugelgelenk reibungslos wäre. Mit Rücksicht auf die nicht unerhebliche Reibung des Kugelgelenkes schätzen wir die freie Knicklänge zwischen den Werten 0,71 l und 0,855 l zu 0,78 l.

Die Ausbildung der Vergitterung (s. Abb. 194 und 195) bewirkte, daß die Einzelstäbe der Gurtungen nicht mit der Fachlänge 2 c knicken konnten; die Anordnung eines Feldes von halber Länge c zwischen je zwei Bindeblechen bewirkte eine teilweise Einspannung der Gurtungen, weshalb für diese etwa die auch bei den Versuchen zutage getretene, freie Knicklänge zu $0,75 \cdot 2\,c$ angenommen werden kann. Man erhält dann nach Krohn folgende Werte:

Für die Stäbe Nr. 16 und 17 aus Flußeisen:

$$P_k = \frac{136 \cdot 17,68 - 0,78 \cdot 400}{68 \cdot 17,68} \cdot (3,1 - 0,0114 \cdot 0,75 \cdot 31,38) \cdot 24 = 118 \text{ t.}$$

Mittlere Knicklast der Versuche: 119,45 t.

Für die Stäbe Nr. 20 und 21 aus Flußeisen:

$$P_k = \frac{136 \cdot 24,72 - 0,78 \cdot 400}{68 \cdot 24,72} \cdot (3,1 - 0,0114 \cdot 0,75 \cdot 23,05) = 254 \text{ t.}$$

Mittlere Knicklast der Versuche: 256,25 t.

Die theoretischen Werte weichen mithin nur um etwa $1\,^0/_0$ von den Versuchsergebnissen ab. Andere Annahmen über die freien Längen zwischen $0,71\,l$ und $0,8\,l$ beeinflussen dieses Ergebnis nicht stark.

Für Nickelstahl ist das Gesetz der Knickspannungen oberhalb der Proportionalitätsgrenze aus Versuchen noch nicht bekannt; setzt man es entsprechend der Tetmajerschen Formel mit

$$\sigma_k = \alpha - \beta \cdot \frac{l}{i}$$

an, so kann man für das vorliegende Material aus der Bedingung

$$\sigma_p = \pi^2\, E \cdot \left(\frac{i}{l_p}\right)^2 = 2,5 = \pi^2 \cdot 2000 \cdot \left(\frac{i}{l_p}\right)^2$$

zunächst die Grenzschlankheit

$$\frac{l_p}{i} = \sqrt{\frac{\pi^2 \cdot 2000}{2,5}} = 89$$

bestimmen. Macht man über den Wert α die Annahme, daß er den Unterschied zwischen der Streckgrenze und der Festigkeit des verwendeten Nickelstahls im selben Verhältnis teile wie der für Flußeisen gültige Wert 3,1 dies für die Streckgrenze 2,6 t/cm² und die mittlere Festigkeit 4,05 t/cm² des von Tetmajer geprüften Materials tut, so kann man α für das vorliegende Material auf folgende Weise berechnen:

	Nickelstahl	Flußeisen nach Tetmajers Versuchen
Streckgrenze . . .	3,8 t/cm²	2,6 t/cm²
Festigkeit	6,05 t/cm²	4,05 t/cm²
	α unbekannt	$\alpha = 3,1$ t/cm²

Der zuvor erwähnten Annahme gemäß ist für Nickelstahl zu setzen

$$\frac{\alpha - 3,8}{6,05 - \alpha} = \frac{3,1 - 2,6}{4,05 - 3,1}\,,$$

woraus der gesuchte Wert $\alpha = 4,57$ oder rund 4,6 t/cm² folgt.

Aus dem Übergang der Tetmajerschen und der Eulerschen Gleichung bei der Grenzschlankheit $l_p : i = 89$ für Nickelstahl wird dann

$$\sigma_p = 2{,}5 = 4{,}6 - \beta \cdot 89,$$

woraus sich die zweite Konstante der Tetmajerschen Gleichung für Nickelstahl der verwendeten Art zu $\beta = 0{,}0236$ ergibt.

Vorbehaltlich der durch weitere Versuche zu erwartenden Änderungen kann man somit für Nickelstahl setzen

$$\sigma_k' = 4{,}6 - 0{,}0236 \, \frac{l}{i}$$

für $\qquad\qquad l : i \leqq 89 \quad$ und $\quad \sigma_k > \sigma_p = 2{,}5 \; \text{t/cm}^2.$

Mit den Werten

$$\alpha = 4{,}6 \quad \text{und} \quad \beta = 0{,}0236$$

geht die Krohnsche Formel für Nickelstahlgliederstäbe in die Gleichung über:

$$P_k = \frac{97{,}5 \, h - l}{48{,}75 \, h} \cdot \left[4{,}6 - 0{,}0236 \cdot \frac{c}{i_g} \right] \cdot F_g.$$

Rechnet man wieder mit $0{,}78 \, l$ als freier Länge für den Gliederstab und $0{,}75 \cdot 2 \, c$ als freier Länge für die einzelnen Gurtungen, so erhält man folgende theoretische Knicklasten:

Für die Stäbe Nr. 18 und 19 aus Nickelstahl:

$$P_k = \frac{97{,}5 \cdot 17{,}68 - 0{,}78 \cdot 400}{48{,}75 \cdot 17{,}68} \cdot [4{,}6 - 0{,}0236 \cdot 0{,}75 \cdot 31{,}38] = 159{,}2 \; \text{t}.$$

Vom Mittelwert 174,1 t der Versuche weicht dieser Wert um $8{,}5\,^0/_0$ nach der sicheren Seite ab.

Für die Stäbe Nr. 22 und 23 aus Nickelstahl:

$$P_k = \frac{97{,}5 \cdot 24{,}72 - 0{,}78 \cdot 400}{48{,}75 \cdot 24{,}72} \cdot [4{,}6 - 0{,}0236 \cdot 0{,}75 \cdot 23{,}05] = 352 \; \text{t}.$$

Dieser Wert ist um $5{,}7\,^0/_0$ kleiner als der Mittelwert der Versuche, welcher sich zu 373,3 t ergab.

Zu der Unsicherheit bei der Schätzung der freien Knicklänge kommt bei den Nickelstahlstäben noch der Mangel hinzu, daß die der theoretischen Berechnung zugrunde gelegte Knickformel

$$\sigma_k = 4{,}6 - 0{,}0236 \, \frac{l}{i}$$

nur angenähert zutreffen kann. Immerhin ist aber die Übereinstimmung auch hier zufriedenstellend und die Abweichungen der Theorie liegen auf der Seite größerer Sicherheit.

Die größtmögliche Querkraft, welche von den Diagonalen übertragen werden konnte, rechnet sich aus der Stärke der Nietverbindungen. Bei einer Scherfestigkeit von 4,0 t/cm² beträgt die Scherkraft für ein Niet von 16 mm Durchmesser etwa 8 t, woraus die Querkraft zu höchstens

$$Q = 2 \cdot 8 \cdot \frac{20,4}{30,0} = 10,9 \text{ t}$$

für die leichteren Stäbe, und

$$Q = 2 \cdot 8 \cdot \frac{27}{36} = 12 \text{ t}$$

für die schwereren Stäbe aus Flußeisen folgt. Die Scherfestigkeit der Nickelstahlnieten ergab sich aus Versuchen zu 7,0 t/cm². Daher wird für diese Stäbe

$$Q = \frac{7}{4} \cdot 10,9 = 19,1 \text{ t}$$

für die leichteren Stäbe und

$$Q = \frac{7}{4} \cdot 12 = 21 \text{ t}$$

für die schwereren Stäbe.

Der prozentuale Anteil der Querkraft an der Knickkraft war daher bei den Stäben:

Nr. 16 und 17 aus Flußeisen:

$$\frac{10,9}{119,45} \cdot 100 = 9,1 \text{ }^0/_0 \text{ von } P_k$$

Nr. 18 und 19 aus Nickelstahl:

$$\frac{12}{174,1} \cdot 100 = 6,9 \text{ }^0/_0 \text{ von } P_k,$$

Nr. 20 und 21 aus Flußeisen:

$$\frac{19,1}{256,25} \cdot 100 = 7,4 \text{ }^0/_0 \text{ von } P_k,$$

Nr. 22 und 23 aus Nickelstahl:

$$\frac{21}{373,3} \cdot 100 = 5,6 \text{ }^0/_0 \text{ von } P_k.$$

In allen Fällen waren also die Querverbindungen, deren Bindebleche außerdem noch wirksam sind, reichlich bemessen.

§ 61. Versuche für den Verein deutscher Brücken- und Eisenbaufabriken, ausgeführt im Kgl. Materialprüfungsamt zu Groß-Lichterfelde.

a) Die Versuche von 1912[1]**).** Wir bezeichnen die Stäbe mit den Nr. 24 bis 26 (der Originalbericht bezeichnet sie mit Nr. 65 bis 67).

---

[1]) IV. Bericht von **M. Rudeloff**, Verhandlungen des Vereines zur Beförderung des Gewerbfleißes, 1912, S. 507 ff.

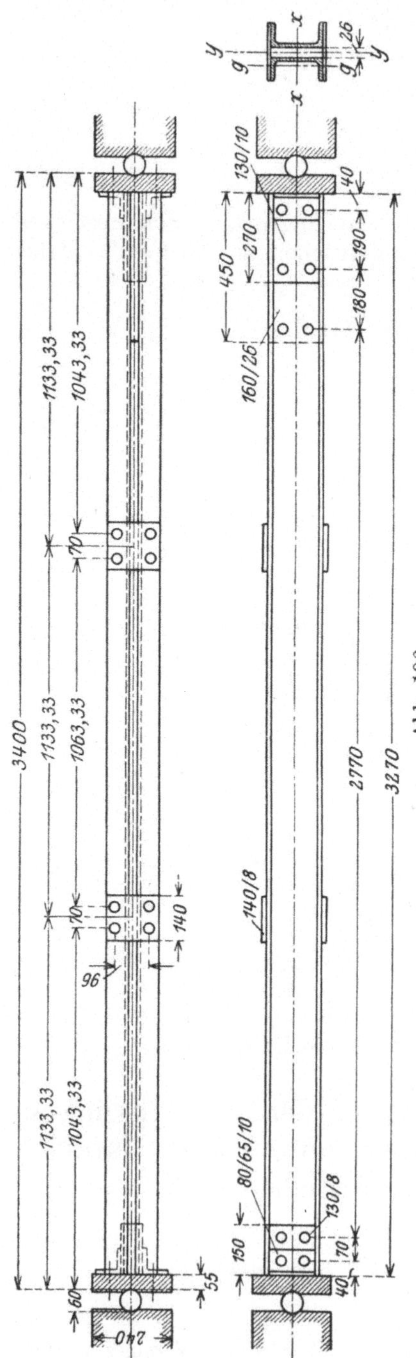

Abb. 196.

Die drei untersuchten Druckstäbe sind in Abb. 196 dargestellt und waren getreue Nachbildungen einer Strebe für den Bassinboden des Hamburger Großgasbehälters, dessen Einsturz vermutlich durch Versagen dieser Glieder herbeigeführt wurde.

Die Stäbe wurden mit vertikaler Lage ihrer Achse geprüft und waren an ihren Enden zwischen zwei Kugeln von 60 mm Durchmesser gelagert, deren Kontaktpunkte um die Knicklänge $l = 340$ cm voneinander entfernt waren. Die Stabkonstruktion ist durch folgende Größen gekennzeichnet:

$$F_g = 24 \text{ cm}^2; \qquad h = 6{,}28 \text{ cm};$$

$$J_g = 85{,}3 \text{ cm}^4; \quad J_x = 1850 \text{ cm}^4;$$

$$J = \frac{F_g h^2}{2} + 2 J_g = 644 \text{ cm}^4;$$

$$i = \sqrt{J : 2 F_g} = 3{,}66 \text{ cm};$$

$$i_g = \sqrt{J_g : F_g} = 1{,}885 \text{ cm};$$

$$l : i = 92{,}9$$

und $c' : i_g = 106{,}3 : 1{,}885 = 56{,}3$.

Durch Zugversuche an drei den Gurtungen entnommenen Probestäben wurden folgende Materialwerte als Mittelwerte aus je 3 Versuchen ermittelt:

Elastizitätsmodul:

$$E = 2027 \text{ t/cm}^2,$$

Proportionalitätsgrenze:

$$2{,}68 \text{ t/cm}^2,$$

Streckgrenze: 2,86 t/cm²,

Bruchfestigkeit: 4,09 t/cm²,

Verhältnis der Streckgrenze zur Festigkeit: 70 %,

Bruchdehnung: 26,1 %.

Auf die Ausübung zentrischen Druckes wurde große Sorgfalt verwendet.

Von einer Anfangsbelastung von 4,4 t ab wurden bei jeder Laststufe gemessen:

1. die Ausbiegungen nach den Trägheitshauptachsen in Stabmitte und zwei um je 13,5 cm von den Stabenden entfernten Punkten durch drei Paare von Rollenapparaten. Alle Meßpunkte lagen an derselben Kante eines Gurtes, der in allen Fällen der stärker gebogene war. Die Achsrichtungen, auf welche sich die Messungen beziehen, gehen aus Abb. 197 hervor;

2. die Stauchung in Stabmitte an beiden Gurtungen für eine Meßlänge von 200 mm mit Martensschen Spiegelapparaten;

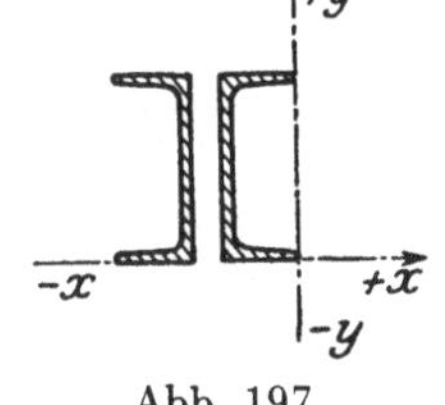

Abb. 197.

3. die Neigung der oberen Gurtplatte während des Versuchs durch einen gegen eine feste Skala spielenden Zeiger.

Aus den Beobachtungen ergeben sich die Ausbiegungen der Stabmitte nach Tabelle 34, in welcher als Maßeinheit für die Biegungspfeile die Größe 10^{-3} cm gewählt wurde.

Tabelle 34.

Stab Nr.	Biegungs-richtung	Biegungspfeile in 10^{-3} cm für die in t gemessenen Belastungen											Knick-last (t)
		12,30	20,05	28,00	35,75	43,35	50,95	58,55	66,00	73,60	77,25	81,00	
24	f_x	−8,5	−23	−43,5	−68,5	−103	−153	−228	−327	−492	−734	—	81,0
	f_y	−1	−2	−1,5	−2,5	−3,5	−4,5	−8	−13,5	−25	−42,5	—	
	$f = \sqrt{f_x{}^2 + f_y{}^2}$	9	23	44	69	103	153	228	327	493	735	—	
25	f_x	−3,5	−8	−14	−19,5	−25,5	−36,5	−46,5	−58	−73,5	−89	−10	89,4
	f_y	−4	−9	−12	−15	−17	−18,5	−21	−23	−26	−29,5	−33,5	
	$f = \sqrt{f_x{}^2 + f_y{}^2}$	5	12	18	25	31	41	51	62	81	94	35	
26	f_x	−3,5	−14	−29,5	−53,5	−90	−133	−182	−247	−336	−428	—	83,5
	f_y	+2,5	+3,5	+5	+6,5	+7	+7	+8,5	+8	+6,5	+1	—	
	$f = \sqrt{f_x{}^2 + f_y{}^2}$	4	14	30	54	90	133	182	247	336	428	—	

Mittelwert der Knicklasten | 84,63

Die in Tabelle 34 angeführten Durchbiegungen f sind in Abb. 198 zu den zugehörigen Belastungen als Kurven eingetragen. Man erkennt, daß die Zentrierung bei Stab Nr. 25 am besten erreicht war. Dies geht auch aus den Messungen der Stauchung hervor.

Die stärker gedrückte, innere Gurtung zeigt naturgemäß die größeren Stauchungen bei jedem Stab. Man sieht aber aus Tabelle 35, welche die gemessenen Stauchungen enthält, daß die einzelnen Gurtungen bei den verschiedenen Stäben in verschiedener Weise an der

Aufnahme der Stablast beteiligt waren. Die gleichmäßigste Verteilung der Lasten zeigt Stab Nr. 25, die ungleichmäßigste Stab Nr. 24.

Tabelle 35.

Stab Nr.	Bezeichnung der Gurtung	Stauchungen der 20 cm langen Meßstrecke in 10^{-5} cm bei einer Belastung von		
		12,3 t	43,35 t	77,25 t
24	Innen	172	936	2464
	Außen	149	690	416
25	Innen	167	830	1593
	Außen	164	781	1355
26	Innen	167	884	1977
	Außen	164	725	946

Bei Stab Nr. 24 zeigen die Messungen der Stauchungen deutlich, wie mit zunehmender Steigerung der Stabkraft der Lastanteil im schwächer gedrückten Gurt nicht nur nicht wächst, sondern sogar abnimmt. Für den Stab Nr. 24 sind die Stauchungen beider Gurtungen sowie deren Mittelwert in Abhängigkeit von der Belastung durch Abb. 199 dargestellt. Bis zu einer Last von 40 t liegen die Mittelwerte auf einer Geraden, woraus geschlossen werden darf, daß hierbei die Proportionalitätsgrenze noch nicht überschritten war. Man wird etwa annehmen dürfen, daß die Proportionalitätsgrenze überschritten wird, wenn die mittlere Stauchung nicht mehr linear anwächst.

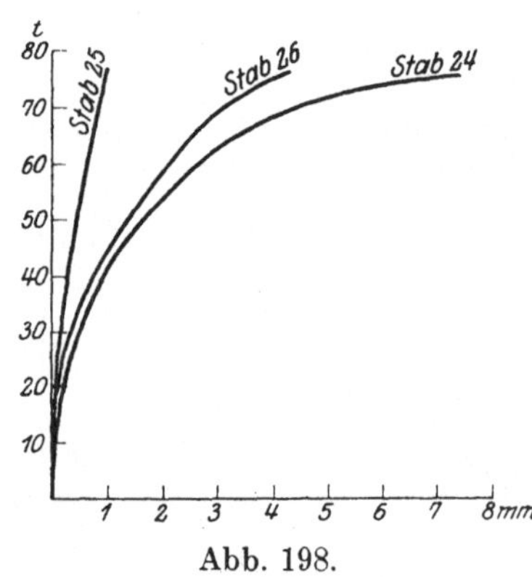

Abb. 198.

Neuere Versuche des Materialprüfungsamtes ergeben für das Bauwerksflußeisen etwa $\sigma_q = 2{,}7$ t/cm² als Quetschgrenze und $E = 2150$ t/cm² als Elastizitätsmodul. Bei 20 cm Meßlänge wird daher die Stauchung an der Quetschgrenze

$$\frac{2{,}7 \cdot 20}{2150} = 0{,}0251 \text{ cm};$$

dieser Wert ist größer als die größte, bei 77,25 t beobachtete Stauchung an den Gurtungen. Es war demnach vermutlich die Quetschgrenze bei 77,25 t Stablast noch nicht erreicht.

Die Messung der Neigungen der Druckplatten ließ erkennen, daß wesentliche Einspannungsmomente an den Stabenden nicht vorhanden waren.

Das Verhalten der Stäbe (s. Abb. 198) zeigt, daß die reine Knick-beanspruchung bei Stab Nr. 25 wohl am besten verwirklicht war; hieraus läßt sich die geringere Tragfähigkeit der Stäbe Nr. 24 und 26 erklären und der Wert 89,4 t als nächster Annäherungswert an die Knickgrenze betrachten. Auf rechnerischem Wege erhält man für die untersuchten Stäbe folgende Werte für die Knickgrenze nach Müller-Breslau (s. S. 341):

	Knicklast	Abweichung von 89,4 t in %
Näherungsformel	87 t	2,7 %
Genauere Formel	88,9 t	0,6 %
Abschätzungsformel	76,5 t	14,4 %
Engesser (s. S. 351)	72,0 t	19,5 %
Wirkungsgradformel (s. S. 371) .	87,9 t	1,7 %

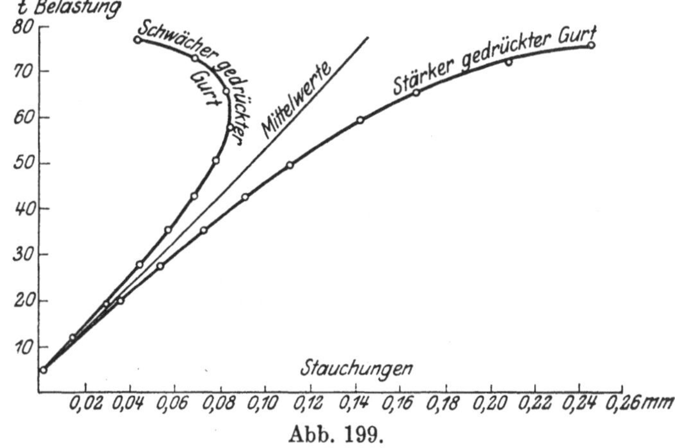

Abb. 199.

Von der Güte des Querverbandes überzeugt man sich durch folgende Rechnung. Bei der Querkraft Q beträgt in den Binde-blechen die Scherkraft

$$T = Q \cdot \frac{c}{h} = Q \cdot \frac{106,33}{6,28} = 16,8\ Q,$$

und das Moment $M = T \cdot \frac{h'}{2} = 16,9 \cdot Q \cdot \frac{9,6}{2} = 81,1\ Q$

in der Nietfuge. Hieraus wird die Beanspruchung in den Binde-blechen 14/0,8 cm, für welche

$$F_p = 2 \cdot 14 \cdot 0,8 = 22,4\ \text{cm}^2,$$

und mit Berücksichtigung der Nietschwächung

$$J_p = \frac{2 \cdot 0,8}{12} \cdot (14^3 - 9^3 + 5^3) = 286\ \text{cm}^4 \quad \text{und} \quad W_p = 286 : 7 = 41\ \text{cm}^3$$

ist,

$$\tau \simeq \frac{16{,}9}{22{,}4}\, Q = 0{,}754\, Q \quad \text{und} \quad \sigma = \frac{81{,}1}{41}\, Q = 1{,}98\, Q$$

und die Hauptspannung

$$\sigma_{max} = \left[\frac{1{,}98}{2} + \frac{1}{2}\, \sqrt{1{,}98^2 + 4 \cdot 0{,}754^2}\right] \cdot Q = 2{,}235\, Q.$$

Demnach ergibt sich für eine Bruchfestigkeit von 4 t/cm² mit

$$Q = 4 : 2{,}235 = 1{,}79 \text{ t}$$

die von beiden Bindeblechen höchstens übertragbare Kraft. Für die Nieten wird mit

$$F_N = 4 \cdot \frac{\pi \cdot 2^2}{4} = 12{,}56 \text{ cm}^2 \quad \text{und} \quad J_N = 12{,}56 \cdot \frac{7^2}{4} = 153{,}8 \text{ cm}^4$$

als dem Trägheitsmoment der Scherflächen die maximale Beanspruchung

$$\tau = \sqrt{\left(\frac{16{,}9}{12{,}56}\right)^2 + \left(\frac{81{,}1}{153{,}8}\right)^2} \cdot Q = 1{,}445\, Q,$$

also bei einer Scherfestigkeit von 4 t/cm² für die Nieten

$$Q = 4 : 1{,}445 = 2{,}77 \text{ t}$$

die größte vom Nietanschluß aufzunehmende Querkraft. Hiernach ist die Festigkeit der Bindebleche entscheidend und die größte von diesen übertragbare Querkraft $Q = 1{,}79$ t beträgt $2{,}1\,^0/_0$ der Knicklast.

Die Stäbe bogen beim Knicken ihrer ganzen Länge nach aus, ein Reißen der Bindebleche erwähnt der Bericht nicht, woraus man schließen darf, daß keine größere Querkraft als die zuvor berechnete aufgetreten sein kann. Die Krohnsche Formel für die Querkraft

$$Q = F_g : 14 = 24 : 14 = 1{,}71 \text{ t},$$

entsprechend $2\,^0/_0$ der Knicklast, steht daher mit dem Versuch in gutem Einklang.

b) Die Versuche von 1914[1]). Wir bezeichnen diese Stäbe mit den Nr. 27 bis 29 (Bezeichnung des Originalberichtes Nr. 73 bis 75).

Die Versuchsstäbe unterscheiden sich nur darin von den Stäben der Gruppe a, daß in den Mitten der beiden unteren Felder (Abb. 196) noch je eine weitere Querverbindung angeordnet wurde, welche aus einem zwischen den Stegen der ⌐-Bleche liegenden, 26 mm starken Futterblech bestand. Die Breite dieser Bleche beträgt nach der veröffentlichten Zeichnung etwa 75 mm, und die Bleche waren mit je zwei Nieten an die Stege angeschlossen.

Durch die beschriebene Anordnung wurden die Feldweiten der Gurtungen beträchtlich vermindert und betrugen nur noch 53,17 cm zwischen den beiden mittleren Bindeblechen.

---

[1]) M. Rudeloff, Untersuchungen von drei Druckstäben auf Knickfestigkeit (Reihe II). Verhandl. des Vereins zur Beförderung des Gewerbfleißes, 1914, S. 147 bis 213.

Die Durchführung der Versuche sowie die dabei angestellten Beobachtungen sind der Versuchsreihe a wesentlich gleich.

Die Materialprüfung ergab aus 3 den Stäben entnommenen Zugproben folgende Mittelwerte:

Elastizitätsmodul: $E = 2015$ t/cm²,
Proportionalitätsgrenze: 2,08 t/cm²,
Streckgrenze: 2,79 t/cm²,
Bruchgrenze: 4,03 t/cm²,
Verhältnis der Streckgrenze zur Bruchgrenze: 70 %,
Bruchdehnung: 23,5 %.

Die Messung der Ausbiegungen in Stabmitte ergab bei den drei Stäben das in Abb. 200 gezeigte Schaubild. Nach den Ausführungen des § 25 ist zu vermuten, daß Stab Nr. 28 am vollkommensten, Stab Nr. 27 am unvollkommensten zentrisch belastet waren. Bleibende Durchbiegungen traten schon bei niederen Laststufen auf.

Die an den Meßkanten α, β, η, ϑ, $\varkappa$, λ, δ und ε ermittelten Stauchungen sind für Stab Nr. 29 in Abb. 201 eingetragen. Man sieht aus dieser Darstellung deutlich, wie die bei niederen Laststufen noch vorhandene Gleichförmigkeit der

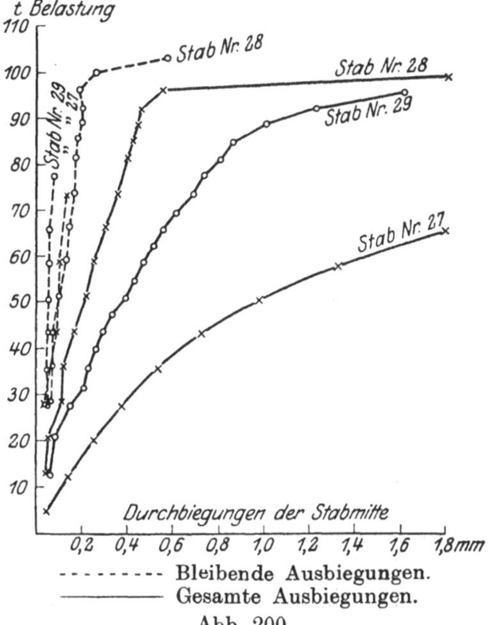

- - - - - - - - Bleibende Ausbiegungen.
——— Gesamte Ausbiegungen.
Abb. 200.

Beanspruchung mit wachsender Annäherung an die Knickgrenze sich ändert, was durch Neigung der die Punkte gleicher Belastung verbindenden Linien sich kundgibt. Hiernach war beim Versuch der Gurt, an dem die Meßpunkte α, β, η und ϑ liegen, stärker gedrückt.

Die Aufnahmen der Biegungslinien sowie der Neigungen der Stabenden zeigten bei diesen drei Stäben einen nicht gesetzmäßigen Verlauf. Stab Nr. 29 hatte bis zu einer Belastung von 88 t einen zwischen seinen Enden gelegenen Inflexionspunkt, der bei höheren Belastungen verschwand. Bei Stab Nr. 27 war bis zu der Laststufe 63 t ein solcher Inflexionspunkt nicht vorhanden, bei höheren Drücken stellte er sich in der Nähe des unteren Stabendes ein. Stab Nr. 28 zeigte erst bis zu 81,45 t eine etwas unregelmäßige Ausbiegung nach der einen Richtung hin, die bei höheren Belastungen in die entgegengesetzte Richtung umschlug.

Alle drei Stäbe knickten mit einer Verkrümmung der Stabachsen ähnlich wie ein vollwandiger Druckstab bei den Belastungen:

$$102{,}3 \text{ t für Stab Nr. 29,}$$
$$88{,}1 \text{ t für Stab Nr. 27,}$$
$$102{,}8 \text{ t für Stab Nr. 28.}$$

Bei Stab Nr. 28 ist deutlich noch ein Knicken des Einzelgurtes zu erkennen, wofür die freie Länge zwischen dem unteren Bindeblech und dem in Stabmitte befindlichen Futterblech sich erstreckte.

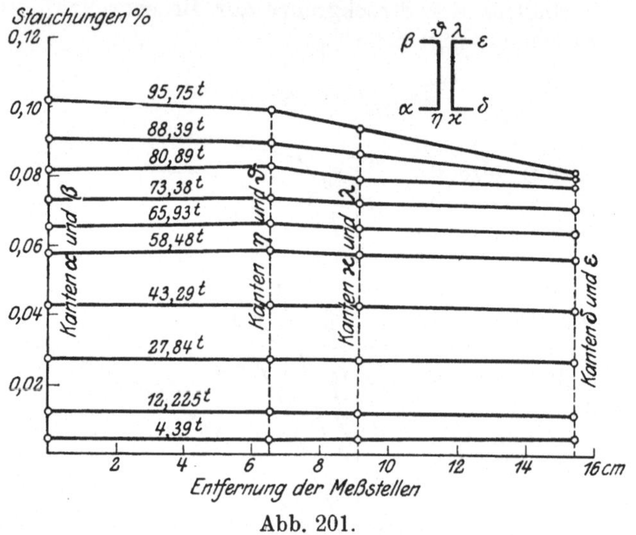

Abb. 201.

Die niedere Knickbelastung des Stabes Nr. 27 ist auffallend; sie ist noch kleiner als die Höchstlast der Versuchsreihe a dieses Paragraphen. Eine sichere Erklärung für das stark abweichende Verhalten dieses Stabes fehlt, indessen hält es der Versuchsbericht für wahrscheinlich, daß er schon von Haus aus eine kleine Verkrümmung besaß und beim Versuch exzentrisch belastet wurde, so daß es als zulässig und sogar als erforderlich zu erachten sei, diesen Stab bei der Mittelwertbildung auszuscheiden. Man erhält dann als mittlere Knicklast für die Stäbe Nr. 28 und 29 den Wert $P_k = 102{,}6$ t.

Dieser Wert stimmt gut überein mit der theoretischen Knickgrenze nach dem Verfahren der Wirkungsgrade. Man erhält nämlich (vgl. S. 371 und 404)

$$\eta_1 = 0{,}748$$

nach Euler für den Gesamtstab und

$$\eta_2 = 1 - 0{,}003\,68 \cdot \frac{53{,}17}{1{,}885} = 0{,}896$$

für den Einzelgurt; daher wird

$$\sigma_k = 0{,}748 \cdot 0{,}896 \cdot 3{,}1 = 2{,}08 \text{ t/cm}^2$$

die Knickspannung

$$\simeq \sigma_p \quad \text{und} \quad P_k = 2{,}08 \cdot 48 = 100 \text{ t.}$$

§ 62. Versuche an Nickelstahlstäben für den Neubau der Quebecbrücke, durchgeführt im Jahre 1910[1]).

Die folgenden Versuche wurden auf Betreiben des „Board of Engineers" gelegentlich der Bearbeitung der Entwürfe für die neue Quebecbrücke an der großen hydraulischen Presse der Phoenix Iron Co. in Phoenixville, Pa., durchgeführt.

Die Stäbe, von denen jeweils 2 unter sich gleich waren, stellten verkleinerte Ausführungen von für den Entwurf in Aussicht genommenen Druckstäben der Stromöffnung dar. Die Verjüngungsmaßstäbe waren bezüglich 1 : 4, 1 : 4,5 und 11 : 32.

Die Fabrikation aller Stäbe wurde mit großer Sorgfalt vorgenommen; alle Bleche waren gehobelt, die Nietlöcher gebohrt und die Nieten pneumatisch geschlagen.

Die Stablängen lagen zwischen 6 und 11 m.

Die Befestigung der Stabenden geschah bei horizontaler Lage der Stabachsen in der Festigkeitsmaschine einerseits durch einen Bolzen, dessen Achse den Ebenen der Vergitterung parallel verlief; das andere Ende legte sich mit seiner ebenen Fläche gegen die Druckplatten der Maschine. Hierdurch mußten bei einem Ausknicken in der die Bolzenachse enthaltenden Ebene Momente an den Endflächen entstehen, deren Größe sich einer rechnerischen Ermittlung entzieht; eine teilweise Einspannung war naturgemäß auch an dem mit ebener Fläche gelagerten Ende vorhanden. Bei einem Stabpaar waren beide Enden mit Flächen gelagert.

Eine weitere Ursache, weshalb diese Versuche rechnerisch nur näherungsweise verfolgt werden können, bildet noch die bei drei Paaren von Stäben vorhandene Verjüngung der Querschnitte längs der Stabachse sowie der Umstand, daß einzelne der Stäbe auf der Materialsprüfungsmaschine, deren Leistungsfähigkeit bei 1260 t Druck erschöpft war, nicht an die Grenze ihres Tragvermögens gebracht werden konnten, ohne daß sie zuvor erhebliche örtliche Querschnittsschwächungen erlitten hatten. Es ist daher zu vermuten, daß d'ese letzteren Stäbe schon früher durch ein starkes Anwachsen der Spannungen in den am meisten geschwächten Querschnitten erschöpft wurden, als ihrer Knickgrenze entsprochen hätte.

Alle Stäbe wurden mit horizontaler Achse geprüft; ihr Eigengewicht, das nicht mehr als höchstens 4,75 t betrug, wurde durch Zwischenaufhängungen nicht ausgeglichen; die aus dem Eigengewicht herrührende Zusatzspannung gibt der Versuchsbericht im ungünstigsten Falle zu $3\,{}^0/_0$ der Knickspannung an.

---

[1]) Veröffentlichungen über diese Versuche finden sich in: Engineering News 65 (1911), S. 526; Engineering Record 1910, S. 561. Stahl und Eisen 31, II (1911), S. 1288. Der Eisenbau 1911, S. 309. Zentralbl. der Bauverw. 1911, S. 90. Engineering 1911, S. 369. Eisenbau 1912, S. 178.

Die Belastungsproben der Stäbe begannen mit 145 t und stiegen immer um diesen Betrag bis zu 725 t; von da an waren die Laststufen 783 t, 841 t, 870 t und stiegen von diesem Werte ab immer weiter um je 29 t.

Vier Dehnungsmesser gestatteten die Ablesung der Stauchungen, an den vier Kanten der Stäbe mit einer Genauigkeit von 0,0025 mm.

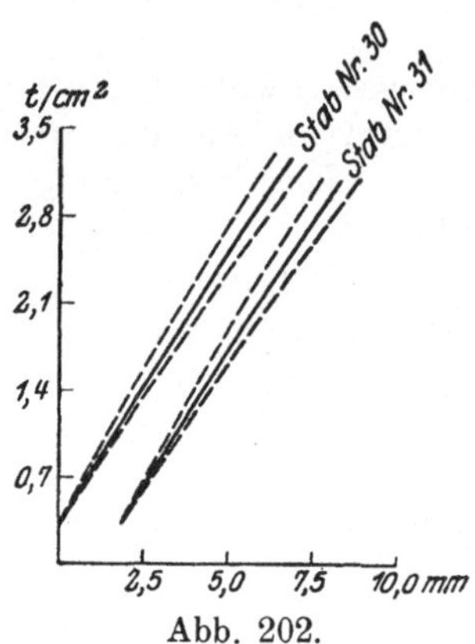

Abb. 202.

Dabei war die Meßlänge von der Stablänge im allgemeinen nicht beträchtlich verschieden. Die Messung der Stauchung, von denen Abb. 202 für die Stäbe Nr. 30 und 31 die Beobachtungen wiedergibt, zeigt, daß die Belastung allem Anschein nach ziemlich gut zentrisch wirksam war; die anderen Stäbe zeigten ähnliche Stauchungskurven.

Als Abszissen sind in Abb. 202 die Stauchungen in mm auf 435 cm Meßlänge, als Ordinaten die Druckspannungen in t/cm² eingetragen. Zwischen den gestrichelten größten und kleinsten Stauchungen ist die mittlere Stauchungskurve gezeichnet. Aus den Stauchungskurven ergibt sich der Elastizitätsmodul zu 2060 t/cm².

Die vorgenommene Materialprüfung ergab die in Tabelle 36 zusammengestellten Mittelwerte.

Tabelle 36.

	Bleche von mehr als 3,2 mm Dicke	Vergitterung von 3,2 mm Dicke	Winkel von mehr als 3,2 mm Dicke	Winkel von 3,2 mm Dicke	Mittelwerte
Streckgrenze in t/cm²	4,08	4,73	4,02	4,45	4,37
Zugfestigkeit in t/cm²	5,86	6,33	5,76	5,85	5,95
Dehnung in % bei 20 cm Meßlänge	22,0	19,2	22,0	17,8	—
Querkontraktion in %	45,9	47,8	54,3	46,6	—

Die mittlere Zusammensetzung ergibt sich nach der chemischen Analyse für den verwendeten Nickelstahl wie folgt:

Nickel 3,66 %; Kohlenstoff 0,20 %; Mangan 0,41 %; Phosphor 0,013 %; Schwefel 0,022 %.

Die Nieten bestanden aus gewöhnlichem Flußeisen und hatten 4,8 bis 6,4 mm Durchmesser. Ihre Festigkeit wurde nicht durch Versuche ermittelt, dürfte jedoch durch den bei den Versuchen

1907/08[1]) für Nieten ähnlicher Größe bestimmten Wert der Scherfestigkeit mit 4,15 t/cm² ziemlich gut wiedergegeben werden.

Stab Nr. 30 (T 1 A). Der Stab ist in Abb. 203 skizziert. Seinen Querschnitt bilden:

8 Stehbleche 525/5,6,
4 Winkel 51/51/4,8 ⎫
4 Winkel 51/35/4,0 ⎪
4 Beiflacheisen 51/3,2 ⎬ oberer Flansch,
4 Lamellen 102/3,2 ⎪
1 Lamelle 168/3,2 ⎭
8 Winkel 51/4,8 ⎫ unterer Flansch,
2 Lamellen 283/3,2 ⎭
6 Winkel 51/35/4,0 in Stehblechmitte.

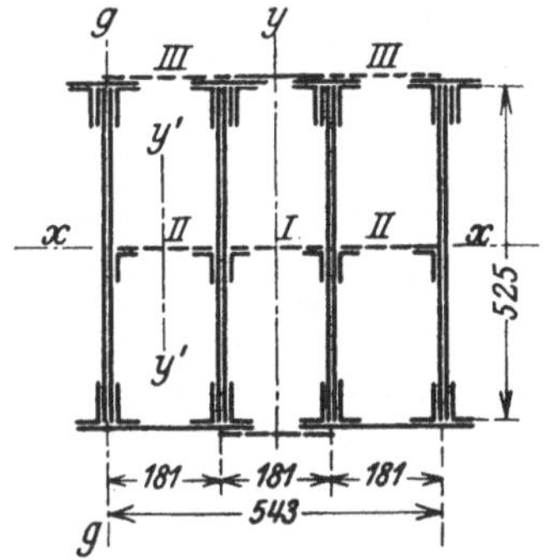

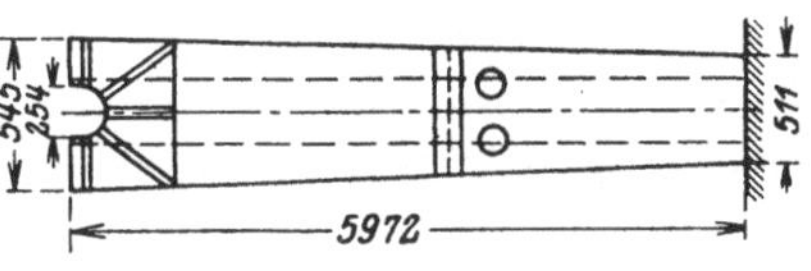

Abb. 203.

Die Querschnittsfläche von 360 cm² wurde durch Bohren von 2 Löchern von je 67 mm Durchmesser im Verlaufe des Versuches auf 299 cm² herabgemindert.

Die Bolzenachse ist hier wie bei allen folgenden Stäben der X-Achse des Querschnittes parallel.

Die Stablänge betrug 597,2 cm, die Schlankheiten waren

$$l:i_x = 32,2 \quad \text{und} \quad l:i_y = 30,2.$$

Die Vergitterung bestand durchweg aus gekreuzten Diagonalen, die mit je 4 Nieten von 5,55 mm Durchmesser angeschlossen waren; die Querschnitte der Diagonalen waren

Flacheisen 31/4 in der Ebene I und
Flacheisen 28,2/3,2 in den Ebenen II und III.

Die Feldteilung für die Diagonalen war $c = 16,85$ cm, ihre Länge $d = 24,7$ cm. In Entfernungen von höchstens 109 cm voneinander waren Querschotte eingebaut. Am Bolzen wurde der Querschnitt um 55 %, am flachen Ende um 33 % verstärkt, um die dort auftretenden, konzentrierten Drücke zu übertragen.

Bei einer Spannung von mehr als 2,9 t/cm² änderte sich der Mittelwert der Stauchungen nicht mehr proportional. Wir wollen in der Folge die Spannung, bei welcher der Mittelwert der Stauchungen rascher wächst als die Belastung, als „Proportionalitätsgrenze des

---

[1]) Wir haben diese Versuche, bei denen die Festigkeitsmaschine, wie sich bei einer später vorgenommenen Eichung herausstellte, nicht in versuchsfähiger Verfassung war, nicht wiedergegeben. Bei diesen Versuchen handelte es sich um verkleinerte Modelle des Stabes, der die Veranlassung zu dem 1907 erfolgten Einsturz der alten Quebec-Brücke gab.

Gliederstabes" bezeichnen. Bei 3,5 t/cm², der höchstmöglichen Belastung, welche die Maschine gestattete, war die Tragkraft des Stabes noch nicht erschöpft. Nach Bohrung von 2 Löchern von je 66,7 mm Durchmesser durch die Stehbleche in Stabmitte wurde bei einer auf die schwächste Stelle bezogenen Spannung von 4,18 t/cm² die Knickgrenze erreicht. An der geschwächten Stelle knickten die Stehbleche aus, und es sprangen einige Nieten ab. Während der unverletzte Stab bei einer Belastung von 1260 t noch nicht versagte, knickte der geschwächte Stab bei einer Belastung von $4,18 \cdot 299 = 1250$ t. Diese Minderung der Tragfähigkeit ist offenbar die Folge der örtlichen Schwächung.

Stab Nr. 31 (T 1 B). Die bauliche Ausbildung dieses Stabes ist dieselbe wie bei Stab Nr. 30.

Die Proportionalitätsgrenze des Gliederstabes war 2,665 t/cm². Bei 3,4 t/cm² war der Stab noch tragfähig. Hierauf wurde durch Bohrung zweier Löcher von je 72 mm Durchmesser die Spannung im schwächsten Querschnitt auf 4,19 t/cm² gesteigert, ohne daß der Stab versagte. Durch Aufreiben der Löcher auf einen Durchmesser von 95,2 mm wurde der geschwächte Querschnitt auf 282 cm² vermindert. Der Stab knickte hierauf bei einer auf die schwächste Stelle gezogenen Spannung von 4,46 t/cm², indem die Stehbleche und Winkelflanschen in der Nähe der Bohrungen aufgebogen und benachbarte Vergitterungsdiagonalen teils deformiert, teils abgeschoren wurden. Die Knickbelastung des geschwächten Stabes war

$$4,46 \cdot 282 = 1260 \text{ t}.$$

Stab Nr. 32 (T 7 A). Der Stab ist in Abb. 204 dargestellt; sein Querschnitt ist dem des Stabes Nr. 30 ähnlich, jedoch sind die Stehbleche mehrteilig und auf die ganze Länge des Stabes verlascht. Den Querschnitt bilden

8 Stehbleche   131/4,8,
4   „   260/4,8,
8   „   262/4,8.

Die oberen und unteren Gurtflanschen, sowie die 6 Winkel in Stehblechmitte waren wie bei Stab Nr. 30 gebildet.

Die Querschnittsfläche betrug 357 cm².

Der Stab hatte eine Länge von 597,2 cm und die Schlankheiten

$$l : i_x = 32,1 \quad \text{und} \quad l : i_y = 30,2.$$

Die Vergitterung bestand aus gekreuzten Flacheisendiagonalen wie bei Stab Nr. 30, nur war die

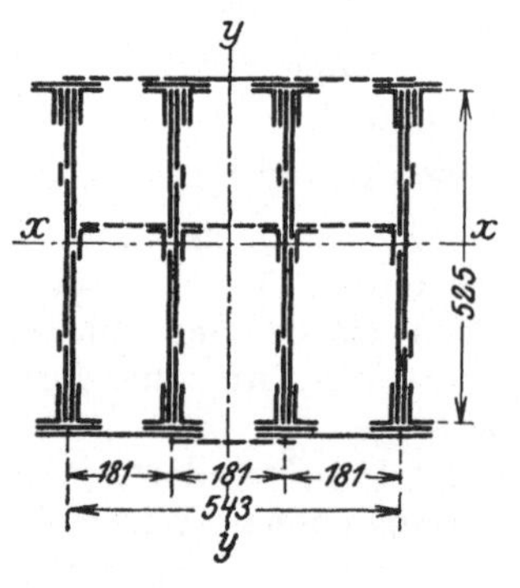
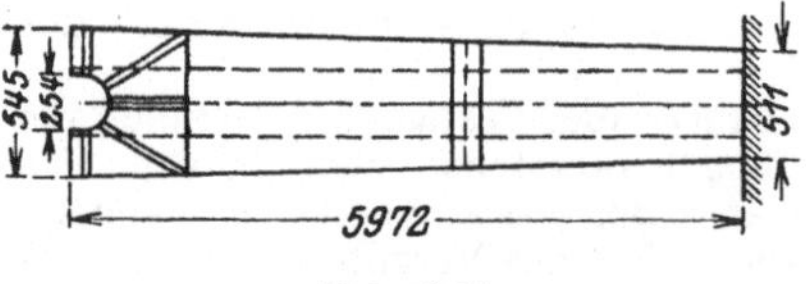

Abb. 204.

Feldweite der Vergitterung $c = 22,2$ cm und die Diagonallänge $d = 28,6$ cm. In Abständen von höchstens 111 cm waren Querschotte angeordnet.

Der Versuch ergab als Proportionalitätsgrenze des Gliederstabes 2,61 t/cm². Die Knickspannung wurde bei 3,5 t/cm² erreicht, ohne daß eine Schwächung des Querschnittes nötig geworden wäre. Beim Knicken verbogen sich die Stehbleche in der Fuge des mittleren Längsstoßes. Die Knickkraft betrug $3,5 \cdot 357 = 1250$ t.

Stab Nr. 33 (T 7 B). Die bauliche Ausbildung war genau gleich wie bei Stab Nr. 32. Die Querschnittsfläche betrug 357 cm².

Die Proportionalitätsgrenze des Gliederstabes war 2,44 t/cm². Bei 3,4 t/cm² wurde die Knickgrenze erreicht, indem die Stehbleche und Winkelflanschen in der Nähe des Bolzenendes an einem dort befindlichen Querschott ausknickten. Die Knicklast betrug

$$3,4 \cdot 357 = 1215 \text{ t}.$$

Vergleich der Stäbe Nr. 30 und 31, sowie Nr. 32 und 33.

Die mittlere Spannung an der Proportionalitätsgrenze betrug bei Stab Nr. 30 und 31:

$$\frac{2,9 + 2,665}{2} = 2,78 \text{ t/cm}^2,$$

bei Stab Nr. 32 und 33:

$$\frac{2,61 + 2,44}{2} = 2,52 \text{ t/cm}^2.$$

Die mittleren Knickspannungen ergaben die Versuche zu

$$\frac{4,18 + 4,46}{2} = 4,32 \text{ t/cm}^2$$

für Stab Nr. 30 und 31 und zu

$$\frac{3,5 + 3,4}{2} = 3,35 \text{ t/cm}^2$$

bei Stab Nr. 32 und 33. Da sich die Stäbe nur in der Ausführung der Stehbleche unterscheiden, so folgt hieraus, daß die Verlaschung der Stehbleche eine Verschlechterung der Stäbe Nr. 32 und 33 bedingte, die für die Proportionalitätsgrenze

$$\frac{2,78 - 2,52}{2,78} \cdot 100 = 9,4\,^0/_0$$

und für die Knickspannung

$$\frac{4,32 - 3,45}{4,32} \cdot 100 = 20\,^0/_0$$

betrug; der letztere Wert dürfte indessen weitaus zu ungünstig sein, da, wie schon bemerkt wurde, die Stäbe Nr. 30 und 31 nur im geschwächten Querschnitt eine mittlere Knickspannung von 4,32 t/cm² hatten und im wesentlichen infolge örtlicher Schwächung versagten.

Stab Nr. 34 (T 2 A). Die Bauart dieses Stabes geht aus Abb. 205 hervor. Den Querschnitt bildeten

4 Stehbleche 400/7,1,
4 Winkel 51/4,8
4 Winkel 51/38/4
4 Beiflacheisen 51/4,8 } oberer Flansch,
4 Lamellen 102/4
1 Lamelle 191/4,8

8 Winkel 51/4,8 } unterer Flansch,
2 Lamellen 305/4,8

6 Winkel 51/38/3,2 in Stehblechmitte.

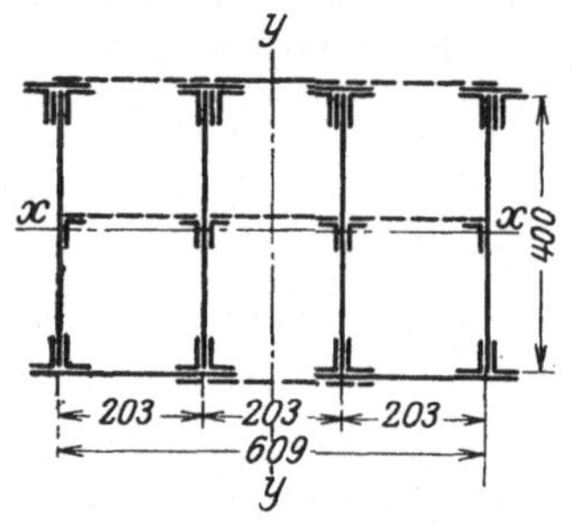

Abb. 205.

Die Stablänge war 686,7 cm und die Schlankheiten waren

$$l : i_x = 43,6 \quad \text{und} \quad l : i_y = 30,5.$$

Die Querschnittsfläche war 259 cm² in der Nähe des Bolzenendes, wo der Knickvorgang einsetzte. In Abständen von höchstens 93,5 cm waren die Querschotte eingebaut. Die Vergitterung war ebenso ausgebildet wie bei Stab Nr. 30, jedoch war die Feldweite der Diagonalen $c = 19,1$ cm und ihre Länge $d = 27,9$ cm.

Am Bolzenende fehlen die Aussteifungswinkel; die Querschnittsverstärkung betrug dort $8^0/_0$, an dem flach gelagerten Ende $110^0/_0$. Die Proportionalitätsgrenze war beim Versuch 2,69 t/cm², die Knickgrenze 4,04 t/cm², und der Stab versagte durch örtliche Verbeulung der Stehbleche und Lamellen in der Nähe des Bolzenendes bei der Knicklast $4,04 \cdot 259 = 1046$ t.

Stab Nr. 35 (T 2 B). Die bauliche Ausbildung gleicht der des Stabes Nr. 34 genau.

Die Proportionalitätsgrenze lag bei 2,91 t/cm², die Knickgrenze bei 4,07 t/cm². Das Knicken trat ähnlich ein wie bei Stab Nr. 34 und wurde an einer Stelle eingeleitet, bei der ein Querschott eingebaut war. Die Knicklast betrug $4,07 \cdot 259 = 1053$ t.

Stab Nr. 36 (T 3 A). Die Bauweise dieses Stabes ist aus Abb. 206 ersichtlich. Sein Querschnitt bestand aus

8 Stehblechen 533/6,4,
8 Beiflacheisen 51/6,4,
8 Winkeln 51/6,4,
6 Winkeln 51/38/3,2.

Der Querschnitt des Stabes betrug 367 cm² und wurde während des Versuchs durch Bohren von Löchern auf 302 cm² vermindert. Der Stab war 1089,7 cm lang und hatte die Schlankheiten $l:i_x = 62,3$ und $l:i_y = 48,4$.

Seine Vergitterung wurde mit gekreuzten Diagonalen durchgeführt, welche mit Nieten von 5,55 mm Durchmesser angeschlossen waren. Die Querschnitte der Vergitterungsstäbe waren

in der Ebene I: Flacheisen 38/4,8 mit $c = 19,1$ cm, $d = 27,9$ cm und einem Anschluß mit 4 Nieten an jedem Knotenpunkt;

in den Ebenen II: Flacheisen 32/4,0 mit $c = 19,1$ cm, $d = 27,9$ cm und einem Anschluß durch 4 Nieten an jedem Knotenpunkt;

in den Ebenen III: Flacheisen 47,6/5,55 mit $c = 25,4$ cm, $d = 32,4$ cm und einem Anschluß durch 5 Nieten an jedem Knotenpunkt;

in den Ebenen IV: Bindebleche in allen Zwischenräumen zwischen den Knotenpunkten der Diagonalvergitterungen.

Querschotte waren in Abständen von höchstens 121 cm angeordnet.

Der Stab besaß zwei Querstöße, welche etwa in den Stabdritteln angeordnet waren. Die Querschnitte waren beim Bolzen um 77 %, am flachen Ende um 135 % verstärkt.

Die Proportionalitätsgrenze lag bei 2,53 t/cm². — Eine Belastung bis 3,43 t/cm² führte bei dem unverletzten Stabe nicht zum Knicken. Nach Bohrung zweier Löcher von je 63,5 mm Durchmesser durch die Stehbleche versagte der Stab bei einer Spannung von 3,88 t/cm² in bezug auf den schwäch-

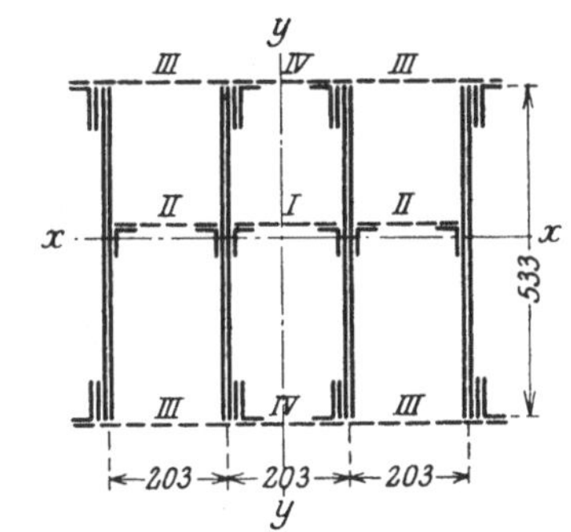

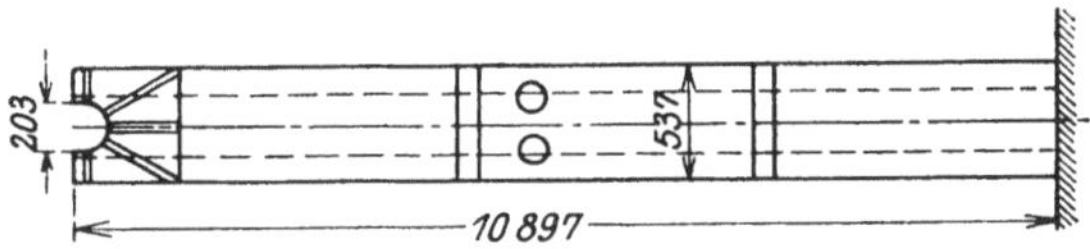

Abb. 206.

sten Querschnitt, wobei in der Nähe der Bohrungen die Stehbleche und Flanschwinkel ausknickten. Die Knicklast betrug $3,88 \cdot 302 = 1172$ t, jedoch hatte der Stab in seiner ursprünglichen Verfassung die Last von $3,43 \cdot 367 = 1260$ t während $2^1/_2$ Stunden zu tragen vermocht.

Stab Nr. 37 (T 3 B). Der Stab war gleich ausgebildet wie Stab Nr. 36. Die Querschnittsfläche war ursprünglich 368 cm² und wurde während des Versuches durch Bohrung zweier Löcher von je 76,2 mm Durchmesser auf 289 cm² vermindert.

Die Proportionalitätsgrenze ergab sich zu 2,68 t/cm². Bei 3,42 t/cm² versagte der unverletzte Stab noch nicht. Nach Schwächung durch die Bohrungen knickte er bei 4,07 t/cm² in bezug auf den schwächsten Querschnitt in derselben Weise wie Stab Nr. 36. Die Knicklast war $4,07 \cdot 289 = 1175$ t, während der unverletzte Stab $3,42 \cdot 368 = 1260$ t getragen hatte.

Stab Nr. 38 (T 4 A). Der Stab ist in Abb. 207 dargestellt. Seinen Querschnitt bildeten

4 Stehbleche 457/10,3,
8 Winkel 51/6,4
8 Beiflacheisen 51/6,4 } in den Flanschen,
2 Längsschottbleche 108/3,2 } in Stehblechmitte.
10 Schottwinkel 51/38/3,2 } in Stehblechmitte.

Der Stab war 958,7 cm lang und seine Schlankheiten waren $l : i_x = 63,8$ und $l : i_y = 43,4$.

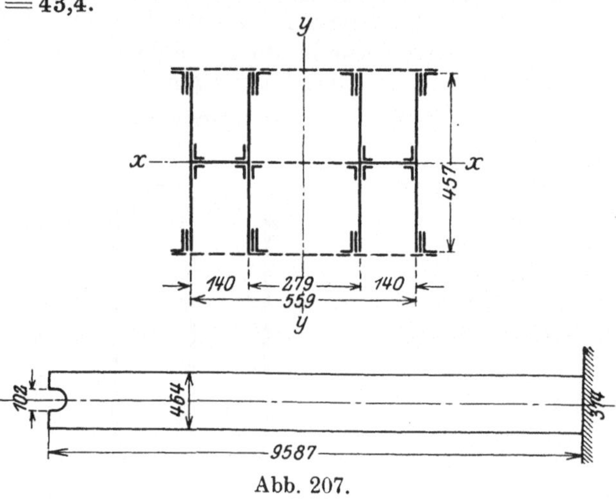

Abb. 207.

Der Querschnitt hatte 295 cm². Die Vergitterung bestand aus gekreuzten Diagonalen und war an jedem Knotenpunkt mit je 3 Nieten von 5,55 mm Durchmesser angeschlossen; ihre Querschnitte waren Flacheisen 38/4,8 in der Ebene der Längsschotten mit $c = 19,1$ cm und $d = 33,0$ cm und Flacheisen 38/4,0 in der Ebene der Flanschen mit $c = 19,1$ cm und $d = 23,7$ cm.

Querschotte befanden sich in Abständen von höchstens 210 cm voneinander. Am Bolzen war der Stabquerschnitt um $11\,^0/_0$, am Flächenende um $94\,^0/_0$ verstärkt.

Der Versuch ergab die Proportionalitätsgrenze bei 2,57 t/cm² und die Knickgrenze bei 3,54 t/cm², wobei nahezu in Stabmitte die beiden Stabhälften nach den entgegengesetzten Seiten der X-Achse auswichen. Die Knicklast betrug $3,54 \cdot 295 = 1044$ t.

Stab Nr. 39 (T 4 B). Die Ausbildung des Stabes ist gleich wie die von Stab Nr. 38.

Der Versuch ergab die Proportionalitätsgrenze bei 2,35 t/cm² und die Knickgrenze bei 3,58 t/cm² unter ähnlichem Verlauf des Knickvorganges wie bei Stab Nr. 38. Die Knicklast war $3,58 \cdot 295 = 1057$ t.

Stab Nr. 40 (T 5 A kurz). Die Bauart geht aus Abb. 208 hervor; den Querschnitt dieses Stabes bildeten

 4 Stehbleche 533/6,4,
 4 Beiflacheisen 51/6,4 } in den Flanschen,
 4 Winkel 51/6,4
 4 Winkel 51/38/3,2   in Stehblechmitte.

Der Stabquerschnitt hatte 178 cm². Bei einer Stablänge von 615,9 cm waren die Schlankheiten $l : i_x = 34{,}9$ und $l : i_y = 61{,}6$.

Die Vergitterung aus gekreuzten Diagonalen war mit Nieten von 5,55 mm Durchmesser angeschlossen; die Diagonalen waren Flacheisen 32/4,0 in der Mittelebene mit $c = 19{,}1$ cm und $d = 27{,}9$ cm und einem Anschluß durch 4 Nieten an jedem Knotenpunkt, sowie Flacheisen 47,6/5,55 in den Flanschebenen mit $c = 26{,}2$ cm und $d = 33{,}3$ cm und einem Anschluß durch 5 Nieten an jedem Knotenpunkt. Die Querschotte waren höchstens 114 cm voneinander entfernt.

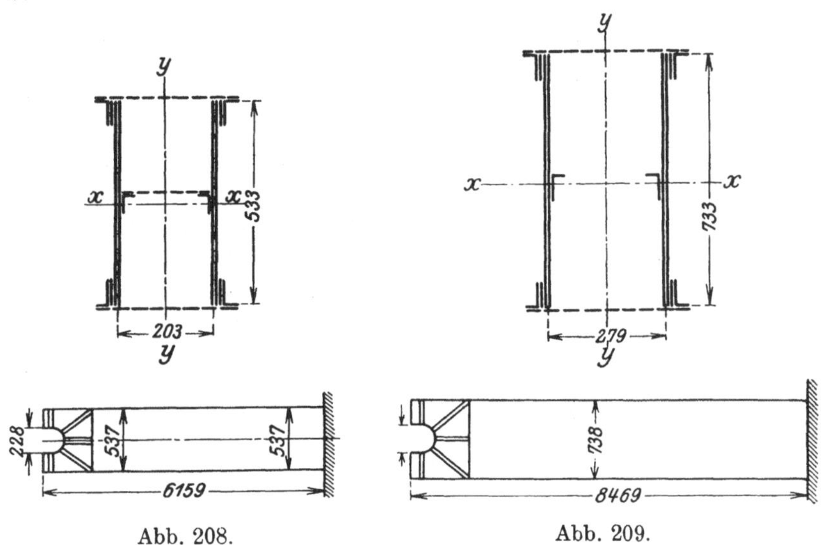

Abb. 208.   Abb. 209.

Der Stab entspricht genau der einen Hälfte der Stäbe Nr. 36 und Nr. 37. Seine Proportionalitätsgrenze lag bei 2,84 t/cm², seine Knickgrenze bei 3,84 t/cm²; die letztere wurde erreicht, indem die Stehbleche sich verbeulten und Vergitterungsnieten abgeschoren wurden. Die Knicklast betrug $3{,}84 \cdot 178 = 685$ t.

Stab Nr. 41 (T 5 B kurz). Die Konstruktion des Stabes sowie der Knickvorgang entsprechen genau dem Stab Nr. 40.

Die Proportionalitätsgrenze lag bei 2,93 t/cm², die Knickgrenze bei 3,98 t/cm² und die Knicklast erreichte den Wert $3{,}98 \cdot 178 = 709$ t.

Stab Nr. 42 (T 5 A lang). Der Stab ist in Abb. 209 skizziert. Seinen Querschnitt bildeten

4 Stehbleche 733/8,7,
4 Beiflacheisen 70/8,7 } in den Flanschen,
4 Winkel 70/8,7
2 Winkel 70/52/4,8   in Stehblechmitte.

Der Stabquerschnitt betrug 338 cm². Bei einer Stablänge von 846,9 cm waren die Schlankheiten $l:i_x = 34,9$ und $l:i_y = 61,6$.

Die Vergitterung aus gekreuzten Diagonalen wurde mit Nieten von 5,5 mm Durchmesser angeschlossen und bestand aus Flacheisen 66/8 in den Flanschebenen mit $c = 26,2$ cm, $d = 38,4$ cm und 5 Nieten an jedem Knotenpunkt, sowie Flacheisen 44,5/5,55 in der Mittelebene mit $c = 36,0$ cm und $d = 45,8$ cm und 4 Nieten an jedem Knotenpunkt.

Die Querschotte waren höchstens 156 cm voneinander entfernt.

Dieser Stab und der folgende stellen genau eine Vergrößerung der Stäbe Nr. 40 und 41 dar, bei der alle linearen Dimensionen im Verhältnis 1:1,375 vergrößert wurden.

Die Proportionalitätsgrenze lag bei 2,15 t/cm², die Knickgrenze bei 3,57 t/cm², wobei sich der Knickvorgang ebenso wie bei den Stäben Nr. 40 und Nr. 41 abspielte. Die Knicklast betrug $3,57 \cdot 338 = 1206$ t.

Stab Nr. 43 (T 5 B lang). Die Konstruktion und der Knickvorgang unterscheiden sich nicht von Stab Nr. 42.

Die Proportionalitätsgrenze lag bei 2,15 t/cm², die Knickgrenze bei 3,56 t/cm², und die Knicklast betrug $3,56 \cdot 338 = 1203$ t.

Der Vergleich der Stäbe Nr. 40 und 41 mit den Stäben Nr. 42 und 43 ergibt für die letzteren eine Minderung der Proportionalitätsgrenze um 25 % und der Knickgrenze um 9 %.

Die im Originalbericht mit T 6 A und T 6 B bezeichneten Stäbe waren beiderseits mit Flächen gelagert; der Querschnitt und die Vergitterung dieser Stäbe waren so stark veränderlich, daß die Prüfungsergebnisse zu einem Vergleich mit der Theorie nicht herangezogen werden können. Bei einer Länge von 218 cm erreichten sie ihre Knickgrenze unter einer Druckspannung von 3,42 t/cm².

Für eine theoretische Berechnung der untersuchten Stäbe ist das Verfahren der Wirkungsgrade am ehesten geeignet, weil es auch die näherungsweise Berechnung der aus 4 Gurtungen gebauten Gitterstäbe gestattet. Die Abmessungen der Querverbindungen dürfen als genügend angesehen werden, da bei allen Stäben der Knickvorgang durch Versagen der Gurtung eingeleitet wurde und nirgends der Querverband früher nachgab als der Gesamtstab.

Zur Aufstellung einer Knickformel für Nickelstahl bilden wir analog der Tetmajerschen Gleichung für das Gebiet oberhalb der Proportionalitätsgrenze die Formel

$$\sigma_k = \alpha - \beta \cdot \frac{l}{i}$$

und bestimmen die hierin vorkommenden Konstanten entsprechend den Ausführungen in § 60 für den hier verwendeten Nickelstahl wie folgt:

	Nickelstahl	Flußeisen (Tetmajer).
Streckgrenze	4,37 t/cm²	2,6 t/cm²
Festigkeit	5,95 t/cm²	4,05 t/cm²
	α unbekannt	$\alpha = 3{,}1$ t/cm².

Unter der Annahme, daß die Spannung α den Unterschied zwischen der Streckgrenze und der Festigkeit des Nickelstahls ebenso unterteile, wie dies der Wert 3,1 t/cm² für das von Tetmajer geprüfte Material tut, folgt aus

$$\frac{\alpha - 4{,}37}{5{,}95 - 4{,}37} = \frac{3{,}1 - 2{,}6}{4{,}05 - 2{,}6}$$

$$\alpha = 4{,}92 \text{ t/cm}^2.$$

Schätzt man die Proportionalitätsgrenze des Nickelstahls zu 3,0 t/cm², so erhält man für den Elastizitätsmodul $E = 2060$ t/cm² die Grenzschlankheit für die Gültigkeit der Eulerformel aus

$$\sigma_p = 3{,}0 = \pi^2 \cdot 2060 \cdot \left(\frac{i}{l_p}\right)^2$$

zu

$$\frac{l_p}{i} = \sqrt{\frac{\pi^2 \cdot 2060}{3{,}0}} = 82.$$

Man erhält somit aus

$$\sigma_p = 4{,}92 - \beta \cdot \frac{l_p}{i} = 4{,}92 - \beta \cdot 82 = 3{,}0$$

die Konstante $\beta = 0{,}0234$, so daß entsprechend der Tetmajerschen Formel für das vorliegende Material etwa

$$\sigma_k = 4{,}92 - 0{,}0234 \cdot \frac{l}{i}$$

gesetzt werden darf.

Die Wirkungsgrade werden hiernach durch die Gleichung bestimmt

$$\eta = \frac{\sigma_k}{4{,}92} = 1 - 0{,}00475 \cdot \frac{l}{i}.$$

Mit Rücksicht auf die Lagerung der Stäbe in der Maschine kann die freie Länge etwa zu 0,75 der Stablänge angenommen werden (vgl. § 60). Die freien Längen für die einzelnen Gurtstäbe wurden aus den veröffentlichten Zeichnungen der untersuchten Gliederstäbe als Entfernungen zwischen den innersten Anschlußnieten der Querverbände in ungefähr ermittelt. Man erhält so nach dem Verfahren der Wirkungsgrade die nachstehend berechneten Knickspannungen.

Stäbe Nr. 30 und 31. Hier kann mit folgenden Knickvorgängen gerechnet werden:

1. Knicken des Gesamtstabes mit $0,75\,(l:i_y) = 0,75 \cdot 30,2 = 23,65$;
2. Ausknicken der Stabhälften zwischen zwei Querschotten;
3. Ausknicken der Gurtungen zwischen den Vergitterungsdiagonalen.

Für die einzelne Gurtung ist

$$F_g = 89,5 \text{ cm}^2;$$
$$J_g = 260 \text{ cm}^4;$$
$$i_g = \sqrt{\frac{260}{89,5}} = 1,705 \text{ cm};$$

für die Stabhälfte

$$J_y' = 2 \cdot 260 + 89,5 \cdot \frac{18,1^2}{2} = 15\,180 \text{ cm}^4;$$
$$i_y' = \sqrt{\frac{15\,180}{2 \cdot 89,5}} = 9,20 \text{ cm}.$$

Mithin wird

$$\lambda_1 = 0,75\,(l:i_y) = 0,75 \cdot 30,2 = 23,65; \qquad \eta_1 = 0,888,$$
$$\lambda_2 = l':i_y' = 122:9,2 = 13,25; \qquad \eta_2 = 0,937,$$
$$\lambda_3 = c:i_g = 18,1:1,705 = 10,6; \qquad \eta_3 = 0,950,$$

wonach die Knickspannung $\sigma_k = 0,888 \cdot 0,937 \cdot 0,950 \cdot 4,92 = 3,88 \text{ t/cm}^2$ wird.

Nach den Versuchen ist die mittlere Knickspannung des unverletzten Stabes größer als

$$\frac{3,5 + 3,4}{2} = 3,45 \text{ t/cm}^2,$$

die des geschwächten Stabes kleiner als

$$\frac{4,18 + 4,46}{2} = 4,32 \text{ t/cm}^2$$

gewesen, da der letztere Wert sich auf den am meisten geschwächten Querschnitt bezieht. Der berechnete Wert der Knickspannung $3,88 \text{ t/cm}^2$ liegt sehr genau in der Mitte der beiden Grenzwerte, die durch die Versuche gegeben sind.

Stäbe Nr. 32 und 33. Wie für die vorigen Stäbe liegen auch hier drei Möglichkeiten der Knickung vor.

Für die einzelne Gurtung ist

$$F_g = 88 \text{ cm}^2;$$
$$J_g = 255 \text{ cm}^4;$$
$$i_g = \sqrt{\frac{255}{88}} = 1,7 \text{ cm}$$

und für die Stabhälfte

$$J_y' = 2 \cdot 255 + \frac{88 \cdot 18,1^2}{2} = 14{,}920 \text{ cm}^4;$$

$$i_y' = \sqrt{\frac{14\,920}{2 \cdot 88}} = 9{,}21 \text{ cm}.$$

Man erhält mit diesen Werten dieselben Wirkungsgrade wie zuvor und demnach auch dieselbe Knickspannung von 3,88 t/cm².

Die mittlere Knickspannung der Versuche ist 3,45 t/cm² und die Abweichung dieses Wertes von dem theoretischen Wert ist wohl durch die Längsverlaschung der Stehbleche erklärlich.

Stäbe Nr. 34 und 35. Die Möglichkeiten der Knickung sind dieselben wie zuvor. Für die einzelne Gurtung ist

$$F_g = 62{,}5 \text{ cm}^2;$$
$$J_g = 203 \text{ cm}^4;$$
$$i_g = \sqrt{\frac{203}{62{,}5}} = 1{,}804 \text{ cm}$$

und für die Stabhälfte

$$J_y' = 2 \cdot 203 + \frac{62{,}5 \cdot 20{,}3^2}{2} = 13\,286 \text{ cm}^4;$$

$$i_y' = \sqrt{\frac{13\,286}{2 \cdot 62{,}5}} = 10{,}29 \text{ cm}.$$

Man erhält hiernach

$$\lambda_1 = 0{,}75 \, (l : i_y) = 0{,}75 \cdot 30{,}5 = 22{,}9; \qquad \eta_1 = 0{,}891,$$
$$\lambda_2 = l' : i_y' = 122 : 10{,}29 = 11{,}85; \qquad \eta_2 = 0{,}944,$$
$$\lambda_3 = c : i_g = 20{,}3 : 1{,}804 = 11{,}25; \qquad \eta_3 = 0{,}947,$$

und als Knickspannung

$$\sigma_k = 0{,}891 \cdot 0{,}944 \cdot 0{,}947 \cdot 4{,}92 = 3{,}92 \text{ t/cm}^2.$$

Der Versuch ergab eine mittlere Knickspannung von 4,06 t/cm².

Stäbe Nr. 36 und 37. Auch hier liegen drei Knickmöglichkeiten vor. Für eine Gurtung ist

$$F_g = 88{,}8 \text{ cm}^2;$$
$$J_g = 120 \text{ cm}^4;$$
$$i_g = \sqrt{\frac{120}{88{,}8}} = 1{,}161 \text{ cm}$$

und für die Stabhälfte

$$J_y' = 2 \cdot 120 + 88{,}8 \cdot \frac{20{,}3^2}{2} = 18\,530 \text{ cm}^4;$$

$$i_y' = \sqrt{\frac{18\,530}{2 \cdot 88{,}8}} = 10{,}21 \text{ cm}.$$

Man erhält somit

$$\lambda_1 = 0,75\,(l:i_y) = 0,75 \cdot 48,4 = 36,3; \qquad \eta_1 = 0,828,$$
$$\lambda_2 = l':i_y' = 122:10,21 = 11,95; \qquad \eta_2 = 0,943,$$
$$\lambda_3 = c:i_g = 30,3:1,161 = 17,48; \qquad \eta_3 = 0,917,$$

und als Knickspannung

$$\sigma_k = 0,828 \cdot 0,943 \cdot 0,917 \cdot 4,92 = 3,52\ \text{t/cm}^2.$$

Die mittlere Höchstspannung des ungeschwächten Querschnittes war $3,425\ \text{t/cm}^2$, wobei die Knickgrenze nicht erreicht war. Die mittlere Knickspannung in bezug auf den schwächsten Querschnitt betrug $3,975\ \text{t/cm}^2$. Die wirkliche Knickspannung liegt zwischen diesen beiden Grenzen, wie dies auch die theoretische Knickspannung tut.

Stäbe Nr. 38 und 39. Auch bei diesen Stäben können die vorerwähnten Knickfälle eintreten. Es ist für eine Gurtung

$$F_g = 73,5\ \text{cm}^2;$$
$$J_g = 156\ \text{cm}^4;$$
$$i_g = \sqrt{\frac{156}{73,5}} = 1,455\ \text{cm}$$

und für eine Stabhälfte

$$J_y' = 2 \cdot 156 + 73,5 \cdot \frac{14,69^2}{2} = 8237\ \text{cm}^4;$$
$$i_y' = \sqrt{\frac{8237}{2 \cdot 73.5}} = 7,48\ \text{cm}.$$

Man erhält so

$$\lambda_1 = 0,75\,(l:i_y) = 0,75 \cdot 43,4 = 32,6; \qquad \eta_1 = 0,845,$$
$$\lambda_2 = l':i_y' = 122:7,48 = 16,3; \qquad \eta_2 = 0,922,$$
$$\lambda_3 = c:i_g = 18:1,445 = 12,45; \qquad \eta_3 = 0,941,$$

und als Knickspannung

$$\sigma_k = 0,845 \cdot 0,922 \cdot 0,941 \cdot 4,92 = 3,61\ \text{t/cm}^2.$$

Der Versuch ergab die Knickgrenze bei $3,56\ \text{t/cm}^2$.

Stäbe Nr. 40 und 41. Diese Stäbe konnten als Ganzes oder mit den einzelnen Gurtungen knicken. Für die Gurtung ist

$$F_g = 88,8\ \text{cm}^2;$$
$$J_g = 120\ \text{cm}^4;$$
$$i_g = \sqrt{\frac{120}{88,8}} = 1,161\ \text{cm}.$$

Man erhält mithin

$$\lambda_1 = 0,75\,(l:i_y) = 0,75 \cdot 61,6 = 46,2; \qquad \eta_1 = 0,78,$$
$$\lambda_2 = c:i_g = 20,3:1,161 = 17,48; \qquad \eta_2 = 0,917$$

und als Knickspannung

$$\sigma_k = 0{,}78 \cdot 0{,}917 \cdot 4{,}92 = 3{,}52 \text{ t/cm}^2.$$

Die mittlere Knickspannung der Versuche betrug 3,91 t/cm².

Stäbe Nr. 42 und 43. Da diese Stäbe genaue Vergrößerungen der Stäbe Nr. 40 und 41 sind, ist die theoretische Knickspannung ebenfalls $\sigma_k = 3{,}52$ t/cm². Hiermit stimmt der Mittelwert der Knickspannungen der Versuche mit 3,57 t/cm² gut überein.

Die berechneten Knickspannungen und die Versuchsmittelwerte sind nebst den prozentualen Fehlern in Tabelle 37 zusammengestellt.

Tabelle 37.

Stäbe Nr.	Knickspannungen in t/cm²		Prozentualer Unterschied zwischen den rechnerisch und durch Versuch ermittelten Knickspannungen
	σ_k (berechnet)	σ_v (aus dem Versuch)	
30 und 31	3,88	$3{,}45 < \sigma_k < 4{,}32$	—
32 und 33	3,88	3,45	+ 12,5
34 und 35	3,92	4,06	— 3,5
36 und 37	3,52	$3{,}425 < \sigma_k < 3{,}975$	—
38 und 39	3,61	3,56	+ 1,4
40 und 41	3,52	3,91	— 10,0
42 und 43	3,52	3,57	— 1,4

Abgesehen von den Stäben Nr. 40 und 41, welche erheblich tragfähiger waren als die ähnlichen Stäbe Nr. 42 und 43 und tragfähiger als die Rechnung hätte erwarten lassen sollen, decken sich die aus Rechnung und Versuch ermittelten Knickspannungen so gut, als bei den unsicheren Grundlagen der Rechnung nur erwartet werden darf. Die Erniedrigung der Knickspannung bei den Stäben Nr. 32 und 33 hat ihre Ursache, wie schon hervorgehoben wurde, in der Längsverlaschung dieser Stäbe.

§ 63. Versuche an Flußeisenstäben für den Neubau der Quebecbrücke, durchgeführt im Jahre 1912.

Auch diese Versuche wurden auf Veranlassung des „Board of Engineers" an der großen Druckpresse der Phoenix Jron Co. in Phoenixville, Pa. durchgeführt.

Alle Versuchsstäbe, von denen je zwei unter sich gleich waren, bestanden aus Flußeisen und werden hier mit den Nr. 44—55 (T C 1 bis T C 6) bezeichnet.

Die Stäbe waren an ihren Enden mit Bolzen von 179 bzw. 204 mm Durchmesser gelagert und die Bolzenachsen liefen zu den Ebenen der Vergitterungen parallel. Durch diese Lagerung wurden die Stabenden leicht eingespannt. Die Versuche zerfallen in zwei Gruppen:

Gruppe a). Kurze Stäbe Nr. 44—49.

Die je 304,8 cm langen Stäbe unterscheiden sich nur durch die verschiedenen Längen der Verstärkungsbleche an den Bolzen. Die Querverbände waren so reichlich bemessen, daß die Stäbe durch Versagen der Gurtungen zwischen den Knotenpunkten der Vergitterung an die Knickgrenze gelangten. Die mit längeren Bolzenblechen versehenen Stäbe waren tragfähiger als die übrigen, ohne daß jedoch eine größere Ökonomie für diese Stäbe aus den Versuchen sich ergeben hätte. Dies geht aus Tabelle 38 hervor.

Tabelle 38.

Stäbe Nr.	Mittelwerte für die		Verhältniszahlen für die	
	Gewichte (t)	Knickspannungen (t/cm^2)	Gewichte	Knickspannungen
44 und 45	$G_I = 1,3725$	$\sigma_I = 2,66$	$G_I : G_I = 1,000$	$\sigma_I : \sigma_I = 1,000$
46 und 47	$G_{II} = 1,377$	$\sigma_{II} = 2,6875$	$G_{II} : G_I = 1,003$	$\sigma_{II} : \sigma_I = 1,008$
48 und 49	$G_{III} = 1,5525$	$\sigma_{III} = 2,879$	$G_{III} : G_I = 1,131$	$\sigma_{III} : \sigma_I = 1,082$

Die Stäbe wurden mit horizontaler Achse gedrückt und ihr Eigengewicht nicht ausgeglichen; bei ihrer kurzen Länge spielte ja auch das Eigengewicht nur eine untergeordnete Rolle.

Gruppe b). Lange Stäbe Nr. 50—55.

Diese Stäbe hatten eine Länge von 1494,5 cm und wurden gleichfalls bei horizontaler Lage ihrer Achsen untersucht, wobei ihr Eigengewicht durch Zwischenaufhängungen zwischen den Stabenden nicht ausgeglichen wurde. Die durch das Eigengewicht allein bedingten Beanspruchungen der Stäbe lagen zwischen 0,202 und 0,244 t/cm^2.

Zur Messung der Stauchung dienten bei allen Versuchen Dehnungsmesser von Olsen, Howard und Martens.

Der Baustoff für die Stäbe wurde von der Phoenix Iron Co., der Central Iron and Steel Co. und der Lukens Iron and Steel Co. angeliefert und bestand aus Flußeisen mit einem durch Zugversuche bestimmten Elastizitätsmodul $E = 2000$ t/cm^2 und den in Tabelle 39 angeführten mittleren Materialeigenschaften.

Die hieraus für alle Stäbe gerechneten Mittelwerte sind in Tabelle 40 aufgeführt.

Alle Stäbe wurden sehr sorgfältig hergestellt, ihre Nietlöcher mit einem um $^3/_{16}$ Zoll kleineren Durchmesser gestanzt und dann aufgebohrt. Alle Bleche wurden von größeren Stücken auf Maß abgeschnitten und ihre Kanten gehobelt. Die Bohrungen für die Endbolzen waren mit einem um $^1/_{32}$ Zoll größeren Durchmesser hergestellt als der Bolzendurchmesser war. Alle Flächen, die sich berührten, waren mit einem Farbenanstrich überzogen.

Tabelle 39.

Stäbe Nr.		Streck- grenze (t/cm²)	Zug- festig- keit (t/cm²)	Dehnung (%)	Querkon- traktion (%)	Prozentgehalte an				Bruch- beschaffen- heit
						Kohlen- stoff	Mangan	Phosphor	Schwefel	
44 bis 49	Winkel	2,98	4,65	27	49	0,20	0,53	0,034	0,038	glänzend
	Stehbleche . . .	2,89	4,79	23	54	0,24	0,43	0,040	0,035	„
	Vergitterungsflach- eisen	2,81	4,33	31	54	0,18	0,44	0,038	0,039	„
	Nieten (22,2 mm ϕ)	2,745	3,93	36	67	—	—	—	—	„
50 bis 53	Winkel	3,065	4,465	31	54	0,19	0,47	0,016	0,039	glänzend
	Stehbleche . . .	3,340	4,420	24	57	0,20	0,33	0,017	0,040	„
	Vergitterungsflach- eisen	2,790	4,350	29	48	0,17	0,49	0,019	0,038	„
	Nieten (19,0 und 22,2 mm ϕ) . .	2,560	3,700	34	62	—	—	—	—	„
54 und 55	Gurtwinkel . . .	3,065	4,465	31	54	0,19	0,47	0,016	0,039	glänzend
	Stehbleche . . .	3,345	4,425	24	56	0,20	0,33	0,017	0,040	„
	Schottwinkel . .	2,940	4,400	28	60	0,19	0,47	0,016	0,039	„
	Schottbleche . .	3,345	4,425	24	56	0,20	0,33	0,017	0,040	„
	Vergitterungsflach- eisen	2,940	4,520	27	53	—	—	—	—	„
	Nieten (22,2 mm ϕ)	2,800	3,610	33	57	—	—	—	—	„

Tabelle 40.

	Streck- grenze (t/cm²)	Zug- festigkeit (t/cm²)	Deh- nung (%)	Querkon- traktion (%)	Prozentgehalt an		
					Kohlen- stoff	Man- gan	Phos- phor	Schwefel
Winkel	3,01	4,537	29	53	0,19	0,47	0,024	0,039
Bleche	3,01	4,580	23	55	0,21	0,38	0,027	0,038 ·
Vergitterungs- flacheisen . .	2,83	4,370	30	52	0,18	0,46	0,030	0,038
Nieten	2,69	3,800	35	65	—	—	—	—

Als grundsätzlich mangelhaft muß jedoch die konstruktive Anordnung der gekreuzten Diagonalen bezeichnet werden. Diese liegen teils in zwei Ebenen und berühren sich im Kreuzungspunkt, teils liegen sie in einer Ebene und sind dann übereinander hinweg gebogen und am Kreuzungspunkt vernietet. Bei dieser Bauweise, die immer vermieden werden sollte, wird dem Entstehen von Nebenmomenten in den Diagonalen und ihren Anschlüssen Vorschub geleistet. Übrigens waren die Querverbände, die nach den in § 57 erwähnten Vorschriften bemessen wurden, hinreichend kräftig, da das Entstehen der Nebenspannung bereits bei der Wahl ihrer zulässigen Beanspruchung berücksichtigt wurde.

Stab Nr. 44 (T C 1, 1). Die Konstruktion ist aus Abb. 210 ersichtlich. Der Querschnitt (Abb. 211) bestand aus

$$F \text{ (cm}^2)$$

2 Stehblechen 559/15,9	177,3	
4 Winkeln 103/15,9	119,0	
	$F = 296{,}3 \text{ cm}^2.$	

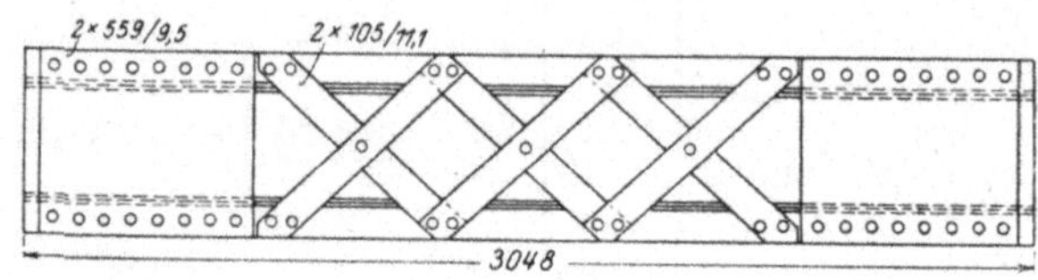

Abb. 210.

Querschnitt: $2 \times 559/15{,}9$
$\qquad\qquad 4 \times \overline{|101{,}6 : 15{,}9}$
Querschotte: $1 \times 235/9{,}5$
$\qquad\qquad 2 \times \overline{|101{,}6 : 76{,}2 : 9{,}5}$
Endversteifungen: $2 \times 559/12{,}7$; 622 lang,
$\qquad\qquad\qquad 2 \times 508/12{,}7$; 622 lang,
$\qquad\qquad\qquad 2 \times 355{,}6/15{,}9$; 699 lang.

Der aus dem Stabgewicht 1,37 t ermittelte wirksame Querschnitt war $F = 297$ cm². Die Trägheitsradien sind

$$i_x = 20{,}55 \text{ cm}; \qquad i_y = 18{,}78 \text{ cm}; \qquad i_g = 2{,}74 \text{ cm}.$$

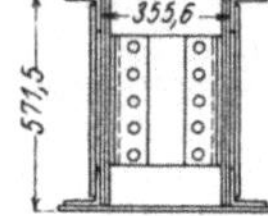

Abb. 211.

Die ganze Baulänge des Stabes betrug 304,8 cm und seine Länge zwischen den Kontaktpunkten der Bolzen 286,9 cm.

Die Verstärkung der Stehbleche an den Stabenden geschah durch je ein Querschott und durch

2 Bleche 356/15,2 lang 698 mm,
2 Bleche 508/12,7 lang 622 mm,
2 Bleche 559/12,7 lang 622 mm.

Die Leibungsfläche am Bolzen war 203 cm².

Der Querverband bestand aus gekreuzten Diagonalen Flacheisen 114/11,1 in den beiden Flanschebenen mit $c = 50{,}8$ cm, $h = 48{,}3$ cm und $d = 70{,}1$ cm. An den Stabenden waren in beiden Flanschebenen Endbleche 559/9,5 von 635 mm Länge angeordnet. Die Vergitterungsdiagonalen waren an ihren Enden mit je zwei Nieten von 22,2 mm Durchmesser angeschlossen und an der Kreuzungsstelle mit je einem solchen Niet verbunden.

Die Stauchung beider Gurtungen wurde für eine Meßlänge von 233,7 cm bestimmt; in den zugehörigen Ablesungen ist daher, da die Meßinstrumente an den Verstärkungsblechen der Bolzen befestigt waren, auch die Gleitung der Nietverbindungen an den Stabenden enthalten. Außerdem wurden an insgesamt 16 Meßstrecken von je 25,4 cm Länge die Stauchungen in den Endblechen und im ersten Vergitterungsfelde ermittelt; aus letzteren Beobachtungen läßt sich indessen ein sicherer Rückschluß auf die Nachgiebigkeit der Nietverbindungen nicht ziehen.

Wegen der erwähnten Montierung der Instrumente, welche größere Stauchungen der Gurtungen ergab als ihrer Spannung entsprach, kann die Proportionalitätsgrenze der Stäbe aus den beobachteten Formänderungen nur näherungsweise bestimmt werden.

Das Knicken erfolgte in den dem Stabende benachbarten Feldern durch seitliches Ausweichen der Stehbleche und Aufbiegen der freien Winkelflanschen. Der Zustand des Stabes nach dem Versuch ist aus den Abb. 212 und 213 deutlich zu erkennen.

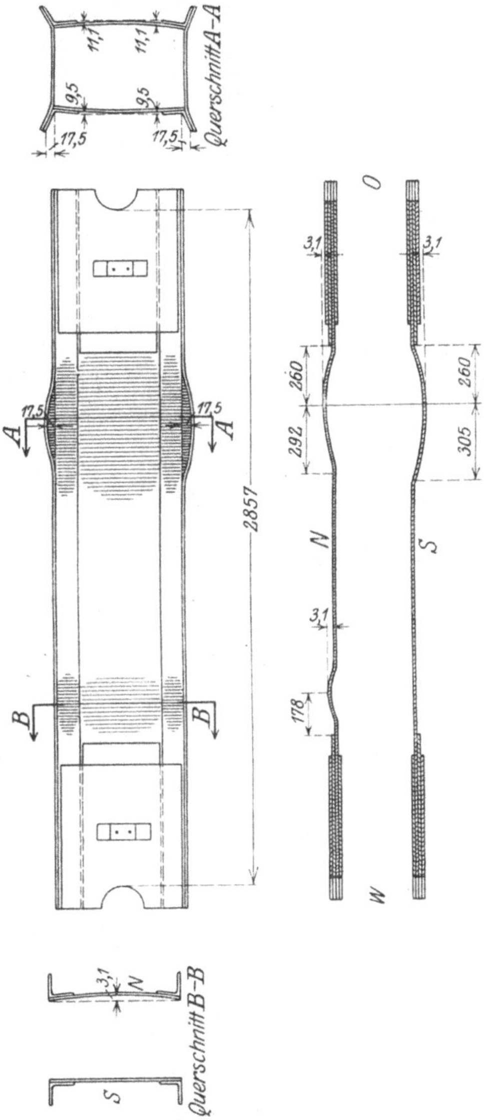

Vor dem Erreichen der Knickgrenze traten an den inneren Wänden der Stehbleche der ganzen Länge nach und an den äußeren Stehblechen in der Nähe der Stabenden Fließfiguren auf; an den Winkeln zeigten sich solche Fließfiguren nicht.

Die Beobachtungen beim Versuch sind in Tabelle 41 enthalten.

Abb. 213.

Tabelle 41.

Zeit	Spannung in t/cm²	Prozentuale Stauchung für 233,7 cm Meßlänge am		Durchbiegungen der Stabmitte in cm				Bemerkungen
				Südgurt		Nordgurt		
		Südgurt	Nordgurt	Horizontal	Vertikal	Horizontal	Vertikal	
1^{43}	0,147	0	0	0	0	0	0	Die Stauchung
2^{00}	0,294	0,0055	0,0069	—	—	—	—	für die erste
2^{15}	0,588	0,0188	0,0222	—	—	—	—	Laststufe ist
2^{30}	0,882	0,0329	0,0389	—	—	—	—	gleich Null ge-
2^{45}	1,173	0,0486	0,0559	—	—	—	—	setzt.
3^{00}	1,468	0,0658	0,0726	—	—	—	—	
3^{15}	1,762	0,0840	0,0797	—	—	—	—	
3^{25}	1,858	0,0913	0,0913	—	—	—	—	
3^{37}	1,957	0,0983	0,1052	—	—	—	—	
3^{53}	2,053	0,1062	0,1136	0,04	0,00	0,00	0,00	
4^{04}	2,155	0,1156	0,1245	—	—	—	—	Fließgrenze des
4^{05}	2,155	0,1182	0,1270	—	—	—	—	Stabes.
—	2,600	—	—	—	—	—	—	Knickgrenze des Stabes.

Stab Nr. 45 (T C 1, 2). Der Stab ist genau wie Stab Nr. 44 gebaut. Die aus dem Stabgewicht 1,375 t ermittelte Querschnittsfläche ist $F = 298$ cm².

Außer den Stauchungen der Gurtungen, die wiederum für eine Meßstrecke von 233,7 cm beobachtet wurden und die Nachgiebigkeit

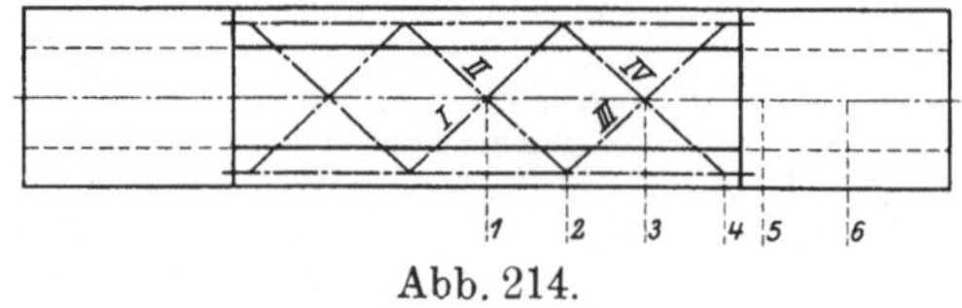

Abb. 214.

der Vernietung in sich schließen, wurden die gegenseitigen Bewegungen der Gurtungen an den Stellen 1—6 (Abb. 214) sowie die Längenänderungen der Diagonalen für 50,8 cm Meßlänge bestimmt.

Die Messung der Längenänderung der Diagonalen ergab mit Ausnahme von zwei Beobachtungen an einer Diagonale in Stabmitte nur Verkürzungen, aus denen indessen wegen der aus dem exzentrischen Diagonalenanschluß entstehenden Biegungsmomente die Spannkräfte der Diagonalen nicht hergeleitet werden können; Formänderungen der Diagonalen traten bereits bei den ersten Laststufen auf.

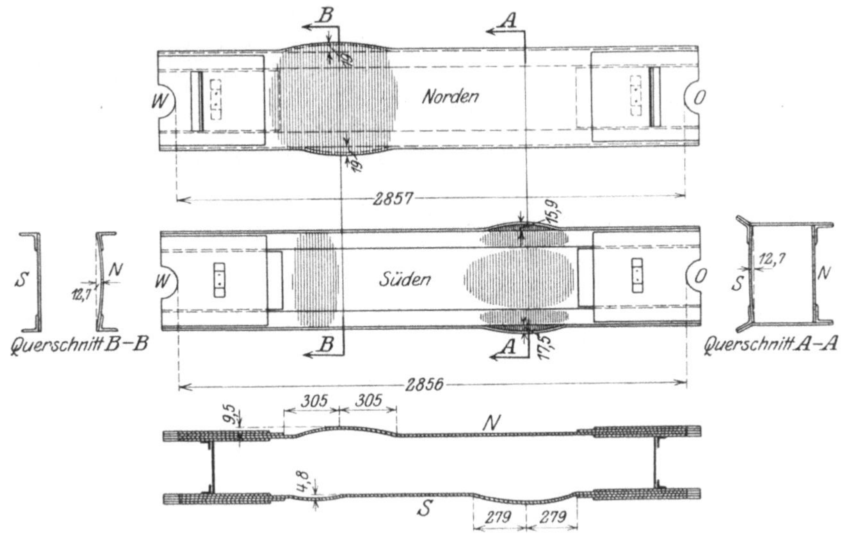

Abb. 215.

Die Knickerscheinungen waren denen des Stabes Nr. 44 ganz ähnlich, nur traten Fließfiguren an den Innenflächen der Stehbleche weniger ausgeprägt in die Erscheinung.

Abb. 216.

Die Gestalt des Stabes nach dem Versuch geht aus den Abb. 215 und 216 hervor.

Die angestellten Beobachtungen enthalten die umstehenden Tabellen 42 und 43.

Tabelle 42.

Zeit	Spannung in t/cm²	Prozentuale Stauchung für 233,7 cm Meßlänge am		Durchbiegungen der Stabmitte in cm am Südgurt		Bemerkungen
		Südgurt	Nordgurt	Hori-zontal	Verti-kal	
10⁴⁴	0,146	0	0	0	0	Die Stauchung für die erste Laststufe ist gleich Null gesetzt.
10⁵¹	0,292	0,0053	0,0072	—	—	
11⁰⁰	0,585	0,0182	0,0232	0,0794	0	
11¹⁶	0,877	0,0327	0,0391	0,0794	0	
11²⁸	1,170	0,0479	0,0553	—	—	
11⁴³	1,461	0,0640	0,0719	—	—	
11⁵²	1,755	0,0804	0,0881	0,1590	0	
11⁵⁸	1,853	0,0869	0,0930	—	—	
12⁰⁶	1,950	0,0938	0,0992	—	—	
12²¹	2,048	0,0968	0,1047	0,1590	0	
12²⁷	2,145	0,1090	0,1121	—	—	
12³⁷	2,245	0,1190	0,1190	—	—	
12⁴⁵	2,340	0,1326	0,1249	—	—	
	2,438	0,1490	0,1325	—	—	Fließgrenze des Stabes.
	2,438	0,1503	0,1331	—	—	
	2,438	0,1511	—	—	—	
	2,740	—	—	—	—	Knickgrenze des Stabes.

Tabelle 43.

Spannungen in t/cm³	Prozentuale Stauchungen der Diagonalen für 50,8 cm Meßlänge				Änderung der gegenseitigen Gurtentfernungen in cm für die Meßstellen					
	D_I	D_{II}	D_{III}	D_{IV}	1	2	3	4	5	6
0,146	0	0	0	0	0	0	0	0	0	0
0,877	−0,001	+0,004	+0,0015	+0,005	+0,0216	+0,0178	+0,0178	+0.0127	+0,0028	−0,0010
1,461	−0,0015	+0,0035	+,0015	+0,0 65	+0,0402	+0,0332	+0,0322	+0,0236	+0,0051	−0,0010
2,048	+0,0005	+0,005	+0,0045	+0,0085	+0,0582	+0,0500	+0,0503	+0,0366	+0,0061	−0,0018

Stab Nr. 46. (TC 2,1). Die Konstruktion dieses Stabes ist aus Abb. 217 ersichtlich. Er unterscheidet sich von Stab Nr. 44 nur dadurch, daß an den Enden außer den Querschotten eine Verstärkung durch

2 Bleche 356/15,9 lang 775 mm,

2 Bleche 508/12,7 lang 622 mm,

2 Bleche 599/12,7 lang 622 mm

vorgesehen wurde.

Der aus dem Stabgewicht 1,38 t bestimmte, wirksame Querschnitt war $F = 294{,}5$ cm². Außer den bei Stab Nr. 44 vorgenommenen Messungen wurden hier auch die Stauchungen der Stehbleche in der Stabmitte für eine Meßstrecke von 25,4 cm beobachtet.

Der Knickvorgang war dem der Stäbe Nr. 44 und 45 ganz ähnlich. Der Zustand des Stabes nach dem Versuch ist in den Abb. 218 und 219 dargestellt.

Tabelle 44 gibt die Beobachtungen wieder.

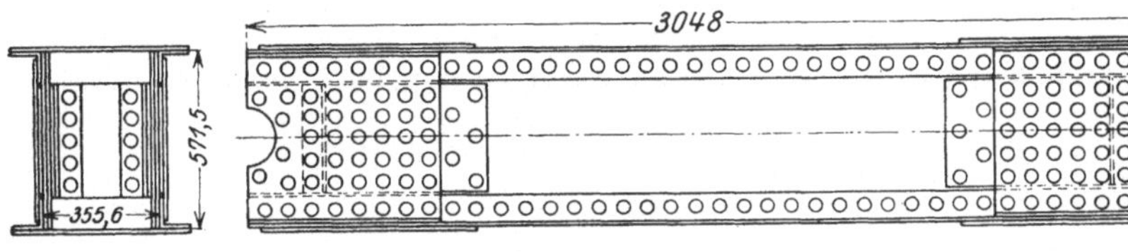

Abb. 217.

Querschnitt: $2 \times 559/15,9$

$\qquad 4 \times \overline{101,6 : 15,9}$

Querschotte: $1 \times 235/9,5$

$\qquad 2 \times \overline{101,6 : 76,2 : 9,5}$

Endversteifungen: $2 \times 559/12,7$; 622 lang,

$\qquad 2 \times 508/12,7$; 622 lang,

$\qquad 2 \times 355,6/15,9$; 775 lang.

Vergitterung: $2 \times 105/11,1$ gekreuzt.

Tabelle 44.

| Zeit | Spannung in t/cm² | Prozentuale Stauchung der Gurtung für | | | | Durchbiegungen der Stabmitte in cm am Südgurt | | Bemerkungen |
| | | 233,7 cm Meßlänge am | | 25,4 cm Meßlänge am | | | | |
		Süd-gurt	Nord-gurt	Süd-gurt	Nord-gurt	Hori-zontal	Verti-kal	
5^{00}	0,148	0	0	0	0	0	0	Die Ablesungen für
5^{10}	0,296	0,0048	0,0080	0,004	0,008	—	—	die erste Laststufe
5^{21}	0,591	0,0185	0,0244	0,023	0,024	—	—	sind gleich Null
5^{35}	0,888	0,0336	0,0396	0,033	0,040	—	—	gesetzt.
5^{45}	1,181	0,0453	0,0582	0,046	0,058	0	0	
5^{53}	1,478	0,0573	0,0794	0,057	0,073	—	—	
6^{00}	1,773	0,0740	0,0969	0.075	0,092	—	—	
6^{09}	1,873	0,0806	0,1030	0,082	0,098	0	0,082	
6^{16}	1,970	0,0877	0,1092	0,087	0,103	—	—	
6^{27}	2,068	0,0946	0,1163	0,092	0,110	0	0,082	
6^{31}	2,168	0,1023	0,1243	—	0,115	—	—	
6^{35}	2,265	0,1129	0,1360	—	0,123	—	—	Wachsende Stauchung bei gleicher Last.
	2,365	0,1272	0,1514	—	0,134	—	—	Fließgrenze des Stabes.
	2,365	0,1305	0,1562	—	—	—	—	
	2,695	—	—	—	—	—	—	Knickgrenze des Stabes.

Stab Nr. 47 (T C 2, 2). Der Stab entspricht in allen baulichen Einzelheiten dem Stab Nr. 46. Sein wirksamer Querschnitt ergibt sich aus seinem Gewicht 1,374 t zu $F = 293,8$ cm².

Neben den Stauchungen der Gurtungen und den Änderungen ihrer Abstände, welche hier wie bei Stab Nr. 45 beobachtet wurden, sind besonders die an einer Enddiagonale in den Randfasern gemessenen Deformationen von Interesse, welche für eine Meßlänge von 10,16 cm ermittelt wurden. Diese Messungen zeigen deutlich, daß die an ihren

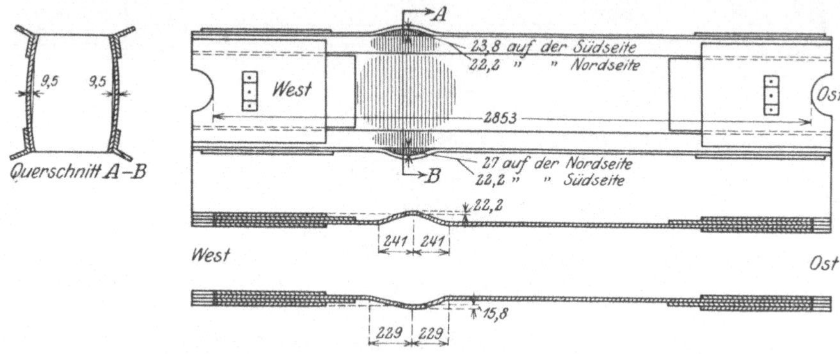

Abb. 218.

Enden durch je zwei seitlich der Stabachse gelegene Nieten befestigten Diagonalen bereits bei niederen Laststufen durch Biegungsmomente beansprucht wurden. Die aus diesen Messungen berechneten Spannungen der Diagonalen betragen bezüglich 0,75 t/cm² (Druck) und 0,235 t/cm² (Zug) bei einer Druckspannung von 2,37 t/cm² für den Gliederstab.

Abb. 219.

Das Aussehen des geknickten Stabes zeigen die Abb. 220 und 221.

Die Tabellen 45 und 46 geben die Beobachtungen wieder; dabei entsprechen die in Tabelle 46 angeführten Meßpunkte denen der Abb. 214.

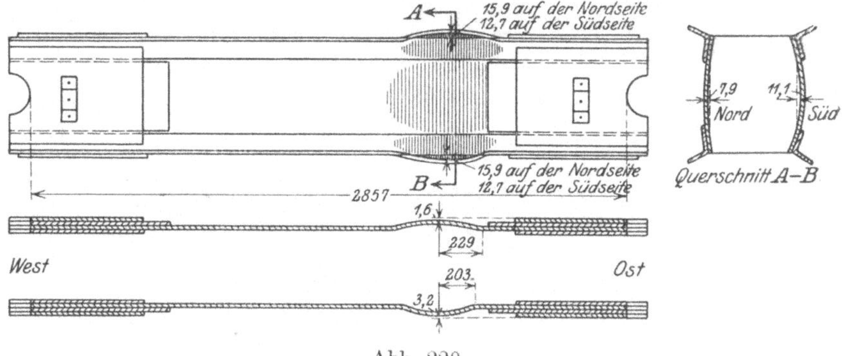

Abb. 220.

Abb. 221.

Tabelle 45.

Zeit	Spannung in t/cm²	Prozentuale Stauchung für 233,7 cm Meßlänge am		Prozentuale Stauchung der Enddiagonale für 10,16 cm Meßlänge		Durchbiegung des Südgurtes in Stabmitte in cm		Bemerkungen
		Südgurt	Nordgurt	Innere Faser	Äußere Faser	Horizontal	Vertikal	
10^{15}	0,148	0	0	0	0	0	0	Die Ablesungen für die erste Laststufe sind gleich Null gesetzt.
10^{21}	0,296	0,0040	0,0076	0,00175	0,002	—	—	
10^{26}	0,593	0,0172	0,0239	0,00475	0,0025	—	—	
10^{31}	0,890	0,0307	0,0386	0,00775	0,002	0	0	
10^{42}	1,186	0,0448	0,0540	0,01075	0,0005	—	—	
10^{48}	1,483	0,0609	0,0706	0,0137	−0,00175[1])	0	0	
10^{50}	1,778	0,0786	0,0869	0,01725	−0,00525	—	—	
10^{53}	1,877	0,0860	0,0928	0,01875	−0,0065	—	—	
11^{01}	1,978	0,0928	0,0992	0,01975	−0,0080	—	—	
11^{13}	2,064	0,1000	—	0,02175	−0,00875	0	0	Kleine Bewegungen des Dehnungsmessers der Gurtungen.
11^{18}	2,165	—	0,1145	0,0235	−0,0100	—	—	
11^{22}	2,275	0,1193	0,1268	0,0260	−0,01075	—	—	Fließgrenze d. Stabes.
11^{24}	2,370	0,1320	0,1417	0,0285	−0,01175	—	—	
11^{25}	2,370	0,1360	0,1471	—	—	—	—	
11^{40}	2,680	—	—	—	—	—	—	Knickgrenze d. Stabes

[1]) Das Minuszeichen bedeutet Zug in der äußeren Faser.

Tabelle 46.

Spannung in t/cm²	Änderung der gegenseitigen Gurtentfernung in cm für die Meßstellen				
	1	2	3	4	5
0,148	0	0	0	0	0
1,186	0,0282	0,0262	0,0236	0,0160	0,0030
2,064	0,0513	0,0526	0,0549	0,0371	0,0063

Stab Nr. 48 (T C 3, 1). Die Konstruktion dieses Stabes ist in Abb. 222 dargestellt. Von den vorhergehenden Stäben unterscheidet er sich nur durch die Endverstärkungen, welche aus

2 Blechen 356/15,9 lang 928 mm,
2 Blechen 508/15,9 lang 775 mm,
2 Blechen 559/15,9 lang 775 mm

bestanden.

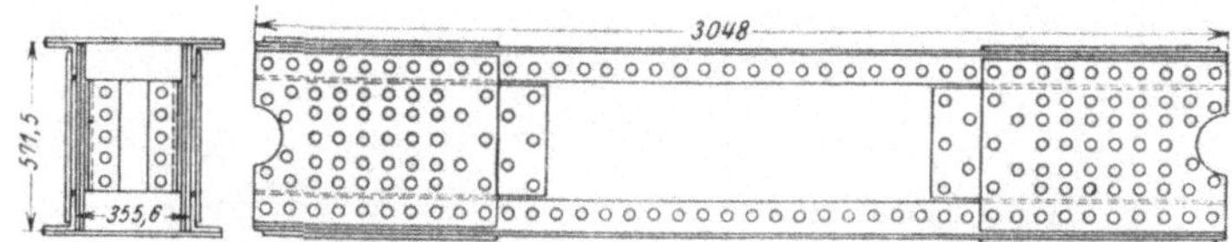

Abb. 222.

Querschnitt: $2 \times 559/15,9$
$$4 \times \overline{|101,6:15,9}$$

Querschotte: $1 \times 229/9,5$
$$2 \times \overline{|101,6:76,2:9,5}$$

Endversteifungen: $2 \times 356/15,9$; 928 lang,
$2 \times 508/15,9$; 775 lang,
$2 \times 559/15,9$; 775 lang.

Vergitterung: $2 \times 105/11,1$ gekreuzt.

Aus dem Stabgewicht 1,552 t ergibt sich der wirksame Querschnitt zu 294,2 cm².

Außer den wiederum für eine Meßstrecke von 233,7 cm beobachteten Stauchungen beider Gurtungen wurden am nördlichen Gurt für eine Meßlänge von 10,16 cm die Stauchungen der Randfasern in der Mitte des Stabes gemessen. Entsprechend den mit wachsender Belastung zunehmenden Biegungsmomenten zeigen die inneren Fasern durch ihre größeren Stauchungen die höheren Beanspruchungen an.

Der Knickzustand dieses Stabes ist von den anderen Stäben durch eine starke Aufbiegung der freien Flanschen der Gurtwinkel unterschieden (Abb. 223 und 224).

Die Beobachtungen sind in Tabelle 47 angeführt (s. S. 434).

Die auffallend hohen Werte der Stauchungen an den Randfasern des Gurtwinkels lassen erkennen, daß dieser Teil des Stabes

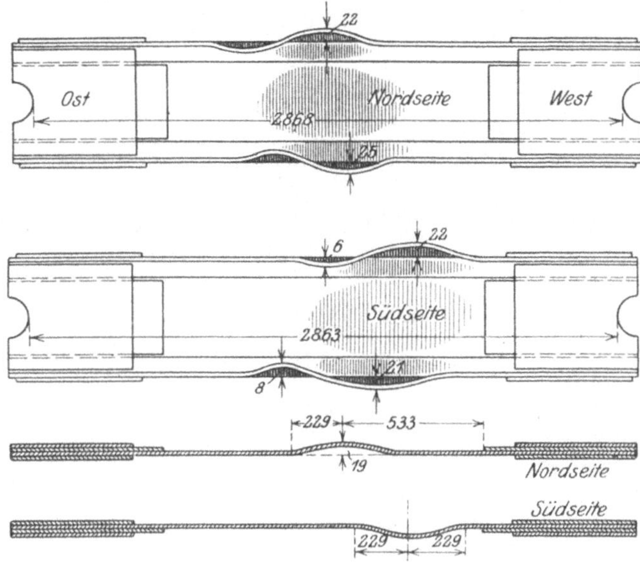

Abb. 223.

bei allen Laststufen ganz wesentlich höher beansprucht gewesen sein
muß als es bei gleichförmiger Inanspruchnahme des ganzen Querschnittes zu erwarten gewesen wäre.

Abb. 224.

Stab Nr. 49 (T C 3, 2). Bei diesem Stab, der in seiner Bauweise
mit Stab Nr. 48 ganz übereinstimmte, wurden die Stauchungen für
233,7 cm Meßlänge an beiden Gurten und die Bewegung beider Gurtungen gegeneinander an den in Abb. 214 bezeichneten Meßstellen
beobachtet.

Der wirksame Querschnitt dieses Stabes berechnet sich aus seinem
Gewicht 1,553 t zu 294 cm².

Tabelle 47.

Zeit	Spannung in t/cm²	Prozentuale Stauchung der Gurtungen für 233,7 cm Meßlänge		Prozentuale Stauchung des oberen freien Winkelflansches für 10,16 cm Meßlänge		Durchbiegungen der Stabmitte in cm am Südgurt		Bemerkungen
		Süd-gurt	Nord-gurt	Innere Faser	Äußere Faser	Hori-zontal	Verti-kal	
4^{28}	0,148	0	0	0	0	0	0	Die Ablesungen für die erste Laststufe sind gleich Null gesetzt.
4^{35}	0,296	0,0041	0,0058	0,055	0,055	—	—	
4^{42}	0,593	0,0152	0,0206	0,220	0,205	—	—	
4^{46}	0,889	0,0272	0,0349	0,368	0.345	—	—	
4^{54}	1,184	0,0396	0,0480	0,523	0,475	—	—	
5^{00}	1,480	0,0533	0,0620	0,693	0,610	0	0	
5^{07}	1,776	0,0661	0,0750	0,893	0.743	—	—	
5^{12}	1,875	0,0716	0,0792	0,971	0,783	—	—	
5^{18}	1,975	0,0771	0,0843	1,068	0,837	0	0	
5^{26}	2,072	0,0822	0,0891	1,165	0,883	—	—	
5^{33}	2,170	0,0871	0,0939	1,262	0,930	—	—	
5^{40}	2,270	0,0935	0,1000	1,380	0,985	0	0	
5^{44}	2,370	0,0990[1]	0,1046[1]	1,488	1,035	—	—	
5^{50}	2,470	0,1070[2]	0,1140[2]	1,638	1,100	—	—	
5^{54}	2,568	0 1160	0,1252	1,780[1]	1,186[1]	—	—	Fließgrenze des Stabes bei 2,51 t/cm².
5^{56}	2,568	0,1186	0,1290	—	—	—	—	
5^{59}	2,665	0,1306	0,1445	1,960[2]	1,287[2]	—	—	
6^{00}	2,665	0,1336	0,1473	2,110	—	—	—	
—	2,665	0,1357	0,1489	—	—	—	—	
—	2,928	—	—	—	—	—	—	Knickgrenze des Stabes

[1] Geringe Zunahme der Stauchung bei gleicher Last.
[2] Merkliche Zunahme der Stauchung bei gleicher Last.

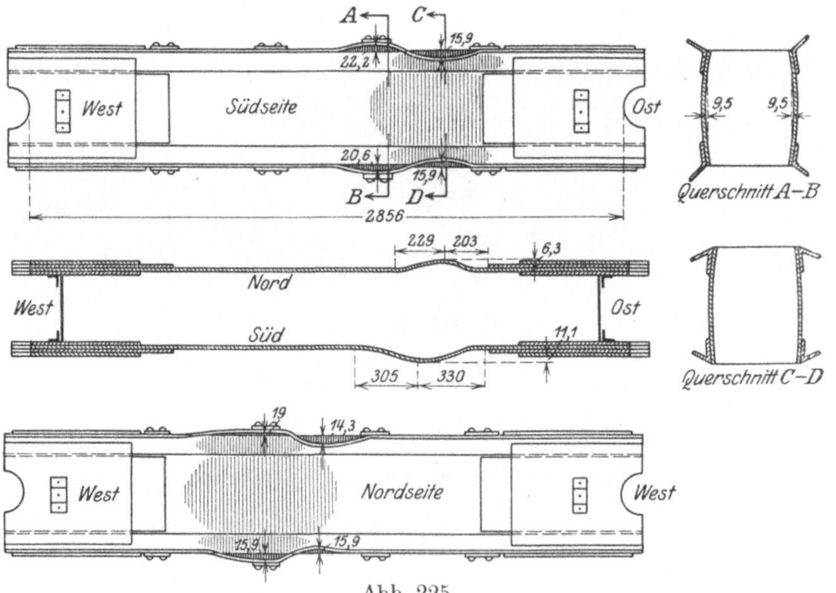

Abb. 225.

Abb. 226.

Der Knickvorgang war dem der früheren Stäbe ganz ähnlich.
Die Abb. 225 und 226 zeigen den Stab nach dem Versuch.
Die Beobachtungen sind in den Tabellen Nr. 48 und 49 mitgeteilt.

Tabelle 48.

Zeit	Spannung in t/cm²	Prozentuale Stauchung der Gurtung für 233,7 cm Meßlänge		Durchbiegungen der Stabmitte in cm am Südgurt		Bemerkungen
		Südgurt	Nordgurt	Horizontal	Vertikal	
9^{51}	0,148	0	0	0	0	Die Ablesungen für die erste Laststufe sind gleich Null gesetzt.
10^{00}	0,296	0,0046	0,0061	—	—	
10^{04}	0,593	0,0162	0,0212	—	—	
10^{08}	0,889	0,0282	0,0347	—	—	
10^{18}	1,184	0,0414	0,0478	0	0	
10^{22}	1,481	0,0548	0,0613	—	—	
10^{27}	1,775	0,0696	0,0750	—	—	
10^{32}	1,875	0,0743	0,0795	—	—	
10^{38}	1,975	0,0803	0,0850	0	0	
10^{48}	2,072	0,0855	0,0901	—	—	
10^{53}	2,170	0,0915	0,0955	—	—	
10^{57}	2,270	0,0980	0,1015	—	—	
11^{01}	2,368	0,1055	0,1080	—	—	Geringe Zunahme der Stauchung bei gleicher Last.
—	2,465	0,1162	0,1173	0	0,08	Fließgrenze des Stabes.
—	2,465	0,1191	0,1185	—	—	
—	2,465	0,1194	0,1188	—	—	
11^{11}	2,564	0,1330	0,1300	—	—	
—	2,564	0,1343	0,1315	—	—	
—	2,564	0,1353	0,1322	—	—	
—	2,564	0,1359	—	—	—	
—	2,564	0,1368	—	—	—	
—	2,830	—	—	—	—	Knickgrenze des Stabes.

Tabelle 49.

Spannung in t/cm²	Änderung der gegenseitigen Gurtentfernung in cm für die Meßstellen				
	1	2	3	4	5
0,148	0	0	0	0	0
1,184	0,0264	0,0292	0,0244	0,0176	0,0036
2,072	0,0478	0,0562	0,0505	0,0358	0,0046

Folgerungen aus den Versuchen an den Stäben Nr. 44—49.

Die Stäbe waren alle bei den Versuchen gut zentrisch belastet, denn wie man aus den beobachteten Stauchungen erkennt, befanden sie sich in ziemlich gleichförmigem Spannungszustand. Eine Abweichung hiervon zeigen eigentlich nur die Stauchungsmessungen am Gurtwinkel des Stabes Nr. 48, deren schon Erwähnung getan wurde.

Die Knickgrenze lag im Mittel bei den Spannungen.

$$2{,}67 \text{ t/cm}^2 \text{ für die Stäbe Nr. 44 und 45,}$$
$$2{,}69 \text{ t/cm}^2 \text{ für die Stäbe Nr. 46 und 47 und}$$
$$2{,}88 \text{ t/cm}^2 \text{ für die Stäbe Nr. 48 und 49.}$$

Diese Zahlen zeigen eine Verbesserung des Stabes mit zunehmender Verstärkung seiner Enden, die indessen nicht in wirtschaftlicher Weise erreicht wurde.

Die mittlere Knickspannung aller 6 Stäbe beträgt 2,747 t/cm².

Bei allen Stäben erwies sich der Querverband als reichlich sicher, da er bis zur Knickgrenze ebensowenig versagte wie seine Anschlüsse. Alle Stäbe knickten durch örtliches Versagen der einzelnen Gurtungen zwischen den Knotenpunkten der Vergitterung.

Die größte Querkraft, welche der Querverband zu übertragen vermochte, rechnet sich aus der Knicksicherheit der Diagonalen zu

$$Q_1 = \frac{h}{d} \cdot D_k = \frac{h}{d} \cdot \frac{\pi^2 E J_d}{\left(\dfrac{d}{2}\right)^2} = \frac{4\,\pi^2 E J_d \cdot h}{d^3}$$

mit

$$J_d = 4 \cdot \frac{11{,}4 \cdot 1{,}11^3}{12} = 5{,}2 \text{ cm}^4; \quad E = 2000 \text{ t/cm}^2; \quad h = 48{,}3 \text{ cm und}$$
$$d = 70{,}01 \text{ cm}$$

zu

$$Q_1 = \frac{4 \cdot \pi^2 \cdot 2000 \cdot 5{,}2 \cdot 48{,}3}{70{,}01^3} = 57{,}6 \text{ t,}$$

aus ihrer Zugfestigkeit mit $\sigma_z = 4{,}0$ t/cm² zu

$$Q_2 = \frac{h}{d} \cdot F_d \cdot \sigma_z = \frac{48{,}3}{70{,}01} \cdot 4 \cdot 11{,}4 \cdot 1{,}11 \cdot 4{,}0 = 139{,}8 \text{ t,}$$

und aus der Scherfestigkeit der Anschlußnieten ($\tau = 4{,}0$ t/cm²) zu

$$Q_3 = \frac{h}{d} \cdot 4 N = \frac{48{,}3}{70{,}01} \cdot 4 \cdot \frac{\pi \cdot 2{,}22^2}{4} \cdot 4{,}0 = 59 \text{ t.}$$

Der Wert Q_1 ist als Kleinstwert für den Querverband entscheidend. Hiernach betrug bei einer mittleren Knickkraft von $P_k = 810{,}7$ t die größte vom Querverband übertragbare Querkraft $Q = 0{,}071\,P_k$; der Querverband war demnach ·im Vergleich zu der Forderung von Krohn reichlich.

Von Interesse ist eine Darstellung des deformierten Stabes bei
verschiedenen Laststufen, welche nach den gemessenen Änderungen
der Gurtentfernung leicht möglich ist. Die Mittelwerte der Änderungen des Gurtabstandes für die Meßpunkte 1—6 und die zugehörigen Druckspannungen des Stabes sind in Tabelle 50 zusammengestellt.

Tabelle 50.

Spannung in t/cm²	Änderung der gegenseitigen Gurtentfernung in cm für die Meßstellen					
	1	2	3	4	5	6
1,180	0,0285	0,0270	0,0243	0,0173	0,0035	— 0,0010
2,061	0,0518	0,0529	0,0519	0,0365	0,0037	— 0,0018

Unter der Annahme, daß zu den gemessenen Änderungen des
Gurtabstandes gleiche Entfernungen der Gurtungen in ihrer deformierten Gestalt von ihrer ursprünglichen Achse gehören, sind nach
Tabelle 50 in Abb. 227 die den beiden Belastungszuständen des
Stabes entsprechenden Biegungslinien je eines Gurtes für eine Stabhälfte gezeichnet, wobei der Maßstab für die Ausbiegungen 500 mal
so groß als der Längenmaßstab gewählt wurde.

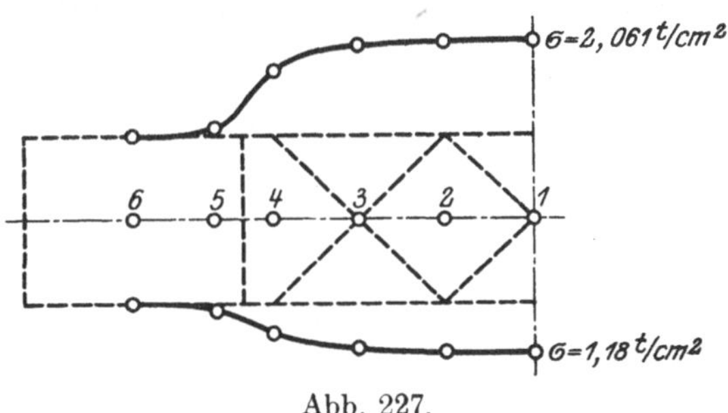

Abb. 227.

Die Darstellung läßt deutlich den fast geradlinigen Verlauf der
Gurtachsen in Stabmitte und den starken Einfluß der Endbleche
auf die entstehenden Formänderungen erkennen.

Stab Nr. 50 (T C 4, 1). Den Querschnitt zeigt Abb. 228. Es
bilden ihn

$$F\ (\mathrm{cm}^2)$$

2 Stehbleche 559/19,05 212,8
4 Winkel 103/15,9 122,2
$$F = 335,0\ \mathrm{cm}^2.$$

Die aus dem Stabgewicht 5,27 t ermittelte, wirksame Fläche
betrug 331 cm². Die Trägheitsradien sind

für den Gesamtstab $i_x = 20,12$ cm; $i_y = 18,5$ cm

und für den Einzelgurt $i_g = 2,72$ cm.

Die ganze Baulänge des Stabes war 1494,5 cm; die Länge zwischen den Kontaktpunkten der Bolzen betrug 1476,7 cm.

In der Mitte besaß der Stab einen reichlich bemessenen Querstoß. Die Verstärkung der Stehbleche an den Enden bestand aus

2 Blechen 356/15,9, lang 775 mm,
2 „   508/11,1, „   622 „
2 „   559/14,3, „   622 „

Die Leibungsfläche am Bolzen betrug 214,5 cm².

Außer den in der Nähe der Bolzen befindlichen beiden Querschotten waren etwa in den Drittelspunkten der Stablänge noch zwei weitere Querschotte angeordnet, die an Knotenpunkten der Diagonalvergitterung lagen.

An den Stabenden befanden sich Bindebleche 559/9,5 je 788 mm

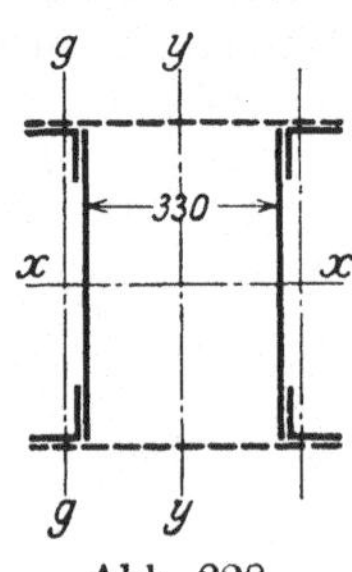

Abb. 228.

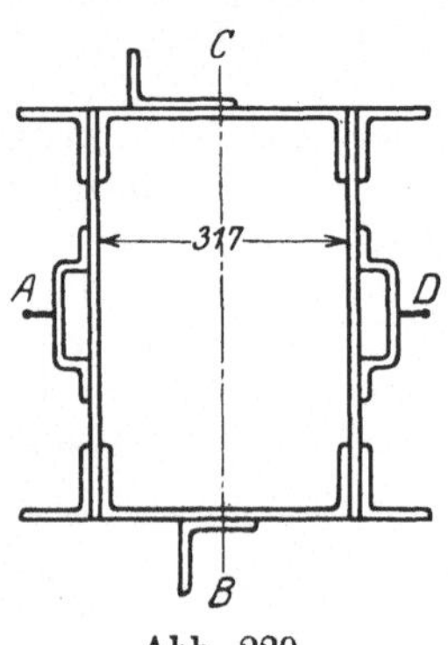

Abb. 229.

lang; in Stabmitte waren ebensolche Bindebleche von 1000 mm Länge vorhanden.

Die Vergitterung, welche ebenso wie die zuvor beschriebenen Bindebleche in beiden Flanschebenen lag, bestand aus gekreuzten Diagonalen, Flacheisen 63,5/11,1 mit $c = 50,8$ cm, $h = 48,3$ cm und $d = 70,01$ cm, die in der Mitte durch ein Niet von 22,2 mm Durchmesser verbunden und an ihren Enden mit je einem gleich starken Niet angeschlossen waren.

Von den zahlreichen Beobachtungen geben wir in den Tabellen 51 bis 53 nur die folgenden wieder:

1. Die prozentualen Stauchungen je für eine, zur Stabmitte symmetrisch gelegene, 508 cm lange Meßstrecke an den beiden Stehblechen, sowie in den Vergitterungsebenen. Diese Messungen beziehen sich auf die in Abb. 229 eingetragenen Meßpunkte A, B, C und D.

2. Die prozentualen Stauchungen an den freien Flanschen der Gurtwinkel in der Nähe eines Stabendes für eine Meßlänge von je 10,16 cm. Die Meßpunkte I, II,. III und IV sind aus Abb. 230 erkenntlich.

3. Die Durchbiegungen an den drei Stellen 1, 2 und 3 (siehe Abb. 231) des Stabes im horizontalen und vertikalen Sinne, wobei für die Stabmitte die Durchbiegungen des nördlichen und des südlichen Gurtes getrennt aufgeführt sind.

Alle Beobachtungen wurden gleich Null gesetzt für die Stauchungen bei der Druckspannung 0,22 t/cm² (1. Laststufe) und für die Durchbiegungen bei der Druckspannung 0,00 t/cm² (wobei nur das Eigengewicht allein den Stab beeinflußte).

Die große Baulänge dieses Stabes sowïe auch der folgenden Stäbe mochte seine genaue Herstellung in der Werkstätte sehr erschwert haben. Kleine Verkrümmungen der Gurt- und Stabachsen waren von Haus aus kaum zu vermeiden. Hierdurch wird es wohl genügend erklärt, daß sich die Spannungen in den langen Stäben

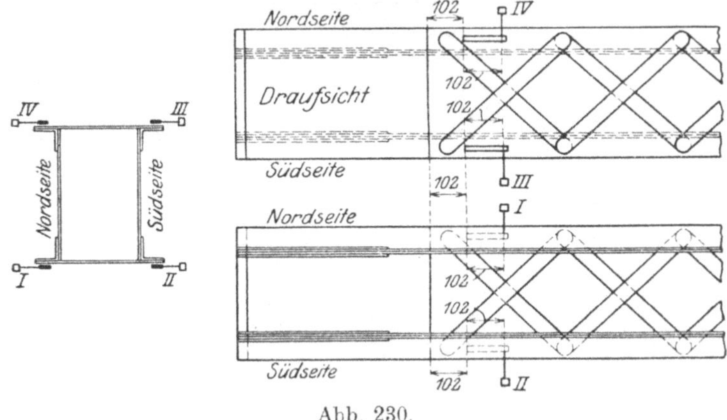

Abb. 230.

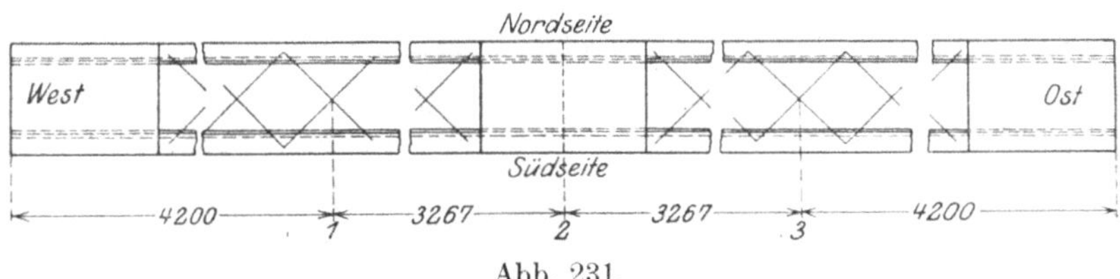

Abb. 231.

wesentlich ungleichförmiger verteilten als bei den kürzeren Versuchsstücken. Dementsprechend zeigen auch die Beobachtungen der Durchbiegungen bei den langen Stäben einen weniger gesetzmäßigen Verlauf.

Der Stab Nr. 50 sowie auch die drei folgenden Stäbe knickten ähnlich wie ein Vollwandstab im wesentlichen in der Vertikalebene aus, in der auch ihre Eigenlast wirksam war. Jedoch lassen die Aufnahmen über die eingetretenen Änderungen der Gurtabstände, sowie die Messung der Formänderungen der Diagonalen keinen Zweifel darüber aufkommen, daß diese Stäbe schon bei Lasten, die weit unter der Knickgrenze lagen, Formänderungen auch in der Horizontalebene erlitten, bei denen die Querverbände in Mitleidenschaft gezogen wurden. Ein örtliches Knicken trat bei Stab Nr. 50

nirgends ein, vielmehr knickte der Stab, indem seine Gurtungen und seine Achse eine gleichmäßige Krümmung annahmen. Das Bild des geknickten Stabes zeigt Abb. 232.

Die Querverbände und ihre Anschlüsse zeigten auch nach dem Versuch weder Verletzungen noch merkliche Formänderungen.

Die größte Durchbiegung in Stabmitte war 33 cm bei dem Versuch an Stab Nr. 50, wobei der Stab mit seinem unteren Rande die Querrippen des Maschinenbettes berührte.

Tabelle 51.

Zeit	Spannung in t/cm²	Prozentuale Stauchungen für 508 cm Meßlänge				Bemerkungen
		Südgurt (A)	Unten (B)	Oben (C)	Nordgurt (D)	
8³⁰	0,220	0	0	0	0	Die Ablesungen für die erste Laststufe sind gleich Null gesetzt.
8⁴³	0,439	0,0108	0,0106	0,0132	0,0131	
8⁴⁷	0,659	0,0209	0,0202	0,0252	0,0244	} Unsichere Beobachtungen.
9⁰⁶	0,659	0,0222	0,0221	0,0269	0,0255	
9¹⁰	0,878	0,0324	0,0308	0,0389	0,0366	
9²⁰	1,097	0,0437	0,0413	0,0534	0,0495	Elastizitätsgrenze des Stabes.
9³⁷	1,097	0,0449	0,0419	0,0547	0,0504	
9⁴¹	1,318	0,0567	0,0521	0,0706	0,0640	
9⁴⁷	1,318	0,0577	0,0526	0,0725	0,0650	
9⁵⁰	1,406	0,0615	0,0560	0,0781	0,0701	Fließgrenze des Stabes.
10⁰⁸	1,406	0,0631	0,0567	0,0811	0,0718	
10¹²	1,492	0,0670	0,0602	0,0870	0,0767	
10¹⁶	1,492	0,0681	0,0604	0,0895	0,0781	
10¹⁸	1,582	0,0725	0,0628	0,0975	0,0842	
10²¹	1,582	0,0733	0,0627	0,1002	0,0854	
	1,756	0,0806	—	—	0,1019	
	1,836	—	—	—	0,1019	Knickgrenze des Stabes.

Tabelle 52.

Spannnung in t/cm²	Prozentuale Stauchung am Stabende für 10,16 cm Meßlänge, gemessen an den freien Winkelflanschen in der Nähe der Stehbleche für die Punkte			
	I	II	III	IV
0,220	0	0	0	0
0,439	0,0135	0,0080	0,0125	0,0145
0,659	0,0230	0,0165	0,0237	0,0272
0,659	0,0230	0,0188	0,0245	0,0285
0,878	0,0310	0,0250	0,0358	0,0420
1,097	0,0400	0,0350	0,0495	0,0560
1,097	0,0402	0,0348	0,0502	0,0570
1,318	0,0512	0,0440	0,0648	0,0713
1,406	0,0570	0,0480	0,0710	0,0785
1,406	0,0577	0,0480	0,0725	0,0802
1,492	0,0620	0,0518	0,0778	0,0855
1,492	0,0625	0,0518	0,0795	0,0870
1,582	0,0665	0,0550	0,0862	0,0935
1,756	0,0770	0,0595	0,1130	0,1130

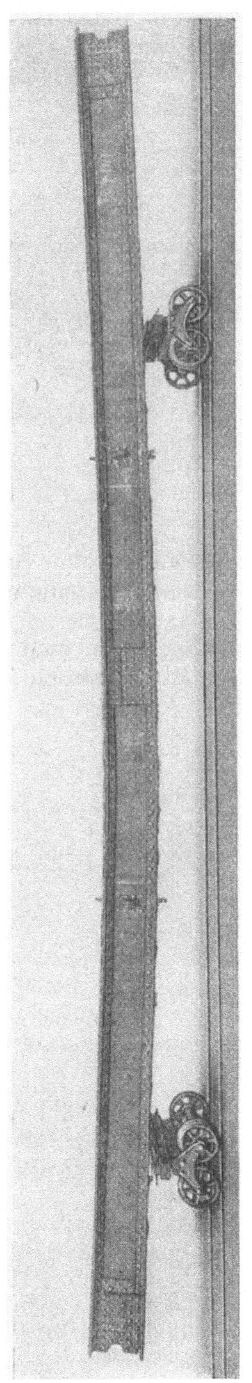

Abb. 232 (Seite 440.)

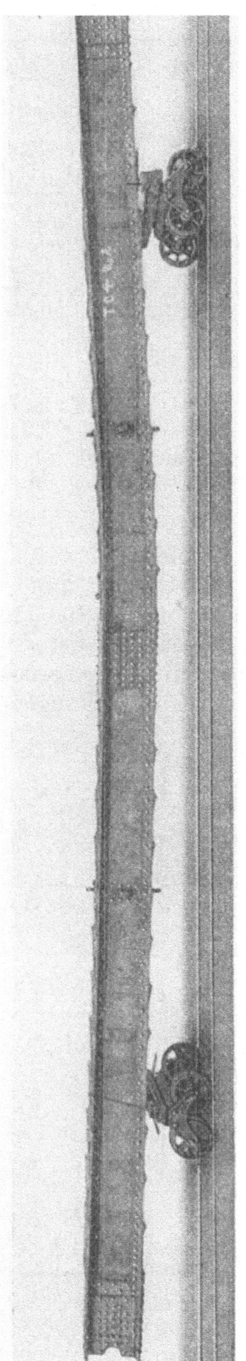

Abb. 234. (Seite 443.)

Tabelle 53.

Spannung in t/cm²	Durchbiegungen in cm für die Punkte								Bemerkungen
	1		2 (Südgurt)		2 (Nordgurt)		3		
	Hori-zontal	Ver-tikal	Hori-zontal	Ver-tikal	Hori-zontal	Ver-tikal	Hori-zontal	Ver-tikal	
0	0	0[1])	0	0,318	0	0,318	0	0[1])	[1]) Die vertikale
0,220	0,079	0	0,159	0,397	0,159	0,397	0,079	0,079	Durchbiegung
0,439	—	—	0,238	0,436	0,238	0,436	—	—	bei 1 und 3 in-
0,659	0,238	0,079	0,238	0,476	0,238	0,476	0,079	0,159	folge Eigenge-
0,878	0,278	0,159	0,238	0,556	0,238	0,556	0,079	0,238	wichts ist
1,097	—	—	0,318	0,635	0,318	0,635	—	—	gleich Null ge-
1,318	0,397	0,476	0,397	0,953	0,397	0,953	0,159	− 0,714	setzt.
1,492	—	—	0,397	1,270	0,397	1,270	—	—	
1,756	—	—	0,714	2,619	0,714	2,619	—	—	
1,318	—	—	—	2,619	—	2,619	—	—	
	Nach Süden	Nach unten	Nach Süden	Nach unten	Nach Süden	Nach unten	Nach Süden	Nach oben	

Stab Nr. 51 (T C 4, 2). Dieser Stab war genau wie der vorangehende ausgebildet. Bei einem Gewicht von 5,245 t war seine wirksame Querschnittsfläche 329 cm².

Die Messungen der Stauchungen für die Diagonalen sind hier nicht mitgeteilt; sie ergaben bereits bei den ersten Laststufen Zug- und Druckbeanspruchungen in diesen Gliedern.

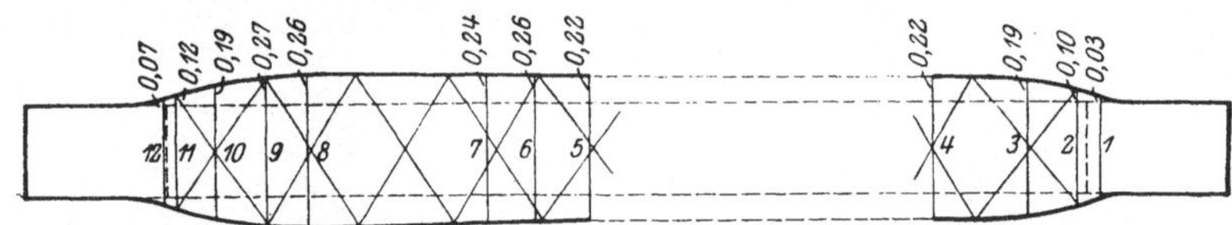

Abb. 233.

Für eine Meßstrecke von 508 cm Länge in der Mitte des Stabes wurden die Stauchungen in den durch Abb. 229 gekennzeichneten Punkten *A*, *B*, *C* und *D* gemessen; diese Beobachtungen enthält Tabelle 54.

Außerdem wurden die Änderungen ermittelt, welche die Gurtabstände bei verschiedenen Belastungen an den Punkten 1 bis 13 (in Abb. 233) erfuhren. Diese Ablesungen sind in Tabelle 55 wiedergegeben.

Bei einer rechnerischen Druckspannung von 1,418 t/cm² ergaben diese Messungen das für den halben Stab in Abb. 233 dargestellte Bild, wobei die Deformationen wieder in stark verzerrtem Maßstab eingetragen und die beobachteten Abstandsänderungen der Gurtungen auf beide Gurtstäbe gleichmäßig verteilt angenommen wurden.

Die Messung der Durchbiegungen, welche in Tabelle 56 angeführt sind, erfolgte ganz entsprechend wie bei Stab Nr. 50. Auch war der Knickvorgang genau wie bei diesem Stab; der Knickpfeil nach dem Versuch betrug 27,8 cm.

Das Bild des geknickten Stabes zeigt Abb. 234.

Tabelle 54.

Zeit	Spannung in t/cm²	Prozentuale Stauchungen für 508 cm Meßlänge				Bemerkungen
		Südgurt (A)	Unten (B)	Oben (C)	Nordgurt (D)	
3^{16}	0	0	0	0	0	
3^{20}	0,221	0,0071	0,0085	0,0090	0,0100	
3^{45}	0,221	0,0074	0,0092	0,0092	0,0102	
3^{49}	0,442	0,0184	0,0200	0,0217	0,0221	
3^{55}	0,663	0,0286	0,0297	0.0313	0,0329	
4^{12}	0,663	0,0294	0,0000 [1]	0,0000 [1]	0,0333	[1]) Neue Ablesungen!
4^{15}	0,884	0,0408	0,0101	0,0131	0,0447	
4^{22}	1,105	0,0530	0,0201	0,0274	0,0563	
4^{36}	1,105	0,0535	0,0199	0,0293	0,0571	
4^{40}	1,326	0,0660	0,0293	0,0454	0,0696	Elastizitätsgrenze des Stabes.
4^{45}	1,326	0,0666	0,0294	0,0464	0,0701	Fließgrenze des Stabes.
4^{48}	1,418	0,0713	0,0329	0,0527	0,0750	
4^{58}	1,418	0,0725	0,0332	0,0549	0,0761	[2]) Bei 1,77 t/cm² biegt
5^{04}	1,506	0,0771	0,0361	0,0614	0,0806	sich der Stab rasch
5^{08}	1,506	0,0780	0,0359	0,0638	0,0815	nach unten, trägt dann
5^{11}	1,594	0,0843	0,0379	0,0724	0,0868	seine Last und knickt
5^{13}	1,594	0,0840	0,0376	0,0743	0,0873	nach 20 Minuten bei
5^{17}	1,682	0,0920	0,0370	0,0869	0,0920	1,818 t/cm².
	1,770 [2])	—	—	—	—	
	1,818	—	—	—	—	Knickgrenze des Stabes.

Tabelle 55.

Meßstelle	Änderungen der gegenseitigen Gurtentfernungen in cm bei einer Spannung in t/cm² von				
	0	0,221	0,663	1,105	1,418
1	0	0,0010	0,0025	0,0036	0,0046
2	0	0,0018	0,0071	0,0119	0,0163
3	0	0,0033	0,0137	0,0239	0,0333
4	0	0,0056	0,0191	0,0343	0,0475
5	0	0,0043	0,0183	0,0322	0,0470
6	0	0,0048	0,0178	0,0302	0,0430
7	0	0,0041	0,0170	0,0325	0,0467
8	0	0,0048	0,0201	0,0374	0,0539
9	0	0,0046	0,0191	0,0353	0,0513
10	0	0,0028	0,0122	0,0221	0,0330
11	0	0,0025	0,0066	0,0129	0,0203
12	0	0,0031	0,0071	0,0099	0,0135
13	0	0,0003	0,0003	0,0003	0,0000

Tabelle 56.

Spannung in t/cm²	Durchbiegungen in cm für die Punkte								Bemerkungen
	1		2 (Südgurt)		2 (Nordgurt)		3		
	Horizontal	Vertikal	Horizontal	Vertikal	Horizontal	Vertikal	Horizontal	Vertikal	
0	0	0[1])	0	0,318	0	0,793	0	0[1])	[1]) Die vertikale
0,221	0,159	0	0	0,318	0	0,793	0	0	Durchbiegung
0,44	0,238	0	0,079	0,318	0,079	0,793	0,079	0	bei 1 und 3 infolge Eigenge-
0,663	0,238	0	0,079	0,397	0,079	0,872	0,079	0,079	wichts ist
0,884	—	—	0,079	0,516	0,079	0,991	—	—	gleich Null gesetzt.
1,105	0,318	0,238	0,079	0,635	0,079	1,112	0,079	0,238	
1,326	0,318	0,397	0,079	0,714	0,079	1,429	0,079	0,476	
1,506	0,397	0,556	0,079	1,191	0,079	1,668	0,079	0,556	
1,326	—	—	—	2,780	—	3,258	—	—	
	—	—	—	27,800[2])	—	—	—	—	[2]) Nach dem Versuch.
	Nach Süden	Nach unten	Nach Süden	Nach unten	Nach Süden	Nach unten	Nach Süden	Nach unten	

Stab Nr. 52 (T C 5, 1). Dieser Stab ist genau wie die Stäbe Nr. 50 und 51 gebaut und unterscheidet sich nur durch den Querverband, der aus gekreuzten Diagonalen Flacheisen 101,6/11,1 bestand, die durch je 2 Nieten von 19,1 mm Durchmesser an ihren Enden angeschlossen waren; außerdem waren die Endbindebleche nur 750 mm lang. Auch dieser Stab sowie der folgende (Nr. 53) knickten ganz wesentlich in der Vertikalebene aus, wobei die Querverbände unwirksam blieben.

Aus dem Stabgewicht 5,5 t berechnet sich der nutzbare Querschnitt zu 329,5 cm².

Der Versuchsbericht enthält zahlreiche Beobachtungen über die Stauchung an verschiedenen Stellen des Stabes, sowie an den Dia-

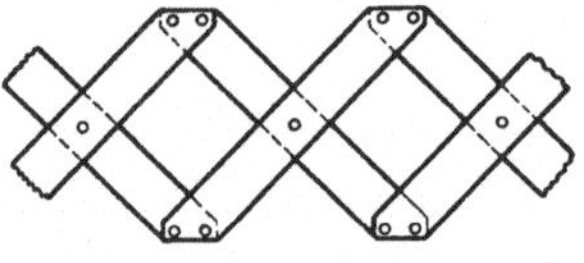

Abb. 235.

gonalen der Vergitterung, die wir hier nicht mitteilen. Charakteristisch ist hier wieder die in den Diagonalen nachgewiesene Beanspruchung selbst bei Lasten weit unterhalb der Knickgrenze, sowie das Vorhandensein von Biegungsmomenten in diesen Gliedern, welches (siehe Abb. 235) durch die Anordnung der Diagonalenscharen in zwei Ebenen übereinander bedingt wurde.

Die Stauchungen in den Punkten A, B, C und D (Abb. 229) wurden wiederum für 508 cm Meßlänge bestimmt und sind in Tabelle 57 enthalten. Die Durchbiegungen, welche Tabelle 58 wiedergibt, beziehen sich auf die aus Abb. 231 ersichtlichen Meßpunkte 1, 2 und 3.

Die Versuche ergaben keine erheblichen Unterschiede der Knicklasten trotz des beträchtlich verstärkten Querverbandes.

Die Gestalt des Stabes nach dem Versuch zeigt Abb. 236.

Tabelle 57.

Zeit	Spannung in t/cm²	Prozentuale Stauchungen für 508 cm Meßlänge				Bemerkungen
		Südgurt (A)	Unten (B)	Oben (C)	Nordgurt (D)	
11⁰⁹	0,220	0	0	0	0	Die Ablesungen für die erste Laststufe sind gleich Null gesetzt.
11¹¹	0,440	0,0095	0,0100	0,0112	0,0123	
11¹⁸	0,661	0,0195	0,0195	0,0233	0,0239	
11²⁹	0,661	0,0198	0,0200	0,0236	0,0242	
11³²	0,881	0,0303	0,0294	0,0360	0,0362	
11³⁶	0,881	0,0308	0,0295	0,0368	0,0367	
11³⁹	1,101	0,0417	0,0390	0,0503	0,0490	
11⁵⁰	1,101	0,0420	0,0385	0,0510	0,0492	
11⁵³	1,322	0,0535	0,0477	0,0665	0,0624	Elastizitätsgrenze des Stabes.
11⁵⁷	1,322	0,0544	0,0480	0,0687	0,0635	
12⁰⁰	1,410	0,0589	0,0513	0,0740	0,0683	Beginn beträchtlicher Durchbiegungen.
12¹¹	1,410	0,0598	0,0516	0,0773	0,0700	
12¹³	1,499	0,0642	0,0548	0,0835	0,0755	
12¹⁸	1,499	0,0647	0,0545	0,0859	0,0762	
12²⁰	1,588	0,0690	0,0565	0,0933	0,0818	
12²⁴	1,674	0,0743	0,0565	0,1070	0,0897	Fließgrenze des Stabes.
12²⁸	1,762	0,0790	0,0435	0,1328	0,0975	
	1,848	—	—	—	—	Knickgrenze des Stabes.

Tabelle 58.

Spannung in t/cm²	Durchbiegungen in cm für die Punkte								Bemerkungen
	1		2 (Südgurt)		2 (Nordgurt)		3		
	Horizontal	Vertikal	Horizontal	Vertikal	Horizontal	Vertikal	Horizontal	Vertikal	
0,220	0	0¹)	0	0,635	0	0,635	0	0¹)	¹) Die vertikale Durchbiegung bei 1 und 3 infolge Eigengewichts ist gleich Null gesetzt.
0,440	0	0	0	0,714	0	0,714	0	0	
0,661	0,079	0	0,159	0,793	0,159	0,793	0	0	
0,881	0,159	0,079	0,159	0,873	0,159	0,873	0	0,159	
1,101	0,159	0,159	0,238	0,952	0,238	0,952	0	0,159	
1,322	0,318	0,318	0,318	1,270	0,318	1,270	0,079	0,397	
1,499	0,318	0,556	0,397	1,508	0,397	1,508	0,159	0,635	
1,674	—	—	0,635	2,062	0,635	2,062	—	—	
1,762	—	—	0,635	2,780	0,635	2,780	—	—	
—	—	—	—	27,950²)	—	—	—	—	²) Nach dem Versuch.
	Nach Süden	Nach unten	Nach Süden	Nach unten	Nach Süden	Nach unten	Nach Süden	Nach unten	

Stab Nr. 53 (T C 5,2). Der Stab stimmt in seiner Bauart mit dem vorigen vollkommen überein. Der dem Stabgewicht 5,51 t entsprechende, wirksame Querschnitt war 330 cm².

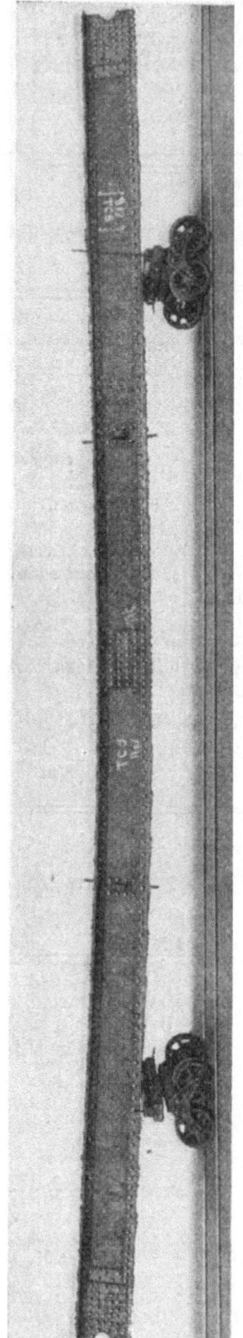

Abb. 236. (Seite 445.)

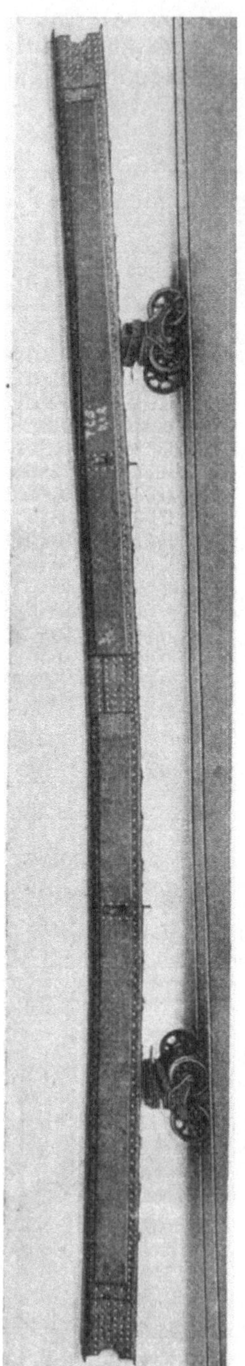

Abb. 238. (Seite 447.)

Die Messung der Formänderungen an den Diagonalen ergab, daß in diesen Gliedern schon bei niederen Laststufen Beanspruchungen auftraten. In den Tabellen 59 bis 61 sind außer den für 508 cm Meßlänge ermittelten Stauchungen auch die Durchbiegungen für die bereits erwähnten Meßpunkte 1, 2 und 3 (Abb. 231) sowie die Änderungen der Gurtentfernungen für die aus Abb. 233 ersichtlichen Meßstellen angeführt.

Das Ausknicken des Stabes geschah wesentlich in der zur Ebene der Vergitterungen senkrechten Lotebene. Doch zeigten sich mit wachsender Belastung auch Ausbiegungen in horizontalem Sinne, wodurch auch die Inanspruchnahme des Querverbandes erklärt wird.

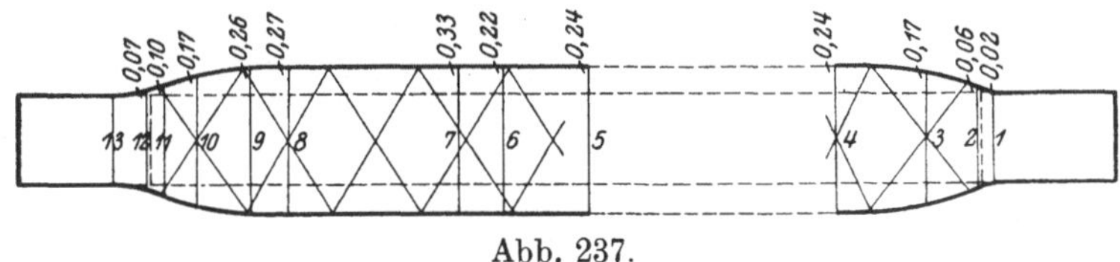

Abb. 237.

Für eine Druckspannung von 1,407 t/cm² sind wiederum in Abb. 237 die Formänderungen der Gurtungen in verzerrtem Maßstab nach den in Tabelle 60 wiedergegebenen Messungen dargestellt.

Abb. 238 zeigt das Aussehen des Stabes nach dem Versuch und läßt erkennen, daß er mit Verkrümmung seiner ganzen Länge ohne örtliche Knickung versagte.

Tabelle 59.

Zeit	Spannung in t/cm²	Prozentuale Stauchungen für 508 cm Meßlänge				Bemerkungen
		Südgurt (A)	Unten (B)	Oben (C)	Nordgurt (D)	
4⁵⁸	0,220	0	0	0	0	Die Ablesungen für die
5¹⁰	0,440	0,0119	0,0115	0,0109	0,0126	erste Laststufe sind
5¹⁵	0,660	0,0233	0,0220	0,0257	0,0239	gleich Null gesetzt.
5²⁶	0,660	0,0238	0,0219	0,0265	0,0244	
5³⁰	0,880	0,0353	0,0319	0,0392	0,0353	
5³³	0,880	0,0355	0,0319	0,0396	0,0355	
5³⁶	1,100	0,0476	0,0423	0,0537	0,0473	
5⁴⁷	1,100	0,0477	0,0419	0,0535	0,0470	
5⁵⁰	1,320	0,0603	0,0513	0,0697	0,0591	Elastizitätsgrenze des
5⁵⁵	1,320	0,0604	0,0511	0,0703	0,0595	Stabes.
6⁰²	1,407	0,0655	0,0544	0,0773	0,0645	
6¹²	1,407	0,0670	0,0548	0,0805	0,0660	
6¹⁶	1,496	0,0719	0,0581	0,0872	0,0706	
6²⁰	1,584	0,0783	0,0600	0,0972	0,0766	
6²⁴	1,673	0,0850	0,0573	0,1130	0,0830	Fließgrenze des Stabes.
6²⁷	1,673	0,0865	—	—	0,0840	
6³¹	1,760	—	—	—	—	Knickgrenze des Stabes.

Tabelle 60.

Meßstelle	Änderungen der gegenseitigen Gurtentfernungen in cm bei einer Spannung in t/cm² von						Bemerkungen
	0[1])	0[2])	0,220	0,660	1,100	1,407	
1	0	0,00127	0,00153	0,00279	0,00432	0,00508	[1]) Bei Lagerung
2	0	0,00051	0,0033	0,01020	0,0165	0,0208	des Stabes
3	0	0,00228	0,00635	0,0170	0,0280	0,0374	als Freiträ-
4	0	—	0,00483	0,0175	0,0315	0,0435	ger auf zwei
5	0	—	0,00483	0,0170	0,0315	0,0445	Stützen.
6	0	0,00508	0,01016	0,0234	0,0376	0,0510	[2]) Bei einer Be-
7	0	—	0,00508	0,0183	0,0330	0,0483	lastung, für
8	0	—	0,00559	0,0198	0,0366	0,0518	die das Mano-
9	0	0,00559	0,01040	0,0244	0,0402	0,0546	meter der
10	0	0,00203	0,00510	0,0153	0,0272	0,0386	Prüfmaschi-
11	0	0,00430	0,00690	0,0125	0,0188	0,0244	ne noch kei-
12	0	0,00330	0,00508	0,0094	0,0119	0,0142	nen Druck
							anzeigte.

Tabelle 61.

Spannung in t/cm²	Durchbiegungen in cm für die Punkte								Bemerkungen
	1		2 (Südgurt)		2 (Nordgurt)		3		
	Horizontal	Vertikal	Horizontal	Vertikal	Horizontal	Vertikal	Horizontal	Vertikal	
0	0	0[1])	0	0,476	0	0	0	0[1])	[1]) Die vertikale
0,220	0	0	0	0,476	0	0	0	0	Durchbiegung
0,440	0	0	0	0,476	0	0	0	0	bei 1 und 3 in-
0,660	0	0	0	0,476	0	0	0	0	folge Eigenge-
0,880	0	0,0793	0	0,555	0	0,0793	0	0	wichts ist
1,100	0	0,238	0	0,713	0	0,238	0	0,159	gleich Null ge-
1,320	0	0,318	0	0,953	0	0,476	0	0,318	setzt.
1,496	0,0793	0,635	0,0397	1,350	0,0397	0,874	0	0,555	
1,673	—	—	0,0793	2,144	0,0793	1,667	—	—	
1,320	—	—	—	4,050	—	3,570	—	—	
—	—	—	—	26,600	—	—	—	—	
	Nach Süden	Nach unten	Nach Süden	Nach unten	Nach Nord.	Nach unten	Nach Süden	Nach unten	

Stab Nr. 54 (T C 6, 1). Die Konstruktion dieses Stabes stellt Abb. 239 dar; sein Querschnitt wurde gebildet durch

		F (cm²)
2 Stehbleche	610/9,53	116,0
8 Gurtwinkel	101,6/9,53	145,3
1 Schottblech	406/9,53	38,7
4 Schottwinkel	101,6/76,2/9,53	64,5

$$F = 364{,}5 \text{ cm}^2 .$$

Dem Stabgewicht 6,42 t entspricht als nutzbarer Querschnitt 370 cm². Die Trägheitsradien sind für den ganzen Stab

$$i_x = 20{,}55 \text{ cm und } i_y = 20.24 \text{ cm} .$$

Die ganze Baulänge war 1494,5 cm und die Länge zwischen den Kontaktpunkten der Bolzen 1474,2 cm.

Zur Verstärkung der Stehbleche an den Stabenden dienten

4 Bleche 406/9,53 lang 1213 mm,
4 „ 584/17,5 „ 985 mm.

Die Leibungsfläche am Bolzen war 258 cm².

Wegen des durchlaufenden Längsschotts ist der Stab kein eigentlicher Gliederstab.

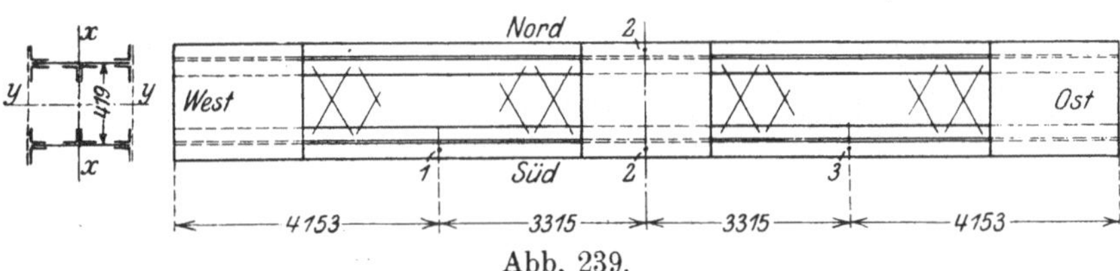

Abb. 239.

Die Querverbindungen bestanden aus 2 Querschotten an den Stabenden und 2 weiteren Querschotten etwa in den Viertelspunkten der Stablänge; ferner waren jeweils in der oberen und, unteren Flanschebene angeordnet

2 Endbindebleche 660/9,53 je 907 mm lang,

1 Mittelbindeblech 660/9,53 je 883 mm lang, sowie

gekreuzte Diagonalen-Flacheisen 76,2/6,35 mit $c = 26,65$ cm, $h = 30,18$ cm und $d = 40,5$ cm, die an ihren Enden mit. je zwei Nieten von 22,2 mm Durchmesser angeschlossen und in ihren Mitten durch ebensolche Nieten verbunden waren.

Von den Beobachtungen sind nur die für eine symmetrisch zur Stabmitte gelegene Meßstrecke von 619 cm Länge bestimmten, prozentualen Stauchungen (s. Abb. 229), sowie die Durchbiegungen der Punkte 1, 2 und 3 in den Tabellen 62 und 63 angeführt. Letztere beziehen sich auf die aus Abb. 239 ersichtlichen Meßstellen.

Tabelle 62 zeigt eine viel gleichmäßigere Verteilung der Spannungen im Stabe, als sie bei den eigentlichen Gliederstäben beobachtet werden konnte; ebenso gibt auch Tabelle 63 regelmäßigere Durchbiegungen an, als sie dort eintraten. Hierin macht sich der günstige Einfluß des Längsschotts geltend.

Der Stab knickte wesentlich in der Vertikalebene aus. Seine Durchbiegungen in horizontaler Richtung waren auch bei hohen Laststufen nur unbeträchtlich.

Das Aussehen des Stabes nach dem Versuch gibt Abb. 240 wieder.

Tabelle 62.

Zeit	Spannung in t/cm²	Prozentuale Stauchungen für 619 cm Meßlänge				Bemerkungen
		Südgurt (A)	Unten (B)	Oben (C)	Nordgurt (D)	
3^{00}	0,197	0	0	0	0	Die Ablesungen für
3^{05}	0,394	0,0096	0,0103	0,0104	0,0116	die erste Laststufe
3^{12}	0,590	0,0180	0,0189	0,0194	0,0211	sind gleich Null ge-
3^{25}	0,590	0,0182	0,0191	0,0198	0,0204	setzt.
3^{29}	0,797	0,0272	0,0279	0,0297	0,0302	
3^{33}	0,797	0,0273	0,0278	0,0300	0,0302	
3^{36}	0,983	0,0367	0,0365	0,0403	0,0401	
3^{53}	0,983	0,0374	0.0368	0,0412	0,0406	
3^{57}	1,180	0,0473	0,0457	0,0521	0,05ı9	
4^{01}	1,180	0,0470	0,0456	0,0521	0,0505	
4^{01}	1,259	0,0503	0,0487	0,0563	0,0538	
4^{16}	1,259	0,0503	0,0486	0,0563	0,0536	
4^{20}	1,336	0,0538	0,0519	0,0607	0,0572	
4^{24}	1,336	0,0543	0,0520	0,0612	0,0575	
4^{27}	1,415	0,0582	0,0553	0,0656	0,0617	Elastizitätsgrenze
4^{30}	1,492	0,0630	0,0591	0,0714	0,0669	des Stabes.
4^{43}	1,492	0,0643	0,0592	0,0725	0,0680	
4^{46}	1,570	0,0681	0,0625	0,0769	0,0720	
4^{49}	1,570	0,0686	0,0623	0,0778	0,0723	
4^{52}	1,650	0,0731	0,0654	0,0833	0,0769	
4^{55}	1,728	0,0783	0,0682	0,0905	0,0823	
4^{57}	1,808	0,0842	0,0704	0,0990	0,0879	
5^{00}	1,885	0,0905	0,0708	0,1112	0,0949	Fließgrenze des
5^{01}	1,885	—	—	0,1138	—	Stabes.
—	2,140	—	—	—	—	Knickgrenze des Stabes.

Tabelle 63.

Spannung in t/cm²	Durchbiegungen in cm für die Punkte								Bemerkungen
	1		2 (Südgurt)		2 (Nordgurt)		3		
	Horizontal	Vertikal	Horizontal	Vertikal	Horizontal	Vertikal	Horizontal	Vertikal	
0,197	0	0[1]	0	0,318	0	0,318	0	0[1]	[1] Die vertikale Durchbiegung bei 1 und 3 infolge Eigengewichts ist gleich Null ge- setzt.
0,394	0	0	0	0,318	0	0,318	0	0	
0,590	0	0	0	0,318	0	0,318	0	0	
0,797	0	0	0.0793	0,318	0,0793	0,318	0	0	
0,983	0,119	0,0793	0,0793	0,397	0,0793	0,397	0	0	
1,180	0,159	0,159	0,0793	0,476	0,0793	0,476	0	0,0793	
1,259	0,159	0,159	0,0793	0,556	0,0793	0,556	0	0,159	
1,492	0,159	0,238	0,119	0,635	0,119	0,635	0	0,159	
1,570	—	—	0,119	0,714	0,119	0,714	—	—	
1,808	—	—	0,119	1,032	0,119	1,032	—	—	
1,885	—	—	—	1,270	—	1,270	—	—	
	Nach Süden	Nach unten	Nach Süden	Nach unten	Nach Süden	Nach unten	—	Nach unten	

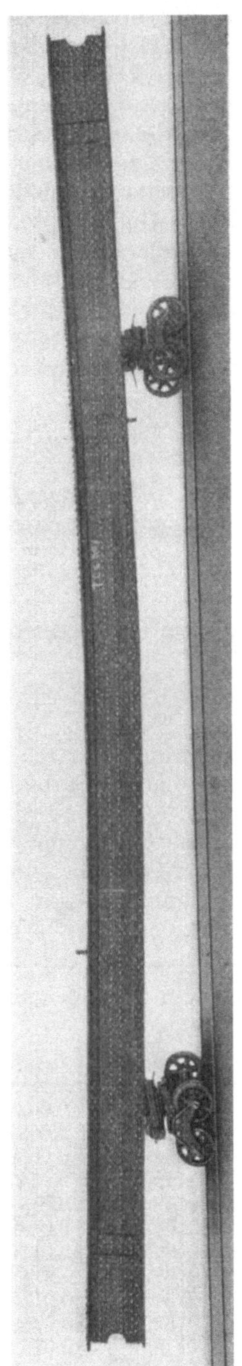

Abb. 240. (Seite 449.)

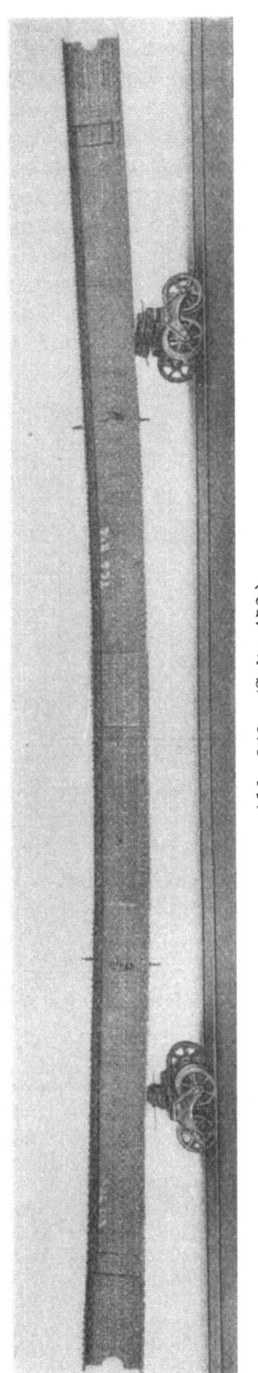

Abb. 242. (Seite 452.)

Stab Nr. 55 (T C 6, 2). Der Stab ist baulich derselbe wie Nr. 54. Seine nutzbare Fläche war, nach dem Stabgewicht 6,41 t zu schließen, 369 cm². Die Leibungsfläche an den Bolzen betrug 258 cm².

Außer den später angeführten Beobachtungen wurden die Stauchungen an einigen Diagonalen und an einer Reihe von Längs- und Querfasern des Stabes die Längenänderungen gemessen. Die Messungen an den Diagonalen zeigen wiederum bereits bei niederen Laststufen die Wirksamkeit von Kräften in diesen Gliedern an.

Wir geben in Tabelle 64 die Stauchungen für die bereits mehrfach erwähnten Meßstrecken *A*, *B*, *C* und *D* (vgl. Abb. 229).

Tabelle 65 enthält die Änderungen der Gurtabstände und wurde der Zeichnung von Abb. 241 zugrunde gelegt, welche den deformierten Stab für eine Druckspannung von 1,258 t/cm² in verzerrtem Maßstabe darstellt.

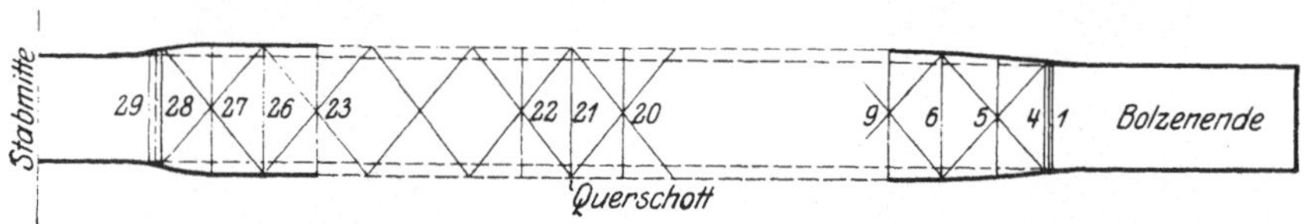

Abb. 241.

Tabelle 66 endlich gibt die Durchbiegungen an den Meßpunkten 1, 2 und 3 entsprechend Abb. 239.

Der Stab knickte wesentlich in der Vertikalebene, doch trat mit zunehmender Belastung auch eine Biegung in horizontalem Sinne auf, welche die Beanspruchung der Vergitterung erklärt. Der größte Pfeil nach dem Versuch maß etwa 30,5 cm in Stabmitte. Abb. 242 zeigt den Stab nach dem Knickversuch.

Die Wirkung des Längsschotts äußert sich auch bei diesem Stab durch eine gleichmäßigere Verteilung der Druckkraft auf die einzelnen Bestandteile, aus denen der Querschnitt zusammengesetzt war.

Tabelle 65.

Meßstelle	Änderungen der gegenseitigen Gurtentfernungen in cm bei einer Spannung in t/cm² von				
	0,197	0,590	0,984	1,258	1,496
1	0,00076	0,00152	0,00178	0,00203	0,00279
4	0,00000	0,00076	0,00229	0,00203	0,00229
5	0,00102	0,00330	0,00533	0,00660	0,00863
6	0,00102	0,00457	0,00940	0,01200	0,01472
9	0,00228	0,00533	0,01016	0,01193	0,01574
20	0,00076	0,00406	0,00812	0,01065	0,01421
21	0,00178	0,00584	0,01016	0,01345	0,01702
22	0,0051	0,00406	0,00812	0,01092	0,01421
23	0,00152	0,00584	0,01040	0,01345	0,01702
26	0,00228	0,00736	0,01270	0,01625	0,0203
27	0,00178	0,00610	0,00965	0,01169	0,01524
28	0,00127	0,00356	0,00584	0,00685	0,00863
29	0,00102	0,00228	0,00305	0,00381	0,00483

Tabelle 64.

| Zeit | Spannung in t/cm² | Prozentuale Stauchungen für 619 cm Meßlänge | | | | Bemerkungen |
		Südgurt (A)	Unten (B)	Oben (C)	Nordgurt (D)	
9³⁰	0,197	0	0	0	0	Die Ablesungen für
9³⁷	0,394	0,0088	0,0096	0,0096	0,0110	die erste Laststufe
9⁴⁵	0,590	0,0184	0,0187	0,0195	0,0216	sind gleich Null
9⁵⁵	0,590	0,0185	0,0185	0,0197	0,0217	gesetzt.
9⁵⁸	0,787	0,0281	0,0275	0,0298	0,0321	
10⁰⁵	0,787	0,0285	0,0277	0,0304	0,0325	
10⁰⁸	0,984	0,0386	0,0365	0,0409	0,0426	
10¹⁹	0,984	0,0392	0,0367	0,0416	0,0433	
10²²	1,180	0,0496	0,0454	0,0526	0,0536	
10²⁷	1,180	0,0501	0,0456	0,0532	0,0540	
10³⁰	1,258	0,0540	0,0490	0.0573	0,0580	
10³⁷	1,258	0,0546	0,0492	0,0580	0,0585	
10⁴¹	1,335	0,0588	0,0525	0,0626	0,0626	
10⁴⁶	1,335	0,0593	0,0526	0,0632	0,0630	
10⁴⁹	1,415	0,0633	0,0560	0,0676	0,0670	Elastizitätsgrenze
10⁵¹	1,415	0,0637	0,0560	0,0680	0,0672	des Stabes.
10⁵⁴	1,496	0,0684	0,0596	0,0731	0,0717	
11⁰⁶	1,496	0,0694	0,0596	0,0752	0,0724	
11⁰⁸	1,572	0,0737	0,0626	0,0798	0,0766	
11¹²	1,651	0,0790	0,0655	0,0867	0,0814	
11¹⁵	1,730	0,0843	0,0679	0,0941	0,0859	
11¹⁷	1,808	0,0908	0,0690	0,1040	0,0919	Fließgrenze des Stabes.
	2,088	—	—	—	—	Knickgrenze des Stabes.

Tabelle 66.

| Spannung in t/cm² | Durchbiegungen in cm für die Punkte | | | | | | | | Bemerkungen |
| | 1 | | 2 (Südgurt) | | 2 (Nordgurt) | | 3 | | |
	Horizontal	Vertikal	Horizontal	Vertikal	Horizontal	Vertikal	Horizontal	Vertikal	
0	—	—	—	0,635	—	0,635	—	—	[1]) Die vertikale
0,197	0	0 [1])	0	0,555	0	0,476	0	0 [1])	Durchbiegung bei
0,394	0,0793	0,0793	0,159	0,635	0,159	0,555	0,0793	0	1 und 3 für
0,590	0,159	0	0,159	0,635	0,159	0,555	0,159	0,0793	0,197 t/cm² Spannung ist gleich Null
0,787	0,238	0,0793	0,159	0,555	0,159	0,555	0,159	0,0793	gesetzt.
0,984	0,238	0,0793	0,159	0,635	0,159	0,635	0,159	0,0793	
1,180	0,238	0,159	0,159	0,713	0,159	0,713	0,159	0,159	
1,335	0,238	0,159	0,159	0,754	0,159	0,754	0,0793	0,238	
1,496	0,238	0,318	0,159	0,873	0,159	0,873	0,0793	0,238	
1,651	—	—	—	—	—	1,032	—	—	
1,730	—	—	—	—	—	1,111	—	—	
	Nach Süden	Nach unten	Nach Süden	Nach unten	Nach Süden	Nach unten	Nach Süden	Nach unten	

Folgerungen aus den Versuchen an den Stäben Nr. 50—55.

Im Gegensatz zu den kurzen Stäben zeigen die langen Versuchsstücke eine wesentlich ungleichförmigere Verteilung der Span-

nungen über den Querschnitt, welche übrigens durch das Längsschott bei den Stäben Nr. 54 und 55 sichtlich ausgeglichen wurde.

Die Ursache der ungleichförmigen Spannungsverteilung wird man
einmal in den schon von der Herstellung her zu erwartenden Exzentrizitäten dieser Stäbe, sodann aber auch in dem Einfluß der
Eigenlasten zu suchen haben, der bei den langen Stäben ziemlich
beträchtlich sein mußte.

Ein örtliches Versagen in dem Sinne, daß die Stabachse merklich gerade blieb und die Gurtungen für sich knickten, trat bei
keinem dieser Stäbe ein; sie gelangten vielmehr alle als Ganzes an
die Knickgrenze in derselben Weise wie dies ein vollwandiger Stab
tut. Der Querverband der Stäbe Nr. 50 und 51 war reichlich bemessen. Die größte Querkraft, deren er fähig war, rechnet sich
aus der Knickgrenze der Diagonalen zu

$$Q_1 = \frac{h}{d} \cdot D_k = \frac{h}{d} \cdot \frac{\pi^2 E J_d}{\left(\dfrac{d}{2}\right)^2} = \frac{4\,\pi^2 E J_d \cdot h}{d^3}$$

mit

$$J_d = 4 \cdot \frac{6{,}35 \cdot 1{,}11^3}{12} = 2{,}9 \text{ cm}^4; \quad E = 2000 \text{ t/cm}^2; \quad h = 48{,}3 \text{ cm und}$$

$$d = 70{,}01 \text{ cm}$$

zu

$$Q_1 = \frac{4\,\pi^2 \cdot 2000 \cdot 2{,}9 \cdot 48{,}3}{70{,}01^3} = 32{,}1 \text{ t},$$

aus der Zugfestigkeit ($\sigma_z = 4{,}0$ t/cm²) der Diagonalen zu

$$Q_2 = \frac{h}{d} \cdot Z = \frac{48{,}3}{70{,}01} \cdot 4 \cdot 4{,}0 \cdot 6{,}35 \cdot 1{,}11 = 77{,}8 \text{ t}$$

und aus der Scherfestigkeit der Nieten ($\tau = 4{,}0$ t/cm²) zu

$$Q_3 = \frac{h}{d} \cdot N = \frac{48{,}3}{70{,}01} \cdot 4 \cdot \frac{\pi \cdot 22{,}2^2}{4} \cdot 4{,}0 = 59 \text{ t}.$$

Der Wert $Q_1 = 32{,}1$ t ist als Kleinstwert für den Querverband entscheidend. Bei einer mittleren Knickkraft von $P_k = 603$ t für die
Stäbe Nr. 50 und 51 ist daher $Q = 0{,}0532\,P_k$, also erheblich größer
als nach der Krohnschen Formel für die Querkraft erforderlich wäre.
Hieraus erklärt es sich auch, daß bei den Stäben Nr. 52 und 53
eine Erhöhung der Knickgrenze durch Verstärkung des Querverbandes nicht herbeigeführt werden konnte.

Für den Querverband dieser Stäbe wird die maximale Querkraft aus der Knickgrenze der Diagonalen

$$Q_1 = \frac{10{,}16}{6{,}35} \cdot 32{,}1 = 51{,}3 \text{ t},$$

aus der Zugfestigkeit der Diagonalen

$$Q_2 = \frac{10{,}16}{6{,}35} \cdot 77{,}8 = 124{,}5 \text{ t},$$

aus der Scherfestigkeit der Anschlußnieten

$$Q_3 = \frac{h}{d}\,N = \frac{48,3}{70,01} \cdot 2 \cdot 4 \cdot \frac{\pi \cdot 1,91^2}{4} \cdot 4,0 = 63,4 \text{ t}.$$

$Q_1 = 51,3$ t ist daher als Kleinstwert für die Stärke des Querverbandes entscheidend. Die mittlere Knickkraft war bei den Stäben Nr. 52 und 53

$$\frac{609 + 581}{2} = 595 \text{ t}.$$

Es trat also keine Steigerung der Tragfähigkeit ein, obwohl der Querverband 1,6 mal so stark war als bei den Stäben Nr. 50 und 51.

Vergleich der tatsächlichen und der rechnerischen Knickspannungen.

Zu einer Berechnung der Knickspannungen eignet sich für diese Stäbe das Verfahren der Wirkungsgrade.

Hierbei ist eine Annahme über den Einspannungsgrad der Stäbe an ihren Enden erforderlich.

Für das Knicken in der Vertikalebene kann man voraussetzen, daß unter Vernachlässigung der Bolzenreibung die freie Knicklänge der Stablänge gleich war. Für das Knicken in der Horizontalebene bewirkte der Bolzen eine teilweise Einspannung, deren Grad zwischen dem der Flächenlagerung und dem der Spitzenlagerung geschätzt werden mag; im vorliegenden Falle kann man daher als Mittelwert zwischen der 0,71 fachen und der 1,0 fachen Stablänge den Wert $0,85\,l$ als freie Knicklänge voraussetzen.

Für das Knicken der einzelnen Gurtstäbe ist die Feldweite der Vergitterung maßgebend.

Man erhält aus der für Flußeisen gültigen Tetmajerschen Formel für die Wirkungsgrade den Ausdruck $\eta = 1 - 0,003\,68\,\lambda$, nach welchem in der Folge die Knickspannungen der einzelnen Stäbe berechnet werden.

Stäbe Nr. 44—49: $l = 286,9$ cm; $c = 50,8$ cm.

Knicken in der Horizontalebene:

$$l : i_y = 286.9 : 18,78 = 15,28; \quad \eta_1 = 1 - 0,003\,68 \cdot 0,85 \cdot 15,28 = 0.952;$$
$$c : i_g = 50,8 : 2,74 = 18,53; \quad \eta_2 = 1 - 0,003\,68 \cdot 18,53 = 0,931;$$
$$\sigma_{ky} = 0,952 \cdot 0,931 \cdot 3,1 = 2,745 \text{ t/cm}^2.$$

Knicken in der Vertikalebene:

$$l : i_x = 286,9 : 20,55 = 13,95;$$
$$\sigma_{kx} = 3,1 - 0,0114 \cdot 13,95 = 2,941 \text{ t/cm}^2.$$

Stäbe Nr. 50—53: $l = 1476,7$ cm; $c = 50,8$ cm.

Knicken in der Horizontalebene:

$$l : i_y = 1476,7 : 18,5 = 79,7; \quad \eta_1 = 1 - 0,003\,68 \cdot 0,85 \cdot 79,7 = 0,75;$$
$$c : i_g = 50,8 : 2,72 = 18,7; \quad \eta_2 = 1 - 0,003\,68 \cdot 18,7 = 0,93;$$
$$\sigma_{ky} = 0,75 \cdot 0,93 \cdot 3,1 = 2,162 \text{ t/cm}^2.$$

Knicken in der Vertikalebene:

$$l : i_x = 1476{,}7 : 20{,}12 = 73{,}7;$$
$$\sigma_{kx} = 3{,}1 - 0{,}0114 \cdot 73{,}7 = 2{,}264 \ \text{t/cm}^2.$$

Stäbe Nr. 54 und 55: $l = 1474{,}2$ cm; $c = 50{,}8$ cm.

Knicken in der Horizontalebene:

$$l : i_y = 1474{,}2 : 20{,}24 = 72{,}8;$$
$$\sigma_{ky} = 3{,}1 - 0{,}114 \cdot 72{,}8 = 2{,}395 \ \text{t/cm}^2.$$

Knicken in der Vertikalebene:

$$l : i_x = 1474{,}2 : 20{,}55 = 71{,}7,$$
$$\sigma_{kx} = 3{,}1 - 0{,}0114 \cdot 71{,}7 = 2{,}282 \ \text{t/cm}^2.$$

Die beobachteten und die berechneten Knickspannungen sind nebst den prozentualen Abweichungen der maßgebenden Werte in Tabelle 67 zusammengestellt.

Tabelle 67.

Stab Nr.	Beobachtungswerte d. Versuche			Berechnete Knickspannungen in t/cm²		Prozentuale Unterschiede zwischen Versuch und Berechnung	
	Knickspannung σ_k (t/cm²)	Mittlere Knickspannung (t/cm²)	Maßgebende Knickspannung	σ_{ky}	σ_{kx}	$\dfrac{\sigma_k - \sigma_{ky}}{\sigma_k} \cdot 100$	$\dfrac{\sigma_k - \sigma_{kx}}{\sigma_k} \cdot 100$
44	2,600 ⎫		σ_{ky}	2,745	2,941	— 5,57	—
45	2,740 ⎪		„	2,745	2,941	0	—
46	2,695 ⎪	2,747	„	2,745	2,941	— 1,93	---
47	2,680 ⎪		„	2,745	2,941	— 2,42	—
48	2,928 ⎪		„	2,745	2,941	+ 6,25	—
49	2,830 ⎭		„	2,745	2,941	+ 3,00	—
50	1,836 ⎫		σ_{kx}	2,162	2,264	—	— 23,3
51	1,818 ⎪	1,815	„	2,162	2,264	—	— 24,5
52	1,848 ⎬		„	2,162	2,264	—	— 22,5
53	1,760 ⎭		„	2,162	2,264	—	— 28,6
54	2,140 ⎫	2,114	„	2,395	2,282	—	— 6,63
55	2,088 ⎭		„	2,395	2,282	—	— 9,3

Die Tabelle zeigt deutlich, daß die langen Stäbe erheblich früher an die Knickgrenze gelangten, als rechnungsmäßig zu erwarten stand. Dies ist dem Einfluß der Nebenspannungen zuzuschreiben, welche sowohl durch nicht strenge gerade Stabform als auch bei horizontaler Lagerung der Stäbe durch ihr Eigengewicht geweckt werden konnten.

Es ist nun von Interesse, den Einfluß der Nebenspannungen beim Versuch näher zu verfolgen. Zu dem Ende sind in Abb. 243 für die langen Stäbe die Mittelwerte der am Nord- und Südgurt in Stabmitte gemessenen vertikalen Durchbiegungen als Funktionen der Axialspannungen, soweit sie beobachtet wurden, aufgetragen. Die so erhaltenen Kurven wurden durch gestrichelte Linien bis zur Knickspannung fortgesetzt. Man erhält so die mutmaßlichen Pfeile f

an der Knickgrenze, aus denen das Moment in Stabmitte an der Knickgrenze zu $M_k = P_k \cdot f = \sigma_k \cdot F \cdot f$ berechnet werden kann. Die zugehörige Nebenspannung aus der Biegung in der Vertikalebene wird

$$\xi = \frac{M_k}{W_x} = \frac{M_k \cdot e}{J_x} = \frac{\sigma_k \cdot F \cdot f \cdot e}{F \cdot i_x^2} = \sigma_k \cdot \frac{e \cdot f}{i_x^2},$$

wo e der Abstand der äußersten Druckfaser ist. Hiernach wurde die Tabelle 68 berechnet, in welcher die um ξ vermehrte, vermutlich größte Randspannung $\sigma_k + \xi$ an der Knickgrenze mit den theoretischen Knickspannungen σ_{kx} der langen Stäbe verglichen wird.

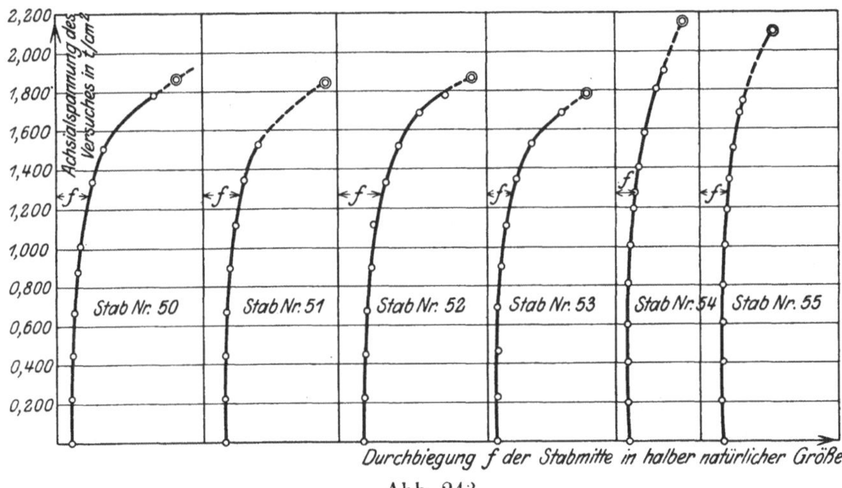

Abb. 243.

Tabelle 68.

Stab Nr.	Knickpfeil f cm	Faserabstand e cm	Trägheitshalbmesser i_x cm	Beobachtete Knickspannung σ_k t/cm²	Nebenspannung $\xi = \sigma_k \cdot \dfrac{e \cdot f}{i_x^2}$ t/cm²	$\sigma_k + \xi$ t/cm²	Berechnete Knickspannung σ_{kx} t/cm²	Prozentualer Unterschied zwischen Versuch und Berechnung $\dfrac{\sigma_k + \xi - \sigma_{kx}}{\sigma_k + \xi} \cdot 100$
50	3,2	28,0	20,12	1,863	0,406	2,242	2,264	— 0,98
51	3,0	28,0	20,12	1,818	0,377	2,195	2,264	— 3,10
52	3,4	28,0	20,12	1,848	0,434	2,282	2,264	+ 0,80
53	2,6	28,0	20,12	1,760	0,316	2,076	2,264	— 0,90
54	1,7	30,5	20,55	2,140	0,262	2,302	2,282	+ 0,60
55	1,85	30,5	20,55	2,088	0,276	2,364	2,282	+ 3,50

Die gute Übereinstimmung, welche in der letzten Spalte dieser Tabelle zum Ausdruck kommt, bestätigt die zuvor ausgesprochene Vermutung, daß die großen Abweichungen der Versuchsspannungen von der berechneten Knickspannung, wie sie sich in Tabelle 67 ergeben hatten, tatsächlich durch die Nebenspannungen bedingt werden.

Hätten die Stäbe bei vertikaler Lage ihrer Achsen geprüft werden können, so wäre allem Anschein nach die theoretische Knickspannung auch bei den Versuchen erreicht worden.

§ 64. Versuche an Flußeisen- und Nickelstahlstäben für den Neubau der Quebecbrücke, durchgeführt im Jahre 1913.

Die nachstehenden Versuche, welche auf Betreiben des „Board of Engineers" ausgeführt wurden, umfassen sechs Paare von Stäben mit den Nr. 56—67. Ein Paar bestand aus Nickelstahl, die übrigen aus gewöhnlichem Flußeisen mit einem Elastizitätsmodul $E = 2000 \text{ t/cm}^2$.

Die Stäbe Nr. 56—59 bestanden aus je 4 Gurtungen; die übrigen Stäbe waren nur zweigurtig.

Zu den Versuchen wurde wiederum die 1260-t-Druckpresse der Phoenix Iron Co. verwendet, in welcher die Stäbe bei horizontaler

Tabelle 69.

Stab Nr.		Streckgrenze (t/cm²)	Zugfestigkeit (t/cm²)	Dehnung (%)	Querkontraktion (%)	Prozentgehalte an					Bruchbeschaffenheit
						Kohlenstoff	Mangan	Phosphor	Schwefel	Nickel	
56 bis 59	Stehbleche	2,85	4,27	28	58	0,24	0,49	0,015	0,030	—	Glänzend
	Winkel	2,77	4,31	28	55	0,24	0,48	0,007	0,039	—	„
	Schottbleche	2,97	4,34	29	61	0,19	0,46	0,010	0,038	—	„
60 und 61	Stehbleche	4,39	6,51	17	49	0,31	0,56	0,008	0,034	3,53	Glänzend
	Winkel	4,08	6,49	24	49	0,31	0,56	0,008	0,034	3,53	„
62 und 63	Stehbleche	2,85	4,27	28	58	0,24	0,49	0,015	0,030	—	Glänzend
	Winkel	2,87	4,49	29	54	0,23	0,63	0,007	0,037	—	„
64 und 65	Stehbleche	2,96	4,48	28	59	0,24	0,61	0,012	0,021	—	Glänzend
	Gurtwinkel	2,87	4,49	29	54	0,23	0,63	0,007	0,037	—	„
	Schottbleche	3,05	4,53	28	52	0,24	0,61	0,012	0,021	—	„
	Schottwinkel	2,78	4,31	28	55	0,24	0,48	0,007	0,039	—	„
66 und 67	Stehbleche	2,85	4,27	28	58	0,24	0,49	0,015	0,030	—	Glänzend
	Gurtwinkel	2,87	4,48	29	54	0,23	0,63	0,007	0,037	—	„
	Schottbleche	2,98	4,34	29	61	0,19	0,46	0,010	0,038	—	„
	Schottwinkel	2,78	4,31	28	55	0,24	0,48	0,007	0,039	—	„
Mittelwerte für alle Flußeisenproben											
	Bleche	2,93	4,36	28	56	0,23	0,52	0,013	0,029	—	Glänzend
	Winkel	2,82	4,40	28,5	54,5	0,24	0,56	0,007	0,038	—	„

Achslage gedrückt wurden. Nur bei den kurzen Stäben Nr. 56—59 wurde das Eigengewicht beim Versuch voll wirksam; bei den anderen Stäben wurde durch drei gleiche Gegengewichte, die je zwischen $\frac{1}{11}$ und $\frac{2}{9}$ des Gesamtgewichts der Stäbe betrugen und in der Mitte sowie in den Viertelspunkten angeordnet waren, die Eigengewichtswirkung teilweise aufgehoben.

Die Stäbe, deren Längen zwischen rund 5,7 und 14,2 m variierten, waren an ihren Enden beiderseits in Bolzen gelagert, deren Achsen horizontal liefen und die einen Durchmesser von 16,5 bis 19,0 cm hatten. Die Ebenen der Querverbände lagen zu den Bolzen-

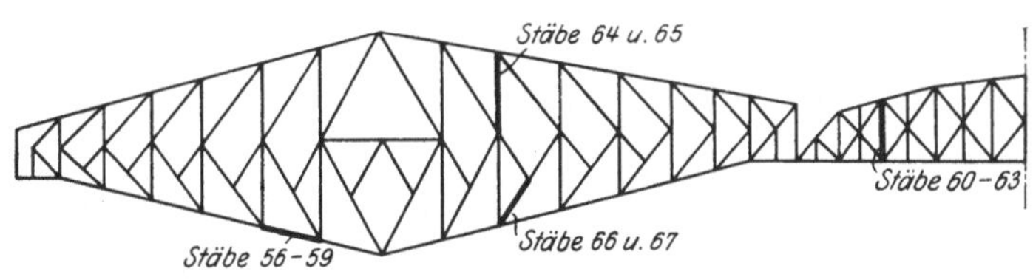

Abb. 244.

achsen parallel, so daß also für das Knicken in der Horizontalebene wiederum mit einer teilweisen Einspannung gerechnet werden muß, während für das Knicken in der Vertikalebene die ganze Stablänge in Betracht kam.

Von jedem Stabe wurden Materialproben entnommen, welche die in Tabelle 69 zusammengestellten mittleren Materialeigenschaften ergaben.

Die Bearbeitung der Stäbe erfolgte in derselben sorgfältigen Weise wie bei den Versuchen des Jahres 1912. Die einzelnen Versuchsstücke sind verkleinerte Nachbildungen von Druckgliedern, die für den Neuentwurf der Quebecbrücke vorgesehen waren; ihre Lage in der Brücke ist aus Abb. 244 ersichtlich.

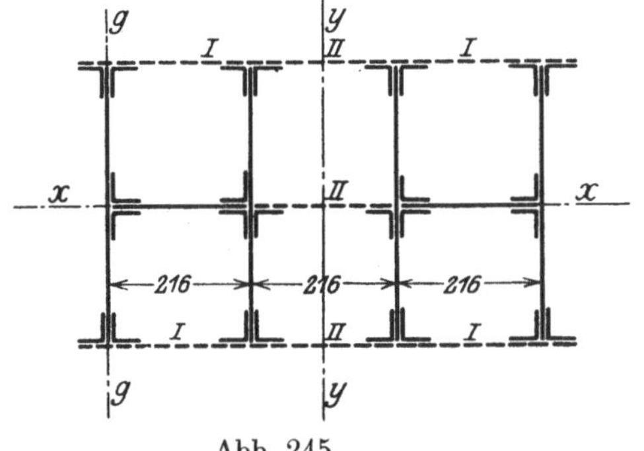

Abb. 245.

Die an den Stäben vorgenommenen Messungen sind gleichfalls denen der Versuche von 1912 analog und nachstehend im einzelnen beschrieben.

Stab Nr. 56 (T X 13 A, 1). Den in Abb. 245 dargestellten Querschnitt bilden:

	F (cm²)
4 Stehbleche 470/12,7	238,8
16 Gurtwinkel 50,8/7,93	118,7
2 Schottbleche 190,5/6,35	24,2
10 Schottwinkel 50,8/7,93	74,3

$$F = 456{,}0 \text{ cm}^2$$

Ost
Ost
Nordseite
Südseite
West
West
Bindebleche 594 × 6,35; 775 lang
Bindebleche 610 × 6,35; 775 lang
Vergitterung 31,7 × 6,35
216
216
216
108
108
108
108
108
127
127
127
127
127
127
127

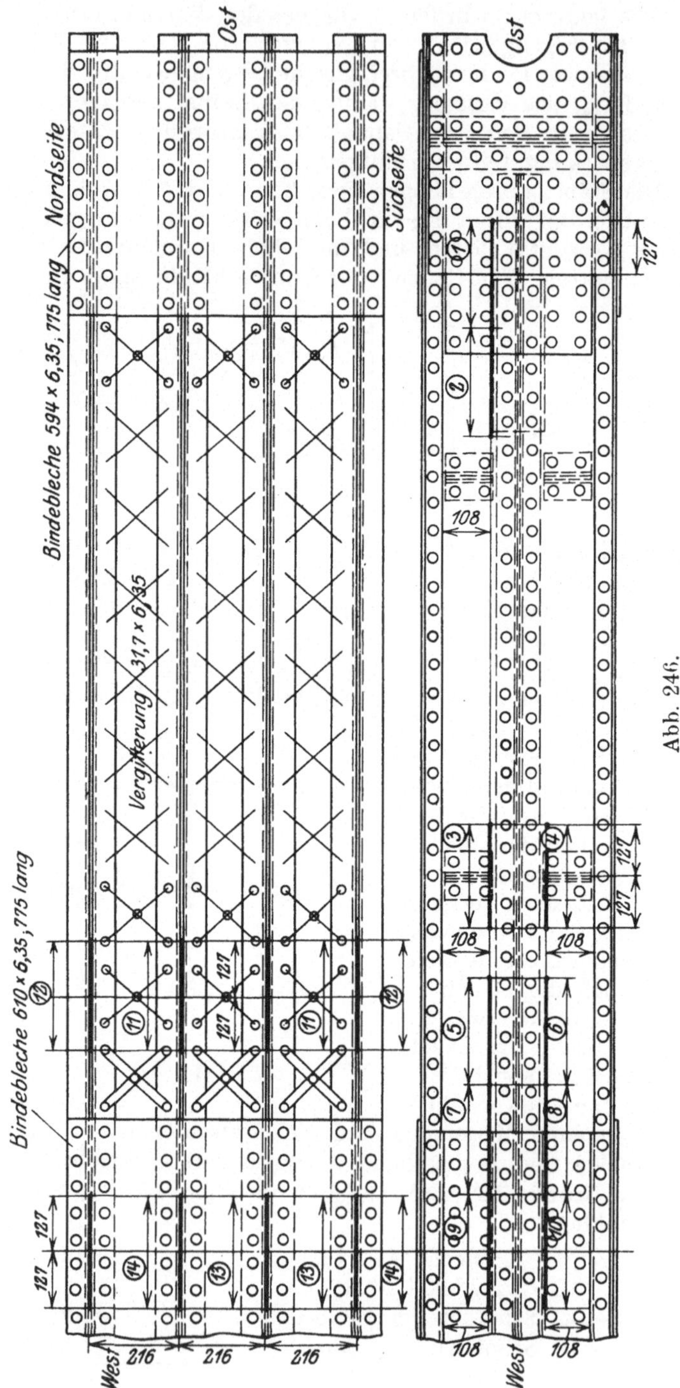

Abb. 246.

Die dem Stabgewicht 3,425 t entsprechende, wirksame Querschnittsfläche betrug 444 cm².

Die Trägheitsradien sind $i_x = 15{,}08$ cm und $i_y = 22{,}78$ cm für den Gesamtstab und $i_g = 1{,}56$ cm für den Einzelgurt.

Der Stab war eine verkleinerte Nachbildung des zum äußeren Kragarm gehörigen Untergurtstabes $A\,L_{10-12}$ und hatte eine gesamte Baulänge von 571,5 cm von Mitte zu Mitte Bolzen. Bei einem Bolzendurchmesser von 16,5 cm betrug somit seine Länge zwischen den Kontaktpunkten der Bolzen 555 cm.

Zur Verstärkung der Stabenden waren vorgesehen:
16 Bleche 368/7,93, lang 723 mm,
16 Bleche 457/11,1, lang 533 mm.

Die Leibungsfläche am Bolzen war 335 cm².

Der Querverband, je in der oberen und unteren Flanschebene, bestand aus zwei Endbindeblechen 594/6,35, 1 Mittelbindeblech 610/6,35 und gekreuzten Diagonalen, Flacheisen 31,7/6,35 in den Ebenen I und II mit $c = 19{,}05$ cm, $h = 61{,}6$ cm, und $d = 28{,}8$ cm, welche in ihrer Mitte mit einem Niet von 12,7 mm Durchmesser verbunden und an den Enden mit je einem gleichen Niet angeschlossen waren. Die Konstruktion ist aus Abb. 246 ersichtlich.

Tabelle 70.

Zeit	Spannung in t/cm²	Prozentuale Stauchungen in cm für die Meßlängen von				Durchbiegungen der Stabmitte in cm				Bemerkungen
		329 cm		571,5 cm		Südgurt		Nordgurt		
		Oben	Unten	Südseite	Nordseite	Horizontal	Vertikal	Horizontal	Vertikal	
1^{55}	0,196	0,0000	0,0000	0,0000	0,0000	0	0	0	0	Alle Ablesungen sind für die erste Laststufe gleich Null gesetzt.
1^{57}	0,392	0,0100	0,0093	0,0093	0,0129	—	—	—	—	
2^{03}	0,588	0,0212	0,0191	0,0170	0,0244	0	0	0	0	
2^{24}	0,588	0,0219	0,0192	0,0181	0,0250	—	—	—	—	
2^{28}	0,784	0,0337	0,0289	0,0274	0,0361	—	—	—	—	
2^{33}	1,000	0,0466	0,0389	0,0356	0,0480	—	—	—	0,0793	
3^{03}	0,196	0,0081	0,0031	0,0065	0,0082	—	—	—	—	Rückgang zur ersten Laststufe bei bleibenden Stauchungen.
3^{30}	1,176	0,0606	0,0483	0,0472	0,0578	—	—	—	—	
3^{40}	1,372	0,0719	0,0583	0,0583	0,0711	0	0	0	0,0793	
3^{56}	1,568	0,0899	0,0691	0,0705	0,0875	—	—	—	—	
4^{03}	1,667	0,0972	0,0757	0,0774	0,0942	—	—	—	—	
4^{33}	1,765	0,1047	0,0810	0,0837	0,1022	—	—	—	—	
4^{37}	1,862	0,1154	0,0880	0,0969	0,1102	0,0793	0,119	0	0,0793	
5^{02}	1,960	0,1250	0,0942	0,0988	0,1222	—	—	—	—	
5^{08}	2,058	0,1387	0,1015	0,1089	0,1329	—	—	—	—	
5^{11}	2,058	0,1425	0,1034	0,1110	0,1355	—	—	—	—	
5^{13}	2,157	0,1568	0,1096	0,1200	0,1490	—	—	—	—	
5^{18}	2,157	0,1614	0,1104	0,1236	0,1500	—	—	—	—	
5^{20}	2,256	0,1739	0,1162	0,1318	0,1600	—	—	—	—	
5^{26}	2,350	0,1919	0,1235	0,1453	0,1712	—	0,238	—	—	
	2,350	0,2008	0,1212	0,1490	0,1720	—	—	—	—	
	2,744	—	—	—	—	—	—	—	—	Knickgrenze des Stabes.
	—	—	—	—	—	0,635	18,27	0,635	18,52	Nach dem Versuch.

Der in Stabmitte angeordnete Querstoß war reichlich durchgebildet.

Das Eigengewicht des Stabes war voll wirksam.

Die Gestalt des Stabes nach dem Versuch ist aus den Abb. 247
und 248 zu erkennen.

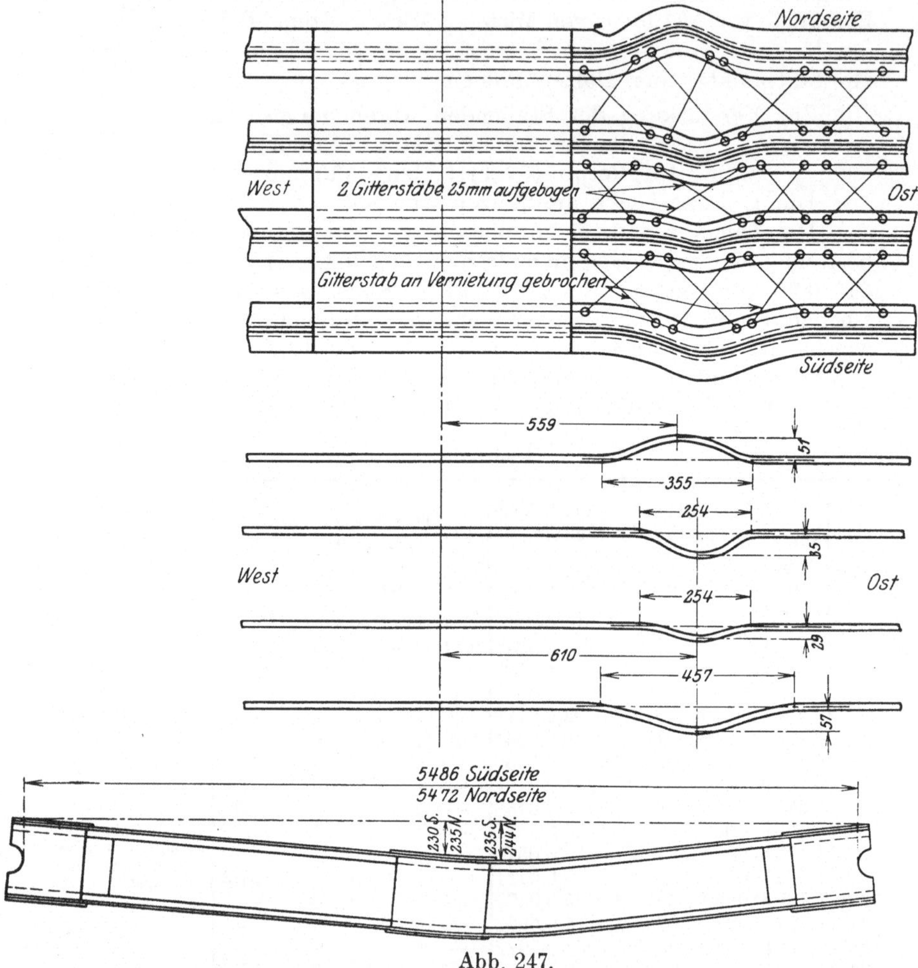

Abb. 247.

Bis in die Nähe der Knickgrenze zeigte der Stab nur kleine
Ausbiegungen der Gurtungen im horizontalen und vertikalen Sinn.
Die Höchstlast hielt er etwa 10 Minuten lang aus und knickte dann
wesentlich in der Vertikalebene, wobei in der Nähe der Stabmitte
bei beträchtlicher lotrechter Durchbiegung (etwa 18,5 cm nach dem
Versuch) die Gurtungen zwischen den Vergitterungsdiagonalen seitlich
auswichen. Hierbei rissen zwei Diagonalen an ihren Nietanschlüssen
ab, andere wurden verbogen.

Tabelle 70 gibt die Durchbiegung der Stabmitte und die prozentualen Stauchungen für die in Abb. 250 eingetragenen Meß-

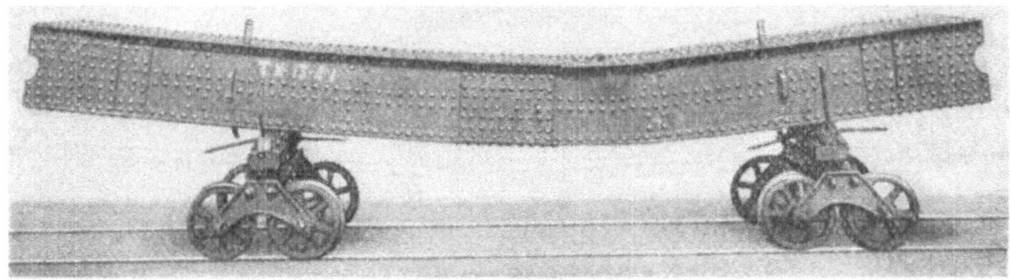

Abb. 248.

strecken A und B (Meßlänge = 329 cm) sowie C und D (Meßlänge 571,5 cm).

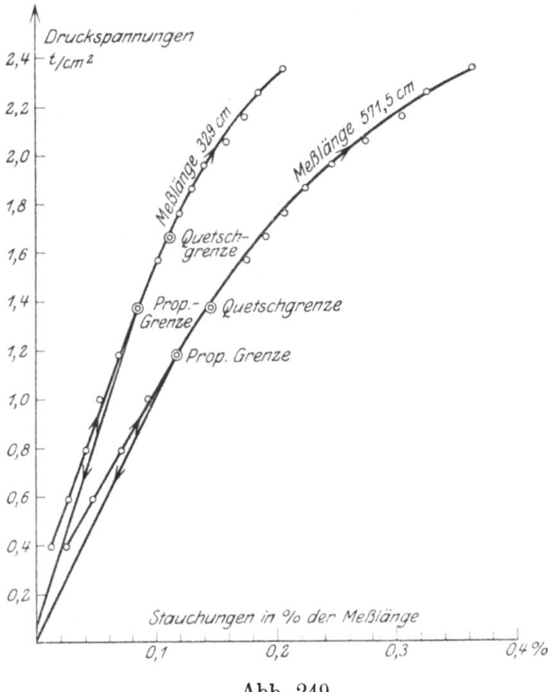

Abb. 249 zeigt die beobachteten Stauchungen in Abhängigkeit von den Druckspannungen des Stabes. Ganz ähnliche Kurven ergeben sich auch für die Stauchungsmessungen der übrigen Stäbe.

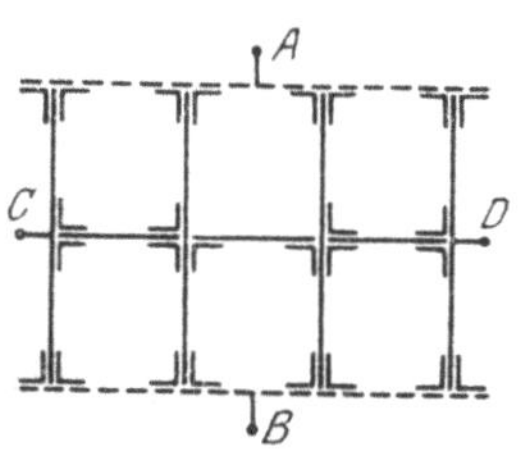

Abb. 249.

Abb. 250.

Der Versuch lieferte folgende Spannungsgrenzen:

Proportionalitätsgrenze bei 1,37 t/cm² für die Meßstrecken A und B,

        ,,   ,, 1,175 ,,   ,,   ,,   ,, C ,, D,

Quetschgrenze   ,, 1,668 ,,   ,,   ,,   ,, A ,, B,

        ,,   ,, 1,37 ,,   ,,   ,,   ,, C ,, D.

Die Verschiedenheit dieser Grenzen je nach den Meßstrecken, an denen sie beobachtet wurden, rührt daher, daß die Beobachtungen an den längeren Meßstrecken C und D sich auf den ganzen Stab

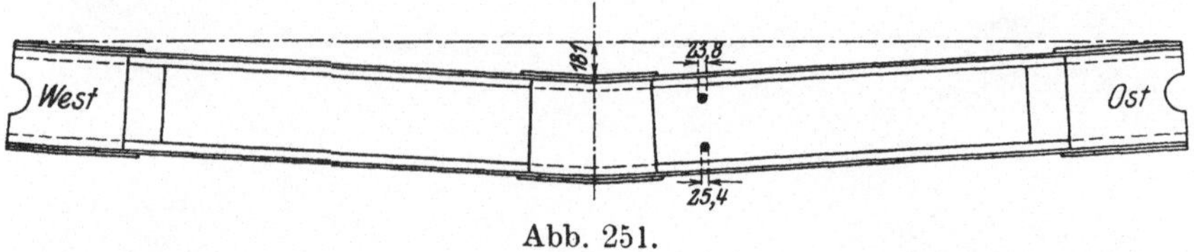

Abb. 251.

beziehen, die der Meßstrecken A und B jedoch nur auf den mittleren Stabteil; die ersteren sind daher durch die Nachgiebigkeit der Nietverbindungen sowie durch die Querschnittsverstärkungen der Stabenden beeinflußt.

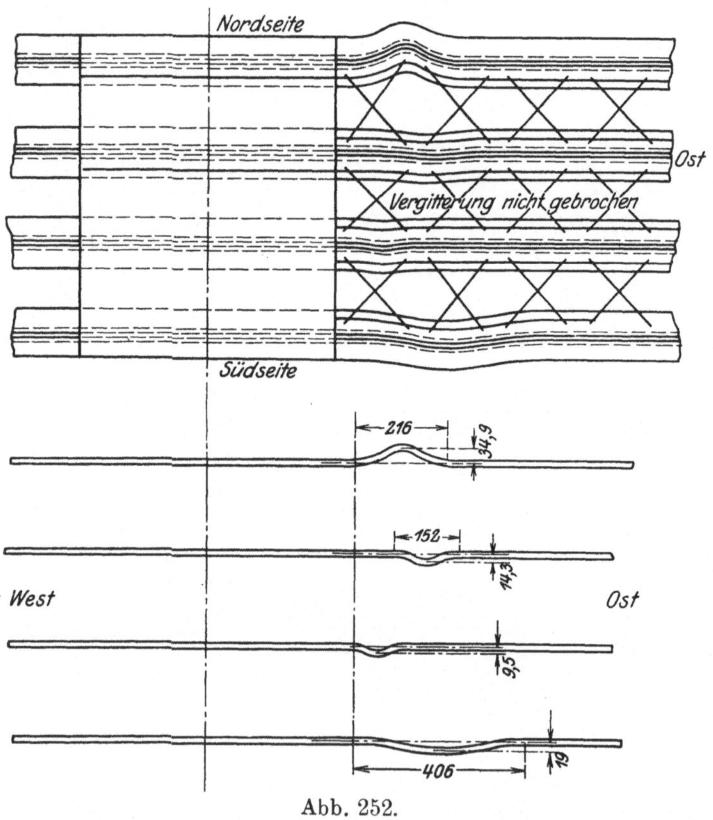

Abb. 252.

Stab Nr. 57 (T X 13 A, 2). Dieser Stab ist genau wie der vorhergehende gebaut. Seinem Gewicht 3,425 t entsprach eine nutzbare Querschnittsfläche von 444 cm². Beim Versuch wurde ebenfalls ohne

Aufhebung des Eigengewichtes die Belastung bis zur höchsten Leistungsfähigkeit der Maschine gesteigert, ohne daß der Stab knickte.

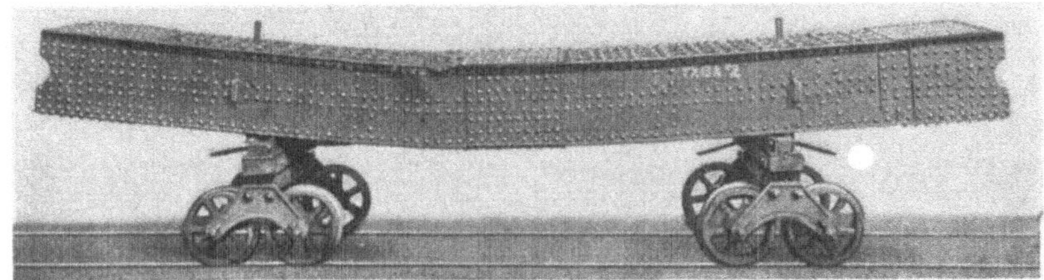

Abb. 253.

Tabelle 71.

| Zeit | Spannung in t/cm² | Prozentuale Stauchungen in cm für die Meßlängen von | | | | Durchbiegungen der Stabmitte in cm | | | | Bemerkungen |
| | | 329 cm | | 571,5 cm | | Südgurt | | Nordgurt | | |
		Oben	Unten	Südseite	Nordseite	Horizontal	Vertikal	Horizontal	Vertikal	
9^{27}	0,196	0,0000	0,0000	0,0000	0,0000	0	0	0	0	Alle Ablesungen
9^{33}	0,382	0,0091	0,0097	0,0088	0,0099	—	—	—	—	sind für die erste
9^{38}	0,578	0,0187	0,0202	0,0181	0,0201	0	0	0	0	Laststufe gleich Null gesetzt.
10^{07}	0,578	0,0187	0,0208	0,0199	0,0206	—	—	—	—	
10^{13}	0,764	0,0284	0,0317	0,0301	0,0314	—	—	—	—	
10^{19}	1,000	0,0393	0,0433	0,0413	0,0424	—	—	—	—	
10^{40}	0,196	0,0044	0,0051	0,0070	0,0060	—	—	—	—	Rückgang zur er
11^{03}	1,176	0,0463	0,0533	0,0519	0,0532	—	—	—	—	sten Laststufe
11^{07}	1,372	0,0568	0,0642	0,0626	0,0643	0,0793	0	0	0	bei bleibenden Stauchungen.
11^{32}	1,372	0,0568	0,0656	0,0637	0,0662	—	—	—	—	
11^{40}	1,568	0,0673	0,0767	0,0745	0,0781	—	—	—	—	
11^{42}	1,667	0,0727	0,0819	0,0799	0,0835	—	—	—	—	
12^{08}	1,667	0,0756	0,0838	0,0829	0,0863	—	—	—	—	
12^{13}	1,766	0,0808	0,0889	0,0884	0,0915	—	—	—	—	
12^{15}	1,864	0,0887	0,0955	0,0953	0,0990	0	0	0	0	
12^{37}	1,864	0,0903	0,0962	0,0972	0,1015	—	—	—	—	
12^{40}	1,891	0,0965	0,1013	0,1025	0,1080	—	—	—	—	
12^{45}	2,058	0,1027	0,10~8	0,1110	0,1153	—	—	—	—	
12^{49}	2,156	0,1140	0,1163	0,1193	0,1267	—	—	—	—	
12^{54}	2,156	0,1150	0,1173	0,1212	0,1272	—	—	—	—	
12^{56}	2,255	0,1245	0,1252	0,1307	0,1370	—	—	—	—	
12^{59}	2,255	0,1263	0,1260	0,1320	0,1384	—	—	—	—	
1^{01}	2,354	0,1369	0,1350	0,1433	0,1494	—	—	—	—	
1^{04}	2,354	0,1401	0,1362	0,1447	0,1516	—	—	—	—	
1^{08}	2,450	0,1544	0,1461	0,1580	0,1651	—	—	—	—	
1^{11}	2,450	0,1564	0,1468	0,1602	0,1662	—	—	—	—	
1^{14}	2,550	0,1767	0,1572	0,1751	0,1822	—	0,0793	—	0,0793	
	2,550	0,1778	0,1589	0,1756	0,1827	—	—	—	—	
	2,550	—	—	0,1772	0,1852	—	—	—	—	
	—	—	—	—	—	—	—	—	0,713	Bei der Höchstlast.
	—	—	—	—	—	—	—	—	1,032	Nach dem Versuch.

Knickspannung: 2,835 t/cm², bezogen auf den ungeschwächten Querschnitt,
3,010 t/cm²,   „   „   „ geschwächten   „

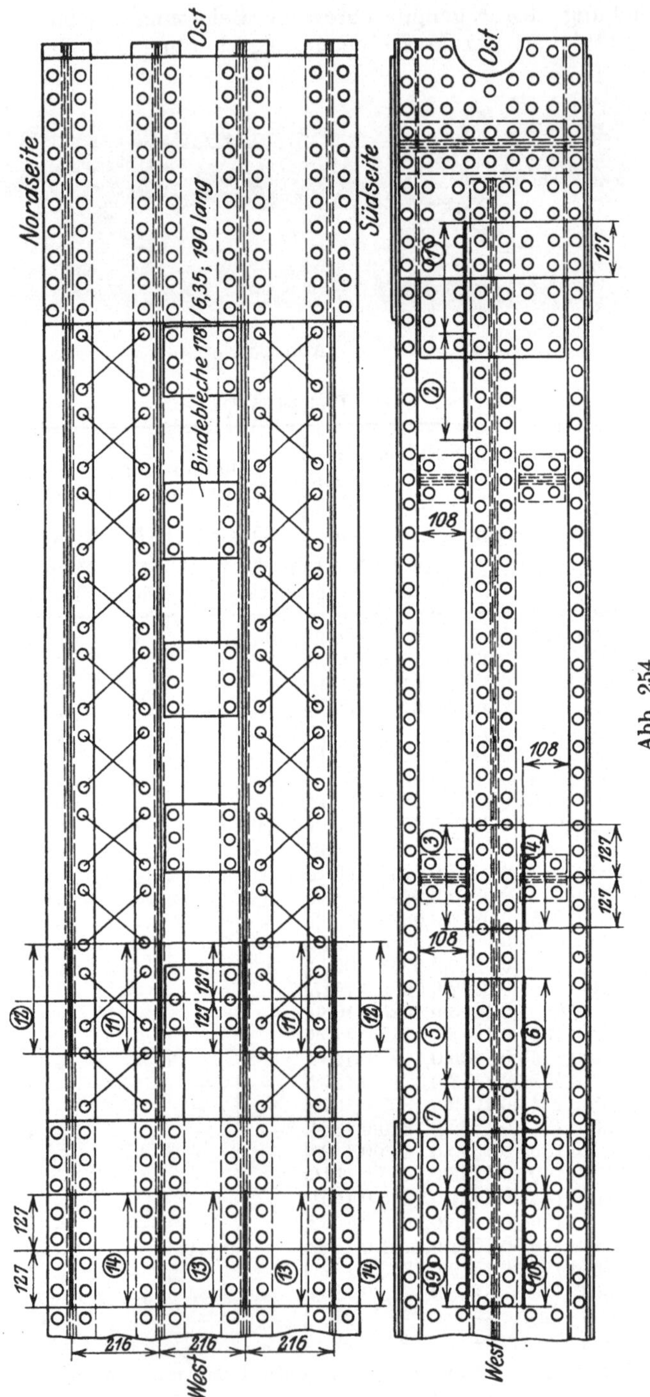
Ost
Nordseite
Südseite
Bindebleche 178/6,35; 190 lang
127
108
108
127
127
127
121; 121
127
127
216
216
216
West
West
Ost
Abb. 254.

Der Stab wurde daher in der Nähe seiner Mitte (Abb. 251) durch zwei Bohrungen von je 2,54 cm Durchmesser, welche durch alle 4 Stehbleche gingen, geschwächt; der geschwächte Querschnitt betrug noch 418 cm². Hierauf wurde bei geringer Geschwindigkeit die Last einmal auf 1250 t, sodann, da der geschwächte Stab noch standgehalten hatte, dreimal rasch auf 1250 t getrieben; das dritte Mal knickte der Stab wesentlich nach unten aus mit einer größten Durchbiegung von etwa 18,1 cm nach dem Versuch.

Wie bei dem vorigen Stabe gaben dabei die einzelnen Gurtungen in der Nähe der Stabmitte seitlich nach, doch wurden keine Querverbindungen zerstört. An der geschwächten Stelle verbeulten sich die Stehbleche.

Das Aussehen des geknickten Stabes geben die Abb. 252 und 253 wieder.

Der Versuch ergab folgende Spannungsgrenzen:
Proportionalitätsgrenze bei 1,57 t/cm² für die Meßstrecken A und B,
    „   „ 1,175 „ „ „ „ C „ D,
Quetschgrenze   „ 1,86 „ „ „ „ A „ B,
    „   „ 1,667 „ „ „ „ C „ D.

Tabelle 71 enthält die beobachteten Stauchungen und die Durchbiegungen der Stabmitte.

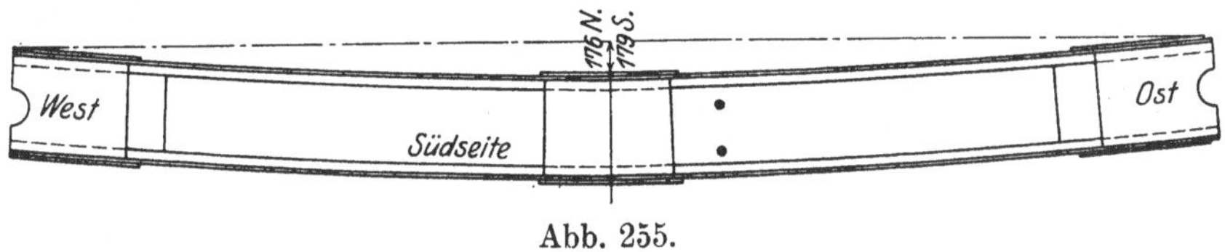

Abb. 255.

Die Knickspannung betrug 2,835 t/cm² in bezug auf den ungeschwächten Querschnitt und 3,01 t/cm² in bezug auf den geschwächten Querschnitt. Da die Schwächung nicht sehr erheblich war und nur auf einen sehr kleinen Teil der Stablänge sich erstreckte, so darf etwa 2,835 t/cm² als Knickspannung angesehen werden. Dieser Wert stimmt auch ziemlich gut mit der Knickspannung des Versuchsstabes Nr. 56 überein. Die Knicklast betrug $2,835 \cdot 444 = 1258$ t.

Stab Nr. 58 (T X 13 B, 1). Dieser Stab unterscheidet sich von den vorigen Stäben nur dadurch, daß für den Querverband zwischen den mittleren Gurtungen an Stelle der gekreuzten Diagonalen Bindebleche von 6,35 mm Stärke und 178 mm Breite vorgesehen wurden. Der Abstand der Bindebleche, die mit je drei Nieten von 15,9 mm Durchmesser auf jeder Seite angeschlossen waren, betrug 381 mm (s. Abb. 254). Dem Stabgewicht 3,44 t entsprach ein nutzbarer Querschnitt von 445 cm². Das Eigengewicht des Stabes war voll wirksam.

Bei der Höchstlast der Maschine wurde die Knickgrenze noch

30*

nicht erreicht. Der Querschnitt wurde dann (Abb. 255) durch Bohrung zweier Löcher von 2,54 cm Durchmesser durch alle 4 Stehbleche in der Nähe der Stabmitte so geschwächt, daß seine Fläche nur noch

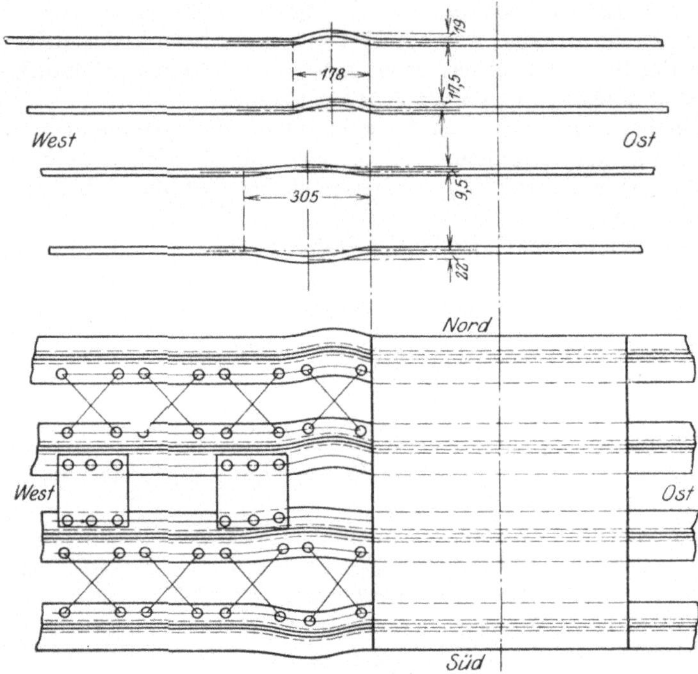

Abb. 256.

419,5 cm² Inhalt hatte. Hierauf wurde der Stab 1 mal allmählich, sodann 7 mal rasch bis zu 1250 t belastet; bei der letzten Belastung knickte er wesentlich nach unten mit einer Durchbiegung von etwa 17,8 cm nach dem Versuch.

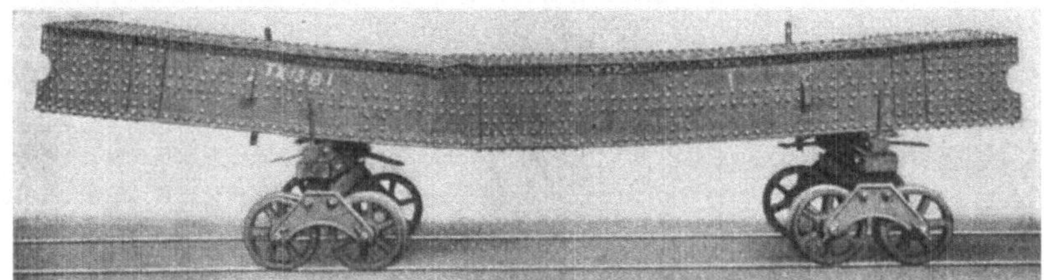

Abb. 257.

Die Gurtungen wichen in der Nähe der Stabmitte zwischen den Querverbänden unter gleichzeitiger Verbeulung ihrer Stehbleche seitlich aus, jedoch erfolgte die seitliche Verbiegung nicht an der geschwächten Stelle, woraus man schließen darf, daß die Knickspan-

nung im ungeschwächten Stab für das Eintreten der Knickung maßgebend war.

Die Abb. 256 und 257 stellen den Stab im geknickten Zustand dar.

Der Versuch ergab folgende Spannungsgrenzen:

Proportionalitätsgrenze bei 1,568 t/cm² für die Meßstrecken A und B,
      „   „ 1,568 „ „ „   „ C „ D,
Quetschgrenze   „ 1,762 „ „ „   „ A „ B,
      „   „ 1,762 „ „ „   „ C „ D.

Über die beobachteten Stauchungen sowie die Durchbiegung der
Stabmitte gibt Tabelle 72 Aufschluß.

Tabelle 72.

Zeit	Spannung in t/cm²	Prozentuale Stauchungen in cm für die Meßlängen von 329 cm		571,5 cm		Durchbiegungen der Stabmitte in cm Südgurt		Nordgurt		Bemerkungen
		Oben	Unten	Süd-seite	Nord-seite	Hori-zontal	Verti-kal	Hori-zontal	Verti-kal	
9⁰⁵	0,196	0,0000	0,0000	0,0000	0,0000	0	0	0	0	Alle Ablesungen sind für die erste Laststufe gleich Null gesetzt.
9¹¹	0,392	0,0037	0,0088	0,0080	0,0093	—	—	—	—	
9¹⁵	0,588	0,0140	0,0193	0,0168	0,0195	0	0	0	0	
9⁴⁰	0,588	0,0125	0,0196	0,0169	0,0201	—	—	—	—	
9⁴³	0,784	0,0223	0,0303	0,0259	0,0303	—	—	—	—	
10¹⁷	1,000	0,0340	0,0415	0,0362	0,0415	—	—	—	—	
10⁴⁵	0,196	−0,0005	0,0043	0,0033	0,0056	—	—	—	—	Rückgang zur ersten Laststufe bei bleibenden Form-änderungen.
11¹³	1,174	0,0480	0,0524	0,0469	0,0534	—	—	—	—	
11¹⁸	1,369	0,0582	0,0638	0,0577	0,0651	0	0	0	0	
11³⁶	1,369	0,0593	0,0643	0,0584	0,0658	—	—	—	—	
11³⁹	1,566	0,0701	0,0750	0,0689	0,0769	—	—	—	—	
11⁴⁴	1,664	0,0764	0,0814	0,0752	0,0835	—	—	—	—	
12⁰⁰	1,664	0,0785	0,0825	0,0760	0,0849	—	—	—	—	
12⁰²	1,762	0,0834	0,0872	0,0810	0,0900	—	—	—	—	
12⁰⁵	1,859	0,0916	0,0950	0,0891	0,0986	0	0	0	0	
12²⁷	1,859	0,0941	0,0956	0,0903	0,0995	—	—	—	—	
12³¹	1,958	0,0996	0,1009	0,0958	0,1053	—	—	—	—	
12³⁴	1,958	0,1009	0,1014	0,0965	0,1060	—	—	—	—	
12³⁶	2,052	0,1082	0,1079	0,1039	0,1133	—	—	—	—	
12³⁹	2,052	0,1091	0,1080	0,1043	0,1139	—	—	—	—	
12⁴¹	2,152	0,1178	0,1151	0,1125	0,1222	—	—	—	—	
12⁴⁴	2,152	0,1191	0,1160	0,1136	0,1236	—	—	—	—	
12⁴⁵	2,252	0,1274	0,1227	0,1220	0,1319	—	—	—	—	
12⁴⁸	2,252	0,1297	0,1239	0,1235	0,1333	—	—	—	—	
12⁵⁰	2,352	0,1385	0,1308	0,1282	0,1434	—	—	—	—	
12⁵³	2,352	0,1416	0,1325	0,1350	0,1445	—	—	—	—	
12⁵⁶	2,452	0,1532	0,1405	0,1458	0,1551	—	—	—	—	
12⁵⁹	2,452	0,1572	0,1426	0,1488	0,1576	—	—	—	—	
1⁰²	2,552	0,1694	0,1521	0,1622	0,1720	—	0,119	—	0,119	
—	2,552	0,1702	0,1530	0,1641	—	—	—	—	—	
1⁰⁵	2,552	0,1784	0,1541	0,1662	0,1738	—	—	—	—	
—		—	—	—	—	—	0,833	—	—	Bei der Höchstlast.

Knickspannung: 2,830 t/cm², bezogen auf den ungeschwächten Querschnitt,
           3,005 t/cm²,   „   „   „ geschwächten   „

Die Knickspannung war 2,83 t/cm², bezogen auf den ungeschwächten Querschnitt, und 3,005 t/cm² im geschwächten Querschnitt. Der erstere Wert ist wohl als maßgebend zu betrachten,
da die Schwächung nicht bedeutend war und nur auf einen kleinen
Teil der Stablänge sich erstreckte. Die Knicklast war

$$2{,}83 \cdot 445 = 1260 \text{ t.}$$

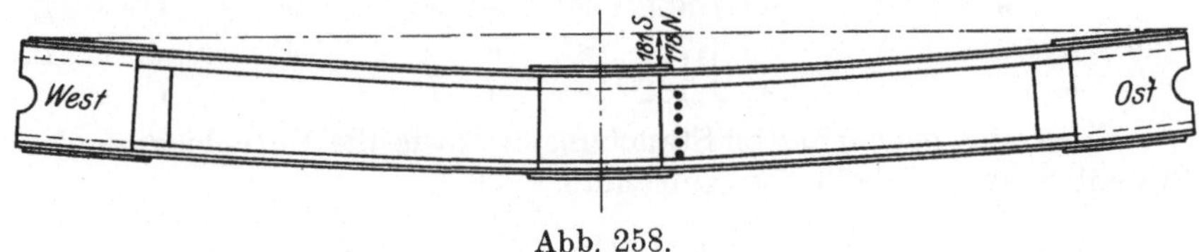

Abb. 258.

Stab Nr. 59 (T X 13 B, 2). Der Stab war genau wie der vorangehende gebaut. Seinem Gewicht 3,44 t entsprach ein Nutzquer-
schnitt von 445 cm². Auch dieses Versuchsstück, dessen Eigen-

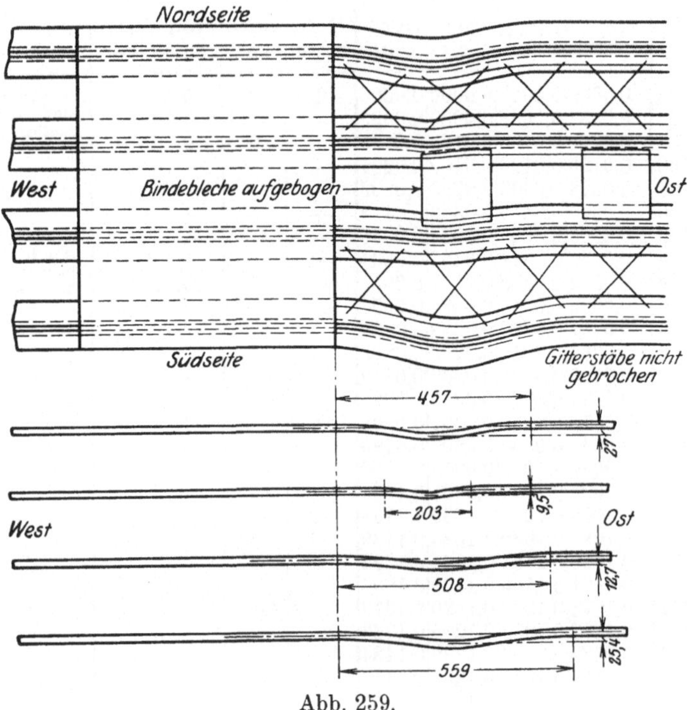

Abb. 259.

gewicht nicht aufgehoben wurde, konnte ohne Schwächung des Querschnitts nicht an die Knickgrenze gebracht werden. Nachdem die
Stehbleche etwa in Stabmitte durch Bohrungen um 25,8 cm² geschwächt worden waren, ertrug der Stab die Höchstlast der Maschine
10 mal, ohne Schaden zu nehmen; auch eine Schwächung um 51,6 cm²

erwies sich noch als unzureichend. Nachdem schließlich 14 Löcher von je 2,54 cm Durchmesser gebohrt waren, und zwar 6 Löcher durch die südlichen und 8 durch die nördlichen Stehbleche (Abb. 258), wurde die Belastung langsam bis zu 1260 t gesteigert; der Stab

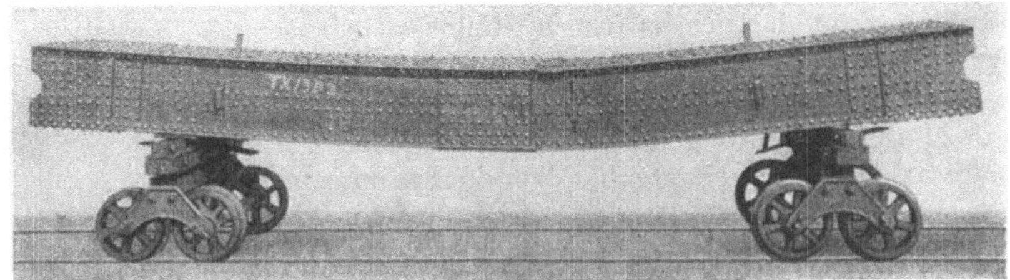

Abb. 260.

Tabelle 73.

| Zeit | Spannung in t/cm² | Prozentuale Stauchungen in cm für die Meßlängen von | | | | Durchbiegungen der Stabmitte in cm | | | | Bemerkungen |
| | | 329 cm | | 571,5 cm | | Südgurt | | Nordgurt | | |
		Oben	Unten	Süd-seite	Nord-seite	Hori-zontal	Verti-kal	Hori-zontal	Verti-kal	
1^{10}	0,195	0,0000	0,0000	0,0000	0,0000	0	0	0	0	Alle Ablesungen sind für die erste Laststufe gleich Null gesetzt.
1^{15}	0,390	0,0102	0,0104	0,0078	0,0121	—	—	—	—	
1^{21}	0,585	0,0180	0,0198	0,0142	0,0216	0	0	0	0	
1^{50}	0,780	0,0278	0,0301	0.0239	0,0325	—	—	—	—	
1^{55}	1,000	0,0392	0,0412	0,0338	0,0443	—	—	—	—	
2^{15}	0,195	0,0019	0,0019	0,0018	0,0040	—	—	—	—	Rückgang zur ersten Laststufe bei bleibenden Stauchungen.
2^{37}	0,195	0,0016	0,0016	0,0015	0,0038	—	—	—	—	
2^{43}	1,173	0,0480	0,0491	0,0417	0,0535	—	—	—	—	
2^{48}	1,369	0,0589	0,0599	0,0515	0,0650	0	0	0	0	
3^{10}	1,369	—	0,0603	0,0518	0,0654	—	—	—	—	
3^{12}	1,568	0,0689	0,0707	0,0621	0,0773	—	—	—	—	
3^{18}	1,666	0,0750	0,0769	0,0677	0,0830	—	—	—	—	
3^{37}	1,666	0,0761	0,0770	0,0680	0,0842	—	—	—	—	
3^{40}	1,762	0,0819	0,0823	0,0730	0,0903	—	—	—	—	
3^{44}	1,858	0,0876	0,0891	0,0799	0,0974	0	0,0793	0	0	
4^{08}	1,858	0,0895	0,0900	0,0808	0,0985	—	—	—	—	
4^{10}	1,958	0,0945	0,0953	0,0861	0,1044	—	—	—	—	
4^{12}	2,055	0,1022	0,1028	0,0943	0,1129	—	—	—	—	
4^{18}	2,153	0,1109	0,1107	0,1029	0,1227	—	0,0793	—	0,0397	
4^{24}	2,153	0,1130	0,1120	0,1040	0,1242	—	—	—	—	
4^{26}	2,252	0,1204	0,1196	0,1126	0,1335	—	—	—	—	
4^{29}	2,252	0,1221	0,1209	0,1132	0,1344	—	—	—	—	
4^{32}	2,350	0,1319	0,1303	0,1239	0,1449	—	—	—	—	
4^{35}	2,350	0,1344	0,1314	0,1244	0,1470	—	—	—	—	
4^{38}	2,448	0,1465	0,1419	0,1371	0,1606	—	—	—	—	
4^{42}	2,448	0,1499	0,1437	0,1385	0,1623	—	—	—	—	
4^{45}	2,544	0,1655	0,1546	0,1530	0,1769	—	—	—	—	
—	—	—	—	—	—	—	0,396	—	0,318	Bei der Höchstlast.

Knickspannung: 2,83 t/cm², bezogen auf den ungeschwächten Querschnitt,
3,55 t/cm²,   „   „   „   geschwächten   „

trug diese Last 10 Minuten lang und knickte dann wesentlich nach unten aus; die größte Durchbiegung nach dem Versuch war etwa 18 cm in Stabmitte. Dabei war der geschwächte Querschnitt noch 355 cm².

Zugleich mit der vertikalen Durchbiegung wichen auch die Gurtungen an der geschwächten Stelle seitlich aus; die Vergitterung der Diagonalen hielt stand, von den Bindeblechen wurde eins verbogen.

Die Gestalt des geknickten Stabes geben die Abb. 259 und 260 wieder. Der Versuch ergab folgende Spannungsgrenzen:

Proportionalitätsgrenze bei 1,568 t/cm² für die Meßstrecken A und B,

       "   " 1,370 "   "   "   " C " D,

Quetschgrenze   " 1,763 "   "   "   " A " B,

       "   " 1,664 "   "   "   " C " D.

Die beobachteten Stauchungen und die Durchbiegungen der Stabmitte enthält Tabelle 73.

Die Knickspannung betrug 2,83 t/cm² im ungeschwächten Querschnitt und 3,55 t/cm² im geschwächten Querschnitt. Da der geschwächte Teil nur auf einen sehr kleinen Teil der Stablänge sich erstreckte, dürfte die wahre Knickspannung wenig höher als 2,83 t/cm² gewesen sein.

Stab Nr. 60 (T X 16 N, 1). Der dem vertikalen Pfosten $SU_4 - SM_4$ der eingehängten Mittelöffnung nachgebildete Versuchsstab hatte den in Abb. 261 dargestellten Querschnitt, bestehend aus

$$F \text{ (cm}^2)$$

2 Stehblechen 559/12,7 141,9
4 Gurtwinkeln 108,11,1 85,1

$$F = 227,0 \text{ cm}^2$$

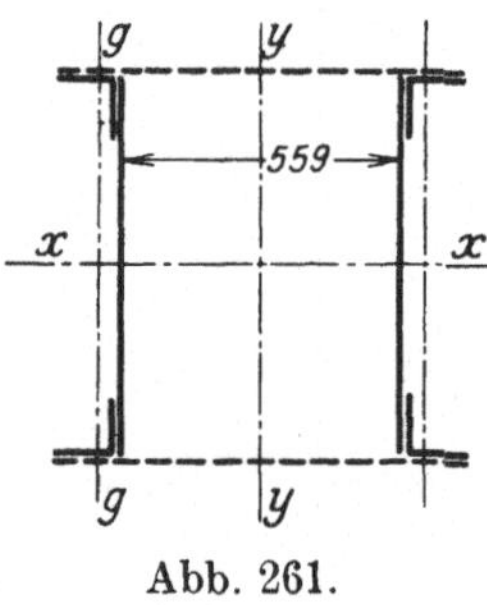

Der Stab bestand aus Nickelstahl. Seinem Gewicht 3,585 t entsprach ein nutzbarer Querschnitt von 223,5 cm².

Die Trägheitsradien waren $i_x = 20,08$ cm und $i_y = 31,0$ cm für den Gesamtstab und $i_g = 2,6$ cm für den Einzelgurt.

Die ganze Baulänge betrug 1036,32 cm von Mitte zu Mitte Bolzen und bei 17,78 cm Bolzendurchmesser 1018,54 cm zwischen den Kontaktpunkten der Bolzen.

Abb. 261.

An den Enden waren zur Verstärkung vorgesehen:

2 Bleche 508/11,1, lang 698 mm,
2   "   356/11,1,   "   825   "
2   "   559/11,1,   "   698   "

In Stabmitte befand sich ein reichlich durchgebildeter Querstoß. Die Leibungsfläche am Bolzen betrug 163,8 cm².

Der in beiden Flanschebenen angeordnete Querverband bestand aus 2 Endbindeblechen 762/14,3, je 666 mm lang, 1 Mittelbindeblech 762/14,3, lang 712 mm, gekreuzten Diagonalen, Flacheisen 108/15,9 mit $c = 66{,}0$ cm, $h = 68{,}5$ cm und $d = 95{,}2$ cm, die mit je 2 Flußeisennieten von 19 mm Durchmesser angeschlossen und in der Mitte mit einem gleichen Niet verbunden waren. An den Stabenden und in der Nähe der Viertelspunkte befanden sich Querschotte. Das Eigengewicht wurde in Stabmitte sowie in den Viertelspunkten durch drei gleiche Lasten von je 0,553 t ausgeglichen.

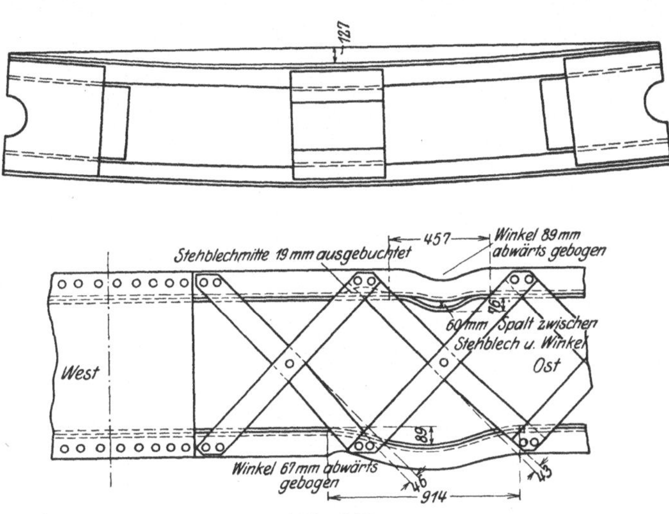

Abb. 262.

Der Stab zeigte bis zu etwa $^4/_5$ der Knicklast nur kleine Ausbiegungen in horizontaler und vertikaler Richtung. Er knickte wesentlich nach unten mit einem Pfeil von etwa 12,7 cm; hierbei verbeulten sich in der Nähe der Stabmitte Stehbleche und Gurtwinkel und wichen seitlich zwischen den Knotenpunkten des Querverbandes aus, doch blieb der Querverband selbst unversehrt.

Die Gestalt des Stabes nach dem Versuch geht aus den Abb. 262 und 263 hervor.

Der Versuch ergab folgende Spannungsgrenzen:

Proportionalitätsgrenze bei 2,535 t/cm² für die Meßstrecken A und B,

        „   „ 2,34   „   „   „   „ C „ D,

Quetschgrenze   „ 2,86   „   „   „   „ A „ B,

        „   „ 2,79   „   „   „   „ C „ D.

Tabelle 74 gibt die prozentualen Stauchungen der Meßstrecken A und B (Meßlänge 353 cm) sowie C und D (Meßlänge $= 1036{,}32$ cm) und die Ausbiegungen der Stabmitte in cm.

Tabelle 74.

| Zeit | Spannung. in t/cm² | Prozentuale Stauchungen in cm für die Meßlängen von | | | | Durchbiegungen des Nordgurtes in Stabmitte (cm) | | Bemerkungen |
| | | 353 cm | | 1036,32 cm | | | | |
		Oben	Unten	Süd-seite	Nord-seite	Hori-zontal	Verti-kal	
9^{43}	0,195	0,0000	0,0000	0,0000	0	0	— 0,04	Die Stauchungen für die erste Laststufe sind gleich Null gesetzt.
9^{47}	0,390	0,0078	0,0084	0,0078	0,0098	—	—	
9^{51}	0,585	0,0175	0,0178	—	—	—	—	Negative vertikale Durchbiegungen sind nach oben gerichtet.
9^{55}	0,780	0,0273	0,0268	0,0259	0,0304	—	—	
10^{17}	0,780	0,0280	0,0275	0,0262	0,0310	—	—	
10^{21}	0,975	0,0378	0,0367	0,0354	0,0411	—	—	
10^{26}	1,171	0,0488	0,0469	0,0459	0,0525	—	—	
10^{30}	1,417	0,0615	0,0592	0,0580	0,0655	0	— 0,08	
11^{00}	1,417	0,0633	0,0598	0,0580	0,0660	—	—	
11^{04}	0,195	0,0081	0,0055	0,0033	0,0058	—	—	Rückgang zur ersten Laststufe bei bleibenden Stauchungen.
11^{34}	0,195	0,0079	0,0055	0,0032	0,0061	—	—	
11^{38}	1,559	0,0712	0,0673	0,0655	0,0746	—	—	
11^{43}	1,754	0,0810	0,0767	0,0749	0,0843	—	—	
11^{47}	1,950	0,0907	0,0860	0,0842	0,0941	0	— 0,08	
12^{03}	1,950	0,0932	0,0867	0,0847	0,0950	—	—	
12^{08}	2,145	0,1018	0,0959	0,0939	0,1049	—	—	
12^{14}	2,340	0,1135	0,1058	0,1038	0,1152	0	— 0,08	
12^{30}	2,340	0,1144	0,1063	0,1040	0,1161	—	—	
12^{32}	2,536	0,1241	0,1164	0,1139	0,1265	—	—	
12^{38}	2,732	0,1357	0,1270	0,1246	0,1378	0	— 0,08	
12^{42}	2,796	0,1392	0,1310	0,1284	0,1420	—	—	
12^{44}	2,796	0,1399	0,1311	0,1286	0,1422	—	—	
12^{46}	2,860	0,1430	0,1345	0,1320	0,1458	—	—	
12^{50}	2,925	0,1468	0,1380	0,1357	0,1495	—	—	
12^{52}	2,925	0,1479	0,1389	0,1361	0,1505	—	—	
12^{55}	2,990	0,1519	0,1424	0,1397	0,1542	—	—	
—	2,990	0,1525	0,1428	0,1401	0,1547	—		
1^{05}	3,056	0,1568	0,1465	0,1437	0,1587	—	—	
1^{08}	3,056	0,1580	0,1476	0,1443	0,1596	—	—	
1^{10}	3,120	0,1620	0,1510	0,1480	0,1634	—	—	
1^{13}	3,120	0,1640	0,1523	0,1490	0,1645	—	—	
1^{15}	3,188	0,1687	0,1572[1])	0,1523	0,1688	—	—	
—	3,188	0,1706[1])	—	—	—	—	—	
—	3,318	—	—	—	—	—	—	Knickgrenze des Stabes
—	—	—	—	—	—	—	12,93	Nach dem Versuch.

[1]) Zeiger des Dehnungsmessers läuft rasch.

Stab Nr. 61 (T X 16 N, 2). Der dem vorigen Versuchsstabe gleiche Stab war ebenfalls aus Nickelstahl. Seinem Gewicht 3,58 t entspricht ein nutzbarer Querschnitt von 223,5 cm².

Außer den zuvor bestimmten Stauchungen und den Durchbiegungen des Nordgurtes gibt der Versuchsbericht auch die Stauchungen der Diagonalen an, aus denen hervorgeht, daß in diesen Gliedern bereits bei den niedersten Laststufen Beanspruchungen auftraten. Aus dem Nichtverschwinden der Stauchungen in den Diago-

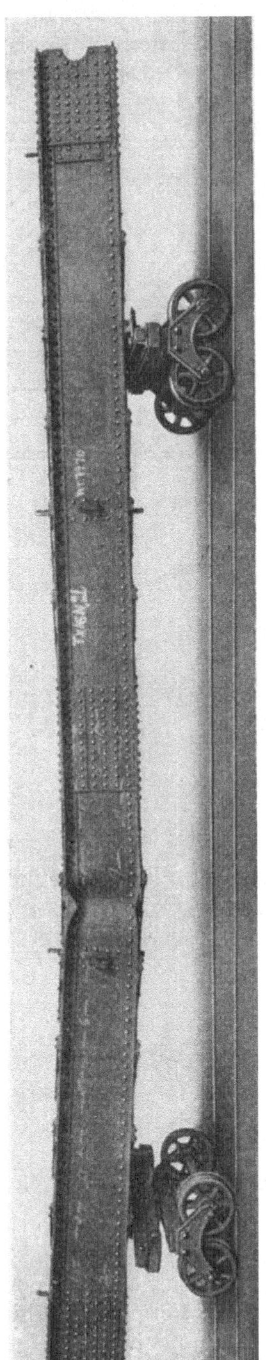

Abb. 263. (Seite 473.)

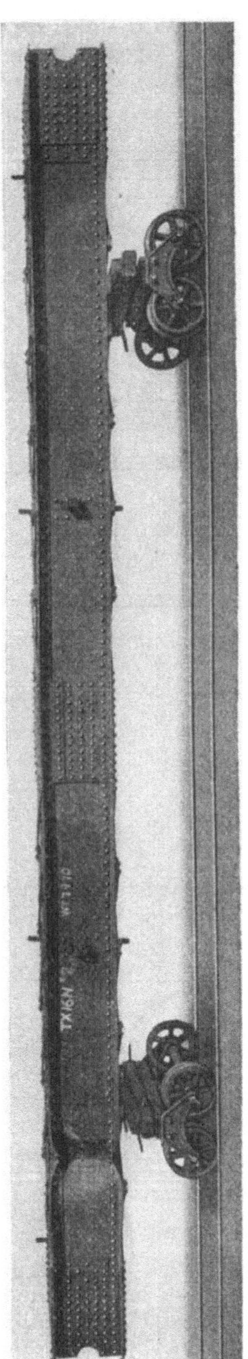

Abb. 265. (Seite 477.)

nalen nach Vornahme der Entlastung erhellt ferner, daß ihre Beanspruchung über der Elastizitätsgrenze gelegen haben muß.

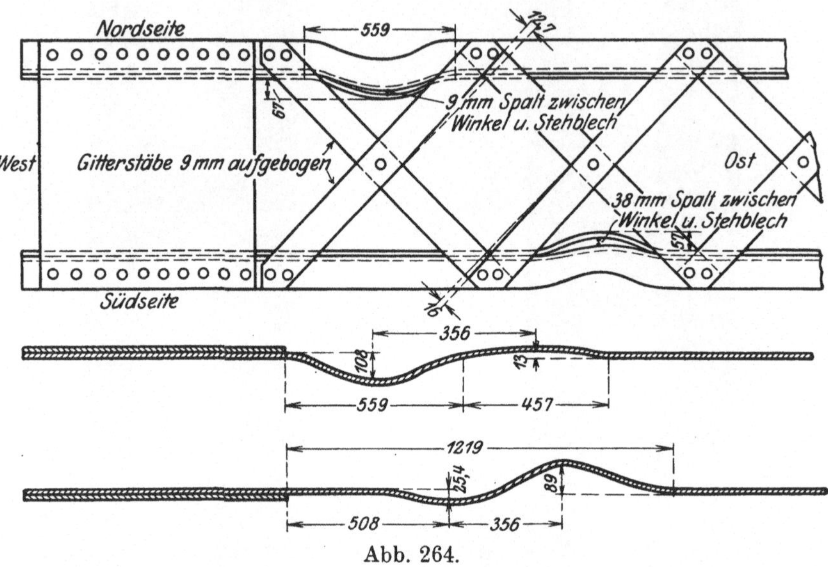

Abb. 264.

Verbiegung der horizontalen Winkelschenkel:
Nordseite: oben 76 mm
unten 76 mm.
Südseite: oben 70 mm
unten 76 mm.

Das Eigengewicht war wie beim vorigen Stab ausgeglichen. Eine Ausbiegung des Stabes wurde bei Lasten bis zu $^4/_5$ der Knickgrenze nicht beobachtet. Der Stab knickte wesentlich unter seit-

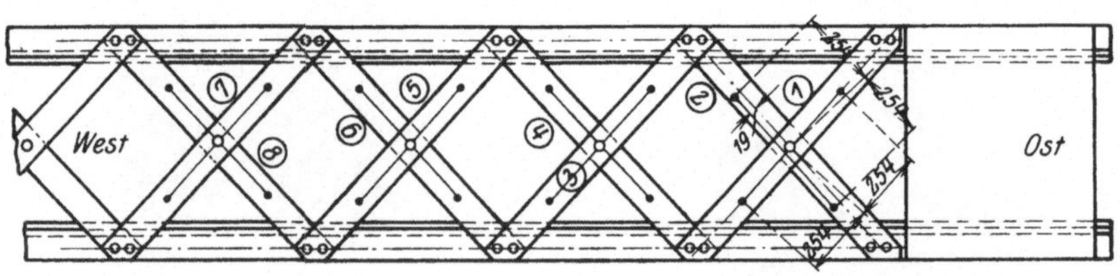

Abb. 266.

lichem Nachgeben der Gurtungen zwischen den Knotenpunkten des Querverbandes in der Nähe eines Stabendes. Die Vergitterung hielt, ebenso wie ihre Anschlüsse, an der Knickgrenze noch stand, und nur einige Diagonalen wurden beim Knicken verbogen.

Das Aussehen des geknickten Stabes ist in den Abb. 264 und 265 zur Darstellung gebracht.

Der Versuch ergab folgende Spannungsgrenzen:

Proportionalitätsgrenze bei 2,535 t/cm² für die Meßstrecken A und B,

„ „ 2,148 „ „ „ „ C „ D,

Quetschgrenze „ 2,86 „ „ „ „ A „ B,

„ „ 2,664 „ „ „ „ C „ D.

Tabelle 75 gibt die prozentualen Stauchungen für die Meßstrecken A bis D; Tabelle 76 die Stauchungen der Diagonalen 1 bis 8 für Meßstrecken von je 50,8 cm Länge, welche in den Diagonalenmitten lagen und in Abb. 266 eingezeichnet sind.

Tabelle 75.

Zeit	Spannung in t/cm²	Prozentuale Stauchungen für die Meßlängen				Bemerkungen
		353 cm		1036,32 cm		
		Oben	Unten	Südseite	Nordseite	
1^{25}	0,195	0,0000	0,0000	0,0000	0,0000	Alle Ablesungen sind für die erste Laststufe gleich Null gesetzt.
1^{32}	0,390	0,0073	0,0084	0,0082	0,0091	
1^{36}	0,585	0,0162	0,0179	0,0175	0,0191	
1^{39}	0,780	0,0256	0,0276	0,0265	0,0290	
2^{10}	0,780	0,0260	0,0279	0,0265	0,0297	
2^{13}	0,975	0,0350	0,0375	0,0357	0,0396	
2^{17}	1,170	0,0452	0,0468	0,0448	0,0494	
2^{25}	1,417	0,0569	0,0597	0,0583	0,0632	
2^{56}	1,417	0,0577	0,0605	0,0581	0,0639	
3^{00}	0,195	0,0053	0,0053	0,0032	0,0050	Rückgang zur ersten Laststufe bei bleiben-den Stauchungen.
3^{28}	0,195	0,0053	0,0051	0,0029	0,0039	
3^{34}	1,559	0,0642	0,0671	0,0649	0,0702	
3^{37}	1,755	0,0728	0,0759	0,0741	0,0798	
3^{42}	1,950	0,0823	0,0854	0,0839	0,0899	
4^{05}	1,950	0,0829	0,0856	0,0845	0,0899	
4^{10}	2,145	0,0916	0,0950	0,0940	0,1002	
4^{15}	2,340	0,1010	0,1044	0,1043	0,1105	
4^{42}	2,340	0,1020	0,1050	0,1052	0,1115	
4^{45}	2,534	0,1106	0,1140	0,1142	0,1211	
4^{48}	2,600	0,1138	0,1176	0,1181	0,1246	
4^{51}	2,665	0,1173	0,1210	0,1219	0,1285	
4^{54}	2,732	0,1209	0,1244	0,1258	0,1324	
4^{58}	2,795	0,1240	0,1275	0,1290	0,1358	
5^{03}	2,860	0,1277	0,1312	0,1330	0,1397	
5^{17}	2,860	0,1288	0,1321	0,1339	0,1406	
5^{20}	2,924	0,1312	0,1348	0,1369	0,1438	
5^{24}	2,990	0,1342	0,1380	0,1400	0,1472	
5^{27}	2,990	0,1346	0,1384	0,1404	0,1478	
5^{33}	3,058	0,1380	0,1420	0,1442	0,1516	
—	3,058	0,1382	0,1421	0,1446	0,1517	
—	3,606	—	—	—	—	Knickgrenze des Stabes

Tabelle 76.

Spannung in t/cm²	Prozentuale Stauchungen der Diagonalen bei 50,8 cm Meßlänge für die Meßstrecken								Bemerkungen
	1	2	3	4	5	6	7	8	
0[1])	0	0	0	0	0	0	0	0	
0,195	0,0030	0,0010	0,0045	0,0010	0,0020	0,0020	0,0030	0,0025	
0,780	0,0030	0,0025	0,0055	0,0020	0,0030	0,0010	0,0045	0,0005	
1,417	0,0030	0,0035	0,0040	0,0030	0,0020	0,0005	0,0035	0,0005	
0,195	0,0015	− 0,0005	0,0035	0,0000	0,0005	0,0000	0,0020	− 0,0005	Rückgang zur
1,950	0,0025	0,0045	0,0015	0,0045	0,0010	0,0000	0,0030	0,0000	ersten Laststufe.
2,340	0,0025	0,0055	0,0015	0,0055	0,0010	0,0010	0,0040	− 0,0005	
2,860	0,0020	0,0055	0,0025	0,0055	0,0015	0,0015	0,0040	+ 0,0005	
0[2])	0,0020	0,0030	0,0040	0,0045	0,0015	0,0025	0,0025	0,0005	

[1]) Stab axial nicht belastet, auf zwei Stützen ruhend.
[2]) Nach dem Versuche; Stab axial unbelastet auf zwei Stützen.

Stab Nr. 62 (T X 16 C, 1). Dieser Stab sowie der folgende sind ganz genau gleich konstruiert wie die zuvor beschriebenen Nickelstahlstäbe, nur bestanden sie aus Flußeisen. Dem Stabgewicht 3,42 t entsprach ein nutzbarer Querschnitt von 224,8 cm².

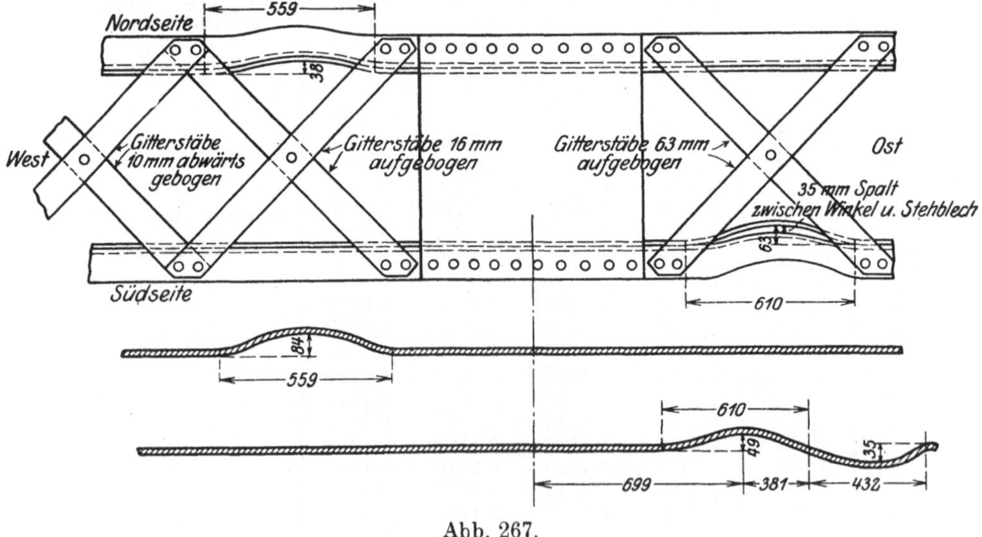

Abb. 267.

Verbiegung der horizontalen Winkelschenkel:
Nordseite: oben 32 mm
unten 38 mm.
Südseite: oben 76 mm
unten 57 mm.

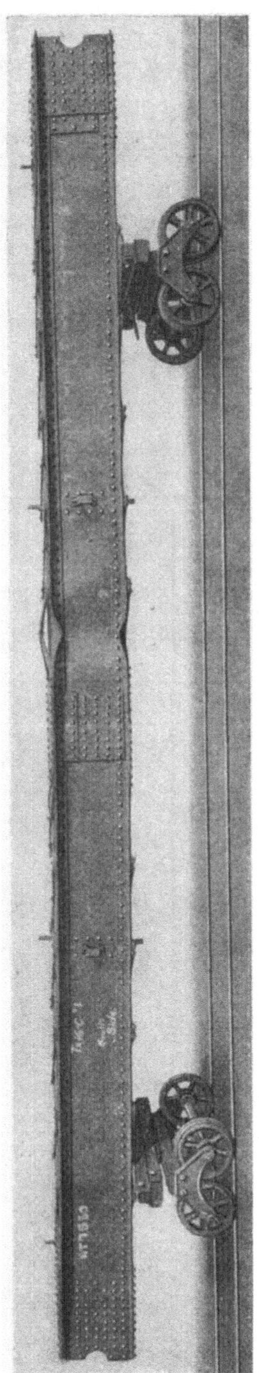

Abb. 268. (Seite 480.)

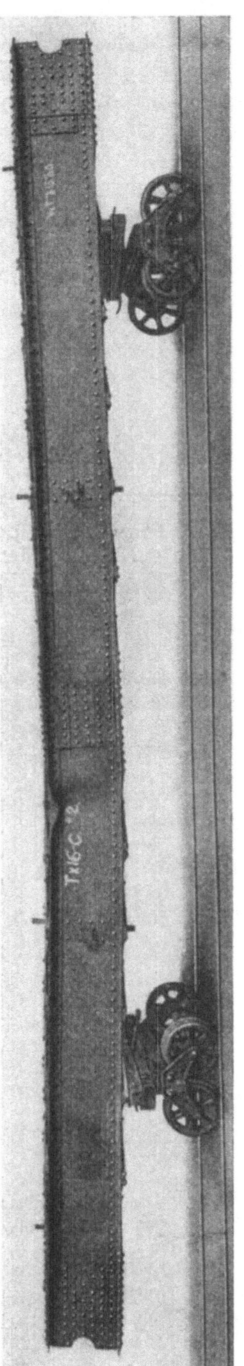

Abb. 270. (Seite 481.)

Die im folgenden angeführten Beobachtungen erstrecken sich auf die prozentualen Stauchungen, sowie auf die Durchbiegungen der Stabmitte, die am Nordgurt für die horizontale und vertikale Richtung ermittelt wurden, und sind in Tabelle 77 enthalten. Der Ausgleich des Eigengewichtes geschah wie bei Stab Nr. 60. Der Stab knickte, trotzdem die Verbiegung im vertikalen Sinne stattfand, wesentlich durch seitliches Nachgeben der Gurtungen zwischen den Knotenpunkten der Vergitterungen in den der Stabmitte benachbarten Feldern. Der Querverband und seine Anschlüsse widerstanden ihren Beanspruchungen bis zur Knickgrenze des Stabes. Beim Knicken traten einige Diagonalen aus ihrer Ebene heraus.

Das Bild des Stabes nach dem Versuch stellen die Abb. 267 und 268 dar.

Tabelle 77.

| Zeit | Spannung in t/cm² | Prozentuale Stauchungen in cm für die Meßlängen von | | | | Durchbiegungen der Mitte des Nordgurtes (cm) | | Bemerkungen |
| | | 353 cm | | 1036,32 cm | | | | |
		Oben	Unten	Süd-seite	Nord-seite	Hori-zontal	Verti-kal	
1^{13}	0,194	0,0000	0,0000	0,0000	0,0000	0	−0,159	Die Stauchungen sind gleich Null gesetzt für die erste Laststufe.
1^{18}	0,388	0,0079	0,0084	0,0086	0,0098	—	—	
1^{22}	0,582	0,0171	0,0150	0,0180	0,0202	—	—	Negative vertikale Durchbiegungen sind nach oben gerichtet.
1^{46}	0,582	0,0176	0,0156	0,0183	0,0205	—	—	
1^{51}	0,776	0,0262	0,0222	0,0274	0,0332	−−	—	
1^{55}	0,987	0,0366	0,0314	0,0383	0,0420	0	−0,238	
2^{26}	0,987	0,0370	0,0318	0,0385	0,0422	—	—	
2^{32}	0,194	0,0042	−0,0029	0,0041	0,0052	—	—	Rückgang zur ersten Laststufe bei bleibenden Stauchungen.
2^{57}	0,194	0,0035	−0,0041	0,0034	0,0043	—	—	
3^{02}	1,164	0,0459	0,0401	0,0483	0,0522	—	—	
3^{07}	1,357	0,0559	0,0498	0,0590	0,0632	0	−0,238	
3^{24}	1,357	0,0563	0,0500	0,0591	0,0633	—	—	
3^{30}	1,553	0,0659	0,0598	0,0699	0,0742	—	—	
3^{35}	1,746	0,0766	0,0709	0,0821	0,0865	0	−0,238	
4^{03}	1,746	0,0779	0,0715	0,0829	0,0872	—	—	
4^{06}	1,809	0,0807	0,0745	0,0862	0,0906	—	—	
4^{10}	1,873	0,0837	0,0781	0,0906	0,0950	—	—	
4^{13}	1,873	0,0845	0,0788	0,0906	0,0951	—	—	
4^{16}	1,939	0,0880	0,0826	0,0950	0,0995	—	—	
4^{19}	2,002	0,0912	0,0860	0,0990	0,1036	—	—	
4^{22}	2,002	0,0917	0,0865	0,0993	0,1038	—	—	
4^{26}	2,068	0,0966	0,0908	0,1044	0,1089	—	—	
4^{29}	2,068	0,0968	0,0912	0,1048	0,1093	—	—	
4^{32}	2,132	0,0997	0,0946	0,1089	0,1132	—	—	
4^{35}	2,132	0,1008	0,0954	0,1095	0,1140	—	—	
4^{37}	2,200	0,1040	0,0992	0,1147	0,1192	—	—	
4^{42}	2,200	0,1053	0,1006	0,1153	0,1198	—	—	
—	2,264	0,1093	0,1046	0,1209	0,1252	—	—	
4^{46}	2,264	0,1105	0,1063	0,1217	0,1259	—	6,25	
—	2,554	—	—	—	—	—	—	Knickgrenze des Stabes.

Der Versuch ergab folgende Spannungsgrenzen:

Proportionalitätsgrenze bei 1,356 t/cm² für die Meßstrecken A und B,

    „   „ 1,162   „   „   „   „ C „ D,

Quetschgrenze   „ 1,745   „   „   „   „ A „ B,

    „   „ 1,55   „   „   „   „ C „ D.

Stab Nr. 63 (T X 16 C, 2). Die Bauart und der Baustoff sind dieselben wie bei Stab Nr. 62; auch geschah die teilweise Aufhebung des Eigengewichts ebenso wie bei diesem Stab; die aus dem Stabgewicht 3,42 t bestimmte, nutzbare Querschnittsfläche war 224,8 cm².

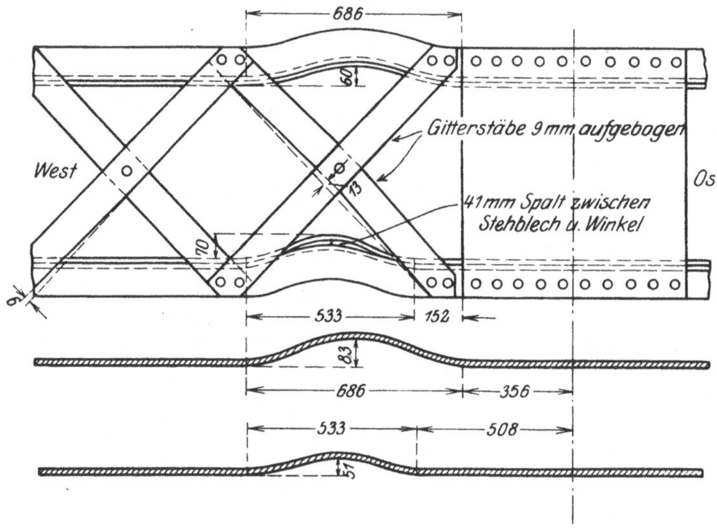

Abb. 269.

Verbiegung der horizontalen Winkelschenkel.
Nordseite: oben 16 mm
unten 10 mm.
Südseite: oben 95 mm
unten 10 mm.

Der Stab knickte vertikal nach unten, wobei die Gurtungen zwischen den Knotenpunkten der Vergitterung in Stabmitte seitlich nachgaben. Der Querverband hielt bis zur Knickgrenze stand, dann verbogen sich die Diagonalen und traten aus ihrer Ebene heraus.

Das Bild des geknickten Stabes zeigen die Abb. 269 und 270.

Tabelle 78 enthält die gemessenen Stauchungen und die Durchbiegungen des Nordgurtes; Tabelle 79 die Stauchungen der Diagonalen 1 bis 8, welche für Meßstrecken von je 50,8 cm beobachtet wurden, deren Lage aus Abb. 266 zu ersehen ist. Die an den Diagonalen festgestellten, bleibenden Stauchungen lassen wiederum erkennen, daß ihre Beanspruchung oberhalb der Elastizitätsgrenze lag.

Der Versuch ergab nachstehende Spannungsgrenzen:

Proportionalitätsgrenze bei 1,358 t/cm² für die Meßstrecken A und B,

„ „ 1,358 „ „ „ „ C „ D,

Quetschgrenze „ 1,745 „ „ „ „ A „ B,

„ „ 1,681 „ „ „ „ C „ D.

Tabelle 78.

Zeit	Spannung in t/cm²	Prozentuale Stauchungen in cm für die Meßlängen von 353 cm		Prozentuale Stauchungen in cm für die Meßlängen von 1036,32 cm		Durchbiegungen für die Mitte des Nordgurtes (cm)		Bemerkungen
		Oben	Unten	Süd-seite	Nord-seite	Hori-zontal	Verti-kal	
1^01	0,194	0,0000	0,0000	0,0000	0,0000	0	−0,159	Die Stauchungen sind für die erste Laststufe gleich Null gesetzt.
1^14	0,388	0,0091	0,0089	0,0081	0,0098	—	—	
1^17	0,582	0,0187	0,0187	0,0171	0,0203	—	—	Negative vertikale Durchbiegungen sind nach oben gerichtet.
1^53	0,582	0,0203	0,0191	0,0180	0,0213	—	—	
2^01	0,776	0,0300	0,0289	0,0274	0,0318	—	—	
2^05	0,987	0,0409	0,0397	0,0378	0,0435	0	− 0,159	
2^35	0,987	0,0426	0,0406	0,0391	0,0443	—	—	
2^39	0,194	0,0069	0,0063	0,0055	0,0064	—	—	
3^08	0,194	0,0068	0,0062	0,0055	0,0063	—	—	Rückgang zur ersten Laststufe bei bleibenden Stauchungen.
3^11	1,164	0,0548	0,0540	0,0517	0,0579	—	—	
3^15	1,357	0,0629	0,0615	0,0600	0,0666	0,079	−0,159	
3^46	1,357	0,0629	0,0615	0,0600	0,0668	—	—	
3^48	1,553	0,0738	0,0722	0,0709	0,0785	—	—	
3^51	1,615	0,0779	0,0759	0,0749	0,0829	—	—	
3^55	1,680	0,0812	0,0793	0,0791	0,0871	—	—	
3^59	1,746	0,0857	0,0833	0,0835	0,0919	0,079	−0,159	
4^23	1,746	0,0877	0,0842	0,0847	0,0931	—	—	
4^23	1,809	0,0909	0,0872	0,0880	0,0966	—	—	
4^30	1,873	0,0950	0,0911	0,0925	0,1013	—	—	
4^33	1,939	0,1002	0,0952	0,0974	0,1063	—	—	
4^38	2,002	0,1049	0,0993	0,1020	0,1112	—	—	
4^41	2,068	0,1104	0,1038	0,1080	0,1175	—	—	
4^44	2,068	0,1164	0,1051	0,1086	0,1180	—	—	
4^49	2,132	0,1220	0,1089	0,1140	0,1234	—	—	
—	2,132	0,1230	0,1097	0,1148	0,1246	—	—	
—	2,328	—	—	—	—	—	—	Knickgrenze des Stabes.
—	—	—	—	—	—	—	10,24	Nach dem Versuch.

Tabelle 79.

Spannung in t/cm²	Prozentuale Stauchungen der Diagonalen bei 50,8 cm Meßlänge für die Meßstrecken								Bemerkungen
	1	2	3	4	5	6	7	8	
0[1]	0	0	0	0	0	0	0	0	
0,194	0,0045	0,0025	0,0010	0,0045	0,0010	0,0040	0,0000	0,0035	
0,582	0,0055	0,0030	0,0000	0,0040	0,0010	0,0045	−0,0005	0,0035	
0,987	0,0055	0,0030	−0,0010	0,0040	0,0015	0,0060	0,0000	0,0055	
0,194	0,0020	0,0010	−0,0010	0,0025	−0,0005	0,0040	−0,0005	0,0030	Rückgang zur ersten Laststufe.
1,357	0,0045	0,0040	−0,0005	0,0025	0,0025	0,0060	0,0000	0,0035	
1,746	0,0045	0,0045	−0,0015	0,0030	0,0020	0,0065	0,0000	0,0055	
0[2]	0,0045	0,0015	+0,0015	0,0045	0,0065	0,0055	0,00015	0,0025	

[1]) Stab axial nicht belastet, auf zwei Stützen ruhend.

[2]) Nach dem Versuche; Stab axial unbelastet auf zwei Stützen.

Stab Nr. 64 (T X 17, 1). Der dem vertikalen Pfosten CU_{12}—CM_{12} des Kragarms nachgebildete, verkleinerte Versuchsstab aus Flußeisen hatte den in Abb. 271 skizzierten Querschnitt:

$$F\,(\text{cm}^2)$$

2 Stehbleche 533/9,53	101,6
8 Gurtwinkel 101,6/76,2/7,93	107,9
1 Schottblech 362/7,93	29,2
4 Schottwinkel 76,2/6,35	37,2

$$F = 275,9 \text{ cm}^2.$$

Dem Stabgewicht 4,93 t entsprach als wirksame Querschnittsfläche 265,2 cm².

Die Trägheitsradien waren $i_x = 18,16$ cm und $i_y = 15,08$ cm für den Gesamtstab und $i_y = 2,375$ cm für den einzelnen Gurt.

Die ganze Baulänge von Mitte zu Mitte Bolzen betrug 1417,32 cm, wonach bei 19,06 cm Bolzendurchmesser der Abstand zwischen den Kontaktpunkten der Bolzen mit 1398,26 cm folgt.

An den Enden war der Stab verstärkt durch

4 Bleche 502/9,53 lang 673 mm
und 4 Bleche 330/7,93 lang 800 „

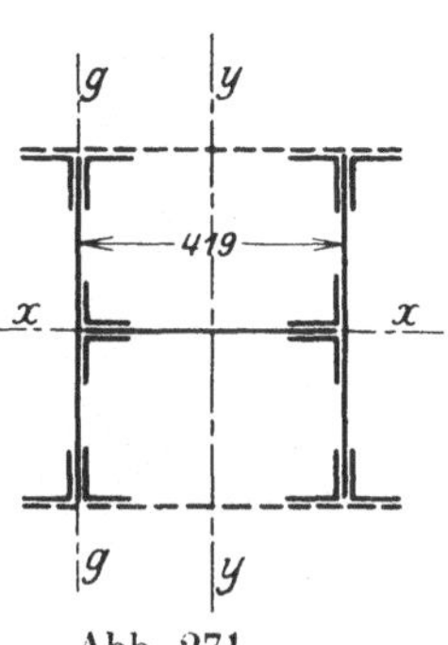

Abb. 271.

Der Querstoß in Stabmitte war reichlich. Die Leibungsfläche am Bolzen hatte 178,2 cm² Inhalt.

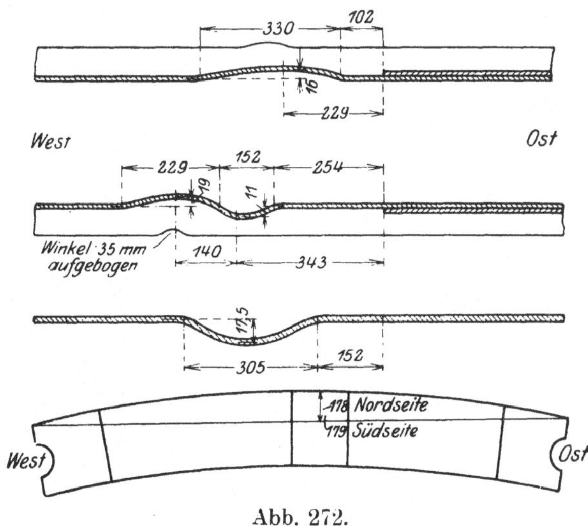

Abb. 272.

Der Querverband befand sich in beiden Flanschebenen und bestand aus 2 Endbindeblechen 585/6,35 lang je 692 mm, 1 Mittel-

31*

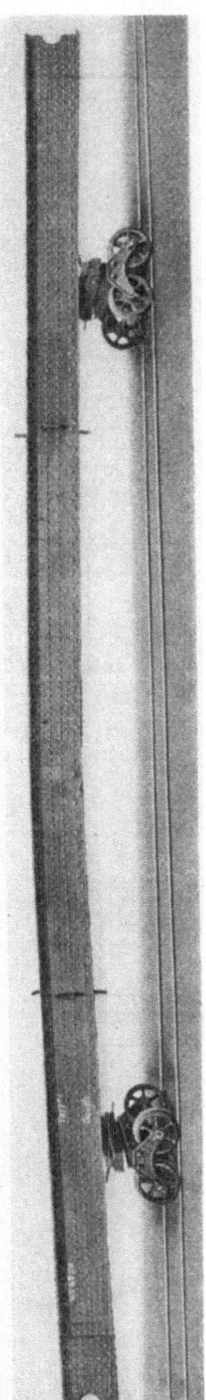

Abb. 273. (Seite 486.)

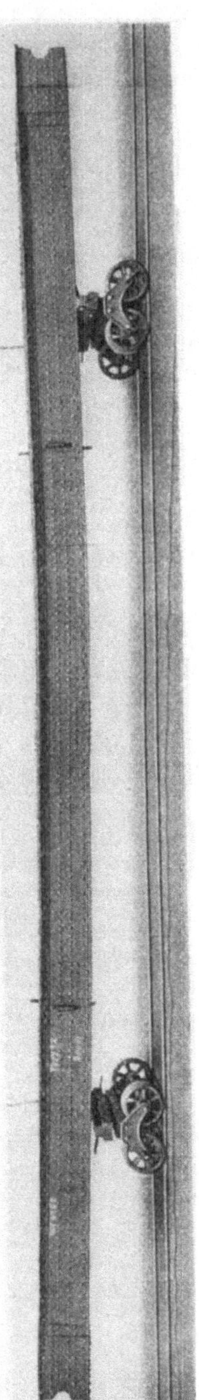

Abb. 276. (Seite 486.)

bindeblech 585/6,35 lang 546 mm gekreuzten Diagonalen-Flacheisen 70/6,35 mit $c = 27,3$ cm, $h = 32,4$ cm und $d = 42,25$ cm, die mit je 2 Nieten von 15,9 mm Durchmesser angeschlossen und in der Mitte durch einen gleichen Niet verbunden waren. An den Stabenden und in den Drittelspunkten seiner Länge lagen Querschotte.

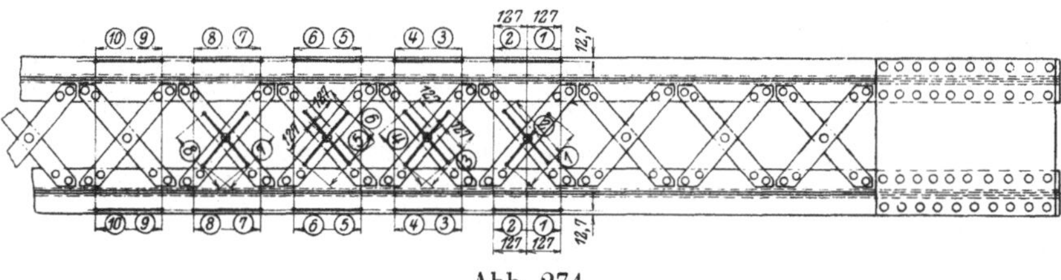

Abb. 274.

Durch Lasten von je 0,9 t in der Mitte und in den Viertelspunkten des Stabes wirkte man seinem Eigengewicht entgegen.

Bis zu $^6/_7$ seiner Knicklast zeigte der Stab keine horizontale und nur sehr geringe vertikale Durchbiegungen. Er knickte als

Tabelle 80.

Zeit	Spannung in t/cm²	Prozentuale Stauchungen in cm für die Meßlängen von				Durchbiegungen für die Mitte des Nordgurtes (cm)		Bemerkungen
		590 cm		1417,32 cm				
		Oben	Unten	Süd-seite	Nord-seite	Hori-zontal	Verti-kal	
1^{13}	0,164	0,0000	0,0000	0,0000	0,0000	0	−0,159	Die Stauchungen sind gleich Null gesetzt für die erste Laststufe.
1^{17}	0,328	0,0067	0,0071	0,0079	0,0074	—	—	
1^{21}	0,493	0,0157	0,0162	0,0175	0,0170	—	—	Negative vertikale Durchbiegungen sind nach oben gerichtet.
1^{25}	0,657	0,0232	0,0237	0,0254	0,0248	0	−0,159	
1^{48}	0,657	0,0239	0,0243	0,0257	0,0252	—	—	
1^{51}	0,821	0,0324	0,0327	0,0346	0,0342	—	—	
2^{00}	1,015	0,0418	0,0432	0,0448	0,0446	0	−0,238	
2^{19}	1,015	0,0423	0,0438	0,0449	0,0448	—	—	
2^{35}	0,164	0,0036	0,0039	0,0038	0,0037	—	—	Rückgang zur ersten Laststufe bei bleibenden Stauchungen.
2^{52}	0,164	0,0034	0,0039	0,0036	0,0035	—	—	
2^{58}	1,150	0,0507	0,0550	0,0546	0,0549	—	—	
3^{02}	1,315	0,0568	0,0629	0,0617	0,0623	0	−0,318	
3^{16}	1,315	0,0560	0,0635	0,0616	0,0622	—	—	
3^{20}	1,478	0,0629	0,0735	0,0708	0,0716	—	—	
3^{24}	1,644	0,0703	0,0848	0,0810	0,0821	0	−0,476	
3^{43}	1,644	0,0715	0,0865	0,0821	0,0833	—	—	
3^{46}	1,752	0,0767	0,0936	0,0882	0,0894	—	—	
3^{50}	1,863	0,0805	0,1035	0,0964	0,0974	0	−0,793	
4^{08}	1,863	0,0805	0,1062	0,0980	0,0990	—	—	
4^{13}	1,972	0,0844	0,1152	0,1058	0,1068	0	−1,032	
4^{17}	1,972	0,0836	0,1170	0,1060	0,1072	—	—	
4^{20}	2,082	0,0841	0,1295	0,1156	0,1167	—	—	
4^{23}	2,082	0,0823	0,1338	0,1167	0,1175	—	—	
—	2,274	—	—	—	—	—	—	Knickgrenze des Stabes.

Ganzes wesentlich in der Vertikalebene nach oben aus mit einem Pfeil von etwa 17,8 cm in Stabmitte. Dabei verbeulten sich die Stehbleche und Gurtwinkel seitlich. Das Bild des Stabes nach dem Versuch zeigen die Abb. 272 und 273.

Der Versuch ergab folgende Spannungsgrenzen:

Proportionalitätsgrenze bei 1,478 t/cm² für die Meßstrecken A und B,
   „   „ 1,478 „ „ „ „ C „ D,
Quetschgrenze „ 1,751 „ „ „ „ A „ B,
   „   „ 1,642 „ „ „ „ C „ D.

Die Beobachtungen erstrecken sich unter anderem auf die in Tabelle 80 wiedergegebenen Stauchungen für die Meßlängen von 590 cm (A und B) sowie 1417,32 cm (C und D) und die Durchbiegungen der Mitte des Nordgurtes. Die für 25,4 cm Meßlänge ermittelten, prozentualen Stauchungen der Diagonalen sind in Tabelle 81 angeführt und zeigen, daß in diesen Gliedern die Elastizitätsgrenze überschritten wurde. Die Meßstrecken an den Diagonalen sind in Abb. 274 eingezeichnet.

Tabelle 81.
Negative Stauchungen deuten auf Zug.

Spannung in t/cm²	Prozentuale Stauchungen der Diagonalen bei 25,4 cm Meßlänge für die Meßstrecken								Bemerkungen
	1	2	3	4	5	6	7	8	
0[1])	0	0	0	0	0	0	0	0	
0,164	−0,008	0,001	−0,010	−0,002	−0,010	−0,001	−0,011	0,001	
0,657	−0,009	0,001	−0,010	0,000	−0,011	0,000	−0,012	0,000	
1,015	−0,010	0,002	−0,011	−0,001	−0,013	−0,001	−0,014	0,001	
0,164	−0,008	0,000	−0,009	−0,001	− 0,009	−0,001	−0,011	0,000	Rückgang zur ersten Laststufe.
1,315	−0,009	−0,001	−0,010	−0,001	−0,012	−0,001	−0,013	0,000	
1,644	−0,010	−0,001	−0,011	−0,001	−0,012	−0,002	−0,013	−0,001	
1,863	−0,009	−0,001	−0,010	−0,002	−0,011	−0,001	−0,011	−0,001	
0[2])	−0,004	−0,002	−0,010	0,000	−0,003	−0,006	−0,004	−0,002	

[1]) Stab axial unbelastet auf zwei Stützen ruhend.
[2]) Nach dem Versuche; Stab axial unbelastet auf zwei Stützen.

Stab Nr. 65 (T X 17,2). Der Stab ist dem vorigen gleich. Seinem Gewicht 4,03 t entsprach eine nutzbare Querschnittsfläche von 262 cm². Der Ausgleich des Eigengewichtes erfolgte wie bei Stab Nr. 64. Bis zu $^4/_5$ der Knickgrenze zeigten sich nur kleine Ausbiegungen im horizontalen und vertikalen Sinn. Der Stab knickte wesentlich als Ganzes mit einem Pfeil von etwa 11,3 cm nach unten aus. Hierbei gab die nördliche Gurtung (Stehbleche und Flanschwinkel) seitlich zwischen den Knotenpunkten der Vergitterung in der Nähe der Stabmitte nach, und die Diagonalen wurden leicht verbogen.

Die Stabform nach dem Versuch geht aus den Abb. 275 und 276 hervor.

Der Versuch ergab folgende Spannungsgrenzen:
Proportionalitätsgrenze bei 1,533 t/cm² für die Meßstrecken A und B,
        „   „ 1,425 „ „ „   „ C „ D,
Quetschgrenze   „ 1,793 „ „ „   „ A „ B.
  „   „ 1,752 „ „ „   „ C „ D.
Tabelle 82 enthält die prozentualen Stauchungen sowie die Durchbiegungen der Mitte des Nordgurtes.

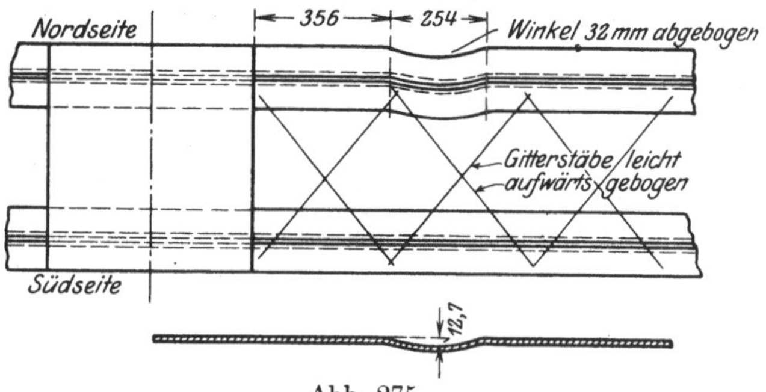

Abb. 275.

Tabelle 82.

Zeit	Span-nung in t/cm²	Prozentuale Stauchungen für die Meßlängen				Durchbie-gungen der Mitte des Nordgurtes (cm)		Bemerkungen
		590 cm		1417,32 cm				
		Oben	Unten	Süd-seite	Nord-seite	Hori-zontal	Verti-kal	
1²³	0,164	0,0000	0,0000	0,0000	0,0000	0	0,238	Die Stauchungen für die erste Laststufe sind gleich Null gesetzt.
1²⁷	0,328	0,0069	0,0075	0,0082	0,0085	—	—	
1³¹	0,493	0,0179	0,0172	0,0189	0,0200	—	—	
1³⁴	0,657	0,0236	0,0224	0,0247	0,0260	0	0,159	
2¹⁶	0,657	0,0214	0,0206	0,0224	0,0237	—	—	
2²²	0,821	0,0298	0,0285	0,0309	0,0326	—	—	
2³¹	1,015	0,0403	0,0377	0,0415	0,0433	0,0793	0,159	
2⁵⁵	1,015	0,0402	0,0378	0,0413	0,0400	—	—	
2⁵⁷	0,164	0,0000	0,0017	0,0025	0,0026	—	—	Rückgang zur ersten Laststufe bei bleiben-den Stauchungen.
3²⁰	0,164	0,0003	0,0022	0,0027	0,0026	—	—	
3²⁸	1,150	0,0488	0,0458	0,0501	0,0518	—	—	
3³⁶	1,315	0,0577	0,0534	0,0588	0,0609	0,0793	0,198	
4⁰⁰	1,315	0,0583	0,0534	0,0589	0,0612	—	—	
4⁰³	1,424	0,0646	0,0588	0,0647	0,0674	—	—	
4⁰⁶	1,534	0,0718	0,0639	0,0715	0,0745	—	—	
4¹⁰	1,644	0,0799	0,0691	0,0789	0,0818	0,159	0,397	
4³³	1,644	0,0811	0,0695	0,0793	0,0827	—	—	
4³⁸	1,752	0,0875	0,0743	0,0857	0,0891	—	—	
4⁴⁴	1,863	0,0972	0,0793	0,0942	0,0979	0,238	0,476	
4⁴⁹	1,972	0,1066	0,0833	0,1026	0,1064	—	—	
4⁵³	1,972	0,1092	0,0832	0,1039	0,1073	—	—	
4⁵⁶	2,082	0,1227	0,0862	0,1133	0,1168	—	—	
4⁵⁹	2,082	0,1255	0,0838	0,1142	0,1180	—	—	
—	2,300	—	—	—	—	—	—	Knickgrenze desStabes.
—	—	—	—	—	—	—	16,43	Nach dem Versuch.

Stab Nr. 66 (T X 18,1). Der Versuchsstab aus Flußeisen ist eine
verkleinerte Nachbildung der Diagonale $C\,M_{11} - C\,L_{12}$ des Kragarmes
und hat den in Abb. 277 skizzierten Querschnitt

	F (cm²)
2 Stehbleche 572/15,9	181,5
8 Gurtwinkel 101,6/76,2/7,93	107,9
1 Schottblech 381/7,93	30,2
4 Schottwinkel 76,2/7,93	45,9
	$F =$ 365,5 cm².

Der wirksame Querschnitt aus dem Stabgewicht 4,3 t ist 362 cm².

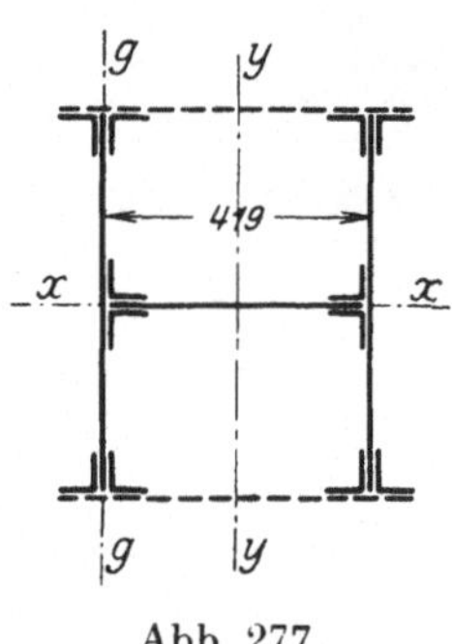

Abb. 277.

Die Trägheitsradien sind $i_x = 18,16$ cm
und $i_y = 14,99$ cm für den ganzen Stab, sowie $i_g = 2,19$ cm für den Einzelgurt. Der
Stab war 1051,56 cm zwischen den Mitten
der Bolzen lang und bei 19,06 cm Bolzendurchmesser 1032,5 cm lang zwischen den
Kontaktpunkten der Bolzen.

Die Stabenden waren verstärkt durch

4 Bleche 540/7,93 lang 800 mm,
4 Bleche 540/7,93   „   546 mm,
4 Bleche 356/7,93   „   927 mm.

Ein Querstoß von reichlichen Abmessungen be-
fand sich in Stabmitte. Die Leibungsfläche am Bolzen war 242 cm².

Der in beiden Flanschebenen angeordnete Querverband bestand
aus 2 Endbindeblechen 591/6,35 lang 692 mm, 1 Mittelbindeblech
591/9,53 lang 686 mm gekreuzten Diagonalen-Flacheisen 70/6,35 mit
$c = 27,3$ cm, $h = 31,8$ cm und $d = 42,5$ cm, die mit je 2 Nieten von
15,9 mm Durchmesser an jedem Ende angeschlossen und in der Mitte
durch ein gleiches Niet verbunden waren. Querschotte lagen je an
den Stabenden, sowie an den Drittelspunkten.

Durch Lasten von je 0,392 t in Stabmitte und in den Viertelspunkten wurde die Wirkung des Eigengewichtes vermindert.

Bis zu $^9/_{10}$ der Knicklast zeigte der Stab nur sehr kleine Ausbiegungen in der horizontalen, und kleine Ausbiegungen in der vertikalen Richtung nach unten; er knickte wesentlich nach abwärts
mit einem Pfeil von etwa 8,9 cm. Der Versuchsbericht erwähnt
nicht, daß die Gurtungen sich verbeulten oder seitlich nachgaben.
Nach der in Abb. 278 wiedergegebenen Gestalt des geknickten Stabes
scheint dies auch nicht der Fall gewesen zu sein. Der Querverband
war tragfähig bis zur Knickgrenze.

Der Versuch ergab folgende Spannungsgrenzen:
Proportionalitätsgrenze bei 1,403 t/cm² für die Meßstrecken A und B,

„	„ 1,204	„	„	„	„	C „ D,
Quetschgrenze	„ 1,804	„	„	„	„	A „ B,
„	„ 1,604	„	„	„	„	C „ D.

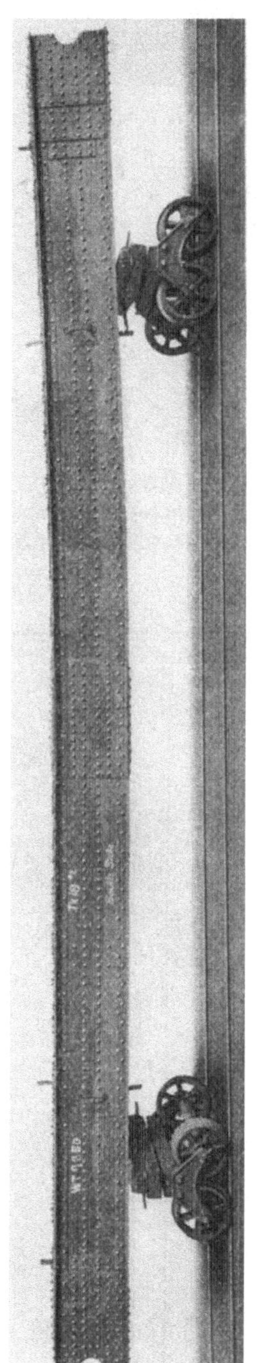

Abb. 278.   (Seite 488.)

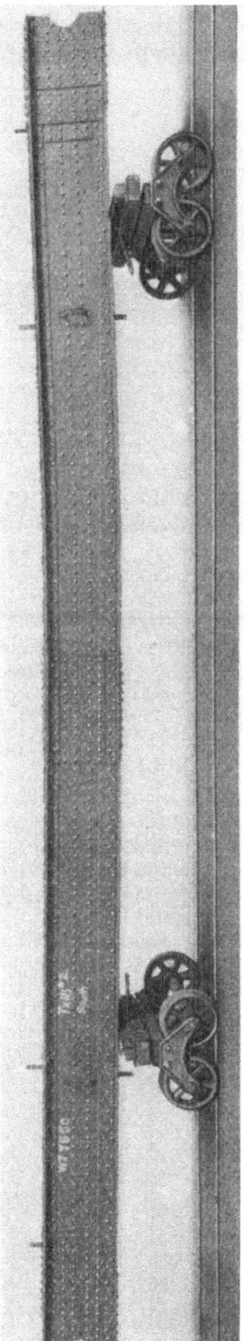

Abb. 280.   (Seite 492.)

Von den Beobachtungen geben wir in Tabelle 83 die prozentualen Stauchungen und die Durchbiegungen der Stabmitte des Nordgurtes, in Tabelle 84 die Stauchungen der Diagonalen wieder, wobei die je 25,4 cm langen Meßstrecken der Diagonalen in Abb. 279 eingetragen sind. Aus den Messungen der Diagonalen ergeben sich für diese Glieder wieder Überschreitungen der Elastizitätsgrenze.

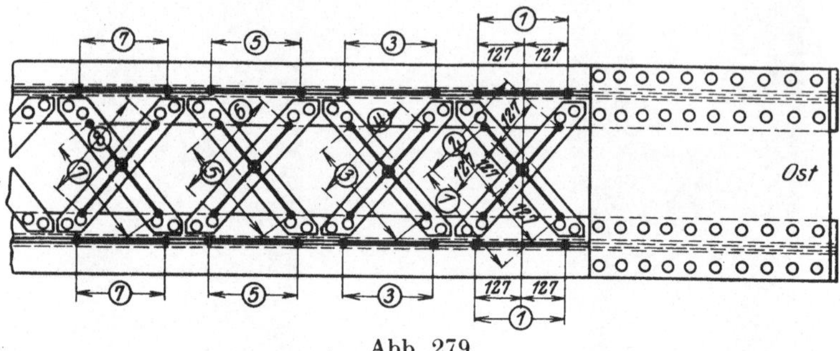

Abb. 279.

bei die je 25,4 cm langen Meßstrecken der Diagonalen in Abb. 279 eingetragen sind. Aus den Messungen der Diagonalen ergeben sich für diese Glieder wieder Überschreitungen der Elastizitätsgrenze.

Tabelle 83.

| Zeit | Spannung in t/cm² | Prozentuale Stauchungen für die Meßlängen | | | | Durchbiegungen der Mitte des Nordgurts (cm) | | Bemerkungen |
| | | 605 cm | | 1051,56 cm | | | | |
		Oben	Unten	Süd-seite	Nord-seite	Hori-zontal	Verti-kal	
1^{22}	0,200	0,0000	0,0000	0,0000	0,0000	0	0,0793	Die Stauchungen für die erste Laststufe sind gleich Null gesetzt.
1^{30}	0,401	0,0089	0,0080	0,0075	0,0086	—	—	
1^{85}	0,602	0.0194	0,0173	0,0165	0,0208	—	—	
2^{02}	0,602	0,0194	0,0173	0,0165	0,0208	—	—	
2^{06}	0,803	0,0311	0,0274	0,0268	0,0336	—	—	
2^{10}	0,985	0,0409	0,0360	0,0359	0,0443	0	0,0793	
2^{34}	0,985	0,0416	0,0360	0.0362	0,0448	—	—	
2^{38}	0,200	0,0039	0,0011	0,0014	0,0039	—	—	Rückgang zur ersten Laststufe bei bleibenden Stauchungen.
2^{55}	0,200	0,0038	0,0009	0,0016	0,0037	—	—	
3^{03}	1,204	0,0536	0,0466	0,0477	0,0578	—	—	
3^{09}	1,402	0,0659	0,0564	0,0595	0,0705	0	0,0793	
3^{26}	1,402	0,0670	0,0569	0,0600	0,0715	—	—	
3^{29}	1,605	0,0798	0,0673	0,0722	0,0843	—	—	
3^{35}	1,807	0,0956	0,0789	0,0876	0,1000	0,159	0,278	
3^{56}	1,807	0,0984	0,0797	0,0889	0,1018	—	—	
3^{58}	1,887	0,1028	0,0839	0,0935	0,1066	—	—	
4^{03}	1,966	0,1108	0,0883	0,1002	0,1133	0,159	0,357	
4^{07}	2,048	0,1196	0,0933	0,1082	0,1209	—	—	
4^{12}	2,128	0,1309	0,0981	0,1165	0,1304	- -	—	
4^{16}	2,128	0,1339	0,0983	0,1180	0,1315	—	—	
4^{20}	2,168	0,1382	0,1002	0,1218	0,1351	0,159	0,516	
4^{25}	2,168	0,1413	0,1002	0,1230	0,1361	—	—	
—	2,355	—	—	—	—	—	—	Knickgrenze desStabes.
--							10,35	Nach dem Versuch.

Tabelle 84.

Span-nung in t/cm²	Prozentuale Stauchungen der Diagonalen bei 25,4 cm Meßlänge für die Meßstrecken								Bemerkungen
	1	2	3	4	5	6	7	8	
0[1])	0	0	0	0	0	0	0	0	
0,200	0,0000	— 0,0130	0,0020	— 0,0210	0,0030	— 0,0110	0,0080	— 0,0150	
0,601	0,0000	— 0,0170	0,0010	— 0,0150	0,0010	— 0,0140	0,0070	— 0,0180	
0,985	0,0010	— 0,0170	0,0020	— 0,0170	0,0020	— 0,0130	0,0070	— 0,0200	
0,200	— 0,0020	— 0,0160	0,0010	— 0,0160	0,0020	— 0,0100	0,0080	— 0,0170	Rückgang zur
1,402	0,0040	— 0,0160	0,0060	— 0,0160	0,0040	— 0,0100	0,0080	— 0,0130	ersten Last-
1,807	0,0040	— 0,0140	0,0060	— 0,0120	0,0040	— 0,0100	0,0120	— 0,0120	stufe.
0[2])	— 0,0040	— 0,0130	— 0,0020	— 0,0050	0,0020	— 0,0010	0,0060	— 0,0100	

[1]) Stab axial unbelastet auf zwei Stützen ruhend.
[2]) Nach dem Versuch; Stab axial unbelastet auf zwei Stützen.

Stab Nr. 67 (T X 18,2). Bei konstruktiv gleicher Anordnung wie für den Stab Nr. 66 ergab sich aus dem Stabgewicht 4,3 t der wirksame Querschnitt mit 362 cm².

Der teilweise Ausgleich der Eigenlast erfolgte wie zuvor.

Das Verhalten des Stabes beim Versuch ist dem des Stabes Nr. 66 ganz gleich; der Stab knickte, ohne daß der Bericht ein seit-

Tabelle 85.

Zeit	Span-nung in t/cm²	Prozentuale Stauchungen für die Meßlängen				Ausbiegungen der Mitte des Nordgurts (cm)		Bemerkungen
		605 cm		1051,56 cm				
		Oben	Unten	Süd-seite	Nord-seite	Hori-zontal	Verti-kal	
1²³	0,200	0,0000	0,0000	0,0000	0,0000	0	— 0,159	Die Stauchungen für die erste Laststufe sind gleich Null gesetzt.
1²⁷	0,401	0,0097	0,0092	0,0087	0,0122	—	—	Negative vertikale Durch-
1³¹	0,602	0,0201	0,0191	0,0181	0,0239	—	—	biegungen sind nach
1⁵⁶	0,602	0,0205	0,0191	0,0181	0,0239	—	—	oben gerichtet.
2⁰¹	0,803	0,0314	0,0294	0,0268	0,0359	—	—	
2⁰⁷	0,985	0,0412	0,0384	0,0362	0,0466	0	— 0,238	
2²⁴	0,985	0,0417	0,0386	0,0366	0,0472	—	—	
2²⁸	0,200	0,0047	0,0025	0,0011	0,0065	—	—	Rückgang zur ersten
2⁵⁰	0,200	0,0044	0,0022	0,0011	0,0063	—	—	Laststufe bei bleiben-
2⁵⁵	1,204	0,0531	0,0493	0,0473	0,0597	—	—	den Stauchungen.
2⁵⁸	1,402	0,0630	0,0586	0,0593	0,0736	0,159	— 0,238	
3²¹	1,605	0,0748	0,0702	0,0718	0,0867	—	—	
3²⁸	1,726	0,0821	0,0770	0,0798	0,0949	—	—	
3³²	1,807	0,0878	0,0823	0,0862	0,1010	0,159	— 0,159	
3⁴⁷	1,807	0,0860	0,0837	0,0867	0,1026	—	—	
3⁵²	1,887	0,0899	0,0877	0,0913	0,1076	—	—	
3⁵⁶	1,966	0,0969	0,0932	0,0984	0,1152	—	—	
3⁵⁹	2,048	0,1030	0,0991	0,1052	0,1220	—	—	
4⁰³	2,048	0,1050	0,1002	0,1061	0,1232	—	—	
4⁰⁶	2,128	0,1112	0,1059	0,1131	0,1309	—	—	
4⁰⁹	2,128	0,1139	0,1070	0,1146	0,1325	—	—	
4¹¹	2,168	0,1172	0,1043	0,1180	0,1361	—	—	
4¹⁴	2,168	0,1189	0,1104	0,1192	0,1373	—	—	
—	2,452	—	—	—	—	—	—	Knickgrenze des Stabes
—	—	—	—	—	—	—	+ 8,73	Nach dem Versuch.

liches Ausweichen oder Verbeulen der Gurtungen erwähnt, wesentlich in der Vertikalebene mit einem Pfeil von 8,1 cm in Stabmitte. Die Vergitterung war den Ansprüchen des Versuches gewachsen.

Das Bild des Stabes nach dem Versuch zeigt Abb. 280.

Der Versuch ergab folgende Spannungsgrenzen:

Proportionalitätsgrenze bei 1,402 t/cm² für die Meßstrecken A und B,
„ 　　　„ 1,204 „ ·· „ 　„ 　 C „ D,
Quetschgrenze 　 ·· 1,726 „ ·· „ 　·· 　 A ·· B,
„ 　　　„ 1,606 „ 　„ 　„ 　„ 　 C „ D.

Die beobachteten Stauchungen und die Durchbiegungen der Mitte des Nordgurtes enthält Tabelle 85.

Folgerungen aus den Versuchen an den Stäben Nr. 56—67.

Bei allen Stäben zeigen die Stauchungsmessungen, die längs den 4 Seitenflächen der Stäbe vorgenommen wurden, einen ziemlich gleichmäßigen Verlauf. Hieraus, wie auch aus der Kleinheit der Durchbiegungen selbst in beträchtlicher Nähe der Knickgrenze, läßt sich schließen, daß die Versuche bei gut zentrischer Belastung vor sich gingen und daß die Spannungen aus dem Eigengewicht nur geringen Einfluß ausübten.

Mit Ausnahme der Stäbe Nr. 60—63 hatten alle Versuchsstücke Längsschotte und stellen demnach nur im uneigentlichen Sinne gegliederte Druckstäbe dar, da der Querverband lediglich der gegenseitigen Sicherung der freien Gurtflanschen diente.

Das Knicken erfolgte durchgehend in der vertikalen Ebene, wofür die Stäbe in den Bolzen so gelagert waren, daß die ganze Länge zwischen den Kontaktpunkten der Bolzen als freie Knicklänge in Betracht kam. Für das Knicken in der Horizontalebene kann entsprechend den in § 63 angestellten Überlegungen der Einspannungsgrad der Stabenden rechnerisch durch die 0,85 fache Stablänge als freie Knicklänge berücksichtigt werden.

Da alle Stäbe in der Vertikalebene knickten, so läßt sich folgern, daß die Knickspannungen für die Horizontalebene größer waren als die durch den Versuch ermittelten Knickspannungen. Daß sie aber nicht erheblich größer waren, geht mit Wahrscheinlichkeit daraus hervor, daß bei allen Stäben zugleich mit dem Knickvorgang auch eine seitliche Deformation der Gurtungen und eine Verbeulung der Stehbleche Hand in Hand gingen. Letzteres wäre wohl nicht möglich gewesen, wenn nicht die Knickspannungen für beide Ebenen einander nahezu gleich gewesen wären.

Sehr bemerkenswert ist die Erscheinung, daß bei dem Rückgang zur ersten Laststufe die Dehnungsmesser bleibende Formänderungen des Stabes verzeichneten, wiewohl die rechnerischen Druckspannungen die Elastizitätsgrenze noch nicht erreicht hatten. Es könnte nahe liegen, dieses Verhalten auf kleine Gleitbewegungen der Nietverbindungen zurückzuführen, jedoch ist es ebensowohl denkbar und sogar wahrscheinlich, daß bei den kräftig vergitterten Stäben die

Biegungsmomente in den Gurtungen eine Größe erreichten, welche zu einer Überschreitung der Elastizitätsgrenze in den am höchsten beanspruchten Fasern führen mußte.

Daß die Diagonalen bereits bei den niedersten Laststufen Formänderungen erlitten, ist weniger daraus zu erklären, daß bei diesen Belastungen schon Querkräfte am Stabe entwickelt wurden (dies ist schon wegen der überall sehr kleinen horizontalen Ausbiegungen als unwahrscheinlich anzusehen) als vielmehr aus dem Einfluß von Nebenspannungen infolge des exzentrischen Anschlusses der Diagonalen. Wären die Stauchungen an diesen Stäben nicht ausschließlich in den Achsfasern gemessen worden, sondern wie bei einigen in § 63 besprochenen Versuchen an den beiden Rändern jeder Diagonale, so wäre hierbei das Auftreten von Nebenmomenten wenigstens qualitativ nachweisbar gewesen. Daß die Beanspruchung der Diagonalen zum Teil über der Elastizitätsgrenze lag, zeigten nach Beendigung der Versuche die bleibenden Formänderungen in diesen Gliedern.

Übrigens waren alle Abmessungen dem Zwecke der Konstruktion wohl entsprechend gewählt. Der Querstoß in Stabmitte sowie die Auflagerflächen der Bolzen blieben (letztere abgesehen von leichten Abplattungen, die bei den hohen Flächenpressungen hier entstanden) sogar noch nach Erschöpfung der Tragfähigkeit der Stäbe unversehrt. Auch die Querverbände gaben bei keinem Versuchsstab früher nach als der Stab selbst.

Für die mit Längsschotten versehenen Stäbe ist der rechnerische Nachweis, daß sie der beim Knicken entstehenden Querkraft gewachsen waren, entbehrlich. Für die Stäbe Nr. 60—63, bei denen die Querkräfte ausschließlich durch die Vergitterungen aufgenommen werden mußten, war der Querverband sehr reichlich wie sich aus den folgenden Rechnungen ergibt.

Stäbe Nr. 60 und 61. Man erhält aus der Knickgrenze der Diagonalen

$$Q_1 = \frac{h}{d} \cdot D_k = \frac{h}{d} \cdot \frac{\pi^2 E J_d}{\left(\frac{d}{2}\right)^2} = \frac{4\pi^2 E J_d \cdot h}{d^3} \cdot$$

mit

$$J_d = 4 \cdot \frac{10,8 \cdot 1,59^3}{12} = 14,48 \text{ cm}^4; \qquad E = 2060 \text{ t/cm}^2; \qquad h = 68,5 \text{ cm}$$

$$\text{und } d = 95,2 \text{ cm}$$

$$Q_1 = \frac{4\pi^2 \cdot 2060 \cdot 14,48 \cdot 68,5}{95,2^3} = 93,8 \text{ t.}$$

Aus der Zugfestigkeit ($\sigma_z = 6,5$ t/cm² für Nickelstahl) der Diagonalen wird

$$Q_2 = \frac{h}{d} \cdot Z = \frac{68,5}{95,2} \cdot 4 \cdot 10,8 \cdot 1,59 \cdot 6,5 = 321 \text{ t.}$$

Aus der Scherfestigkeit ($\tau = 4{,}0$ t/cm² für Flußeisen) der Anschlußnieten folgt

$$Q_3 = \frac{h}{d} \cdot N = \frac{68{,}5}{95{,}2} \cdot 2 \cdot 4 \cdot \frac{\pi \cdot 1{,}9^2}{4} = 65{,}3 \text{ t.}$$

Q_3 ist als Kleinstwert für die Stärke des Querverbandes entscheidend; es ist daher aus der mittleren Knickkraft

$$P_k = \frac{741 + 805{,}5}{2} = 773{,}25 \text{ t}$$

die größte Querkraft, welche der Verband zu übertragen vermochte,

$$Q_3 = \frac{65{,}3}{773{,}25} \cdot P_k = 0{,}0835 \cdot P_k.$$

Stäbe Nr. 62 und 63. Bei gleicher Bauweise in Flußeisen wird hier der Kleinstwert von Q wiederum durch die Scherfestigkeit der Anschlußnieten zu $Q_3 = 65{,}3$ t bestimmt. Die mittlere Knicklast ist

$$P_k = \frac{574 + 524}{2} = 549 \text{ t,}$$

wonach die größte vom Querverband mit der Bruchsicherheit 1 übertragbare Querkraft zu

$$Q_3 = \frac{65{,}3}{549} \cdot P_k = 0{,}12\, P_k$$

folgt.

Vergleich der wirklichen und rechnerischen Knickspannung.

Mit Rücksicht darauf, daß die Querverbände rechnerisch sowohl wie nach dem Versuch sich als reichlich kräftig ergaben, erscheint auch hier das Verfahren der Wirkungsgrade zur theoretischen Verfolgung der Versuche geeignet.

Als Grundlage dienen hierbei die Formeln

$$\sigma_k = 3{,}1 - 0{,}0114 \cdot \lambda \quad \text{und} \quad \eta = 1 - 0{,}00368 \cdot \lambda$$

für Flußeisen und

$$\sigma_k = 4{,}92 - 0{,}0234 \cdot \lambda \quad \text{und} \quad \eta = 1 - 0{,}00475 \cdot \lambda$$

für Nickelstahl (vgl. § 62, wo diese beiden Formeln für Nickelstahl von ähnlicher Beschaffenheit entwickelt wurden).

Hiernach erhält man folgende Knickspannungen:

Stäbe Nr. 56—59. Knicken in der Horizontalebene:

$$l : i_y = 555 : 22{,}78 = 24{,}4; \quad \eta_1 = 1 - 0{,}00368 \cdot 0{,}85 \cdot 24{,}4 = 0{,}923$$

für den ganzen Stab.

$$l' : i_y' = 95 : 7{,}7 = 12{,}34; \quad \eta_2 = 1 - 0{,}00368 \cdot 12{,}34 = 0{,}954$$

für die Stabhälfte zwischen zwei Querschotten.

$$c : 2\,i_g = 19{,}05 : 3{,}12 = 6{,}1; \quad \eta_3 = 1 - 0{,}003\,68 \cdot 6{,}1 = 0{,}978$$

für den Einzelgurt, wobei mit der halben Feldweite als freier Knicklänge gerechnet wurde, um die Einspannung durch das Schott zu berücksichtigen. .

$$\sigma_{ky} = 0{,}923 \cdot 0{,}954 \cdot 0{,}978 \cdot 3{,}1 = 2{,}67 \ \text{t/cm}^2.$$

Knicken in der Vertikalebene:

$$l : i_x = 555 : 15{,}08 = 36{,}8,$$

$$\sigma_{kx} = 3{,}1 - 0{,}0014 \cdot 36{,}8 = 2{,}68 \ \text{t/cm}^2.$$

Stäbe Nr. 60 und 61 (Nickelstahl). Knicken in der Horizontalebene.

$$l : i_y = 1018{,}54 : 30 = 33{,}9; \quad \eta_1 = 1 - 0{,}004\,75 \cdot 0{,}85 \cdot 33{,}9 = 0{,}871$$

für den ganzen Stab;

$$c : i_g = 66 : 2{,}6 = 25{,}4; \quad \eta_2 = 1 - 0{,}004\,75 \cdot 25{,}4 = 0{,}879$$

für den Einzelgurt;

$$\sigma_{ky} = 0{,}871 \cdot 0{,}879 \cdot 4{,}92 = 3{,}78 \ \text{t/cm}^2.$$

Knicken in der Vertikalebene:

$$l : i_x = 1018{,}54 : 20{,}08 = 50{,}7,$$

$$\sigma_{kx} = 4{,}92 - 0{,}0234 \cdot 50{,}7 = 3{,}74 \ \text{t/cm}^2.$$

Stäbe Nr. 62 und 63. (Flußeisen bei gleichen Schlankheiten wie für die vorangehenden Stäbe.)

Knicken in der Horizontalebene:

$$\eta_1 = 1 - 0{,}003\,68 \cdot 0{,}85 \cdot 33{,}9 = 0{,}894$$

für den ganzen Stab;

$$\eta_2 = 1 - 0{,}003\,68 \cdot 25{,}4 = 0{,}907$$

für den Einzelgurt;

$$\sigma_{ky} = 0{,}894 \cdot 0{,}907 \cdot 3{,}1 = 2{,}51 \ \text{t/cm}^2.$$

Knicken in der Vertikalebene:

$$\sigma_{kx} = 3{,}1 - 0{,}0114 \cdot 50{,}7 = 2{,}521 \ \text{t/cm}^2.$$

Stäbe Nr. 64 und 65. Knicken in der Horizontalebene:

$$l : i_y = 1398{,}26 : 15{,}08 = 92{,}7; \quad \eta_1 = 1 - 0{,}003\,68 \cdot 0{,}85 \cdot 92{,}7 = 0{,}71$$

für den ganzen Stab

$$c : 2\,i_g = 27{,}3 : 4{,}75 = 5{,}75; \quad \eta_2 = 1 - 0{,}003\,68 \cdot 5{,}75 = 0{,}98$$

für den Einzelgurt mit der halben Feldweite als freier Knicklänge wegen der Einspannung am Längsschott.

$$\sigma_{ky} = 0{,}71 \cdot 0{,}98 \cdot 3{,}1 = 2{,}15 \ \text{t/cm}^2.$$

Knicken in der Vertikalebene:

$$l : i_x = 1398{,}26 : 18{,}16 = 76{,}8;$$

$$\sigma_{kx} = 3{,}1 - 0{,}0114 \cdot 76{,}8 = 2{,}225 \ \text{t/cm}^2.$$

Stäbe Nr. 66 und 67.   Knicken in der Horizontalebene:

$$l : i_y = 1032{,}5 : 14{,}99 = 68{,}9; \quad \eta_1 = 1 - 0{,}003\,68 \cdot 0{,}85 \cdot 68{,}9 = 0{,}783$$

für den ganzen Stab.

$$c : 2\,i_g = 27{,}3 : 4{,}38 = 6{,}23; \quad \eta_2 = 1 - 0{,}003\,68 \cdot 6{,}23 = 0{,}976$$

für die einzelne Gurtung mit der halben Feldweite als freier Knicklänge wegen der Einspannung am Längsschott.

$$\sigma_{ky} = 0{,}783 \cdot 0{,}976 \cdot 3{.}1 = 2{,}38 \ \text{t/cm}^2.$$

Knicken in der Vertikalebene:

$$l : i_x = 1032{,}5 : 18{,}16 = 57$$

$$\sigma_{kx} = 3{,}1 - 0{,}0114 \cdot 57 = 2{,}45 \ \text{t/cm}^2.$$

Die Tabelle 86 enthält die berechneten Knickspannungen, die beobachteten Knickspannungen für die einzelnen Stäbe, die Mittelwerte σ_m der beobachteten Knickspannungen und die prozentualen Abweichungen der berechneten Knickspannungen σ_{kx} von den Mittelwerten der Versuche.

Die Zusammenstellung ergibt fast durchweg $\sigma_{ky} < \sigma_{kx}$, so daß erwartet werden sollte, daß die Stäbe eher horizontal als vertikal hätten ausknicken sollen. Hierbei ist aber zu berücksichtigen, daß die rechnerische Ermittlung der Werte σ_{ky} wegen der Schätzung der Einspannungsgrade nicht mit aller Schärfe durchführbar war, ferner, daß bei den Versuchen das Eigengewicht nur unvollkommen ausgeglichen wurde, so daß das Bestreben des Stabes, in der Richtung der Schwerkraft nachzugeben, nicht ganz aufgehoben sein mochte. Außerdem ist der Unterschied der theoretischen Knickspannungen für beide Richtungen meist so gering, daß auch ohne Wirkung des Eigengewichtes ebensowohl in der einen wie in der anderen Richtung das Knicken vor sich gehen konnte. Übrigens zeigten auch fast alle Stäbe Verbeulungen der Stehbleche und Flanschen infolge horizontalen Ausweichens ihrer Gurtungen.

Die Abweichung der Beobachtungswerte von den berechneten Knickspannungen σ_{kx} ist selbst für die Nickelstahlstäbe, deren Berechnung auf der unsichersten Grundlage durchgeführt werden mußte, durchweg nicht größer als die Verschiedenheit der Prüfungsergebnisse an mehreren unter sich gleichen Stäben. Man kann daher sagen, daß Theorie und Versuch sich in guter Übereinstimmung befinden.

Um einen Vergleich zwischen den Nickelstahlstäben Nr. 60 und 61 und den Flußeisenstäben Nr. 62 und 63 zu ermöglichen, haben wir in Tabelle 87 die Mittelwerte der Spannungen an der Propor-

Tabelle 86.

Stab Nr.	Knickspannungen (t/cm²)				Prozentuale Unterschiede zwischen Versuch und Berechnung $\dfrac{\sigma_m - \sigma_{kx}}{\sigma_m} \cdot 100$
	Beobachtungswerte der Versuche		Berechnete Werte		
	σ_k	σ_m (Mittelwert)	σ_{kx}	σ_{ky}	
56	2,744		2,68	2,67	
57	≧ 2,835	≧ 2,810	2,68	2,67	+ 4,62
58	≧ 2,830		2,68	2,67	
59	≧ 2,830		2,68	2,67	
60	3,318	3,462	3,74	3,78	− 8,00
61	3,606		3,74	3,78	
62	2,554	2,441	2,521	2,510	− 3,28
63	2,328		2,521	2,510	
64	2,274	2,282	2,225	2,150	+ 2,08
65	2,300		2,225	2,150	
66	2,355	2,404	2,450	2,38	− 1,91
67	2,452		2,450	2,38	

tionalitäts-, Quetsch- und Knickgrenze, sowie ihre Verhältnisse zueinander für die beiden Paare von Versuchstäben zusammengestellt. Dabei wurden für die Proportionalitäts- und Quetschgrenze jeweils die an den kürzeren Meßstrecken A und B ermittelten Spannungswerte in Rechnung gestellt.

Tabelle 87.

	Mittelwerte der Nickelstahlstäbe Nr. 60 und 61	Spannungen in t/cm² für die Flußeisenstäbe Nr. 62 und 63	Spannungsverhältnis von Nickelstahl zu Flußeisen
Proportionalitätsgrenze	2,535	1,362	1,86
Quetschgrenze	2,860	1,745	1,64
Knickgrenze	3,462	2,441	1,42

Die Steigerung der Knickgrenze bei Verwendung von Nickelstahl an Stelle von Flußeisen beträgt daher bei diesen Versuchen $42\,^0/_0$. Beinahe zu demselben Ergebnis hatten auch die in § 60 besprochenen, vergleichenden Versuche der Gute Hoffnungs-Hütte geführt, aus welchen sich für Nickelstahlstäbe eine um etwa $45\,^0/_0$ höhere Knickgrenze ergeben hatte als für gleiche Stäbe aus Flußeisen.

Sachverzeichnis.

Arbeitslinie 3, 67, 365.
Bindebleche.
  Berechnung der B. 374.
  Herstellung der B. 382.
Bleche, Knicken ebener B. 88 ff.
Bogenbrücken, seitliche Knicksicher-
    heit der
  Fachwerks-B. 259 ff.
  offenen B. 255.
Bogenträger, siehe Dreigelenkbogen,
    Eingespannte Bogenträger,
    Zweigelenkbogen.
Dauerversuche Hodgkinsons 49.
Dreigelenkbogen, Knicken des
  schlaffen D. mit Versteifungsträger
    156 ff.
  steifen D. 149.
Dynamische Bestimmung der
    Knickgrenze 125.
Eigengewicht, Knicken durch E. 30 ff.
Eingespannter Bogenträger,
    Knicken des e. B. durch
  äußeren Normaldruck 138.
  vertikale Belastung 147 ff.
Elastische Einzelstützen offener
    Brücken 234 ff.
  siehe auch Querrahmenwiderstände.
Elastische Linie
  der Druckgurtungen offener Brücken
    230.
    desgl. bei sehr steifen Endrahmen
      255.
  des geraden Stabes 7 ff., 18 ff.
  kreisförmiger Stäbe 127 ff.
Elastische Querstützung.
  Stabzug mit einzelner e. Qu. 178 ff.
  Stab mit stetiger e. Qu 191 ff.
Elastizitätsgrenze 3, 73.
Endrahmen offener Brücken.
  Nachgiebige E. o. B. 237 ff.
  Sehr steife E. o. B. 255 ff.
Eulersche Knickfälle 13 ff.
Fachwerksbogenbrücken, Seiten-
    steifigkeit offener 259.
Fahrbahnsteifigkeit, Erhöhung der
    Knicksicherheit durch die F.
    143, 149, 152, 160.

Flanschen, Ausknicken der Druck-
    Fl. gebogener Träger 98 ff.
Fließgrenze 2, 73.
Freie Knicklänge, siehe Knicklänge.
Gasbehälter.
  Hamburger Großgasbehälter, siehe
    Unfälle.
  Knicken des Eckrings von G. 134 ff.
Gebrauchsformeln für das Knicken
    von Gliederstäben 376 ff.
Geradeliniengesetze 80.
Gitterstäbe mit
  einfachen Diagonalen
    bei exzentrischer Belastung 278 ff.
    Engeßersche Formel für G. m. e.
      D. 342 ff.
    desgl. außerhalb d. Prop.-Grenze
      350 ff.
  einfachen Diagonalen und Pfosten
    bei exzentrischer Belastung 298 ff.
    Engeßersche Formel für G. m e.
      D. u. Pf. 344.
    desgl. außerhalb d. Prop.-Grenze
      352.
  gekreuzten Diagonalen
    Engeßersche Formel für G. m. g.
      D. 344.
    desgl. außerhalb d. Prop.-Grenze
      350.
  gekreuzten Diagonalen und Pfosten
    Engeßersche Formel für G. m. g.
      D. u. Pf. 344.
    desgl. außerhalb d. Prop.-Grenze
      350 ff.
  steifen Stabenden 287, 306.
  siehe auch Gliederstäbe, Querver-
    band, Versuche.
Gleichgewichtslagen, labile und
    stabile 37 ff.
Gliederstäbe, siehe auch Gitterstäbe,
    Rahmenstäbe, Versuche.
  Allgemeines Näherungsverfahren für
    Gl. (Engeßer) 357 ff.
  Entwurf von Gl. 381 ff.
  Graphische Berechnung von Gl. 361,
    365.
  Herstellung von Gl. 381 ff.

Längsschotte bei Gl. 383, 414, 449 ff., 483 ff.
Proportionalitätsgrenze von Gl. 409.
Querschotte bei Gl. 383, 409 ff.
Querverband von Gl., Berechnung des Qu. nach
Board of Eng. d. Quebec-Brücke 385.
Engeßer 349 ff.
Krohn 372 ff.
Veränderlicher Gurtabstand bei Gl. 361 ff.
Graphische Berechnung
der Knickkraft von Vollwandstäben 164.
der Knickkraft von Gliederstäben 361, 365.
des Knickmoduls T. 70.
Gurtkrümmung. Einfluß der G. bei offenen Brücken 240.
Halboffene Brücken, Seitliche Knicksicherheit der h. Br. 208.
Hookesches Gesetz 2, 67, 364.
Kippen 38, 125.
Knickformeln:
Allgemeine K. (Engeßer und Kármán) 66 ff.
Bredtsche K. 83.
Johnsonsche K. 80.
Rankine-Schwarzsche K. 82.
Strandsche K. 74 ff.
Tetmajersche K. für
Bauholz 58.
Flußeisen 61.
Gußeisen 59.
Nickelstahl 63 ff.
Schweißeisen 60.
siehe auch Gebrauchsformeln, Gitterstäbe, Gliederstäbe, Rahmenstäbe.
Knickgrenze.
Bestimmung der K. bei Versuchen 124.
Dynamische Bestimmung der K. 125.
Statische Bestimmung der K. 126.
Knicklänge, freie 15.
Wahl der freien K. bei
Druckketten in Verbindung mit Zugketten 111 ff.
eingespannten gedrungenen Stäben 71.
Fachwerksdruckstäben 103 ff.
Flächenlagerung der Stabenden 103.
Rahmendruckstäben 116 ff.
Tragsäulen 103.
Knickmodul T. 69
bei ebenen Blechen 96.
bei Bogenträgern 135, 143, 149, 152 ff., bei Gliederstäben 350 ff.   [160.
bei offenen Brücken 245 ff.
graphische Berechnung des K. 70.

Kreisring.
Elastische Linie des K. 127 ff.
Knicken des K. 129 ff.
Kreisglieder, siehe Rohre.
Krohnsche Formel für die
Knickkraft von Rahmenstäben 369 ff.
Querkraft von Rahmenstäben 372 ff.
Längsschotte bei Gliederstäben 383, 414, 449 ff., 483 ff.
Maxwellsche Vertauschung 207.
Modellversuche 114, 145, 155, 242 ff.
Mohrsches Verfahren 164, 361.
Nebenspannungen bei
den Versuchsstäben der Quebec-Brücke 456 ff.
Gliederstäben 277.
offenen Brücken mit elastischen Gurtungen 225.
offenen Brücken mit Kugelgelenkgurtungen 211.
offenen Brücken mit unbegrenzt steifen Gurtungen 218.
Stabzug mit elastischen Querstützen 187.
Nickelstahl.
Tetmajersche Formeln für N. 66.
Versuche an Stäben aus N. 64, 394 ff., 407 ff., 458 ff.
Nietschwächung.
Berücksichtigung der N. bei Querschnittsberechnung 63.
Versuche über Einfluß der N. 87.
Nietteilung vollwandiger Druckstäbe 83.
Offene Brücken, Modellversuche von Engeßer 242 ff.
Siehe auch Bogenbrücken, Elastische Einzelstützen, Elastische Linie, Endrahmen, Fachwerksbogenbrücken, Halboffene Brücken, Parabelträger, Querrahmenwiderstände, Seitensteifigkeit.
Parabelgesetz 80.
Parabelträger, seitliche Knicksicherheit des P. 255 ff.
Proportionalitätsgrenze 2
bei Gliederstäben 409.
Siehe auch Gitterstäbe, Knickmodul, Nickelstahl, Rahmenstäbe, Tetmajersche Formeln.
Querbelastung vollwandiger Stäbe 25 ff.
Querkraft, siehe Schubkraft.
Querrahmenwiderstände bei
halboffenen Brücken 208.
offenen Brücken mit einteiligem Druckgurt 200 ff.
offenen Brücken mit zweiteiligem Druckgurt 206 ff.

Querschotte bei Gliederstäben
383, 409 ff.
Querverband von Gliederstäben,
siehe Gliederstäbe.
Quetschgrenze 275.
Rahmenstäbe
bei exzentrischer Belastung 315 ff.
Engeßersche Formeln für R. 345 ff.
desgl. außerhalb der Prop.-Grenze
353 ff.
siehe auch Krohnsche Formeln, Wir-
kungsgradverfahren.
Rohre, Knicken von kreiszylindrischen
R. 129 ff.
desgl. bei steifen Rohrenden 131 ff.
Siehe auch Verbeulung.
Schlankheit 17.
Siehe auch Tetmajersche Formeln.
Schubkraft, Wirkung der Sch. bei
Gliederstäben 273, 342 ff.
Vollwandstäben 28 ff.
Seitensteifigkeit offener Brük-
ken bei
elast. Gurtungen mit Halbrahmen
(Strenge Theorie) 220 ff.
elast. Gurtungen mit Halbrahmen
(Näherung n. Engeßer) 229 ff.
desgl. außerhalb der Prop.-Grenze
245 ff.
Gurtungen mit Kugelgelenken 209 ff.
Gurtungen mit unbegrenzter Steifig-
keit 216 ff.
Sicherheitsgrad gegen Knicken
12, 265 ff.
Statische Bestimmung der Knick-
grenze 126.
Steife Stabenden bei Gitterstäben
287, 306.
bei Vollwandstäben 42.
Stehbleche, Ausknicken der St. 93.
Teilsätze von Zimmermann 189.
Tetmajersche Formeln, siehe
Knickformeln.
Torsion bei Gliederstäben 278, 298, 382.
der Gurtungen offener Brücken 221,
240.
des elastisch gestützten Stabzuges 182.
Knicken gerader Stäbe durch T. 35 ff.
Unfälle:
Birsbrücke bei Mönchenstein 271.
Hamburger Großgasbehälter 340, 354,
400 ff.
Quebec-Brücke (1907) 341, 409.
Straßenbrücke bei Rykon-Zell 240.
Wiener Trambahnremise 382.
Veränderlicher Druck, Knicken
von Vollwandstäben bei v. D.
und

eingespannten Stabenden 176 ff.
gelenkig befestigten Stabenden 161 ff.,
171 ff.
Veränderlicher Querschnitt beim
Knicken von
Gliederstäben 361 ff.
Vollwandstäben 161 ff., 171 ff.
Verbeulung von
kreiszylindrischen Röhren 33.
quadratischen Röhren 34.
Winkeleisen 35.
Versuche über das Knicken ge-
gliederter Stäbe
Board of Eng. d. Quebec-Brücke
407 ff.
Gutehoffnungshütte 394 ff.
Müller-Breslau 297.
Pariser 391 ff.
Verein deutscher Brücken- u. Eisen-
baufabriken 341, 354, 399 ff.
Wiener 388 ff.
über das Knicken vollwandiger
Stäbe.
Bauschinger 50 ff.
Brik (Druckgurte gebogener Trä-
ger) 102.
Engeßer (Modellversuche offener
Brücken) 242 ff.
Föppl (Querschnittsschwächung)
85 ff
Hodgkinson 45 ff.
Kármán (oberhalb d. Prop.-Grenze)
72 ff., 126.
Mayer (Zwei- und Dreigelenkbogen)
145, 155.
Schachenmeier (Druckkette mit
Zugkette) 114.
Sommerfeld (Schwingungen) 125.
Tetmajer (siehe auch Knickfor-
meln) 55 ff., 126.
Waddell (Nickelstahl) 64.
Verzweigungsgleichgewicht 36 ff.,
275.
Vianellos Verfahren 165.
Vorschriften der Berliner Baupolizei
270.
Preußische V. 270 ff.
Wirkungsgradverfahren von Eng-
eßer 366 ff.
Wirtschaftlichste Verstärkung
offener Brücken 251 ff.
Würfelfestigkeit 62, 74.
Zweigelenkbogen, Knicken des Z.
durch
äußeren Normaldruck 137.
vertikale Belastung 139 ff.

Namenverzeichnis.

Bauschinger 50 ff.
Boussinesq 129.
Brauer 39.
Bredt 83.
Brik 66, 79, 98 ff.
Briske 255 ff., 259 ff.
Bryan 33, 88.
Considère 66.
Cooper 80.
Dondorff 171 ff., 194.
Druschinin 4.
Duleaú 44.
Emperger 103, 388 ff.
Engeßer 29, 63, 66, 83 ff., 103 ff., 108, 111 ff., 117 ff., 131 ff., 149 ff., 156 ff., 161 ff., 198, 209 ff., 220, 229 ff., 241 ff., 248 ff., 341 ff., 345, 357 ff., 366 ff., 377 ff.
Euler 11, 54.
Föppl 43, 85 ff.
Grashof 19.
Greenhill 33, 35.
Halphen 129.
Heim 19.
Hodgkinson 45 ff.
Hurlbrink 129.
Jasinski 66, 107 ff.
Kármán 42, 44, 66 ff., 126.
Kayser 268.
Kirsch 37, 126.
Krohn 80, 366 ff., 376, 378 ff.
Kübler 40, 66, 79.

Lagrange 18.
Lamarle 19, 44.
Lasier 80.
Lévy 129.
Love 88.
Mayer 111 ff., 127 ff., 131, 139 ff., 155, 366.
Müller-Breslau 12, 19, 198, 209 ff., 225 ff., 269, 278 ff., 298 ff., 315 ff., 377 ff., 380 ff.
Nußbaum 29.
Ostenfeld 80, 225.
Poincaré 39.
Prandtl 38, 125.
Preuß 86.
Rankine 82.
Rayleigh 39.
Reißner 88.
Reynolds 39.
Rudeloff 399 ff., 404 ff.
Saliger 366.
Schneider 19.
Schwarz 54, 80, 82.
Sommerfeld 125.
Strand 74.
Tetmajer 17, 43, 54 ff., 126.
Timoschenko 33.
Vianello 110, 165.
Waddell 64.
Winkler 208.
Zimmermann 178 ff., 270.